教育現場の防災読本

「防災読本」出版委員会
中井 仁 [監修]

京都大学学術出版会

教育現場の　**防災読本**

「防災読本」出版委員会　著

（監修）中井　仁

はじめに

　本書は，東日本大震災後に筆者自身が抱いた反省が出発点となって生まれました。

　筆者が，大阪府立高校の一教員として 33 年間勤務し，その退職を目前に控えた 2011 年 3 月 11 日に，東日本大震災が起きました。震災直後から，世間では防災教育の必要性が叫ばれました。筆者自身振り返ってみても，年中行事の避難訓練以外に，防災教育と言えるものはしてこなかったし，あまり関心も寄せてこなかったという反省があります。理科の教員だったため，授業で地震の基礎的な話はしましたが，震災にまで話は及ばなかったし，土砂災害，洪水となると全く手つかず。これでは，防災教育をしたとは言えないでしょう。おそらく多くの教員がもつ実感もこれと大差ないと思います。

　大きな災害が起こると，少なくも被災地およびその周辺では，防災教育の必要性が主張され，実際に活発に実践されることがあります。しかし，全国的にそれが広がることは，少なくともこれまではありませんでした。防災教育は，本来，日本のどの地域でも必要なはずですが，大災害の被災地域に限定されがちで，全国的な広がりを持ちにくいのが実情です。

　また，被災地であっても，発災から 10 年，20 年と経ち，災害を直接体験した人が少なくなってくると，当初の熱意は陰ってくるのが常であるようです。一方，災害の方は，数十年，数百年を経て繰り返されます。その間，被災経験を何世代にもわたって伝承することは容易ではありません。

　日本全国にわたる普遍性と，何世代にもわたる継続性をもった防災教育とはどういうもので，それはどうすれば実現できるのでしょうか。直接この命題に答えることは困難ですが，逆に，学校で日常的に教えられている教科・科目はなぜ普遍性，継続性を持ち得ているのかと問うと，その答えは，少なくとも長い教員経験を持つ者には明らかです。教科・科目は，それぞれ学問的，あるいは教育的体系を持っているからです。体系に沿って教えれば，だれでも同じように教えることができます。「だれがやっても同じような」，「毎年やっても変わりばえがしない」というのは，一般的には授業についての否定的な形容ですが，基本的にそうでなければ普遍性と継続性を兼ね備えた教育はできません。体系を持つことは，どの

教科・科目にとっても，成立する上での十分条件とは言えないまでも，必要条件であるとは言えます。

　文部科学省が主催した「東日本大震災を受けた防災教育・防災管理等に関する有識者会議」の最終報告（2012 年公表）には，「防災教育の指導時間の確保と系統的・体系的な整理」とあり，少なくとも，防災教育の体系化が急務であることは認識されています。しかし，筆者が調べた限りでは，防災教育の体系を具体的に示した出版物は見当たりません。

　体系を考える前に，そもそも防災に関して，我々大人は子どもたちに何を教えることができるでしょうか。その答えを得るために，筆者は，所属する日本地球惑星科学連合に提案して，東日本大震災の翌年 2012 年の連合大会で「防災教育——災害を乗り越えるために私達が子供達に教えること」と題する，パブリック・セッション[1]を開催しました。このセッションはその後，2013 年，2014 年と計 3 回続きました。講師として，地球惑星科学連合の会員である自然災害の専門家はもちろん，会員ではない法律や行政，医療，教育と言った分野の専門家や研究者も招き，それぞれの分野から防災に関する講演をしていただきました。当初は地球惑星科学の学会になぜ法律学者を呼ぶのかという声もありましたが，講演を聞いて，防災を考えるには法律の知識が必要なことが分かったという声などが聞こえるようになりました。

　これらの講演を通して，防災に関する事柄は，概ね 4 つの領域に分類できることがわかってきました。それは「災害のメカニズム」，「国・行政の役割」，「防災技術・工学」，そして「地域防災」です（図 1）。各領域には，それぞれ多くの分野が含まれます。例えば「災害のメカニズム」には，地震や火山活動，気象災害などが含まれ，「国・行政の役割」には災害法，行政対応などがあります。これらの分野はそれぞれ独立していると同時に，じつは互いに密接に関係しあっています。その関係性を明示的に表すことができれば，これら 4 領域の集合体は「防災科学」と言える体系を形作るでしょう。

　「防災科学」では，図 1 に示す横の関係と同時に，時間軸に沿った相互関係も重要です。それが図 2 に示す災害サイクルです。例えば災害法をとっても，応急期に適用される災害救助法，復旧期から復興期に適用される被災者生活再建支援

---

1) パブリック・セッションは，連合会員以外の人も含めて，無料で聴講することができる。2015 年以降は，レギュラー・セッションの一つとして「総合的防災教育」のタイトルで継続している。

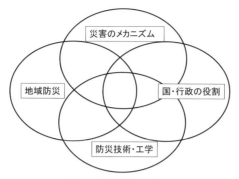

図 1　防災科学の 4 領域

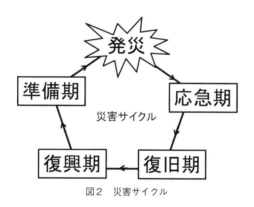

図 2　災害サイクル

法などがあり，準備期には各種災害防止関係法があります。そして，これらの法の根底にある基本理念は，災害対策基本法によって規定されています。また，行政にとっても，応急期や復旧・復興期にそれぞれやるべきことがありますし，次の災害までの準備期にしかできないこともあります。有限の資源と資金を防災・減災のためにバランスよく投入するには，各段階における「やるべきこと」を一連の事柄として把握しておく必要があります。

　本書における我々の目的は，図 1 と図 2 を道標，あるいは案内地図として，防災に関する多岐にわたる知識を体系化し，それをコンパクトな形で社会に提供することです。辞書のような各項目の羅列ではなく，各章，各節が読み物として成立しつつ，読者に各テーマについての包括的な情報を提供し得るものにしたいと考えました。つまり，読後感として，防災科学の体系全体がおぼろげながらも見えてくることを目標にしました。本書の書名『防災読本』には，我々のこのよう

な狙いが込められています。具体的には，章・節間の相互参照のための注記を数多くつけました。それらの注記に従って，他の頁に目を走らせるなどして，テーマ間の関係性を確認しながら読み進めていただくと，理解が重層的になり，防災科学の全体像を把握しやすくなると思います。また，本書は，1頁目から読まなければ理解できないという種類の本ではありません。第1章は「自然災害概説」となっていますが，図1の4領域のどこから始めてもよいわけです。関心のある章・節から読み進めてください。

2018年5月1日

「防災読本」監修担当　中井　仁

目　次

はじめに…………………………………………………………………………………… iii

口絵………………………………………………………………………………………… xvii

第1章　自然災害概説 ……………………………………………………………… 1

第1節　海溝型地震 ……………………………………………………………… 2

1. 海溝型地震と津波の仕組み ……………………………………………… 2

2. 海溝型地震の特徴 ………………………………………………………… 4

3. 海溝型地震の予測 ………………………………………………………… 6

4. 2011年東北地方太平洋沖地震 ………………………………………… 8

5. 南海トラフ巨大地震の予測 ……………………………………………… 13

◆コラム：地震と大震災 …………………………………………………… 16

◆コラム：スロー地震 ……………………………………………………… 17

第2節　内陸地震 ………………………………………………………………… 18

1. 内陸地震はどのような地震なのか？ …………………………………… 18

2. 内陸地震はどうして起こるのか？ ……………………………………… 26

3. 注目される歪集中帯 ……………………………………………………… 30

4. 内陸地震の発生予測 ……………………………………………………… 35

◆コラム：活断層の長期評価の捉え方 …………………………………… 36

第3節　火山災害 ………………………………………………………………… 37

1. 火山の観測体制 …………………………………………………………… 37

2. 火山活動の観測 …………………………………………………………… 37

3. 火山活動災害史 …………………………………………………………… 43

4. 近年の火山災害 …………………………………………………………… 46

5. 噴火警報 …………………………………………………………………… 51

第4節　台風・洪水 ……………………………………………………………… 54

1. 台風・豪雨の発生状況 …………………………………………………… 54

2. 日本の河川の特徴 ………………………………………………………… 56

	3. 内水氾濫と外水氾濫	58
	4. 集中豪雨	60
	5. 線状降水帯	62
	6. 台風による高潮被害	64

第5節　土砂災害 ……………………………………………………… 70

	1. 土砂災害とは	70
	2. 土砂移動現象	71
	3. 豪雨による土砂災害	75
	4. 地震による土砂災害	80
	5. 土砂災害の軽減対策	84

第6節　雪害 ……………………………………………………………… 88

	1. 積雪地域と雪害	89
	2. 降雪・積雪が引き起こす災害	90
	3. 太平洋側の都市雪害	93
	4. 雪害から身を守る	93

第7節　都市災害 ………………………………………………………… 96

	1. 都市災害とは	97
	2. 都市の自然災害の進化	97
	3. 何が都市を災害に対して脆弱にするか	99
	4. 首都直下地震の被害想定	102
	5. 世界の都市化	104

第8節　世界の自然災害 ……………………………………………… 105

	1. 自然災害と居住条件	105
	2. 巨大化する被害	108
	3. 自然災害の世界的動向	110
	4. 低所得地域の自然災害	111
	5. アジア・太平洋地域における巨大な被害	113
	6. 防災力強化のための援助	114
	参照文献	115
	参考文献	121

目　次 ｜ ix

第2章　災害と法律 …………………………………………………… 123

第1節　災害法制の概要 ……………………………………… 124
1. 災害法制の特徴 ……………………………………………… 124
2. 災害対策基本法 ……………………………………………… 126

第2節　救助・避難所運営と法律 …………………………… 128
1. 災害救助法の制度概観 ……………………………………… 128
2. 東日本大震災における運用 ………………………………… 133
3. 福祉避難所 …………………………………………………… 138

第3節　防災と学校に関する法律 …………………………… 142
1. 学校と防災に関する法令 …………………………………… 143
2. 防災施設としての学校の位置づけ ………………………… 144
3. 学校と地域との関係 ………………………………………… 145
4. 災害時における学校教員の仕事 …………………………… 146
5. 災害時における学校教員の待遇 …………………………… 147
6. 災害後の学校施設の復旧 …………………………………… 148
7. 今後の課題 …………………………………………………… 148

第4節　防災関連特別法の例──土砂災害防止法 ………… 149
1. 成立の経緯 …………………………………………………… 149
2. 土砂災害防止法の内容 ……………………………………… 150
3. 土砂災害防止法運用の問題点 ……………………………… 152

参照文献 ………………………………………………………… 155

参考文献 ………………………………………………………… 156

第3章　災害と行政 …………………………………………………… 157

第1節　災害前の行政 ………………………………………… 158
1. 防災に関係する行政組織 …………………………………… 158
2. 防災計画 ……………………………………………………… 159
3. 災害被害の抑止対策 ………………………………………… 161
4. 災害後の対応への備え ……………………………………… 163

5. パートナーシップの推進と意識啓発 …………………………………… 165

第2節 災害直後の行政 ……………………………………………………… 165
1. 災害直後の行政の対応（基本形） ……………………………………… 166
2. 災害直後の行政の対応（応用編：巨大津波災害） ………………… 169
3. 災害直後を自力で乗り切る力 ………………………………………… 180

第3節 復旧・復興期の行政 ……………………………………………… 181
1. 復旧・復興期の行政の役割 …………………………………………… 181
2. 復興予算 ………………………………………………………………… 188

第4節 復興期の生活――応急仮設住宅 ……………………………… 195
1. 仮設住宅とは …………………………………………………………… 196
2. 仮設住宅建設用地 ……………………………………………………… 198
3. 入居者決定方法 ………………………………………………………… 199
4. その他の課題 …………………………………………………………… 201

第5節 津波被害と防災集団移転 ……………………………………… 202
1. 明治・昭和三陸地震津波後の高地移転の例 ……………………… 202
2. 高地移転以外の大規模対策 ………………………………………… 206
3. 「集団移転」に関する行政措置 …………………………………… 209
◆コラム：防災集団移転促進事業 …………………………………… 210

第6節 ハザードマップ …………………………………………………… 211
1. ハザードマップとは何か ……………………………………………… 211
2. ハザードマップの種類と機能 ……………………………………… 213
3. 住民用ハザードマップの具体例――千葉県我孫子市 …………… 216
4. ハザードマップを見るときの注意点 ……………………………… 220
5. ハザードマップの活用 ……………………………………………… 222

第7節 「警報」の考え方・メディアの役割 ……………………… 223
1. 「警報」についての基礎知識 ……………………………………… 224
2. 「警報」の問題とは …………………………………………………… 226
3. 「警報」のタイミング ……………………………………………… 229
4. 「警報」におけるメディアの位置づけ ………………………… 230
5. 住民目線の防災メディア・情報流通システムの構築 ………… 232

参照文献 ……………………………………………………………………… 233

目　次　│　xi

参考文献 ………………………………………………………… 236

第4章　地域防災 ……………………………………………… 239

第1節　避難所 …………………………………………………… 240
1. 避難所と避難場所 …………………………………………… 240
2. 避難者の動向 ………………………………………………… 241
3. 避難所の運営 ………………………………………………… 242
4. 避難所の生活環境 …………………………………………… 244

第2節　災害時要援護者の避難 ………………………………… 250
1. 災害時要援護者避難支援についての国の施策 …………… 250
2. 東日本大震災における要援護者避難の実態 ……………… 252
3. 福祉避難所の利用 …………………………………………… 253

第3節　自主防災組織・ボランティア ………………………… 255
1. 自主防災組織 ………………………………………………… 255
2. 災害ボランティア …………………………………………… 259

第4節　退避行動・避難行動 …………………………………… 260
1. 退避行動 ……………………………………………………… 260
2. 避難行動 ……………………………………………………… 262
◆コラム：「地区内残留地区」の設定 ………………………… 268

第5節　地域防災アウトリーチ ………………………………… 269
1. 十勝岳火山災害軽減のためのアウトリーチ ……………… 269
2. 雲仙火山災害軽減のためのアウトリーチ ………………… 273
3. 沖縄における防災教育とアウトリーチ …………………… 279
◆コラム：熊本震災ボランティア体験記 …………………… 285
◆コラム：防災ゲーム ………………………………………… 288
参照文献 ………………………………………………………… 290
参考文献 ………………………………………………………… 293

第5章 防災と教育 295

第1節 学校と教師の役割 296
1. 防災管理──学校ぐるみ・地域ぐるみによる防災管理の取り組み 296
2. 東日本大震災から得られる防災管理についての教訓 301
3. 防災教育──自然の二面性を含む地域に根差した防災教育の実践 302
4. 学校安全における学校と地域との連携枠組みの最新動向 306
5. 防災管理と防災教育の現状と課題 308

第2節 学校の被災から再開まで 309
1. 震災による学校施設の被害 310
2. 「学校の再開」の事例 314
3. 学校再開への道 318

第3節 津波てんでんこ──「助かる」と「助ける」の融合 320
1. 「てんでんこ」の歴史 320
2. 「てんでんこ」の4つの意味 321
3. 「助けること」＝「助かること」 330

第4節 ジレンマ授業 332
1. 新しい防災教育 332
2. 防災教育と道徳教育 333
3. モラルジレンマ授業の理論 335
4. モラルジレンマ授業の導入と再評価 337
5. 「防災道徳」の授業デザイン 339
6. 「防災道徳」の教材および授業開発の記録 340
7. 授業実践のフィードバックから見えてきた今後の課題 345

第5節 学校防災教育の例 348
1. 宮城県多賀城高等学校の防災教育 348
2. 愛知県田原市の小学校 352
3. 和歌山県田辺市立新庄中学校 354
4. 高知県の防災教育 357

第6節 学校科目と防災 361
1. 地理 361

2. 歴史 ……………………………………………………………………………… 363

　　3. 地学 ……………………………………………………………………………… 366

　　4. 家庭科 …………………………………………………………………………… 368

　　参照文献 …………………………………………………………………………… 371

　　参考文献 …………………………………………………………………………… 375

第6章　災害医療 ……………………………………………………………………… 377

第1節　急性期から亜急性期にかけての医療 ………………………………… 378

　　1. 災害医療サイクル ……………………………………………………………… 378

　　2. 阪神・淡路大震災の教訓 ……………………………………………………… 379

　　3. DMAT とは ……………………………………………………………………… 381

　　4. 東日本大震災における医療 …………………………………………………… 382

　　5. 亜急性期から慢性期にかけての医療 ………………………………………… 386

　　6. 東日本大震災は我々に何を教えたか ………………………………………… 387

第2節　災害時要援護者への医療支援 …………………………………………… 391

　　1. 災害時要援護者と避難 ………………………………………………………… 391

　　2. 災害に伴うストレス …………………………………………………………… 394

　　3. 阪神・淡路大震災後における乳幼児の行動上の変化 ……………………… 396

　　4. 災害と子育て環境 ……………………………………………………………… 398

　　5. 子どもたちへの基本的な対応 ………………………………………………… 399

　　6. ビリーブメントケア …………………………………………………………… 400

　　7. 特別な医療的支援を必要とする子どものケア ……………………………… 403

　　8. コミュニティに基盤を置いた障害児（者）とその家族への支援 …… 406

第3節　被災地の病院 ……………………………………………………………… 407

　　1. 災害拠点病院とは ……………………………………………………………… 407

　　2. 災害医療コーディネーターとは ……………………………………………… 408

　　3. 気仙沼市立病院における初動 ………………………………………………… 408

　　4. 気仙沼災害医療対策本部機能の構築 ………………………………………… 410

　　5. 災害医療の具体事例 …………………………………………………………… 411

　　6. 東日本大震災の教訓と課題 …………………………………………………… 412

参照文献 …………………………………… 414

参考文献 …………………………………… 416

第7章　災害と経済 ……………………………… 417

第1節　災害による経済被害 ……………………… 418

1. ストック被害 ……………………………… 418

2. フロー被害 ………………………………… 420

3. 阪神・淡路大震災におけるフロー被害 ……… 423

4. 東日本大震災におけるフロー被害 ………… 425

第2節　災害のマクロ経済分析 …………………… 427

1. 総供給・総需要曲線 ……………………… 427

2. 短期の分析 ………………………………… 428

3. 中期の分析 ………………………………… 430

第3節　災害への経済的な備え …………………… 432

1. 政府の対応 ………………………………… 432

2. 家計の対応 ………………………………… 438

3. 企業の対応 ………………………………… 441

第4節　予想される大災害の経済被害 …………… 444

1. 首都直下型地震 …………………………… 445

2. 南海トラフ巨大地震 ……………………… 450

3. 復興のシナリオ …………………………… 453

参照文献 …………………………………… 456

第8章　防災工学技術 …………………………… 459

第1節　耐震・耐火・耐津波技術 ………………… 460

1. 耐震技術 …………………………………… 460

2. 耐火技術 …………………………………… 470

3. 耐津波技術 ………………………………… 472

目　次 | xv

第2節　防波堤・河川堤防 ……………………………………… 475

　　1.　防波堤 …………………………………………………… 475

　　2.　河川堤防 ………………………………………………… 480

第3節　砂防堰堤 ………………………………………………… 488

　　1.　砂防堰堤とは …………………………………………… 488

　　2.　砂防堰堤の機能 ………………………………………… 489

　　3.　砂防堰堤のさまざまな形状 …………………………… 492

　　4.　砂防堰堤の防災への貢献 ……………………………… 494

第4節　防災と通信 ……………………………………………… 495

　　1.　災害時における通信の重要性 ………………………… 495

　　2.　阪神・淡路大震災時の通信状況 ……………………… 497

　　3.　東日本大震災での通信状況 …………………………… 498

　　4.　通信の世界の大きな変化 ……………………………… 500

　　5.　電話以外の災害時通信手段 …………………………… 502

　　参照文献 …………………………………………………… 505

第9章　原子力災害 ……………………………………………… 509

第1節　原子力 …………………………………………………… 510

　　1.　原子力とは ……………………………………………… 510

　　2.　放射線と放射能 ………………………………………… 510

　　3.　原子力発電のしくみ …………………………………… 512

第2節　原子力事故 ……………………………………………… 513

　　1.　原子力事故のレベル …………………………………… 514

　　2.　過去に起きた原子力事故の例 ………………………… 514

第3節　福島第一原発事故 ……………………………………… 518

　　1.　事故直後の経緯 ………………………………………… 518

　　2.　放射能の拡散 …………………………………………… 520

　　3.　原発事故の人への影響 ………………………………… 524

　　参照文献 …………………………………………………… 527

　　参考文献 …………………………………………………… 529

第10章　防災と国際貢献 ··· 531

第1節　JICA の防災への取り組み ·· 532
1. 防災の主流化 ·· 532
2. 国際緊急援助事業 ·· 534
3. 被災国・日本から見た国際緊急援助 ·································· 535

第2節　学術的な国際貢献──ホンジュラスの地すべり災害 ··········· 537
1. 高等教育レベルにおける JICA の国際協力 ······················· 537
2. 科学技術研究員派遣の事例──テグシガルパ首都圏における地すべりに
   焦点を当てた災害地質学研究 ·· 541

第3節　子ども達への支援──ジャワ島中部地震 ······················· 549
1. インドネシアにおける災害支援 ·· 549
2. 子ども達のための支援プログラム ····································· 554
3. 2010年メラピ火山の噴火と「子どもの家」スタッフの対応 ········· 556
参照文献 ·· 559
参考文献 ·· 559

結びと謝辞 ·· 561

索引 ·· 563

執筆者紹介 ·· 581

口絵

＊括弧内は本文中の図版番号に対応する

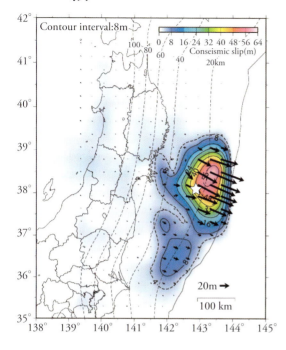

口絵1（第1章 図8） 2011年東北地方太平洋沖地震におけるプレート境界面上のすべり分布モデル。星印は本震の震央。すべり量を表す実線のコンター（等値線）は8mごとに描かれている。破線のコンターは4mのすべりを示す。細い実線は海溝軸，細い破線はプレート境界面の深さ（20, ～, 100km）を示す。

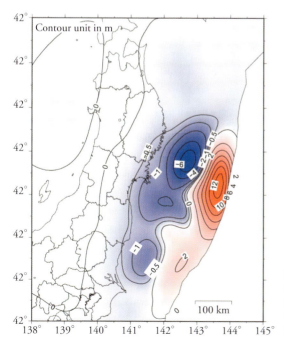

口絵2（第1章 図9） すべり分布モデル（図8）から計算される2011年東北地方太平洋沖地震時の上下変動。隆起を赤で，沈降を青で示す。図7(b)の観測結果がよく説明されている。コンターの数値の単位はm。（国土地理院 2011）

＊括弧内は本文中の図版番号に対応する

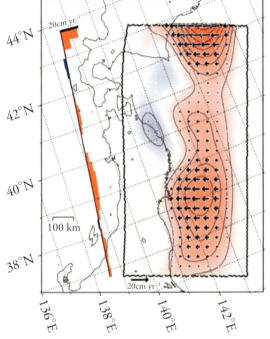

口絵3（第1章 図10） 東北日本（北米プレート）と太平洋プレート，および東北日本とユーラシアプレートのプレート境界における，1999年4月から2000年3月まで1年間のすべり欠損量の分布。太平洋側の矩形で囲まれた領域内に，東北日本と太平洋プレートの境界面でのすべり欠損速度を矢印で示す。十勝沖と宮城県沖の赤い領域は，それらの領域において固着が強いことを示す。矢印は上盤側の動きを示す。日本海側の棒グラフは，東北日本とユーラシアプレートとの衝突を示す。赤い柱は，ユーラシアプレートが東北日本を押していることを示している。（Nishimura et al. 2004）

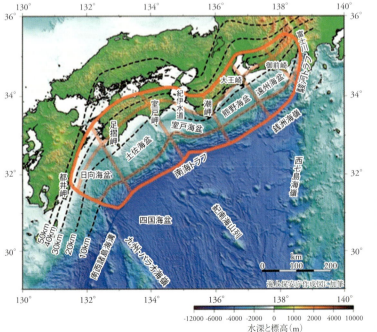

口絵4（第1章 図12） 南海トラフ巨大地震の想定震源域。赤い太線は最大クラスの地震の震源域を表す。橙色の太線は震源域の領域分け（セグメント）の境界線。破線はフィリピン海プレート上面の等深線（深さ10,～,50 km）。（地震調査委員会 2013b）

口絵 | xix

＊括弧内は本文中の図版番号に対応する

口絵5（第1章　図19）　日本の活断層（地震調査委員会 2009）

(a) 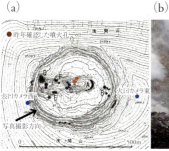 (b)  (c)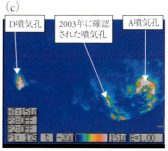

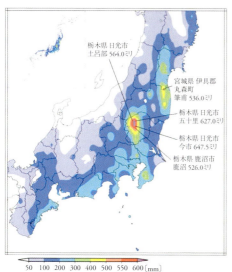

口絵6（第1章　図23）（a）浅間山の山頂火口内及び周辺の地形図（国土地理院）（b）火口内の噴気の様子（火口南西縁から撮影（図（a）の矢印））（c）赤外線カメラによる温度分布（2004年7月28日撮影）（気象庁 2004）

口絵7（第1章　図39）　平成27年9月関東・東北豪雨の際の期間降水量分布（気象庁 2015b）

＊括弧内は本文中の図版番号に対応する

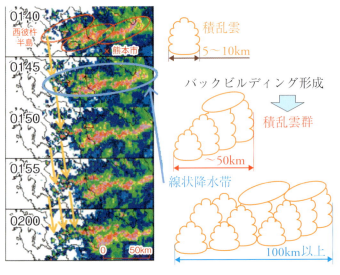

口絵8（第1章 図42） 平成24年7月九州北部豪雨の際に観測された線状降水帯。左図：12日1時40分から2時までの気象レーダー画像（熊本県阿蘇地方に大雨をもたらした線状降水帯，暖色系ほど降水強度が強い）。3本の線状降水帯の形成が見られる。右図：線状降水帯が形成される過程を示す模式図。（気象庁 2012）

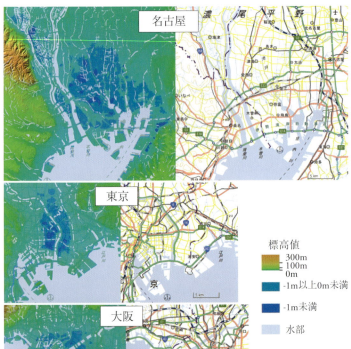

口絵9（第1章 図46） 東京，名古屋，大阪の海抜ゼロメートル以下の地域。（地理院地図。色別標高図（左）と標準地図（右）。2017年10月6日閲覧）

口絵 | xxi

＊括弧内は本文中の図版番号に対応する

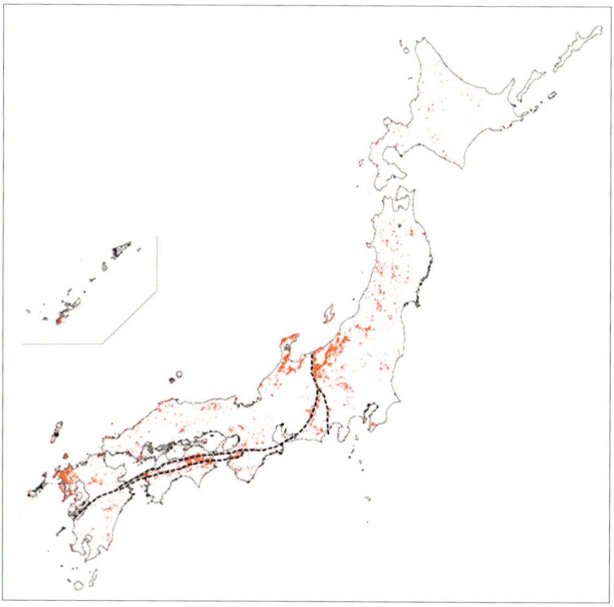

口絵10（第1章 図51） 日本の地すべり分布。破線は，中央構造線および糸魚川－静岡構造線。（平成22年度国土数値情報土砂災害危険箇所（地すべり危険箇所）データをプロット）

口絵11（第1章 図52） 秋田県鹿角市で発生した澄川地すべり（米代東部森林管理署 1997）

＊括弧内は本文中の図版番号に対応する

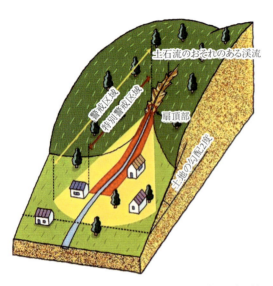

口絵12（第1章　図54）　土砂災害防止法に基づく土石流の土砂災害警戒区域（イエローゾーン）と土砂災害特別警戒区域（レッドゾーン）

口絵13（第1章　図55）　徳島県那賀町阿津江崩壊地の全景

口絵14（第1章　図56）　三重県宮川村滝谷地区で発生した斜面崩壊

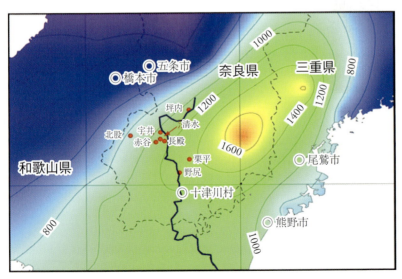

口絵15（第1章　図57）　紀伊半島の災害域における降雨量と大規模斜面崩壊の分布（赤点）。降雨量の単位はmm。

口絵 | xxiii

＊括弧内は本文中の図版番号に対応する

口絵 16（第 1 章　図 60）　伊豆大島町大金沢上流の表層崩壊と被災した神達地区（2013 年 10 月 16 日，国交省中部地方整備局撮影の写真に加筆）

口絵 17（第 1 章　図 62）　芋川を塞き止めた東竹沢地すべり（2004 年 10 月 25 日，中越防災安全推進機構撮影）

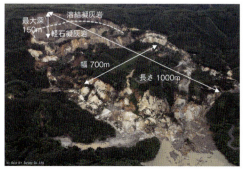

口絵 18（第 1 章　図 63）　荒砥沢地すべりの斜め写真。地すべりは写真左上を滑落崖として右下方向に約 300m 移動した。下端は地すべり末端部の一部が流入した荒砥沢貯水池。（2008 年 7 月 14 日，アジア航測撮影）

＊括弧内は本文中の図版番号に対応する

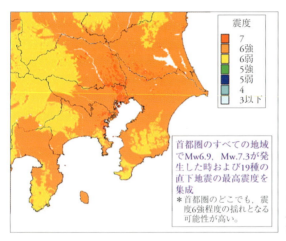

口絵19（第1章 図79）首都直下型地震の予想震度分布と被害想定。M7.3で，震源を都心南部に想定した場合。震度のカラーコードは，赤7，橙6強，黄6弱，緑5強，青5弱，水色4以下を，それぞれ表す。

口絵20（第1章 図80）19ヶ所の異なる場所に震源があると仮定して，それぞれ想定される震度の最大値を合成することによって，考え得る最大震度の分布（中央防災会議 2013b）

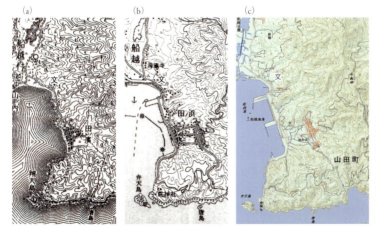

口絵21（第3章 図8）岩手県下閉伊郡山田町田ノ浜周辺の地形図（国土地理院）。(a) 1916年（大正5年）測量版（5万分の1）。(b) 1988年（昭和63年）修正版（5万分の1）。(c) 地理院地図（2017年4月8日閲覧）。

口絵 | xxv

＊括弧内は本文中の図版番号に対応する

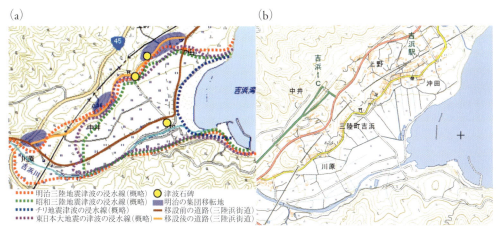

口絵22（第3章 図9）（a）大船渡市吉浜の津波浸水域〔破線：（赤）明治三陸地震（緑）昭和三陸地震（青）チリ地震（紫）東日本大震災〕（国土交通省2014）。(b) 地理院地図（2017年2月5日閲覧）

口絵23（第3章 図10） 吉浜全景。海岸近くの低地は農地として利用されている。津波で農地の大半が浸水被害を受けたが、ほとんどの住家は山寄に建てられており、無事だった。（2017年4月14日撮影）

口絵24（第3章 図12） 岩手県宮古市姉吉の地形図と津波浸水域（破線の色分けは、口絵22と同じ）。昭和三陸地震津波の被害の後、標高60m地点に大津浪記念碑（図の黄色○）を立て、それより海側の住家建築を禁じた。（国土交通省 2014）

＊括弧内は本文中の図版番号に対応する

口絵25（第3章　図15）　宮古市田老の防波堤。第一防波堤と第二防波堤の分岐点付近から北東方向を撮影。崩壊した第二防波堤の残骸が一部残っている。（2017年4月13日撮影）

口絵26（第3章　図18）　治水地形分類図と2015年9月鬼怒川氾濫による常総市の水害。地理院地図により，常総市付近の治水地形分類図に，9月11日13時の浸水範囲（青太枠内）を重ねて表示した。上流側（北側）ではすでに水が引きつつあるが，下流側（南側）では浸水域がほぼ最大に広がった時点の状況。

口絵27（第4章　図3）　鵜住居小学校と釜石東中学校の児童・生徒の避難経路（東京大学・片田教授作成）

口絵 | xxvii

口絵28（第4章 図5）大正泥流流下域（十勝岳火山砂防情報センターパンフレットより）

口絵29（第4章 図7）琉球列島を構成する島々。海底地形は，海上保安庁による500mメッシュ水深データ，及び，財団法人日本水路協会海洋情報研究センターによる日本近海30秒グリッド水深データ（MIRC-JTOPO30）による。海底地形図は，GMT（Generic Mapping Tool）によって作画した。海底に対して北東方向から光を照射した際のイメージ図として表示されている。

＊括弧内は本文中の図版番号に対応する

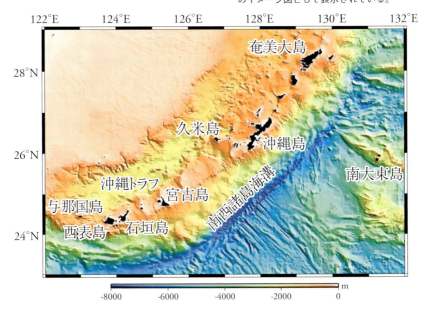

＊括弧内は本文中の図版番号に対応する

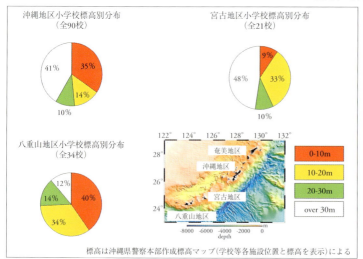

口絵30（上　第4章　図9）沖縄県内各地域での，小学校の標高別分布。学校数は2014年末時点（沖縄県教育庁発表の「平成26年度学校一覧」による）。休・廃校は除外し，中学校または幼稚園との併設校は含む。

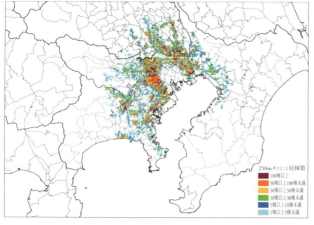

口絵31（第7章　図12）250mメッシュ別の焼失棟数（都心南部直下地震，冬・夕，風速8m/s）（中央防災会議2013e）

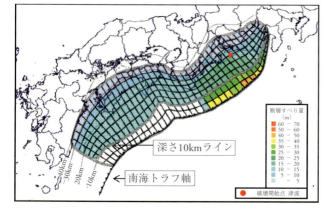

口絵32（第7章　図15）南海トラフ巨大地震において想定される震源断層面とすべり量分布（中央防災会議2013b）

口絵 | xxix

＊括弧内は本文中の図版番号に対応する

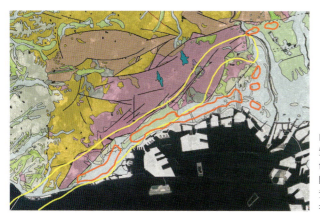

口絵33（第8章 図3） 神戸市近辺の地質図。ピンクは花崗岩，薄緑は段丘層，水色は沖積層。黒線は存在が知られている活断層。赤線で囲まれた一帯は震度7の地域。黄線で囲まれた部分は，おおよその余震分布域。

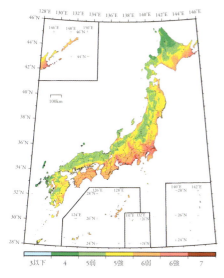

口絵34（第8章 図4） 今後50年間に発生する確率が10%以上と考えられる震度の最大値の分布。例えば，オレンジ色でしめされる地域は，今後50年間に10%以上の確率で震度6弱以下の地震が起こると予想されている。（全国地震動予測地図2016年版より）

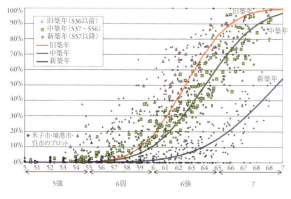

口絵35（第8章 図5） 木造建築物の全壊率。阪神・淡路大震災における西宮市，鳥取県西部地震における米子市，境港市，および芸予地震における呉市のデータをもとに作成。（内閣府2010, 図表1-2（1））

＊括弧内は本文中の図版番号に対応する

口絵36（第8章　図16）　再建工事中の釜石湾口防波堤（2017年4月14日撮影）

- ・河川水位が上昇し，透水性の高い堤体の一部を構成する緩い砂質土（As1）に河川水が浸透する
- ・浸透した水により，川裏法面の間隙水圧が上がり，法尻に漏水が生じる可能性がある

- ・河川水位が上昇し，越水が生じる
- ・川裏側で洗掘が生じる
- ・川表より河川水が浸透する（浸透により，決壊を助長する可能性あり）

- ・川裏法尻の洗掘が進行し，落ち込む流れが生じる
- ・この落ち込む流れにより，川裏法尻の洗掘が拡大する

- ・洗掘が進行し，堤体の一部を構成する緩い砂質土（As1）が流水によって崩れ，小規模な崩壊が継続して発生していると考えられる
- ・堤防天端（アスファルト被覆）が残り，越流水が滝状の流れとなっている

- ・越流水により堤防天端が崩壊し，決壊に至る
- ・氾濫流により基礎地盤が洗掘され，落堀が形成される

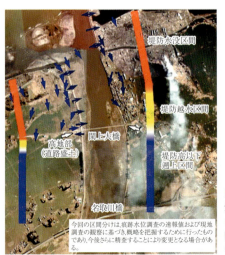

口絵37（第8章　図24）　堤防決壊のプロセス。中央の凸部が堤防（第1図）。川は堤防の右側にある。堤防を越えた水（第2図）が，堤防の川と反対側の法面(のりめん)を洗掘する（第3～4図）ことによって決壊に至る（第5図）。As1は緩い砂質土。Bc及びTは粘性土。（国土交通省 2016，一部簡略化）

口絵38（第8章　図27）　名取川の津波遡上状況。青い矢印は，津波が遡上した向きを示す。河の両側に異なる色で区分した帯は，図26の「堤防水没区間（赤）」，「堤防越水区間（黄）」，「堤防高以下遡上区間（青）」のおおよその位置を示す。（国土交通省 2011b）

口絵 | xxxi

＊括弧内は本文中の図版番号に対応する

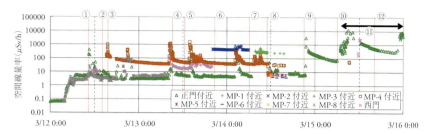

口絵39（第9章　図2）3月12日～15日の福島第一原発敷地内における空間線量率（福田2012）。丸数字はなんらかの出来事があった時刻を示す（本文参照）。

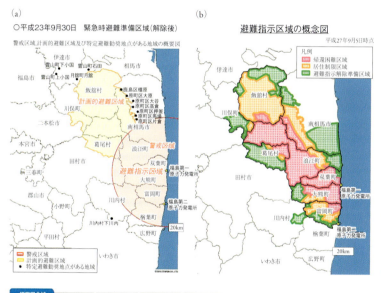

口絵40（第9章　図3）(a) 2011年9月30日時点において避難指示等が出ていた地域。(b) 2015年9月5日時点の避難指示区域

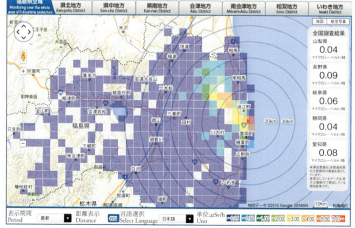

口絵41（第9章　図4）2015年9月時点の福島県各地の空間線量率分布

＊括弧内は本文中の図版番号に対応する

口絵42（第10章 図4） シウダー・デル・アンヘル団地の地すべり被害。(a) 地すべりによって団地の住居（画面左寄）が崩壊し、土砂が道路を覆った。(b) 崩壊した家屋（撮影：いずれも廣田清治）。

口絵43（第10章 図7）
ほぼ同じ範囲の新旧航空写真
(a) 2001年撮影航空写真
(b) 2012年撮影航空写真

口絵44（第10章 図11） (a) 家庭を巡回指導中の理学療法士 (b) 理学療法の訓練を受ける看護師と助産師たち

自然災害概説 | 第 1 章

　防災・減災には，各種自然災害の特性を理解することが大切である。しかしながら，さまざまな分野で科学技術の進歩が見られる現代においても，自然災害のメカニズムが完全に解明されたとは言えない。本章では，自然災害がどのようなメカニズムによってもたらされるかについて，その要点を，現時点での理解が及ぶ範囲で説くことにする。

第1節　海溝型地震

　日本海溝や南海トラフに沿って発生する地震を海溝型地震と言う。本節では，海溝型地震のメカニズム，特徴，発生予測手法について説明する。具体例として，東日本大震災をもたらした2011年東北地方太平洋沖地震の際の地殻変動と，近い将来の発生が懸念されている，南海トラフ巨大地震の予測を取り上げる。

1. 海溝型地震と津波の仕組み

　地球の表面は，十数枚の，プレート[1]と呼ばれる厚さ数十 km の岩盤に覆われている。日本付近には，図1に示す

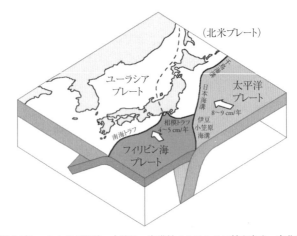

図1　日本周辺のプレートとその運動。太線は，海溝軸またはトラフ軸を表す。東北日本弧が北米プレートの一部かどうかについては諸説がある。このため，ユーラシアプレートと北米プレートの境界は破線で示す。白抜きの矢印は，太平洋プレートとフィリピン海プレートの大まかな運動方向を表している。矢印近傍の数値は，それぞれのプレートの運動速度である。(萩原 1991 の図に加筆)

---

1) プレート：地球の表面を覆う十数枚の岩盤のこと。地球の内部構造は，組成の違いから地殻，マントル，核に区分される。また，力学的特性の違いから，地表近くにある弾性的なリソスフェアと，より深部にある流動的なアセノスフェアに分けられる。リソスフェアは地殻とマントル最上部からなり，アセノスフェアはマントル上部に当たる。リソスフェアは十数枚のプレートに分かれており，個々のプレートはアセノスフェアの対流に乗って，それぞれ異なった向きに運動している。プレートの境界では，沈み込み，衝突，横ずれ，生成などが起きる。

ように太平洋プレート，フィリピン海プレート，北米プレート，ユーラシアプレートがある。太平洋プレートは8～9 cm/年の速度で北西方向に運動していて，日本海溝で東北日本（北米プレート）の下に沈み込む。フィリピン海プレートは4～5 cm/年の速度で北西方向に運動し，南海トラフから西南日本（ユーラシアプレート）の下に沈み込んでいる。

太平洋プレートやフィリピン海プレートのような海のプレートが，北米プレートやユーラシアプレートのような陸のプレートの下に沈み込むと，これらのプレート境界面が海溝型地震の断層面となる。この面には摩擦力が働くので，海のプレートが沈み込む時，陸のプレートがいっしょに引きずり込まれる（図2（a））。陸のプレートを形成している岩盤はバネのような性質（弾性）を有しているので，引きずり込まれる際に変形した陸の岩盤には元の状態に戻ろうとする力が働く。この力は被る変形とともに大きくなっていき，プレート境界に働く摩擦力がこれを支えきれなくなったとき，陸の岩盤は急激にずれ動く（図2（b））。これが海溝型，あるいはプレート境界型と言われる地震である。

海溝型地震では，断層面（ここではプレート境界面）を挟んでその両側の岩盤が互いにずれ動くこと（これを，断層運動と言う）によって地震波が放射されるが，同時に地殻変動も引き起こされる。この地殻変動によって広範囲の海底が数m～十数m隆起，または場所によって沈降する。海水の動きは，このような瞬時に起こる地殻変動に比べて緩慢であるため，海底の隆起・沈降はそのまま海面の隆起・沈降

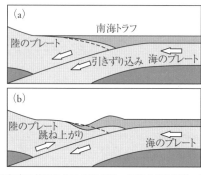

図2　海溝型地震と津波の発生の仕組みを示す模式図。白抜きの矢印は，海のプレートと陸のプレートの運動方向を表す。(a) 海のプレートの沈み込みに伴い，陸のプレートが引きずり込まれる。巨大地震前の準備過程を表している。(b) 陸のプレートの弾性による元に戻ろうとする力が，陸のプレートと海のプレートの間に働く摩擦力を上回ると，陸のプレートが跳ね上がる。

となる（図2（b））。この海面の上下変動が波として伝わっていくのが津波である。

2. 海溝型地震の特徴

海溝型地震は，上述のように，陸側のプレートと沈み込む海洋プレートとの境界面を断層面として発生するので，過去の地震の震源域は海溝軸に沿って並ぶ傾向がある。しかし，海溝軸付近にありながら一定期間地震が発生していない領域があり，これを地震空白域と呼ぶ。図3に，メキシコ南部太平洋岸の沈み込み帯に存在するゲレロ地震空白域（Guerrero gap）を示す。細線で囲まれ薄くシェードがかかった領域は，海溝型地震の震源域を，その中の数字は地震の発生年を表す。海岸線に沿ってほとんどの地域が，1960年以降に発生した地震の震源域で埋め尽くされているが，ゲレロ空白域では1911年の地震の後，100年以上の間，M7[2]クラス以上の地震が発生していない。このような空白域では，遠から

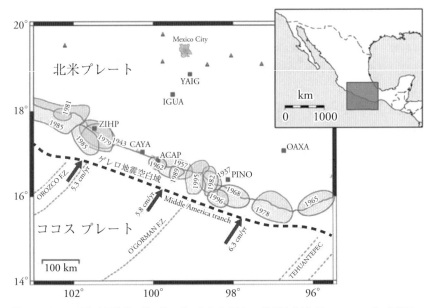

図3 メキシコ南部太平洋岸の沈み込み帯に存在するゲレロ地震空白域（Guerrero gap）。矢印は，北米プレート（North American plate）の下に沈み込むココスプレート（Cocos plate）の運動方向と速度を表す。太い破線は海溝軸を示す。細線で囲まれた薄くシェードがかかった領域は，1960年以降に発生した海溝型地震の震源域を示す。その中の数字は地震の発生年を表す。ゲレロ空白域以外では，1960年以降に発生した地震で沈み込み帯の地震発生域がほぼ埋め尽くされているが，ゲレロ空白域では1911年の地震の後，100年以上の間，M7クラス以上の地震が発生していない。■はGPS観測点，▲は活火山を表す。（Yoshioka et al. 2004）

ず海溝型地震が発生する可能性がある。

　過去の地震を調べると，海溝型地震はある広さの領域（セグメント）を単位として発生していることが分かる。図4は南海トラフに沿って起こった地震の発生履歴と震源域のセグメントを表している。1944年（昭和19年）にCとDのセグメントを震源域とする東南海地震（M＝7.9）が発生し，2年後の1946年（昭和21年）にAとBのセグメントで南海地震（M＝8.0）が発生した。その約90年前の1854年（安政元年）にはC～Eのセグメントで東海地震（M＝8.4）が発生し，32時間後にAとBのセグメントで南海地震（M＝8.4）が発生した。さらに時代を遡ると，1707年（宝永4年）にA～Eのセグメントを一気に破壊する巨大地震（M＝8.6）が発生した。このような，南海トラフに沿って起こる巨大地震を南海トラフ地震と総称するが，破壊するセグメントの違いによって，場所と規模に違いが生じる。

　セグメントごとに地震が発生する傾向は，プレート境界面において海側プレートと陸側プレートが一様に接しているのではなく，場所によって接し方に強弱があり，働く摩擦力に強弱があるからと考えられている。強くくっ付いているパッチ状の部分をアスペリティ，あるいは固着域と呼ぶ。アスペリティとアスペリティの間には，くっ付き方が弱い部分があり，地震と地震の間の期間もずるずるとすべっている。これによって，一つのアスペリティが急激にすべって地震を起こしても，隣のアスペリティはすべらない場合があることを説明できる。

　アスペリティの大きさや空間分布，および断層面におけるアスペリティが占める割合の違いにより，海溝型地震の地域性を説明することができる。例えば，南海トラフでは，上で述べたように，安政東海地震（1854年，M＝8.4）と安政南海地震（1854年，M＝8.4）は単独で発生したが，これらが連動すると，宝永地震（1707年）のようなM＝8.6の地震が発生する[3]（図4）。このことから，潮岬より東の東海沖と西の四国沖に，それぞれ独立にM＝8クラスの地震を引き起こし得る大きなアスペリティが，1個ずつあるモデルが考えられる。

　これに対して，日向灘（図4のセグ

2）マグニチュードをMと表記する。

3）Mが1大きいと地震で解放されるエネルギーは約32倍になる。すなわち，同じ規模の地震が2つ連動して，解放されるエネルギーが2倍になっても，Mは約0.2大きくなるだけである。「連動」によってM＝9の巨大地震に発展するには，アスペリティを含むより広い領域にわたって地震性のすべりが起こる必要がある。

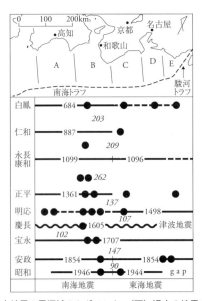

図4 (上) 南海トラフ巨大地震の震源域のセグメント。(下) 過去の地震の時空間分布。左欄は地震発生年の元号 (下にいくほど時代が下る)。太い横線は地震の破壊域を表す。破壊域の確実なものを実線で，不確実なものを破線で示している。線上の数字は地震の発生年である。黒丸は，地震考古学的データが発見されたおおまかな位置を示す。地震間に示されるイタリック体の数字は2つの地震の発生間隔 (年) を表す。例えば，白鳳 (684年) に起きた地震から，仁和 (887年) の地震の間に203年が経過した。1605年の慶長の地震の波線は，この地震が津波地震 (本節コラム「スロー地震」参照) であったことを表している。(石橋・佐竹 1998の図をもとに，ローマ字表記をカナ・漢字表記に変更)

メントAの西に隣接する領域) では，M=7程度の地震が20〜30年間隔で発生し，ひとまわり大きなM=7.5程度の地震は200年程度の間隔で発生する。これから，日向灘には，東海沖や四国沖のアスペリティより1桁小さいアスペリティが数個あり，それらは20〜30年ごとに単独ですべってM=7程度の地震を引き起こし，200年ごとには複数個のアスペリティが同時にすべってM=7.5程度の地震を発生させると考えることができる。

3. 海溝型地震の予測

陸側プレートの岩盤は，海側プレートによって引きずり込まれる際に変形する。そのため，陸側プレートの岩盤には，元の状態に戻ろうとする力 (応力) が働く。応力の時間変化は，図5に示すのこぎりの歯のような形になる。地震が発生する直前の応力をτ_1 (これを断層面の強度と言う)，地震発生

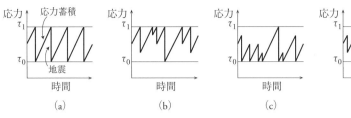

図5 地震が繰り返し発生する際の震源域に働く応力の時間変化。地震の準備過程において，応力は一定の割合で蓄積すると仮定する。τ_1 は断層面の強度，τ_0 は地震後の応力レベルである。(a) 固有地震モデル，(b) 時間予測モデル，(c) すべり予測モデル（各モデルの特徴については本文を参照のこと）

後の応力を τ_0 とすると，地震によって解放される応力の大きさ（応力降下量）は，$\tau_1-\tau_0$ と表される。断層面の強度と応力降下量がいずれも一定である場合，応力変化は図5(a)のようになり，同じ規模の地震が一定の間隔で繰り返し発生することになる（固有地震）。つぎに，地震が発生する応力は一定であるが，地震により解放される応力の大きさは一定ではない場合は，応力変化は図5(b)のようになる。この図は，前の地震の応力降下量が大きければ次の地震までの時間間隔が長く，逆に応力降下量が小さければ時間間隔は短くなることを示している。地震規模は応力降下量にほぼ比例するので，このモデルは，前の地震の規模から次の地震の発生時間を予測できることを意味するので，「時間予測モデル」と呼ばれる。一方，地震が発生する応力は一定ではないが，地震発生後の応力は一定値まで降下する場合，応力変化は図5(c)のようになる。この図は，地震の発生間隔が長ければ次の地震の応力降下量が大きくなることを示している。つまり，地震の発生間隔から地震規模あるいは地震時のすべり量が予測されるので，「すべり予測モデル」と呼ばれる。実際の断層面には強度の不均質があると考えられるので，断層面のどの部分が破壊するかによって，地震が発生する応力も，地震発生後に応力が降下して落ち着くレベルも，地震によってさまざまである可能性がある。この場合の応力変化は図5(d)のようになり，地震の発生時期や規模を予測することは困難となる。

地震の確率予測では，図5(a)で示されるように，海洋プレートの沈み込みに伴う定常的な応力蓄積過程による固有地震を考え，応力場に不規則（ブラウン運動的）な擾乱が加わることによって，地震の発生間隔が変化すると仮定する。このような事象の発生確率

を表すのには，BPT（Brownian Passage Time）分布が適している。

まず，擾乱がないとき，事象は図5（a）のように一定の発生間隔で起こると仮定する。ここで，平均的発生間隔を表す変数をμとする。次に，擾乱によって発生間隔に生じるばらつきを表すパラメータをαとする。$\alpha \neq 0$のとき，事象は平均的に発生間隔μで起こるが，αで定まる幅で時間的に前後して発生する。$\mu = 100$年，$\alpha = 0.25$の場合のBPT分布を描くと図6のようになる（αが大きくなると，分布の幅が広がる）。この図は，次の地震は平均発生間隔が経過した時期の前後で発生しやすく，それより極端に短い間隔や長い間隔で発生することは稀であることを意味している。前の地震の直後において，次の地震が70年後から100年後までの30年間に発生する確率は，（グレー部分の面積）÷（曲線の下の全面積）で与えられる。ただし，曲線の下の全面積は1になるように係数が定められているので，グレー部分の面積が発生確率を表す。

現在すでに前の地震から，例えば70年が経過しているとすると，次の30年間に地震が発生する確率は，最初の70年間には地震が発生しなかったという条件が付くので，（グレー部分の面積）÷（グレー部分と斜線部分の面積の和）となる。このように，前の地震から何年経っているかによって確率は変わってくる（予測の具体例は，本節第5項「南海トラフ巨大地震の予測」に記す）。

比較のために，地震が図5（d）のようにランダムに発生する場合を考えよう。この場合は，今，地震が起こったからしばらくは起こらないとか，前の地震からだいぶ経ったからそろそろ起こるという予測は立たない。つまり，地震は前の地震からの経過期間に関わりなく発生する。しかし，平均発生間隔μは，例えば1000年の間に10回地震が起こったとすると，$\mu = 100$年と求めることができる。このような事象（ポアソン過程）の発生間隔は，「指数分布」と呼ばれる分布に従い，ある時点から期間Δtの間に地震が起きる確率は，$1 - \exp\left(-\dfrac{\Delta t}{\mu}\right)$となる。この式には，「ある時点」が前の地震からどれだけ経過しているかを表す変数は含まれない。次節で述べるように内陸地震の場合は，平均発生間隔が非常に長く，前の地震の発生年を特定できないことがある。そのような場合は，ポアソン分布を仮定した予測をすることがある。

4. 2011年東北地方太平洋沖地震

2011年3月11日14時46分に東北

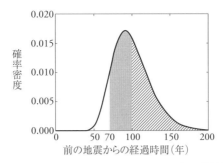

図6　地震発生の確率過程のモデルとしてよく用いられるBPT分布。平均的な発生間隔μを100年，発生間隔のばらつきを決めるパラメータαを0.25とした場合について示してある。この図は，平均的な発生間隔で繰り返すことの多い地震の特性を，数学的に表現している。グレー部分の面積は，前の地震の70年後から30年間に地震が発生する確率を示す。

沖を震源とするMw＝9.0[4]の巨大地震が発生した。この地震は，本節第1項で述べたように，東北日本（北米プレート）と，その下に沈み込む太平洋プレートとの，境界面を挟んだ断層運動が原因である。図7は，この断層運動によって東北日本がどのくらいずれ動いたかを，水平方向（a）と鉛直方向（b）に分けて示している。水平方向には，宮城県・岩手県南部を中心として東南東方向に動いている。宮城県沖の海底地殻変動観測点において20mを超える変位が観測されたことは特筆に値する。鉛直方向では，海溝軸寄りの海底観測点で隆起し，沿岸部で沈降したことが分かる。図2（b）は，図7に示されるこのような特徴を模式的に表現している。

図7に示した地表面の変動から，地下のプレート境界面での断層運動を推定することができる。その結果を図8に示す。岩手県中部から茨城県南部の沖合で，広範囲に10m以上もすべっている。なかでも宮城県・岩手県南部の沖合に大すべり域があり，その中心部では50mを超える非常に大きなすべりがみられる。図8の断層運動モデルから計算される上下変動を図9に示

4）モーメントマグニチュード（Mw）：断層運動により解放される地震モーメントに基づくマグニチュード。地震モーメントとは，すべり量（m）×断層面積（m^2）×剛性率（N/m^2）により定義される物理量であり，エネルギーと同じ次元［N·m］をもつ。気象庁は，地震の規模を表すのに独自の気象庁マグニチュード（M$_{JMA}$）を用いている。これは，地震波の振幅から直接算出されるので速報性に優れている。しかし，巨大地震に対しては，モーメントマグニチュード（Mw）に比して，値が飽和する傾向があるため，数日後にモーメントマグニチュードが発表されることがある。

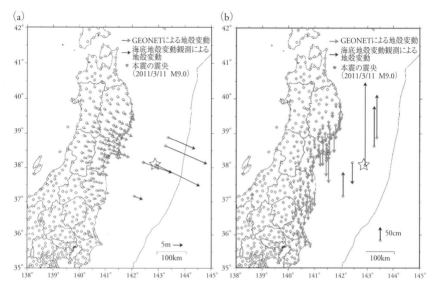

図7　2011年東北地方太平洋沖地震による陸域および海域の地殻変動。(a) 水平成分。(b) 上下成分。星印は本震の震央。細い実線は海溝軸。[5)]

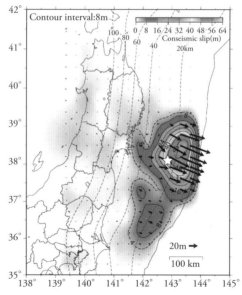

図8（口絵1参照）　2011年東北地方太平洋沖地震におけるプレート境界面上のすべり分布モデル。星印は本震の震央。すべり量を表す実線のコンター（等値線）は8mごとに描かれている。破線のコンターは4mのすべりを示す。細い実線は海溝軸，細い破線はプレート境界面の深さ（20, ～,100 km）を示す。（国土地理院2011）

第 1 章　自然災害概説　第 1 節　海溝型地震　｜　11

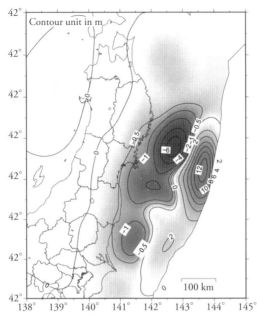

図 9（口絵 2 参照）　すべり分布モデル（図 8）から計算される 2011 年東北地方太平洋沖地震時の上下変動。0 の等高線の東側が隆起（変動量＞ 0），西側が沈降した領域（変動量＜ 0）。図 7（b）の観測結果がよく説明されている。コンターの数値の単位は m。（国土地理院 2011）

す。東北地方の海底において，広範囲にわたり，海溝軸に近い領域が隆起し，それより陸側の領域が沈降したという特徴は，図 7（b）の上下変動の観測結果をよく説明している。岩手県中部〜宮城県での沖合では，隆起域の最大値は 10 m を超え，沈降域の最大値は 5 m を超える。海底でのこのように大きな上下変動が，海水を押し上げたり引き下げたりした結果，巨大な津波が生成されたのである。

　2011 年東北地方太平洋沖地震の前はどうであったか。図 10 は，1999 年 4 月〜2000 年 3 月の 1 年間に観測された陸域の地殻変動データから推定された，プレート境界面のすべり欠損量の分布である（Nishimura et al. 2004）。十勝沖と宮城県沖の濃いグレーの部分（口絵では赤い部分）がプレート境界面の固着が強い領域である。矢印は上盤側（プレート境界の上側）の動きを示している。固着の強い領域が，十勝沖と宮城県沖にあり，沈み込む太平洋プレート（下盤）に引きずられるよう

5）国土地理院・海上保安庁ホームページ（以下 HP と略記）「東北地方太平洋沖地震の陸域及び海域の地殻変動と滑り分布モデル」，2017 年 1 月 29 日閲覧。

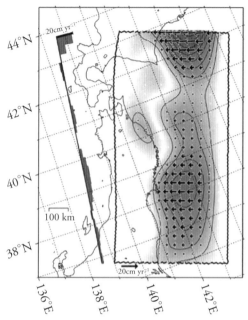

図10（口絵3参照） 東北日本（北米プレート）と太平洋プレート，および東北日本とユーラシアプレートのプレート境界における，1999年4月から2000年3月まで1年間のすべり欠損量の分布[6]。太平洋側の矩形で囲まれた領域内に，東北日本と太平洋プレートの境界面でのすべり欠損速度を矢印で示す。十勝沖と宮城県沖の濃い影をつけた領域は，それらの領域において固着が強いことを示す。矢印は上盤側の動きを示す。日本海側の棒グラフは，東北日本とユーラシアプレートとの衝突を示す。中心軸から東側に突き出た柱は，ユーラシアプレートが東北日本を押していることを示している。（Nishimura et al. 2004）

に西北西に運動していたことが分かる。このような運動は，図2（a）の模式図に陸側プレートに描かれた白矢印の運動に相当する。十勝沖に推定される固着域では，2003年十勝沖地震（Mw=8.0）が発生した。宮城県沖の固着域の中心は図8に示した2011年東北地方太平洋沖地震の大すべり域より陸側にずれており，固着域が急に動いて地震が発生するとする観点からは整合性に欠ける。これは，おそらく図10が陸域のみのデータを使った解析

---

[6] 図10の作成に当たっては，沈み込み帯における非地震時の地殻変動を表す「すべり欠損モデル」が用いられている。このモデルでは，海洋プレートがプレート境界面の固着を伴わずに定常的に沈み込むのを基本状態と考え，基本状態では地表の地殻は変動しないと仮定する。その上で，プレート境界面上の一部地域に（すべり欠損による）運動（バックスリップ）を仮定することによって固着域を表し，陸地における地殻変動データを再現することによって，仮定されたすべり欠損を推定しようとするものである。

の結果であるため，海溝軸寄りの領域の固着域を十分解像できていないことによると考えられる。

5. 南海トラフ巨大地震の予測

南海トラフの巨大地震は，西南日本（ユーラシアプレート）と，その下に沈み込むフィリピン海プレートとの境界面を断層面として発生する。その履歴は，図4に示すように，比較的よくわかっている。震源域が当時の都に近く，地震に関する被害などの記録が文書として残されたためである。これらの地震の発生間隔の平均値は，157.1年である。しかし，図4を詳しく見ると，正平の地震（1361年）の前では地震の発生間隔が比較的長く，後では短いことに気が付く。正平より古い時代の地震には，史料の不足による見落としがある可能性が考えられる。そこで，正平以後に発生した5つの地震について，発生間隔の平均を取ると，μ = 116.6 年となる。また，発生間隔のばらつきは α = 0.20 となる。これらを用いた BPT 分布により今後30年間に地震が発生する確率を2013年時点（経過時間 = 67 年）で評価すると，20％程度となる。

図11に室戸岬南端部に位置する室津港の地震時の隆起量と地震発生間隔の関係を示す。図4にあるように，宝

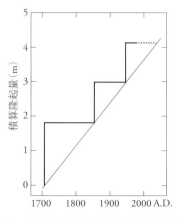

図11 室戸岬南端部に位置する室津港での宝永，安政，昭和の南海トラフ地震による積算隆起量 (Shimazaki and Nakata 1980)

永の地震から安政の地震までの経過年数は147年だが，安政の地震から次の昭和の地震までが90年と短い。一方，宝永の地震による隆起量は，安政の地震によるそれより大きい。図11は，前の地震での隆起量が大きいときは次の地震までの発生間隔が長く，逆に隆起量が小さいときは発生間隔が短いという，図5（b）で説明した時間予測モデルの特徴を示している。これから次の地震までの発生間隔を見積もると，88.2 年となる。α = 0.20 として BPT 分布により2013年時点の30年確率を計算すると約70％となる。一方，ポアソン分布を用いて30年確率を計算すると，$1 - \exp(-30/116.6) = 0.23$ から約20％となる。このように，履歴が比較的よくわかっている南海ト

ラフ巨大地震でも，発生間隔の見積もり方や適用する確率モデルにより，30年確率は大きく変わる。

一方，地震規模の予想には，震源域の想定が大きく影響する。2011年東北地方太平洋沖地震後に，南海トラフ巨大地震の想定震源域が見直された（図12）（地震調査委員会2013b）。以前の想定では，震源域の南限（プレート境界断層面の上限）を，粘土鉱物の脱水が完了する150℃に対応する10kmの等深線とし，北端（下限）は地殻鉱物の塑性変形が始まる350℃に対応する30kmの等深線と仮定していた。ところが，図8に示すように，2011年東北地方太平洋沖地震において海溝軸付近にまで大きなすべりが起きたことや，海洋掘削船「ちきゅう」による南海トラフの探査によって，浅部で高速すべりの発生を示唆する結果が得られたことから，震源域の南端（上限）はトラフ軸まで拡張された。また，プレート境界の30kmより深部でも，深部低周波微動や短期的スロースリップが発生することからひずみが蓄積されることが分かってきた。その結果，震源域の北限（下限）はこれらスロー

地震（本節コラム参照）の発生域まで拡張された。さらに，震源域は東西方向にも拡張され，東端は富士川河口断層帯の北端付近，西端は九州・パラオ海嶺が沈み込む地点とされた。図12に示す，この巨大な領域が一度に破壊される場合，推定されるマグニチュードはMw＝9.1であり，2011年東北地方太平洋沖地震に匹敵する超巨大地震となる。しかし，第2項で説明したように，部分的なセグメントの破壊で終わることもあり，その場合はM8クラスの地震になると予想される[7]。

昭和東南海地震や昭和南海地震のような個々のアスペリティが破壊するM8前半の大地震は100〜200年間隔で起こり，宝永地震のような複数のアスペリティが連動して破壊するM8後半の巨大地震は300〜600年間隔で発生すると考えられている。これに対して，図12の想定震源域の大部分を一度に破壊するような最大クラスの地震は，約2000年前に宝永地震を上回る津波が発生した可能性が指摘されているのみで，少なくとも最近2000年間は起きておらず，その発生間隔は数千年以上であると推定される[8]。

---

7) 南海トラフ巨大地震によって予想される経済被害については，第7章4節2項「南海トラフ巨大地震」を参照。

8) 図4に示すように，南海トラフ巨大地震の活動履歴は，歴史記録によれば西暦600年ごろまで遡ることができるが，津波堆積物や，海岸および海底の変動地形などを用いる地形・地質学的手法によって約5000年前まで遡ることができる。

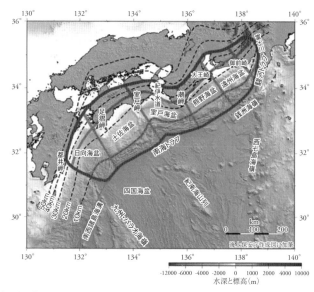

図12（口絵4参照） 南海トラフ巨大地震の想定震源域。濃い太線は最大クラスの地震の震源域を表す。薄い太線は震源域の領域分け（セグメント）の境界線。破線はフィリピン海プレート上面の等深線（深さ10, ~ ,50 km）。（地震調査委員会 2013b）

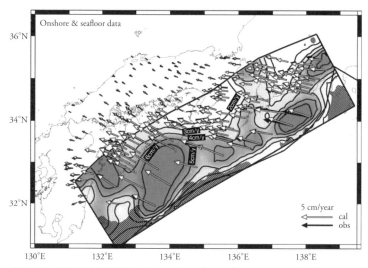

図13 南海トラフ域における西南日本（ユーラシアプレート）とフィリピン海プレートの境界面でのすべり欠損速度の分布。濃いグレーの領域は固着が強い。トラフ軸近くの斜線部分は解像度が低い領域，黒い矢印は水平変動速度の観測値，白抜きの矢印はこのすべり欠損モデルから計算された理論値。（Yokota et al. 2016）

第4項の最後に，2011年東北地方太平洋沖地震前のプレート境界面の固着がどうであったかについて説明したが（図10），南海トラフ域でのプレート境界面の固着状態は，現在どうなっているだろうか。図13は，西南日本の陸域及び海域の地殻変動データから推定されたプレート境界面のすべり欠損速度（すべり欠損量/年）の分布である（Yokota et al. 2016）。南海トラフ域では海底地殻変動観測による海域での地殻変動データが利用可能であるため，トラフ軸付近まで解像度のある結果となっている。

　図13から，南海トラフ域では東海沖から日向灘まで概ね固着していることが見て取れる。なかでも東海沖と高知県沖では固着の強い領域がトラフ軸付近まで広がっている。また，昭和の東南海地震と南海地震の破壊開始点となった紀伊半島沖は，中くらいの固着度を示している。これら3つの固着域の間には，比較的固着の弱い領域が存在する。以上のような固着域の分布から，南海トラフのプレート境界面の固着が，図10に示した東日本大震災前の東北地方太平洋沖における固着に匹敵する規模を有するものであることが分かる。また，第2項で述べたように，過去の地震から，潮岬より東の東海沖と西の四国沖に，それぞれ独立にM＝8クラスの地震を引き起こし得る大きなアスペリティが1個ずつあると考えられてきたが，図13においては，それが読み取れると同時に，固着状態のより複雑な分布が明らかになった。

（澁谷拓郎）

■ コラム：地震と大震災

　広範囲に甚大な被害をもたらした地震災害を，その被災地名をつけて○○大震災と呼ぶことがある。一般によく用いられるのは，関東大震災（1923年大正関東地震），阪神・淡路大震災（1995年兵庫県南部地震），東日本大震災（2011年東北地方太平洋沖地震）である。括弧内は，それらの震災を引き起こした地震に付けられた名前である。大震災に含まれる被害としては，地震動による建物等への直接的被害だけではなく，地震によって誘発された火災や津波による被害，ならびに土砂災害等の被害が含まれる。東日本大震災については，福島第一原子力発電所事故による被害も含めるのが一般的である。

（中井　仁）

第 1 章　自然災害概説　第 1 節　海溝型地震　│　17

■コラム：スロー地震

地殻変動や地震の観測網の整備によって，通常の地震に比べてはるかに遅い速度でプレート間のすべりが起こることが分かってきた。

本文に述べたように，海溝型地震では，プレート境界面をはさんで上盤側の陸のプレートと下盤側の海洋プレートがずれ動く。境界面上のある点において，ずれが始まってから終わるまでにかかる時間をライズタイムと言い，この間に上盤と下盤が食い違った量をすべり量という。すべり速度は，すべり量をライズタイムで割ることによって見積もられる。普通の海溝型地震のすべり速度は 1 m/s のオーダーであるが，すべり速度が小さく 0.1m/s 程度である特殊な地震が発生することがある。このようなゆっくりすべる地震は，地震波をあまり放射しないが，海底での地殻変動を引き起こし，津波を励起するので，津波地震と呼ばれる。図 4 に波線で示されている 1605 年の慶長の地震[1]や，明治三陸地震（1896 年）[2]は津波地震であったと言われている。

さらに，すべり速度がずっと小さく 1 mm/week ≈ 1x10^{-9} m/s 程度の，ゆっくりすべり（Slow Slip Event，SSE と略記），と呼ばれる現象が，地殻変動観測で見つかっている。たとえば，豊後水道や紀伊水道，浜名湖周辺では継続時間が数ヶ月～数年の長期的 SSE が観測される。また，第 5 項でも触れたが，フィリピン海プレート境界面の深さ 30～40 km の深部低周波微動が発生するあたりで，継続時間が数日～数週間の短期的 SSE が観測される。

これらのプレート間で起こるゆっくりすべりは，「スロー地震」あるいは「ゆっくり地震」と呼ばれ，プレート境界面の摩擦状態の研究にとって非常に重要である。ゆっくりすべりと海溝型巨大地震との関係を解明していくことも，今後の重要な課題の一つである。

（澁谷拓郎）

※ 1　慶長の地震については，南海トラフ津波地震ではなく，伊豆・小笠原諸島の巨大地震ではないかという説もある。
※ 2　明治三陸地震の被害については，第 3 章 5 節「津波被害と防災集団移転」を参照。

第2節　内陸地震

表1に挙げたのは，近年に日本国内で起こった地震である。いずれも，その発生場所と発生メカニズムから，内陸地震と呼ばれるカテゴリーに属すると考えられている。世界に目を向けると，1976年7月に発生した唐山地震（Mw7.5，死者約25万人）や，2008年5月の四川大地震（Mw7.9，死者約7万人）などが該当する。本節では，内陸地震の特徴，及び発生メカニズム，プレート境界型（海溝型）地震との関係などについて解説する。

1. 内陸地震はどのような地震なのか？

(1) 内陸地震とプレート境界型地震

地球の表面付近は十数枚の「剛体」的なプレートから成り立っていると考えられている。それらが色々な方向に動いている（相対運動している）ので，プレートの境界において，大地震が起こる。これがプレート境界型の地震である[9]。

プレートが本当に剛体ならば，変形しないわけであるから，その内部では地震も起こらない。実際に，世界中で起こる地震の大部分がプレート境界で

表1　近年に発生した内陸地震（M: マグニチュード，気象庁による）

発生年月日	地震名	M	最大震度
1995年1月17日	兵庫県南部地震	7.3	7
2000年10月6日	鳥取県西部地震	7.3	6強
2004年10月23日	新潟県中越地震	6.8	7
2005年3月20日	福岡県西方沖地震	7.0	6弱
2007年3月25日	能登半島地震	6.9	6強
2007年7月16日	新潟県中越沖地震	6.8	6強
2008年6月14日	岩手・宮城内陸地震	7.2	6強

---

9) 第1章1節「海溝型地震」参照。

発生している。しかしながら，少数ではあるが，プレート内部でも地震は発生する。プレート境界ではない，比較的地表に近いプレート内部で起こる地震を内陸地震と呼ぶ。沈み込むプレートの深部でもプレート内部で地震が発生するが，このような地震は内陸地震とは呼ばない。

　典型的な内陸地震としては，例えば，1800年代初めにアメリカ大陸の真ん中，ミシシッピー川流域のメンフィス付近にあるニューマドリッド地震帯で起こった，M7〜8クラスの大地震を挙げることができる[10]。この典型例に比べると，表1に挙げた日本の内陸地震は，プレート境界により近い場所で発生している。プレート境界付近の変動帯と位置づけられる日本列島において，内陸地震とプレート境界型地震を分けて考える必要がある理由は，断層近傍の歪みが増加する仕組みの違いにある。この違いに関連して，内陸大地震の発生間隔は，一般的には，プレート境界型地震に比べてずっと長くなっている。

　上にも記したように，プレート境界型地震は二つのプレートの境界において発生する。二つのプレートは一定速度で相対運動しているため，境界の断層が固着している部分があると，そこに歪みがたまる。つまり，プレート運動により，断層の両側の岩盤が異なった向きに動いているために地震が発生するのである。一方，内陸地震の断層は（一定速度で動いている）プレート内部にあるので，断層の歪みが増加するためには，プレート境界の相対運動に起因して遠方から働く力の影響下で，断層付近に何らかの局所的な変形が起こる必要がある。内陸地震の発生過程を考えるためには，内陸の岩盤で歪みがどのようにして増大するかを明らかにしなければならないのである。

　日本付近では，プレート境界は，陸側プレートと太平洋プレートとの境界，陸側プレートとフィリピン海プレートとの境界，および二つの海洋プレート（太平洋プレートとフィリピン海プレート）の境界に限られる。それらのプレート境界以外で，かつ浅い場所で起こる地震は，ほぼ内陸地震と見なすことができる。ただし，日本列島の内陸部にプレート境界があるという説がある。もしそうであれば，そこで発生する地震は内陸地震ではないことになる。プレート境界であるなら，そこで発生する大地震の発生間隔は，内陸地震である場合と比べてずっと短い

10）1811年12月16日に2回，翌年1月23日と2月7日にも地震が発生した。

と考えられる。従って、この問題は発生予測を行う上でも非常に重要である。不明な点も多いが、本節の最後で少し検討する。

いわゆる「直下型地震」は、都市直下で発生する地震を指しており、それには内陸地震だけではなくプレート境界型地震も含まれる。1906年にサンフランシスコを襲った大地震は都市直下で発生したが、サンアンドレアス断層と呼ばれるプレート境界断層で起こったものであり、内陸地震の範疇に属するものではない。近い将来、日本の首都圏で発生することが懸念されている首都直下型地震においては、陸側プレート内の活断層による内陸地震と、フィリピン海プレートおよび太平洋プレートの内部で起こる地震に加えて、これらのプレートの境界で起こる、プレート境界型地震の可能性も想定されている[11]。

(2) 内陸地震の断層

内陸地震は、プレート内部の浅いところで発生する地震であり、日本では、その震源の深さは、数 km から 15km 程度のものが多い。

例として、図 14 に 2000 年鳥取県西部地震の余震分布を示す（Shibutani et al. 2005）。余震の震源は深さ 15km より浅く、それ以深のものは非常に少ない。図 14 に示すように、大地震が起こると、そのときにすべった断層の近傍で多数の小さな地震（余震）が起こる。そのため、余震の分布から、大地震ですべった断層のおおよその広がりを推定することができる。鳥取県西部地震では、長さ 20 〜 30km、幅 10 〜 15km 程度の断層が活動したと推定される。このような、地震の際にすべった断層を震源断層と言う。

地震によって断層がどれだけずれたかは、地震の性質を知るうえで大変重要な量の一つである。地表に震源断層が現われた場合は、断層のずれ（すべり量）を直接測定できる。この地震による地表のずれを地震断層と呼ぶ。例えば、兵庫県南部地震では、野島断層において地表に約 3m のずれが起こった。日本列島の内陸では、M7 以上の内陸大地震は、活断層において地表のずれを起こすことが多い。しかし、鳥取県西部地震のように、地表に顕著な地変が現われないことがある。そのような場合でも、地殻変動データや地震波形データから、地下のすべり量を推定することができる。図 15 は、鳥取県西部地震のときの例である。すべり

---

11) 首都直下型地震については、第 7 章 4 節「予想される大災害の経済被害」を参照。

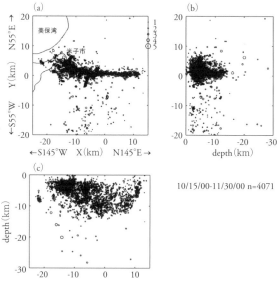

図14 鳥取県西部地震における余震分布。2000年10月15日から11月30日まで，本震発生の約10日後から約45日間の余震分布である。全国の内陸地震の研究者が中心となった合同余震観測グループによる臨時観測データ等から決定された。(a) 水平分布。(b) (a) の範囲を右手から分布域を見たときの深さ分布。(c) (a) の範囲を下方から分布域を見たときの，深さ分布。

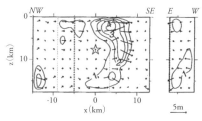

図15 鳥取県西部地震のすべり分布。強震データと水準測量データから推定されたすべり量をコンターで示す。縦軸は深さ。コンターの単位はm。横軸の値は，図14(a)の横軸とほぼ対応している。右図は，左図の主断層の太い点線の位置（X=-5km付近）から西側に延びている副断層の存在を示している。(岩田・関口2002)

量は場所によって異なっており，最大で3〜4m程度と推定されている（岩田・関口2002）。すべり量のコンター（等値線）は，地表に向かって急激に小さくなっており，地表に顕著な地震断層が現われなかったことと矛盾しない。

　上の二つの地震の場合の例のように，日本における内陸大地震のすべり量は3m程度となることが多いが，過去に起こったより大きな内陸地震，例えば，1891年の濃尾地震や，謹慎中の加藤清正が伏見城へ駆けつけたことで有名な1596年の慶長大地震の場合

は，四国において 8m 近いすべり量が報告されている（堤・後藤 2006）。慶長大地震は四国西部から京都府まで断層が次々に破壊したと推定されており，断層の長さは 200km を超えている。長大な断層では，すべり量が大きくなる傾向がある。

(3) 内陸地震と活断層

　活断層とは，最近の数十万年間に繰り返し活動している断層を指す。活断層で大きな地震が繰り返し起こると，兵庫県南部地震の際に野島断層で地表に現われたような段差が累積して，崖などの特徴的な地形が形成されることが多い。そこで，活断層の調査は，航空写真等から，リニアメントと呼ばれる崖や谷などが直線上に現われるところを探すことから始められる。

　断層が本当に活動しているかどうかは，形成年代の分かっている地層や地形面が食い違っているかどうかで判断する。よく用いられるのは，海面の上昇や下降に伴って形成された海岸や河岸にできた平らな面（段丘）である。より確実なのは，断層を境に地層に段差があるかどうかを調べることである。例えば，神戸市の北側に聳える六甲山の南麓の活断層では，断層の両側で行われた多数のボーリングにより，約 2 万 8000 年前の火山灰層に約 12m

の段差があることが分かった（神戸市1998）。つまり，最近の 2 万 8000 年間に断層の一方の側が他方に対して相対的に約 12m 隆起したことを意味する。ちなみに，六甲山自体が，この 50〜100 万年くらいの間に繰り返し発生した地震により，現在の形になったと考えられている。仮に，1000 年に一度1m 程度隆起すると，100 万年で1000m 程度の隆起量となる。

　前項に述べたように，鳥取県西部地震では，その余震分布から地下の活断層の存在が明らかにされたが，地震以前はこれに沿うような活断層は知られていなかった。地震後の詳しい調査によって，長さ数 km 程度のリニアメントにおいて，最大で数十 cm 程度の左横ずれが認められた。地表の変形はこのリニアメントだけに限定されておらず，小規模な変形がこのリニアメントと平行する位置でも認められている。さらに，別の地点では，数 cm 以下の小さなずれが約 1km の幅に拡がって分布しており，左横ずれの量の合計が70cm にも及んでいると報告されている（伏島・他 2003）。地表変動が現われた地点で地面を掘ってみると，過去のずれが認められた場合もあり，この地域で地震が繰り返し起こっていることは確かである。しかし，個々の破砕帯の幅は非常に狭い。地表付近におい

て，小規模の変形が分散するために，顕著な痕跡が生じず，目立った地形として残らないものと推測される。

このように，同じ M7 クラスの地震でも，地表に明瞭な地震断層が現われるものとそうでないものがある。また，知られている活断層で起こるものと，活断層として認められるような痕跡を地表に残していない断層で起こるものがある。鳥取県西部地震は，活断層として認められていない断層で発生し，明瞭な地震断層が地表に現われなかった。また，2004 年新潟県中越地震は，六日町断層帯という明瞭な活断層沿いで起こったのだが，地表に現われた地震断層は非常に小規模なもので，後世に痕跡が残るかどうか分からない。従って，現時点において活断層が知られていないところで大地震が起こる場合があるし，活断層が知られているところでも地表に痕跡が残らない一回り小さな地震が起こることもあるということである。過去に起こった大地震をすべて把握しているとは限らないと言うことができる。内陸で起こる大地震と活断層の関係は，従来考えられていたよりも多様性に富むようである [12]。最近の地震動予測地図では，そのような点も多少考慮されているが，被害を起こす可能性のある大地震は，従来想定されていたよりも数多く起こっている可能性が高いことに留意すべきである。

(4) 内陸地震の頻度

プレート境界における巨大地震の発生間隔は，例えば，南海トラフの巨大地震だと，100〜200 年程度であることが知られている。一方，内陸の活断層においては，地表にずれが残るような大地震の発生間隔は数百年から数万年程度である。

阪神・淡路大震災の後，地震調査研究推進本部が発足し，トレンチ調査 [13] により，全国の主要な活断層の活動履歴調査が行われ，その結果が公表されている。例えば，北伊豆断層帯においては，約 7000 年間に 5 回の活動が認められ，平均活動間隔は 1400〜1500 年程度であると評価されている（地震調査委員会 2003）。ただし，個々の地震の発生年代には，精度の良いものでも 500〜1000 年程度の任意性があるため，例えば，平均活動間隔が 1500 年の活断層において，ときには 500 年程度の間隔で地震が発生する可能性を否

---

12) これを断層の成熟度の違いとして解釈する考えもある（小林・杉山 2004）。
13) トレンチ調査：断層の活動時期や規模を知るために，深さ数 m から数十 m の溝（トレンチ）を掘って，その壁面に現われる地層を調べる手法。

定できているわけではない[14]。

平均活動間隔が長いものについては，活動履歴から発生間隔を求めることが困難であるため，年代の分かっている地層等の食い違い量から推定される平均変位速度を用いて推定されている。例えば，上述のように六甲山の南麓の活断層では，火山灰層のデータから，2万8000年間に断層の山側が約12m隆起したことが分かっている。このことから1000年あたり約0.4mの上下変動があったと推定される（平均変位速度＝約0.4m/1000年）。1万年で4mであるから，この変動がすべて地震による変動であると仮定して，1回の地震では仮に1mの上下変位があるとすると1万年間に4回の地震が起こっていることになる。つまり，平均活動間隔は，2500年と計算される。地層が大きく食い違っている断層は，地震が頻繁に起こったため，ずれが大きくなっていると考えるわけである。頻度が低い例としては，琵琶湖の東岸にある鈴鹿山地西縁断層が挙げられる。0.1〜0.2m/1000年の平均変位速度と1回の地震による2〜3mのずれから，約1万8000年から3万6000年程度の平均発生間隔が推定されている（地震調査委員会 2004）。

(5) 内陸地震の続発

前節では，個々の活断層に着目して活動履歴の例を紹介した。次に，断層活動の空間的な特徴について述べる。この点に関して，プレート境界型地震と内陸地震は大きく異なっているようである。

プレート境界型地震の場合，プレートの境界の断層において，巨大地震が次々と発生し，未破壊の部分を埋めていくという現象がみられることがある[15]。有名なのは，トルコの北アナトリア断層における1939年以降の一連の地震である。断層の東部で始まった破壊は，1939，1942，1943，1944，1957，1967，1992年と順番に西の方へ移動した[16]。断層のある領域ですべりが発生すると，隣接領域に歪集中が発生するので，このように順番に大地震が起こるのは，考えやすいことである。日本では，千島海溝沿いのプレート境界において，1952年の十勝沖地震の後，1958，1963，1969年とM8以上の巨大地震が次々に発生し，破壊

---

14) 地震発生間隔の確率的振る舞いについては第1章1節3項「海溝型地震の予測」を参照。
15) 防災科学技術研究所HP「地震の基礎知識とその観測 7.3 地震の周期性と活動期・静穏期（岡田義光）」，2017年2月25日閲覧。
16) 第1章8節「世界の自然災害」図83参照。

せずに残っていた部分（地震空白域）で，1973年に大地震が発生した。この例は，隣接領域に次々破壊が拡がるというものではないが，プレート境界のある領域で大地震が発生すると，その近隣の領域において地震を起こす力が増加して，次々と大地震が発生するものと解釈できる。

　一方，内陸地震については，ある活断層で大地震が起こった場合，隣接領域で「引き続いて」内陸大地震が起こることはむしろ稀である。「引き続いて」とカッコ書きにしたのは，内陸地震の場合は，平均的な発生間隔が非常に長く，活動履歴が十分に分かっていないので，何年以内なら続いて起こったと考えられるか，また，どこまでを近隣と考えればよいかが明確ではないからである。近隣領域における続発に近い例を挙げると，1891年の濃尾地震の後，その断層の北方への延長上で1948年に福井地震が発生した。しかし，両者の地震断層は少なくとも数十kmは離れており，その間には，活断層は知られていない。また，兵庫県から山口県にかけての日本海沿岸においては，微小地震の震源が線上に連なって起こっており，山陰地方の地震帯と呼ばれている。そこでは，1872年浜田地震，1925年但馬地震，1927年北丹後地震，1943年鳥取地震，1996年

山口県北部地震，2000年鳥取県西部地震と，M6.5以上の大地震が頻発している。この場合も，地震帯の長さに比べて，大地震ですべりが起こった部分は限られた一部であり，他の大部分では微小地震が起こっているだけである。しかも，地震帯の大部分において，顕著な活断層は知られていない。これとは逆に，長大な断層が続いて活動した稀な例としては，前にも触れた1596年の慶長大地震がある。この地震では，四国西部から淡路島東岸，六甲山地南縁，有馬高槻断層帯が破壊して，ついには京都南部の伏見城近くまで断層破壊が続いたと考えられている。

　ある断層が活動したとき，隣接領域において「引き続いて」断層すべりが必ずしも起きないことは，内陸地震の本性を明らかにする上で重要な特徴の一つである。プレート境界の断層の場合は，それが地震性の断層ならば，その断層上で次々と大地震が発生し，全面が地震断層で覆われることになる。プレート境界でも，非地震性の部分，つまり，普段からずるずるすべっているところがあると，その部分を除いて地震すべりが発生する。内陸の地震断層の場合，その両端部において非地震性の変形が起こっているために，「引き続いて」の地震すべりが起こらない可能性が高いと考えられるが，どうい

う物理・化学過程が進行しているのかなどについてはよく分かっていない。

2. 内陸地震はどうして起こるのか？
(1) 内陸地震の謎

かつて（1995年兵庫県南部地震の頃まで）は，図16（a）に模式的に示すように，内陸のプレートが沈み込む海洋プレートに「押される」ことにより，内陸の断層に圧縮力が加わり，断層が耐えきれなくなってすべるために内陸地震が発生すると考えられていた。しかし，東北地方太平洋沖地震（東日本大震災）のような海溝型の巨大地震が起こると，図16（a ii）のように，押されていた内陸のプレートは逆に大きく引っ張られ，圧縮力は減少してしまう[17]。もしこの単純な仕組みだけ

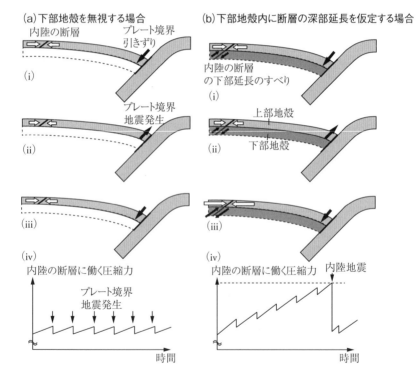

図16 内陸の断層に加わる圧縮力とその時間変化の模式図。下部地殻を無視した場合（a）と下部地殻を考慮した場合（b）。それぞれ，(i) プレート境界型地震が起こる直前，(ii) プレート境界型地震の直後，(iii) 次のプレート境界型地震の直前のプレートの状態を示す。(iv) パネルは，断層に加わる力の時間変化を模式的に示している。

---

17) 第1章1節「海溝型地震」図7（a）参照。

が働いているのなら，図16（a iv）に示されているように，内陸の断層に働く圧縮力は，プレート境界の巨大地震の発生の度に元へ戻ってしまい，ある値以上には大きくならないことになる。沈み込む海洋プレートの立場になってみると，内陸のプレートを押して壊そうとしているのだが，ときどきつるつるすべってしまってなかなか思うように押せないということになる。前項に述べたように，個々の断層における内陸大地震の発生間隔はプレート境界の巨大地震よりずっと長いので，この仕組みだけでは，プレート境界の巨大地震の発生間隔を超えて，内陸の断層に歪エネルギーを蓄積することはできない。つまり，内陸地震は発生しなくてよいということになる。

　この考え方には，内陸のプレートの性質や状態についての，一つの見方が背景にある。

　日本列島では火山活動が活発であることから分かるように，マントルは高温であり，流動性に富んでいると考えられる。そのため，内陸のプレートとしては，地殻だけを考慮すればよいことになる[18]。問題は地殻の物性や状態である。図14に示されているように，日本列島では，地震が発生するのはおおよそ地殻の上半部，地表から深さ15kmぐらいまでであり，下半部では発生しない。これは，地殻も深いところではやや高温となるため，岩石は破壊するのではなく，マントルのように流動するためと考えられている。

　問題は，地殻の深いところは地震を起こさず流動するのだから，その強度は非常に小さく，沈み込むプレートに起因する圧縮力をほとんど支えていないと見なされていたことである。そのため，内陸地震の発生は，地震が発生する地殻の浅いところだけの問題であると考えられていた（以下においては，簡単のために，地殻を地震の発生する領域とそうでない領域に二分し，前者を上部地殻，後者を下部地殻と呼ぶ。正確には，地震学的上部・下部地殻と呼ぶべきものである）。地震を起こすことができる上部地殻は，脆性的であり，地震すべりを起こさないときには弾性体[19]と見なせると考えられていた。したがって，図16（a）では，内陸のプレートのうち弾性体と見なすことができる上部地殻だけが考慮されて

18）一般にプレートは，地殻とマントル最上部から成る。詳しくは，2ページの脚注1）を参照。

19）弾性体：力が加わると捩じれたり歪んだりするが，力が除かれると元に戻る物体，ないしは物体が持つそのような性質を指す。一般に物体は，力がある大きさ（弾性限界）を超えると破壊される。破壊される性質を脆性と呼ぶ。

いるが，上記のように，このような系では内陸の断層に歪エネルギーを蓄積することはできない。

(2) 最近分かってきたこと——断層の直下の「やわらかい」領域

近年の様々な調査研究等により，地震の発生場を比較的均質な弾性体と見なす考え方は正しくないことが分かってきた。内陸のプレート内には，周囲に比べて「やわらかい」領域が存在し，そこが局所的に変形するために，周囲に歪エネルギーを蓄積するというのが，筆者たちが提唱する新しい考え方である（飯尾 2009）。

「やわらかい」領域の変形とは，より具体的には，図 16（b i）に示すように，地震時に急激にすべる断層の，下部地殻への延長部で生じる「ゆっくりすべり」であると考えられる。下部地殻の一部で「ゆっくりすべり」が起こることにより，上部地殻の断層近傍で歪エネルギーが増大すると考えられる。プレート境界型の巨大地震が起こって海洋プレートが陸側プレートを押す力が減少しても，下部地殻の「ゆっくりすべり」は元に戻らないので，図 16（b ii）に示すように，上部地殻にかかる圧縮力も元の状態には戻らない。その結果，次のプレート境界地震のときまで，図 16（b iii）のように，

下部地殻のゆっくりすべりが進行し，上部地殻にかかる圧縮力も大きくなる。その結果，図 16（b iv）に示すように，長期間にわたって，内陸の断層の歪エネルギーが増加し続けることが可能となる。図 16（a）のように下部地殻を無視してしまうと，「ゆっくりすべり」の効果を考慮することができないのである。

ここでは「ゆっくりすべり」とカッコ書きで示したが，具体的には，数 km 未満の幅を持ったせん断帯に局所化した流動変形であると考えられる。下部地殻における変形は，面をはさんで岩石がずれる摩擦すべりではないと考えられる。上部地殻の断層の下部地殻への延長部に流動的な変形が集中することを，ここでは，「断層がゆっくりすべっている」と表現している。

ここで示したモデルは鉛直方向と断層面に垂直な方向のみの 2 次元であり，上部地殻の断層の両端部の役割や，隣の断層との関係などは考慮していない。しかしながら，モデルが 3 次元であっても，ここで示したような「やわらかい」領域を考慮しない限り，東北地方太平洋沖地震のようなプレート境界の巨大地震が起こると，内陸の個々の断層に加わる圧縮力は基本的には減少するため，地震が起こらなくなってしまうのである。

（3）「やわらかい」領域の実体は？

　断層の下部地殻への延長部における
ゆっくりすべりが内陸地震の原因を考
える際の鍵であることを上に述べた。
この考えは，（ア）下部地殻は無視で
きない，および，（イ）下部地殻にお
ける変形は狭い範囲に集中する（局所
化する）という二つの基本的な見方に
基づいている。

　（ア）を直接的に指示する知見が近
年いくつか得られている。

　流動変形においては，粘土を一軸圧
縮するときのように，加えた力に応じ
た速度で変形が進む。力の大きさが同
じであっても，よりやわらかい粘土の
場合は，変形速度がより大きくなる。
この変形のしやすさを表すパラメー
ターを，粘性係数と呼ぶ。ねばっこい
水飴の粘性係数は大きいが，さらさら
の油のそれは小さい。スカンジナビア
半島などでは，年間 1cm にも及ぶ隆
起が見られるが，これは，最終氷期の
厚い氷が溶けたことによる荷重の変化
に対して，マントルがゆっくり流動
して応答しているためであると考えられ
ている。氷期の氷は水平的な拡がりが
大きく，深さ方向にも大きな範囲に影
響を及ぼすため，上部マントルの粘性
が明らかになった。

　一方，下部地殻など比較的浅部の物
性を推定するためには，空間的な拡が

りが小さな現象を調べればよい。アメ
リカのラスベガス近郊で，フーバーダ
ムという巨大なダムが建設されたと
き，ダム湖の荷重による変形を解析す
ることによって，下部地殻の粘性が推
定された。他の場所でも小規模な湖の
干上がりが地殻に与える影響などが調
べられ，下部地殻の粘性は直下の上部
マントルよりも大きいことが分かって
き た（Kaufmann and Amelung 2002）。
このことは，内陸地震の発生を考える
上で，粘性が非常に小さい下部地殻は
無視できるというかつての考えに大き
な疑問を投げかけた。

　下部地殻の大部分において粘性は大
きいが，局所的に粘性の低い場所があ
るというのが筆者らの考えであり，こ
の考えは（イ）と調和的である。（イ）
は，断層岩を調べている地質学者には
良く知られていることである。かつて
下部地殻相当の深度にあった断層が，
現在は地表に顔を出している例が，ご
く少数ではあるが存在する。日本では，
福島県の畑川破砕帯や北海道の日高地
方の断層帯が有名である。地質学的な
手法を使って岩石が過去に経験した温
度と圧力を推定することによって，そ
れらの地層が，かつては下部地殻に存
在したことが確認されている。そして，
変形が幅数 km 程度の狭い範囲に集中
していることから（飯尾・他 2005），

下部地殻の狭い範囲で変形が起こった
と推定されている。

(4) 「やわらかい」領域がなぜ生じる
のか？

どうして下部地殻において変形が狭
い領域に集中するのかは良く分かって
いない。周囲の岩石は変形していない
ように見えることから，下部地殻の断
層帯の岩石は周囲に比べて粘性が小さ
いということになる。どうして粘性が
小さいのかという問題に対して，地質
学的な調査からいくつかの可能性が指
摘されている。

岩石の粘性は色々なパラメーターに
関係している。上述したように，高温
になると岩石は粘性が小さくなり流動
する。なんらかの理由により，下部地
殻の断層帯近傍が周囲より高温である
と，そこに変形が集中する可能性があ
る。

また，他の条件がすべて同一の場合，
岩石中に水が多く含まれていると，粘
性が小さくなることが知られている
（唐戸 2000）。日本など沈み込み帯で
火山活動が活発なのは，沈み込む海洋
プレートによってマントル内に持ち込
まれた水のために，岩石の結晶の結び
つきが弱められ，マントル物質が溶け
やすくなったためであると解釈されて
いる。溶けてマグマになるところまで

行かなくても，水が入ると岩石はやわ
らかくなると考えられている。下部地
殻の断層岩に含まれている水の量を調
べたところ，断層帯に近づくほど水が
多く含まれているという研究結果も報
告されている。

しかしながら，高温であることと水
の存在以外にも，岩石を構成する鉱物
の結晶の粒径など，岩石の粘性を左右
する様々な要因があり，原因を特定す
るところまでには至っていない。

3. 注目される歪集中帯
(1) 新潟―神戸歪集中帯

下部地殻の変形の様子やその物性を
知るためには，地球物理学的な調査結
果も重要である。ここでは，新潟―神
戸歪集中帯に関して得られた知見を整
理する。

GNSS（汎地球測位航法衛星システ
ム：Global Navigation Satellite System）
は，衛星を用いた測位システムの総称
である。一般によく知られている GPS
は，米軍が開発した GNSS である。絶
対的な測位の精度は 1cm 程度，相対
的にはその 1/10 程度である。三角測
量では 100 年程度の観測期間が必要で
あった日本列島の歪速度場を，1 年程
度で推定することが可能となった。こ
の技術によって，図 17 に示すように，
日本列島における変形集中帯である新

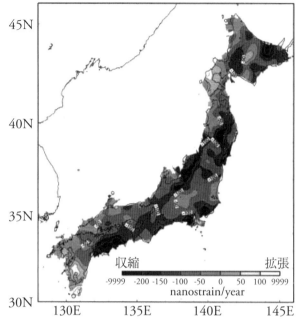

図17　GNSS データによる日本列島の面積歪速度。影の濃いところほど収縮歪速度が大きい。新潟―神戸間に歪集中帯が見られる。nanostrain/year は，任意の 3 点がつくる三角形の面積が，年率 10 億分の 1 の割合で拡張あるいは収縮したことを示す。(Sagiya et al. 2000 より。一部，英語表記を日本語表記に改変)

潟―神戸歪集中帯の存在が確認された（Sagiya et al. 2000）。

　日本列島の下には，日本海溝において太平洋プレートがほぼ西向きに，また相模・駿河・南海トラフにおいてフィリピン海プレートが北から北西向きに沈み込んでいる（第 1 章 1 節「海溝型地震」図 1 参照）。そのため，日本列島においては，これらの海溝やトラフに近いほど，変形速度が大きくなっている。例えば，シベリアなどユーラシア大陸の安定部を基準にすると，

2015 年時点で，四国の室戸岬や足摺岬の観測点は年間 3〜5cm 程度の速度で西北へ移動しているが，南海トラフから離れるに従って，その水平速度は急激に小さくなっている。この水平変動のパターンは，基本的には，半無限弾性体を仮定した理論的な地殻変動モデルから予測されるものと一致しており，陸側のプレートの深さ 30km 程度までの浅いところが，沈み込むプレートに固着して引きずり込まれることによる，と説明されている。プレート境

界の深いところでは固着せずにずるずるすべるため、変位速度の大きなところが、トラフ近傍に限定されるのである。

ところが、日本列島には、この理論的なパターンと違っている領域がある。関東地方はほとんど一様に西向きに年間3cm程度の速度で動いているが、新潟から長野にかけての地域で、速度は急激に減少し、その西側では、ほとんどゼロに近くなっている。このことは、速度が急減する地域、すなわち新潟から長野に至る一帯は大きく変形しているが、それ以外の地域はあまり変形していないことを意味している。この変形集中帯は、新潟から長野を経て神戸にまで至っており、新潟—神戸歪集中帯と呼ばれている（Sagiya et al. 2000）。

(2) 新潟—神戸歪集中帯のモデル

この変形集中はどうして生じるのだろうか？

重要な点は、新潟—神戸歪集中帯では変形が集中するのに、そこから少し離れるとほとんど変形していないように見えることである。このことを図16（a）のような均質な弾性体を用い

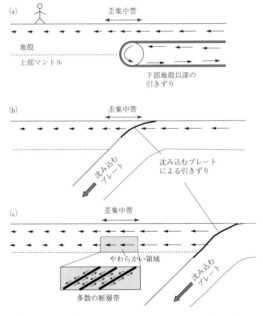

図18　新潟－神戸歪集中帯の成因についてのモデル。(a) 衝突モデル，(b) 沈み込み帯モデル，(c) やわらかい領域のあるモデル。図中の黒矢印は水平変動を模式的に示したもの。

て説明することは難しい。なぜなら，均質な弾性体の端を押しても内部は一様に歪むだけだからである。

新潟—神戸歪集中帯における変形集中を説明できる3つのモデルを，図18に模式的に示した。図18（a）では，ベルトコンベアーの上に載せられた部分がそれ以外の部分にぶつかっている。ベルトコンベアーはマントル対流のような流動をイメージしたもので，この場合は，下部地殻以深が流動していると考えられている。ベルトコンベアーの上では地殻は歪まず，ベルトコンベアーの端付近で歪みが大きくなる。もう一つのモデルは，図18（b）に示すように，一方のブロックが他方へ沈み込むものである。

これらのモデルによって，観測されている地殻の水平変動は，見かけ上は再現される。しかし，新潟—神戸歪集中帯において，図18（a）に示したような下部地殻以深の大規模な流動を示す地殻や上部マントルの構造や物性は知られていない。また，図18（b）は沈み込むプレート境界のモデルと全く同じものであるが，日本列島のまん中に沈み込み帯があるという観測的証拠はない。あり得そうなのは，図18（c）のように，やわらかい領域があるためにそこが選択的に変形して，両側の変形が小さく見えるというものである。

第1項で触れたように，日本列島の内陸にはプレート境界があり，新潟—神戸歪集中帯はプレート境界だという説がある（Heki and Miyazaki 2001）。この説によると，北海道や東北日本等は北米プレートに属し，日本列島のまん中で剛体的な北米プレートとユーラシア側のプレートが衝突している。プレートの相対運動でものごとを説明する立場においては，そもそもプレートが剛体であることを無条件に仮定するため，図18（a）のようにその背景となる物理的な機構は明示されていない。しかしながら，火山活動が活発であることから推定されるように，東北日本の内陸，特に脊梁山脈付近では高温のため地殻深部の粘性は周囲に比べて小さいと推定される（Shibazaki 2003）。そのような弱い領域を含んだ細長いプレートが，北米大陸と一体となって「剛体」的な運動をして互いに押し合うことは，力学的には非常に考えにくい（飯尾 2008a, 2008b）。

図18（c）に示すように，新潟—神戸歪集中帯において地殻内の不均質構造のために変形が集中すると考えたが，実際に，下部地殻の特徴として，地震波速度が小さい，地震波の減衰が大きい，電気伝導度が大きいなどの観測結果が報告されている。これらはいずれも，下部地殻において水が豊富に

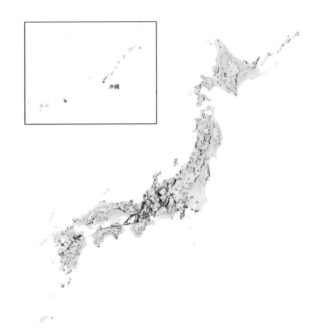

図 19（口絵 5 参照） 日本の活断層（地震調査委員会 2009）

あることを示唆しており，水のために下部地殻がやわらかくなったものと解釈できる（Iio et al. 2002）。

同様の現象は，日本海沿岸の，山陰地方の地震帯とよばれる地域においても明らかになってきた。そこでは，高電気伝導度異常や地震波の低速度異常に加えて，地震を起こす力の向きが周囲と異なっていることが発見された（Kawanishi et al. 2009）。これは，地震帯の下部延長のゆっくりすべりにより説明が可能であり，最近の GNSS データの解析でも歪集中帯となっていることが分かってきた（西村 2015）。

図 19 に示すように，新潟—神戸歪集中帯とその周辺は，日本の内陸でも活断層が集中している地域である。これは，下部地殻が周囲に比べてやわらかいために変形が集中しているからと考えられるが，その歪集中の量に相当するだけ内陸地震が発生するのかどうかは，まだよく分かっていない。地震を伴わずに変形する可能性も否定はされていないからである。一方，山陰地方の歪集中帯付近には，顕著な活断層は知られていないが，最近 100 年くらいでは大地震が頻発している。下部地殻の不均質構造と地表付近での断層運動との関係について，さらに理解を深めることが重要である。

4. 内陸地震の発生予測

　西南日本の内陸部においては，南海トラフの巨大地震の前50年間と地震後10年間には，それ以外の期間に比べて，被害地震の頻度が約4倍になると言われている（Utsu 1974）。東北地方太平洋沖で起こった巨大地震の後に，大きな噴火や地震が起こった例もある。このように，ある特定の期間に地震や火山の活動が活発になることがある。

　しかしながら，数十年の時間スケールにおいて，どの活断層で内陸の大地震が起こるのかを予測することは大変難しい。

　本節第1項（4）に述べたように，活断層の活動履歴に基づく手法により長期的な発生予測が行われている。これは，現時点では唯一の実用的な方法であるが，内陸地震の発生間隔が非常に長いことから，発生時に関しては，少なくとも数百年程度の不確定さはどうしてもあり得る。長期評価は，そのような不確定さを定量的に取り入れることによって行われている。

　全国の主要な活断層について，地震後経過率[20]や地震発生確率[21]の値が公表されている。例えば，2016年熊本地震で活動した布田川断層については，地震後経過率は0.08〜0.9，今後30年以内の地震発生確率はほぼ0〜0.9％となっている（地震調査委員会2013a）。幅があるのは，活動時期のデータに不確定さがあるからである。このように，評価された発生確率が1％未満であっても，地震は起こり得ることに留意する必要がある。

　長期評価を参照するに当たってもう一つ留意すべきは，本節第1項（3）で述べたように，活断層の存在が知られていないところで大地震が起こる可能性があるということである。活断層の活動履歴が把握できるのは地表に顕著な地変が現われた場合のみであり，内陸地震は，従来想定されていたよりも数多く起こっている可能性も高い。地震調査委員会では，このような場合も考慮して評価手法の改訂を進めており，活断層の地域評価として一部公表されている。活断層が知られていないところで大地震が起こる可能性があるため，現在のところは，日本列島のど

20）地震後経過率：最新活動（地震発生）時期から評価時点までの経過時間を，平均活動間隔で割った値。最新の地震発生時期から評価時点までの経過時間が，平均活動間隔に達すると1.0となる。

21）地震発生確率：ある活断層の最新活動時期と平均活動間隔に基づき，活動時期のばらつきの程度も考慮して，ある時点から30年間にその活断層が活動する確率を表したもの。30年間に活動する確率なので，平均活動間隔が3000年の断層の場合，最新の地震から3000年程度経過していても，確率値は30/3000＝1％程度である（第1章1節3項「海溝型地震の予測」を参照）。

こでも被害地震が起こる可能性を想定して対策をとる必要がある。

長期的な発生予測を実用的なレベルにするためには，内陸地震の発生過程の理解に基づいた発生予測手法と活断層履歴に基づく手法を組み合わせることが重要であると考えられる。上記で紹介した下部地殻の「やわらかい」領域は，そのための重要な鍵となると期待される。　　　　　　　　（飯尾能久）

■コラム：活断層の長期評価の捉え方

第1章2節「内陸地震」に述べられているように，長期評価によって1%に満たない発生確率が予想されている活断層であっても，近いうちに実際に活動する可能性がある。平均活動間隔が3000年の活断層が，最新の地震から3000年程度経過しているとすると，今日活動しても不思議ではないのだが，計算上は現時点から30年間に起こる確率値は30／3000＝1%程度と推定される。

この1%の確率を，高いとみるべきか，無視できるほど低いとみるべきかには，定まった基準はない。同じ確率1%でも，状況によって様々な受け取り方があり得る。例えば，重い病気になって，医者から，手術すれば回復するが手術中に死亡するリスクが1%程度あると言われた場合，1%のリスクは無視しても手術に踏み切る人は多いだろう。一方，感染症が蔓延して1%の国民が死亡する可能性があると報道されたら，社会はパニックに陥る。1%の重みは，状況に応じて考える必要がある。

筆者は，現在行われている活断層の長期評価には限界があることを踏まえた上で，次の二つの受け取り方をするのが妥当ではないかと考える。

（1）長期評価は，その値にかかわらず活動の可能性を示唆している。

（2）長期評価の高い断層に関してはすぐに実現できる対策を講じ，確率の低い断層に関しては確率の高さに応じて適切な年限内に完了する対策を取る。

活断層の長期評価は，言わば，社会への警鐘である。確率が低いという理由で，活断層の存在を無視していたのでは，警鐘としての意味を失う。防災対策には多大な経費がかかるので，すべてをすぐに，かつ完璧に行うことは不可能だが，住民と行政が，常に防災への目配りを忘れず，短期・長期的な対策を講じ続けることが，災害の不意打ちを食わないための最良の方策であろう。

（中井　仁）

第3節　火山災害

　地球上には約1500座の活火山が確認されている。その多くはプレート境界の近くにあり，4つのプレート[22]の境界に隣接する日本列島には110座[23]もの活火山が存在する。そのため，我が国は繰り返し大規模な火山災害に見舞われてきた。火山災害は，地震よりも発生が予想される場所の特定が容易だが，発生の時期については，現在も確定的な予報はできていない。後述するように，近年の例をとっても，警報が人的被害を抑制することに成功した例がある一方で，警報に失敗した例もある。本節では，火山活動の観測体制を概説し，実際にあった火山災害の経過を追うことによって，火山災害がどのような災害かを概観することにする。

1. 火山の観測体制

　気象庁は，東京の気象庁本庁，およ

び札幌・仙台・福岡の各管区気象台に設置された「地域火山監視・警報センター」において，全国110座の活火山の活動状況を種々の方法を用いて観測している。そして，得られたデータをもとに火山活動の評価を行い，噴火の発生や拡大が予想された場合には，噴火警報を発表する。

　110座の活火山のうち，「火山防災のために監視・観測体制の充実等が必要な火山」として火山噴火予知連絡会によって選定された50座について，火山観測施設を整備し，24時間体制で火山活動を監視している（図20）。さらに，特に活動的な38座（2018年1月時点）については，噴火警戒レベルが運用されている。噴火警戒レベルについては本節第5項で触れる。

2. 火山活動の観測

　火山活動の観測対象となる現象とし

22）第1章1節「海溝型地震」図1を参照。
23）我が国では，活火山を「概ね過去1万年以内に噴火した火山及び現在活発な噴気活動のある火山」と定義し，火山噴火予知連絡会が，これに適合する火山を選定している。したがって，活火山の定義が変更されたり，調査研究で新たに1万年以内の噴火の証拠などが提出されるなどして，活火山の数が変化（基本的には増加）することがある。本文に挙げた活火山数は，2016年9月時点における数である。

図20 「火山防災のために監視・観測体制の充実等が必要な火山」に選定された火山。下線をつけた火山は，気象庁によって噴火警戒レベルが運用されている火山。（気象庁HPの図に加筆）

ては，火山性地震および火山性微動，地盤変動，温度・重力・電磁場などの変化，火山ガスや火山灰の噴出，噴火などがある。以下に，これらの火山活動に伴う現象および，その観測について概説する。

(1) 火山性地震の観測

　一般に火山性地震による揺れの強度は微弱だが，大規模な噴火が近づいたときなどには，体に感じる震度1以上の地震が起こることがある。地震の波形の違いによって，A型，およびB型と言われる二つのタイプがある。A型地震は高周波（10Hz～以上）成分が卓越し，深さ10kmより浅いところで，マグマの蓄積や上昇によって岩石が破壊されることによって発生する。B型地震は，低周波（～10Hz以下）成分が卓越し，深さ1km程度のところで発生する。上昇してきたマグマの中における火山ガスの発泡が原因の一つと考えられているが，その発生機構はまだ十分明らかになっていない。A型地震は，岩石の破壊による発生機構が普通の地震と共通しているので，波形だ

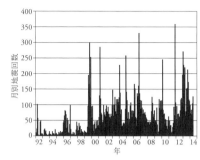

図21 口永良部島噴火（2014年）に先行する火山性地震の月別回数の推移（井口・他2015）

けでは普通の地震と区別が付き難い。しかし，火山の周辺に限定して発生することから，火山性であることが分かる。火山噴火に先行して火山性地震が活発化する場合が多いので，火山性地震の観測は噴火の予知にとって重要な情報となる。図21に，例として，2014年口永良部島噴火に先立つ火山性地震の頻度の推移を示す（井口・他2015）。1999年7月以降，地震活動は，それ以前と比べて活発になり，1ヶ月に200回以上群発する現象が1～2年の間隔で繰り返された。

　火山性地震と火山性微動の違いは明確ではないが，前者の継続時間が数十秒であるのに対し，後者の継続時間は長く，数日間連続的に続く場合もある。また，前者は開始時刻が明瞭に分かるのに対し，後者は不明瞭である。火山性微動の原因はよく分かっていないが，マグマの移動に伴って発生するの

ではないかと考えられている。

(2) 地盤変動の観測

　マグマの蓄積や上昇に伴って山体が変形し，地盤の隆起，伸長，傾斜などの現象が起こる。マグマの上昇は噴火につながる恐れがあるので，噴火の予報には欠かせない観測である。水準器と標尺を用いた水準測量や，測地衛星測量，および傾斜計による計測などがある。水準測量は，測地衛星測量よりも精密な測量が可能である反面，1回の測量に時間と労力を要する。それに対し，坑道内に設置した傾斜計は，地盤の傾斜量の感度が極めて高く，かつ連続的な観測を可能にする。その一方，機器のドリフト（経年変化）があるため，月単位や年単位などの長期間変動の検知には向かない。実際の計測は，それぞれの長所と短所を踏まえて，これらの方法を併用して行う。

　図22 (a) は，水準測量によって得られた，桜島の西端近くの観測点（図にS.17と記載）に対する北端近くの観測点（同S.26と記載）の比高変化を，横軸に年をとって示している。同図(b)は，1978年以降の年間降灰量の推計値の変化，同図 (c) は年間の噴火回数の変化である。1967年頃から1971年頃の噴火活動が静穏な時期には桜島北部の地盤が隆起し，1973，74年以

図22 (a) 鹿児島県桜島におけるS.17観測点に対するS.26観測点の比高変化 (b) 年間降灰量の変化（1978年以降）(c) 年間噴火回数の変化（山本・他 2010）（英語表記を日本語に変更）

降の活発な噴火活動があった時期には沈降した。そして，1995年以降に再び地盤隆起が起こっている。鹿児島湾奥の海底地下にはマグマ溜りがあると考えられており，上の地盤変化は，噴火の静穏期にはマグマ溜りにマグマが蓄積され，その結果として桜島北部の隆起が起こるが，噴火が活発化するとマグマ溜りのマグマが減少して桜島北部が沈降する，と解釈されている。2010年以降の状態は，1970年代以降に生じた活発な噴火活動と同様の活動を起こす可能性をすでに保持していると考えられている（山本・他 2010）。

(3) 温度変化の観測

マグマが上昇すると地表や地中の温度が上昇するので，温度測定はマグマの動きをとらえる重要な観測の一つである。温度計を地中や温泉に設置して定点観測をするほか，赤外線カメラによる画像によって，より広範囲の温度変化を監視することもある。図23 (b) は，2004年噴火の際の浅間山山頂火口の様子を示している。2004年7月26日以降火山性地震の回数が増加し，火口の一部で高温部が確認され（図23 (c)），火映現象[24] も観測された。

図23（口絵6参照） (a) 浅間山の山頂火口内及び周辺の地形図（国土地理院）(b) 火口内の噴気の様子（火口南西縁から撮影（図 (a) の矢印））(c) 赤外線カメラによる温度分布（2004年7月28日撮影）（気象庁 2004）

これらの観測をもとに，気象庁は7月31日に，火山活動レベルを1から2に変更した。

(4) 重力変化の観測

マグマ溜りにマグマが蓄積したり，マグマが上昇したりすると，地表の重力計で重力の増加を検知することができる。2000年7月6日頃，三宅島の中央部にある雄山火口付近の重力が減少し，島の西部地域で増加する現象が見られた（大久保2001）。その2日後の7月8日に火口原の陥没が始まった。火口原の陥没はその後，およそ2ヶ月間続き，直径約1600mのカルデラが形成された（図24および図25）。陥没が始まる前の6月27日前後に島の西方約1kmの海底で噴火が確認されていることから，山頂火口直下のマグマ溜りからマグマが西に向けて移動（貫入）したことによって，山頂直下に空隙が生じ，火口原の陥没が起きたと考えられている。その間，山頂火口

図24　三宅島の雄山山頂にできたカルデラ（撮影：㈱アジア航測（2000年7月22日））

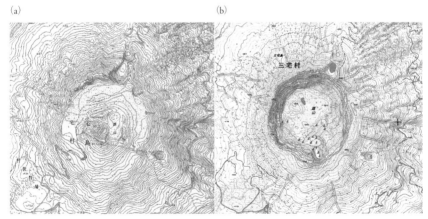

図25　三宅島雄山　(a) カルデラ陥没前（約3000年前に形成されたカルデラの跡と，中央火口丘が見られる。）　(b) カルデラ陥没後（国土地理院地形図より）

---

24) 火映現象：火口の中のマグマや赤熱した岩石から出る赤い光が，立ち上る噴煙に反射されて麓から見える現象。

における水蒸気爆発[25]，噴火，火砕流[26]，大量の火山ガスの放出などが続き，9月2日に全島民が島外に避難する事態に至った（内閣府 2005）。

(5) 火山ガスの観測

火山ガスの主成分は水で，全体の90%以上を占める。そこに二酸化炭素（CO_2)，二酸化硫黄（SO_2 亜硫酸ガス)，および硫化水素（H_2S）などが含まれる。このうち毒性が強くて健康上の問題となりやすいのは，二酸化硫黄と硫化水素である[27]。水は低温（100℃程度以下）の火山ガス中では，液体の微粒子（湯気）として存在するが，高温（数百〜1200℃）の火山ガス中では水蒸気となる。硫化水素と二酸化硫黄は，いずれも空気より重く，低地に溜りやすい。硫化水素は，硫黄泉特有の卵が腐ったような匂いのもとである。吸入すると呼吸中枢障害などを引き起

こす。二酸化硫黄は，呼吸器を刺激し，せき，気管支喘息，気管支炎などの障害を引き起こす。三宅島の2000年の噴火では，9月に入って，二酸化硫黄の噴出が増加し，ピーク時は日量7万トンを超えた。その後は減少していくが，2004年になっても日量数千トンの放出があった。噴出が続いていた二酸化硫黄は，全島避難した三宅島の住民の帰還の障害となり（内閣府 2003)，避難指示が解除されたのは，全島避難から4年5ヶ月経った2005年2月だった。

(6) 火山灰の観測

火山灰には，火山ガラス[28]や，マグマ中の鉱物結晶，火口を塞いでいた岩石の破片などが含まれる。噴煙は上空1万m付近まで達し[29]，広範囲にわたる降灰によって農水産業や地上交通に被害をもたらすことがある[30]。

---

25) 水蒸気爆発：地下水を多く含む地層（帯水層）にマグマが貫入したり，マグマから分離した高温の火山ガスや熱水が地下水を加熱したりして，大量の水蒸気が発生して爆発的に地上に放出される現象。マグマも共に放出される場合は，マグマ水蒸気爆発と呼ぶ。

26) 火砕流：火山灰や火山礫が高温の火山ガスとともに山体斜面を流下する現象。

27) 二酸化炭素（炭酸ガス）も大量に噴出すると被害をもたらすことがある。1984年と1986年に，カメルーンのニオス湖（火口湖）から噴出した炭酸ガスにより，麓の村で多くの住民が犠牲になった。

28) 火山ガラス：噴火に伴って液滴状に粉砕されたマグマが，大気中で急冷されてできるガラス質の粒子。

29) 2000年三宅島噴火では，8月18日の噴火によって噴煙は1万4000mに達した。成層圏にまで達した噴煙が，大気中に長く止まって，全地球的規模の気候に影響を与えることがある。

30) 2011年霧島山（新燃岳）の噴火時の降灰による宮崎県における露地野菜，ビニールハウス等への被害は約6億円と見積もられた（農林水産省HP「平成23年霧島山（新燃岳）の噴火による降灰被害状況について」，平成25年12月10日，2016年7月20日閲覧。）。

航空機が火山灰に遭遇すると，火山灰中の微粒子によって窓に無数の傷が付きパイロットが前方を視認できなくなる。また，タービンブレード等が焼き付きエンジンが停止する事態もあり得る。1982年に旅客機が火山灰の存在に気づかずに飛行し，4基のエンジンすべてが停止するという事故があった[31]。この事故を受けて1990年代に，航空機の安全のために世界の9ヶ所に航空路火山灰情報センター（VAAC）が設置された。2010年4月14日のアイスランドのエイヤフィヤトラヨークトル火山の噴火による火山灰は上空1万m以上に達し，ロンドンVAACの情報をもとに各国航空局がヨーロッパ上空の飛行禁止処置をとった（安田・他 2011）。その安全の対価として，ヨーロッパを中心に航空路の混乱が生じ，経済的損失は1700億円に達したと推定されている。

3. 火山活動災害史

ここでは，歴史的な火山活動を概観する。日本列島における有史以前の，あるいは古代の火山活動は，自然科学的観点からは重要かつ興味深い対象だが，ここでは現象および被害状況が比較的よく記録されている近世以降に起きた火山災害をとりあげる。

(1) 噴火と山体崩壊

1980年5月18日に米国北西部にあるセント・ヘレンズ火山が，爆発的噴火と同時に山体崩壊を起こした。大噴火の数ヶ月前から火山性地震などの予兆があり，山体崩壊に至る過程がつぶさに観測された貴重な事例となった。過去には日本国内でも，同様の山体崩壊を伴う大噴火が起こっている。近世以降の例としては，1640年北海道駒ヶ岳噴火（図26），1741年渡島大島噴火（図27），1792年雲仙岳噴火（図28），1888年会津磐梯山噴火（図29）がある。いずれも，崩壊によってでき

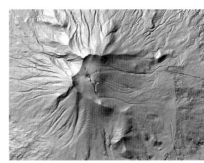

図26　北海道駒ヶ岳（国土地理院陰影起伏図）。1640年7月31日の噴火で東斜面が崩壊。内浦湾に岩屑なだれが突出し津波を起こし，沿岸で700余名が溺死した。[32]

---

31) 12分後にエンジンの再起動に成功して大事には至らなかった。同様の事故は1998年にも起こった。
32) 気象庁HP「北海道駒ヶ岳　有史以降の火山活動」，2016年7月21日閲覧。

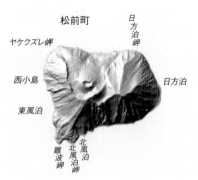

図27 渡島大島(おしまおおしま)(国土地理院陰影起伏図)。1741年8月18日に噴火。岩屑なだれによって起きた津波によって,北海道,津軽沿岸で死者1467名,流出家屋791棟の被害が出た。[33]

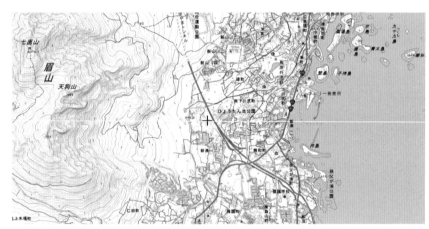

図28 雲仙普賢岳(眉山)。1792年2〜5月普賢岳で噴煙,溶岩流出,地震,山崩れ等が続いた。5月21日強い地震と同時に眉山(当時前山)が大崩壊を起し,岩屑なだれが有明海に流れ込み津波が発生した。島原及び対岸の肥後・天草に死者約1万5000名の被害が出た。島原市沖の島々(九十九島)は,流れ込んだ山塊によってできた。[34]

た馬蹄形の山体地形が今も残っている。

(2) 1783年浅間山噴火(内閣府 2006;長野県建設事務所1999)

　1783年の浅間山の噴火は,山体崩壊こそ起こさなかったものの,火山砕屑物の落下,火砕流,溶岩流出,火山泥流[35],河道閉塞,洪水,二次的火山泥流など,火山災害のさまざまな現象が発生し,それらがよく記録された

---

33) 気象庁HP「渡島大島　有史以降の火山活動」,2016年7月21日閲覧。
34) 気象庁HP「雲仙岳　有史以降の火山活動」,2016年7月21日閲覧。

第 1 章　自然災害概説　第 3 節　火山災害　45

図 29　磐梯山。1888 年 7 月 15 日，磐梯山北斜面が崩壊。数日前から弱い地震が多発していた。7 時 30 分頃から強い地震が 3 回発生し，7 時 45 分頃大音響とともに爆発し，当時磐梯山主峰の北側にあった小磐梯山の大半が崩壊した。山体崩壊によって岩屑なだれが発生し，461 名（あるいは 477 名）の死者を出した。岩屑なだれは，長瀬川とその支流をせき止め，桧原湖，小野川湖，秋元湖，五色沼をはじめ，大小さまざまな湖沼が形成された（図の上端付近）[36]。（国土地理院陰影起伏図に加筆）

貴重な例である。

　1783 年 5 月 8 日の噴火の後，しばらくは小康状態にあったが，6 月 25 日以降，断続的に鳴動[37]や，噴煙，火山砕屑物（火山弾，軽石，火山灰等）の落下が記録された。軽井沢宿では「火石，大石，火玉が降り落ち」と当時の状況が記録されている。約 30km 離れた富岡周辺でも「雨あられや夕立雨のように小石や砂が降った」とある。東南東方面に著しい降灰があり，偏西風に流された灰は 440km 離れた東北地方陸中（およそ現在の岩手県）におよんだ。鳴動は 200km 離れた江戸や名古屋でも記録された。

　8 月 5 日午前 10 時に遠く京都にまで聞こえる爆発音が響き，北側斜面で火砕流／岩屑なだれが発生，これによって麓の鎌原村が埋没し（鎌原火砕流），岩屑なだれは吾妻川に流れ込んだ（天明泥流）。泥流は，吾妻川を東流し，利根川に合流。銚子，江戸にま

35）火山泥流：ラハールとも言う。火山砕屑物（火山岩，火山礫，火山灰等）が水に含まれて斜面を流れ下る現象。時速数十 km から 100km の高速で流れ下り，山頂から数十 km 離れた麓に到達することがある。第 4 章 5 節 1 項「十勝岳火山災害軽減のためのアウトリーチ」を参照。
36）気象庁 HP「磐梯山　有史以降の火山活動」，2016 年 7 月 21 日閲覧。
37）鳴動：火山活動にともなうと見られる音響と地響き。空振（くうしん）であった可能性もある。火山の噴火や隕石の落下などによって，局所的に急激な気圧変化が起こり，衝撃波が大気中を伝わる現象を空振という。火口から近距離のところでは爆発音として聞こえることもあるが，遠方では可聴域より低い低周波音（～20Hz 以下）となって伝わる。空振が通過するときに窓ガラスなどが破損するなどの被害が出ることがある。観測は低周波マイクロフォンによって行う。

で到達した。その間，吾妻川，利根川の各地で河道の閉塞が生じ，堰上げによる洪水被害が出ている。流死者1624人，被災村55村，流失家屋約1151戸，および田畑に泥が流れ込むなどの被害があった。東京都葛飾区の柴又帝釈天（帝釈天題経寺）には，泥流に流され川岸に漂着した犠牲者のための供養塔がある。

鎌原火砕流の後，現在は観光スポットの一つとなっている鬼押出溶岩が流出したと考えられるが，火砕流の被害があまりに大きかったためか，溶岩流出の歴史記録は残っていない。火砕流と溶岩流出の時系列を含む関係には専門家の間で諸説ある。

浅間山東南麓では，8月4日以降，降雨のたびに泥流が発生した（沓掛泥流）。降り積もった軽石が表土とともに流される二次的火山泥流と考えられる。

4. 近年の火山災害

次に，近年に起きた火山災害を取り上げて，火山災害の多様性について述べることにする。

(1) 1986年伊豆大島・三原山噴火

三原山では，約2万年前から現在まで100回以上の噴火活動があった。それらの噴火の際に堆積した火砕物からなる地層が，島内南西部都道沿いの地層大切断面に見られる。約1700年前山頂部で起こった水蒸気爆発によって，現在山頂部に見られるカルデラ地形が形成され，カルデラ内に中央火口丘（三原山）ができた。カルデラ形成後も，少なくとも10回の大噴火があった。島南部にある波浮港の湾奥は，9世紀に形成された噴火口の一つである。当初は海から離れた位置にあったが，1703年元禄地震の津波によって海と繋がり，その後の改修を経て港として利用されるようになった。1986年の噴火の前には，1950年～1951年に中規模の噴火があった（図30参照）。

1986年の噴火は以下のような経緯を辿った（気象庁 2013）。

11月12日 三原山火口壁から噴気が始まる。

11月15日 17時25分に噴火（1986A火口）開始。

11月19日 三原山山腹を溶岩が流れ下り[38]，カルデラ床に達した。

11月20日 溶岩の噴出はほぼ終了。噴火は爆発的になり，衝撃波による光環現象が頻発した。

11月21日 14時頃からカルデラ北

38）三原山は玄武岩質の流動性の高い溶岩を噴出する。

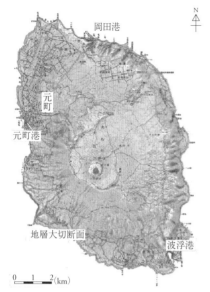

図30　伊豆大島全図（気象庁 2013 の図に地名等を補筆）

図31　1986年三原山噴火の際の割れ目噴火[41]

部で地震活動が活発化し，多数の開口割れ目が発見された。16時15分にカルデラ床北部から割れ目噴火[39]（1986B火口）が始まる（図31）。溶岩噴泉の高さは1000m以上に達し，噴煙高度は1万mを超え，島内東部にスコリア[40]が大量に降下した。続いて三原山山頂の1986A火口も噴火を再開した。17時46分には，カルデラ内の噴火割れ目を北西へ延長したカルデラ外山腹（1986C火口）で噴火が始まり，溶岩流[42]が大島町役場のある元町に向けて流下し始めた。救援の船舶を待って元町港で待機していた住民は，町が用意したバスで南部の波浮地区に避難を開始したが，地震活動が南東部に移動するとともに，波浮地区周辺で開口割れ目が発見されたため，再び元町港に戻るなど混乱が起きた（NHK取材班1987）。翌22日午前6時頃，住民全員の島外避難が行われた[43]。

11月22日　割れ目噴火ほぼ終了。

---

39) 割れ目噴火：直線的に並んだ火口列から一斉にマグマが噴出する現象。
40) スコリア：多孔質の小石状の火山噴出物の一種。有色鉱物を多く含み黒っぽいものをスコリア，有色鉱物が少なく白っぽいものを軽石と言う。
41) 伊豆大島ジオパーク・データミュージアムHP，2016年7月21日閲覧。
42) 溶岩流：火口から溶岩が溢れ出して斜面を流れ下りる現象。流下する速度は，溶岩の粘性にもよるが，比較的遅く時速数km〜数十kmである。
43) 島には，町役場，警察，消防，観測所，発電所などの関係者約300人が残った。「全島避難」後に，さまざまな理由で避難せずに島に残っていた島民が発見され，その数は51名にのぼった（NHK取材班1987）。

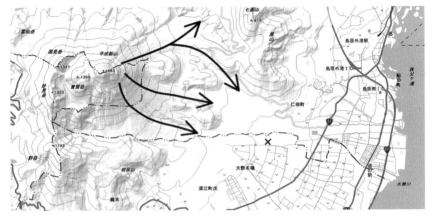

図32　普賢岳，平成新山と島原市南部。火砕流は国道57号を約80m越え，土石流は海岸付近にまで達した。矢印は，主な火砕流の流路（中央防災会議2007）。中央右下寄りの×印は，1991年9月15日の火砕流で焼失した大野木場小学校の跡地。（地理院地図に加筆）

11月23日　1986A火口での噴火終了。
12月18日　1986A火口小規模噴火。
12月19〜22日　住民帰島。

(2) 雲仙普賢岳・平成新山の噴火（1990年〜1995年）

　この火山活動では，普賢岳東斜面に出現した溶岩ドーム[44]の崩落によって，大規模な火砕流が何度も発生した。火砕流は普賢岳の東にある眉山によって遮られ，眉山の南，あるいは北を回り込んで住宅地や農地に流れ込んだ。そのため，島原市では市域の南北両端にあたる地域で大きな被害があった。南部地域では水無川流域を火砕流と土石流が襲い，北部地域では中尾川流域で同様の災害が発生した。そのため，交通が遮断され，一時は島原市の中心部が孤立した。この災害は，災害対策基本法に基づく警戒区域設定が初めて行われた事例である（図32参照）。

　災害は以下のような経緯を辿った（中央防災会議2007；高橋・木村2009）。

1989年11月　橘湾群発地震[45]。
1990年11月17日　普賢岳東山腹より噴火。12月小康状態。
1991年
5月15日　1時48分，前日からの降雨で，堆積した火山灰などによる土

---

44) 普賢岳から出る溶岩は粘性が高く，流れずに盛り上がってドーム状の構造を作る。
45) 雲仙岳は，島原半島西の橘湾を囲む千々石カルデラの外輪に位置し，橘湾の海底下10数kmにあるマグマ溜りからマグマが供給されていると考えられている（小室・他2000；太田2006）。

石流が発生。水無川上流の住民に避難勧告発出。9時頃，降雨量減少のため避難勧告解除（その後，土石流に対する避難勧告が繰り返される）。

5月18日 長崎県，島原市が災害対策本部を設置。

5月20日 火口から溶岩噴出。溶岩ドームの形成。

5月24日 水無川流域住民に対して避難勧告発出。

5月26日 深江町が災害対策本部を設置。

6月3日 溶岩ドームから東南東方向に，高温爆風（サージ[46]）を伴う大規模な火砕流が発生。取材中の報道関係者や消防団などが巻き込まれた。死者行方不明者43名，負傷者9名。

6月7日 災害対策基本法に基づく警戒区域を設定[47]。

6月8日 大規模火砕流発生。火砕流の先端は国道57号近傍にまで達した。建物207棟（うち住家72棟）が焼失した。爆発的の噴火を誘発し，噴石が北東側の千本木地区に落下した。

8月 警戒区域内の住民の希望で生活必需品搬出のため一時立ち入りを許可。

9月15日 溶岩ドームの大規模な崩落。水無川沿いに流下。大規模火砕流が水無川右岸を越えて大野木場に達した。大野木場小学校の校舎他，建物218棟が焼失。

1992年 引き続き溶岩ドームの成長・崩落・火砕流発生。避難勧告・警戒区域設定継続。

8月8日 大規模火砕流発生。家屋多数焼失。このほか雨による土石流災害あり。

9月 警戒区域の縮小（国道57号より海側を解除）。

1993年 引き続き溶岩ドームの成長・崩落・火砕流発生。雨による土石流災害あり。

4月29日 大雨洪水警報のため，警戒区域が解除されていた水無川，中尾川流域住民に避難勧告。

6月23〜24日 北東側（千本木地区）へ火砕流発生。警戒区域内の自宅の

---

46) サージ：火山灰を含む気体を中心とした高温の流れ。爆風を伴って流下する。火砕流の周辺に発生することがある。

47) 警戒区域：災害対策基本法第63条に基づいて，災害による退去を命じられる区域をいう。区域内への立ち入りが制限・禁止され，許可なく区域内にとどまる者には退去が強制される。同法第60条にもとづく避難指示および避難勧告より強制力が強く，事実上の避難命令に該当する。人が居住する地域に警戒区域が設定されたのは，雲仙普賢岳平成新山の噴火活動によるものが初めて。第3章7節「「警報」の考え方・メディアの役割」を参照。

様子を見に行った住民1名が死亡。焼失家屋187棟。

7月　島原市街の北を流れる中尾川と，南を流れる水無川で土石流が氾濫し，国道251号が両河川付近で通行止め。その結果，島原市街地が孤立状態になった。

10月31日　避難勧告地域が全面解除された。

1994年　引き続き溶岩ドームの成長・崩落・火砕流発生。1年を通じて溶岩噴出量次第に低下。

1995年　3月頃　溶岩流出の停止。

1996年

5月1日　最後の火砕流発生。

5月20日　溶岩ドームを平成新山と命名。

6月3日　長崎県，島原市，深江町が災害対策本部を解散。

警戒区域設定による避難者数は，最大時で1万735人。避難勧告による避難者数は277人であった（いずれも島原市と深江町の合計）。警戒区域の設定は，延長が重ねられたが，その範囲は暫時縮小している[48]。深江町については1996年6月30日の第50次延長，島原市については1997年3月31日の第51次延長から警戒区域内の避難対象者数はゼロになった。発災時の被害の甚大さもさることながら，数年にわたって継続する警戒区域の設定や避難勧告が，被災者の暮らしや，地域経済に与える影響は大きく，安全性と住民の帰還への希望との間で，難しい選択が迫られる状況が続いた。後述する気象庁による噴火警戒レベルの適用以前であったため，被災地の首長は，九州大学の島原地震火山観測所[49]の意見を参考にしながら独自に判断する必要があった[50]。

火道掘削調査

普賢岳の噴火メカニズムを探るために，平成新山を作ったマグマの通り道（火道）を突き止める火道掘削が行われた（図33参照）。活火山の中心部の掘削調査は世界でも初めての試みである。掘削は，2003年1月に普賢岳の北斜面標高850mの地点から南側に向かって行われ，2004年6月に普賢岳の直下約1.3kmの地点で火道域に達した。幅約400mの火道域に，5枚の厚さ3〜40mの板状の溶岩脈が発見され

───────────────

48) 2016年7月時点において，2015年1月14日に更新された水無川上流と平成新山周辺部の警戒区域の設定が継続されている。

49) 2000年4月より「地震火山観測研究センター」。

50) 復興後の地域防災アウトリーチについては，第4章5節2項「雲仙火山災害軽減のためのアウトリーチ」を参照。

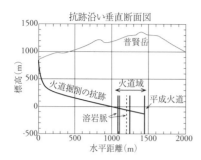

図 33 火道掘削の抗跡と火道域（南北断面図）。普賢岳の北斜面から山頂直下に向けて掘り進められた。（小室・他 2000 の図をもとに作成）

た。そのうち最も南に位置している溶岩脈が，組成において最も平成溶岩に類似しており，これが 1990 年〜1995 年の噴火の際の火道と考えられている。また，火道と平行に厚さ数 cm〜数 10cm の火砕岩脈が多数発見された。火砕岩脈は，マグマの圧力などによって岩石中に開口割れ目が形成され，マグマ片などの火砕物が割れ目を充填したものである。火砕岩脈が発見された場所は，噴火前に火山性微動が多数発生した場所と一致することから，割れ目発生による減圧のためにマグマ内で発泡が起こり，これが火山性微動の原因となったと考えられている（中田・他 2004）。

5. 噴火警報

気象庁は本節第 1 項に述べた観測体制による観測をもとに，全国 110 座の活火山を対象に噴火警報を発表している。表 2 に示すように，噴火警報には「特別警報」と「警報」，「予報」がある。特に，「火山防災のために監視・観測体制の充実等が必要な火山」として選定された 50 座のうちの 38 座については，噴火警戒レベルが適用されている。

噴火警報は 2007 年 12 月 1 日に運用が開始された。それ以前は，気象庁が発表する火山情報には，事態の重大さの順に「火山観測情報」「臨時火山情報」「緊急火山情報[51]」があった。しかし，それを避難の判断とどのように結び付ければよいのかなどの，具体的な防災対応との関連が明確ではなく，前項の三原山や普賢岳の噴火のときは，各自治体の首長が独自に判断しなければならなかった。そのため，入山規制や避難勧告と関連付けられた「警報」の一つとして，噴火警報が導入された（内閣府 2008）。

本節第 2 項で触れたように，桜島では 2010 年ごろから火山活動が活発化している。2010 年 10 月 13 日から 2018 年 1 月までの火山活動の状況に応じて，次のように，頻繁に噴火警戒レベルが更新された。

2010 年 10 月 13 日　レベル 2（火口

---

51) 2000 年 3 月 31 日の有珠山噴火では，噴火前々日の 29 日の有感地震の発生を機に「緊急火山情報」が発表され，危険地域に住む 1 万人余りの避難が噴火前に実施された（岡田 2008）。

表2　噴火警報と噴火警戒レベル

種別	名称	対象範囲	レベルとキーワード	説明
特別警報	噴火警報（居住地域）又は，噴火警報	居住地域及びそれより火口側	レベル5避難	居住地域に重大な被害を及ぼす噴火が発生，あるいは切迫している状態にある。
			レベル4避難準備	居住地域に重大な被害を及ぼす噴火が発生すると予想される。
警報	噴火警報（火口周辺）又は，火口周辺警報	火口から居住地域近くまで	レベル3入山規制	居住地域の近くまで重大な被害を及ぼす噴火が発生，あるいは発生すると予想される。
		火口周辺	レベル2火口周辺規制	火口周辺に影響を及ぼす噴火が発生，あるいは発生すると予想される。
予報	噴火予報	火口内等	レベル1活火山であることに留意	火山活動は静穏。火山活動の状態によって，火口内で火山灰の噴出等が見られる。

周辺規制）から3（入山規制）に引き上げ。

2015年8月15日　レベル4（避難準備）に引き上げ。

2015年9月1日　レベル3に引き下げ。

2015年11月25日　レベル2に引き下げ。

2016年2月5日　レベル3に引き上げ（2018年1月まで継続）。

噴火警戒レベルの引き上げは，火山災害が起こる以前に行われることが求められるが，現在の予報技術では，以下の事例が示すように，必ずしも事前警報が成功するとは限らない。

事例1：2014年9月27日11時52分，長野県の御嶽山が噴火し，登山者など58名が死亡した。9月11日ごろから火山性地震の増加が観測されていたが，噴煙および地殻変動に目立った変化はなかった。噴火後の同日12時36分に，気象庁は噴火警戒レベルを1（平常[52]）からレベル3（入山規制）に切り替えた（気象庁2014a，2014b）。

52）御嶽山の噴火災害を受けて開催された「火山情報の提供に関する検討会」において，噴火警戒情報レベル1のキーワード「平常」は，「活火山であることに留意」に改められた（気象庁2015a）。

第 1 章　自然災害概説　第 3 節　火山災害 ｜　53

事例 2：2015 年 5 月 29 日 9 時 59 分に鹿児島県の口永良部島新岳火口で爆発的な噴火が起こり，火口からほぼ全方向に火砕流が発生した。中でも北西方向（向江浜地区方面）に流下した火砕流は海に達した。噴煙は火口上 9000m 以上に達し，火口周辺で噴石が飛散するのが確認された。同日 10 時 7 分に鹿児島地方気象台は噴火警戒レベルをレベル 3（入山規制）からレベル 5（避難）に引き上げた。レベル 5 が発出された最初の例である。屋久島町は，10 時 15 分に島全域に避難指示を出し，わずか 25 分後の 15 時 40 分にフェリーで全島民 118 名および旅行者 19 名が避難した（内閣府 2015）[53]。噴火から 1 年余り経った 2016 年 6 月 14 日に，噴火警戒レベルが 5 から 3（入山規制）に引き下げられた。

＊　＊　＊

ここに挙げた火山はいずれも，災害をもたらす一方で観光資源として地元経済を潤わせるという側面をもっている。例えば，伊豆大島では，噴火はむしろ観光客が増えるとして歓迎される雰囲気があったと言う（NHK 取材班 1987）。そんな中での入山規制等の発表は，ただちに地域経済に影響を与える可能性がある。さらに，火山災害は噴火の継続等によって，避難が数ヶ月から数年にまでおよぶことがあり，一日も早く元の生活を取り戻したいという住民の願いを感じながら，噴火警戒レベルの引き下げ時期を決定しなければならない。入山規制や避難指示等についての住民の理解を得るためには，火山の特性を踏まえた観測データの丁寧な説明が必要である。また，住民側としても，火山活動の予測についての現時点での限界も含めて，状況を正しく理解するために，慣れ親しんできた火山についての科学的な知識を学んでおく必要がある。

（中井　仁・清水　洋）

自然

法律

行政

地域

教育

医療

経済

工学

原子力

国際

53）口永良部島では 2014 年 8 月 3 日にも噴火があり，噴火時の避難方法が住民間で決められていたことが，速やかな避難を可能にしたと言われる（井口 2015）。

第4節　台風・洪水

　日本はユーラシア大陸の東端に位置
し，広大な太平洋に面しているため，
海洋性と大陸性の気団の境に発生する
低気圧の経路となっている。毎年，太
平洋高気圧とオホーツク海高気圧の間
にできる不連続線が，いわゆる梅雨前
線や秋雨前線となって日本列島上空に
停滞するほか，熱帯低気圧が台風と
なって襲来して短期間に多量の降雨を
もたらす。その結果，年間の平均降水
量は 1730 mm に達し，世界平均の 970
mm を大きく上回っている。

　日本列島を構成する北海道，本州，
四国，九州の主要 4 島は，西南から東
北にかけて弓状に連なり約 2000 km の
延長と 300 km の幅をもつ。この細長
い列島に 2000〜3000 m 級の山脈が縦
走し，国土の約 70 ％が山地または傾
斜地である。そのため，河川は急勾配
で短く流域面積が小さい。

　河川による氾濫の可能性がある区域
の人口は，日本の全人口の 49 ％に達
し，そこに多くの資産が集積している。
世界の主要都市と比較してみても，東
京都区部は人口の 49.4 ％が，氾濫が
想定される区域に居住しているのに対

し，ロンドンは 9.5 ％，パリ 6.9 ％，
ボン 4.9 ％，ワシントン D. C. 3.7 ％で
ある。日本に暮らす人が，洪水によっ
て被害を受けるリスクは極めて高い
（河川行政研究会 1995）。

　本節では，近年の日本における台
風・豪雨の発生状況と河川を取り巻く
状況を整理した後，豪雨や高潮などに
よる洪水被害の事例を紹介し，これら
の災害から身を守るための備えについ
て論じる。

1.　台風・豪雨の発生状況

　地球温暖化に伴う気候変動により，
将来，台風は強大化し，豪雨が頻繁に
発生するとされているが，実際のとこ
ろはどうなのであろうか。ここでは，
最近の日本における台風・豪雨の状況
についてデータで見てみよう。

　表 3 には，近年の日本列島本土（沖
縄などの離島を除く）に襲来した台風
のうち上陸時の中心気圧が上位 5 位の
ものを示す[54]。この表を見て分かる
ように，上陸時の気圧が 940hPa を下
回るような強大な台風は 1950〜60 年
代に多かったが，1990 年代以降は九

第 1 章　自然災害概説　第 4 節　台風・洪水　｜　55

表 3　上陸時の中心気圧からみた日本列島に襲来した台風ランキング。統計期間：1951 年から
　　2015 年，台風 27 号まで。[54]

順位	台風番号	上陸時気圧 （hPa）	上陸日時	上陸場所	備考
1	6118	925	1961 年 9 月 16 日 09 時過ぎ	高知県室戸岬の西	第二室戸台風
2	5915	929	1959 年 9 月 26 日 18 時頃	和歌山県潮岬の西	伊勢湾台風
3	9313	930	1993 年 9 月 3 日 16 時前	鹿児島県薩摩半島南部	
4	5115	935	1951 年 10 月 14 日 19 時頃	鹿児島県串木野市付近	
5	9119	940	1991 年 9 月 27 日 16 時過ぎ	長崎県佐世保市の南	
	7123	940	1971 年 8 月 29 日 23 時半頃	鹿児島県大隅半島	
	6523	940	1965 年 9 月 10 日 08 時頃	高知県安芸市付近	
	6420	940	1964 年 9 月 24 日 17 時頃	鹿児島県佐多岬付近	
	5522	940	1955 年 9 月 29 日 22 時頃	鹿児島県薩摩半島	
	5405	940	1954 年 8 月 18 日 02 時頃	鹿児島県西部	

州地方に少数襲来しているだけである。接近する台風[55]の個数で見ても，本土には 1 年に約 6 個の台風が接近しているが（沖縄・奄美地方では約 8 個），その数には過去 65 年間目立った変化はない。

　最近の降雨に関しては，一度に激しく降る雨（豪雨）が増加傾向にあると言われている。図 34 は，過去 40 年間における，1 時間に 50mm 以上の短期間強雨（「非常に激しい雨」と称される）の年間発生回数を，アメダス 1000 観測地点当たりの数値で示している。図中の折れ線は 10 年ごとの平均値を表

しており，1976 年〜1985 年は 174 回であったのに対し，その後の 30 年間の 10 年値は 184 回，223 回，230 回と増加傾向にある。この傾向は，1 時間に 80mm 以上の「猛烈な雨」においても確認されている[56]。

　近年の日本では，強大な台風は襲来していないものの，接近する台風の個数には変化がなく，台風は豪雨を伴うことが多くなっている。それに加えて，温帯低気圧の前線に伴う豪雨が増加していることから，日本列島に住む人が豪雨に遭遇するリスクは確実に増大していると言える。

54）気象庁 HP「台風の順位・中心気圧が低い台風（統計期間：1951 年〜2015 年第 27 号まで）」，
　2016 年 2 月 2 日閲覧。
55）台風が上陸したかどうかにかかわらず，台風の中心がそれぞれの地域のいずれかの気象官署等
　から 300 km 以内に入った場合を「その地域に接近した台風」としている（気象庁 HP，2017 年 2
　月 25 日閲覧）。

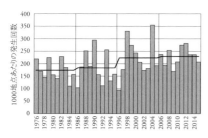

図34 アメダスでみた短期間強雨発生回数の長期変化[56]

2. 日本の河川の特徴

日本列島には面積に比して多くの川が流れている。流域面積の大きな川は東北日本に偏在しているが，上位10位までの川の流域面積の総計が全国土の27%，上位20位まででも47%までにとどまり，比較的流域面積の小さい短い川がひしめいて存在している（阪口・他1986）。このことは，上位数河川の流域が国土の半分以上を占めることが多い諸外国の事情と比較して，日本の河川の特徴の一つと考えられる。大陸と日本の河川の縦断面曲線を描いてみると，大陸の河川に比べて日本の河川が勾配が大きいことが分かる（図35）。その上，日本の河川には屈曲が多い。一般に河川は，地質が変わるところや，峡谷と盆地との境界などで曲がりやすい。日本の河川の屈曲の多さは，日本列島が変動帯に位置するため，異なった地質がモザイク状に分布し，

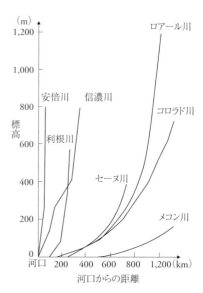

図35 日本と大陸の河川の縦断面曲線（河川行政研究会1995および阪口・他1986から作成）

局地的な沈降と隆起が活発で地形が変化に富むなどの，地質および地形上の特性を反映していると言える（阪口・他1986）。

河川を流れる水の状態を示す指数の一つに河況係数がある。これは，河川のある期間における最大流量と最小流量の比（＝最大流量／最小流量）である。世界の陸地の20%は乾燥地域で占められ，そこを流れる河川の多くは平時に水が無く，降水時にのみ水が流れることも珍しくない。このような河川は最小流量が小さいために河況係数

---

56) 気象庁HP「アメダスで見た短時間強雨発生回数の長期変化について」，2016年2月2日閲覧。

が大きくなる。日本の河川では年間を通じて降水量が多く、少数の例外を除きいつも水が流れているのが普通だが、豪雨や雪融け時の増水時の流量が大きく、河況係数が数百から千程度の河川は珍しくない。それに対し、ライン川やセーヌ川のようなヨーロッパを流れる大河などは、10以下〜数十の範囲に収まる（秋山・他2004）。日本の河川のように河況係数の大きい河川では、利水や治水の面で問題が生じやすい。

急激な流量の変化も、日本の河川の特徴の一つである。図36は、日本の河川と大陸の大河において、洪水発生時に流量がどのように変化したかを示している。大陸の大河では、流域面積が大きいために流量のピーク期が長期化するが、勾配が緩やかなために洪水が広がる速度は比較的小さい。それに対し、日本の河川では、流域面積が小さいためにピーク期の時間は短くなるが、豪雨が流域に集中すると、河川の勾配が急であることも相俟って、流量が短時間で増加するとともに、ピーク時の最大流量は平常時に比べてきわめて大きくなる傾向がある。

日本の河川のもう一つの特徴は、侵食速度が大きいことである。日本列島は、糸魚川－静岡構造線（フォッサマグナ）や中央構造線の他、大小の活断層を有し、これらに沿う破砕帯では岩石が脆くなっている。破砕帯以外でも、西日本に広く分布する花崗岩類は、岩石の表層が風化して砂（真砂）を作り出しやすい。また、中部地方および東北地方の日本海側から北海道西部にかけては、侵食されやすい緑色凝灰岩[57]が広く分布している。このため、日本列島では、多量の石礫や土砂が山地から流出している。特に、地震による地すべりや、豪雨に伴って生じるがけ崩れ、土石流などがあると、河川水によって大量の土砂が運搬される。日本列島の中で、最も侵食速度[58]が大

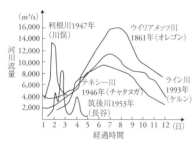

図36　洪水時の河川流量の変化（河川行政研究会1995の図をもとに作成）

---

57) 緑色凝灰岩（グリーンタフ）：火山灰が海底に堆積してできた、緑色化した凝灰岩をさす。北海道西部から東北日本の日本海側、およびフォッサマグナ、さらに西南日本の日本海側に広く分布する。
58) 侵食速度：ある期間に河川の運搬した土砂の体積（m³）を、流域の面積（km²）と観測期間の長さ（年）で除した値。河川の侵食・運搬力の大きさを示す。

きいのは，フォッサマグナと中央構造線が交錯する中部山岳地帯で，1000 m³/km²/年[59)] を超える地域が多い。次いで東北地方南部（400〜600 m³/km²/年），西南日本南部（200〜400 m³/km²/年）の順で，侵食速度が大きい（坂口・他 1986；藤原・他 1999）。これらの数値は，4000m 級の山が立ち並ぶヨーロッパアルプスの河川（100〜800 m³/km²/年）とほぼ同等で，アメリカ西部のロッキー山脈の河川（多くの河川で 200 m³/km²/年以下）よりも大きい（阪口・他 1986）。

　山地に端を発した河川は，狭い山あいの谷を縫い，谷の出口から放射状に扇状地を形成，下流の平野へと至る。勾配の急変部に位置する扇状地では，砂礫が堆積しやすく，流路が移動しやすい。そのため，扇状地は，元来，洪水被害が発生しやすい場所である。洪水被害を防ぐために，流路の両側に堤防が築かれてきたが，堤防があると砂礫はその内側にしか堆積できず，河床を上昇させてしまう。河床が上昇すると堤防をさらに高くすることとなり，この繰り返しによって堤防周辺の集落や農地よりも河床が高くなる「天井川」がつくられてきた。天井川からの洪水流が氾濫すると，扇状地の斜面を流れ下る氾濫流が甚大な被害をもたらす。一方，扇状地地域の下流には，河川が運ぶ土砂が堆積することで沖積平野が形成され，日本の主要な都市はそのような場所を中心に広がってきた。

　以上を踏まえ，日本の河川の自然特性をまとめると，以下のようになる。

①急勾配で水の出が早い：地形特性から流路が短く，河床勾配が極めて急であり（図35），降雨があると河川流量は急激に増加する（図36）。

②洪水時のピーク流量が大きい：河川の規模に対してきわめて大きな流量が短期的に発生する（図36）。

③流出土砂が多量である：急勾配で脆弱な地質の流域を，大量の水が一気に流れるため，多量の土砂が流出，運搬され，堆積する。

　熱帯多雨林を擁する国々を別にすると，日本は有数の多雨国であり，水資源に恵まれた国である。しかしながら一方では，国土がもつ特徴，特に上に述べた日本の河川が一般的に有する特徴のため，常に洪水のリスクを抱えていると言える。

3. 内水氾濫と外水氾濫

　平地を流れる河川には，洪水を防ぐ

59）侵食速度が 1000 m³/km²/年の場合，1km² の地域で一様に侵食が進むとすると，高さにして 1 年間で 1mm 侵食されることになる。

ために河川堤防が築かれる。堤防を境界として，内側の人が住んでいる場所を堤内地と言い，堤防に挟まれて川の水が流れているところを堤外地と言う。洪水は，その原因の違いによって大きく二つに分けられる。一つは，堤外の水，すなわち川の水が堤防を越えて堤内に氾濫する場合である。これを外水氾濫と言う。もう一つは，堤内地に降った雨水が側溝や下水道，排水路だけでは流しきれなくなって起こる洪水である。これを内水氾濫[60]と言う。

外水氾濫は，河川の流量がその流下能力を上回った場合に，堤防が整備されていない箇所から水が溢れ出したり（溢水），整備された堤防を越えたり（越水），堤防が決壊（破堤）したりすることなどを契機として発生する。これらの氾濫発生箇所の周辺では，洪水流の強大な流体力が作用し，家屋を含む構造物が損壊・流失するなど，深刻な被害をもたらすことが多い。時には，地形の改変を伴うこともある。後述する「平成27年9月関東・東北豪雨」では，流下能力を上回る流量となった鬼怒川で，堤防決壊（1ヶ所，決壊幅約200 m）による氾濫と，溢水（7ヶ所）による大規模な氾濫が生じ，常総市で

は死者2名，負傷者44名を出し，住宅53棟が全壊，市域の約1/3の面積（約40km²）が浸水する被害があった。

都市域の洪水被害の主要な原因の一つは，緑地や農地が宅地化して地表面が舗装されることにより保水・遊水機能が低下していることである[61]。地下空間が開発されるなど土地利用が高度化し，資産や施設が集積していることから，ひとたび集中豪雨が発生して浸水が生じると，地上・地下の商業施設や住宅への被害が激化するとともに，道路・鉄道のほか，電気・水道・ガス・通信など私たちの日常生活を支える都市機能（インフラ施設）が長期にわたって失われることがある。これがいわゆる「都市型水害」の構図である。

図37は，1993〜2002年度の期間に全国と東京都で生じた氾濫による経済被害額を，内水氾濫と外水氾濫に分けて示している。図から分かるように，全国では内水と外水による被害額は拮抗しているが，東京都では内水による被害が80%を占める。このことから，広域に降る雨水を安全に排出する流下能力をもった河川を整備するとともに，特に都市域では，局所的・集中的

60）外水，および内水氾濫を想定したハザードマップについては，第3章6節「ハザードマップ」の図23および図24をそれぞれ参照。

61）第1章7節「都市災害」を参照。

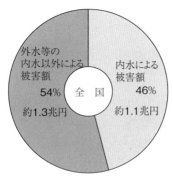
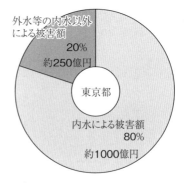

図37 洪水による被害額（1993～2002年度の合計）[62]

に降る雨水を貯留・排除する下水道施設も整備する必要があることが分かる。

4. 集中豪雨

「集中豪雨」の気象学的に厳密な定義は存在しない。大雑把には，20km～200kmの範囲に，24時間程度の間に災害につながるような量の降水がある場合を指す。集中豪雨が発生するときの背景となる気象条件（総観規模擾乱）としては，温帯低気圧，寒冷前線，停滞前線，台風（熱帯低気圧）が挙げられる。これらの条件が単独で豪雨をもたらす場合もあるが，以下に述べる「平成12年9月東海豪雨」のように台風と停滞前線が影響し合う場合や，「平成27年9月関東・東北豪雨」のように，台風から変わった温帯低気圧と別の台風とが影響し合う場合もある。このように集中豪雨が発生する気象条件は様々あるが，直接的原因としては，同一箇所で積乱雲が次々発生・発達することである。

（1）平成12年9月東海豪雨

2000年（平成12年）9月11日，名古屋市を中心として東海地方は，時間雨量100mm前後，日雨量400～500mmに達する観測史上最大の集中豪雨に見舞われた[63]。この「東海豪雨」によってもたらされた多量の降雨によって，多くの河川で堤防が破れ，「外水氾濫」が発生する一方，市街地では行き場を失った多量の雨水が下水道から溢れ，広域にわたる「内水氾濫」を引き起こした。家屋2万2885棟が床

---

62) 国土交通省水管理・国土保全局 HP「都市部で顕在化する「内水氾濫」」，2016年2月2日閲覧。
63) 名古屋気象台 HP「平成12（2000）年9月11～12日秋雨前線と台風第14号による大雨（東海豪雨）」，2017年2月27日閲覧。

上浸水し，4万6342棟が床下浸水した[64]。また，岐阜県恵那郡（現・恵那市）や愛知県東・西加茂郡と北設楽郡の一部（現・豊田市）では，土石流やがけ崩れなどの土砂災害が発生した（内閣府2001）。

この豪雨は，9月10～12日にかけて，秋雨前線が東北地方から山陰沖の日本海沿岸に停滞する中，台風14号が大型で強い勢力を保ちながら，南大東島の南南東の海上をゆっくり北西に進んだことによって発生した（図38）。台風の東を回り込んだ暖かく湿った空気が，前線に多量に流れ込み，前線の活動を活発化したのである。

東海豪雨は，「都市型水害」という言葉が定着する契機となった災害としても知られている[65]。平坦で標高の低い都市域で生じた広域浸水によって，鉄道や道路に留まらず，上下水道，電気，ガス，通信などのライフラインの維持に支障が生じた。特に「都市型水害」として特徴的だったのは，名古屋市の地下鉄被害である。市内の地下鉄は，11日晩から線路やホームへの浸水による運行停止区間が生じ，全面復旧したのは2日後の13日午後だっ

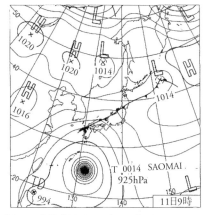

図38 東海豪雨時の天気図（気象庁）。台風14号の東を回り込んで暖かく湿った空気が北上することによって，日本列島上空の停滞前線が活発化した。

た（牛山2000）。

（2）平成27年9月関東・東北豪雨[66]

2015年（平成27年）9月に発生した関東・東北豪雨の降水分布と，最大の期間降水量を記録した栃木県日光市今市における1時間降水量の推移を，図39と図40にそれぞれ示す。日光市今市では，9日から10日にかけての約24時間に集中的に雨が降ったことが分かる。図39にあるように，最多の雨が降ったのは日光市だが，直線距離にして80～100km下流の常総市で堤防が決壊し大洪水が発生した。この

64）愛知県HP「平成12年9月災害（東海豪雨災害）」，2017年2月27日閲覧。
65）第1章7節「都市災害」を参照。
66）平成27年9月関東・東北豪雨による堤防決壊の状況等については，第8章2節2項（3）「河川堤防の被災」を参照。常総市の浸水域については第3章6節「ハザードマップ」の図18（口絵26）を参照。

図39（口絵7参照） 平成27年9月関東・東北豪雨の際の期間降水量分布（気象庁 2015b）

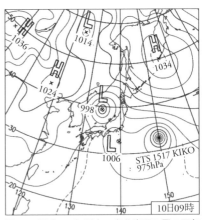

図41 平成27年関東・東北豪雨の際の天気図（気象庁）。「L998」と記された低気圧は台風18号が変化したもの。東海上に台風17号（975hPa）がある。

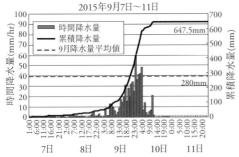

図40 2015年9月7～11日，今市観測所における降雨状況（気象庁HPの時間雨量データを用いて作成）

記録的な豪雨は，台風18号から変わった低気圧に向けて南から流れ込む湿った風と，日本の東海上を北上していた台風17号から流れ込む湿った風の影響により，多数の線状降水帯が次々と発生したことによりもたらされた（図41）。

5. 線状降水帯

台風による直接的な大雨を除くと，集中豪雨事例の約2/3が，幅約20 km，長さ100 km以上の細長い降水域を持つことが統計的に調べられている（津口・加藤 2014；加藤 2015）。平成21年以降に気象庁によって地名を冠して命名された豪雨災害を表4にあげた[67]。これらの豪雨については，いずれもこの「線状降水帯」の存在が認められる。最近の気象ニュースでは，「線状降水帯」の用語と共に，図42左のような気象レーダー画像が提示されるようになった。

67）顕著な被害（損壊家屋等1000棟程度以上，浸水家屋1万棟程度以上など）を引き起こした豪雨災害について，気象庁が被害の広がり等に応じて判断し命名している。

表4 気象庁によって命名された豪雨事象[67]

事象名	期間	期間総降水量(最大値)	観測点
平成21年7月中国・九州北部豪雨	7月19日-26日	636.5 mm	福岡県太宰府市
平成23年7月新潟・福島豪雨	7月27日-30日	711.5 mm	福島県只見町
平成24年7月九州北部豪雨	7月11日-14日	816.5 mm	熊本県阿蘇市
平成27年9月関東・東北豪雨	9月7日-11日	647.5 mm	栃木県日光市

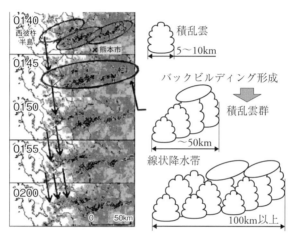

図42(口絵8参照) 平成24年7月九州北部豪雨の際に観測された線状降水帯。左図:12日1時40分から2時までの気象レーダー画像(熊本県阿蘇地方に大雨をもたらした線状降水帯,各図の中心の濃い領域ほど降水強度が強い)。3本の線状降水帯の形成が見られる。右図:線状降水帯が形成される過程を示す模式図(気象庁2012)

　このような降水域の形成過程には数種類が見出されているが,日本ではバックビルディングと呼ばれる過程による場合が多い(加藤2015)。図42右は,その形成過程を図解している(気象庁2012)。まず,暖かく湿った空気の流入によって積乱雲が形成される。単独の積乱雲であれば,1時間程度の激しい降雨,つまり夕立のようなにわか雨ですむ。だが湿った空気の流入が続くと,移動していった積乱雲の後ろに,次々と同じ場所で積乱雲ができ(バックビルディング),長時間の激しい降雨となる。

　線状降水帯の発生メカニズムとしては,「下層の暖かく湿った空気の流入」,「中・上層の低温化による不安定の強化」,「鉛直シアー(上層と下層との風

速差）」,「上層と下層との風向の違い」などが挙げられているが, それらの定量的な評価は今後の課題である（津口・加藤 2014；加藤 2015）。

6. 台風による高潮被害
(1) 高潮の原因

　台風は, 熱帯の海上で発生する低気圧のうち, 北西太平洋, または南シナ海に存在し, 最大風速 17 m/s（10 分間平均）以上のものを指す。西向きの風（貿易風）が卓越する低緯度では, 台風は西へ流されながら自転の影響で北上し, 東向きの風（偏西風）が吹く中高緯度に来ると北東へ進む。暖かい海面から水蒸気が供給され, それが上空で凝結して雲粒になる。このとき放出される潜熱を主たるエネルギー源として, 台風は発達する。その後, 日本列島に近づき海水温が 26℃ 未満になると, 台風の発達は収束し, やがて衰退する。その間, 反時計回りの渦に沿った方向に吹く強風と, 発達した積乱雲から落ちてくる豪雨によって, 風害, 水害, 土砂災害, 高潮害などが生じる。

　高潮は台風襲来に伴ってもたらされる潮位の異常上昇現象である。高潮における潮位の上昇の原因の一つは, 気圧の低下による「吸い上げ効果」である。台風の中心部では周囲に比べて気圧が低いため, 海面を押し下げる大気の力が相対的に弱まり, 海面が上昇する。気圧が 1 hPa 低下するごとに約 1 cm の海面上昇が見込まれる。晴天時の大気圧が約 1013 hPa であることと, 日本列島周辺で観測された台風の中心気圧が 912～990 hPa であることを踏まえると, 「吸い上げ効果」による海面の上昇は最大 1 m 程度が見込まれる。

　もう一つの高潮の原因は, 強風による海水の吹き寄せ効果である。風上側に開いた細長い湾ほどその効果が強い。湾口が南に向いた東京湾や伊勢湾の場合, 台風が湾の西側を通過すると, 湾奥に向かって強風が吹きつけ, 高潮が発生しやすい。

　2004 年の台風 16 号は, 8 月 30 日 10 時頃鹿児島県に上陸後, 九州を縦断して山口県から日本海に出て, 8 月 31 日 12 時過ぎ北海道函館付近に再上陸した。この間, 香川県, 岡山県, 広島県などで床上浸水 1 万 6799 棟, 床下浸水 2 万 9767 棟の被害が発生した。図 43 は, 8 月 29～31 日の高松港での潮位変化を示している。高松港では, 台風による潮位の上昇が満潮の時刻とほぼ一致し, 高潮による浸水被害が出た。この例のように, 高潮被害を警戒するに当たっては, 台風による潮位上昇だけではなく, 図に破線で示された天文潮位[68]との関係にも注意を払う必要がある。

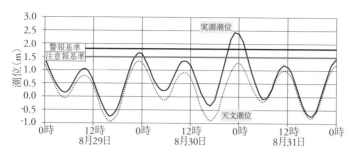

図43 2004年8月29〜31日の高松港における潮位。台風16号による潮位の上昇と，満潮時刻がほぼ一致したため，潮位が警戒基準を超え，高潮による浸水被害が発生した。[69]

日本では過去に，東京湾，伊勢湾，大阪湾，瀬戸内海，有明海などで，多くの犠牲者を伴う高潮被害が発生した。高潮の時に特に危険なのは，吹き寄せ効果が働く湾奥にある低平地である。日本で最も広い海抜ゼロメートル地帯(図46参照)がある濃尾平野では，1959年の伊勢湾台風によって，津波を除く我国の水害史上最大の被害が出た。

(2) 伊勢湾台風

伊勢湾台風は，1959年(昭和34年)9月26日午後6時13分頃，和歌山県潮岬付近に上陸，伊勢湾の西側に沿って北上し，27日午前1時頃に日本海に達した(図44参照)。上陸時の中心気圧は929 hPa (統計開始 (1951年) 以降，第2位，表3参照)，暴風域は直径700 kmにも及ぶ超大型の台風で，時速65 km/hという高速で東海・中部地方を駆け抜けていった。上陸時は小潮で満潮とも一致しなかったにもかかわらず，強風による吹き寄せと低気圧による吸い上げ効果が重なり，名古屋港では観測史上最高潮位 (T. P.[70] 3.89 m，午後9時35分時点) が記録された。名古屋港基準面は T.P. -1.412 m であるから，平時の平均潮位より約5 mも高いことになる。伊勢湾奥部で最大となった高潮は，海岸堤防を越流・破壊し，あるいは，河川や運河を遡上し，名古屋港周辺の貯木場に貯えられていた大量の木材 (約100万石[71]) の半数近く(約42万石)を漂流させながら，市街地に押し寄せた(図45)。伊勢湾台風による死者・行方不明者数は

---

68) 天文潮位：太陽と月の引力の効果，および地理的条件から推定される潮位の変化。
69) 気象庁HP「高潮による災害」，2017年3月3日閲覧。
70) T.P.：東京湾平均海面を0.00mとしたときの潮位。
71) 石：木材の計量単位の一つ。1石 = 0.2783m³。

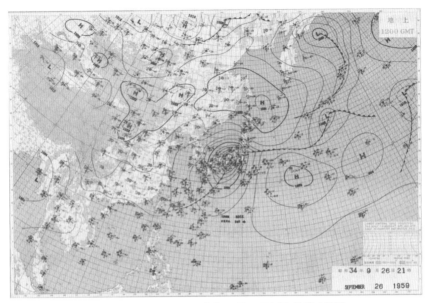

図44 伊勢湾台風襲来時（1959年9月26日午後9時）の天気図（気象庁提供）

図45 伊勢湾台風による被災状況。(a) 名古屋港から市街地を望む。(b) 山崎川河口付近貯木場からの木材流出状況（陸上自衛隊撮影，中部地区自然災害科学資料センター所蔵，国土交通省木曽川下流河川事務所提供）

　5098名に達し，負傷者数，住家被害数とともに高潮・洪水災害としては我が国の観測史上最悪の事例となった。人口が密集する海抜ゼロメートル地帯を抱える伊勢湾奥部で夜間に最高潮位となったこと，高潮に対する危機意識が少なかったことに加え，避難場所も少なく事前の避難ができなかったこと，多量の貯木が流出して家屋・施設等を破壊し，避難する人々に襲いか

かったことが被害を大きくした要因とされている[72]。

（3）ゼロメートル地帯の高潮対策

幸い，ここ数十年（2018年1月現在）は伊勢湾台風クラスの高潮事例は発生していないが，近い将来にその可能性がないわけではない。後述するように，国土交通省中部地方整備局や愛知県建設部の試算によれば，これまで日本に上陸した台風の中で有史以来最強の「室戸台風」（上陸時中心気圧912hPa，1934年）が伊勢湾台風と同じ経路で襲来した場合，海岸堤防や水閘門などの，伊勢湾台風以降に建設された諸々の施設が健全に機能したとしても，伊勢湾奥部の沿岸域を中心に広域の浸水被害が発生すると予想されている。台風襲来による高潮被害のリスクは決して無くなったわけではない。

近年，気象観測網の充実と気象予報技術の進展により，台風が上陸するおよそ2日前の時点において，その規模と経路をかなりの確度で捉えられるようになってきた。つまり，数日後に迫りくる大規模水害を予測することができ，避難に必要な時間（リードタイム）

を稼ぐことができるようになっているのである。台風などの襲来に備え，リードタイムを含めて時系列的に事前の対策を講じる仕組みを「タイムライン」と呼ぶ。この概念は，2005年8月米国南部を襲ったハリケーン・カトリーナ[73]による被災体験を踏まえて，米国 FEMA（緊急事態管理庁）によって提唱された。

我が国では，2005年12月にゼロメートル地帯の高潮対策のあり方について考える「ゼロメートル地帯の高潮対策検討会」が国土交通省に設置され，我が国の高潮対策が検討された。その結果，2006年1月に出された提言（ゼロメートル地帯の高潮対策検討会2006）において，三大湾（東京湾，伊勢湾，大阪湾）において地域協議会を設置し，危機管理行動計画を策定することが求められた。提言を受けて，伊勢湾沿岸および大阪湾沿岸のゼロメートル地帯の対策を策定するために，「東海ネーデルランド高潮・洪水地域協議会」および「大阪湾高潮対策協議会」が設立された（図46参照）。

東海ネーデルランド高潮・洪水地域協議会は，「スーパー伊勢湾台風」の

72）伊勢湾台風と，その後に作られるようになったハザードマップとの関わりについて，第3章6節「ハザードマップ」を参照。

73）このハリケーンによって，ルイジアナ州ニューオリンズは市域の8割が水没したと言われる。全米で，死者1836人，行方不明者705人を数えた。

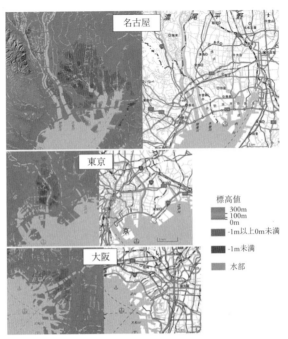

図46（口絵9参照） 東京，名古屋，大阪の海抜ゼロメートル以下の地域。（地理院地図。色別標高図（左）と標準地図（右）。2017年10月6日閲覧）

襲来を想定し，危機管理行動計画を立てた。スーパー伊勢湾台風とは，室戸台風と同等規模の台風（上陸時910hPa）が，東海地方の低地にもっとも大きな被害をもたらすと考えられるコース，すなわち，紀伊半島の潮岬辺りに上陸する，と想定された架空の台風である。その他の想定条件は以下の通りである。上陸時刻は18時，その後は北上して23時には日本海に抜ける。名古屋港の潮位は，台風接近とほぼ同時刻に大潮の満潮を迎え，最大T.P.＋5.1mとなる。大潮の満潮時の平均潮位はT.P.＋1.22mだから，強風による吹き寄せ効果と吸い上げ効果で，3.9mの上昇を見込んでいることになる。

このような条件において，高潮と洪水による複合災害を想定した次のようなシナリオが考えられている。18時に高潮による浸水が始まり，風速は20m/sを超える暴風となる。その後，22時に台風は日本海に抜けるが，高潮による浸水域は拡大する。上流域での大雨のため25時（翌日1時）に各河川で破堤が生じ，さらに浸水範囲が

表5 東海ネーデルランド高潮・洪水地域協議会が想定するタイムライン（東海ネーデルランド高潮・洪水協議会 2015）

	フェーズ	災害の状況ならびに減災・復旧のための活動
0 台風上陸前	ステージ0 36〜24時間前	自主避難の呼びかけ
	ステージ1 24時間前〜	特別警報発表の可能性に言及（気象庁） 避難準備情報・避難勧告
	ステージ2 12〜9時間前	避難指示・避難完了
	ステージ3 9〜6時間前	特別警報発表[74]（気象庁）
	ステージ4 6〜0時間前	甚大な被害がほぼ決定的に予測される段階。
I	上陸後1〜3日	高潮・大雨による洪水発生。広域活動拠点[75]を設置し，救出活動や医療救護活動を重点的に行っている状況。
II	4日〜2週間	排水作業を重点的に行い，排水を完了させるまでの状況。排水が完了した地域から，順次，救出活動，応急復旧を進める。
III	2週間〜1ヶ月	全エリアの排水完了を受け，応急復旧を重点的に行い，被災した堤防や道路，ライフラインの応急復旧が完了するまでの状況。

拡がる。予想される浸水エリア内の市区町村に居住している人口は約242万人，そのうち避難が必要になる人は約57万人と予想されている。地域内で避難が可能な人数は，およそその半数と推定されるため，残りの約半数の人は市区町村の境界を越えた広域避難が必要となる。想定し得るこのような災害に対して，東海ネーデルランド高潮・洪水地域協議会が公表しているタイムラインの骨子を，一部要約して表5に示す。同協議会の「危機管理行動計画（第三版)」には，各フェーズ，およびステージに関して，より具体的な対策の指針および実行に当たっての課題が提示されている。

さらに最近では，内閣府中央防災会議においても洪水・高潮氾濫からの大規模・広域避難に関する検討が始められている[76]。

（田代　喬）

74）気象庁HP「特別警報発表基準について」（2017年3月3日閲覧）を参照。

75）広域活動拠点：広域応援隊（警察・消防の緊急援助隊，自衛隊，国土交通省のTEC-FORCE（緊急災害対策派遣隊）など）の一次集結・ベースキャンプ機能，日本赤十字社やDMATなどの医療機関の活動拠点，救護物資や応急復旧に必要な資機材等の集結・分配機能などを有する施設。

76）内閣府HP「洪水・高潮からの大規模・広域避難検討ワーキンググループ」，2018年3月11日閲覧。

第5節　土砂災害

　土砂災害は，山地や急崖を構成する岩や土が重力作用により斜面の下方に移動する土砂移動現象に伴う災害である。日本の地質は，複雑な地殻変動の影響で概して脆弱なうえ，国土の70％が山地であるため，降雨時にはもともと斜面変動が起きやすい素因があり，そこに豪雨や地震が誘因となって土砂災害が発生している。誘因である大雨や豪雨の発生頻度は，地球温暖化の影響を受けて近年増加傾向にあり，土砂災害も大規模なものが目立つようになってきている。豪雨や地震による土砂災害の発生は避けられないが，そこで生活を営む人々の努力により災害規模を小さくし，人的・物的被害を軽減させることは可能である。本節では，土砂災害の発生に関するメカニズム，最近の土砂災害の発生場の特徴，土砂災害の軽減対策などについて説明する。

1. 土砂災害とは

　日本の国土面積の約70％は山地・丘陵地でしかも数多くの活火山が分布する。また世界でも有数の変動帯に位置するため，大規模な地質構造線，破砕帯が広範に分布し，概して脆弱な地質構造を形成している。このため，梅雨期の集中豪雨や台風による豪雨を誘因として，斜面崩壊や地すべり，土石流などの土砂移動現象が起こりやすい環境にあり，これらが人命や財産を奪うような災害になると土砂災害として認識される。

　図47には，2000年（平成12年）から2013年（平成25年）の14年間で発生した土砂災害の件数と犠牲者数の推移を示した（砂防・地すべり技術センター 2010-2014）。対象期間とした14年間で土砂災害犠牲者数は365人，このうち土石流災害による犠牲者数は231人で土砂災害犠牲者の63％を占める。平均的にみれば，土砂災害で毎年約26人が犠牲となり，そのうち約17人は土石流災害による犠牲者である。

　土砂災害による犠牲者数が多かったのは2004年（平成16年）と2011年（平成23年）で，それぞれ60人，および80人を超える。2004年の気象状況をみると，台風は平年値の約4倍にあたる10個が上陸し，加えて前線活発化

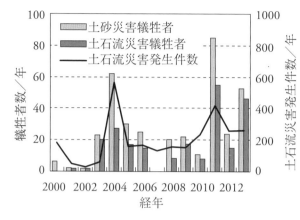

図 47　土砂災害の犠牲者数の推移（2000 年〜2013 年）

による新潟・福島豪雨，福井豪雨があり，10月下旬には新潟県中越地震があった。2011年には3月11日に発生した東北太平洋沖地震に伴う土砂災害で19名が犠牲となり，同年9月上旬には台風12号による記録的な豪雨により，奈良県・和歌山県・三重県では死者・行方不明者56名を伴う甚大な土砂災害が発生した。このように土砂災害は，台風や前線活発化にともなう豪雨，あるいは地震を誘因として発生する。

2. 土砂移動現象

　土砂移動現象は，山体を構成する表層部や河床などの表層に堆積する土砂，またはその一部が下方に移動する現象であり，その発現には素因と誘因の両者の関わりが不可欠である。素因とは，山地が「本来持っている性質」で，例えば地質や地形条件のことであり，誘因とは実際にその現象を引き起こすもので，降雨，地震，火山噴火，人為など外部から作用する「外的な力」のことを指す。土砂移動現象としてあげられる斜面崩壊や地すべりは，一般に斜面傾斜が急で凹地状の集水地形をなす場所で発生するが，これは発生場としての素因に関する特徴であり，実際にその現象が発現するには，豪雨や地震といった外的な因子（力）が加わる必要がある。このような意味で素因は「ポテンシャル」，誘因は「引き金」ともいわれる。

(1) 斜面崩壊

　山地斜面を構成する表層物質あるいは基盤岩の一部が，豪雨，地下水，地

震に誘発されて崩落する土砂移動現象のことを斜面崩壊（山崩れ）とよぶ。斜面崩壊は，崩壊深により表層崩壊と深層崩壊に大きく区分されることがある。前者は崩壊深が約1～2mで崩壊土量が1000m³以下程度，後者の規模はその10倍，100倍といった桁違いの大きさがあり，例えば崩壊土量が100万m³（東京ドームの全容積相当分）以上であれば大規模崩壊（塚本・小橋 1991），さらに1000万m³以上の規模があれば，巨大崩壊と呼ばれることもある（町田 1984）。斜面崩壊は，山地斜面のどこにでも起こる可能性があり，発生後は数m/s程の速度で下方移動しながら分散し堆積するため，崩落した土塊は崩壊前の原型をとどめない（図48）。

図48 豪雨時に発生した斜面崩壊（三重県宮川村小滝，2004年10月13日撮影）

斜面崩壊の発生は，次のように説明される。斜面上の土塊には，重力によって常に斜面方向に滑らそうとする力（滑動力）が働いているが，土塊には滑動力に抵抗する力（せん断抵抗力）が働き，普段は両者が釣り合っている（図49）。せん断抵抗力は，土粒子間に働く粘着力と摩擦力（斜面を垂直に押さえる力に摩擦係数を乗じたもの）で与えられる。斜面傾斜が大きくなると摩擦力の減少に伴いせん断抵抗力も

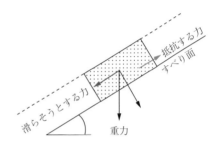

図49 斜面土塊に働く力の釣り合い

小さくなるので，わずかな滑動力の増加で釣り合いが崩れ，崩壊に至る状態が生まれる。このような素因を有する斜面において，地震動や降雨浸透に伴う地下水上昇により斜面状態が変化し，滑動力がせん断抵抗力を上回った時，斜面内のある深さ（崩壊深）にすべり面[77]が形成され，その上部に載る土塊が急激に下方移動し，斜面崩壊が発生する。

---

77) すべり面：移動土塊とその下位にある不動地盤との境にあり，滑動により生じた面。部分的なずれによるせん断面が連続すると，土塊全体が滑動しすべり面ができる。

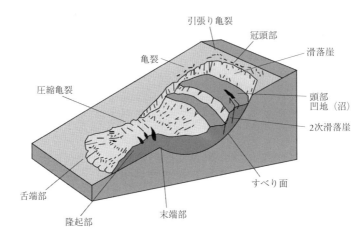

図 50　地すべりの地形的な特徴[78]

（2）地すべり

　地すべりも斜面上の土塊が重力作用により下方移動する土砂移動現象で，斜面崩壊の発生機構と同じように説明される。斜面崩壊が急激に早い速度で下方移動するのに対して，地すべりは比較的傾斜が緩い場所で緩慢に下方移動する。一旦動き出すと，移動土塊量は斜面崩壊に比べ格段に大きいため完全に停止させることは難しく，甚大な被害を招くケースが少なくない。

　図 50 には，典型的な地すべりの地形的な特徴とその呼称を示す。これに見るように，冠頭部には馬蹄形の急崖（滑落崖）があり，その直下に凹地状の平坦地とそれに続く緩斜面があり，末端部は谷側に迫り出している。多くの場合，図 48 に示すような裸地化した崩落面（すべり面）は見られない。

　日本の地すべりは，発生場所に地域性があり地質構造と密接な関係がある。新第三紀[79]の地質であるグリーンタフ[80]が広く分布し，しかも積雪地帯である新潟県から山形県，秋田県などの日本海側地域や，中央構造線と御荷鉾構造線に沿って四国地方などに分布する三波川帯と秩父帯[81]と呼ばれる広域変成岩帯域などにおいて地す

78）U.S. Geological Survey〈http://pubs.usgs.gov/fs/2004/3072/〉の図をもとに作成。
79）新第三紀：地質年代の区分で約 2300 万年前から 260 万年前の時代。環太平洋域では山脈の隆起や火山活動が活発であった時期である。
80）P.57 の脚注 57）を参照。

図51（口絵10参照） 日本の地すべり分布。破線は，中央構造線および糸魚川－静岡構造線。（平成22年度国土数値情報土砂災害危険箇所（地すべり危険箇所）データをプロット）

図52（口絵11参照） 秋田県鹿角市で発生した澄川地すべり（米代東部森林管理署 1997）

べりの発生頻度が高い（図51）。

図52には，秋田県鹿角市八幡平の澄川温泉で1997年に起きた大規模な地すべりの発生直後の様子を示す。図に見るように斜面頭部には円弧状の滑落崖があり，雪を載せたまま移動した土塊が斜面の下方に残っているのが分かる。この地すべりは，5月4日頃から亀裂を伴った前兆現象が現われ，10日未明に大きく下方移動し，11日の朝に地すべりの末端部にあった澄川温泉を完全に破壊した。その後，移動土塊は流動化し約2km流下，赤川温泉を破壊し国道341号線赤川橋を埋没させた。この災害で両温泉の建物16棟は全壊したが，宿泊客と従業員51人は災害発生前に避難を完了しており，全員無事であった（米代東部森林管理署 1997）。

(3) 土石流

土石流とは水と土砂や石礫，岩塊からなる混合物が一体となり，かなりの速度（一般に5～10 m/sとされる）で流下する土砂移動現象である（図53）。古くは山津波や鉄砲水，あるいは地方によっては「蛇抜け」などと呼ばれていた。土砂と水の混合割合はさ

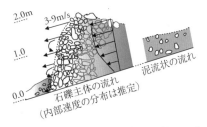

図53 土石流の流下状況の模式図（土屋・他 2009）

81）三波川帯と秩父帯：関東山地から九州山地にかけて中央構造線のすぐ南側に帯状に接する構造帯である。四国地方では，多くの地すべりがこれらの両構造帯内で起こっている。

まざまで，火山泥流のように水分が多いものも含め，土石流はこれら流動体の総称である。

土石流の発生には，斜面崩壊や地すべりによる崩落土砂（崩土）が流動化して土石流へ移行する場合，崩落土砂が河道を閉塞して天然ダムを形成した後に決壊し流下する場合，渓床に堆積した不安定な土砂礫などの堆積物が流動化する場合などがあげられる（高橋 2004）。

流動中の特徴としては，石礫のほか流木などを含み，先頭部に集積した大径礫が回転・滑動しながら流下すること，川筋の屈曲部でも曲がらず溢れ出し直進流下する傾向を示すことなどがあげられる（池谷 1999；土屋・他 2009）。また，土石流は谷間から勾配の緩い斜面に出ると，その流れは拡幅しながら減速するので先端部の石礫に富む部分から堆積するようになる。流れの後続部は，水分が多いので堆積表面を再侵食することがあり，新たな流路がつくられることもある。これまでの経験から土石流が停止する勾配は 2～3°であることから，土砂災害防止法（平成 12 年法律 57 号）における土石流の土砂災害警戒区域は，発生のおそれがある渓流の扇頂部から下流に向かって勾配が 2°以上を示す区域が対象となっている（図 54：扇型の薄い灰色，口絵では黄色の部分）。

3. 豪雨による土砂災害

図 47 に示すように過去 14 年間では，2004 年，2011 年，2013 年の土砂災害発生件数，および犠牲者数がともに多かった。以下には，これらの年に発生した大規模な土砂災害をとりあげ，その概要を紹介する。

(1) 徳島・高知県の土砂災害

2004 年 7 月 29 日から 8 月 2 日にかけて台風 10 号の影響により，徳島県

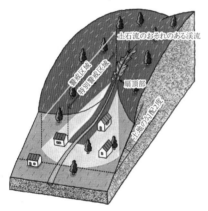

図 54（口絵 12 参照）　土砂災害防止法に基づく土石流の土砂災害警戒区域（扇形に広がった薄グレーのゾーン（イエローゾーン））と土砂災害特別警戒区域（濃いグレーのゾーン（レッドゾーン））[82]

82）国土交通省 HP「土砂災害防止法の概要」，2015 年 9 月 19 日閲覧。土砂災害警戒区域と同特別警戒区域の違いについては，第 2 章 4 節「防災関連特別法の例——土砂災害防止法」を参照。

図 55（口絵 13 参照） 徳島県那賀町阿津江崩壊地の全景

と高知県で連続雨量 1000 mm を超す豪雨となり，徳島県木沢村，上那賀町を中心に大規模な斜面崩壊と土石流が発生した。徳島県那賀町阿津江地区では，図 55 に示すように坂井木頭川の左岸標高 800 m 付近で幅約 70 m の崩壊があり，崩土 30 万〜40 万 m³ が斜面を約 1200 m 流下し，坂井木頭川の対岸に乗り上げ，国道 193 号符殿トンネルに流入した。この崩壊地上縁部の森林内には，崩壊後に生じたとみられる多数の亀裂（図 50 参照）が確認されたことから，その後の地すべり性移動にともなう源頭部崩壊域の拡大が心配された。

また，阿津江地区から南西約 2 km の大用知地区では，標高 1000 m 付近に生じた幅約 250 m の大規模な斜面崩壊が，標高 600 m まで崩落し，土石流となって大用知集落の南側渓流を約 2 km 流下して坂井木頭川に合流した。大用知集落では 2 人が行方不明となった（日浦・他 2004）。

(2) 三重県南部の土砂災害

2004 年 9 月 29 日三重県南部は，鹿児島県に上陸した台風 21 号に刺激された秋雨前線により，尾鷲では同日 6 時〜12 時に 478 mm，宮川村明豆では 5 時〜11 時に 318 mm に達する猛烈な豪雨に見舞われた。これにより，宮川村では多数の斜面崩壊・土石流が発生し，死者・行方不明者は 7 人にのぼった（林・他 2004）。

宮川村滝谷（里中）地区では，宮川左岸山腹斜面で発生したスランプ型[83]の比較的大きな斜面崩壊により国道 422 号線沿いの人家 3 戸が全壊し

図 56（口絵 14 参照） 三重県宮川村滝谷地区で発生した斜面崩壊

83）スランプ型斜面崩壊：移動土塊がスプーン状にカーブしたすべり面に沿って回転しながらすべり落ちる移動形式の斜面崩壊。

（図 56），死者 4 人，行方不明者 1 人の被害を生じた。また，宮川村古ヶ野においては，宮川の左岸から流入する古ヶ谷川から土砂流出があり，合流付近の集落地で 1.5 m 堆積し住宅 1 階を埋めた。堆積した石礫は 10〜20 cm のものが多いことから，土石流状態ではなく洪水とともに運ばれた土砂が堆積したことによる被害と判断される。

(3) 台風 12 号（2011 年）による紀伊半島の災害

2011 年 8 月下旬から 9 月上旬にかけて台風 12 号の北上に伴い，紀伊山地の一部で連続 1800 mm を超える多量の降雨があった。これにより，奈良，和歌山，三重の 3 県で土石流等 58 件，地すべり 13 件，斜面崩壊 50 件が発生し，死者・行方不明者 54 人を伴う甚大な土砂災害となった（国土交通省 2013）。

図 57 には，大規模な土砂災害が生じた紀伊半島中央部の降雨量分布と大規模崩壊地の発生箇所を示した。大規模崩壊地は，降雨量 900〜1300 mm の範囲で発生していることが分かる。降雨量がより大きかった 1400 mm 以上の区域では，大規模な斜面崩壊は発生していない。この理由には，この区域一帯が大規模な斜面崩壊を起こしにくい深成岩類で構成されていたことが考えられる。

降雨は 8 月 30 日 18 時から降り始め，9 月 4 日 24 時までに奈良県吉野郡上北山村で 1808.5 mm，同十津川村で 1358.5 mm を観測するなど記録的なものであった。降り始めからの降雨量が 300 mm を超えた 9 月 1 日 11 時

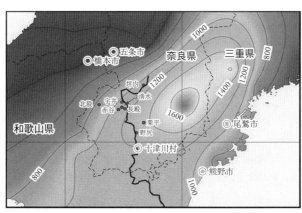

図 57（口絵 15 参照） 紀伊半島の災害域における降雨量と大規模斜面崩壊の分布（●）。降雨量の単位は mm。

表6 奈良県南部で発生した大規模斜面崩壊の諸元[84]

崩壊地	崩壊面積（m^2）	崩壊土量（m^3）	斜面方位	傾斜（°）
坪内	91,000	1,000,000	ESE	22
宇井	67,000	900,000	ENE	36
北股	53,000	1,200,000	SW	30
長殿	175,000	6,800,000	WNW	35
清水	254,000	2,100,000	NW	31
赤谷	327,000	9,000,000	NW	30
栗平	414,000	25,000,000	NNW	29
野尻	149,000	1,600,000	NW	30

には，上北山村，下北山村，天川村で土砂災害警戒情報が発表され，降雨がピークに達した9月4日0時10分に奈良県全域に土砂災害警戒情報あるいは浸水警戒情報が発表された（気象庁 2011）。

表6には，この豪雨により奈良県の南部十津川流域で発生した8ヶ所の大規模斜面崩壊の諸元を示す。いずれも，崩壊規模はこれまでに経験のないものであり，なかでも最大は「栗平」で，崩壊面積約41 ha，崩壊土量約2500万 m^3 という巨大なものである。「宇井」，「北股」は崩壊面積5〜7 ha と比較的小さいものの，崩壊土量は90万〜120万 m^3 を有する大規模なものである。「栗平」は尾根山頂部を取り込んで30〜60 m の深さ，「宇井」，「北股」

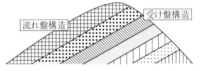

図58 流れ盤構造と受け盤構造における地層の傾斜と斜面傾斜の関係

も20〜30 m の深さで崩壊しており，地中深く浸透した多量の雨水が崩壊発生に大きく関与したことを窺わせ，大規模な深層崩壊と呼ぶのにふさわしい。また，これら大規模崩壊は，やや緩勾配30〜35°の斜面で，概ね北西向き斜面で発生した。これには，紀伊半島の地質構成として，北西方向に落ち込む流れ盤構造[85]が卓越していることが影響しているとされる（土木学会 2011）。

これらの斜面崩壊により，奈良，和

---

84) 国土交通省（2013）および Chigira et al.（2013）より。
85) 流れ盤構造：地層が地表の傾斜とほぼ同一方向に傾斜している地層構造を指す。地すべりを起こしやすい地層構造とされる。これに対して，地層の傾斜と地表の傾斜とが大きな角度をなす構造を受け盤と言い，比較的安定していることが多い（図58）。

歌山,三重の3県で生じた土砂量は約1億m³と推計されている(国土交通省2013)。斜面崩壊により生じた土砂は不安定で侵食されやすいことから,今後は二次移動に伴う災害が懸念される。不安定土砂の生産といった点においても,近年経験したことのない規模の土砂災害であるといえよう。

また,和歌山県南部の世界遺産登録地である那智川流域では,本川の洪水氾濫に加え,大規模な土砂流出があり,死者行方不明者22人を伴う甚大な土砂災害を生じた。那智川支川のうち流域面積が大きな金山谷沢では源流域で生じた約8000 m²規模の斜面崩壊に伴う崩土が,土石流となって家屋2軒を流失させた。土石流はさらに下流約2 kmにわたり河床を大きく侵食しながら直進流下し,道路や田畑に厚く堆積した。

(4) 伊豆大島の土石流災害

2013年10月15日から16日未明に

図60(口絵16参照) 伊豆大島町大金沢上流の表層崩壊と被災した神達地区(2013年10月16日,国交省中部地方整備局撮影の写真に加筆)

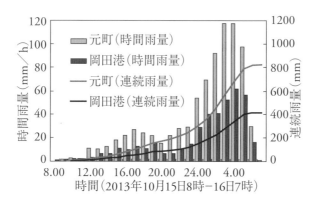

図59 大島町元町観測所と岡田港観測所による降雨記録(2013年10月15日〜16日)

図61　大金沢上流の表層崩壊地源頭部の層位
（2013年11月2日撮影）

かけて，伊豆大島では台風26号がもたらした日雨量800 mm超といった類まれな豪雨（図59）があった。この豪雨により，三原山西麓の大金沢上流域で広範囲に発生した表層崩壊が土石流となり渓岸を侵食しながら流下し，大島町神達地区を襲い（図60），死者行方不明者39人を伴う甚大な土砂災害を生じた。また，土石流は多量の流木を含み暗渠や橋梁を閉塞させたため，元町住宅域に氾濫被害を引き起こした（石川・他2014）。

　大金沢上流一帯の斜面は，根系の発達した黒色の未固結な火山砂層が地表から0.3～0.5 m厚で覆い，その下位には0.2～0.4 m程度のやや締まった低透水性の降下火砕堆積層がみられる。未固結な火山砂層と降下火砕堆積層は深さ1.5～2 mまで互層状態で分布し，さらにその下位を硬質なシルト質ロームが数mの厚さで覆っている。土石流の発生源となった表層崩壊は，図61に示すように表層を覆う未固結な火山砂層で発生した。また崩壊箇所の側面には地下水が噴出したと思われるパイプ痕跡（5～20 cm径）も見られた。

　広範囲な表層崩壊をもたらしたのは，台風起因の局所的な豪雨である。図59に示す2ヶ所の降雨観測地である元町と岡田港は直線で約4 kmしか離れていないが，被災域である元町の降雨量は岡田港の2倍を記録している[86]。土砂災害発生の主要な原因としては，狭い範囲を集中的に襲った豪雨があげられる。また，土石流は浸食が進んでいない未発達な谷を直進し，住宅域に流入して家屋を流失させたことから，災害を大きくした要因には，このような火山地帯特有の未発達な地形による影響が考えられる。

4. 地震による土砂災害

　近年，大規模な土砂災害を誘発する地震がいくつも発生している。ここでは，2004年新潟県中越地震（M6.4），2008年岩手・宮城内陸地震（M7.2），そして2011年の東北地方太平洋沖地震（Mw9.0）において発生した土砂災

86）図30（p.47）を参照。

第 1 章　自然災害概説　第 5 節　土砂災害　｜　81

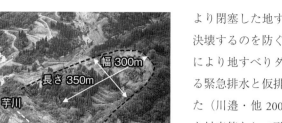

図 62（口絵 17 参照）　芋川を塞き止めた東竹沢地すべり（2004 年 10 月 25 日，中越防災安全推進機構撮影）

害を概説する。

(1) 新潟県中越地震による河道閉塞

　2004 年 10 月 23 日 17 時 56 分，全国有数の地すべり地帯である新潟県中越地方で深さ 13 km を震源とする M6.8 の地震（新潟県中越地震）が発生した。この地震は，川口町川口で震度 7，長岡市古志竹沢で震度 6 強を記録するなど激震を伴った。このため，長岡市古志（旧山古志村）周辺一帯に多数の地すべりや斜面崩壊が生じ，道路などのライフラインを寸断し，旧山古志村では全村避難を強いられた。
　村内を流下する芋川は，地すべり土塊約 130 万 m^3 を有する東竹沢地すべり（図 62）と約 100 万 m^3 の寺野地すべりに代表されるような大規模な地すべりにより河道が閉塞され，地すべりダムが形成された。このため，越流により閉塞した地すべり土塊が侵食され決壊するのを防ぐため，ポンプ排水等により地すべりダムの水位を低下させる緊急排水と仮排水路の整備が行われた（川邉・他 2005）。その後，恒久的な対応策として融雪時や豪雨時の流入水量も考慮した十分な断面を有する排水路が施工された。また地すべり土塊の不安定化を回避するため，地すべり頭部の荷重軽減を図る排土工が実施された。

(2) 岩手・宮城内陸地震による大規模地すべり

　2008 年 6 月 14 日，8 時 34 分に岩手県奥州市を震源とする M7.2（震源深さ約 8km）の地震が発生し，奥州市と宮城県栗原市を中心に死者 13 人，行方不明 10 人を伴う被害があった。この地震による土砂災害の特徴には，震源域に当たる栗駒山（1628m）の東南山麓で多くの斜面崩壊が発生し，崩土が渓流を閉塞し多くの土砂ダムを形成したこと，土石流下した崩土が温泉施設を襲い 5 人が犠牲になったことに加え，日本の過去 50 年間において最大規模の地震地すべり（荒砥沢地すべり）が発生したことがあげられる。
　荒砥沢地すべりは，栗駒山の南東約 4km の位置にあり，二迫川流域に建設された荒砥沢ダムのダム湖上流域で発

図63（口絵18参照） 荒砥沢地すべりの斜め写真。地すべりは写真左上を滑落崖として右下方向に約300m移動した。下端は地すべり末端部の一部が流入した荒砥沢貯水池。(2008年7月14日，アジア航測撮影）

図64 地すべりブロック中腹部のボーリングコアに表れたせん断面。ボーリングコアの写真は移動土塊の下面を写している。左端側に滑動に伴ってできた1cmほどの擦痕がみられる。（東北森林管理局撮影）

生した。荒砥沢ダムの周辺は，火砕流堆積物が平坦地を形成し支渓には地下水の湧出箇所も多く，谷の発達がすんでいる。地すべりの規模は，斜面長1300m，幅900mと大規模で，地震動により土塊全体が約300m移動した。地すべり頭部に現われた滑落崖の最大落差は150mで，崖中央から上位は溶結凝灰岩，その下位には軽石凝灰岩が存在する（図63）。地すべりは，図63に示すように荒砥沢ダム上流に位置する山体にぶつかるようにして停止したが，地すべりの末端では150万 m³ 程度の崩落土砂がダム貯水湖に流入した。幸いにも，地すべり本体が流れ込む事態には至らなかったため，いわゆる「ダム湖災害」は発生しなかった。

地すべりブロック中腹部のやや下方で実施されたボーリングコアから地表から78mの深さにせん断面が確認された（図64）。せん断面に対応する地質は，砂岩・シルト岩の互層に相当し粘土層の形成[87]は認められなかった。これらのボーリング結果から，地すべり土塊の縦断方向（図63の移動方向）の形状は平坦に近いこと，地すべり土塊量は概算で約7000万 m³ に相当することが報告されている（山科・他2009；大野・他2010）。

(3) 東北地方太平洋沖地震による土砂災害

2011年3月11日牡鹿半島東南東約130km付近，深さ約24km付近を震源として，Mw 9.0の東北地方太平洋沖地震が発生した。これにより岩手県，

---

87) 粘土層の形成：粘土層があると，そこをすべり面として地すべりが起こることがある。

第 1 章　自然災害概説　第 5 節　土砂災害 | 83

図65　白河市葉ノ木平の地すべり性崩壊（平成 23 年 3 月 14 日，国土交通省撮影の写真に加筆）

図66　那須烏山市神長の土砂災害（平成 23 年 4 月 2 日撮影，栃木県烏山土木事務所 HP）

宮城県，福島県，茨城県にかけては，海岸沿いのみならず内陸においても 500〜1000 ガル[88]，所によっては 1000 ガル以上の大きさの加速度が観測された。この地震による土砂災害は，余震によるものを含め，土石流 13 件，地すべり 31 件，崖崩れ 95 件などであった（砂防・地すべり技術センター 2011）。土石流による死者は 19 名にのぼった。

福島県白河市葉ノ木平の場合は，集落西方の高さ約 50m を有する第四紀[89]のローム層[90]斜面で，幅 70m，長さ 120m，深さ 5〜7m の地すべり性の崩壊が生じ，約 7 万 m^3 の崩土が住宅域を襲った（図 65）。図に示すように，流動化した崩土はスギ人工林をなぎ倒して，拡大しながら斜面直下に位置する住宅地に流れ込み，対岸の林内で停止した。これにより，住宅 10 戸が全壊し，13 人が亡くなった。

また，栃木県那須烏山市神長では丘陵斜面で発生した地すべり性の崩壊を生じ，崩土が流動化し直下にあった住宅を破壊，死者 2 人を出した。地すべりを生じた斜面は第四紀ローム層で平均傾斜約 17°と緩く[91]，その規模は幅 40m，長さ 80m，深さ 4〜6m，崩土量は約 1 万 5000m^3 と推定される。図 66 に示すように崩土は，緩傾斜面の下端

---

88) ガル：加速度の単位。1 ガル＝1cm/s^2。重力による加速度は約 980 ガル。第 8 章 1 節「耐震・耐火・耐津波技術」図 2 参照。
89) 第四紀：地質年代の区分の一つ。約 260 万年前から現在までの時代。
90) ローム層：シルト，粘土を多量に含む土壌で構成され，粘性質に富む地層。代表的な地層として関東ローム層がある。
91) 表 6（p.78）の「傾斜」と比較参照。

から約 100m にわたり，扇状に 120m ほど拡大して停止した。直下にあった住宅 1 軒は，崩土による直撃で完全に破壊され，その北側に隣接する住宅は 1 階部分が押しつぶされた。さらにその下流にあるもう 1 軒は，建物被害を免れたものの崩土が庭先に流入した。建物破壊の程度から判断して，崩土の下方移動は白河市葉ノ木平の事例と同じように，緩傾斜の斜面であるもののかなりの速度で流下したことがうかがえる。

東北地方太平洋沖地震では，土砂移動現象の発生頻度は高くなかったが，崩落土砂は比較的規模が大きく長距離を流動し被害を大きくしたことが特徴としてあげられる。一般にローム層は細粒成分が多く含まれるので，流動する崩土の抵抗力は比較的小さい。この影響により崩土は長距離を移動したと考えられる。

5. 土砂災害の軽減対策

前述のように，土砂移動現象は，地形・地質を素因とし，そこに大雨や地震が誘因として加わることで発生する。一般には誘因が大きい時ほど，土砂災害の規模は大きくなる。大雨や地震を予測することは難しいが，素因となる条件を熟知することにより，災害を軽減させることは可能である。

土砂災害を防止・軽減する対策には，土砂移動現象からその危険を回避するソフト対策と，砂防堰堤などの構造物によって土砂移動現象の発生を未然に防止したり，土砂の流下と氾濫を制御して人命・財産への被害を防止あるいは軽減するハード対策がある。

ソフト対策には，土砂災害が発生する恐れがある区域に対して，土地利用を規制し，家屋等に大きな被害が生じないようにする予防的な対策と，差し迫った危険を回避するために必要な災害情報を提供し，災害の防止と被害の軽減を図る緊急的な対策がある。

土砂災害を軽減するためには，ハード対策は欠かせない。しかし，その整備には莫大な費用を要することから，想定されるすべての危険箇所[92]にハード対策を実施することは困難である。そのため土砂災害が発生するおそれのある区域を明らかにし，危険性の周知と警戒避難に関する情報伝達，開発行為の制限，危険区域内の住宅の移転促進等を含むソフト対策を充実させる必要がある。平成 13 年 4 月 1 日よ

---

92) 土砂災害防止法に基づく土砂災害警戒区域の総推定数は，平成 29 年 6 月末時点で，全国で 66 万 6414ヶ所に及ぶ（国土交通省（砂防）HP「土砂災害警戒区域等の指定状況」，2017 年 8 月 2 日閲覧）。

り施行された土砂災害防止法（土砂災害警戒区域等における土砂災害防止対策の推進に関する法律）は，そのような土砂災害対策のうちソフト対策の根幹をなす法律である。

(1) 土砂災害のソフト対策

豪雨によって土砂災害の発生に関する危険が高まった時，都道府県と気象庁は共同で土砂災害警戒情報を発表する。この情報は，市町村長が避難勧告等を発令する際や住民に警戒を呼びかける時の参考にされるものであり，住民の自主避難の判断にも用いられる。土砂災害は，浸透した雨水が土層中に蓄えられた場所に強雨が加わると発生しやすいことから，土砂災害警戒情報は，過去の土砂災害の発生・非発生時の雨量データをもとに地域ごとに設定された予測モデルを用い発表基準を定めている。

実効降雨による土砂災害の発生予測

土砂災害の発生には発生時の降雨だけではなく，それ以前に降った雨水が土層中にどの程度残存しているかが大きく影響する。一般に降雨時に地中浸透した雨水は，その後斜面方向に流動するか，さらに地中の深い位置に進むため，雨水の供給量が減少すると残存量も徐々に減少する。このため斜面崩壊や土石流の発生に関わる度合いは，時間経過とともに低下することが予想される。そこで，土砂災害の発生に実質的に寄与する降雨量を次式のように実効降雨として定義し，これを土砂災害の発生に関する降雨指標とすることが考えられる。

$$R_t = r_t + a_1 \cdot r_{t-1} + a_2 \cdot r_{t-2} + \cdots + a_n \cdot r_{t-n} \tag{1}$$

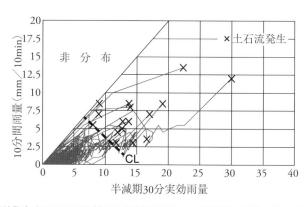

図67　土石流発生時における半減期30分実効雨量と10分間雨量の対比。図の×印は土石流が発生した時点の10分間雨量と実効雨量を示す。（友野・他 2011）

$a_i = 0.5^{i/T}$ $(i=1\sim n)$

ここに，R_t：時刻 t の実効雨量，r_t：時刻 t の時間雨量，$t-n$：降雨開始時刻，a_i：減少係数，T：半減期時間である。

図 67 は，静岡市葵区梅ヶ島大谷崩「一の沢」で観測した土石流の発生について，横軸に (1) 式の半減期 (T) を 30 分とする実効雨量をとり，縦軸に 10 分間雨量をとってプロットし折れ線で表示したものである（友野・他 2011）。このような折れ線をスネークラインと呼ぶ。このプロットでは，長期雨量指標（実効雨量）が短期雨量指標（10 分間雨量）を下回ることはないため，実効雨量＜ 10 分間雨量の領域は非分布領域と表示されている。図に示すように，スネークラインがあるライン（CL：Critical Line，破線で示された境界線）を越えると土石流が発生するケースが多くなり，土石流の発生・非発生を区別することができる。

このように，CL が定まれば短期雨量指標と長期雨量指標を組み合わせることにより土石流の発生を時々刻々と予測することが可能となる。さらに土石流の発生に関わる降雨記録が蓄積されれば，それを基準としてより確度の高い予測結果が期待できる。

ニューラルネットワーク[93] を用いた土砂災害の発生雨量

土石流災害を含む土砂災害の警戒・避難情報を発信する時の基準雨量について，従来は図 67 に示すような線形 CL が多く用いられてきた。しかし，土砂災害の発生時の降雨量データが蓄積されないと，的中精度の向上は期待できないこと，また複雑な気象現象を (1) 式のような線形関係で捉えることの妥当性，CL の設定が一部主観的であることなどの課題が指摘されていた（小山内・野呂 2006）。また実際に図 67 の方法で避難情報を出しても災害が発生しない「空振り」が多かった。このため，数学的な学習モデルに過去の降雨量データと土砂災害の発生・非

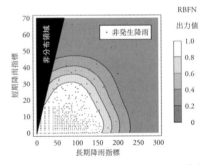

図 68 統計的学習モデルを使った CL の設定例。(図中の「・」は土砂災害が発生しなかった降雨事例を示す。) スネークラインが出力値の小さい（濃い影の）領域に入ると土砂災害の発生の可能性が高くなることを示す。(小山内・野呂 2006)

---

93) ニューラルネットワーク：脳や神経回路網の働きを模した数学モデル。

発生に関する実績データを適用し土砂災害の危険度を表す境界線（CL）を設定し，土砂災害警戒避難基準雨量を評価する方法が提案された（図68）。現在の土砂災害警戒情報は，図68に示した方法により県と地方気象台が連携してCLを設定し発表している。この手法は，技術者の主観的判断を必要とせず，降雨と土砂災害データから客観的に発生と非発生の境界線を設定できるので，より適切な避難情報を提供できると考えられている。

(2) 土砂災害のハード対策

ハード対策は，土砂災害箇所やそのおそれがある渓流に対策施設を設置し，これにより土砂移動の発生を抑制あるいは防止し，その下流で生活する住民の人命や財産等を保全することが目的である。ハード対策に用いられる施設には，①土石流発生抑制工（渓流の上流域で土石流の発生を抑制する山腹工や階段状砂防堰堤群など），②土石流捕捉工（渓流の中・下流域で流下してくる土砂・礫を捕捉する砂防堰堤[94]や堆積工など），③土石流氾濫抑制工（渓流の下流域で土石流の氾濫を抑制する導流提や流向制御工など），などがある（図69）。

土石流対策施設の維持管理

土石流対策施設については，定期点検に加えて，豪雨あるいは震度が大きい地震の後に臨時点検を行い，施設の損傷や老朽化の有無，土砂・流木の堆積状況などを調査するとともに，上流における斜面崩壊の発生，渓流内における土砂の異常堆積などについて調査を行うことが望ましい。施設に損傷がみられ，施設の機能に影響がある事象が発生した場合には施設の安全性と機能を保持させるための対策を実施する。透過型堰堤が土石流や流木を捕捉して透過部が閉塞された場合には，堰堤の捕捉機能を回復させるために，除石を行う。また，土石流堆積工（遊砂地，図69参照）に土石流が堆積した後も捕捉機能を回復させるために除石を行う。したがって，このような施設については除石をおこなうための管理

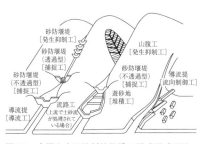

図69 主要な土石流対策施設の模式図（石川・土屋 2012）

94）砂防堰堤については，第8章3節「砂防堰堤」で詳述する。

用通路を設置しておく必要がある。

* * *

　本節で示したように，尾根に近い源流部で生じた斜面崩壊による崩土が，周辺の土砂を巻き込み，長い距離を流下して人家を襲う大規模な土砂災害が数多く発生している。その誘因には，台風をとりまく発達した積乱雲が，狭い範囲に集中的で多量な降雨をもたらしたことがあげられる。今後も温暖化の影響とされる中緯度地帯の海水温の高い状態が維持されるようであれば，台風の発生頻度は高まり，これによる集中的な強雨が国土を襲うケースは増えると予想される。土砂災害の激甚さを意識せずにはいられない状況にある。

　土砂災害を軽減するためには，平時から防災に関わる情報を住民に周知，伝達しておくことが求められる。すなわち，ハザードマップ（土砂災害危険区域図）を準備し，土砂災害の危険場所を住民に周知，伝達しておくこと，豪雨時には都道府県と各気象台とが共同で運用している土砂災害警戒情報を避難勧告などの発令に活用すること，そして土砂災害の危険が及ぶと予想される場合には自主避難を行うこと等が欠かせない。このような警戒避難体制は，当該地域における土砂移動現象の発生場とその影響範囲に関する情報に基づいて作成されなければならない。そのためには，個々の災害事例について，発生場と誘因に関する事項を十分に蓄積し，土砂移動現象に関する検証を行い，防災情報として整理しておく必要がある。

（土屋　智）

第6節　雪害

　わが国の日本海側は，山岳地帯だけではなく人口の多い都市部にも，毎冬，多量の降雪があり，深い積雪に覆われる，世界的にも有数の積雪地域である。シベリア大陸からもたらされる乾燥した冷たい気団が，日本海を南下する際に水蒸気を大量に含み，日本列島の脊梁山脈にブロックされることによって起こる現象である。いわゆる西高東低の気圧配置になると，日本海側の天候は雪となり，太平洋側は乾燥した晴れになることが多い（図70）。後述する

図70 日本列島に降雪をもたらす日本海上の雪雲（2014年12月18日撮影，気象庁）

ように，太平洋側でも，南岸低気圧の北上によって多量の降雪に見舞われることがあるが，一冬に数回のことなので，通常は大きな障害とはならない。それに対し，日本海側の平野部では，ほとんど一冬にわたって降雪が続くた

め，都市部においても積もった雪は根雪となり，春まで融けないことが多い。積雪寒冷地域と言われる所以である。

1. 積雪地域と雪害

冬期に大量の積雪がある北海道から山陰までの，主として日本海側の24道府県が，豪雪地帯対策特別措置法の対象として指定されている（図71）。豪雪地帯の定義は30年以上の平均値で，一冬の毎日の積雪の累計[95]が5000cm以上の地帯とされている。わが国の積雪地域の人口は全人口の15.3％，面積は全国土の50.7％にのぼる[96]。このうち積雪量が特に多いため交通が途絶し，住民の生活に著しい

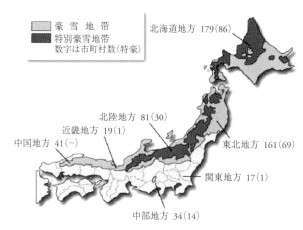

図71 豪雪地帯と特別豪雪地帯。数字は豪雪地帯の市町村数。カッコ内の数字は特別豪雪地帯の市町村数（平成24年4月1日時点）。（国土交通省2012）

95）累計積雪深：定点の積雪深を毎日測定し，一冬の結果を機械的に足し合わせた値。

支障が生じるおそれがあり特別の施策が必要である，と指定された地域を特別豪雪地帯という。

豪雪地帯対策特別措置法の他に，「積雪寒冷特別地域における道路交通の確保に関する特別措置法」という法律が定められている。同法が対象とするのは，「①二月の積雪の深さの最大値の累年平均が 50cm 以上の地域，又は，②一月の平均気温の累年平均が摂氏零度以下の地域内に存する道路で，その交通量が，国土交通大臣が定める道路の交通量の基準に適合し，かつ，産業の振興又は民生の安定のため道路の交通の確保が特に必要であると認められるもの」とされている（「累年平均」は，いずれも，最近 5 年以上の間における平均値が参照される）。対象となった地域の指定された道路については，除雪や防雪等にかかる費用の一部を国が補助する。

2. 降雪・積雪が引き起こす災害

雪害には地域性があるが，典型的なものには次のような現象が挙げられる。

自然災害に分類される雪害としては，吹雪や風雪による被害，雪崩や屋根雪の荷重などによる建物損壊や農業施設等の破損，集落の孤立，着氷雪による送電線の切断や倒木などの山林被害，土中の水分が凍結・膨張し道路などに亀裂が入る現象（凍上）などがある。また，気温の急上昇によって，融雪が洪水を引き起こすこともある。降

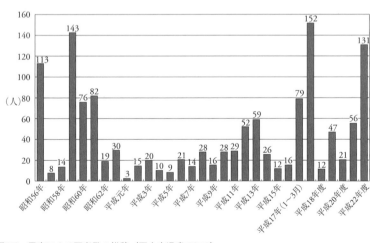

図 72　雪害による死者数の推移（国土交通省 2012）

96）人口は平成 22 年国勢調査による。面積は国土地理院「全国都道府県市町村別面積調」（平成 21 年 10 月 1 日時点）による。

雪，あるいは積雪が引き金となって起こる人災としては，道路，歩道，屋根雪などの除雪中や歩行中の事故，車両のスリップ事故等などが挙げられる。図72に示すように，雪害による死者数は年平均約40名にもなる。平成17年度（2005年12月〜2006年3月）など，死者が多かった年は，いずれも記録的な豪雪に見舞われた年である。

雪害の特徴として，長期間（すなわち一冬）継続することと，同じ地域で繰り返し発生することがあげられる。特に，日本海側では平野部においてもほぼ毎日降雪があり，積雪は12月から3月まで継続する。積雪の継続期間は暖冬や寒冬年によって異なるが，概ねわが国においては12月から3月までが積雪期間である。この期間に断続的に雪害が発生する。

山間部に位置する集落に居住する住民には，斜面からの雪崩や落雪が危険をもたらす。児童・生徒の通学路が斜面の裾を通っている場合は，どこで雪崩が起きやすいかを十分知っておくことが重要である。自宅の裏山が雪崩危険斜面ということもあり得るので，自宅に対する雪崩の危険性を知っておくことも必要である。最近では，バックカントリースキー[97]によって雪崩に

図73　吹雪によるホワイトアウト

遭遇し，遭難するケースが増加している。

登山中に吹雪に襲われ，歩行が困難になり遭難する事故が毎年のように発生する。平地においては，吹雪は障害物のない平原において起こることが多いが，市街地においても激しい吹雪のために方角を見失うホワイトアウトの状態に陥ることがある（図73）。2013年3月には，北海道で吹雪のため自動車が動けなくなり，徒歩で避難を試みた人が低体温症で死亡する事故が発生した。激しい吹雪が予想される時には，外出は控えることが望ましい。

日常の生活においては，道路通行等における雪害が問題となる。典型的な例は路面の凍結によるスリップ転倒である。また，積雪が多いと，除雪された雪が路側帯や歩道に積み上げられるために歩道を歩けず，やむを得ず車道

97）バックカントリースキー：スキー場のゲレンデ以外で滑るスキー。

図74 歩道が除雪されず車道を歩かなければならない状況

図75 作業中の除雪機械に近づくのは危険である。

図76 屋根からの落雪に注意

を歩いて交通事故に遭ったり，家から道路に出るときの見通しが堆雪によって遮られ，車や人にぶつかったりといった事故も増える（図74）。また，車がスリップして止まれずに，歩行者や他の車に接触する事故を引き起こすことも多い。児童・生徒が通学する際に，道路などで除雪中の機械に巻き込まれて，負傷したり死亡したりする事故も発生している。除雪作業をしている近くを通行するときは，十分な注意が必要である。また，除雪機械を扱う作業者は，歩行者への注意を怠らないようにしなければならない（図75）。

　道路に面した民家や建物の屋根からの落雪は大変危険であり，毎年落雪によって死亡する人がいる（図76）。特に高齢者に多いが，小学生などの若年者も落雪に埋まり危うく命を落としそうになる事故も発生している。数十cmの屋根雪であっても，まともに頭に衝撃を受けると，命を落とす危険性

がある。一般に降ったばかりの雪の密度は100kg/m^{3}程度であるが，時間がたつと自重で圧縮されて400kg/m^{3}程度まで重くなる。生き埋めになると雪は重いので簡単に脱出できない。また，気温が0℃以下になると，積雪が石のように硬くなることもある。このため，屋根に雪が有る場合にはなるべく軒先には近寄らないようにしなければならない。屋根雪は放置しておくと建物を倒壊させる可能性もあるので，屋根の雪下ろしは雪国では重要である。しかし，大変な重労働である。従来は，屋

根の雪下ろしは地域共同体，あるいは若者が担っていたが，高齢化と若年層の大都市への流出のために行われなくなった地域が多い。そういった地域では，屋根雪の落雪や家屋倒壊の危険性が増している。また，高齢者が無理を押して屋根に上がり，雪下ろし中に落下し，負傷，あるいは死亡する事故が急増している。

3. 太平洋側の都市雪害

太平洋側の大都市が集中する非積雪地帯では短期間に降る大雪が問題となっている。九州から北海道にかけて日本列島の太平洋沖を低気圧が北上するとき（南岸低気圧と呼ぶ），通常は太平洋側で雨になることが多いのだが，シベリアから強い寒気団が南下していると，雪になることがある。

2014（平成26）年2月14日から15日にかけて，低気圧が発達しながら太平洋沖を北上し，関東甲信地方に大雪をもたらした（図77）。甲府市では積雪114cmと，観測史上の過去の最深積雪を大幅に超える積雪を記録した。このように積雪地域ではないところに短期集中型の大雪があると，交通渋滞や建物被害，集落孤立，停電などの被害による大混乱が起きる。地域経済にも大きな影響を与え，2014年2月の農業被害は政府の試算では1都5県において621億円に上った。

4. 雪害から身を守る

雪国においては，雪害は12月から3月まで一冬継続する。このような中で，慣れに陥ることなく，どのような災害が起こる可能性があるかを確認し，自分自身の身を守るための対処方法を身につけておかなければならない。また，非雪国においては，自分の住んでいる地域において大雪になった場合にどのようなことが起きるか，過去の事例に学び，想像力を豊かにし，いざという時の対処方法を考えておかなければならない。

雪に関連して気象庁は，2種類の特別警報を出す。暴風雪警報は，台風と同程度の温帯低気圧によって，雪を伴う暴風が吹くと予想される場合に，また，大雪警報は，数十年に一度の降雪量が予想される場合に，それぞれ発出

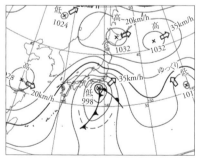

図77　平成26年豪雪時の気圧配置図（部分）
（宇都宮地方気象台　2014）

される。行政は多量の降雪が予想される場合には，あらかじめ休校などの対応策を決めておき，早めに防災・減災対策を講じておくことが求められる。同時に，雪の危険性を十分に教育し，不足の事故等にあわないよう繰り返し注意を喚起しておくことが重要である。特に，非積雪地域では，除雪のための体制が不十分なことが多い。少ない資材で積雪に対処するには，日ごろから，行政機関間や企業との連携を強化しておく必要がある。

遭遇する可能性のある雪害について，それぞれの現象に対する対処方法の一例を示しておく。

除雪事故（巻き込まれ）

通勤，通学時間帯には公共道路の除雪は終了していることが多いが，自宅周辺の道路や通路を個人の小型除雪機械で除雪している場合があり，この機械に巻き込まれ，怪我や死亡事故が起きることがある。したがって，通行の際に除雪機械が稼動している場合には，声かけをして通行の安全を除雪作業者に確保してもらうか，除雪の終了を待って安全を確認してから通行することが求められる。また，除雪する人は，周囲の安全を確保するための要員を適所に置いて作業をするのが望ましい。

屋根雪の落雪

屋根雪の落雪を避けるには，建物の軒先にいないことが大事である。建物の出入りの際には，特に注意する必要がある。軒先の下には屋根から落ちた大量の雪が積もり，子ども達にとっては格好の遊び場となる。例えば，簡単なミニスキーやかまくら作りなどで，軒先で遊ぶことが多い。積雪期の軒先は，危険が潜む場所であることを教えておくことが重要である。

屋根雪おろし中の事故

屋根に積もった雪は放置しておくと，建物が倒壊する危険性があるので，積雪が増えるたびに屋根に上がり，雪をおろさなければならない。屋根雪おろしのタイミングは家によって異なるが，概ね1m程度が妥当なところである。屋根にある程度の雪が積もっている場合は滑り落ちることはないが，屋根の構造が滑りやすい場合や，屋根上の雪をすべて除去しようとすると，簡単に滑り落ちることがある。このため，10cm程度を残して雪おろしをすることが望ましい。最近では命綱をつけて作業をすることが多いが，それでも細心の注意が必要である。また，1人で作業することは事故が起きた場合に，自力では危険から脱出することができない可能性があるので，必ず複数の人

数で作業することが重要である。

歩行時の事故

通学時など雪が積もっている場合や凍結している道路を歩く際には，絶えず転倒の危険がある。横断歩道を渡る際は特に注意が必要である。滑り止めのついた靴を履いて，歩幅を小さくし，一歩ずつ確実に路面を踏みしめるように歩くことが，転倒を防止するコツである。雪国育ちの人は経験から雪道の歩き方を自然に身につけているが，非雪国の人は雪道に慣れていないため，少しでも降雪の可能性がある地域では，不時の積雪に備え，あらかじめ滑りにくい履物を用意しておくことが望ましい。最近は，転倒防止用の着脱可能なスパイクが市販されている。

レジャー（スキーでの雪崩遭遇）

スキーはおもに整備されたスキー場で楽しむが，スキーヤー同士の接触・衝突，あるいは樹木や構造物への衝突など事故が絶えない。スキーの熟練度に応じた安全な遊び方の周知も忘れてはならない。また，ヘルメットなどの安全防具を装着することも，事故が起きた際の怪我の軽減の役に立つので，安全防具の装着指導なども有効である。

スキー場のゲレンデ内での雪崩がまったくないかというとそうでもな

く，ゲレンデで起きた雪崩によって死亡するケースも稀にある。スキー場管理者は積雪の状態を注意深く観察して，必要があれば利用制限などの処置を取る必要がある。

近年特にバックカントリースキーの人気がでてきており，スキー場以外の自然斜面をすべる人が多く，雪崩に巻き込まれ遭難，死亡するケースが増加しつつある。児童生徒のスキー教室などでは，スキー場外の自然斜面でのスキーは禁止するなどして，児童生徒を危険にさらさないようにすることが必要である。海外では，従前からバックカントリースキーは盛んであり，雪崩の危険性を知らせるための携帯用冊子が数多く出版されているが，わが国では研究者を対象とした文献がわずかにあるものの，それらは専門的に過ぎ，一般者向けの冊子はほとんどないと言ってよい。楽しさと裏腹の危険を周知するための啓発活動が必要である。

吹雪時の外出

北海道や東北などでは吹雪によって，視界が遮られることによる交通事故が多発している。猛吹雪になると，方向感覚がなくなったり（ホワイトアウト），積雪で動けなくなったりする結果，長時間屋外に止まらざるを得なくなり，やがて体温を奪われて凍死す

る場合がある。このため，猛吹雪が予想される場合には外出を控えることが最も安全である。一方，車内に居ても，吹雪によって車が雪に埋もれるので，排気ガスによって中毒死することがある。従って，車内にいるから安全だとは，まったく言えない。

　外出中に天候が荒れて，気温が下がった場合や，積雪や吹雪により立ち往生した場合に備えて，耐寒装備を常備しておくことは危機管理において有効である。自動車で出かけるような場合は，1〜2日程度しのぐことができる食料を携行しておくことも必要であろう。

非積雪地域での注意

　非積雪地域では，雪に対する備えはほとんどないのが普通である。しかし，万が一の積雪であっても，ほとんどのケースにおいて地震の備えを流用できるので，地震対策に万全を期してあれば，あまり心配はいらない。積雪の可能性が少しでもある地域では，雪かき用のスコップや，滑り止め用のスパイクなどを常備しておくと安心である。

＊　＊　＊

　雪害の多くは，地震のように瞬時に発生する災害でもなければ，台風による洪水のように数時間からせいぜい1日の間に発生する災害でもない。何日も降り続く雪によってもたらされるため，そのことが降雪に対する慣れを引き起こし，注意や対策を怠りがちになる。逆に言えば，徐々に起こる災害であるため，対処の仕方によっては被害を効果的に軽減させられる可能性が高い災害である。しかし，現実には，図72に示したように，毎年平均で約40名の死者があり，年によっては100名を超える死者が出ることもある。それらの被害は，対策や知識の不足が原因であることが多い。自治体や教育機関は，雪害とその対策についての周知に，一層努めなければならない。

（松田　宏）

第7節　都市災害

　今日，日本では都市に人口が集中し，社会全体が都市を中心とした人口構

造，および産業構造を持っている。このような状況の下，都市において死者が1000人を超える自然災害が発生する可能性が高まっている。

1. 都市災害とは

自然災害は，都市部，非都市部を問わず襲ってくる。しかし，都市，とりわけ大都市では，河川洪水などといった自然災害の種類は同じであっても，都市化されていない地域とは異なった被害の現れ方をする。

都市における災害の現れ方は，発災国の経済的な発展段階や，政治体制，人々の生活習慣などによって大きく異なる。多くの発展途上国では災害の規模と被害の程度が，単純に結びつく場合が多い。それに対し，日本の都市部のように複雑な機能を有し，それぞれに災害対策が施されている地域では，なにが被害規模を有効に縮小させることができるか，あるいは防災対策のどこに穴があるかを見出すことは非常に困難である。

2012年のハリケーン・サンディによって，アメリカ合衆国とカナダを合わせて132人の死者と8兆円の被害が出た。大都市ニューヨークでは，高潮のために地下鉄やトンネルが水没した

が，前日の段階で中心部の37万人に避難指示を出し，鉄道，地下鉄，バスなど公共交通機関の運休を決めた。このような思い切った処置がなければ，被害はさらに拡大したかもしれない。日本では，大型台風が，明日，上陸するというときに，気象庁が特別警報を出し，東京など大都市の地下鉄を1日前に止められるかというと，現状ではできない[98]。このように都市災害の減災には，ハード面の対応だけでは不十分で，法律や条令，多くの企業との連携などソフト面での対応が不可欠である。

今世紀と前世紀の災害犠牲者の大多数は都市で生じている。世界的に都市に人口が集中してきていることにより，災害脆弱性が高まり，被害が非常に大きくなる傾向はこれからも続くと思われる。日本の防災もそのトレンドから逃れるわけにはいかない。逆に，近い将来に日本を襲うと予想されている首都直下地震は非常に難しい問題だが，これも日本だけの問題ではない。

2. 都市の自然災害の進化

災害は，時代とともに進化する。都市で起こる災害は，都市化災害，都市型災害，都市災害，そしてスーパー都

---

98) 現行法制では，災害が未だ発生していない段階における避難に関わる交通規制について明文化された制度はない。

表7 自然災害の進化

都市災害の進化段階	主な特徴
田園災害	途上国で起こる外力主導型の災害。
都市化災害	都市化の進行（人口の増加）に社会インフラの整備が追いつかない状況における災害。
都市型災害	数十万人の人口を有し，進んだ社会インフラに甚大な被害が生じる災害。別名，ライフライン災害。
都市災害	100万人以上の人口をかかえ，災害の素因と誘因の因果関係が極めて複雑で，人的および社会経済被害が巨大な災害。
スーパー都市災害	人類はまだ経験していないが，遠くない将来に予想される首都直下地震のように，被害の全貌を事前に把握することが困難な災害。

市災害へと成長する（表7）。災害が起こって，その被害状況等を過去の災害と比較しようとしたとき，災害の進化段階を無視して比較をしても，意味のある結果は得難い。例えば，1994年にアメリカのロサンゼルス近郊でノースリッジ地震が起きた。これは都市型災害（別名：ライフライン災害）である。その翌年，阪神・淡路大震災が起きた。これは世界初の都市災害である。阪神・淡路大震災の被害状況を分析するのに，ノースリッジ地震による被害を比較の対象としても，被害の性格自身が変わってきているので，得られるものは少ない。新たな分析手法が必要となる。

スーパー都市災害というのは，被害の全貌が事前に把握困難な災害である。今，日本で首都直下地震が起これば，ほぼ完全に首都機能が失われる[99]。2013年12月に，政府は首都直下地震で2万3000人が亡くなると被害想定を出したが，これは建物の倒壊・全壊と火災で亡くなる人の数である。しかし，阪神・淡路大震災以後，都市で震度6弱以上の地震災害が起こると，人口の0.1～0.17％が亡くなっている。すなわち，住民3000万人と，ウィークデーなら首都圏に入ってくる約300万人の合計3300万人がいるところに首都直下地震が起これば，震度6弱以上で3万3000人から5万人超の死者が出ることになり，上記の推定死者数との間に最大3万人近い差があることが分かる。つまり，建物の倒壊・全壊や火災によって2万3000人の死

99）首都直下地震の被害想定については本節4項および第7章4節「予想される大災害の経済被害」を参照。

者が予想されるが，ひょっとしたらその倍以上の死者が出るかもしれないということである。それらの，原因を特定できない災害死対策を講じなければ，大変な混乱が生じることが分かってきた。自然災害がこのように進化し，中身がどのように変わるかということをもっと詳細に理解しなければ，これからの都市災害に対処することはできない。

物質の温度を変えていくと，あるところで物質の性質が突然変わることがある。これを相転移と言っている。例えば，液体の水は0℃より下がると固体（氷）になり，100℃を超えると気体（水蒸気）になる，さらに，より高温になるとプラズマになるというように，物質のあり方（相）が急に変化する。都市化災害，都市型災害，都市災害，スーパー都市災害は，まさにそのように，人口や人口密度などがある閾値を超えた途端に，対処の困難さが桁違いなものになるという認識を持たなければいけない。決して連続的に被害規模が変化するわけではない。

わが国ではあらゆる都市が，地震だけではなく，土砂災害，洪水，津波，高潮，市街地火災，豪雪，火山噴火などの災害に見舞われる危険性を持っている。だから，都市ごとに異なる災害の特徴をきちんと理解しておく必要がある。

3. 何が都市を災害に対して脆弱にするか

年々，都市は災害に対してもろくなっている。表8に都市が抱える10の課題を掲げた。課題の一つは，急激な都市化と不適切な土地利用マネジメントである。わが国の国土開発は，富める国をつくるために，もともとは経済企画庁が進めてきた。決して国土をどのように安全にするかという観点で進めたのではなく，日本が経済力を発揮するにはどうすればよいかという観点で国土のグランドデザインがつくられてきたのである。そのため，土地利

表8 「都市の糖尿病化」（何が都市を災害に対して脆弱にするか）

①急激な都市化と不適切な土地利用マネジメント（防災力の時間的，地域的不均衡）

②過剰な人口と高い人口密度

③自然環境との不調和（水循環の寸断，不浸透舗装，ヒートアイランド）

④社会インフラや公共サービスへの過度の依存

⑤政治・経済・情報と物流の一極集中

⑥土地の所有権の過剰保護

⑦建物・施設の耐災性の不足

⑧新住民の流入・増加

⑨土地利用の法的規制の不備

⑩自治体の対応能力不足

用は防災の観点からは非常にまずいことになっている。特に，田中角栄首相の時代には，列島改造論を掲げて国土を無秩序に開発した。そのつけが災害という形で出てきている。筆者は，表8に挙げたような状況を，病状が進行するに従って多臓器不全を招く糖尿病になぞらえて，「都市の糖尿病化」と呼んでいる。

東日本大震災で石巻市では大きな被害が出たが，住民全員が昔から石巻市に住んでいたわけではない。たくさんの新しい住民が入っており，彼らがおかれている状況を行政が十分に把握することは難しい。しかも2005年に周辺の五つの町を合併して人口16万人の都市ができた。しかし，16万人が，人口150万人の神戸市とほぼ同じ面積の550km²に住んでいて，基本的に過疎である。市町村合併によって一般行政職員を40％カットしたため，震災から4年が経った時点でも被災地では，全国から2000人を超える地方自治体職員が応援に行ってもまだ数が足りないという問題があった。言わば，市町村再編災害と言える現象が起きている。市町村合併は行財政改革と地方分権を標榜して全国の多くの自治体で実施されたが，その途中で災害が起こるなどということは一顧だにされなかった。すなわち，途中の段階でどう

なるかを考えずに，ファイナルゴールだけを目がけて政策転換したところに非常に大きな問題がある。都市は，完成途上で災害が起こると，非常な脆弱性を露呈してしまうのである。

さらに，近代化された都市生活に慣れて，私たちは自然との付き合い方を忘れてしまっている。自然の猛威を肌で感じられなくなり，自然を甘く見て，自然に対する日常生活的知恵が衰退し，経験による自然への理解を弱めている。例えば，大都市では地下街を利用すると，一度も外気に触れることなく，したがって天候等の外部の状況を肌で感じることなく用を済ますことが可能である。人造の通路をショッピングしながら歩く，これは人間がつくった環境である。「コンクリート・アスファルト・鉄」でできた人造環境化が進んでいる。空を見たり草花を愛でる生活とは切り離されてしまい，自然に対する日常生活的知恵がどんどん衰退している。もともと都市は，厳しい自然から身を守るために，人々が集まって形成されたものだが，今日の状況からは，都市は非常に危ないということが逆説的に出てくる。

福岡市を流れる御笠川の流域は，約100年前の1900年には95％が森林・農地，3％が市街地だった。しかし，1997年には森林・農地は35％に減り，

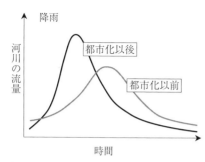

図78 河川流量の都市化による変化（模式図）

62％が市街地になっている。そうすると、昔は特に問題にならなかったような量の雨が降っても、今は危険になることがある。図78は川の上流に雨が降れば、河川の流量がどう変化するかを模式的に示した図である。都市化以前では、雨が降ると雨水は、直接河川に流れ込むものと、土中に滲み込み地下水となるものに分かれる。また、農地にあるため池も水田も、雨水を一時的に蓄える働きをする。そのため河川の流量の変化はゆるやかだった。ところが都市化以後は、ほとんどすべての雨水が舗装された路面から直接、河川に流れ込むため、流量は急激に増加し、ピーク時の流量が都市化以前より増大すると同時に、河川を通じて海に流れ込む水の総量が増える。利根川のように、我が国の中でも流域の都市化が最も急激かつ大規模に起こったところで

は、今から150年前に比べて、同じ量の雨が降っても、流量が約6倍に増えるという危険な状態になっている[100]。洪水ピークの早期出現、ピーク流量の増大、そして全流出量の増加という形で川は危険になっている。

関東地方を流れる利根川には八ッ場ダムの問題がある。1947年のカスリーン台風によって利根川の右岸で堤防が決壊し、上流で土砂災害も多発して、約2000人が亡くなった。利根川には淀川の琵琶湖のように大きな湖がないため、上流にダムを造って湖の代わりにしようとした。その一つが八ッ場ダムである。しかし、70年間洪水が起こっていないので要らないだろうという主張がある。寺田寅彦の箴言「天災は忘れたころにやってくる」を思い出すまでもなく、大きな災害ほどめったに起きない。それに備えなければいけないのだ。「70年間水害が起こっていないから」ではなく「70年前に水害が起こったから」と考え、今も起こる素因があることを肝に銘じておくべきである。

名古屋市でも、この60年ほどの間に土地利用の状況が大きく変わった。1965年ごろを境に、宅地の占める面積が農地の面積を超えた。都市化がこ

100）利根川の流量変化については、図36（p.57）を参照。

のあたりから進みだしたのである。2000年（平成12年）の東海豪雨[101]のときは、それまでの名古屋地方気象台開設（明治24年）以来、109年間の最大日降雨量218mmの2倍くらいの雨が降った。1日に面積約500km²の地域に、約400mmの降雨があった。すなわち約2億トンもの雨が名古屋市に降ったのである。降った雨も異常だったが、名古屋市の37%が浸水したのは、やはり宅地が農地を凌駕する形で都市開発が行われてきたからである。このような集中的かつ大量の雨水を、人造の治水施設だけで処理することは不可能と言わざるを得ない。

都市化が自然環境を破壊することによって、都市自身の災害に対する脆弱性が増すことについて述べてきたが、都市化による災害脆弱性増大の原因はそれだけではない。昔は人が住むことを避けていた地域に住宅が建つようになって、大雨による洪水や土砂崩れが、住宅の浸水や土砂災害といった人命にかかわる事態に転ずることがある。また、地域共同体の形成が急激な人口増加に追いつかなかったり、社会基盤やライフラインへの過度の依存があったりすると、いざ発災というときの自助・共助を難しくする。

4. 首都直下地震の被害想定

さて、首都直下地震が大変心配であ

図79（口絵19参照）　首都直下型地震の予想震度分布と被害想定。M7.3で、震源を都心南部に想定した場合。区分は口絵カラー参照。[102]

101）平成12年東海豪雨については第1章4節「台風・洪水」を参照。
102）内閣府HP「中央防災会議議事次第（平成26年3月28日）（資料2-1）首都直下地震対策特別措置法 概要」、2017年3月17日閲覧。

第 1 章　自然災害概説　第 7 節　都市災害　│　103

表 9　首都直下地震によって発生が予想される事態

①政府の統治機能のマヒ	⑩不安（パニック）購買の発生
②行政の機能不全	⑪超高層マンションの無人化
③広域長時間停電	⑫帰宅困難者の発生
④広域・多発火災	⑬ラジオ・テレビ放送の途絶
⑤医療機関の崩壊	⑭インターネットの停止
⑥通信機能のマヒ	⑮東京湾の海上火災，コンビナート炎上
⑦水，食料の不足	⑯中長期の鉄道不通と自動車交通の不全
⑧国内・国際市場の混乱	⑰暴動や騒擾の発生
⑨物流機能の停止	⑱燃料不足

る（中央防災会議 2013a,b）。2013 年 12 月に，政府はこれまでの東京湾北部地震ではなく，19 の異なる場所でそれぞれ M7.3 の地震が起こったと想定した場合の震度分布を公表した。一番大きな被害になるのは，大田区の地下に震源を想定した都心南部直下地震である（図 79）。人，物，情報，資源全てのものが過度に集中していることによって，表 9 にあるような事項についての最悪の被害シナリオが考えられる。その中には，首都直下地震で初めて経験するであろう事態も含まれる。例えば，東日本大震災では，発災直後の行政機能の不全が問題となったが，政府の統治機能にまでは大きな被害は及ばなかった。しかし，首都直下地震では，そのような事態も考えておかなければならない。

　図 79 にあるように，被害額は 95 兆円と推計されている[103]。東日本大震災による被害総額の推計値が約 16 兆円（内閣府）であることと比較して，首都直下地震の被害額の膨大さが分かる。しかし，この額はあり得る被害額のすべてではない。実は，定量化できる種目だけを勘案して，95 兆円という数字が出てきているのである。定量化が困難な被害については加算されていない。例えば，インターネットが長期にわたって使えないという被害は，これまでの災害では起こっていない。今日では，インターネットショッピングやインターネットバンキングなど，インターネットを使っていろいろな消費やビジネスが展開されているが，それが使えなくなった場合の被害は，定量化できない。したがって，被害額 95 兆円の被害想定の中には，インターネットが長期にわたって使えないこと

103）首都直下地震による経済被害については，第 7 章 4 節「予想される大災害の経済被害」で詳しく述べる。

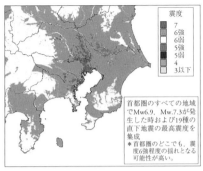

図80（口絵20参照） 19ヶ所の異なる場所に震源があると仮定して、それぞれ想定される震度の最大値を合成することによって、考え得る最大震度の分布（中央防災会議 2013b）

図81 首都直下地震緊急対策区域に指定された地域（中央防災会議 2013b）

による被害は一切入っていない。このように、被害想定の勘定に入れられない種目を含めると、国の一般会計総額をはるかに上回る被害額になり得るということを知っておかなければならない。

図80は、19ヶ所の異なる場所に震源があると仮定して、それぞれ想定される震度の最大値を合成することによって得られた震度分布である。現在、考え得る震度の最大値の分布を示すと解釈できる。この図をもとに、2014年3月の中央防災会議において、政府は300を超える市町村を首都直下地震緊急対策区域と指定した（図81）。さらに、千代田区、中央区、港区、新宿区を、首都中枢機能を守るために首都中枢機能維持基盤整備等地区として特別に指定し、これから重点的に投資することを決めた。

対策基本計画[104]にはたくさんのことが網羅されている。漏れがないように書かれてはいるが、どれを優先的にやらなければいけないかという取捨選択がされていないため、計画自体の実行性が危ぶまれている。

5. 世界の都市化

日本ではすでに85％以上の人口が都市に集中している。世界的にも、途上国、特にアジアで都市への人口集中が起こっている。国連の調べによると、2016年時点で、1000万人以上の都市の数は31；500万～1000万人の都市は45；100万～500万人の都市は436を数える。超過密なところで災害が起こると、非常に大きな被害につながる

104）内閣府HP「中央防災会議議事次第（平成26年3月28日）（資料2-6）首都直下地震緊急対策推進基本計画（案）」, 2017年3月17日閲覧。

ということは容易に想像できる。それゆえ、これからは、災害は都市で集中的に起こるということを考えて、その対策を立てていかなければいけない。

　現実に、都市災害の犠牲者はどんどん増えている。1960年から世界の自然災害被災者数は年に約6%の増加率を示しているが、被災者の80%は都市域で発生している。大都市の中で、最も災害に対し脆弱性を有する地域はスラムである。そして、ほとんど例外なく、大都市にはスラムが展開してい

る。スラムの人口増加率は、一般の都市人口の増加率の2倍以上あり、スラム居住者の数は毎年2500万人ずつ増加している。つまり、都市の最も脆弱なところに、さらに人口の集中が続いているのである。防災は日本が成し得る国際貢献の主要な分野の一つである。日本のODAの防災ファンクションは、今後も途上国の都市域防災に集中的に取り組む必要がある[105]。

（河田惠昭）

第8節　世界の自然災害

　本書は、主に日本における自然災害を取り上げ、さまざまな角度からその様相を捉えることを目的としているが、ここでは、自然災害についての世界的な動向を俯瞰する。以下に述べるように、世界では、自然災害の頻度、被災者数、被害額共にここ30年以上にわたって増加の一途をたどっている。本節では、世界の自然災害の現状を述べ、それが持つ課題を考える。

1. 自然災害と居住条件

　自然災害を理解するには、その歴史性と地域性に注目する必要がある。歴史性とは、過去の災害史を調べて、どのような災害がその地で発生し得るかを知ることである。地域性とは、地震や台風といった災害の主因となる現象は同じであっても、被害の現われ方が地域によって相違することである。

　日本は災害多発国だが、他にも自然災害が頻発する国は、世界中に数多く

105）防災に関する国際貢献については第10章「防災と国際貢献」を参照。

ある。例えば，高潮は日本だけでなく，イギリス，ドイツ，オランダ，イタリア，米国，バングラデシュ，ミャンマー，カリブ海沿岸諸国，中国，フィリピンでも起こる。地震や火山噴火も世界各地で起こっている。しかし，生涯を通して，地面が揺れることをまったく体験しないような地域もある。

居住地域の大地の状態と特性を把握することは，防災の第一歩である。例えば，広島県は，わが国で最も頻繁に土砂災害が起こる地域の一つである。県内の広い範囲に花崗岩が風化してできた「まさ土」が分布していることが，同じ雨量であっても他の地域では起こらず，特に広島県で土砂災害が発生する原因の一つとなっている。1945年（昭和20年）の枕崎台風[106]のときは，土石流で山陽本線が埋没し，先端は海まで届いた（図82）。大雨が降れば，近くの山で発生した土石流が瀬戸内海まで達するというのが枕崎台風の教訓だ。しかし，現在はそんなことは一顧だにされずに，海岸線を縫うように走る山陽本線に沿って市街地が展開している。その土地に住んでいる人が，過去に繰り返し起きた災害を知らずにい

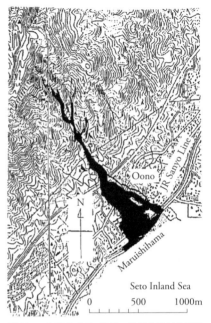

図82　1945年9月17日，枕崎台風による降雨により発生した土石流。山陽本線（JR Sanyo Lineと表記）の山側にあった大野陸軍病院が，土石流によって壊滅的な被害を受けた。同病院には，広島に投下された原爆の被爆者が多数入院していた。図は，発災の2年後に米軍によって撮影された航空写真をもとに推定した，土石流の痕跡を示す。（河田・他1992）

ると，さらに繰り返して被害が出ることになる。

次に，トルコのイスタンブールの地震災害を例に挙げよう。イスタンブールの近くには北アナトリア断層（図83）があり，約2000年間にわたる地

---

[106] 枕崎台風は，1945年9月17日，鹿児島県枕崎付近に上陸し，九州，中国地方を通過した後，日本海を北東に進み，再び東北地方に上陸して太平洋に抜けた。枕崎上陸の際の気圧は916.4hPaと，上陸時の気圧として記録的な低さだった。全国の死者・行方不明者は3128人に上る。終戦から約1ヶ月後のこととあって，通信網の不備など，空襲等によって生じた災害に対する脆弱性が，被害を拡大したと言われている（河田・他1992）。

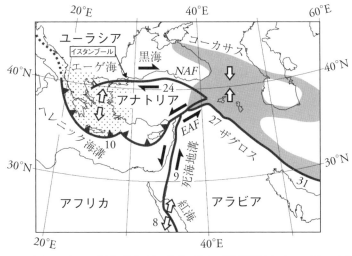

図83 トルコ周辺のプレート運動（黒矢印）。境界の数字は相対運動速度（mm/年）。ザグロス北方の灰色の地域は南北圧縮による地震の発生域，エーゲ海と周辺の網は南北引張による地震の発生域をそれぞれ示す。NAFは北アナトリア断層，EAFは東アナトリア断層。1999年イズミット地震では，イズミット付近でNAFが右に約4mずれたことが報告されている。(奥村 1999)

震の歴史記録が残っている。そこには，M6.6以上の大地震が9回発生したことが記録されている。平均発生間隔は197年である。前回の1719年からは，すでに約300年が経過しているので，次の大地震がいつ発生してもおかしくない状況にある。それにもかかわらず，高級ホテル以外は耐震基準を満たす建物は少なく，現地でゲジェコンドゥと呼ばれる不法建築群がそのままになっている。イスタンブールの東約100kmに位置するイズミットで1999年に起きた地震[107]では，ゲジェコンドゥは人的被害を拡大させた主な要因の一つと言われている。

火山噴火，津波，地震，高潮，洪水について，わが国で約1000人以上の犠牲者が出た巨大災害がどれぐらい起こっているかを古文書で調べると，火山噴火以外は各災害とも大体20〜30回の記録が残っている。ところが，火山噴火で1000人以上の死者が出たのはわずかに3回である[108]。そのうち2回は岩屑なだれが海に達して起こし

---

107) イズミットはイスタンブールから約100km東に位置する人口約20万人の都市。1999年の地震（M7.6）で1万7000人あまりが死亡した。
108) 1000人以上の死者を出した火山災害は，渡島大島（1741年：岩屑なだれにより大津波発生。死者1467名），浅間山（1783年：火砕流，岩屑流，泥流，村落流失。死者約1151名），雲仙岳（1792年：眉山が大崩壊し津波発生。死者約1万5000名）である。本章第3節「火山災害」を参照。

た津波が原因である。山麓の集落で1000人以上の死者が出たのは1783年浅間山の噴火のみである。これには，日本は温帯に属し，高山では冬が寒く雪も降るため，5合目以上に集落がないことが影響している。インドネシアやフィリピンでは8～9合目にも集落があり，大噴火によって1000人以上が亡くなる火山災害が繰り返し起きた。このように，世界の自然災害を考えるときは，国による居住条件の違いが，災害の様相を大きく変えることがあることを頭に入れておく必要がある。

2. 巨大化する被害

　近年，世界各地で巨大災害が発生している。インド洋大津波，四川大震災，ミャンマー・サイクロン災害，ハイチ地震など，膨大な数の犠牲者が出てお

り，特に低所得国における災害の激化が問題となっている（表10）。一方，先進国では，都市への資本集中が極度に進んだ結果，未曾有の経済被害を伴う災害が起こりはじめている（表11）。

　図84は横軸に地震マグニチュード，縦軸に震災による死者数を取ったグラフである。マグニチュード7.5で最大約10万人の死者が発生する。点が下にばらついているのは，震源近くに人が住んでいなければ，当然ながら死者は少なくなること，および，社会の防災力が高ければ死者は少ないということを表している。中近東や中南米では，アドベといわれる日干しレンガで造られた家がたくさんある。そのような地域で，マグニチュード7級の地震が都市近くで起これば，例外なく1万人以

表10　人的被害が大きかった災害

災害	発生年	主な被災国	死者・行方不明者数
インド洋大津波	2004年	インドネシア，インド，スリランカ，他	22.6万人
四川大震災	2008年	中国	8.7万人
サイクロン・ナルギス	2008年	ミャンマー	13.8万人
ハイチ地震	2010年	ハイチ	22.3万人

表11　大きな経済被害を伴う災害

災害	発生年	主な被災国	経済被害
阪神・淡路大震災	1995年	日本	1,282億ドル
ハリケーン・カトリーナ	2005年	アメリカ	1,250億ドル

第 1 章　自然災害概説　第 8 節　世界の自然災害　｜　109

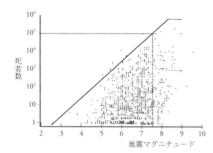

図 84　地震のマグニチュードと震災による死者数の関係。M7.5 の地震で約 10 万人が犠牲になることがある。

上が亡くなるという状況が続いている。

　中国の唐山では，1976 年の真夜中に起こった地震でほとんどの建物が倒壊・全壊し，25 万人が亡くなった。2010 年のハイチ地震（M7.0）では大きな都市災害が起こり，約 22 万人が亡くなった。図 84 に示したマグニチュードとの関係で言うと，これほど亡くなることは予想できないのだが，住宅事情が非常に劣悪だったために，このような数字に至った。

　政治的に不安定要素をかかえる途上国では，一つの災害が国の体制に大きな影響を与えることがある。1970 年のバングラデシュ（当時東パキスタン）では，高潮の氾濫で 25 万人が溺れ死んだ。その後，衛生的な飲み水がなかったために，腸チフスとジフテリアによる感染症で，さらに 25 万人が亡くなった。この災害が直接的な契機となって，東パキスタンと西パキスタンの間で戦争が起こり，バングラデシュが誕生した。

　次項で詳しく述べるように，被災者の数は 1960 年ごろから増加の一途を辿り，近年では毎年約 2 億人が被災している。中国では，1990 年から今までに，被災者数が 1 億人を超えた水害が 5 回起こっている。中国政府はこれを自然環境が悪化したからだと言っている。それも事実だが，それだけではなく，中国における急速な都市化が災害を激烈にしている面を見逃すことはできない。2009 年，長江中流に世界最大級の三峡ダムができ，下流域の洪水を抑制することが期待されている。しかし，今後も，中国は災害と環境問題でさらに大きな投資を迫られることは間違いないだろう。

　ここに概観したように，世界にはさまざまに異なる居住条件と，それをもたらしている政治状況があり，それらが災害の規模を大きくもし，またやりようによっては小さくもする。ここまで，近年の世界の自然災害について，先行きの悲観的な面ばかりを取り上げた。しかし，自然災害に対する人類の努力が実を結んでいる事実もある。20 世紀前半には，十数年おきに起こる干ばつによって 100 万〜200 万人単位の人が亡くなった。1941 年，中国四川省で起こった干ばつでは，飢餓による

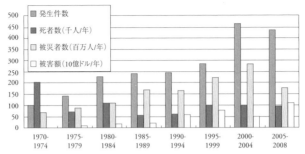

図85 世界の自然災害の発生件数，死者数，被災者数，被害額の5年間ごとの年平均値の推移。自然災害の発生件数は，10人以上の死者が出た災害の数。（内閣府 2010）

死者が500万人と推計されている。1970年代以降も，干ばつ災害は同じように，あるいは温暖化のためにかつて以上に頻繁に起こるが，世界的な水・食料の供給体制の充実によって，被害を縮小することに成功しつつある。このように，国際的な協力が功を奏していることも忘れてはならない。

3. 自然災害の世界的動向

1970年代以降，図85に示すように，世界の自然災害の発生件数，被災者数，被害額は，増加の一途を辿っている。しかし，死者数だけがそれほど増えなくなってきたことが経年的に分かる。災害を予知して早期の避難を促すことや，速やかな救助体制の確立などが，ある程度功を奏しているのかもしれないが，まだ今後の推移を見守る必要がある。

世界の自然災害の件数は，1970年代では年に百数十件だったのが，1980年代には200件を，1990年代には250件を超え，2000年を過ぎると年400件を超える，というように急増している。これは単に人口の増加では説明がつかない。本章第7節に詳しく述べたように，世界中で都市化が進み，都市への人口集中が進んだ結果と考えられる。特に，沿岸部に位置する都市が発展する傾向があり，沿岸部への人口移動が起こっている。その結果，世界人口の約37％が海岸から100km以内に居住している。そこでは，洪水や津波，高潮の被害を受けたり，軟弱地盤のため地震で液状化が起こったりする。

都市の人口が増え，都市域が拡大すると，行政によるガバナンス能力が低下する傾向が生じる。世界中を見渡すと，我が国のように，例えば，横浜市の人口が373万人とすぐ分かる国は，むしろ少ない。アメリカでさえ，ロサ

表 12　今後 50 年間で人口増が 1 億人以上あると予想される国々

国名	人口増
インド	5.3 億人
パキスタン	1.6 億人
ナイジェリア	1.4 億人
コンゴ	1.3 億人
中国	1.2 億人
バングラデシュ	1.2 億人
アメリカ合衆国	1.1 億人
エチオピア	1 億人
ウガンダ	1 億人

ンゼルスに何人いるか聞いても，いろいろな定義で人口が決められているため，すぐには分からない。途上国では，都市に何人住んでいるか分からないのが普通である。また，都市と田舎との境界が全くないという居住形態も広がっている。そうすると，当然，都市の行政のガバナンス能力が低下し，災害だけではなく，各種事故や事件のリスクも大きくなる。

都市化と共に，問題を深刻化しているのは，世界の人口増である。今後 50 年間で人口が 1 億人以上増加する国々がある（表 12）。そのような国のうち，高所得国のアメリカ合衆国と中所得国の上位にいる中国を除くと，他は中所得国の下位，ないしは低所得国である。こういった国では，今後，災害がより起きやすくなってくると予測される。

4. 低所得地域の自然災害

表 13 は，自然災害についての各種統計を，所得水準に分けて示している。自然災害の被害は，その国の所得水準と密接に関係していることが分かる。世界中のどこでも都市化が進行していることを反映して，面積当たりの災害の発生率は所得水準にほとんど依存しない。しかし，人口 100 万人あたりの死者数は，低所得国では高所得国の 26 倍もある。このことは，低所得国が，

表 13　災害と所得水準の関係

所得水準別の国分類（1990 年統計）	低所得国	中所得国	高所得国
人口（百万人）	3,127	1,401	817
面積（万 km²）	3,883	4,080	3,168
GNP（10 億ドル）	1,097	3,474	16,920
面積当たりの災害発生件数（1965-1992 年，件／万 km²）	0.39	0.42	0.42
人口 100 万人当たりの年間死者数（1965-1992 年，人）	36.1	10.3	1.4
人口 1000 人当たりの年間被災者数（1965-1992 年，人）	31.7	5.5	0.7
1 人当たりの年間被害額（1965-1992 年，ドル／人）	0.77	2.50	7.46
年間被害総額の GNP 比（1965-1992 年，%）	0.22	0.10	0.04

高所得国並みの防災対策ができれば，年間の死者数を劇的に減らすことができるはずであることを示している。

国民1人当たりの年間平均被害額は，高所得国の被害は低所得国の10倍近くあるが，それは被災前の生活水準が高いからであって，総被害額をGNP比で見ると，高所得国の0.04％に対して低所得国では0.22％となる。従って，被災国にとっての被害額の大小は絶対値では測りえない。例えば，2004年のインド洋大津波による全体の被害額は約7000億円に上ったが，日本における同様の規模の災害としては，愛知県が8600億円の被害を被った2000年の東海豪雨がある。被害額の絶対値は似ているが，地域経済に与える影響としては，前者のインパクトが遥かに大きかったと言えるだろう。このように，被害の経済的インパクトの大きさは，絶対値ではなくその国の所得水準と比較して評価するべきである。

先進各国はODAを拠出して，開発途上国の経済援助をするが，豊かになってきたと思った矢先に災害が起こり，元のもくあみになるということが繰り返し起こった。そこで，世界銀行と日本政府は，2012年，経済援助を

するにはまず防災をしなければいけないことを明記した「仙台レポート」を公表した（世界銀行2012）。この考え方は，「防災の主流化」と呼ばれている[109]。防災は経済開発の要となるが，逆に，防災を進めるには，豊かになるためのプログラムを入れなければうまくいかないのも事実である。防災支援と国民の所得水準の向上とをリンクさせなければいけない。

「防災の主流化」は，途上国の開発をするに当たっては，当初より防災を考慮すべしという考え方だが，その原則が適用されるべきは，何も途上国に限ったことではない。日本国内においても，あらゆる計画の初期段階で防災・減災を考えるべきである。東京の新橋や品川など，主要都市では，大規模再開発が行われているが，できてから防災を考えていたのでは，コストがよけいにかかるし，コストが高くなるからやらないということになりかねない。何かを計画するときには，最初から防災・減災を考える。それが長い目で見た時に，開発コストを抑えることになる。

109）防災の主流化については，第10章1節「JICAの防災への取り組み」を参照。

5. アジア・太平洋地域における巨大な被害

アジア・太平洋地域では，これからも広域被害，複合被害，被害の長期化という形で災害が進化することは間違いない。世界に占めるアジアの被害は，1990年～1999年は死者の83.9％，被災者の85.4％，2000年～2009年は死者の84.5％，被災者の84.6％だった。つまり，世界の災害による死者と被災者は，最近の20年間にわたって，アジアで80％以上を占めており，これは今後も変わらないと予想される。わが国がアジアの防災にどれだけ貢献できるかが，この数字を減らすための鍵となる。

アジアといっても，それぞれの国にそれぞれの特徴がある。例えば，気象災害の件数が災害全体に占める割合を見ると，ベトナムとバングラデシュは92％，タイとフィリピンは87％，インドは86％と高率を占めるが，中国とインドネシアは36％である（1998年～2009年の統計）。このように，各国で起こる災害の特性を理解して防災対策を考え，各国の事情に応じた災害援助をしていくことが必要である。具体的に対策を立てるには，すべてのアジア諸国について，さらに詳しいデータが必要である。このようなデータの収集という地道な努力が，防災についてのわが国の国際的な貢献を，目に見える形で進めることに繋がる。

将来のアジアの巨大災害に立ち向かうためには，①住民のリスクに対する意識の向上，②都市行政ガバナンスの構築，③防災技術の組織的開発，④インフラ整備，特に情報通信技術の整備，などが挙げられる。物理的な脆弱性だけではなく，社会的な脆弱性があることを認識して，コミュニティ形成を目標とした取り組みも必要である。災害の克服は，自然科学や工業技術の立場のみに立って考えるのではなく，もっと社会科学的な側面を取り入れなければ，達成することはできない。

貧困の克服はその一つである。都市と地方の間では，災害と貧困の悪循環が起こっている。農村部での人口の増加は，1人当たりの耕地面積の縮小を招く。手をこまねいていると貧困の度合いが増すので，それまで手をつけられていなかった耕作不適地に田畑を作り，住居を設けるようになる。ほとんどのそういった場所は，低湿地帯であったり，逆に谷間の傾斜地であったりと，災害に極めて弱い場所であるため，災害のときに大きな被害を受け，より一層の貧困化が進む。このような悪循環の結果，食べていけなくなった農民は，例えば，カトマンズやマニラなどの大都市に集まってくる。しかし，

大都市でも彼らが住むことができるのは，崖の下や河川の中洲などの災害に対して脆弱な場所である[110]。そのような所に住んでスラムを形成する。都市は，貧困層の流入によって安い労働力を獲得できるので，流入に歯止めをかけることなく拡大を続ける。そこに破局的な災害が襲う。このように都市と地方の悪循環が連環することで，状況はどんどん深刻化する。防災を考えることは，貧困からの脱却を考えることでもある。

6. 防災力強化のための援助

災害が起これば緊急援助隊が被災地に向かうが，緊急時対応であるため，活動は発災直後に限られがちである。しかし，復興期を含めた継続的な援助活動には多くの問題や制約がある。援助の方法が適切でないと，途上国では身の丈に合わない援助をされて，援助依存症になってしまう。例えば，我が国のODAは，ネパールに何％，フィリピンに何％という割合が年々変わらない。その結果，援助の効率を評価せずに，相手国の要請に応えて，言いなりに援助するという構図に陥る。最近，草の根の援助に対して補助金が出るようになったが，いまだに大規模な工事は相手国の要請によって行われている。

途上国への援助を「できる援助」から「すべき援助」に変えていく必要がある。インフラはそれを支える社会科学的な諸要素がなければ，投資に見合う効果が期待できない。道路を造る，ダムを造る，橋を造る，それが本当に効果的なのかという評価をしてこなかった。ハイテク過ぎる施設は維持が困難であるにも拘わらず，得てして，被援助国はそれを要求しがちである。その結果，始めは稼働するが，故障した途端に修理できないという問題が随所で起こっている。構造物に頼った被害抑止は，地域社会に伝統的に存在した防災・減災力を弱める恐れさえある。地域社会の身の丈に合った援助を持続的に進めることが大事である。我が国の国際援助の中心となっているJICA（国際協力機構）は，地域社会がすでに持っている危機克服メカニズムを最大限に発揮できるように，外助で社会を補強しなければならない。つまり，実効性のある防災・減災のためには，もともと持っている力をもっと発揮できるようなサポート，例えば組織化の推進，組織やリーダーの養成，生計の向上などを図らなければならない。

（河田惠昭）

---

110) 一例として，ホンジュラスの首都テグシガルパでの地すべり災害がある。第10章2節「学術的な国際貢献——ホンジュラスの地すべり災害」を参照。

■参照文献

秋山紀一・池田智・関口宏道・花永明・油谷耕吉（2004）『川と文化——欧米の歴史を旅する』玉川大学出版部，2004年9月。

飯尾能久・他（2005）「陸域震源断層の深部すべり過程のモデル化に関する総合研究」『月刊地球号外』50，2005年。

飯尾能久（2008a）「新潟—神戸歪集中帯はプレート境界か？」『地震予知連絡会会報』79，339-340，2008年2月。

飯尾能久（2008b）「内陸地震の発生過程」地震第2輯，第61巻 Supplement; 365-378，2008年11月。

飯尾能久（2009）『内陸地震はなぜ起こるのか？』近未来社，2009年2月。

井口正人・中道治久・爲栗健・山本圭吾（2015）「2014年口永良部島噴火に先行する15年にわたる火山活動の活発化」平成26年度京都大学防災研究所研究発表講演会，2015年2月。

井口正人（2015）「活動的な九州の活火山」DPRI NEWS LETTER 78，京都大学防災研究所，2015年11月。

池谷浩（1999）『土石流災害』岩波新書，1999年10月。

石川芳治・土屋智（2012）「土石流の現象とその対策，サステイナブルコンストラクション事典」（株）産業調査会; 207-226，2012年5月。

石川芳治・池田暁彦・柏原佳明・牛山素行・他（2014）「2013年10月16日台風26号による伊豆大島土砂災害」『砂防学会誌』66（5）; 61-72。

石橋克彦・佐竹健治（1998）「古地震研究によるプレート境界巨大地震の長期予測の問題点——日本付近のプレート沈み込み帯を中心として」『地震第2輯』50巻;1-21。

岩田知孝・関口春子（2002）「2000年鳥取県西部地震の震源過程と震源域強震動」第11回日本地震工学シンポジウム; 125-128。

牛山素行（2000）「2000年9月東海豪雨災害」『DPRI Newsletter』京都大学防災研究所，2000年11月。

宇都宮地方気象台（2014）「平成26年2月14日から16日にかけて発達した低気圧に関する栃木県気象速報」2014年2月。

NHK取材班（1987）『全島避難せよ——ドキュメント伊豆大島大噴火』日本放送出版協会，1987年2月。

岡田弘（2008）『有珠山　火の山とともに』北海道新聞社，2008年10月。

大久保修平（2001）「ハイブリッド重力観測から見た，2000年三宅島火山活動・伊豆諸島群発地震活動」『地震ジャーナル』31号，地震予知総合研究振興会；47-58，2001年6月。

太田一也（2006）「雲仙火山の温泉とその地学的背景」『日本地熱学会誌』28; 337-346。

大野亮一・山科真一・山崎孝成・小山倫史・他（2010）「地震時大規模地すべりの発生機構――荒砥沢地すべりを例として」『地すべり学会誌』47（2）; 8-14。

奥村晃史（1999）『1999年8月17日トルコ・イズミット地震と北アナトリア断層』サイエンスネット，1999年11月。

河川行政研究会（編）（1995）『日本の河川』建設大臣官房広報室監修・社団法人建設広報協議会，1995年6月。

加藤輝之（2015）「線状降水帯発生要因としての鉛直シアーと上空の湿度について」『量的予報技術資料』第20巻，第6章; 114-132，2015年2月。

唐戸俊一郎（2000）『レオロジーと地球科学』東京大学出版会，2000年5月。

河田惠昭・御前雅嗣・岡太郎・土屋義人（1992）「戦後風水害の復元（1）――枕崎台風」『京都大学防災研究所年報』第35号，B-2；403-432。

川邉洋・権田豊・丸井英明・渡部直喜・土屋智・他（2005）「新潟県中越地震による土砂災害と融雪後の土砂移動状況の変化」『砂防学会誌』58（3）; 44-50。

気象庁（2004）「火山活動解説資料　浅間山」2004年7月。

気象庁（2011）「平成23年台風12号による大雨と強風について」気象庁災害時自然現象報告書気象速報2011年第3号，2011年11月。

気象庁（2012）「「平成24年7月九州北部豪雨」の発生要因について」気象研究所報道発表資料，2012年7月23日。

気象庁（2013）「活火山総覧第4版　58伊豆大島」2013年3月。

気象庁（2014a）「御嶽山の火山活動解説資料（平成26年9月）」2014年9月。

気象庁（2014b）「第130回火山噴火予知連絡会資料（その1）御嶽山」2014年10月23日。

気象庁（2015a）「御嶽山の噴火災害を踏まえた火山情報の見直しについて――「火山の状況に関する解説情報」等の変更」2015年5月12日。

気象庁（2015b）「平成27年9月9日から11日に関東地方及び東北地方で発生した豪雨の命名について」気象庁報道発表資料，2015年9月18日。

神戸市（1998）「平成9年度　六甲断層帯（神戸市域）に関する調査成果報告書」。

第 1 章　自然災害概説　参照文献　｜　117

国土交通省（2012）『豪雪地帯の現状と対策』国土政策局，2012 年 1 月。

国土交通省（2013）『紀伊山地砂防』紀伊山地砂防事務所。

国土地理院（2011）「東北地方の地殻変動」『地震予知連絡会会報』86; 184-272，2011 年 11 月。

小林健太・杉山雄一（2004）「2000 年鳥取県西部地震の余震域とその周辺における断層と断層岩――"未知の活断層"の検出に向けて」『地質ニュース』602 号 ; 36-44。

小室裕明・志知龍一・舌間洋二（2000）「雲仙火山地域の重力異常」島根大学地球資源環境研究報告 19; 97-100，2000 年 12 月。

小山内信智・野呂智之（2006）「土砂災害からの事前避難をサポート――降雨指標を用いた土砂災害の発生危険予測（特集 1　今までにない自然災害に立ち向かう）」『国総研アニュアルレポート』(5) ; 16-19。

阪口豊・高橋裕・大森博雄（1986）『日本の自然〈3〉日本の川』岩波書店，1986 年 3 月。

砂防・地すべり技術センター（2000〜2014）「土砂災害の実態」。

地震調査委員会（2003）「北伊豆断層帯の長期評価」地震調査研究推進本部。

地震調査委員会（2004）「鈴鹿山脈西縁断層帯の長期評価」地震調査研究推進本部。

地震調査委員会（2009）「日本の地震活動――被害地震から見た地域別の特徴　第二版」地震調査研究推進本部，2009 年 3 月。

地震調査委員会（2013a）「布田川断層帯・日奈久断層帯の評価（一部改訂）」地震調査研究推進本部，2013 年 2 月。

地震調査委員会（2013b）「南海トラフの地震活動の長期評価（第二版）」地震調査研究推進本部，2013 年 5 月。

世界銀行（2012）「仙台レポート：災害に強い社会の構築のための防災」International Bank for Reconstruction and Development/ International Development Association or The World Bank.

ゼロメートル地帯の高潮対策検討会（2006）「ゼロメートル地帯の今後の高潮対策のあり方について」国土交通省，2006 年 1 月。

高橋保（2004）『土石流の機構と対策』近未来社，2004 年 9 月。

高橋和雄・木村拓郎（2009）『火山災害復興と社会――平成の雲仙普賢岳噴火』古今書院，2009 年 11 月。

中央防災会議（2007）「1990-1995 雲仙普賢岳噴火　報告書」災害教訓の継承に関する専門調査会，2007 年 3 月。

中央防災会議（2013a）「首都直下地震の被害想定と対策について（最終報告）～本文～」首都直下地震対策検討ワーキンググループ，2013 年 12 月。

中央防災会議（2013b）「首都直下地震の被害想定と対策について（最終報告）～首都直下の M7 クラスの地震及び相模トラフ沿いの M8 クラスの地震等に関する図表集」首都直下地震対策検討ワーキンググループ，2013 年 12 月。

塚本良則・小橋澄冶（編）（1991）『新砂防工学』朝倉書店，1991 年 9 月。

津口裕茂・加藤輝之（2014）「集中豪雨事例の客観的な抽出とその特性・特徴に関する統計解析」『天気』（6）；455-469，2014 年 6 月。

土屋智・今泉文寿・逢坂興宏（2009）「荒廃渓流源頭部における土石流の流動形態と石礫の流下状況」『砂防学会誌』61（6）；4-10。

堤浩之・後藤秀昭（2006）「四国の中央構造線断層帯の最新活動に伴う横ずれ変位量分布」『地震 第 2 輯』第 59 巻；117-132。

東海ネーデルランド高潮・洪水協議会（2015）「危機管理行動計画（第三版）」2015 年 3 月。

土木学会（2011）「平成 23 年度台風 12 号土砂災害調査報告書」1-42。

友野誠・土屋智・逢坂興宏（2011）「渓床堆積物を起因とする土石流の発生土砂量と到達距離について」『中部森林研究』59；217-220。

内閣府（2001）『平成 13 年版 防災白書』。

内閣府（2003）「三宅島火山ガスに関する検討会報告について」2003 年 3 月 24 日。

内閣府（2005）『平成 17 年版防災白書』。

内閣府（2006）「災害教訓の継承に関する専門調査会報告書 1783 天明浅間山噴火」2006 年 3 月。

内閣府（2008）「火山情報等に対応した火山防災対策検討会報告書「噴火時等の避難に係る火山防災体制の指針」」2008 年 3 月 19 日。

内閣府（2010）『平成 22 年版 防災白書』2010 年 7 月。

内閣府（2015）「口永良部島の噴火状況等について」2015 年 5 月 29 日。

中田節也・宇都浩三・佐久間澄夫（2004）「雲仙火道掘削」『ICDP（国際陸上科学掘削計画）ニュースレター』第 7 号，2004 年 7 月。

長野県建設事務所（1999）『浅間山火山災害と防災』1999 年 3 月。

西村卓也（2015）「山陰ひずみ集中帯における稠密 GNSS 観測網の構築」日本地球惑星科学連合 2015 年大会。

萩原尊禮（編）(1991)『日本列島の地震——地震工学と地震地体構造』鹿島出版会，1991年1月。

林拙郎・土屋智・近藤観慈・芝野博文・沼本晋也・小杉賢一郎・山越隆雄・池田暁彦 (2004)「2004年9月29日，台風21号に伴って発生した三重県宮川村の土砂災害（速報)」『砂防学会誌』57 (4)；48-55。

日浦啓全・海堀正博・末峯章・里深好文・堤大三 (2004)「2004年台風10号豪雨による徳島県木沢村と上那賀町における土砂災害緊急調査報告（速報)」『砂防学会誌』57 (4)；39-47。

伏島祐一郎・関口春子・粟田泰夫・杉山雄一 (2003)「2000年鳥取県西部地震断層に伴う地殻変動の測地測量調査」『活断層・古地震研究報告』第3号；157-162。

藤原治・三箇智二・大森博雄 (1999)「日本列島における侵食速度の分布」サイクル機構技報，no.5; 85-93。

町田洋 (1984)「巨大崩壊，岩屑流と河床変動」『地形』5 (3)；155-178。

安田成夫・梶谷義雄・多々納裕・小野寺三郎 (2011)「アイスランドにおける火山噴火と航空関連の大混乱」『京都大学防災研究所年報』第54号A，2011年6月。

山科真一・山崎勉・橋本純・他(2009)「岩手・宮城内陸地震で発生した荒砥沢地すべり」『地すべり学会誌』45 (5)；42-47，2009年。

山本圭吾・園田忠臣・高山鐵郎・市川信夫・大倉敬宏・吉川慎・井上寛之・松島健・内田和也 (2010)「桜島火山周辺における水準測量（2009年11月および2010年4月)」『京都大学防災研究所年報』第53号，2010年6月。

米代東部森林管理署 (1997)『鹿角市八幡平澄川・赤川温泉土砂災害』。

Chigira, M., C. Y. Tsou, Y. Matsui, N. Hiraishi, and M. Matsuzawa 2013, Topographic precursors and geological structures of deep-seated catastrophic landslides cause by Typhoon Talas, *Geomorphology*, 201; 479-493.

Heki, K. and S. Miyazaki 2001, Plate convergence and long-term crustal deformation, *Geophys. Res. Lett.*, 28; 2313-2316, 2001.

Iio, Y., T. Sagiya, Y. Kobayashi, and I. Shiozaki 2002, Water-weakened lower crust and its role in the concentrated deformation in the Japanese Islands, *Earth Planet. Sci. Lett.*, 203; 245-253.

Kaufmann and G., F. Amelung 2002, Reservoir-induced deformation and continental rheology in vicinity of Lake Mead, Nevada, *Journal of Geophysical Research: Solid Earth*, 105; 16,341-16,358.

Kawanishi, R., Y. Iio, Y. Yukutake, T. Shibutani, and H. Katao 2009, Local stress concentration in the seismic belt along the Japan Sea coast inferred from precise focal mechanisms: Implications for the stress accumulation process on intraplate earthquake faults, *Journal of Geophysical Research: Solid Earth*, 114, B01309, doi:10.1029/2008JB005765.

Nishimura, T., T. Hirasawa, S. Miyazaki, T. Sagiya, T. Tada, S. Miura, and K. Tanaka 2004, Temporal change of interplate coupling in northeastern Japan during 1995–2002 estimated from continuous GPS observations, *Geophys. J. Int.*, 157; 901-916.

Sagiya, T., S. Miyazaki, and T. Tada 2000, Continuous GPS array and present-day crustal deformation of Japan, *Pure Appl. Geoph.*, 157; 2303-2322.

Shibazaki, B. 2003, Tectonic loading processes affected by volcanoes for the 2008 Iwate-Miyagi intraplate earthguake in northeatern Japan, *Journal of Geodynamics*, 66; 114-119.

Shibutani, T., and H. Katao , Group for the dense aftershock observations of the 2000 Western Tottori Earthquake 2005, High resolution 3-D velocity structure in the source region of the 2000 Western Tottori Earthquake in southwestern Honshu, Japan using very dense aftershock observations, *Earth, planets and space*, 57; 825-838.

Shimazaki, K. and T. Nakata 1980, Time-predictable recurrence model for large earthquake, *Geophys. Res. Lett.*, 7; 279-282.

Utsu,T. 1974, Space-time pattern of large earthquakes occurring off the Pacific coast of the Japanese islands, *J. Phys. Earth*, 22; 325-342.

Yokota, Y., T. Ishikawa, S. Watanabe, T. Tashiro, and A. Asada 2016, Seafloor geodetic constraints on interplate coupling of the Nankai Trough megathrust zone, *Nature*, 534; 374-377, doi: 10.1038/nature17632.

Yoshioka, S., T. Mikumo, V. Kostoglodov, K. M. Larson, A. R. Lowry, and S. K. Singh 2004, Interplate coupling and a recent slow slip event in the Guerrero seismic gap of the Mexican subduction zone, as deduced from GPS data inversion using Bayesian information criterion, *Phys. Earth Planet. Int.*, 146; 513-530.

■参考文献

金森博雄『巨大地震の科学と防災』朝日新聞出版, 2013 年 12 月。

三雲健『大地震とテクトニクス——メキシコを中心として』京都大学学術出版会, 2011 年 5 月。

地震調査委員会『長期的な地震発生確率の評価手法について』地震調査研究推進本部, 2001 年 6 月。

北海道新聞社（編）『2000 年有珠山噴火』北海道新聞社, 2002 年 7 月。

信濃毎日新聞社編集局『検証・御嶽山噴火　火山と生きる——9・27 から何を学ぶか』信濃毎日新聞社, 2015 年 9 月。

河田惠昭『これからの防災・減災がわかる本』岩波書店, 2008 年 8 月。

災害と法律 第2章

　大きな災害が発生すると，被災者の救助や復興支援に要する資源や資金は，市町村あるいは都道府県単独では担うことができない巨大な負担になる場合がある。被災地の支援に，国の税収の一部をまわすとき，その支援の程度や期間は，法的な根拠をもとにして決定されなければならない。また，発災後だけではなく，平時に防災施設を作ったり，防災のための制度を新たに設けたりするにも，法的な根拠，あるいは基準が必要となる。従って，より効率のよい災害対策や，よりきめ細かい被災者支援を実現するためには，一般市民の災害法制への積極的な関与が求められる。

　本章では，防災および減災に関わる法律について，その必要性や運用の実態などを詳しく説明する。第1節では，災害法制の全体像を俯瞰し，その根幹法とも言える災害対策基本法について述べる。第2節では，救助や避難所運営の具体的場面に直接関係してくる災害救助法について，その運用実態や問題点について解説する。第3節では，東日本大震災で多くの児童・生徒が犠牲となり，防災教育の重要性が改めて認識されたこと，また，多くの学校が地域の避難所として活用されたことなどを受けて，学校と災害の関係について，法制度の面から考察する。最後に，第4節では，災害の種類ごとに定められる防災関連特別法の一例として土砂災害防止法を取り上げる。

第1節 災害法制の概要

1. 災害法制の特徴

　市民として，災害法制の内容を理解し実践する，そして，よりよい被災者支援（あるいは要配慮者支援）を促進するための新たな法律を提案したり，既存の法律の改正や運用要領の改正などを提案するとなると，まず，災害法制の特徴を把握しておかなければならない。

　第一に，災害法制には，「災害に遭えば遭うほど成長していく」という特徴がある。例えば，災害対策基本法は1959年の伊勢湾台風をきっかけに制定された法律である。他にも，1967年の羽越水害を契機に制定された災害弔慰金等法，1995年の阪神・淡路大震災を契機に制定された被災者生活再建支援法，広島県その他で大きな被害をもたらした1999年豪雨災害を契機に制定された土砂災害防止法などがある。法律制定後も，大きな災害を経て得られた教訓を反映するために改正が行われることがある[1]。東日本大震災

（2011年）では，災害対策基本法が改正され，新たに災害対策の「基本理念（第2条の2）」が追記された[2]。その第5項は，劣悪な避難所環境を強いられた被災者が多く出たことを受けて，災害対策は「被災者による主体的な取組を阻害することのないよう配慮しつつ，被災者の年齢，性別，障害の有無その他の事情を踏まえ，その時期に応じて適切に被災者を援護すること」，と規定している。これによって，国，都道府県および市町村には，避難者を画一的に取り扱うような支援ではなく，個々の避難者の状況に応じたきめ細かい支援をすることが求められるようになった。その他，市町村長に，あらかじめ「避難行動要支援者」の名簿を作成することを義務付ける条項（第49条の10）が付け加えられた。

　災害の発生は，好ましからざる事態ではあるが，逆にそれが災害対策法制の改変の機会となり得る。また，災害の発生は，国土計画の見直し，あるい

---

1) 建築物の耐震基準を規定した建築基準法の成立と変遷については，第8章1節1項（2）「建築基準法と耐震設計」を参照。
2) 第7章3節1項（1）「災害法制と経済」に基本理念の第6項についての言及がある。

は都市設計のやり直しの機会であるともいえる。同様に，巨大災害が来るかもしれないという予測は，災害法制の見直しの機会であり，さらにいえば，国家・社会構造の改変の機会ともなり得るといえる。

第二の特徴は，多数ある災害関連の法律は，それぞれ独立しているわけではなく，ある法律が他の法律の根拠になったり，相互に補完しあったりしていることである。

例えば，「土砂災害防止法[3]」は，土砂災害警戒区域の指定があったとき，市町村防災会議は「土砂災害に関する情報の収集及び伝達並びに予報又は警報の発令及び伝達に関する事項（第8条1項1号）」を当該警戒区域ごとに定めること，と義務づけている。そして，その市町村防災会議は，後述するように，災害対策基本法の第16条1項で，市町村に対し設置が義務づけられているのである。また，「地震防災対策特別措置法」は，学校等の公共の建物の耐震化に言及しているが，それを補完して，他の建物を含めた耐震診断，及び耐震化の促進を図るための法律として「建築物の耐震改修の促進に関する法律」がある。

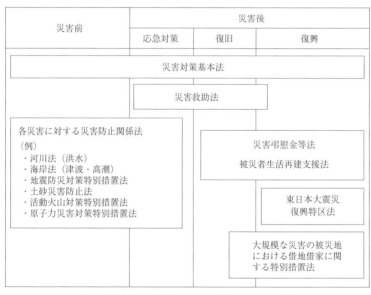

図1　災害前後の各段階において適用される主な法律

---

3) 土砂災害防止法：正式名は，「土砂災害警戒区域等における土砂災害防止対策の推進に関する法律」。

このように互いに関連し合いながら災害に言及している法律は 1000 以上ある。図 1 に，災害法制の幹となる部分を書き出した。発災直後から復旧期を経て，復興期に至る間に，適用される法律が変わっていく。切れ目のない支援をするには，法律の狭間を作らない努力が必要である。それが，多くの法律を生み出している理由の一つでもある。

一方，制定が古く，現状に合わなくなったために廃止される法律もある。1946 年に制定された「罹災都市借地借家臨時処理法」は，もともとは戦災復興のために制定された臨時法だったが，大規模な自然災害にも適用できるよう改正されて，阪神・淡路大震災までは適用された。しかし，問題が多かったため東日本大震災では同法の適用は見送られ（津久井 2012），図 1 の右下に記した「大規模な災害の被災地における借地借家に関する特別措置法」が2013 年 9 月 25 日に施行された。新報の趣旨としては，第一条に「この法律は，大規模な災害の被災地において，当該災害により借地上の建物が滅失した場合における借地権者の保護等を図るための借地借家に関する特別措置を定めるものとする。」とある。

2. 災害対策基本法

災害対応に関する基本法として，災害対策基本法がある（以下，災対法）。前項で土砂災害防止法を例に挙げたように，図 1 に挙げた法律，ならびに災害に関するその他の法律は，災対法に依拠して制定されている。従って，災対法は，国家として災害に立ち向かう上での大枠を規定するものと言える。

災対法 2 条の 2 は，災害対策の基本理念として以下の項目を挙げている。

①災害の発生を常に想定し，災害が発生した場合は被害の最小化及び迅速な回復を図ること。

②国，地方公共団体等の連携協力を確保するとともに，住民が自ら行う防災活動及び自主防災組織が自発的に行う防災活動を促進すること。

③防災のための措置は，科学的知見及び過去の災害から得られた教訓を踏まえ絶えず改善を図ること。

④的確に災害の状況を把握し，人材，物資等の資源を適切に配分することにより，人の生命及び身体を最も優先して保護すること。

⑤被災者による主体的な取組を阻害することのないよう配慮しつつ，被災者の年齢，性別，障害の有無その他の被災者の事情を踏まえ，その時期に応じて適切に被災者を援護すること。

⑥災害が発生したときは，速やかに，

施設の復旧及び被災者の援護を図り，災害からの復興を図ること。

災対法2条の2は東日本大震災後に新たに付け加えられた条項である。

災対法には，これらの理念を実現するために，以下のような項目が定められている。

①災害にあたっての国，都道府県，市町村，指定公共機関[4]の責務
②国の中央防災会議，及び地方自治体の地方防災会議の設置
③国の非常（緊急）災害対策本部，及び地方自治体の災害対策本部の設置
④防災計画の策定（指定避難所等の指定）
⑤災害対策の権限規定（避難指示，警戒区域設定，応急公用負担，等）
⑥財政金融措置（実施責任者負担の原則，及び激甚災害における国の特別財政援助）
⑦災害緊急事態

項目③にあるように，災害が発生すると，都道府県や市町村に「災害対策本部」が設置されることになっている。

そして，これらの自治体だけでは対応できない場合には，国に「非常災害対策本部[5]」あるいは「緊急災害対策本部[6]」が設置される。東日本大震災において，初めて緊急災害対策本部が設置された。福島第一原発事故においては，内閣総理大臣が原子力緊急事態宣言を発し，内閣総理大臣を本部長とする「原子力災害対策本部」が設置され，避難指示区域，屋内待避区域等の設定が行われたが，これは，「原子力災害対策特別措置法」による。

項目⑥では，「災害予防及び災害応急対策に要する費用その他この法律の施行に要する費用は，その実施の責めに任ずる者が負担するもの（第91条）」とされている。しかし，大規模な災害に見舞われた場合，市町村で，応急，復旧，復興に要する資金を全負担することは，到底かなわないことがある。そのような場合には，都道府県知事が災害救助法（図1参照）の適用を決断することによって，都道府県や国による支出の道が開かれる（詳細については次節で述べる）。

このように，災害における救助・復

---

4) 指定公共機関の例は，日本銀行，日本赤十字社，NHK，各高速道路株式会社，各旅客鉄道株式会社，各電力株式会社，等。
5) 非常災害対策本部は，非常災害に対して臨時に内閣府に設置される。国務大臣を本部長に充てる（災対法第24条，第25条）。
6) 緊急災害対策本部は，著しく異常かつ激甚な災害が発生した場合に，臨時に内閣府に設置される。内閣総理大臣を本部長に充てる（災対法第28条の2，3）。

旧・復興は，原則として自治体が主導的に当たるのだが，国家を揺るがすような災害が起こった場合は，項目⑦の災害緊急事態[7]を布告して国家が直接対応に当たることができる。しかし東日本大震災以前は，緊急災害対策本部の設置が義務づけられるのと，内閣が国会の閉会中等に緊急政令を公布できる以外は何ができるのかよく分から

ない規定であったので，阪神・淡路大震災及び東日本大震災においても布告されなかった。東日本大震災以降の法改正により，政府が災害緊急事態への対処に関する基本的な方針，いわゆる「対処基本方針（108条）」を定めることになったため，今後の巨大災害において布告がなされる可能性がある。

(山崎栄一)

第2節　救助・避難所運営と法律

発災後の救助，避難所の運営等は，そのほとんどが災害救助法と同法施行令をもとに実施されている。ここでは，災害救助法がどのように運用され，そこにどのような問題があるかを詳しく見ていく。

1. 災害救助法の制度概観

(1) 災害救助法の目的・性格

災害救助法（＝救助法）は，南海大

震災[8]（1946年）を契機に，1947年に成立した法律である。発災直後の被災者を直接救助・保護する法律として，災害応急対策の中で最も重要な役割を担う。

災害救助法第1条によると，「この法律は，災害に際して，国が地方公共団体，日本赤十字社その他の団体及び国民の協力の下に，応急的に，必要な救助を行い，被災者の保護と社会の秩

---

7) 災害緊急事態：「非常災害が発生し，かつ，当該災害が国の経済及び公共の福祉に重大な影響を及ぼすべき異常かつ激甚なものである場合において，当該災害に係る災害応急対策を推進し，国の経済の秩序を維持し，その他当該災害に係る重要な課題に対応するため特別の必要があると認めるときは，内閣総理大臣は，閣議にかけて，関係地域の全部又は一部について災害緊急事態の布告を発することができる。」(災対法第105条)

8) 南海大震災：1946年（昭和21年）12月21日に，潮岬沖78kmを震源として発生したM8.0（Mw8.4）の地震による災害。西日本各地に，地震動および津波による甚大な被害が出た。

序の保全を図ることを目的とする」とある。ここで言う救助は，災害に際し生活の維持が困難な被災者に対する応急的一時的な救助という性格を帯びている。救助は，被災者の経済的要件や住民・国籍要件を問わず，①平等の原則，②必要即応の原則，③現物給付の原則，④現在地救助の原則[9]，⑤職権救助の原則[10] といった原則に則って実施される。

(2) 実施体制

災害救助法による救助は，都道府県知事が法定受託事務[11] として行うことになっている（災害救助法第 2 条，同法施行令第 18 条）。国[12] は，都道府県が災害救助事務を処理する際の処理基準を定め（地方自治法第 245 条の 9），技術的な助言・勧告，資料の提出の要求，是正の要求といった一般的な関与を行うことができる（地方自治法第 245 条）。

市町村長は，都道府県知事の委任を受けて事務の一部を実施するか，都道府県知事の行う救助を補助することになっている（災害救助法第 13 条）。実際には，救助の迅速，適格化を図るために，基本的にはほとんどの事務が市町村長に委任されることになるが，広域災害の場合は，応急仮設住宅の設置と医療は都道府県が実施し，その他の救助については市町村が実施する，というような分担が行われている。

災害救助の実施体制ならびに実務の流れを図 2，図 3 に示す。

(3) 経費の支弁および国庫負担

救助に要する費用は，都道府県が支弁することになっている（災害救助法第 18 条 1 項）。そして，費用の支弁の財源に充てるため，災害救助基金を積み立てる義務が課せられている（災害救助法第 22 条）。ただし，救助の実施に関する事務の一部が市町村長に委任された場合，市町村は，委任された救助の実施に要する費用について一時繰替支弁することになる（災害救助法第 29 条）。

---

9) 現在地救助の原則：住民票の所在に関わらず，被災者の現在地を所管する都道府県知事（又は市町村長）が救助を行うこと（内閣府 2014a）。

10) 職権救助の原則：被災者の申請を待つことなく，都道府県知事が職権により救助を実施すること（内閣府 2014a）。

11) 法定受託事務：地方自治法に定める地方公共団体の事務は，法定受託事務と自治事務に区分される。前者は，都道府県が処理する事務のうち，国が本来果たすべき役割に係るものとして法令で特に定めるもの。

12) 国の災害救助法の所管は，2013 年の法改正に伴い，厚生労働省から内閣府に移管された（図 2 参照）。

救助に要する費用が100万円以上になる場合，その額の一部を都道府県の普通税収入見込額に応じて，国が負担することになっている（災害救助法第21条，同法施行令第19条）。

災害救助法は，被災者の救助に要する財源に関する法律であるという位置づけができる。災害救助法の適用というのは，災害時に実際に行われた救助について，その費用を国ならびに都道府県が支出してくれるという意味で

あって，災害救助法が適用されることによって，被災をした市町村長は費用の心配をすることなく災害救助に専念することができるのである。

(4) 適用基準

図3にあるように，災害救助法の適用を判断するのは都道府県知事である。災害に当たっての知事の最も重要な仕事の一つと言える。なぜなら，災害救助法が早期に適用されることで，

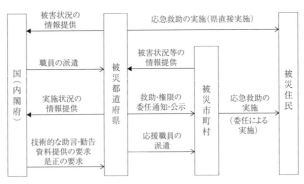

図2　災害救助の実施体制

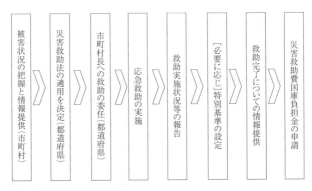

図3　災害救助の実務の流れ

被災者が安心するとともに，行政職員も円滑に事務・費用支出を進めることができるようになるからである。

災害救助法の適用基準は，政令で定められている（同法施行令第1条1項）。主な基準を表1に示す。第1号から第3号前段までは，ほぼ被災地の面積に応じて適用されるが，第3号後段は特殊な事情に対応するものである。第4号の意味については後述する。

適用基準を満たしているかどうかの判断に際して，まず，市町村は，できるだけ被害の状況を迅速かつ的確に把握し，都道府県に報告することが重要である。しかしながらほとんどの場合，都道府県知事は，限られた被害情報をもとに災害救助法の適用の決断を迫られることになる。

ところで，第1号基準から第3号基準までは「住家滅失世帯数」が要件となっているのに対し，第4号基準では要件となっていない。そこで，多数の者が死傷し，又は危険にさらされ，迅速な救助が必要だが，第1号基準から第3号基準までの世帯数を満たしているかどうかが夜間等で確認が困難な場

表1　災害救助法の適用基準

	基　準
第1号	市町村の区域内の人口に応じて，一定数以上の世帯が滅失した場合（30～150世帯以上）。
第2号	市町村が第1号基準を満たしていない場合でも，都道府県の区域内の人口に応じて，一定の世帯が滅失し（1000～2500世帯以上），かつ，市町村内で第1号基準の半数以上の世帯が滅失した場合（15～75世帯以上）。
第3号前段	都道府県の区域内の人口に応じて，一定数以上の世帯が滅失し（5000～1万2000世帯以上），かつ市町村内で多数の世帯が滅失した場合（ここにいう多数とは，災害弔慰金等法施行令等から最低5世帯は必要と考えられる）。
第3号後段	災害が隔絶した地域に発生したものである等，被災者の救護を著しく困難とする内閣府令で定める特別の事情[13]がある場合で，かつ多数の世帯の住家が滅失した場合（ここにいう多数も，第3号前段基準と同じく最低5世帯は必要と考えられる）。
第4号	多数の者が生命又は身体に危害を受け，又は受けるおそれが生じた場合であって，内閣府令で定める基準に該当する場合。

13）内閣府令で定める特別の事情とは，被災者に対する食品若しくは生活必需品の給与等について特殊の補給方法を必要とし，又は被災者の救出について特殊の技術を必要とするといった事情を指す（内閣府令第1条）。例えば，被災地域が隔離・孤立している場合や，有害ガス・放射性物質等あるいは水害のために，救助等に特殊な技術を必要とする場合があげられる。

合は，第4号基準を適用することも可能である。新潟県中越地震以降は，特に大規模地震が発生した場合には，一定震度以上を観測した市町村に対して，「多数の者が，避難して継続的に救助を必要とする」状態として，速やかに第4号基準を適用している。

また，第4号基準の場合，多数の者が生命又は身体に危害を受け，又は受ける恐れがあれば適用ができるので，実際に災害による被害が発生する前に，積極的な救助活動を展開できるというメリットがある。災害救助法の迅速な適用を図るためには第4号基準の活用がポイントとなる。

ちなみに，災害救助法が適用されないような規模であった場合はどうするのか。その場合は，災害対策基本法や地方自治法等に基づいて，市町村等が独自施策を展開することになる。政策法務的には，「条例」「要綱・要領」を制定しておき，災害救助法と同等程度の救助を実施することになる。

(5) 救助の種類，程度，方法および期間——「一般基準」の設定

ここでは，災害救助法が適用されることによって，費用支出がなされる救助の種類ならびに救助に要した経費について説明をする。災害救助法第4条1項に基づく救助の種類としては以下のものがある（第1号等は，条文の番号を示す）。

・避難所及び応急仮設住宅の供与（第1号）

・炊き出しその他による食品の給与及び飲料水の供給（第2号）

・被服，寝具その他生活必需品の給与又は貸与（第3号）

・医療及び助産（第4号）

・被災者の救出（第5号）

・被災した住宅の応急修理（第6号）

・生業に必要な資金，器具又は資料の給与又は貸与（第7号）

・学用品の給与（第8号）

・埋葬（第9号）

・死体の捜索及び処理（第10号，同法施行令第2条）

・災害によって住居又はその周辺に運ばれた土石，竹木等で，日常生活に著しい支障を及ぼしているものの除去（第10号，同法施行令第2条）

これらの救助を実施するにあたって，輸送費および賃金職員等の雇上費を計上することができる。さらに，医療，土木建築工事又は医療関係者に救助業務を従事させた場合の実費弁償がなされることになっている（第7条5項）。

救助の程度，方法および期間は，応急救助の必要な範囲内において，内閣総理大臣が定める基準[14]に従い，あ

第2章 災害と法律 第2節 救助・避難所運営と法律 | 133

らかじめ，都道府県知事がこれを定めることになっている（第4条3項，同法施行令第3条1項）。ただし，次項にも述べるように，『災害救助事務取扱要領（平成25年6月）』は，一般基準について「この取扱いはあくまでも原則的な考え方」としつつ，「硬直的な運用に陥らないように特に留意すること」を求めている。

(6) 弾力的な運用──「特別基準」の設定

定められた一般基準によって救助の適切な実施が困難な場合には，都道府県知事は，内閣総理大臣と協議し，その同意を得た上で，救助の程度，方法及び期間を定めることができることになっている（同法施行令第3条2項）。これがいわゆる「特別基準」である。

実際の手続としては，被災地のニーズに応じて特別基準の設定を，市町村なら都道府県に，都道府県なら国に諮ることになる。

市町村ならびに都道府県の職員がどこまで被災者のニーズを把握できるか，そして，ニーズを特別基準として設定することの必要性・合理性をどこまで説明できるかがポイントとなる。最近は，後述するように，災害時要配慮者のニーズを的確に把握することが求められている。

この「特別基準」の設定のような場面において，自治体の政策法務能力の程度が問われる。特別基準の円滑な導入には，過去において特別基準の設定が認められた事例をチェックすることが重要である。一般基準を上回る費用支出（仮設のエアコン，避難所の間仕切りなど）や期間の延長については，必要に応じて認められているところである。応急仮設住宅の供与についても，一般基準によれば，所得や資産等の資力要件があるが，そのような厳格な運用は行っていない。

一般基準内の救助だけで満足していると，できるはずのことを行わないままに，人命が失われるということにもなりかねない。こうなると，「人災」以外の何者でもない。

次に，東日本大震災の折に特別基準が適用された例を紹介する。

2. 東日本大震災における運用

(1) 特別基準の活用

厚生労働省は，東日本大震災後に数度にわたる通知[15]を出して，被災県に特別基準の積極的な設定を促している。具体的な内容としては，以下のも

14）内閣総理大臣が定める基準：「災害救助法による救助の程度，方法及び期間並びに実費弁償の基準（平成25年10月1日内閣府告示第228号）」を参照。

のがあげられる。

・被災地以外の都道府県による避難者の積極的受け入れを促進。

・避難所の開設期間／食事については7日以内を2ヶ月まで延長（さらに延長可）。

・避難所における間仕切り，冷暖房，仮設洗濯場／風呂／シャワー／トイレの設置。

・高齢者・病弱者に対する食事の配慮。

・福祉避難所の設置。

・寒冷地仕様の応急仮設住宅。

・民間旅館・ホテル等の利用（1人1日5000円（食事込み））。

・民間賃貸，空き家の借り上げ（1戸月額6万円程度）。

　これらの通知内容は，従来は認められていなかった特別基準を認めたというよりも，従来から認めてきた特別基準の「念押し」「確認」という意味合いが強い。これまでにも認められてきた特別基準の設定でさえ，現場レベルではなかなか実施されないという実情が窺える。

　特別基準を設定することによる災害救助法の弾力的な運用が可能であっても，①現場の職員が特別基準の存在自体を知らない，②知っていたとしてもどのような特別基準を設定すればいいのかが分からない，③特別基準を設定したくても上級の行政機関（市町村なら都道府県，都道府県なら国）を説得させるだけの理由が見出せない，④現場自体が上級の行政機関に交渉をするというのはそれ相当の精神的負担となる，⑤都道府県からすれば，特別基準を設定すると余計に費用がかかる，というように，なかなか特別基準が設定しにくい環境ができあがっている。ただ，東日本大震災では救助にかかる費用が莫大になることが予想されることから，都道府県にとっては財政面の不安もあって弾力的な運用に踏み切れなかったという事情もあり得る。

　従来の特別基準の設定を超えた，新たな基準設定に向けての提言は枚挙にいとまがない。災害救助法に掲げられた支援メニューの多様性・抽象性によるものであるが，被災者のニーズを幅広く制度に反映させるべく，次のような様々なアイデアが提唱されている。①食事の提供に関する提言として，避難所以外に避難をしている被災者（仮設住宅入居者・在宅避難者）へ

15）厚生労働省の通知：「平成23年（2011年）東北地方太平洋沖地震に係る災害救助法の弾力運用について（平成23年3月19日）」～「同（その8）（平成23年5月30日）」（その5より東日本大震災に名称変更），「東日本大震災に係る応急仮設住宅について（平成23年4月15日）」～「同（その5）（平成23年8月12日）」等。

第 2 章　災害と法律　第 2 節　救助・避難所運営と法律　｜　135

の食事提供がある。

②仮設住宅に関する提言として，入居
　要件としての「全壊」要件の撤廃，
　仮設住宅の払い下げ，自力仮設住宅
　への助成がある。

③応急修理に関する提言として，「全
　壊」と認定された家屋に対する応急
　修理，所得要件の撤廃，修理費用の
　増額など，が掲げられている。

④生業資金の給与又は貸与について
　は，公的資金による長期かつ低利の
　各種貸付制度が整備，拡充されてき
　たことから，現在では災害救助法に
　よる運用はされていないが，このよ
　うな条項を活用した生業資金の給与
　が提言されている。

⑤救助を要する者に対する現金支給
　（災害救助法第 4 条 2 項）に関する
　提言として，生活保障に向けた現金
　支給が提言されている。

(2)　広域避難者

　東日本大震災の特徴の一つは，被災
した市町村以外へ避難する広域避難者
が大量に発生したことである[16]。内
閣府の調べ（「全国の避難者等の数（平
成 23 年 7 月 20 日）」）によると，2011

年 7 月 14 日の時点で避難者は全国 47
都道府県 1100 以上の市町村に所在し
ており，被害が甚大であった岩手県，
宮城県，福島県の 3 県以外の都道府県
に避難している人の数は，約 5 万
6000 人にのぼっている。

　このような広域避難者に対する支援
であるが，災害救助法第 20 条による
と，「都道府県は，他の都道府県にお
いて行われた救助につき行った応援の
ため支弁した費用について，救助の行
われた地の都道府県に対して，求償す
ることができる。」という規定が存在
しており，県外避難者に対して災害救
助法による救助を実施することも可能
になっている。

　この規定により，県外避難者が出た
場合でも，受け入れ先の自治体は災害
救助法に沿った救助（それも実質無償
となる）が可能であることが，先ほど
も言及したところであるが，前出の厚
生労働省による通知「平成 23 年（2011
年）東北地方太平洋沖地震に係る災害
救助法の弾力運用について（平成 23
年 3 月 19 日）」により「確認」され，
その後においても県外避難者に対する
救助が可能である旨の通知が重ねてな

---

16)　広域避難者：県外ならびに市町村外への避難者を指す。「大規模災害・大規模事故によって，従
　来の地域・コミュニティーから切り離され，さまざまな生活基盤を失った中で，広範な地域に散
　らばって長期間の避難生活を余儀なくされている人々」（青木 2013）という位置づけができる。県
　外への避難者に対しては，「県外避難者」を用いることもある。

されている。このことから，県外避難者に対する災害救助法の適用が災害直後は徹底していなかった実態がうかがえる。

　災害救助法の適用を受けるには，被災地でない都道府県が被災した都道府県の要請を受けてから救助を実施するという建前をとっている。それでは，事務的に煩雑になってしまうし，費用負担が増加することを懸念して要請そのものが消極的になってしまうおそれがある。

　このような東日本大震災の教訓を受けて，2012 年に災害対策基本法が改正され，「広域一時滞在」という項目が追加された。市町村・都道府県の区域を越える被災住民の受け入れ（広域避難）に関する調整規定が新たに創設され（第 86 条の 8〜13），これにより，被災住民を他の市町村あるいは都道府県へ受け入れてもらうための協議や都道府県・国による調整が行われることになった。また，2013 年の改正によって，著しく異常かつ激甚な非常災害が発生した場合において，都道府県が被災都道府県を応援するため支弁した費用について，国に対して被災都道府県の代わりに立て替え弁済をするよう要請できることになった（第 20 条 2 項以下）。

　そのほかにも克服すべき課題がいく

つか存在している。まず，「災害救助事務取扱要領」（内閣府 2014a）は，収容施設の供与の対象者として，現に住家等に被害を受けている者以外にも，被害を受けるおそれがあり，市町村長に避難命令が発せられているため避難しなければならない者を挙げている。そして，避難命令・勧告がなく，個々の住民らが自ら危険だと判断し避難した場合（要するに「自主避難」をした場合）は「救助」にはあたらないが，都道府県知事又は委託を受けた市町村長が現に避難を要する状態にあると認める場合は救助にあたるとしている。ここでは「誰が被災者なのか」という根底的な問題に突きあたる。

　さらに，上記の事務取扱要領は，被災後に他市町村に転出した児童生徒には，特別な事情がない限り，学用品を供与する必要がなく，特に必要な場合は内閣総理大臣との協議を要するとしている。これは，単に学用品が喪失又は毀損することに加え，流通機構等の一時的な混乱によって資力の有無にかかわらず入手が困難な場合に支給することを建前としていることによる。

　広域避難者への災害救助メニューでは，食料や生活必需品については現物支給が原則とされるが，避難先には店舗等が存在しているのであるから，現金支給をしてもよいのではないか。実

際，青森市では「平成23年度青森市東日本大震災県外避難者支援金」という形で，生活必需品（食料含む）の購入費（4人世帯で6万400円）や学用品・教科書等について現金支給を行っている。青森市県外避難者支援室によると，「他の市町村では現物支給をしたという話を伺っているが，現物支給に固執しすぎてかえってコストが高くなってしまうことから現金支給をするに至った」とのことである。

(3) みなし仮設住宅

災害が発生し住居が失われた場合，被災者の一時的住居を確保するために仮設住宅が設けられるが，東日本大震災においては，仮設住宅が足りず被災者の住居を確保できない事態が生じた。そこで，既存の民間賃貸住宅を都道府県が借り上げて被災者に提供するという，「みなし仮設住宅」という仕組みが活用された。

みなし仮設住宅は，災害救助法に基づいて提供される一時的住居であるが，民間の賃貸住宅を借り上げることから法的な関係は複雑である。すなわち，県（借主）と貸主，および被災者との三者契約の締結によって提供される。

みなし仮設住宅には，①被災者への迅速な住宅の提供ができる，②仮設住宅と比べてコストがかからず，品質も一定レベルのものが期待できる，③被災者の多様な生活ニーズ（通勤・通学等）を反映することができるといったメリットが存在する。

ただし，課題も存在する。仮設住宅に居住している場合には，そこに被災者がいることが一目瞭然であるので，さまざまな支援が受けられやすいが，みなし仮設住宅の場合には，普通のアパート・マンション等に住むわけであるから，被災者でない住民との区別がつきにくく，支援団体が支援したくてもなかなかアプローチをすることが難しい。また，それぞれのみなし仮設住宅の被災者がバラバラに存在しているので，被災者の間に以前はあったコミュニティを継続することが困難となる。

しかしながら，みなし仮設住宅は広域避難の一形態であり，東日本大震災をきっかけに被災者の新たなカテゴリーとして確立するに至っている[17]（鳥井 2012a,b）。

(4) 帰宅困難者対策

東日本大震災当時，首都圏ならびに

---

17) 仮設住宅およびみなし仮設住宅の行政上の問題については第3章4節「復興期の生活——応急仮設住宅」を参照。

仙台市内において帰宅困難者が発生した。東京都中央区においては，三越が帰宅困難者に対して物資を提供したが，最終的には救助法による費用の拠出がなされた。事前に区と協定を結んで物資の備蓄量を申告していたため，震災時に提供した物資の把握がしやすく，費用の算出も可能であったことが幸いした。仙台市では，帰宅困難者が指定避難所に殺到するという事態が生じたが，商業施設（エスパル）を一時滞在場所として利用した。

東日本大震災以降，首都圏のみならず関西圏・中京圏といった大都市圏において，帰宅困難者対策が進められつつある。

東京都においては，「東京都帰宅困難者対策条例」が 2012 年 3 月に制定され，2013 年 4 月から施行された。そこでは，事業者に対して都・区市町村等との連携を義務づけている（第 4 条 1 項）。東京都港区においても，「港区防災対策基本条例」が 2011 年 10 月に制定され，帰宅困難者対策に関する規定が設けられており，「帰宅困難者対策を実施する事業者，学校等に対し必要な支援を行うことができる」（第 28 条 4 項）とさらに踏み込んだ内容となっている。

「店，ホテルに開業義務を課すべきだ」（阿部 2011）という提案もある。しかし，災害救助法の適用があった場合は，被災者に提供した水・食糧等については，同法に基づいて支弁することが可能であるので，今後は，事前協定を結ぶ際に，物資を提供した場合には救助法で費用を支出する旨を明記し，さらには事故が発生した場合の責任について規定するといった手法も考えられる。

3. 福祉避難所 [18]

今日では，福祉避難所は，災害時要援護者の避難支援において重要なポジションを占めているが，これが災害救助法上に位置づけられたのは，比較的新しく，阪神・淡路大震災後の 1997 年である。ここでは，福祉避難所の法的な位置づけや整備状況等について説明をする。

(1) 福祉避難所設置の経緯

災害救助法に基づく福祉避難所の設置・運営は能登半島地震（2007 年）の石川県輪島市が初の試みであるとされている。とは言え，福祉避難所に相当する対応は，最近になって始まったことではない。災害救助法の制度上に

---

18) 福祉避難所については，第 4 章 2 節「災害時要援護者の避難」および第 6 章 2 節「災害時要援護者への医療支援」を参照。

福祉避難所が位置づけられ，実際に設置・運営される以前から，災害時要配慮者が避難生活を営むにあたって，福祉的な配慮を行うという努力は展開されてきた。

1995年の阪神・淡路大震災時においては，高齢者や障害者など災害時要配慮者にとっては，避難所生活の困難は格別大きかったことが知られている（兵庫県2009）。その中でも，福祉的な配慮を行った，いくつかの例を紹介しておくことにする。

西宮市は，高齢被災者のうちADL（日常生活動作）の低下等健康に不安のある者22人を，環境条件の整った二次避難所（老人保養施設「かぶとやま荘」）に受け入れた（西宮市1996）。

宝塚市においては，宝塚市社会福祉協議会が宝塚市総合福祉センター（初期は，安倉デイサービスセンター）内に要配慮者対応の24時間ケア付き避難所を設けている。最初は，総合福祉センターは一般の避難所であったが，要援護者に対応できる施設と人材が整っていたので，徐々に要配慮者向けの避難所として機能することになった（宝塚市社会福祉協議会1997）。

神戸市においては，市民団体の一つである阪神高齢者・障害者支援ネットワーク[19]が，神戸市長田区の在宅福祉センター「サルビア」を活用することで，高齢者・障害者のための二次避難所を運営した。この団体はまさに，高齢者・障害者等の専用避難所の設置や生活援助・介護を目的として設立されている（長田地区高齢者・障害者緊急支援ネットワーク1995）。

これらの，災害救助法上に位置づけられる以前の福祉的な配慮を行う避難所は，あくまでも法に基づいている福祉避難所ではなく，自治体による独自施策や社会福祉事業者等による独自の事業展開であったと推測される。その中には，市町村や事業者の持ち出しで運営されていたということもあったであろう。

(2) 法令等の根拠・位置づけ

福祉避難所・福祉仮設住宅が災害救助法上に位置づけられたのは，1997年6月30日付の厚生省通知[20]においてである。次いで，2000年3月31日に制定された厚生省告示[21]において，福祉避難所・福祉仮設住宅の規定がな

---

19) 当時は「長田地区高齢者・障害者緊急支援ネットワーク」。

20)「大規模災害における応急救助の指針について」（都道府県災害救助法主管部宛，厚生省社会・援護局保護課長通知），および同日の「災害救助法における救助の実施について」（都道府県知事宛，厚生省社会局長通知）。

された。告示は通知より上位規範なの
で，これによって福祉避難所および福
祉仮設住宅が法体系的に整備されたこ
とになる。

(3) 福祉避難所の支援内容

　福祉避難所の対象は，高齢者，障害
者，妊産婦，乳幼児，病弱者等避難所
生活において何らかの特別な配慮を必
要とする者で，介護保険施設や医療機
関等に入所・入院するに至らない程度
の在宅の要配慮者を対象としている。

　福祉避難所が開設されると，概ね
10人の対象者に1人の生活相談員[22]
等の配置，要配慮者に配慮したポータ
ブルトイレ，手すり，仮設スロープ，
情報伝達機器等の器物，日常生活上の
支援を行うために必要な紙おむつ，ス
トーマ用具[23]等の消耗機材の費用に
ついて国庫負担を受けることができ
る。避難所開設の期間は，原則は災害
発生の日から7日以内と定められてい
るが，特別基準によって必要最小限度
の期間延長をすることができる。

(4) 福祉避難所のあり方

　福祉避難所が制度上創設されるまで
は，災害時要配慮者は居宅が被災した
場合，法的に見れば，一般避難所か福
祉施設への緊急入所という手段しか用
意されていなかった。前述のように，
避難場所において福祉的な配慮がされ
たこともあったが，それはたまたま避
難場所が社会福祉施設であったなど
の，限られたケースであった。福祉避
難所は，一般避難所か緊急入所かの二
者択一を迫る制度の狭間を埋める役割
を果たすものと言える。

　福祉避難所が設けられる背景として
は，単に一般の避難所では福祉的ニー
ズが満たされず状況を悪化させてしま
う，あるいは緊急入所先の介護保険施
設等に過剰な負担をかけるというだけ
ではなく，被災時に自宅にいた要介護
者が災害後に緊急入所等で福祉施設に
入ったまま地域に帰ってこられなかっ
たことに対する反省があった。在宅要
介護者を長期的に介護者と引き離して
しまうと，家庭への復帰が困難になる
という現象を，「介護災害」と呼ぶこ
とがある（小山 2008）。要するに，福

---

21)「災害救助法による救助の程度，方法及び期間並びに実質弁償の基準」（平成12年3月31日厚
　　生省告示第144号）。

22) 生活相談員：要配慮者に対して生活支援・心のケア・相談等を行う上で専門的な知識を有する
　　者。

23) ストーマ：消化管や尿路の疾患などにより，腹部に便又は尿を排泄するために付置された人口
　　排泄口のこと。

祉避難所にせよ，福祉仮設住宅にせよ，最終的には在宅の要介護者を施設にではなく，自宅等に帰すための仕組みだと言えよう。その意味でも，はっきりと福祉避難所の閉鎖の期限を示し，避難者と家族の意思確認をしておく必要がある（藤巻・他 2008）。

また，福祉避難所において，要配慮者に対して効果的な福祉サービスを提供するには，要配慮者台帳の整備と，災害時における情報提供体制の整備が不可欠である。今後は，一般避難所の一部を「福祉避難室」として，福祉避難所と同様の給付・サービスを実施するといった柔軟な運用も検討すべきである。

(5) 他の福祉制度との連携

筆者（山崎）のインタビューによると，新潟県中越沖地震（2007 年 7 月 16 日）の被災地である新潟県柏崎市では，本来的には介護保険法上の緊急入所に該当する人が福祉避難所に受け入れられていた。というのも，福祉避難所が無料のため，緊急入所した場合の金銭面が心配で入所できなかったという背景があった。そのため，市が緊急入所利用料の減免等の処置を講じることで対応した[24]。このように，被

災した災害時要配慮者がどの制度を活用するにせよ，不公平感や過剰な負担感を持たせないような工夫が必要である。

同様の問題が，福祉避難所における介護サービスの利用者負担にも現われてくる。福祉避難所が開設されれば，概ね 10 人の対象者に 1 人の生活相談員を配置するための費用や，避難誘導等に必要な職員を手配するための費用がまかなわれる。しかし，福祉避難所におけるホームヘルパーの派遣等の在宅福祉サービスの提供は，福祉各法による実施を想定しており，災害救助法で人件費がまかなわれるわけではない。そこで，福祉避難所で介護サービスを受けるにあたっての負担はどうなるのかが問題となる。

柏崎市では，利用料の減免措置を受けることで，実質は無料でサービスを受けることができた。能登半島地震（2007 年 3 月 25 日）の被災地である石川県輪島市の場合は，老人福祉施設を福祉避難所にしたが，施設の職員がケアをしてくれたため，ヘルパー派遣等のサービスは必要がなかった。ただし，仮に施設からサービス利用料を請求された場合には支払いに応じるし，利用料も免除するつもりであったよう

---

24) 緊急入所利用料等の減免は，あくまでも財源的に余裕があることが前提とされる。

である。

　これらの例に見られるように，平時における福祉サービスと災害時の福祉避難所との，切れ目のない接続は，各自治体に任されているのが実態である。何らかの基準作りが求められる。

(6) 福祉仮設住宅

　高齢者等，日常生活上特別な配慮を必要とする者が複数いる場合，介護を受けやすい構造および設備を有する福祉仮設住宅を設置することができることになっている。東日本大震災においては，被災3県において31ヶ所407戸が設置されている（国土交通省2011）。

　福祉仮設住宅が設置されると，①スロープ・手すりの設置等といった高齢者・障害者等の安全および利便が配慮され，②生活相談員室や共同利用室の設置や共同の便所・風呂・調理室等を設置することができる。

　ただし，最近は一般の仮設住宅がユニバーサルデザイン化しているため，特別基準を活用するなどしてスロープ等を設けることができるし，部屋の中も介護保険の住宅改修を活用することで安全性・利便性を確保することができる。生活相談員室の確保についても，新潟県中越地震の時は，仮設住宅群に対する介護サービスセンターを開設したが，センターの建物の扱いは災害救助法における集会所として設置された（国土交通省2011）。一般の仮設住宅でも，福祉仮設住宅なみの運用が可能だということである。　　（山崎栄一）

第3節　防災と学校に関する法律

　学校は，東日本大震災において大規模災害と真正面に向き合うことを余儀なくされた。まず，東日本大震災は平日の昼間に発生したために，児童生徒等の避難誘導や教職員の安全確保の問題がクローズアップされた。また，学校施設が倒壊・破損し，教職員にも犠牲者が出たことから，学校教育をどのように再建するかが大きな課題となった。さらに，多くの学校が地域住民の避難所となり，防災拠点としての期待がますます高まっている。

　ここでは，地域社会に密着した存在である学校（特に公立の小・中・高等

学校）が，今後来るべき大規模災害とその後の市民生活において果たす役割は何なのか，教職員は災害時にどのような役割が期待されているのであろうか，そして，地域住民がどのように関わることを求められているのかについて言及する。

1. 学校と防災に関する法令

災害法制において災害対策基本法が災害対策の大枠を規定するとともに，災害救助法が対策の具体化を担っているように，学校の防災・安全に関する教育法制においては，教育基本法と学校保健安全法が，それぞれの役割を担っている。学校保健安全法では，学校において危機が発生した場合の対処要領を作成することを求めている（第29条）。これに則って文部科学省は危機管理マニュアルの作成を推進してきたが，東日本大震災までは，危機管理マニュアルの手引きで主に取り上げられている危機は，自然災害ではなく，不審者の学校への侵入であった。

(1) 東日本大震災の被害

その状況を大きく変えたのは，東日本大震災（2011年）である。多数の児童生徒が津波の被害を受け，学校の施設も浸水等の被害を受けた。文部科学省が，岩手県・宮城県・福島県のすべての小・中・高等学校と幼稚園を対象にアンケート調査した結果の一部を下に挙げる（文部科学省 2012）。

・津波が到達した学校は 149 校。
・津波による死亡・行方不明の児童生徒等がいる学校等は 30 校（20.1％）。
・津波が到達した学校 149 校中，危機管理マニュアルで津波に対する児童生徒等の避難について規定していた学校等は 75 校（50.3％）。

歴史上，何度も津波の被害を受けてきた地域においてすら，約半数の学校が，津波に対する危機管理マニュアルをもっていなかったという事実は，災害の経験を伝承することの難しさを物語っている。

(2) 東日本大震災後の対応

このような調査をもとに，文部科学省は「東日本大震災を受けた防災教育・防災管理等に関する有識者会議」を招集し，その中間報告が 2011 年 7 月に，そして最終報告（渡邉・他 2012）が 2012 年 7 月に公表された。そして，報告をもとに文部科学省は，「学校防災マニュアル（地震・津波災害）作成の手引き（2012 年 3 月）」，および「学校防災のための参考資料「生きる力」を育む防災教育の展開（2013年 3 月）」を公表し，特に，学校における組織的な防災管理，および防災マ

ニュアル作成の必要性を強調している。

しかしながら，これらの手引き等は校内向けの資料であるためか，被災した学校と地方自治体教育委員会，そして文部科学省との連携の在り方，学校間の連携など，災害に対して組織的に対応する体制についての文部科学省の方針は見えてこない。

自治体レベルでは，全国自治体の68％で，教育委員会と防災担当部局間の連携体制が，地域防災計画等で明確化されている（国立教育政策研究所2014）。しかし，宮城県が，発災から1年後に自らの災害対応を検証した結果（宮城県2012）は，欠員の生じた教職員の派遣について，隣県教育委員会等との間で応援協定を締結しておくなど，発災前からの制度やルールを構築しておく必要がある，と改善点を指摘している。このことから，逆に，教育行政間の横の連携が不十分であったとの反省がうかがわれる。

本章第1節に触れたように，災害対策基本法第2条の2は，その基本理念の中に「国，地方公共団体及びその他の公共機関の適切な役割分担及び相互の連携協力を確保する（第2号）」と謳っているが，教育法制でもその理念を補完するべく，災害対応としての横の連携や，非常時の権限の範囲について言及しておく必要があるのではない

だろうか。

2. 防災施設としての学校の位置づけ

東日本大震災では，ピーク時（2011年3月17日）には，岩手県64校，宮城県310校，福島県149校，茨城県75校，その他24校の計622校が，避難所として使用された（長澤・他2011；文部科学省2011）。地域の防災拠点としての学校の重要性が，改めて浮き彫りとなった。

紛らわしいが，災害対策基本法，ならびに災害救助法には，避難場所と避難所が異なった意味で使われている。「避難所」は，災害時における仮の生活の場という意味があるが，「避難場所」は一時的に避難する場所であって，必ずしも避難後の生活の場所とはならない。災害対策基本法は，市町村長は指定緊急避難場所及び指定避難所を指定すること，と規定している（第49条の4，7）。なお，指定緊急避難場所と指定避難所とは相互に兼ねることができる（第49条の8）。

東日本大震災で避難所として使用された学校の多くは，震災前から避難所の指定を受けていたが，116校は指定を受けていなかった。指定の有無にかかわらず，災害時における地域の学校の重要性が，再認識される事態であったと言える。

2014年5月1日時点で，全国の公立の小・中・高等学校等の91.4％（3万1869校）と，ほとんどの学校が避難所に指定されている（国立教育政策研究所 2014）。しかし，備蓄倉庫等を敷地内に設置している学校は全体の47％，停電に備えて自家発電装置を設置している学校は40％などと，学校の避難所としての設備は，まだまだ十分とは言えない状況である。

学校の防災機能の強化については，文部科学省告示「公立の義務教育諸学校等施設の整備に関する施設整備基本方針」ならびに「同基本計画」（ともに2011年5月24日改正）において，学校施設の耐震化・非構造部材の耐震化・学校の防災機能の強化が明記された。また，「公立学校施設整備に関する防災対策事業活用事例集（2011年10月）」を作成して，防災倉庫の設置や，緊急用給水システムの設置，体育館の天井等の非構造部材の耐震化等のために「公立学校施設整備費補助金」を利用することを呼び掛けている。

3. 学校と地域との関係

上述のように，地域における学校への期待はますます高まっている。災害にあたっては，学校が避難場所に指定されたり，災害用物資の備蓄庫になったりすることから，学校中心の防災ネットワークを形成し，学校が地域本部的な役割を担うべきであるといった積極的な位置づけをする意見がある（藤原 2011）。

他方，学校を災害からの緊急避難の場として使用することと，地域の防災拠点作りとは，別の問題であるという意見や，学校施設や学校の教職員への過剰負担への危惧から，非常災害時の学校における避難所運営業務を教職員の本務とすべきではないという意見もある（津川 2011）。

阪神・淡路大震災以降発生した，負傷者50名以上の地震21回のうち，教職員が学校にいる時間帯に発生した地震は3回しかないという事実も，考慮に入れなければならない（渡邉・他2012）。つまり，基本的には，発災直後は教員も行政職員もいない状況を前提にしなければならないのである。

避難所は，市町村災害対策本部から派遣された自治体職員によって開設されることになっている。しかし，大災害の場合，職員の到着の遅れや被災などにより，避難所の開設が大幅に遅れたり，開設できてもその後の運営に支障をきたしたりすることがあり得る。そのため発災直後から3日間・72時間の混乱期においては，住民自らが自分たちで運営する必要がある。その準備として，事前に避難所となる学校職

員と，地域の自治会，自主防災組織等で構成される「避難所運営委員会」を設立し，災害発生時の避難所開設・運営についての体制を整えておく必要がある。

表2は，学校が再開されるまでの過程を，避難所機能と学校の機能とを時系列で並行させてまとめたものである。学校は，避難所としての機能を果たしながら，同時に教育活動再開に向けて準備を進めていかなければならないことが分かる。そのような困難な状況であっても，日ごろから地域住民と連携がとれていた学校は，児童生徒の安全確保や教育活動の早期正常化が円滑に進んだという報告がある（渡邉・他 2012）。避難所運営のノウハウの蓄

積は，被害を最小限に抑えるために極めて重要な要件と言える。

4. 災害時における学校教員の仕事

前述のように，学校が避難所になった場合，自主防災組織等との協力はあるにしても，学校施設の事情に通じた教員が避難所運営の責任の一端を負わざるを得ないだろう。それと同時に，災害時特有の教員としての本来の仕事が待っている。児童・生徒の心のケア[25]と，被災児童に対するソーシャル・ワーカーとしての仕事である。ここでは後者の役割について述べる。

学校の教員が，被災児童生徒の心のケアに従事する過程で，子どもが抱えている問題や，被災世帯の問題を発見

表2　学校機能再開までのプロセス（長澤・他 2011）

	応急避難場所機能	学校の機能	必要な施設整備
救命避難期 （発災直後～避難）	地域住民の学校への避難	子どもたちの安全確保	避難経路 バリアフリー
生命確保期 （避難直後～数日程度）	避難場所の開設・運営管理	子どもたちや保護者の安否確認	備蓄倉庫，備蓄物資，トイレ，情報通信設備，太陽光発電設備，プールの浄化装置，等
生活確保期 （発災数日後～数週間程度）	自治組織の立ち上がり，ボランティア活動開始	学校機能再開の準備	ガス設備，和室，更衣室，保健室，等
学校機能再開期	学校機能との同居→避難場所機能の解消	学校機能の再開	学校機能と応急避難場所機能の共存を考慮した施設整備

25）「心のケア」については，第6章2節「災害時要援護者への医療支援」を参照。

することがある。そんなとき，教員が，被災者として受けることができる支援の種類を把握していれば，その問題が，災害者支援の枠組みの中で解決できることかどうかの判断が可能である。生徒児童の心のケアを，被災者支援制度の活用に結びつけていくという，いわば「災害ソーシャルワーク」としての援助手法が考えられる。

例えば，転校手続きは教員の通常業務の一つだが，広域避難をした子どもについては，転出校，転入校の双方で転・編入学が，円滑にかつ柔軟に認められなければならない。転出したときの状況を，元の学校の教員は，転出先にできるだけ詳しく伝えなければならない。受け入れ側としても，一緒に避難してきた家族の状況，及び住環境の把握も普段以上に必要である。また，両親を失った震災孤児については，保険金の受領や未成年後見人の選定等が円滑に行われるような体制づくりが重要である。こういった災害時特有の状況に応じて，関係者・専門家との連携を図り，問題の解決に取り組むことが，災害時における教員のソーシャル・ワーカー的仕事として求められる。

さらに，そのような仕事を通して，教員は，子どもが抱えている問題を個人的な問題として捉えるだけではなく，社会的な問題として構造化し，問題のありかを公のものにしていくといった，重要な役割を担うことも可能である。

5. 災害時における学校教員の待遇

災害時において，避難所の管理・運営に関わった学校の教職員は，どのような手当を受けるのか。ただし，教職員といっても，行政職員と教育職員とを区別して考えなければならない。行政職員の場合は，時間外勤務手当（超過勤務手当）が支給されるが，教育職員の場合には事情が異なっている。

公立の義務教育諸学校等の教育職員の給与等に関する特別措置法（＝給特法）によると，教育職員の職務と勤務態様の特殊性から，「教育職員については，時間外勤務手当及び休日勤務手当は，支給しない」（第3条2項）ことになっている。

そのため，「公立の義務教育諸学校等の教育職員を正規の勤務時間を超えて勤務させる場合等の基準を定める政令」によって，時間外勤務を命じることは原則的に禁止となっている。しかし，「非常災害の場合，児童又は生徒の指導に関し緊急の措置を必要とする場合その他やむを得ない場合に必要な業務」に従事することが，臨時又は緊急に必要なときは，時間外勤務を命ずることができる。時間外勤務に従事し

た場合には，「教員特殊業務手当」が
支給されることになる。

　都道府県の条例では，特殊業務手当
の対象となる非常災害時等の緊急業務
として，児童生徒が関わる場合はもち
ろんだが，その他として「緊急の防災
若しくは復旧の業務（栃木県公立学校
職員の特殊勤務手当に関する条例第
13条1項イ）」などと記されている。
兵庫県の条例では，「避難所の運営等
（兵庫県公立学校教職員の特殊勤務手
当に関する条例第3条の2第1項イ）」
と明記している。実際，岩手県教育委
員会教職員課，宮城県教育委員会教職
員課，福島県教育委員会職員課にイン
タビューしたところ，いずれも当該手
当を支給していた。

6. 災害後の学校施設の復旧 [26]

　公立の学校施設が災害によって被害
を受けた場合，国は，災害により被害
を受けた公立学校の施設の災害復旧に
要する経費について2/3を負担するこ
とになっている（公立学校施設災害復
旧費国庫負担法第3条）。さらに，被
害をもたらした災害が「激甚災害」と
して指定された場合，地方公共団体の
標準税収入に応じて国庫負担率の嵩上
げが行われる（激甚災害に対処するた

めの特別の財政援助に関する法律第3
条）。校舎等の原形復旧が原則である
が，例えば津波の被害を受けた学校が
当該学校敷地以外に移転する場合にお
いても柔軟な対応を図った。

7. 今後の課題

　最後に，「防災と学校に関する法律」
について，今後検討すべき課題につい
て述べる。

　学校保健安全法は，教育施設として
の学校の安全を念頭に置いた法律で
あって，防災施設としての学校の安全
についてまでは取り込み切れていな
い。例えば，同法30条は，地域の関
係機関等との連携を規定しているが，
あくまでも「児童生徒等の安全の確保」
に向けたものである。

　教育法制に基づく諸計画（学校安全
計画等）と災害法制に基づく諸計画（防
災基本計画等）との整合性の確保なら
びに計画を実現し得る財源の確保も課
題となる。学校保健安全法第3条にお
いて，「学校において保健及び安全に
係る取組」を実施するための，国及び
地方公共団体の責務（財政上の措置）
について規定はしているが，あくまで
も努力義務である。最終的に実現を保
証する主体が誰なのかが曖昧になって

26）第5章2節「学校の被災から再開まで」を参照。

しまっている。また，同法には学校の設置者，校長への義務づけを明記している条項もあるが，一方では「学校においては」という表現で義務づけを行っている規定もあり，責任の所在が分かりにくい構造になっている。今後

は，同法の改正を試みるのか，あるいは災害法サイドにおいて，防災施設としての学校についての法整備を行うのかを検討するべきである。

（山崎栄一）

第4節　防災関連特別法の例——土砂災害防止法

　本章第1節に述べたように，災害に言及している法律は1000以上もあり，主要なものだけでも100以上あると言われている。その中でも根幹となる災害対策基本法と災害救助法については，第1節および第2節で詳しく述べた。具体的な災害名を冠した法律としては第1節の図1に挙げた地震防災対策特別措置法や，土砂災害防止法，活動火山対策特別措置法，原子力災害対策特別措置法などがある。当然，それぞれが対象としている災害の特徴および特殊性を反映しており，災害ごとに，当該の法律が規定する条項は異なる。しかし，実際の災害と法律との関係を把握するという意味では，どれか一つを取り上げて詳しく読み解くのが有効だとも考えられる。ここでは，土砂災害防止法を取り上げて，法律制定の経

緯，内容，および運用上の問題点などを考える。

1. 成立の経緯

　土砂災害対策を定めた法律としては，明治30年（1897年）制定の「砂防法」，昭和33年（1958年）制定の「地すべり等防止法」，昭和44年（1969年）制定の「急傾斜地の崩壊による災害の防止に関する法律（急傾斜地法）」などがある（これらを砂防三法と言うことがある）。しかし，砂防三法が主な目的とするのは，砂防工事をする場合の規制や，地すべり地域や急傾斜地の指定とその保全であって，個人の住宅建築等への制限を設けるものではない。

　住宅建築等を規制する法律としては，昭和25年（1950年）制定の建築基準法，および高度成長期に制定され

た宅地造成等規制法（昭和36年（1961年）制定）や都市計画法（昭和43年（1968年）制定）などがある。いずれも憲法第29条が保障する財産権との整合性をとるために，危険地域であっても擁壁や盛り土によって技術的に安全が確保できれば造成・開発を許可するというものであり（八木2007），危険地域での建設や不動産取引を強く制限するものではない。

平成10年（1998年）8月に福島県西郷村の山麓に立地していた社会福祉施設「からまつ荘」が土石流に襲われ，入所者5名が居住室内で亡くなった。当時は，社会福祉施設や医療施設などのための開発行為は開発許可制度の適用外とされていた，という法制度上の問題が指摘された。さらに，翌年平成11年（1999年）6月29日の集中豪雨によって広島市と呉市を中心に35ヶ所で土石流と崖崩れが起こり，広島県で31名（全国で38名）が犠牲になった。これらの甚大な被害を伴った災害を受けて開かれた河川審議会（国土交通省）は，その答申で，土砂災害に対する現行のソフト対策には次の二つの問題点があることを明らかにした[27]。

・自分の住んでいる土地が土砂災害の危険性のある地域であるかどうか明確でない。
・土砂災害の危険性のある地域における宅地造成や建築の制限を通じての立地抑制策が不十分である。

河川審議会のこのような答申を受けて，平成12年（2000年）に成立したのが土砂災害防止法である。

2. 土砂災害防止法の内容

砂防三法が，土砂災害が起こる可能性がある地域での対策工事の実施を主目的とする「ハード法」であるのに対し，土砂災害防止法は被害地での警戒避難体制の整備などを中心とした「ソフト法」である。前者は，土石流と地すべり，急傾斜地の崩壊[28]（崖崩れ）を，三つの法律で別個に扱っているが，後者では，一つの法律でこれらの三種類の災害を扱っている。

土砂災害防止法は，都道府県は，概ね5年ごとに，基礎調査として地形，地質，降水等の状況，及び土砂災害の発生のおそれがある土地の利用の状況等の調査を行い，土砂災害警戒区域及び同特別警戒区域の指定をすると定め

---

27) 国土交通省HP「総合的な土砂災害対策のための法制度の在り方について（平成12年2月3日）」，2015年9月18日閲覧。
28) 土石流と地すべり，急傾斜地の崩壊の定義，および違いについては，第1章5節「土砂災害」を参照。

ている。都道府県知事の指定を受けて，市町村の長は，警戒区域と避難のために必要な事項を記した印刷物を住民に配布しなければならない。

同法は，土砂災害警戒区域を「（土砂災害によって）住民等の生命又は身体に危害が生ずるおそれがあると認められる土地の区域」と定義し，同特別警戒区域を「建築物に損壊が生じ住民等の生命又は身体に著しい危害が生ずるおそれがあると認められる土地の区域」と定義している[29]。両者の違いは，土砂によって建物が押し流されたり，倒されたりするほどの力がかかるか否かにかかっている。極めて大雑把な言い方だが，土砂災害警戒区域では2階にいれば命は保たれる（ただし，土砂は1階室内に侵入する恐れがある）が，土砂災害特別警戒区域では建物そのものが破壊され，2階にいても生命が危険にさらされる恐れがある。特別警戒区域内にある住居に関しては「安全性を確保できる構造[30]」となっていることが必要である。都道府県知事は，特別警戒区域内の安全性を確保できる構造を持たない住居に対して，移転を勧告することができ，移転に際しては，

建築物の構造規制
居室を有する建築物は，建築基準法に定められた，作用すると想定される衝撃等に対して建築物の構造が安全であるかどうか建築確認がされます。
【都道府県または市町村】

図4　建築物構造規制の例[31]

「必要な資金の確保，融通又はそのあっせんに努めるものとする」と定められている。

警戒区域内にある宅地建物の取引においては，宅地建物取引業者は，当該宅地又は建物の売買等にあたり，警戒区域内である旨について重要事項の説明を行うことが義務づけられている。また，特別警戒区域内では，宅地建物取引業者は，都道府県知事の特別の開発行為としての許可を受け取った後でなければ当該宅地の広告，売買契約の締結が行えず，売買等にあたって，特定の開発の許可について重要事項説明

---

29) 土砂災害警戒区域と土砂災害特別警戒区域は，それぞれイエローゾーン，レッドゾーンと呼ばれることがある。第1章5節「土砂災害」図54を参照。
30) 「安全性を確保できる構造」とは，例えば，家が崖下に立っている場合は建物の崖側，あるいは土石流が予想される山側に設置された鉄筋コンクリート製の擁壁などを指す（図4参照）。
31) 国土交通省HP「土砂災害防止法の概要」，2015年9月19日閲覧。

を行うことが義務づけられている。

3. 土砂災害防止法運用の問題点

　上述のように警戒区域等の指定には，基礎調査が必要である。土砂災害防止法が制定された平成12年から13年経った，平成25年（2013年）末の時点で，調査が必要な地域約65万ヶ所のうち，調査が完了した地域は約38万ヶ所だった。調査後に行う警戒区域等の指定には，法律上は住民の合意は不要だが，住民の理解を得るための説明に時間をかける都道府県が多く，指定には半年から1年がかかると言われている。その結果，平成25年末の時点での指定箇所は約35万ヶ所（指定が必要と推定される地域の約54%）という状況だった。広島市北部では，基礎調査は終了していたが，指定に向けての住民説明会の準備中だった平成26年（2014年）8月20日に土石流が発生し，犠牲者[32] 66名を出す

表3　土砂災害警戒情報の発表状況（平成26年の死者の出た土砂災害）（国土交通省 2015）

被災箇所 （災害形態）	死者数	発生日時	土砂災害 警戒情報 発令日時	避難勧告等情報		備考
				避難準備 避難勧告 避難指示	発令日時	
長野県南木曽町 （土石流）	1名	7月9日 17時40分頃	7月9日 18時15分	避難勧告	7月9日 17時50分	三留野
山口県岩国市 （崖崩れ）	1名	8月6日 5時30分頃	8月6日 4時5分	避難勧告	8月6日 8時2分	新港町
兵庫県丹波市 （崖崩れ）	1名	8月17日 3時00分頃	8月17日 0時20分	避難勧告	8月17日 2時00分	市島町
石川県羽咋市 （崖崩れ）	1名	8月17日 6時30分頃	8月17日 5時15分	－	－	滝上町
広島県広島市 （土石流等）	74名	8月20日 3時30分頃	8月20日 1時15分	避難勧告	8月20日 4時15分	広島市[33]
北海道礼文町 （崖崩れ）	2名	8月24日 13時10分頃	8月24日 10時20分	避難勧告	8月24日 16時50分	船泊村
神奈川県横浜市 （崖崩れ）	1名	10月6日 10時50分頃	10月6日 7時10分	－	－	中区
神奈川県横浜市 （崖崩れ）	1名	10月6日 10時30分頃	10月6日 8時10分	－	－	緑区

32）この豪雨による死者は総計74名。

33）広島市安佐北区には4時15分，安佐南区には4時30分に避難勧告が発令された。

第 2 章　災害と法律　第 4 節　防災関連特別法の例——土砂災害防止法　│　153

大災害となった。

　この災害は，土砂災害のソフト対策におけるもう一つの課題を浮き彫りにした。被災地域には，20 日 1 時 15 分に土砂災害警戒情報が発表され[34]，実際に土石流が発生したのは 3 時 30 分頃だが，地域に避難勧告が出されたのは，発災から 45 分経った 4 時 15 分だった。

　表 3 には，平成 26 年中に起こった土砂災害に関連して出された土砂災害警戒情報，ならびに避難勧告の発表時刻がまとめられている。これを見ると，8 件中，7 件で事前に土砂災害警戒情報が発出されていることが分かる。しかし，発災前に避難勧告が出されたのは 1 件のみ。発災後に避難勧告が出されたのは 3 件，残りの 3 件では避難勧告は出されなかった。警戒情報が災害発生より後になった長野県南木曽町を除けば，警戒情報発表から災害発生までは，1 時間 15 分から 3 時間 40 分である。避難に要する時間を考えると，警戒情報発表後の短時間内に，避難勧告が発令されなければならないことが分かる。

　平成 26 年 4 月に，内閣府は，「避難勧告等の判断・伝達マニュアル作成ガイドライン」（内閣府 2014b）を公表

して，避難勧告発令に際して，土砂災害警戒情報を参考にするよう指示している（ガイドラインの本格運用は 9 月）。しかし表 3 に示した同年の結果を見る限りは，その指示は市町村には十分浸透していなかったようである。

　警戒区域等の指定が遅れていること，および警戒情報が十分には生かされていないことを改善するために，平成 26 年（2014 年）10 月に土砂災害防止法の改正が行われた。主な改正点は次の 6 点である（国土交通省 2014）。
①基礎調査結果の公表の義務付け。
②警戒区域等の指定の遅れている場合は，都道府県に国からの是正要求が出せる。
③土砂災害警戒情報を法律上に明記。
④都道府県による土砂災害警戒情報の市町村への通知，および一般への周知の義務付け。
⑤市町村地域防災計画およびハザードマップへの避難場所・避難経路等の明示。
⑥市町村地域防災計画への社会福祉施設，学校，医療施設等に対する情報伝達等の明示。

　法律の改正と同時に，上の変更を具体化するために，土砂災害防止対策基本指針[35]を変更して，例えば，土砂

34）土砂災害の発生を予知し，警戒情報を発表する過程については，第 1 章 5 節 5 項「土砂災害の軽減対策」を参照。

災害警戒情報の一般への周知の方法として，テレビ，ラジオ，インターネット等によるなどと，具体的な指針が加えられた。

このように国からはきめ細かい指示が出されているが，平成27年（2015年）8月31日時点で，大きな土砂災害があった広島県の警戒区域等の指定率は41％にすぎず，全国でも63％に止まっている。指定率が低迷している理由の一つに，憲法第29条が保証している財産権との関わりがある。上述のように，特別警戒区域に指定されると，不動産売買が不可能になる恐れがあるし，警戒区域であっても不動産価値の低下は免れ得ない。そのようなことから，基礎調査が完了しても，速やかに指定が進まない事態となっている。警戒区域の指定が，すぐさま土砂災害に対するハード対策の実施に繋がるものではないが，都道府県としては指定がなければ対策を講じることができないというジレンマがある。

もう一つの課題である，避難勧告の早期発令を促すために，「避難勧告等の判断・伝達マニュアル作成ガイドライン」（内閣府 2014b）は，避難勧告の判断基準の設定例として以下の項目

を挙げている。

1〜4のいずれか一つに該当する場合に，避難勧告を発令するものとする。
1：土砂災害警戒情報が発表された場合。
2：大雨警報（土砂災害）が発表され，かつ，土砂災害警戒メッシュ情報の予測値で土砂災害警戒情報の判定基準を超過し，さらに降雨が継続する見込みである場合。
3：大雨警報（土砂災害）が発表されている状況で，記録的短時間大雨情報が発表された場合。
4：土砂災害の前兆現象（湧き水・地下水の濁り，渓流の水量の変化等）が発見された場合。

これらの基準を適用するとすれば，警戒情報が発表された直後に避難勧告を発令することができるのだが，表3からは，必ずしもそうはなっていないことがうかがえる。平成27年（2015年）1月に改正された基本指針では，「土砂災害は，命の危険を脅かすことが多い災害であることから，避難行動をできるだけ早く行うことが必要であ

35）土砂災害防止対策基本指針：土砂災害防止法の第3条に基づく指針。基礎調査の実施や，土砂災害警戒情報の通知及び周知のために必要な措置など，対策の推進に関する基本的な国の指針を定める。平成27年1月16日に変更が公表された。

る。土砂災害警戒情報は，土砂災害か
らの避難にとって極めて重要な情報で
あり，土砂災害警戒情報が発表された
場合は，市町村長は直ちに避難勧告等
を発令することを基本とする」と明記
された。避難勧告の発令が遅れる背景
としては，避難勧告が発令はされたが，
崖崩れ等は発生しなかった，あるいは

発生はしたが災害に結びつく場所では
なかった，などのいわゆる勧告の「か
らぶり」が数多くあることが挙げられ
る。市町村長が避難勧告等を発令しや
すい状況を，住民の間に作る必要があ
る。それには，平常時における防災教
育や避難訓練が欠かせない。

（中井　仁・山崎栄一）

■参照文献

青木佳史（2013）「広域避難者支援の法的課題」『社会保障法』28 号，166-179，2013 年
　　3 月。

阿部泰隆（2011）「大震災・原発危機——緊急提案」『法律時報』83 巻（通号 1034），5 号；
　　70-78，2011 年 4 月。

国土交通省（2011）「東日本大震災における応急仮設住宅の建設事例」東日本大震災に
　　おける応急仮設住宅の建設に関する報告会，資料 3，2011 年 10 月。

国土交通省（2014）「土砂災害防止法の一部改正について（報告）」気候変動に適応した
　　治水対策検討小委員会（第 17 回）配布資料，2014 年 11 月 28 日。

国土交通省（2015）「広島土砂災害と土砂災害防止法の改正」水管理国土保全局・砂防部・
　　砂防計画課，2015 年 1 月 29 日。

国立教育政策研究所（2014）「学校施設の防災機能に関する実態調査の結果について」
　　2014 年 10 月。

小山剛（2008）「災害時に在宅介護を継続するための要援護者支援と社会福祉法人の使命」
　　『月刊福祉』28-31，2008 年 11 月。

宝塚市社会福祉協議会（1997）「阪神・淡路大震災対応記録集」1997 年 3 月。

津川和久（2011）「大震災と教育」『人権と部落問題』820 号；57-66，2011 年 9 月。

津久井進（2012）『大災害と法』岩波新書，2012 年 7 月。

鳥井静夫（2012a）「東日本大震災による被災者生活再建における政策的課題について—

―仙台市における民間賃貸住宅借上げ仮設住宅がもたらす課題を事例として」『地域
　　活性研究』3号；269-278，2012年3月。

鳥井静夫（2012b）「民間賃貸住宅借上げ応急仮設住宅と被災者生活再建支援」『復興』5
　　号；47-52，2012年9月。

内閣府（2014a）「災害救助事務取扱要領（平成26年6月）」2014年6月。

内閣府（2014b）「避難勧告等の判断・伝達マニュアル作成ガイドライン」2014年9月。

長田地区高齢者・障害者緊急支援ネットワーク（1995）『ニューズレター「ひろば」』第
　　1号，1995年2月20日。

長澤悟・他（2011）「東日本大震災の被害を踏まえた学校施設の整備について　緊急提言」
　　文部科学省，2011年7月。

西宮市（1996）「1995・1・17　阪神・淡路大震災――西宮の記録」総務局行政資料室。

兵庫県（2009）『伝える――阪神・淡路大震災の教訓』阪神・淡路大震災復興フォロー
　　アップ委員会，ぎょうせい，2009年3月。

藤巻真理子・他（2008）「特集　自然災害時の保健師活動　災害時要援護者への対応②
　　高齢者・障害者　福祉避難所・地域包括支援センターでの対応を中心として」『月刊
　　地域保健』26-37，2008年8月。

藤原和博（2011）「大人も子どもも，今こそ学ぶときです！」『総合教育技術』18-19，
　　2011年6月。

宮城県（2012）「東日本大震災――宮城県の6か月間の災害対応とその検証」2012年3月。

文部科学省（2011）「東日本大震災における学校施設の被害状況等」2011年6月。

文部科学省（2012）「東日本大震災における学校等の対応等に関する調査報告書」2012
　　年3月。

八木寿明（2007）「土砂災害の防止と土地利用規制」『レファレンス』平成19年7月号，
　　21-28。

渡邉正樹・他（2012）「東日本大震災を受けた防災教育・防災管理等に関する有識者会
　　議最終報告」2012年7月。

■参考文献

山崎栄一（2013）『自然災害と被災者支援』日本評論社，2013年。

災害と行政 第3章

　地震や火山噴火，台風などによって人間あるいは社会が被害を受けると，それらの自然現象は災害と言われる。自然現象の大小は，人間の手では制御できないが，災害の大小はある程度は制御が可能である。また，起きてしまった災害からの復興の成否は，日頃からの災害への備えによって大きく左右される。本章では，平時における減災に向けた行政の取り組み，および災害直後（応急期）の行政，復興期の行政の在り方について，具体例を挙げて論じる。さらに，大災害において被災者の生活再建に欠かせない応急仮設住宅や，津波被害等を受けた地域の集団移転，災害への備えの鍵を握る項目の一つであるハザードマップの読み方，および発災直前または災害進行時に被災者の生死を分ける各種警報のあり方，これらのいずれも行政が深く関わる事項について，それぞれ節を別にして論じる。

第1節　災害前の行政

　災害発生前の行政の主要な役割としては，防災のための組織体制の整備，各種防災計画等の作成，被害抑制のための対策，災害後の対応への備え，および防災意識の啓発などが挙げられる。

1. 防災に関係する行政組織

　行政組織は，市町村，都道府県，国の3段階に分けられるが，災害対応に直接的に責任を持つのは，住民に最も近い市町村（東京都区部の場合は各区）である[1]。都道府県は，広域防災拠点の整備や，市町村の指導，防災ヘリの運用など，広域的な防災業務を担当し，国は，防災に関する法制度の整備，防災基本計画などの策定（内閣府），公共事業や補助制度による減災対策（国土交通省・農林水産省），および災害情報の観測・警報発出（気象庁）などを担当する[2]。

　自治体の危機管理，防災部局の役割やトップの役職名は，自治体により様々である。かつては，自治体における防災の所管は，総務部局，消防局，土木部局，市民部局などの下の一部門であったが，阪神・淡路大震災後,徐々に独立した防災部局，危機管理部局を設ける自治体が増えてきた（表1参照）。ただし小規模市町村では，今でも防災担当が他の部局との兼任であることが珍しくない。また組織横断的な調整をスムーズに進めるため，自治体防災部局のトップとして防災監や危機管理監と呼ばれる役職が設けられるようになってきたが，その職階制における位置づけは特別職から課長級まで，自治体によって異なる。

　自治体で，防災に関する業務の総合調整を行う部局は，防災局や危機管理室などと呼ばれている。しかし，これらの部局の職員であっても必ずしも防災の専門職ではなく，一般の事務職や土木等の技術職員が，通常の人事ローテーションの一環で配置されているこ

---

1) 災害対応における国と市町村の責任分担については，第2章1節「災害法制の概要」を参照。

2) ここには復興庁を挙げていない。それは，同庁が東日本大震災からの迅速な復興を図るために，2021年3月31日までの震災後約10年間を目途として期間限定で設置された庁組織であり，今後起こる災害への備えを行うことを目的とした組織ではないからである。

第 3 章　災害と行政　第 1 節　災害前の行政　│　159

表 1　地方自治体の防災に関する主な行政組織の名称と役割※

	組　織　名	主　な　役　割
都道府県	防災局	防災に関する各部局の総合調整，全体の方針や計画の策定，訓練の実施，等
	県土整備部	公共事業の実施，耐震化の推進，等
	警察	災害を想定した計画策定，訓練の実施
市町村	危機管理室	防災に関する各部局の総合調整，全体の方針や計画の策定，訓練の実施，意識啓発・自主防災組織の育成，等
	建設局	公共事業の実施，耐震化の推進，等
	教育委員会	防災教育，避難所としての教育施設の備え，等
	消防局	住民，企業に対する意識啓発，防災対策の指導，等

※自治体によって組織名称や役割は異なる。本表にあげた部署名等はその一例である。

とが多い。これは，各部の長である防災監や危機管理監についても多くの自治体で同様である。いわば，防災については素人である自治体職員が，着任後，猛勉強をしながら知識を身に付け，防災計画や訓練，意識啓発等の業務に携わっているのが日本の自治体の常態である。これを補うため，自衛隊 OB を防災専門職員として招いたり，警察や消防との人事交流を行っている場合があるが，災害や防災についての知識を身につけた行政職員の養成は喫緊の課題である。

2. 防災計画

(1) 地域防災計画

　災害対策基本法[3]は，防災に関する行政の計画として，国は防災基本計画，地方自治体は地域防災計画を策定することを定めている（表 2）。防災に関する部局が多岐にわたっているため，これらの法定防災計画を策定する際には部局横断的な防災会議が設けられる。国でその役割を担っているのは中央防災会議であり，地方自治体では

表 2　防災計画と策定会議

	会　議	計　画　名
国	中央防災会議	防災基本計画
都道府県	地方防災会議	地域防災計画
市町村	地方防災会議	地域防災計画

3）災害対策基本法については，第 2 章 1 節「災害法制の概要」を参照。

表3 防災基本計画の構成※

第 1 編　総則	第 9 編　航空災害対策編
第 2 編　各災害に共通する対策編	第 10 編　鉄道災害対策編
第 3 編　地震災害対策編	第 11 編　道路災害対策編
第 4 編　津波災害対策編	第 12 編　原子力災害対策編
第 5 編　風水害対策編	第 13 編　危険物等災害対策編
第 6 編　火山災害対策編	第 14 編　大規模な火事災害対策編
第 7 編　雪害対策編	第 15 編　林野火災対策編
第 8 編　海上災害対策編	

※第 1 編以外の各編は，原則として「災害予防」「災害応急対策」「災害復旧・復興」の 3 章によって構成されている。

表4 地域防災計画の一般的な内容

章	内　　容
総則	計画の大きな方針，地域の条件，被害想定，等
予防	防災街づくり，耐震化の推進，消火体制，備蓄物資，防災訓練，自主防災組織の育成，等
応急対策	災害対策本部の体制，情報の流れ，二次災害の防止，応援の要請，避難，交通規制，緊急輸送，医療，飲料水，帰宅困難者対策，遺体の取扱，企業への金融支援，被害状況調査，災害廃棄物処理，応急仮設住宅対策，ボランティアの受け入れ，等
復旧・復興	復興計画，住宅や施設の復旧，被災者の生活支援，等

地方防災会議である。国の防災基本計画は，1963 年（昭和 38 年）に策定され，その後，一部修正が重ねられて今日に至っている。表 3 に防災基本計画の構成を挙げる。表にあるように，自然災害だけではなく人為的災害についても記載されている。

　地方防災会議には，庁内の主要関係部局の代表者や地域組織・ライフライン事業者等の代表者，外部有識者等が参加する。しかし，開催は年に 1 回程度と頻度が少なく，議案や報告の一方的な説明に終始しがちであるなど，今後の改善が望まれる点が多々ある[4]。表 4 に地域防災計画の一般的な内容を挙げる。

(2) その他の防災計画

　地域防災会議が策定する地域防災計画の中心は災害後の応急対策であるた

---

4) 各都道府県の防災会議の議事録等は，それぞれの HP で閲覧できる。

第3章　災害と行政　第1節　災害前の行政　｜　161

表5　自治体における防災に関連する主な計画

計　画　名	主　な　内　容
アクションプラン（アクション・プログラム）	今後，推進すべき公共事業や防災対策の内容と年次別の目標を定めた計画。耐震改修や公共事業，避難体制の整備など。
業務継続計画（自治体BCP）[5]	自治体の行政機能が低下する状況下で，地域防災計画で定められた「災害時にやるべき業務」を遂行するために，必要な資源管理や，優先業務の絞り込み，庁内体制の整備等を定める[6]。
受援計画[7]	災害時に外部の応援をスムーズに受け入れるための手順，および各支援団体と被災自治体における対応機関との間の調整を勘案する。
初動マニュアル[8]	各部局の初動対応の具体的な手順を定めた計画。
事前復興計画	災害後の復興を円滑に進めるため，復興計画の策定方法や復興事業のアウトライン等を定めた計画[9]。

め，行政にとって必要な事前の災害対策や復興期の対策についての規定が手薄になりがちである。また，法定計画であるため柔軟な記述や記述の変更が困難であることや，具体的な実施方法が定められていないことなどのために，地域防災計画を補う計画を策定する自治体が増えている。名称や内容は各自治体で異なるが，代表的な計画名とその簡単な内容を表5に挙げる。都

道府県や政令市など大規模な自治体では，これらの計画の検討が進められているが，小規模な自治体では，予算やマンパワーの制約から地域防災計画以外の計画策定は遅れがちである。

3.　災害被害の抑止対策

（1）ハードとソフトの対策

　自治体による災害被害の抑止対策は，構造的対策（ハード対策）と非構

5）一般企業が策定する同種の計画である事業継続計画については，第7章3節3項「企業の対応」を参照。

6）内閣府（2015）「市町村のための業務継続計画作成ガイド～業務継続に必須の6要素を核とした計画～」2015年5月。

7）被災地外からの災害派遣としては，警察災害派遣隊，緊急消防援助隊，自衛隊，海上保安庁の部隊，災害派遣医療チーム（DMAT），被災地外の自治体からの応援職員，およびボランティアなどがある。災害派遣医療チームについては第6章「災害医療」，他自治体からの応援職員については，本章第3節1項（4）「連携による復興推進体制」を参照。

8）初動マニュアルに書かれるべき内容については，本章第2節「災害直後の行政」で詳しく述べる。

9）（例）富士市「富士市事前都市復興計画」2016年3月。

造的対策（ソフト対策）とに大きく分けられる。

ハード対策は主に土木・建設部局が担う。公共事業としてダムや砂防ダム，堤防，防潮堤，津波避難ビル，広域防災拠点等の整備や，道路拡幅，都市の不燃化，護岸整備，植林事業等を自ら推進するとともに，民間の土木・建築物の安全基準の設定やそれを徹底するための検査・指導，危険区域[10]の設定等の対策を行っている。

ハード対策は，災害被害を軽減させるために効果的であるが，公共事業には費用や時間がかかること，さらに想定を上回る規模の災害に対してはハード対策だけでは不十分であることから，ソフト対策と並行して講じることで，人命への被害を防ごうとするのが最近の動きである。代表的なソフト対策としては，津波や水害に備えた避難計画の策定やハザードマップの作成，避難訓練の実施，災害後の避難生活に備えた水・食料等の備蓄，気象観測，予報情報の収集・分析，避難情報（避難準備情報，避難勧告，避難指示[11]等）の発令，危険物管理の指導，等が挙げ

表6　松本市の災害備蓄品（松本市のHP（更新日：2016年6月7日）による）

食糧	55,370 食
毛布	12,238 枚
敷段ボール紙	12,316 枚
飲料水	90,252 ℓ
使い捨てカイロ	50,100 枚
携帯トイレ	82,900 枚

られる。

（2）災害備蓄

自治体の災害備蓄品の例として，長野県松本市の場合を見てみよう。松本市は人口約24万1000人（2016年8月1日時点）である。糸魚川－静岡構造線断層帯の地震による最大避難者数は，避難所に4万4440人，避難所外に4万4440人と推定されている。災害対策用備蓄品は，市内の25ヶ所の施設に分散して表6に挙げる非常用物資を備蓄している。表に挙げた物品の他に，女性・乳幼児用備蓄物資として，ウェットタオル，バスタオル，ベビー毛布，生理用品，使い切りビデ，乳幼児用下着，紙おむつ，ビスケット，粉ミルク，哺乳ビンなどが備蓄されている。想定される最大避難者8万8880

---

10) 危険区域：津波，高潮，洪水，土砂災害，などの災害に備えて，住宅や福祉施設などの居住用建築物の新築および増改築を制限する区域。土砂災害警戒区域については第2章4節「防災関連特別法の例―土砂災害防止法」を参照。津波に対する災害危険区域の指定については本章第5節「津波被害と防災集団移転」を参照。

11) 避難勧告および避難指示等は，市町村長が発出することになっている。本章第7節「「警報」の考え方・メディアの役割」参照。

第3章　災害と行政　第1節　災害前の行政　│　163

表7　災害後の対応の準備

訓練・演習の実施	総合防災訓練，図上演習，DIG（災害図上訓練），HUG（避難所運営ゲーム），クロスロード等の防災ゲームの実施
防災情報の整備	災害情報システム，防災無線，等の整備
防災ネットワークの構築	医療機関，福祉施設，ボランティア団体・NPO，民間企業等との応援協定の締結
地域防災の充実	自主防災組織・消防団の育成，住民・企業向けの防災意識啓発事業の推進
防災拠点の整備	防災センター，広域防災拠点，備蓄倉庫，避難所となる施設など災害時の拠点となる施設の整備や耐震化，等
要配慮者対策	避難行動要支援者の名簿作成・支援体制の構築，福祉避難所との協定締結，要配慮者避難訓練の実施，啓発パンフレットの作成，等

人に対して，食料や毛布の数，飲料水[12]は十分とは言えない。不足分の充足のためには，市民の非常持ち出し品，および周辺自治体などからの支援が不可欠であることから，市民への啓発，周辺自治体等との連携が事前の取り組みとして必要となる。

4.　災害後の対応への備え

災害が発生した場合には，行政はいち早く適切な対応をとり，被害の拡大を防ぐとともに，少しでも早い生活再建，および被災施設の復旧・復興に取り組まなければならない。そのため，自治体は，第2項で述べた各種計画に基づいて，平時から表7のような取り

組みを進めている。

こうした災害対応計画の実効性や防災施設の機能の確認のために，総合防災訓練の実施が極めて重要である。訓練では，行政の初動体制の構築，防災関係機関間の連携，避難所設営および運営，医療救護体制の構築などを，できるだけ実際に近い形で行う。国は，例年防災の日（9月1日）に，「総合防災訓練大綱」に基づいて，全閣僚参加の下で，首都直下地震の発生を想定した総合防災訓練を実施する。

都道府県が執り行う総合防災訓練は，都道府県と域内の一つあるいは複数の市町村が合同で執り行うのが一般的である。対象となる市町村を順に廻

12）水分の必要量は生活活動レベルが低い人で1日2.3〜2.5ℓ程度と言われている（厚生労働省 2014）。通常はその半分程度は食料に含まれている。避難所の食糧事情については第4章1節「避難所」を参照。

表8　滋賀県総合防災訓練の概要

実施日時	平成 26 年 9 月 21 日（日）07:00 – 11:30
実施場所	滋賀県庁，大津市役所，大津消防局，皇子山総合運動公園，大津港，旧大津びわこ競輪場，京阪電気鉄道㈱錦織車庫，大津市立皇子山中学校，等
訓練想定	訓練当日午前 7 時 0 分に，琵琶湖西岸断層帯を震源とする直下型の大規模地震が発生。大津市内で震度 7 を観測し，建物の倒壊，火災発生，液状化の発生，ガス・水道・電気・電話等ライフライン施設，鉄道，道路，堤防の破損等があり，多数の死傷者が発生した。折からの大雨で河川は増水しており，一部地域では氾濫が生じている。
参加機関・団体	県・市関係機関，自治会・学校関係，国行政機関（国土交通省近畿整備局，滋賀森林管理署，彦根地方気象台，財務省大津財務事務所），自衛隊，消防関係機関（各地域消防本部および消防団），防災航空隊（滋賀県，福井県，奈良県），警察，医療・医薬品関係（病院および医療機器・薬品協会等），法人・企業等

訓練項目			
1	県災害対策本部運営訓練	15	倒壊建物救出訓練
2	県災害対策地方本部運営訓練	16	列車事故救出訓練
3	県土木交通部初動活動訓練	17	県下消防団参集訓練
4	大津市災害対策本部設置・運営訓練（避難所開設，応急電送，救援物資輸送，福祉避難所開設，ボランティアセンター開設運営）	18	指揮本部設置・運営訓練
		19	県下消防情報伝達・参集訓練
		20	県健康保険医療福祉部医療・救護マニュアル訓練
5	大津市企業局防災訓練	21	DMAT 訓練，同調整本部運営訓練
6	地域自助・共助訓練		
7	避難所開設・運営訓練	22	緊急用医薬品等搬送訓練
8	児童・生徒等の避難誘導，救助救出訓練	23	災害救助用警備物資払出・同輸送訓練
9	水防訓練	24	県災害ボランティアセンター非常体制移行・機動運営訓練
10	土砂災害救出訓練		
11	遠距離中継送水・林野火災防御訓練	25	要配慮者の広域避難の伝達訓練
		26	林野火災防御訓練
12	湖上輸送訓練	27	非常通信訓練
13	船舶事故対応訓練	28	帰宅困難者支援情報伝達訓練
14	中高層建物救助・火災防御訓練	29	液化石油ガス漏洩応急処置訓練
		30	メディア連携訓練

すことによって，市町村も数年に 1 回の割で主体的に県の総合防災訓練に参加できるようにしている。都道府県が主催する総合防災訓練の一例として，平成 26 年 9 月 21 日に実施された滋賀県の総合防災訓練の概要を表 8 に記す（滋賀県 2014）。訓練項目が 30 項目の多岐にわたる大掛かりな訓練である[13]。

5. パートナーシップの推進と意識啓発

自治体は，元々平時を想定した組織であるため，一旦大災害が起こると，たちまち人手不足となる。その上，行政改革による職員数の削減，もしくは財政悪化のために，防災対策に十分なマンパワーや予算をかけることが困難になっている自治体が多い。特に，混乱した組織で大量の災害対応業務に取り組まなければならない発災直後には，住民や企業の「自助」と，自主防災組織を始めとする地域コミュニティ，NPO，NGO，ボランティア等による「共助」の役割が非常に重要となる[14]。従って，災害時のこれら「自助」と「共助」の取組を平時から育んでいくことも，行政の大きな役割である。具体的には，ハザードマップを用いた地域の災害危険性の啓発や，消防団・自主防災組織の育成，NPOやNGO，企業等との支援協定の締結，などがある。災害時の行政の限界を正しく理解し，災害前に市民，企業，NPO，NGO等が連携する体制を地域で構築することが求められる。

（紅谷昇平・中井　仁）

第 2 節　災害直後の行政

阪神・淡路大震災では強い揺れに伴う建物倒壊などによる直接死 5515 名とは別に，919 名の命が，ライフラインや住宅，医療機関などが受けた甚大な被害が原因となって失われた（兵庫県 2005）。いわゆる，「震災関連死」である（上田・他 1996）。直接，地震で命を落とさなくても，大きな精神的ストレスと劣悪な生活環境によって失われる命があるという事実が，初めて広く社会に認知されるようになった。

震災関連死は，災害の規模が大きくなり避難生活の環境が悪化するほどに深刻化する傾向がある。東日本大震災では，平成 29 年 9 月 20 日までに3647 名の震災関連死が認定された[15]

13）滋賀県および大津市が 1 回の防災訓練に支出した費用は約 430 万円だった（協力団体の支出は除く）。

14）自主防災組織とボランティアについては，第 4 章 3 節「自主防災組織・ボランティア」を参照。

（平成 29 年 12 月 26 日復興庁発表）。ピーク時の避難所生活者数に対する震災関連死者数の割合は，約 0.78 %（関連死者数／ピーク時の避難生活者数＝3647／47 万）である[16]。これは，阪神・淡路大震災による割合 0.29 %（同＝919／32 万）の 2 倍超の水準である[16]。救援物資の状況や仮設トイレの整備状況など，東日本大震災における被災地の生活環境の劣悪さを示唆している。

　災害が発生すると国や地方の行政機関は，住民の命を守るため，また被災した地域を再建するために，時間を追って増加しかつ多様化する課題に対処しようとする。彼らが果たす役割が大きいことは言うまでもないが，行政の人的資源には限界があり，また行政機関自体が機能を失うほどの損害を被る場合もあるため，行政機関の対応に期待しているだけの社会は，災害に対して非常に脆弱であると言わざるを得ない。被災地内外のさまざまな組織が，行政機関と連携しながら主体的に対応できなければ，社会が再建を果たす前に震災関連死が増大し，人的被害が拡

大することは避けられないだろう。

　本節では，関連死による人的被害の拡大が特に懸念される初動期と応急期に焦点を絞り，地方自治体の災害対応を概説する。災害は二つとして同じ顔を持たず，自治体が直面する課題も災害によって異なる。しかし，どの災害，どの自治体にも共通する基本的な部分もある。そこで，まずは地方自治体の災害対応の基本形について述べ，その上で，応用編として巨大津波災害のような特別な状況下での災害対応について紹介する。

1. 災害直後の行政の対応（基本形）

　図 1 は地方自治体が実施する初動期および応急期の対応を時系列で整理したものである。初動期はまだ被害の発生が継続している段階である。この時期における地方自治体は，(1) 体制の立ち上げ，(2) 被害状況の把握，(3) 継続する被害の制御と抑制に注力する。応急期に入ると，被災の混乱から秩序の回復が図られるようになり，(4) 被害のさらなる拡散の防止，(5) 受けた被害の回復，(6) 本格的な再建に向

---

15) 震災関連死：復興庁は震災関連死を「東日本大震災による負傷の悪化等により亡くなられた方で，災害弔慰金の支給等に関する法律に基づき，当該災害弔慰金の支給対象となった方」と定義している（復興庁 2012）。「震災関連死」と認定されるには，県または市町村が設置する災害弔慰金支給審査委員会の審査が必要である。東日本大震災の関連死者数の推移は，第 9 章 3 節「福島第一原発事故」図 6 を参照。

16) ピーク時の避難生活者は内閣府（2011）による。

● 活動体制の立ち上げ　　● 被害状況の早期把握　　● 継続する被害の制御と抑制

第1回宮城県災害対策本部会議（3月11日15時36分）　　3月12日午前，宮城県知事による自衛隊ヘリによる視察。県内沿岸を北上。知事「高台以外は全壊の状況である。」　　津波被害による孤立者発生。つり上げ救助の限界。

● 本格再建に向けた準備　　● 受けた被害の回復　　● 被害のさらなる拡散の防止

避難所の開設。石巻市内の避難所。5月5日。　　南三陸町の仮設庁舎　　土嚢による仮締め切り

図1　地方自治体が実施する初動対応と応急対応の流れ（室崎（2011）をもとに作成）

けた準備が行われる（室崎 2011）。

(1) 活動体制の立ち上げ

　自治体が平常時の体制から，次々に被災地で発生する課題に対応できる体制へと切り替える一連の活動が「活動体制の立ち上げ」である。具体的には，職員の非常参集（勤務時間外の場合），情報収集連絡体制の確立，首長を本部長とする災害対策本部[17]やその地方支部の設置などである。また，関係機関と連絡を取り合い，相互に連携できる状況にあるかどうかを確認することも活動体制の立ち上げとして実施されるべき重要な活動である。いずれも災害発生後，速やかに実施されなければならない。

(2) 被害状況の把握

　「被害状況の把握」は，活動体制の立ち上げと同時かやや遅れて実施される。この段階における被害状況の把握は，当面の対応目標や活動方針，活動体制を判断するために実施されるため，厳密さを求めて時間をかけ過ぎてはいけない。

　この時期の被害状況の把握に関する主たる活動としては，発災直後に得ら

---

[17] 災害対策本部：災害が発生した，あるいは発生するおそれがある場合に，国または地方自治体に臨時に設置される機関。応急対策に目途がついた段階で解散，あるいは復興対策本部等に移管される。第2章1節「災害法制の概要」参照。

れる震度や津波の高さなどの観測情報
を用いた災害規模の大まかな予測，ヘ
リコプターや航空機による上空からの
調査（鳥の目情報），および119番通
報や参集してくる職員からの情報（虫
の目情報）の収集・分析などが挙げら
れる。

(3) 継続する被害の制御と抑制

「継続する被害の制御と抑制」は，
救助・救急活動，災害医療活動，消火
活動などの命を守るための活動であ
る。発災後の3日間は黄金の72時間
といわれ，生存者を救助できる可能性
が高い。そのため，この間のこれらの
活動は特に集中的に実施されなければ
ならない。

(4) 被害のさらなる拡散の防止

災害により甚大な被害を受けた社会
はさまざまな外的要因に対して脆弱に
なっており，応急期に入っても被害が
拡散する可能性がある。「被害のさら
なる拡散の防止」は，それを防ぐため
の対応である。主なものを以下に列挙
する。

① 降雨や余震などによる二次災害対
　策：被災した河川堤防の応急復旧，
　家屋や宅地への応急危険度判定
② 爆発物や有害物質による二次災害
　対策：有害物質の漏えい防止策，

アスベストの飛散防止策，管理者
への指導，環境モニタリング，災
害対応従事者や被災者への注意喚
起
③ 厳しい避難生活による二次災害対
　策：避難生活者の健康状態の把握，
　救護所の設置，心のケア，要援護
　者のための福祉避難所の設置
④ 感染症による二次災害対策：避難
　所への仮設トイレの設置，清掃，
　し尿処理，生活ごみの収集
⑤ 大都市圏における帰宅困難者対
　策：滞在場所の確保，被災情報・
　交通情報の提供

(5) 受けた被害の回復

「受けた被害の回復」として実施さ
れる主な対応としては，交通確保のた
めの障害物の除去および通行規制，電
気・ガス・水道・通信といったライフ
ラインの応急復旧，災害対応拠点とし
ての庁舎や避難所などの公共施設の応
急復旧などが挙げられる。これらは，
応急対応の成否に関わる重要な課題で
ある。被害規模が大きく，すべてを同
時に回復させることができない場合に
は，二次災害の防止，被災者の生活の
確保など，時々刻々と変化する現場の
重要課題を十分に考慮した上で，トッ
プダウンによる対応の優先順位づけが
求められる。

(6) 本格的な再建に向けた準備

「本格的な再建に向けた準備」は，二次災害を防ぎ，受けた被害を応急的に回復させながら実施される。まず，避けて通れないのが遺体の検視，身元確認，火葬までの遺体の処理である。具体的には，火葬場や遺体安置所などの情報収集，ドライアイスや棺などの物資の調達，遺体搬送の手配などの対応が実施される。

また，被災者一人ひとりが生活を再建するための拠点整備も，自治体が実施する重要な対応の一つに挙げられる。ここでは，自宅を失った被災者の一時的な生活拠点としての避難所や仮設住宅の提供，在宅避難者を含む避難生活者への生活物資の提供などが実施される。

2. 災害直後の行政の対応（応用編：巨大津波災害）

被災地で発生する課題は多様化し複雑化していくため，人的資源に限りのある行政だけではなく，様々な関係組織の連携が不可欠となる。この時期を乗り切るためには，上述の「基本形」を念頭において，その応用として災害の種類によって異なる特別な状況下での行政対応の特徴を理解しておくことが有効であろう。ここでは東日本大震災や近い将来の発生が確実視されている南海トラフ沿いの巨大地震のような，巨大津波災害時における行政の災害対応の特徴について述べる。

(1) 巨大津波災害の四つの特徴

行政の災害対応に大きな影響を与える巨大津波災害の特徴を表すキーワードは，湛水被害，面的被害，広域被害，そして行方不明者の四つである。以下，順に解説する。

湛水被害

「湛水」は，「（水田などに）水を湛えること」の意味だが，ここでは，津波によって海岸堤防を越えて市街地に氾濫した海水がそのまま市街地に留まってしまう状況を指す。大規模な湛水は，高潮による事例も含めて，1946年昭和南海地震津波，1959年伊勢湾台風災害，2011年東日本大震災で発生している。

東日本大震災では，湛水地域の建物に人々が取り残され，孤立してしまうという事案が多数発生した。消防がヘリコプターでつり上げ救助を行ったり，自衛隊がボートで救助活動を行うなどしたが，救助を必要とする案件の数が多すぎた上に，広域に分散していたため，活動が追い付かず，自力で脱出できるようになるまでの2，3日間を建物内で飢えを我慢しながら耐えな

ければならないケースもあった。

　また，海水が市街地に滞留した状況のままでは，自治体は復旧・復興に着手できないため，湛水被害は被災地の本格的な再建を遅らせる原因となる。310㎢の地域が湛水した伊勢湾台風[18]では，政府現地災害対策本部内に湛水被害への対応を集中的に行う部署が設置された（奥村 2011，2013）。

面的被害

　巨大津波が来襲した直後の市街地の写真（例：図1上段中央）を見ると，木造家屋は一棟も残らずに流失している中で，津波発生前と同じように立ち続け，浸水も上層階には及んでいない様子の鉄筋コンクリート造や鉄骨造の建物があることに気づく。一見すると，津波来襲前と同じように使用できそうな印象を受けるが，実際は，電気や水道等が途絶してしまっている上に，周辺の社会的機能が失われているため，それらの多くも被災前のようには使えない。巨大津波災害では，住家を含む多くの建物が使用できず，地域としての機能が面的に失われるという「面的被害」が発生する。これは離散的に建

物被害が発生する地震災害にはない特徴である。

広域被害

　地震発生に伴って起きる海底の地殻変動は，広大な範囲にわたって直上の海水を持ち上げるなどして津波を発生させる。津波は，そのときに得た膨大なエネルギーを維持したまま広範囲の海岸に到達し，海岸沿いにある標高の低い市街地を次々に飲み込む。こうして発生する「広域被害」も行政の災害対応に様々な支障をもたらす。

　東日本大震災の巨大津波は，日本海溝から地下に沈み込む太平洋プレートと，東北地方の下にある北米プレートとの境界付近で，地殻が南北に500km，東西に200kmという広い範囲で大きくずり動いたためにもたらされた。岩手，宮城，福島の3県を中心に，海岸堤防を越えて津波が市街地を襲い，死者・行方不明者を合わせて1万8000人を超える人命が失われた[19]。この津波は太平洋を渡り，米国の西海岸にまで到達し，カリフォルニア州でも死者が出ている。2004年インド洋津波災害は，東日本大震災よりも被害

---

18) 伊勢湾台風による被災状況等については，第1章4節「台風・洪水」を参照。

19) 各県の死者／行方不明者は，岩手県（4673人／1121人），宮城県（9540人／1225人），福島県（1614人／196人），その他の都県（61人／3人）（警察庁緊急災害警備本部平成28年12月8日広報資料による）。

の広域性が顕著だった。この災害では，インドネシア，タイ，インド，スリランカ，モルディブなどインド洋沿岸諸国で多くの人命が失われた。

行方不明者[20]

　津波は，建物，家財，ヒト，あらゆるものを飲み込む。一度，飲み込まれると津波の流れに抗うことは不可能であり，元いた場所には止まり得ない。地震災害の，建物が倒壊しても建物内にあったモノやヒトがその場所に止まり続ける状態，と大きく異なる点である。発災直後の混乱の中で，流されたモノやヒトが見つからないという津波災害特有の問題は，自治体の初動・応急対応を一層困難にする。

　東日本大震災では，発災から約1ヶ月後時点での死者に対する行方不明者の割合は97％（行方不明者数／死者数＝1万3691人／1万4063人）に達していた（平成23年4月20日段階，警察庁発表）。これは1896年に発生した明治三陸大津波における岩手県の78％（同＝7958人／1万0200人）を上回る割合である。震災から4年以上の歳月を費やして継続的に行われた捜索活動と身元確認作業の結果，行方不明者の割合は漸く16％（同＝2567人

／1万5893人）にまで下がった（平成27年11月10日時点，関連死を含まない）。これは，1993年北海道南西沖地震津波の14％（同＝29人／202人）と同程度である。

(2) 巨大津波災害直後の行政

　上に挙げた，巨大津波災害の特徴が行政の災害対応にどのような影響をもたらすのか，一つの事例として，東日本大震災時の宮城県の対応を紹介する。

　表9は，上述の巨大津波災害の四つの特徴が宮城県の行政対応に支障をもたらしたかどうかについて，聞き取り調査（宮城県 2012）を基に著者が対応項目ごとに整理したものである。例えば，災害対策本部の設置には湛水被害と面的被害が影響し，支障があったことを示している。職員の非常参集については特段の支障は生じなかったことを示しているが，東日本大震災は平日の日中に発生したためにそもそも非常参集は不要であった。当然，休日や夜間に発生すれば，湛水被害，面的被害，広域被害による影響は避けられない。このように，津波の発生時間帯や地域の特徴によっては，表の一部が変わる可能性があるので注意が必要である。

---

20) 行方不明者の家族への支援については，第6章2節6項 (3)「「あいまいな喪失」への支援」を参照。

表9 巨大津波災害が自治体の初動・応急対応に及ぼす影響（○印は影響が大きかった項目）。東日本大震災時の宮城県の場合。

	項目	湛水被害	面的被害	広域被害	行方不明者
初動対応	**活動体制の立ち上げ**				
	職員の非常参集				
	災害対策本部の設置	○	○		
	情報収集連絡体制の確立	○	○	○	
	関係機関との連携体制の確立	○	○		
	被害状況の早期把握				
	航空機等による被害規模の早期把握		○		
	被害情報の収集のための職員派遣			○	
	応急対策活動情報の連絡			○	
	継続する被害の制御と抑制				
	救助・救急活動	○	○	○	
	医療活動			○	
	消火活動				
応急対応	**被害のさらなる拡散の防止**				
	応急危険度判定（余震対策）	○	○	○	
	爆発物等及び有害物質による二次災害対策		○		○
	水害，土砂災害等による二次災害対策				
	仮設トイレの設置，し尿処理等による保健衛生対策		○	○	
	救護所の設置や保健師の巡回，心のケア	○	○	○	
	災害時要援護者への配慮		○		
	帰宅困難者対策				
	受けた被害の回復				
	障害物除去や交通規制による交通の確保（陸路・海路・空路）	○	○	○	○
	公共施設の応急復旧				
	本格的な再建に向けた準備				
	遺体の処理	○	○	○	○
	避難場所の開設・運営（暑さ・寒さ対策，プライバシー確保など）		○	○	
	応急給水			○	
	物資の調達・供給			○	
	応急仮設住宅の建設		○	○	
	住宅の応急修繕の推進		○		
	公営住宅，民間賃貸住宅等の既存住宅の斡旋		○	○	
	社会秩序の維持・物価の安定				

表9から，巨大津波災害時に行政が直面する課題を概観することができる。まず，住民と同様に災害対応従事者が湛水エリアに孤立し，活動体制の立ち上げが遅れる。その影響は，被害状況の把握など，その後の対応にも及ぶ。また，社会的機能を失った地域が，広い範囲に分散して複数発生することにより，災害対応の需要が著しく増加し，かつ分散する。その結果，救助・救急活動や交通の確保など多くの項目で，前述した「基本形」の行政対応を量的に増やすだけでは対処できなくなり，質的に異なる対応が求められるようになる。さらに，行方不明者が多く発生することにより，大型重機の使用が制限されるため，交通の確保や二次災害対策といった，行方不明者の存在とは一見無関係に思われる活動にも影響が現われる。

このように混乱に満ちた状況から出発して，行政は，災害対応初動期から応急期へ，そして復興期に至る道筋をつけなければならない。次項以降では，宮城県総務部危機対策課が公開している「東日本大震災―宮城県の6ヶ月間の災害対応とその検証―」（宮城県2012）を基礎資料として，前項に「基本形」として述べた発災直後の行政対応の各段階で行政が直面した問題について詳しく述べる。

(3) 巨大津波災害時の活動体制の立ち上げ

巨大津波災害では，海岸に沿ってほぼすべての市街地が支援を必要とする状況になるため，災害対応のための人的・物的資源を分散させざるを得ない。県がこうした対応をする上で不可欠なのが，現場に近い県庁の地方支部や，被災市町村などの県庁外部組織との連携であり，それを支える通信システムである。しかし，東日本大震災では，巨大津波によって電話回線が寸断されるなどしてシステムに障害が起き，宮城県では体制を立ち上げる段階から困難に直面した。

気仙沼，南三陸，および石巻に置かれた県の合同庁舎を含む計8ヶ所の県施設では，同時に防災行政無線が使用できなくなり，県庁内部の情報収集連絡体制の維持が困難になった。代替手段として，衛星携帯電話の活用が試みられたものの，端末の数が少なかった上に，停電が続き，非常用電源も燃料不足から使用時間を制限せざるを得ないなど，不自由な状況が続いた[21]。

県庁外部の組織との連携体制も同じ

21）被災時の気仙沼市立病院における通信事情については，第6章3節「被災地の病院」を参照。

ような状況であった。女川町と南三陸町は津波によって庁舎が全壊したため防災行政無線が使用不能になったほか，県に被害情報を伝達するためのシステム MIDORI[22] も使用できなくなった。また，亘理町のようにシステムは機能していても建物の損壊がひどく，建物に立ち入れないなどの理由で使用できなくなる例もあった。代替手段として，やはり衛星携帯電話の活用が試みられたが，前述と同じように不自由な状況であった。

(4) 巨大津波災害時の被害状況の早期把握

津波災害は，津波の浸水深で建物被害の程度がほぼ決まるために，木造家屋がすべて流出するなど甚大な被害が出ている地域，浸水被害のみで災害前のまま建物が並んでいる地域，津波が到達せずまったく被害のない地域というように，コントラストが強く現われる。そのため，ヘリコプターなどの航空機を用いた目視による調査が被害状況を迅速に把握する有効な手段となる。ただし，天候の影響を受けたり，夜間の調査が困難であるなどの制約はある。東日本大震災では，村井宮城県知事が発災から一夜明けた翌 12 日の

午前 6 時 55 分に自衛隊のヘリコプターに搭乗し，約 2 時間かけて南北に長い県の沿岸全域を上空から視察した。知事は，調査後の災害対策本部会議で「高台以外は全壊の状況である」と報告した上で，「市町に対し県から人を派遣しないと機能しないので，各部でどういった職員を派遣できるのか検討する」ように，そして，各都道府県に対する人的支援を含めた応援要請のリストを各部で作成するように指示している。このように上空からの目視調査は，厳密な被害量を把握することには不向きだが，県としての当面の対応目標や活動方針（目標を達成するために全庁的に共有できる大方針）を決定するには十分な情報を提供してくれる。一方，県職員を派遣して被害状況を把握する方法は，巨大津波災害の初動期に被害状況を把握する手段としては課題が残った。被災地が広いために，派遣する調査要員も，彼らに持たせる衛星携帯電話も，いずれも十分な数を確保できなかったためである。

(5) 巨大津波災害時の継続する被害の制御と抑制

地震に伴う巨大津波災害では，外傷患者に対する医療活動のニーズは，地

---

22) MIDORI：宮城県総合防災情報システム（Miyagi Integrated Disaster prevention Online system for Rapid and accurate Information）。

震動による被害の大きさによって高くも低くもなる。東日本大震災では，震源域が陸域からやや遠く，地震の揺れは外傷患者が多く出るほどではなかった。南海トラフ巨大地震では，想定される震源域が陸に近いため[23]，東日本大震災よりも多くの外傷患者が発生し，医療活動のニーズが非常に高くなる可能性がある[24]。

一方，湛水エリアや孤立地域に取り残された人々に対する救助活動のニーズは，巨大津波災害ではほぼ間違いなく高くなる。東日本大震災で，宮城県災害対策本部事務局には，個人や市町村，県の各部署から多数の要請情報が寄せられた。地元消防本部，消防団，県内広域消防応援隊及び緊急消防援助隊からなる陸上部隊による救助と，緊急消防援助隊航空部隊のヘリコプターによるつり上げ救助が行われ，両部隊とも発災2日目に活動期間を通じて最多となる2850人と650人をそれぞれ救助した。しかし，こうした情報の中には信頼性や緊急性の低いものも混在しており，発災当初の救助活動は，必ずしも効率的なものではなかった。

その後，状況を改善するため，ヘリコプターを用いて能動的かつ網羅的に救助ニーズの把握を行う「ローラー作戦」が実施された。数百人の孤立者を伴う案件には，ヘリによるつり上げ救助だけでは対応できないため，大部分の救助は海水が引いてから陸上部隊が実施することとし，航空部隊は食糧等の物資や緊急を要する人々の搬送に注力することで，孤立期間中に犠牲者が出ないようにした。こうした陸と空の両部隊の強みを生かした救助活動を展開した結果，発災から2ヶ月半後の5月末までに救助された人は，陸上部隊によるものが4998人，航空部隊によるものが1042人に達した。

(6) 巨大津波災害時の被害のさらなる拡散の防止

巨大津波は，被害拡散を防ごうとする自治体の対応に多くの制約をもたらす。そのため，災害により甚大な被害を受けた社会は，新たな被害を発生させ得る外的要因に対して脆弱になっており，応急期に入っても被害拡散の可能性がある。東日本大震災で宮城県の災害対応中に起きた二次災害対応事例の主なものを以下に挙げる。

---

23) 南海トラフ巨大地震の，推定震源域については第1章1節「海溝型地震」，予想される経済被害については第7章4節「予想される大災害の経済被害」を参照。

24) 地震発生のメカニズムによっては大きな揺れを伴わない場合もあるので，避難対策を考える上では，巨大津波は必ず大きな揺れを伴うと考えてはいけない。そのような地震（津波地震）については，第1章1節「海溝型地震」のコラム「スロー地震」を参照。

降雨や余震などによる二次災害対策

　応急危険度判定は，地震などにより被災した建築物を調査し，その後発生する余震などによって外壁・窓ガラスが落下する危険性や建物が倒壊する危険性などを判定することによって二次災害を防ぐために実施される。地震津波災害では，1階部分だけが津波で破壊され，2階以上は浸水を免れる建物が少なくない。住民は，瓦礫や湛水などで立ち入りが困難であっても，貴重品を取りに帰ったり，連絡が取れない家族を探すためにこうした建物に立ち入ろうとする。そのため，立ち入りが困難な津波浸水区域内の建物に対する応急危険度判定も実施されなければならない。

　東日本大震災では，発災当初，ライフラインの寸断や燃料不足により遠方からの応援を得られず，地元の応急危険度判定士や市町村職員，県職員を中心とする，限られた人的資源の範囲内で活動せざるを得なかった。瓦礫の撤去が進むにつれて，津波浸水区域での応急危険度判定の要望が高まってきたが，他の都道府県からの応援を受け入れられるようになったのは発災から1ヶ月が経過した頃であった。県内の全5万721件の判定が終えられたのは，発災から約2ヶ月が経過した5月10日であった[25]。

爆発物や有害物質による二次災害対策

　東日本大震災では，津波浸水区域が広域に及んだために多量の爆発物や有害物質が流失した。宮城県内では爆発の危険性がある高圧ガス容器1万4000本，高圧ガス車両（タンクローリー）27台のほか，多種多様な毒物・劇物などの危険物が浸水区域内に散乱した。津波浸水区域に立ち入り，瓦礫の撤去や道路の啓開[26]，人命救助や行方不明者の捜索を行っていた人々は，こうした危険物による二次災害のリスクに曝されていたことになる。県は，危険物を取り扱う管理業者や業界に対して，被害の状況を把握するとともに，流出した危険物を回収するように要請したが，業者自体が被災している場合が多く，内陸部に事務所を構えていた業者以外は，連絡さえ取れない状況であった。県はメディア等を通じて注意喚起を行ったが，回収などの根本的な解決は困難だった。

25）避難所の応急危険度判定については，第5章2節「学校の被災から再開まで」を参照。

26）道路の啓開：地震や津波で発生した瓦礫や，斜面崩壊による土砂などのために通行できなくなった道路を，通れるようにすること。

厳しい避難生活に伴う二次災害対策

　県の防災計画では，避難生活中の犠牲を防ぐため，県の保健福祉事務所が医療の需要を把握し，医療救護班を避難所へ派遣することになっていた。しかし，東部保健福祉事務所（石巻保健所）のように，保健事務所自身が湛水によって孤立した上に通信手段も失うなどして，計画通りに対応できない場合があった。しかし，そのような場合でも，地域の医師会や外部からの支援によって，避難所に救護所が設置されるなどの対応が取られた。被害が広域化し，救護所の巡回や在宅避難者への個別訪問，仮設住宅の巡回を行う保健師の需要が大きく，全国からの支援が求められた。その結果，宮城県内だけでも，33都道府県から延べ2万2273名の保健師などが駆け付けた。心のケアについても，19都道府県1市1団体12医療機関から33チームの人員が派遣され，医療救護チームや保健師のチームと連携しながら活動した[27]。また，要援護者のための福祉避難所については，計画されていた福祉施設が被災するなどしたため，内陸部も含めて市町村の境界を越えて調整が必要となった。

感染症に伴う二次災害対策

　東日本大震災では，人口の多い市街地にも被害が及んだため，多くの仮設トイレやし尿収集車が必要になった。気仙沼市や，南三陸町，石巻市などでは，庁舎の被災や職員の犠牲により行政機能が著しく低下したため，発災から1週間もの間，供給先から避難所に仮設トイレが届けられない状況が続いた。4月に入っても，し尿が校庭に埋められているという報道もあった。また，地元の保健所が被災した上に，燃料不足と通信網の遮断が重なったため，被災地内外の機関による避難所に対する調査が実施できない状況が続いた。避難所における感染症対策として，急性呼吸器及び消火器感染症の患者発生数の把握調査が開始されたのは，発災から1週間が経過した後であった。

(7) 巨大津波災害時の受けた被害の回復

　東日本大震災に伴うライフラインや交通システムの被害は，その規模が非常に大きく，通常通りの対応で乗り切れるものではなかった。例えば，道路啓開の場合は，通常の災害であれば，県土木事務所が，割り振られている管理エリア内の道路をそれぞれ啓開す

---

27) 被災地における医療については，第6章「災害医療」の各節を参照。

る。しかし，東日本大震災では，県内全体の状況を踏まえた「選択と集中」による優先順位付けが求められた。宮城県では「災害対策本部→県庁土木各課→各土木事務所各班」という指揮系統のもとで調整され，具体事例としては，燃料供給の早期回復を目指して仙台港の製油所から県内への燃料輸送ルートの啓開作業が優先的に行われたほか，停電解消に必要な道路の啓開作業が優先的に実施された。

道路の啓開作業は，作業中に瓦礫の中から行方不明者が度々発見されたため，大型重機の使用を制限するなどの配慮が求められた。このように，巨大津波災害に特有の行方不明者の発生による影響も無視できなかった。

(8) 巨大津波災害時の本格的な再建に向けた準備

宮城県では，東日本大震災の発生から1ヶ月間に8015体，6ヶ月間に9455体の遺体が収容された。遺体が収容されると，一体一体に対して検視と身元確認が行われなければならない。しかし，犠牲者の親族や，利用していた歯科医院が同時に被災したため，遺体の身元確認にDNA型鑑定や歯牙照合が使えない事態が発生した。このように

遺体の身元確認には，巨大津波災害特有の面的被害による影響が強く現われた[28]。また，収容された遺体の数は地元の対応能力を大きく上回っていたため，一部の市町で仮埋葬（火葬の順番が回ってくるまでの一時的な土葬）を導入しながら，岩手県や東京都などの協力を得て広域的な体制で火葬が実施されるなど，特別な対応がとられた。

被災者一人ひとりが生活を再建するための拠点整備も基本通りの対応では済まなかった。宮城県では最大32万885人が避難所での生活を余儀なくされ，避難所数は最大で1323ヶ所に達した。避難所まで救援物資を行き渡らせるための仕組みは，複数の市町が同時に被災する災害を想定して整えられていなかった上に，担当職員の人員不足も深刻であった。当初，宮城県には被災市町から極めて多量の物資要請が来たが，物資要請の受付，物資提供の受付，両者のマッチング，発注と配送までの業務を行う担当職員の数はわずかに4人であり，必要な物資を発注することさえできない状況であった。そうした中で，知事の指示により担当職員が27人に増員されたのは発災から4日目のことであった。

発災から約1ヶ月の間，避難所の状

---

28) 自主防災組織による遺体確認作業については，第4章3節「自主防災組織・ボランティア」を参照。

況は劣悪であった。雪がちらつく季節であったにも拘わらず十分な寒さ対策が実施されず，食糧さえ行き渡らない状況が2週間以上続き，その上，前述の仮設トイレの状況があった。外部から救援物資が届かないなか，被災地では被災を免れたスーパーマーケットや個人から食糧をかき集めるなどして，自力でこの難局を乗り切らなければならなかった。

　発災から1ヶ月以上が経過した4月26日から28日にかけて，県はようやく全避難所の状況を直接把握しようと職員を避難所に派遣したが，すでにこの時期には避難所の数はピーク時の約1/3（420ヶ所，4月19日時点）にまで減少していた。当初整っていなかった救援物資を行き渡らせる仕組みが機能するようになり，避難所には救護所も設置され，保健師の巡回も始まっていた。調査の結果，著しく衛生状況が悪い避難所や物資が不足している避難所が確認されなかったのは，そうした厳しい状況を脱した後に実施された調査であったからである。

　県は，十分な生活環境が整っていない避難所生活の長期化を避けるため，住民に対し周辺市町村への広域避難を提案した。しかし，住み慣れた地域へ

の愛着，行方不明者の捜索，仕事や子どもの教育，応急仮設住宅への入居開始情報などの生活再建に向けた情報が入りにくくなるのではないかという不安などを理由に，広域避難を選択する被災者は少なかった。南三陸町で1348人，女川町で238人，石巻市で635人，気仙沼市で126人のほか，県の支援を受けず市町独自で実施した分を含めても3000人程度であった。

　応急仮設住宅[29]の供給も基本通りの対応では対処できなかった。面的に住宅が被災する巨大津波災害では，同じ地区内で同時に多数の世帯が家屋を失い，仮設住宅を必要とした。復興に向けた話し合いを円滑に実施するためのコミュニティの維持や孤独死防止のために，地区ごとにまとまって仮設住宅に入居できる環境を整えるべきではあるが，建設必要戸数が多い上に，建設可能な平坦な土地がことごとく津波で浸水してしまったことから，適当な用地を確保することは容易ではなかった。そこで，県のガイドラインや国の用地選定方針に基づく当初の方針を転換し，災害救助法の対象となる応急仮設住宅を浸水区域や共有・私有地でも建設できるようにし，県は最終的に406団地2万2095戸の仮設住宅を供

29）応急仮設住宅については，本章第4節「復興期の生活——応急仮設住宅」を参照。

給した（2011 年 12 月 26 日時点）。ま
た，需要を縮小し供給を拡大するとの
観点から，被災程度が軽微な住宅に対
する応急修繕の推進（2011 年 9 月 6
日時点で 3 万 3672 件）や，民間賃貸
住宅を仮設住宅として活用する「見な
し仮設住宅」の提供（約 2 万 3000 戸）
なども積極的に実施した。後者の制度
が大規模に実施されたのは，東日本大
震災が初めてであった。

3. 災害直後を自力で乗り切る力

　政府の想定では，首都直下型地震や
南海トラフ巨大地震が発生すると，最
悪の場合，避難生活者の数は東日本大
震災の 10 倍に達する[30]。このような
難局を乗り切るためのヒントが東日本
大震災にある。

　宮城県亘理町では，被災しなかった
住民などが，自治体による防災行政無
線を使った呼びかけに応えた。住民自
身の手で食糧が集められ，地元の婦人
防火クラブなどが炊き出しを行い，避
難所生活者や災害対応従事者の食糧が
確保された。生協やパンメーカーなど
から食糧が定期的に供給されるように
なったのは発災 6 日目，県から 20 ト
ンの玄米が届いたのは発災 9 日目で

あった。避難者が多くなり，公的な支
援を分散させざるを得なくなる巨大災
害を乗り切るためには，このように自
分たちで自分たちの命，家族，地域を
守る「自立した防災」が重要なカギと
なる。

　自治体の呼びかけが，住民のこうし
た活動に方向性を与えることがある。
長丁場の取り組みにならざるを得ない
が，平時から地域の様々な関係者がこ
うした防災を実現するという目標を共
有し，地域にある人的・物的資源を発
掘するとともに，地域における次世代
の育成などを通じた新たな資源の確保
に努め，それらを蓄積していくことが
求められる。また，初動期・応急期に
おける活動の拠点となる学校や行政の
庁舎などの施設が地震や津波で機能不
全に陥らないようにすることも「自立
した防災」に必要な条件の一つといえ
る。例えば，気仙沼市立病院は高台に
立地していたため津波による直接被害
は免れ，被災地内の災害拠点病院とし
て機能することができた[31]。和歌山
県串本町では，病院，消防防災セン
ター，警察，老人ホーム，保育所，給
食センター，町福祉総合センター（社
会福祉協議会）などが高台に移転し，

30）首都直下型地震および南海トラフ巨大地震の被害想定については第 7 章 4 節「予想される大災
　　害の経済被害」を参照。

31）第 6 章 3 節「被災地の病院」参照。

第3章　災害と行政　第3節　復旧・復興期の行政　│　181

さらに，学校や幼稚園，町庁舎も続けて高台移転する動きがある。このように，すでにいくつかの地域では，巨大災害を乗り切るためのまちづくり・地域づくりに取り組んでいる。災害が起こったとしても，安心して避難生活を送れる場所や，厳しい避難生活を支えるヒトとモノを地域の中に確保しておけば，震災関連死を最小限に止めることができる。

（奥村与志弘）

第3節　復旧・復興期の行政

行政にとって応急期は，被害の拡大を防ぎ，少しでも早く被災者の生活水準と生活環境を一定レベルまで引き上げ，関連死等による被害の拡大を予防しようと取り組む期間である。応急対応が一段落した後，行政は域内の復旧・復興に取り組む。「復旧」は，道路の復旧など，個々の施設等が旧に復する意味で使われるが，「復興」は社会全体が再び活力を取り戻すという意味を込めて使われることが多い。また，「復興」には災害前よりもより安心・安全・快適な生活環境を構築するという意味合いが含まれ，将来同じ規模の地震が起きたり，台風が襲来したりしても，より効果的な減災ができるように備えることを目標とする[32]。

1. 復旧・復興期の行政の役割

被災地の行政機関は，本章第2節に述べた応急対策と並行して，復旧・復興行政を推進しなければならない。復興事業を計画し実施していく過程で，膨大に増加する業務量にどう対処するか，関係機関との調整・連携体制をどう構築していくかなどの課題を克服していかなければならない。

復旧・復興における行政の役割を時系列に沿って挙げると，次のようになる。災害による甚大な被害から回復するために，行政は，まずその取組を俯瞰し統合するための復興方針・復興計画を策定する。策定には，社会基盤の整備，経済の再建，そして被災者個人の生活再建等の視点を考慮しなければ

32）2015年国連防災世界会議で採択された「仙台防災枠組2015-2030」では，「より良い復興」（Build Back Better）が明記された。

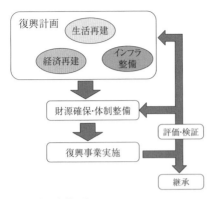

図2 復興事業の流れ
(実際には，復興計画策定と財源確保・体制整備は同時進行的に行われる。)

ならない。復興計画の策定と併せて，そこに書かれた事業を実施するための財源と体制を整備する。いよいよ復興事業が始まると，各段階で当初計画に沿った取り組みを評価・検証して，その後の事業に反映させる。復興期の終盤には，将来の世代や他地域に災害の教訓を伝えるための手立てを講じる。このような一連の活動が，復旧期から復興期にかけての行政の主要な役割である（図2）。

以下に，これらの各段階を，具体例を交えて概観しよう。

(1) 復興本部の設置と復興計画
<u>阪神・淡路大震災の復興計画</u>

災害対策基本法では，応急対応を担う災害対策本部の規定はあるが，復興を推進する組織については特に定められていなかった。阪神・淡路大震災（1995年1月17日発災）に際して国は，同年2月24日に「阪神・淡路大震災復興の基本方針及び組織に関する法律」を公布した。同法は，公布から5年間の期限付きで，総理府に阪神・淡路大震災の復旧・復興対応を担う国の機関として，「阪神・淡路復興対策本部」を設置することを規定している。また，被災地の自治体である兵庫県は，同年3月15日に「阪神・淡路大震災復興本部」を設置し，復興計画を策定した（兵庫県 2016）。

復興計画とは，被災した県や市町村が策定する行政計画のことを指し，行政分野すべてにわたって政策の基本方針や構想を示す。多くの場合，有識者や住民代表を交えて策定する。平時に自治体が，その行政運営の基本的な指針を示すために作成する総合計画と似た性質を持つが，緊急時の計画であるため，復興計画の策定には三つの大きな制約がある。第一の制約は策定期間の短さである。平時の総合計画の場合は数年の策定期間を設けて，市民や有識者の意見を反映させるが，緊急性を要する復興計画は，半年から1年という短期間で集中的に検討し策定する必要がある。第二に，平時には都道府県から市町村へ，また，全体から各分野への順で計画が策定されるが，復興で

は都道府県と市町村，全体と各分野の計画が同時並行で検討されることである。平時なら総合計画の策定後に，都市計画マスタープランなど各分野の計画が策定される。しかし復興計画では，例えば建築制限区域や重点復興地域等の指定などの都市計画的な規制や事業が先行して決まり，その結果が市街地復興計画として全体の復興計画に反映されることがあるなど「分野別計画」から「全体計画」へと進んでいくことがある。第三に，財源・制度との調整である。自治体としてやりたいことをすべて書いたとしても，財源や制度の裏づけがなければ絵に描いた餅である。復興基金や特別法のような国の動きや予算措置をにらみながら，具体的な事業メニューを復興計画に盛り込んでいくことが求められる。

1995 年 1 月 17 日に発災した阪神・淡路大震災に際して，被災地の兵庫県は，有識者会議や市民フォーラムなどの意見聴取を経て，7 月に「阪神・淡路震災復興計画（ひょうごフェニックス計画）」を発表した。また，神戸市をはじめとする被害の大きかった 7 市 3 町は，それぞれ復興計画を発表した。上にも述べたように，復興計画の策定には時間的な制約がある。国の復興予算概算要求時期との関係から，復興計画の策定期限が平成 7 年 7 月末とされたため，復興計画についての検証を行った新野幸次郎は，「復興計画づくりは，まさに時間との戦いであった」と記している（新野 2003）。

東日本大震災の復興計画

2011 年 3 月 11 日に発災した東日本大震災では複数の都道府県にわたって甚大な被害が発生したため，国による調整が一層必要となり，有識者で組織された復興構想会議が国に「復興の提言」を提出した。それを受けて，7 月 29 日，東日本大震災復興対策本部[33]は，国としての復興の基本方針を策定した。同方針は，復興期間を発災から 10 年間とし，始めの 5 年間を集中復興期間とすること，復興集中期間の復興予算規模として少なくとも 19 兆円が，また全復興期間の予算規模として 23 兆円が見込まれることなどを告示した。

国の動きと並行して，被災地の各自治体では，復興計画の策定・推進に向けて，復興局や復興推進課等の名称の新たな部局がつくられ，外部有識者を含む検討委員会が各自治体で開催され，復興の基本方針にあたる大枠が発

33）東日本大震災復興対策本部は，2012 年 2 月の復興庁設置によって廃止された。

表 10　代表的な復興事業例

ライフライン・公共施設の復旧・再建	被災した道路，上下水道施設，堤防，防潮堤，砂防施設，庁舎，学校，図書館，病院，庁舎等の復旧・再建，等
産業復興	低利融資・利子補給等の金融支援，企業再建・企業誘致のための補助金・特区制度，仮設事業所の設置支援，集客・販促イベント，観光キャンペーン，等
住宅再建	補修への補助，住宅再建への支援金・補助金，低利融資・利子補給，復興公営住宅の建設，マンションの修繕・建替の支援，等
生活再建	支援金の支給，低利貸付金，医療・福祉・法律等の相談窓口の設置，相談員・支援員の派遣・巡回，緊急雇用制度，等
復興まちづくり	まちづくりコンサルタント派遣，土地区画整理事業，再開発事業，防災集団移転事業等の実施，共同建替・協調建替への支援，地区計画・景観協定等への支援，集会所・地域施設の整備，等

災後 2 ヶ月程度で定められた。さらに，基本方針に沿った具体的なビジョンや事業などを定めた復興計画が，半年から 1 年をかけて策定された[34]。

これらの経験から，東日本大震災後に「大規模災害からの復興に関する法律」が制定され（2013 年 6 月 21 日公布・施行），国の復興対策本部の設置，および復興基本方針の作成が制度化された。また，都道府県は国の復興基本方針に即して独自の復興基本方針を，市町村は都道府県復興基本方針に即して復興計画を作成することができると定められた。

(2) 復興事業

復興計画の策定後は，復興計画に基づく復興事業を推進することが行政の重要な役割となる。代表的な分野としてライフライン・公共施設の復旧・再建，産業復興，住宅再建，生活復興，復興まちづくり，等が挙げられる。各分野の具体的な事業例を表 10 に示す。

(3) 復興財源の確保

表 10 のような復興事業の実施には膨大な資金が必要であり，国・自治体にとってその財源確保が非常に重要となる。国は，国債の発行，国有資産の売却，復興税の導入，復興宝くじの実施等により財源の確保を図り，地方自

---

34) 福島第一原子力発電所事故の影響が大きい周辺自治体を除く。

第3章　災害と行政　第3節　復旧・復興期の行政 | 185

表11　復興財源に関する主な制度

激甚災害法	ライフラインや公共施設の復旧において，激甚災害に指定されると，国による補助率が割り増しとなり，地方負担は軽減される。
震災復興特別交付金	東日本大震災において復興特区法に基づき導入された，復興地域づくりに必要な事業を一括化した一つの事業計画に基づき，被災地方公共団体に交付される交付金。通常の補助制度よりも，自治体の負担は低く，自由度は高くなっている。
被災者生活再建支援法	平時から国と地方自治体が半々の負担で基金を設立し，災害時には，その基金から被災自治体を通して，被災者に住宅再建等への支援金が支払われる（ただし東日本大震災では，基金が底をついたため，不足分については8割を国が負担する措置がとられた）。
復興基金	国・自治体とは別の基金をつくり，通常の国・自治体の制度では補助が難しい事業に対して支援を行う。基金の原資としては，主には都道府県からの貸付金が当てられる。支援に当たっては，基金の運用益，あるいは基金本体が財源となる[35]。単年度予算の枠や国の制度に縛られないために，自治体や被災者からの評価が高い財源である。
義捐金	他の財源と異なり，国ではなく，民間による支援制度である。日本赤十字や中央募金会を通して集められた義捐金が，国・県・市町村の義捐金配分委員会の決定に基づき，被災者への支援に充てられる。

治体を財政面から支援する。そして自治体は，国から一般の事業の枠内，あるいはさまざまな特別制度に基づいて割り増しされた補助金・交付金を受けて復興事業を実施する。表11に，復興財源となり得る主な制度を挙げる。

東日本大震災のような大規模災害の場合には，従来の制度だけでは被災自治体の負担は非常に大きくなる。そのため，「東日本大震災に対処するための特別の財政援助及び助成に関する法律」により，自治体が行う災害復旧事業への国庫負担の拡充を行った。また

復興庁は，集中復興期間（2011年度から2015年度）には復興事業の復興特別会計による全額国費負担を導入し，自治体の負担軽減を図った。これらの負担軽減措置は，集中復興期間後も概ね継続されているが，全国共通の課題への対応との性質を併せもつ事業については，被災自治体に一定の負担を求める方針となった。

被災地の復興を支えるのは国からの資金だけではなく，市民や企業等からの支援も大きな役割を果たしている。代表的なものとしては，被災者に対し

35）雲仙普賢岳噴火災害や奥尻島津波災害では一部義捐金からも拠出された。東日本大震災では，復興基金に対して国の特別交付税による措置が取られた。

表12　東日本大震災の被災自治体への応援職員※

	被災県庁 への派遣（人）	被災市町村 への派遣（人）	合計（人）
自治体からの派遣	626	1,603	2,229
任期付職員の採用	953	443	1,401
民間企業等の従業員の派遣（採用）	10	44	54

※総務省資料より。2014年4月1日時点。

てお見舞金等の名称で支払われる義捐金制度，被災自治体の復興事業に活用される寄付金・ふるさと納税制度，被災地で活動するNPOやボランティア団体等への寄付などがある。これらのお金も，被災者や被災地の復旧を後押ししている。

東日本大震災に際しての，復興予算・決算の具体例については本節第2項で述べる。

(4) 連携による復興推進体制
公的機関との連携

災害による被害が大きく復興事業が膨大な量となると，その事業を担う職員の不足が問題となる。特に復興土地区画整理事業などの面的整備事業や，復興公営住宅のための用地買収・設計・発注等では，土木・建築の技術職の不足がボトルネックとなる。従って，人的な面での，国や被災地域外の自治体，関連組織等との連携が欠かせない。阪神・淡路大震災や東日本大震災では，不足する職員を補うために国や被

災していない自治体から応援職員の派遣を求めるとともに，都市再生機構（阪神・淡路大震災当時は住宅・都市整備公団）への業務委託や任期制職員の採用等の対策を取った。

表12は，2014年4月時点で，東日本大震災で被災した自治体に派遣されている応援職員の人数である。被災地外の自治体からの応援の他に，任期付職員の採用や民間企業等からの派遣による増員が図られている。自治体から派遣された応援職員の職種別の人数は，一般事務（用地関係事務を含む）が965人，土木が777人，建築が167人，その他が320人である。自治体派遣の総人数は，発災年の2011年には2460人（2011年7月1日時点）だったが，翌年1月時点では804人と一旦減少した。しかし，その後は，復興事業の本格化に伴って再び増加し，2014年は2229人，2015年には1407人（いずれも4月1日時点）と推移している。

民間との連携

国や自治体は，平時からできるだけ余剰人員を抱えないようにしているため，災害時とは言え，被災地に向けて無尽蔵に職員を派遣することはできない。したがって，被災者の意向を反映した復興計画の策定や，被災者に対して長期にわたるきめ細かい対応をするためには，行政の連携だけではなく，市民や地域，NPO等との連携が不可欠である。阪神・淡路大震災の例では，復興事業を進める段階で，行政と被災者をつなぐ「被災者復興支援会議」や，被災者やNPOを支援する「生活復興県民ネット」が設置された。また産業復興においても，「財団法人阪神・淡路産業復興推進機構（HERO）」が民間企業と行政により組織され，企業誘致や起業支援等を通した産業復興施策が推進された。

これらの連携の動きは，その後の災害復興にも引き継がれた。2004年の新潟県中越地震では，2005年に地域復興のための中間支援組織「中越復興市民会議」が設置され，集落・被災者と行政との橋渡しを行い，さらに2006年には産官学民連携を進める組織として「社団法人中越防災安全推進機構」が設立された。新潟県中越地震で導入された復興推進員を被災地域に派遣する仕組みは，東日本大震災にも復興支援員等の名前で引き継がれている。

復興支援員

復興支援員とは，「被災地に居住しながら，被災者の見守りやケア，集落での地域おこし活動に幅広く従事する」者のことを言う（総務省「復興支援員推進要綱」2012年1月6日通知）。例えば，東松島市は条例で「復興まちづくり推進員設置要綱」を定めている。同要項は，復興推進員の業務として以下の各項を挙げている。

(1) 生活再建を中心とした住民の生活支援
(2) 見守り支援関係団体との連携
(3) 被災地域を中心とした地域コミュニティの支援
(4) 地域の維持・活性化に係る活動
(5) 地域の情報収集及び情報提供の活動
(6) 月及び週単位の行動計画の作成
(7) 前6号に掲げるもののほか地域力の維持活性化に資するために必要と認められる業務

復興支援員には，被災者と行政の間を繋ぐための知識と技能が要求される。そのため，JICA（国際協力機構）は，復興支援員の養成と派遣を進めている。復興支援員を設置する地方公共団体は，支援員の報酬および活動費に

ついて，震災復興特別交付税による財
政措置を講じることができる。2014
年度は，東日本大震災の被災地の20
団体（3県17市町村）に449名，
2011年3月12日の長野県北部地震で
被災した長野県栄村に3名，計452名
の復興支援員が従事している。

(5) 復興の評価・検証と災害教訓の伝承

復興事業がある程度進んだ段階で，
地域の復興状況を定期的に検証・評価
し，その結果に応じて復興計画や復興
事業の見直しをする必要がある。阪
神・淡路大震災では，兵庫県，神戸市
は5年目，10年目に大規模な検証事
業を実施した（新野2003，林2006他）。
兵庫県の「復興10年総括検証・提言
事業」では，復興のための体制づくり，
法整備，計画策定，復興事業の推進と，
復興の時系列に沿った検証を行い，さ
らに健康福祉，産業・雇用，まちづく
り等の分野別の検証・提言を行ってい
る。例えば，災害医療についての検証
によって，広域災害・救急医療情報シ
ステムの構築や，災害医療コーディ
ネータの権限強化などの必要性が提言
された[36]。

被災や応急対応，復興の経験を他の

地区や次の世代に伝えることも，被災
自治体が担うべき重要な役割である。
阪神・淡路大震災から9年目の2004
年に，兵庫県は国の支援を得て，震災
の教訓を集め伝える拠点として「人と
防災未来センター」を設置した。セン
ターには震災当時の資料や映像が管
理・保存され，一部は解説を付けて展
示されている。多くの語り部やガイド
のボランティアが在籍し，年間約50
万人の来館者を迎えている。神戸市で
は，防災教育副読本「幸せ運ぼう」の
作成をはじめ，学校での防災教育に力
を入れている。

しかし，世代を経るに従って，災害
の伝承は困難になるのが常である。阪
神・淡路大震災の被災自治体では，既
に7割の職員は震災を経験しておら
ず，教訓の伝承に苦心している。災害
の体験から得られた教訓が，実際に防
災意識の向上や，防災・減災のための
投資への理解を高めることができてい
るかは，常に検証しておく必要がある。

2. 復興予算

大規模な災害からの復興には，莫大
な資金が必要である。早期の復旧・復
興が望まれる一方，復興資金の使い道
に，国民は等しく関心を寄せる必要が

---

36) 第6章「災害医療」の各節を参照。

ある。ここでは，東日本大震災の例に沿って，復興財源の流れを追ってみることにする。

(1) 国の復興予算

大災害が発生すると，通常の年度当初予算の枠内では復興の経費を捻出することができない。そのため補正予算

が組まれる。東日本大震災からの復興に当たって，国は，表13のように補正予算を組んで復興財源を確保した。

第1および第2次補正予算では，災害救助等の応急対応の費用が計上された。被災県が復旧・復興のために独自に支出できる財源として，地方交付税交付金が支給されている。本格的な復

表13　2011年度の東日本大震災関係に係る補正予算の概要

2011年度補正予算東日本大震災関係経費	金額（億円）	内訳	（億円）	備考
1号（4月22日）	40,153			
		災害救助等関係経費	4,829	
		災害廃棄物処理事業費	3,519	
		災害対応公共事業費関係経費	12,019	公共土木施設等
		施設費災害復旧費等	4,160	学校施設等
		災害関連融資関係経費	6,407	事業再建融資等
		地方交付税交付金	1,200	
		その他	8,018	自衛隊等活動経費・医療保険料減免・被災者生活再建支援金等
2号（7月5日）	19,983			
		原子力損害賠償法等関係経費	2,754	
		被災者支援関係経費	3,774	被災者生活再建支援金補助金
		東日本大震災復旧・復興予備費	8,000	
		地方交付税交付金	5,455	
3号（10月21日）東日本大震災関係経費	117,335			
		災害救助法等関係経費	941	
		災害棄物処理事業費	3,860	
		公共事業等の追加	14,734	施設費等（鉄道施設等）66億円
		災害関連融資関係経費	6,716	
		地方交付税交付金	16,635	
		東日本大震災復興交付金	15,612	
		原子力災害復興関係経費	3,558	除染経費等
		全国防災対策費	5,752	
		その他東日本大震災関係経費	24,631	
		年金臨時財源の補てん	24,897	
合計	177,471			

興のための財源は，発災後半年以上が経つ 10 月 21 日にようやく決定を見た。

表 13 にあるように，2011 年度の 3 次にわたる補正予算の総額は約 17.7 兆円である。しかし，第 3 次補正予算の「年金臨時財源の補てん」は，第 1 次補正予算において震災復興に充てるために，基礎年金国庫負担を約 2.5 兆円減額したのを補てんするための処置である。従って，直接的に震災復興に用いられたのは約 15.2 兆円と言える。

その 15.2 兆円の中でも，第 3 次補正予算の内訳にある「全国防災対策費」は今震災の復旧・復興のためとは言えないし，「その他東日本大震災関係経費」の中でも，「震災を契機に，生産拠点を日本から海外に移転するなど，産業の空洞化が加速するおそれがあること」に対する対策費として「立地補助金」5000 億円が計上されるなど，復旧・復興のための直接的な予算措置とは解釈できない項目が少なからず含まれている。塩崎（2013）は，第 3 次補正予算の「東日本大震災関係経費」から「年金臨時財源の補てん」を除く 9.2 兆円の少なくとも 1/4 は，被災地に直接向けられたものではないと試算している。

2011 年 12 月に復興庁が新設され，2012 年度以降は年度当初予算の中に復興特別会計が組まれるようになった。復興庁によると，2011 年度から 2014 年度までの累計で，復興関連の予算執行額は 23.9 兆円にのぼる（復興庁 2015）。復興特別会計が組まれたことによって，全体の見通しが良くなったが，上述のように，その中には東日本大震災の被災地にどれだけの税金が投入されたのかが不透明な項目が含まれている。東日本大震災からの復興は，今後も起こり得る大災害の復興政策に影響するものであるから，より

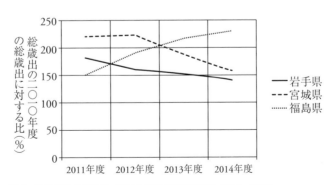

図 3　被災三県の総歳出（2010 年度の総歳出に対する比（％））

独立性の高い予算措置が望まれる。

(2) 東日本大震災被災三県の震災後の歳出

総務省がまとめた「都道府県決算状況調」[37]の「目的別歳出内訳」を参照して，被災三県（岩手県，宮城県，福島県）の震災後の歳出がどのように変化したかを見てみよう。

各自治体のHPにも，それぞれの一般会計の決算表が掲載されているが，自治体によって歳出の分類が異なるため，相互に比較する目的にはそぐわない。その点，総務省の資料は，定められた方式で作成されているので好都合である。図3は，2011年度から2014年度について，各県の総歳出が2010年度の総歳出の何倍に達したかを示す図である。復興事業の影響で2011年度は，岩手県182％，宮城県221％，福島県151％と，いずれも膨らんでいる。しかし，その後の推移は，岩手・宮城両県と福島県とでは異なる。前者が，震災発生直後の2011年度から2014年度にかけて漸減傾向にあるのに対し，福島県はむしろ増加傾向にある。これは，後述するように，原子力発電所事故の影響を反映していると考えられる。

2010年度の歳出を平時の歳出とすると，2011～2014年度の各歳出から2010年度の歳出を差し引いた額を，震災による歳出の増分と見ることができる。図4に，岩手県と宮城県の総務費，民生費，衛生費，および災害復旧費の歳出増額分を，年度を横軸にとっ

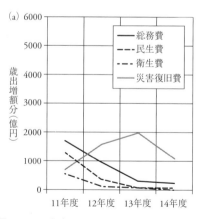
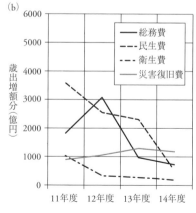

図4　2011年度から2014年度までの（a）岩手県と（b）宮城県の主な歳出増額分（2010年度歳出との差）

37）総務書HP「都道府県決算状況調」，2016年5月2日閲覧。

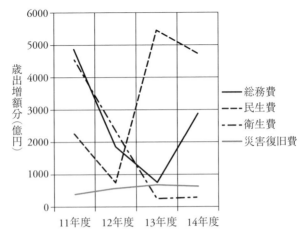

図5　2011年度から2014年度までの福島県の主な歳出増額分（2010年度歳出との差）[38]

て作図した．総務省による歳出内訳には，議会費，総務費，民生費，衛生費，労働費，農林水産費，商工費，土木費，警察費，教育費，災害復旧費，公債費，諸支出金があるが，煩雑さを避けるため，増額の主たる部分を占める上の4項目のみを図に打点した．図5に，福島県の歳出の増額分の推移を示す．

いずれの県でも総務費の増額分が大きい部分を占めているが，これは国の支援金を一時的に基金として積み立てていることによる．県は，復旧・復興事業の進行に応じて，これを取り崩して支出する．その際，積み立ては歳出に，取り崩しは歳入として計上されるのである．従って，総務費の増額は，ここではこれ以上取り上げる必要はない．

岩手県と宮城県の民生費の増額分は，主に災害救助費が占める．仮設住宅の建設費や「みなし仮設」の借料も，ここに含まれる．岩手県（図4a）と宮城県（図4b）を比較したとき，宮城県における民生費が岩手県の数倍に及ぶのは，例えば全壊家屋の数において岩手県の1万9595棟に対し，宮城県では8万2998棟もの家屋が全壊したことを反映していると考えられる

38）福島県のHPにある決算書では，2013，2014年度は衛生費が突出しているが，ここに挙げた総務省の資料では民生費の増分が大きい．これは，除染事業費を，福島県では主に衛生費として計上しているが，総務省の決算統計上の取り扱いでは，民生費に計上することとされているためである．

（消防庁 2015）。

災害復旧費は，図の期間内では2013年度にいずれの県においても最大増を記録している。特に変化の大きい岩手県の場合は，2012，2013年度の災害復旧費は，災害廃棄物（震災瓦礫）の処理費用がピークを迎えたことによる。その他には，農林水産施設（特に漁業用施設）の復旧による増分が大きく，そういった施設の復旧が軌道にのってきたことを窺わせる。

上にも触れたように，福島県は，地震・津波による被害に福島第一原子力発電所の事故による影響が重なったため，被災三県のうちでも他の二県とは異なった復旧・復興の状況が見られる。2011，2012年度の衛生費の増分は，主に健康調査事業のためであるし，民生費が，2013，2014年度に急増したのは，主に除染事業の本格化による。原発事故の影響が，県の財政に与える影響の大きさがうかがわれる。同県の災害復旧費が，他の二県に比べて少ないのは，原発事故によって警戒区域等に設定された地域において，災害復旧事業が進んでいないことが要因と考えられる。

(3) 復興事業の例「三陸鉄道の復興」

復興財源の使途の具体例として，三

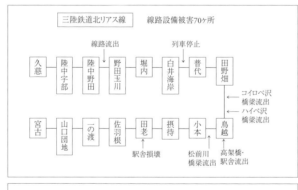

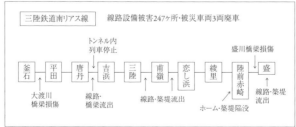

図6　東日本大震災における三陸鉄道の主な被害状況

陸沿岸地方の交通を支えてきた三陸鉄道の復興を概観しよう。

三陸鉄道は久慈から宮古までの北リアス線71kmと，釜石から盛までの南リアス線36.6kmの2路線を有する第三セクター鉄道である。主要な株主には，岩手県と沿線各市が含まれる。

図6は，東日本大震災における三陸鉄道の主な被害状況である。運行中の列車もあったが，的確な避難行動によって乗員，乗客とも津波等による被害は回避できた。しかし，線路や橋梁が9ヶ所で流出するなどの甚大な被害を受けた。それにも拘わらず，震災から5日後の3月16日に，被害が比較的軽微だった久慈—陸中野田間で「災害復興列車」を運行した。続いて，宮古—小本間の線路上の瓦礫の撤去を自衛隊に要請し，3月20日には宮古—田老間で，29日には田老—小本間で運行を再開した（国土交通省2012；品川2014）。

このような復旧作業と並行して，南北リアス線の完全復旧に必要な経費の見積もりを行い，約110億円の経費が必要であることを算出した。そして，5月9日に関係8市町村と三陸鉄道の連名で，岩手県知事宛てに「三陸鉄道の復旧に関する緊急要望書」を提出した。これを受けて6月29日に，岩手県は国に対し「災害に強い交通ネット

ワークの構築に関する緊急要望」を提出した。その中で，「壊滅的な被害を受けた三陸鉄道の施設復旧に際しては，地元自治体や事業者の負担のない国による新たな制度の創設又は現行制度の補助率を最大限引上げること」等を要望した。これは，既存の鉄道軌道整備法では，国と関係地方自治体が，災害復旧事業の費用の1/4をそれぞれ負担し，残り1/2を鉄道事業者が負担することになっているからである。被害の甚大さと鉄道の公共性から，鉄道事業者への負担を軽減する特別な措置を要望したのである。

結果的に，国はこの要望を受け入れ，国の平成23年度第三次補正予算（表13（p.189））において，国と地方自治体が負担を分担し，自治体の負担についても震災復興特別交付税によって措置することとした（国土交通省2011）。そして，被災鉄道の復旧事業に要する経費（65.6億円）のうち，三陸鉄道の復旧には54億円が見込まれた。

このような国の支援を受けて，岩手県は，平成23年度補正予算において，三陸鉄道復旧事業費補助金として45億円を当てた。その財源は国から22.5億円，県から10.8億円，市町村から10.8億円である。ただし，上述のように，県および市町村の負担は，第三次

補正予算に伴う地方交付税交付金から賄われた。続いて国は，平成24年3月23日に「震災復興特別交付税」を決定し，岩手県には，985.8億円が割り当てられた。これを受けて岩手県は，三陸鉄道に平成24年度の当初予算で45億円，平成25年度当初予算で18億円を計上した。こうして，三陸鉄道の復興に必要と見積もられた額のほぼ全額108億円の予算措置が行われた。

これらの資金を得て三陸鉄道は復旧事業を実施した結果，2014年4月に南北リアス線全線復旧を果たした。

108億円の予算措置を得たが，総額91億円で完了することができ，残余は国に返還された。これは，自衛隊の協力によって瓦礫撤去に費用が掛からなかったことと，復旧への早期の着手によって資材や工事費が高騰する前に契約できたこと，工事関係企業の協力などによる（三陸鉄道社長・望月正彦氏談）。被災後の早い段階での県および国への働きかけ，そしてそれを受けての予算措置が早期の復興を可能にした例と言えるだろう。

（紅谷昇平・中井　仁）

第4節　復興期の生活——応急仮設住宅

災害直後に避難所に一時避難した被災者のうち，自力では居住先を見つけられない人の居住環境を安定させるために，都道府県は応急仮設住宅（以下，仮設住宅）を建設しその需要に充てる。

阪神・淡路大震災（1995年1月17日発災）の時は，兵庫県はすぐさま仮設住宅の建設にかかり，同年2月に入居開始，11月には4万6617世帯が入居した。当初は2年間とされた入居期限は三度にわたって延長され，発災から5年を迎える2000年1月14日に，最後の入居世帯が転出した[39]。

東日本大震災（2011年3月11日発災）では，全国7県で約5万3000戸が必要とされ，建設がほぼ完了したのは11月だった。震災から約5年経った2016年1月時点で，まだ6万784人（2万9410戸）が仮設住宅での生活を強いられ，みなし仮設住宅と称せ

39）神戸新聞HP「データでみる阪神・淡路大震災」，2017年7月4日閲覧。

られる民間借上げ住宅には7万1141人（3万1042戸）が居住している（復興庁 2016）。避難所から仮設住宅，そしてそれぞれの安定した住環境へというのが，被災者が辿る復興への道のりであるが，想定を超える長期にわたる仮設住宅暮らしを通して，様々な課題が浮かび上がってきた。

本節では，特に断らない限り，プレハブ建築による仮設住宅に関する諸問題を取り上げる。「みなし仮設住宅」の問題点は，最後に簡単に触れる。

1. 仮設住宅とは

仮設住宅は，住家の全壊等により居住する家を失い，自らの資力では住宅を得ることができない被災者に対して，2年間を限度に無償で貸し出し，一時的な居住の安定を図るものである（災害救助法第23条第1項第1号）。法律上は，仮設住宅応募には，被災者証明および資力に関する証明が必要である。しかし，大規模災害では行政機能の低下もあって，証明書発行の需要に即応できないため，これらの手続きは入居後に行われることが多い。

(1) 仮設住宅の仕様

一戸当たりの広さについての規格は，災害救助法制定当時（昭和22年）は5坪だった。その後，あまりに狭い

ということで，8坪の時代が長く続いたが，阪神・淡路大震災の翌々年の平成9年に再改定され，9坪が基準となった。仮設住宅建設に係わる国の補助限度額は，一戸当たり240万1000円である（内閣府「応急仮設住宅の概要」）。ただし，これは国が都道府県に対して交付する救助費の支出基準であって，都道府県が独自にこれを上回る額を仮設住宅に投入することは可能である。東日本大震災では，土地造成費，集会所等共用棟を含む一棟当たりの建設費は約600万円だった（津久井・他 2013）。

一家族に提供される仮設住宅の広さは，都道府県（政令指定都市の場合は市）によって異なる。自治体からの建設要請の大半を引き受けている一般社団法人プレハブ建築協会は，単身用として1DK（5坪），2〜3人用として2DK（9坪）（図7），4人以上用として3K（12坪）の参考間取図を挙げている。ただし，実際に建設に当たるプレハブメーカーによって，間取りや寸法は異なる。また，家族人数と間取りとの関係も，供給量との関係で4人家族が2DKの仮設住宅に住むなど，この通りにはいっていないケースもある。

これらの標準タイプの他に，阪神・淡路大震災後の神戸市などでは，「高齢者・障害者向け地域型仮設住宅」（通

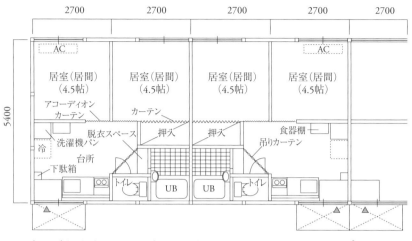

図7 プレハブ建築協会による標準プラン。小家族2〜3人用2DK（9坪（約29.7m^2））。図は2戸分を描いている。[40]

称：地域型仮設）が，市街地域内での要援護者対策として建設された。これは二階建ての仮設住宅で，4畳半，あるいは6畳の個室が中央の廊下を挟んで並び，トイレや風呂，炊事場などは共用である（「寮タイプ」と言われることもある）。地域型仮設の中には，介護ヘルパーの職員が24時間常駐する「グループホームケア」型や，生活支援員が派遣される「生活援助員派遣」型もある。また，一般の単身もしくは2人世帯向けの「一般向け地域型仮設住宅」も建設された。地域型は，阪神・淡路大震災において，用地の限られる既成市街地内に建設する仮設住宅として有効だった。

(2) 仮設住宅の住環境

当初は入居期間2年を想定したプレハブ仮設住宅であるが，居住期間が延長されるに従って，構造上の様々な問題が明らかになってきた。一般的な仮設住宅では，鉄製の柱が外気と直接触れるために冬季は室内側の柱でひどい結露が生じる。また，阪神・淡路大震災では断熱材が用いられなかったため，夏・冬の室温は居住に適したものとは言えなかった。

新潟県中越地震（2004年10月23日）では，豪雪地帯であることから，仮設住宅は2mの積雪に耐えられる構造を持たせ，天井裏には100mmの断熱材を施した。その他，屋根から雪を

---

40) 一般社団法人プレハブ建築協会HP，2017年3月29日閲覧。

下ろしやすいように棟の間隔を広くとったり，敷地内を舗装したりするなどの工夫がされた。しかし，室内の暖かく湿った空気が屋根裏に入り，積もった雪で冷やされた屋根の折板（鋼板製の屋根材）に触れて結露し，それが天井から室内に滴り落ちるなどした。そのため，天井裏に換気扇を設置したり，天井を目張りするなどの応急対策が講じられた（木村 2008）。

ほとんどの仮設住宅は，前出のプレハブ建築協会を通して協会に属する全国のプレハブ関連業者が建設するが，ごく一部は，被災地および周辺の地元工務店によって木造仮設住宅が供給された。被災者雇用と地域産材の活用ができる木造仮設住宅は，断熱性，結露対策にすぐれ，概ね入居者に好評だった。ただ，供給量は少なく，東日本大震災では必要戸数の 1 割程度に留まった。また，建設工期が長くなる傾向があった。

2. 仮設住宅建設用地

仮設住宅の建設用地は公有地等の利用を想定している。従って，仮設住宅設置のために支出できる費用には，土地の借料は含まれないこととなっている（厚生省通知「災害救助法による救助の実施について」1985 年 5 月 11 日）。従って，公有地だけでは用地が確保できない場合，私有地借り上げのための費用は都道府県の負担となっていた。しかし，東日本大震災では，被害の甚大さを考慮して，土地の賃料についても災害救助法の対象とすることが認められた（厚生労働省通知「東日本大震災に係る応急仮設住宅について」2011 年 4 月 15 日）。それでも，利用できる土地には限りがあり，用地の確保が，速やかな仮設住宅建設の要請を満たす上での大きな課題であることに変わりはない。

阪神・淡路大震災の復興期に神戸市は，仮設住宅用地として市街地内の公園を利用したが，大規模な被災焼失地区に震災復興区画整理を計画したこともあって，失われた戸数分の住宅を建設するだけの用地を確保することはできなかった。そのため，湾岸埋め立て地や人口島，あるいは郊外のニュータウンなど，旧地区から離れた場所に仮設住宅を建設した。そのような仮設住宅団地では，生活に必要な店舗や公共施設が整っていないことが問題となった。芦屋市では，公園や未利用地の他，民有地の提供も受けたが，それでも足りずに小中学校のグラウンドに仮設住宅を建設せざるを得なかった。当初は，1 年間の約束で建設したが，結局グラウンドから仮設住宅を撤去できたのは 1998 年 8 月末であった。その 3 年半

余りの間,学校はグラウンドを使えず,体育の授業などに支障をきたした。

　東日本大震災では,津波被災地の岩手県と宮城県の三陸沿岸は,もともと平地が少なく,まとまった広さの建設用地の確保が難しかった。ただ平地であればよいというわけではなく,津波で浸水被害を受けていない安全な場所でなければならない。さらには電気,上下水道といったライフラインや道路が整っていることや,大規模な造成が必要ないこと,すぐに着工できること,最低入居期間である2年間以上借りられる土地であることなどの条件を満たさなければならない(日本赤十字社2008)。用地確保の困難が,速やかな仮設住宅建設を妨げる大きな要因となったため,農林水産省から市町村および農業委員会に,転用可能な農地についての情報提供への協力要請が行われた(農林水産省農村振興局長通知,2011年4月15日)。

3. 入居者決定方法

　仮設住宅の建設完了に合わせて,市町村は入居者を募集する。大規模災害では,多数の入居希望者に対応するために,入居者の選別をしなければならない。阪神・淡路大震災時に神戸市は,災害弱者支援の観点から,仮設住宅入居の優先順位を次のように定めた。

第1順位:高齢者だけの世帯(60歳以上),障害者のいる世帯(身体障害者手帳1・2級,療育手帳Aランク),母子家庭(子どもが18歳未満)

第2順位:高齢者のいる世帯(65歳以上),乳幼児のいる世帯(3歳以下),18歳未満の子どもが3人以上いる世帯

第3順位:病弱な人・被災により負傷した人・一時避難により身体の衰弱した人のいる世帯

第4順位:上記の3つの区分に当てはまらない世帯

　この順位づけに従って,入居者を決定していった結果,第1次および第2次募集が「優先順位・第1位」のみからの抽選となり,「第1次・第2次募集団地」=「要援護者の団地」という図式が生まれた。一方,第3次募集〜第10次募集では,優先順位第2位以下も含まれるようになり,入居世帯は平均50歳代となり,若い世代も含まれた。このような入居者決定方法は,当初は,要援護者優先の意味で人道的な方法と考えられたが,入居後の団地内における自治組織の形成が困難となり,要援護者のケアそのものにも支障をきたし,団地内での孤独死が大きな社会問題となるに至った(神戸弁護士

会 1997)。

このような阪神・淡路大震災時の仮設住宅入居者の決定方法は，大きな教訓を残した。新潟県中越地震や能登半島地震（2007 年 3 月 25 日）では，地域単位に，できるだけ元の地域に近い仮設住宅団地に入居できるよう配慮がされた。日本赤十字社の「応急仮設住宅の設置に関するガイドライン」（日本赤十字 2008）でも，「応急仮設住宅の入居者募集計画の作成にあたっては，被災者の生活圏や地域コミュニティを考慮するとともに，特定の年齢階層に偏ることのないよう，入居者層のバランスに留意する」ことを謳っている。

しかしながら，具体的に募集方法を選択するにあたっては，災害弱者の保護と公平性との均衡が難しい問題となる。岩手県大槌町は，沿岸部の平地が被災したため，仮設住宅はわずかに残った山間部の狭い平地に広く分散して建設された。仮設住宅入居決定は，要援護者世帯を優先し，仮設住宅の建設完了の都度に，応募・抽選を行ったため，元あったコミュニティが分断されてしまう結果となった（井上・他 2012）。

一方，宮城県仙台市では，2011 年 4 月 11 日から開始した仮設住宅等入居申込の第 1 次募集において，地域コミュニティ維持を目的として，原則として単独世帯ではなく 10 世帯以上のグループ単位で入居する「コミュニティ申込み」という仙台市独自の方式を採用した。対象となった住宅は，プレハブ仮設住宅 233 戸と，市営住宅および企業社宅 138 戸である。しかし，コミュニティ単位での申込件数はプレハブ仮設住宅への応募は 3 件（入居決定 25 戸），その他の住宅には 5 件（入居決定 58 戸）に留まった。入居を希望する被災者からは，「近所にいた知り合いがどこに避難しているのか分からない」「募集期限内に 10 世帯以上のコミュニティを形成するのは難しい」「同じ避難所にいても 10 世帯以上でまとまるのは難しい」「引越ししてきたばかりで被災し，近所の人が分からない」といった意見が寄せられた（仙台市 2013）。

厚生労働省は，4 月 15 日の通知文「東日本大震災に係る応急仮設住宅について」で，「仮設住宅の入居決定は，高齢者・障害者等の個々の世帯の必要度に応じて決定すべきであることから，機械的な抽選等により行わないこと。従前地区のコミュニティを維持することも必要であり，単一世帯毎ではなく，従前地区での数世帯単位での入居方法も検討すること。また，入居決定に当たっては，応急仮設住宅での生

活が長期化することも想定し，高齢者・障害者等が集中しないよう配慮すること」と指示した。しかし，仙台市の例に見るように，被災直後の混乱状態の中で，入居後の地域づくりをも視野に入れた入居者の決定は難しく，まだ確立された方法はない。

4. その他の課題

東日本大震災では，プレハブ建築による仮設住宅の他に，民間賃貸住宅の借り上げや，公営住宅，企業社宅の利用などについても，災害救助法の弾力的運用が認められた。これらのプレハブ建築以外の仮設住宅は，通称「みなし仮設」と呼ばれた。その戸数は，プレハブ建築による仮設が約5万3000戸であったのに対し，公営住宅等が約1万9000戸，借上げ仮設住宅が6万7000戸と，みなし仮設がプレハブ仮設を上回った（米野 2012）。

みなし仮設は，居住期間を2年間とした場合は，プレハブ建築に比べて費用を低く抑えることができ，居住性も良い。また，既存の建物なので入居までの期間を短くすることができる。このような利点がある一方，居住が長期化した場合の賃貸料の負担をどうするか，プレハブの仮設住宅に入居している被災者との不公平感などの問題がある。居住者にとっても，津波被害を受けた地域では，借上げ住宅の場合は遠く離れた地域に分散して住まざるを得ず，以前のコミュニティから分離し，被災者支援を受けにくい，などの問題がある[41]。

仮設住宅の供与期間は，建築工事完了日から2年以内とされている（内閣府「応急仮設住宅の概要」）。しかし，上記のように阪神・淡路大震災では仮設解消に5年かかり，東日本大震災では，発災5年後の2016年3月になっても，多くの被災者が仮設住まいを強いられている。長引く不安定な住環境からくる心身の疲労の蓄積が懸念される。居住者の要望を取りまとめる自治会の形成や，住環境改善のための施策など，長期化する仮設居住への対応とともに，災害公営住宅（通称：復興住宅）の建設など，恒久的な住宅建設に向けての支援が大きな課題となっている（内閣府 2015）。

（中井　仁）

---

41) 大水（2013）は，みなし仮設への居住期間が3年以上になった場合は，家賃補助がプレハブ建築の費用を上回る可能性があること，また，1戸ごとに毎年契約書を交わす必要があるため，行政への負担が大きいことを指摘している。

第5節　津波被害と防災集団移転

青森県から岩手県，宮城県にいたる三陸沿岸地方は，歴史上何度も津波による被害を受けてきた。「宮城県昭和震嘯史」（宮城県 1935）には，貞観地震津波（869 年）から昭和三陸地震津波（1933 年）まで，大小の被害をもたらした 21 件の津波の記録がある（首藤 2011）。

死者 2 万 1959 人を出した明治三陸地震津波（1896 年）[42] の後，三陸地方一帯の集落で住家の高地移転が試みられ，そのうち 7 ヶ所では集団移転が行われた（首藤 2011）。しかし，そのほとんどが 10 年経過した辺りから，多くの住民が海浜近くの元の土地に戻っていった。その主な理由は，高地の居住地が浜から遠い，飲料水が不足する，交通の便が悪いなどである。元に戻らなかった家族の移動後の跡地にも，分家した親族が家を建てたり，他村からの移住者が居住するなどして，以前にも増して低地居住者が増えた結果，37 年後に発生した昭和三陸地震津波で再び甚大な被害を受けた。同じ

ことが，東日本大震災でも多くの地区で繰り返された。しかし，そういった中でも，低地への住家建築が厳しく戒められ，東日本大震災の被害を軽微に抑えることに成功した地区もあった。

1. 明治・昭和三陸地震津波後の高地移転の例

(1) 岩手県下閉伊郡山田町田ノ浜

図 8 に，明治三陸地震の 20 年後（1916 年），昭和三陸地震の 55 年後（1988 年），そして東日本大震災後の，山田町田ノ浜地区の地形図を挙げる。

同地区は明治三陸地震津波によって大きな被害を受け集落の後背傾斜地を造成したが，数年のうちに低地に帰る者が続出し，20 年後の 1916 年には図 8 (a) に見られるように，海岸線付近を中心に家屋が再建された。昭和三陸地震津波（1933 年）で再び低地の家屋 256 戸のうち 188 戸が流失した。改めて後背傾斜地を造成し，整然とした 240 戸分の区画を整備したが，55 年後の地形図（図 8 (b)）に見るように，

---

42) 気象庁 HP「過去の地震津波災害」，2017 年 2 月 4 日閲覧。

第 3 章　災害と行政　第 5 節　津波被害と防災集団移転　| 203

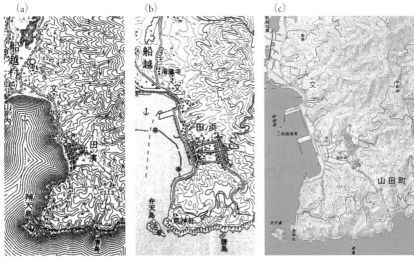

図 8（口絵 21 参照）　岩手県下閉伊郡山田町田ノ浜周辺の地形図（国土地理院）。(a) 1916 年（大正 5 年）測量版（5 万分の 1）。(b) 1988 年（昭和 63 年）修正版（5 万分の 1）。(c) 地理院地図（2017 年 4 月 8 日閲覧）。

やはり低地への住家建設を抑制することができなかった。2011 年の東日本大震災では，津波による浸水は高台の宅地まで達したが，高台での被害はほとんどなかった（地震後の火事で一部が焼失した）。しかし，低地では 324 棟が全壊した（岩手県 2013；岩手県山田町 2015）。田ノ浜地区の北側にある山田町立船越小学校（図 8 の地図記号「文」）も壊滅的な被害を受けた。震災後は，隣接する山地を造成して新校舎を建築し，同地で 2014 年 4 月に再開した。

この他，釜石市両石地区や唐丹地区などでも，一旦は高地移転をするが，その後の規制が効かず，再び低地での建設が行われ，東日本大震災で大きな被害を出した。

(2) 岩手県大船渡市吉浜

東日本大震災に際して高地移転がほぼ全面的に効果を発揮した例もある。大船渡市吉浜（約 500 世帯）の津波痕跡高（図 11 参照）は 17.2m。この大津波によって，長さ 0.9km の防波堤はほぼ全壊したが，家屋の全壊・流失棟数は 5 棟であった（岩手県 2013）。吉浜地区では明治三陸地震津波（1896 年）の後，集落を高地へ移転し，その後も低地に住居を建設しなかった。図 9（a）は，大津波のときの同地区の浸水域を示している。かつては浜寄りを

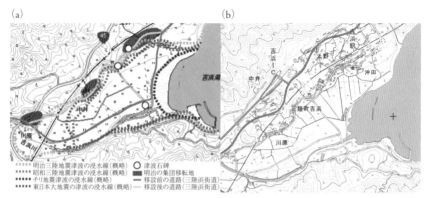

図9（口絵22参照）（a）大船渡市吉浜の津波浸水域（国土交通省 2014）。（b）地理院地図（2017年2月5日閲覧）。

図10（口絵23参照） 吉浜全景。海岸近くの低地は農地として利用されている。津波で農地の大半が浸水被害を受けたが，ほとんどの住家は山寄に建てられており，無事だった。(2017年4月14日撮影)

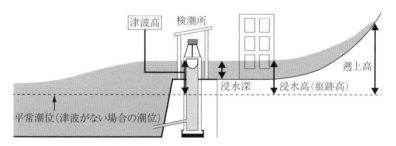

図11 津波の高さを表すために，以下の四つの指標が用いられる。「津波高」は，検潮所における水位の平常潮位からの高さを指す。「津波浸水高（痕跡高）」は，海岸近くの建物に残された津波の痕跡上端の平常潮位からの高さ。「浸水深」は，痕跡の上端から地面までの深さ。「遡上高」は，陸地に侵入した津波の先端部分の平常潮位からの高さを表す。（岩手県 2013）

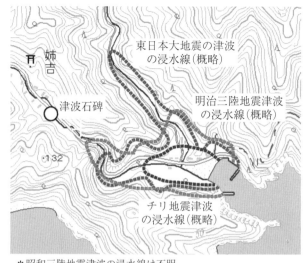

＊昭和三陸地震津波の浸水線は不明

図12（口絵24参照） 岩手県宮古市姉吉の地形図と津波浸水域。昭和三陸地震津波の被害の後，標高60m地点に大津浪記念碑（図の○）を立て，それより海側の住家建築を禁じた。（国土交通省 2014）

通っていた三陸浜街道（口絵22（a），茶色の実線）を高所に移設し（口絵22（a），橙色の実線），集落自身も高所に移転した。国土地理院の地形図（図9（b））および図10でも分かるように，ほとんどの家が移設後の三陸浜街道より山側に建てられている。

(3) 岩手県宮古市姉吉

宮古市重茂地区の姉吉は，V字型の湾が直接太平洋に向かって開いており（図12），明治および昭和三陸地震津波で甚大な被害を受けた。明治三陸地震津波では住民60名以上が死亡，生存者は2名。昭和三陸地震津波では100名以上が犠牲となり，生存者は4

図13 姉吉の津波石碑。「高き住居は児孫の和楽 想へ惨禍の大津浪 此処より下に家を建てるな」と刻まれている。（2017年4月14日撮影）

名だった。昭和三陸地震の後，標高60m地点に「此処より下に家を建てるな」と刻んだ大津浪記念碑が立てられた（図13）。そして，集落は記念碑より高所の，海岸から600m余り離れた

図14 震災以前の田老地区（国土地理院 1/25,000 地形図に加筆）。(①～①) 第一防波堤 1934～1957 年建造。(②～②) 第二防波堤 1962～1965 年建造。(③～③) 第三防波堤 1973～1978 年建造。

場所に移転し，その後，海岸部には漁業施設やキャンプ場が設置されたが，住家は建てられなかった。東日本大震災では，記念碑の手前 70m まで津波が迫ったが，住家は無事だった。

2. 高地移転以外の大規模対策

高地移転以外に三陸沿岸で大規模な津波対策として取られた方策としては，防波堤や水門の建設，および地盤の嵩上げがある。

(1) 巨大防波堤の建設

岩手県宮古市田老では，甚大な被害を受けた昭和三陸地震津波（1933 年）の翌年から巨大な防波堤の建設にかか

り，太平洋戦争による中断を経て，1958 年に全長 1350m の第一防波堤を完成させた（図14）。防波堤は，旧・田老村を囲むように建設され，堤内の避難路の確保のために街区の整理も行われた。1960 年のチリ地震津波のときは，津波は第一防波堤に達しなかったが，防波堤の外だった野原地区（図14 参照）は冠水した（岩手県 1969）。その後，チリ地震対策事業として第二，第三防波堤の建設が進められ，1979 年までに総延長 2433m，高さ 10.45m の防波堤が完成した（岩手県 2013）。しかし，東日本大震災では浸水高最大 15.75m の津波が襲い，第二防波堤が倒壊した（図15）。第一，第三防波堤

図15（口絵25参照） 宮古市田老の防波堤。第一防波堤と第二防波堤の分岐点付近から北東方向を撮影。崩壊した第二防波堤の残骸が一部残っている。（2017年4月13日撮影）

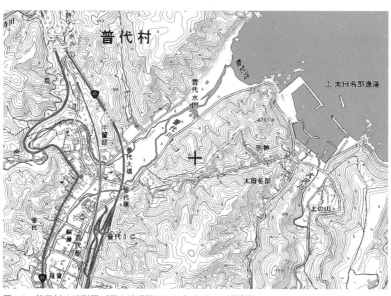

図16 普代村の地形図（国土地理院2017年2月6日閲覧）

は津波の直撃には耐えたが，海水の一部が防波堤を越え，田老地区全体で家屋979棟が全壊あるいは流失した。同地区では，明治三陸地震津波の浸水高が14.6mであったことから，高さ10m余りの防波堤の効果に頼り切っていたわけではなく，避難路の整備や防災訓練を行ってきた。その結果，家屋の被

図17 上流側から見た普代水門（2017年4月13日撮影）

害が明治および昭和三陸地震津波より多いにも関わらず，死者・行方不明者数の全人口に対する割合は3.9％と，前二回の震災における83.1％と32.5％に比べて，顕著に抑えられている。しかしながら，田老地域の死者・行方不明死者数は181人と，宮古市の中では最も多い犠牲者を出した（宮古市の死者・行方不明者は514人）[43]。

(2) 巨大水門の建設

岩手県普代村は，海岸から普代川に沿って約1km余りのところから上流に向かって一千世帯あまりの住宅が建ち並んでいる（図16）。明治・昭和三陸地震津波，およびチリ地震津波（1960年）では，普代川を遡ってきた津波によって村の中心部まで浸水し，甚大な被害を受けた。チリ地震津波後に，普代村は，海岸から約400mの地点に高さ15.5m[44]，横幅205mの水門を建設した（図17）。東日本大震災のとき，津波は水門を越えたが，浸水は水門から上流200m付近で留まった。水門の上流200〜500mには普代小学校と普代中学校があるが，いずれも被害を免れた。また，普代川の河口の南に位置する普代村太田部漁港では，漁業関連の施設に大きな被害が発生したが，水門と同時期に建設された高さ15.5mの防波堤に守られ，住宅の被害はほとんどなかった（岩手県2013）。

---

43) 田老の防波堤の被災状況については，第8章2節「防波堤・河川堤防」を参照。
44) 三陸沿岸の水門や防波堤の高さは10m前後が多く，普代水門の高さは東北一と言われる。

(3) 盛土による津波対策

陸前高田市長部地区と石巻市雄勝地区は，いずれも明治・昭和三陸地震津波で大きな被害を出し，盛土による津波対策の道を選んだ。長部では，元の地盤に約2mの盛土を行い，低地に面した東と南を高さ6.5mの防波堤で囲んだ。チリ地震津波（1960年）では，防波堤外の低地の建物は流失・倒壊した。防波堤内は津波の直撃を免れたが，道路からの浸水があった。東日本大震災時の津波最大浸水深は13.9mで，221棟が全壊した。

3.「集団移転」に関する行政措置
(1) 津波被災地域の建築規制

昭和三陸地震（1933年3月3日）後の同年6月30日，宮城県は「海嘯罹災地建築取締規則」を公布・施行した（宮城県1935；首藤2011）。この条例は，津波被害の可能性がある地区内に建築物を設置することを原則禁止しており，住宅を建てる場合には知事の認可が必要とした。違反者は拘留あるいは科料に処すとの罰則も規定された。しかし，1950年（昭和25年）に建築基準法が施行され，災害危険区域を指定し住宅建築を制限する主体が，都道府県から市町村へと変わり，同規則は実効性を失ったと見られる。これまで災害危険区域の指定は，土砂災害

の可能性がある区域に対して行われていたが，東日本大震災で津波による著しい被害を受けた各市町村では，災害危険区域条例を改正し，新たに「津波による危険の特に著しい区域」を指定区域に加え，指定された区域内の居住用建物の建築を禁じている。また，居住用以外の建築物についても，構造等に関する条件が課せられる。

(2) 防災集団移転への指針

政府によって設置された東日本大震災復興構想会議は，2011年6月に「復興への提言——悲惨の中の希望」を公表した。その中で，被災地の特性が多様なことから，以下の5類型を挙げ，それぞれについて復興への指針を示した。

【類型1】平地に都市機能が存在し，ほとんどが被災した地域

【類型2】平地の市街地が被災し，高台の市街地は被災を免れた地域

【類型3】斜面が海岸に迫り，平地の少ない市街地および集落

【類型4】海岸平野部

【類型5】内陸部や，液状化による被害が生じた地域

本節第1項に取り上げた田ノ浜や田老は類型3に当たる。類型3の地区について，提言は，海岸部後背地の宅地

造成を行うことなどによる住宅等の高台移転を基本とするとしている。また、仙台市立中野小学校、荒浜小学校、東六郷小学校[45]などが立地し、多くの住家もあった仙台湾に面した地域は、類型4に当たる。類型4の地域では、住宅等の内陸部への移転を基本とし、海岸部に防波堤および二線堤[46]を設置するなどの津波対策の検討が必要としている。

　上にも述べたように、明治・昭和三陸地震後の集団移転では、その後の人口増などによって、再び低地での居住が常態化する事態を招いた。漁業を主たる産業とする地域では、移転地が、浜から高度で15m以上、距離で400m以上離れていると、原地復帰してしまうと言う（首藤 2011）。明治・昭和三陸地震当時に比べると、道路が整備さ

れ、自動車が普及した現在では、職住分離は幾分受け入れやすくなっているかもしれない。しかし、地元住民にとっての住み慣れた土地への復帰や、被災を体験していない人たちの流入など、低地居住への圧力は常にかかっており、これらを法的に規制するだけでは限界があるのは目に見えている。逆に、地域によっては、災害を契機とした人口流出に歯止めがかからず、高台移転をしても住民が移転先に戻ってこない場合もある。上記の「復興への提言」が述べるように、住宅や学校、病院、役所等の重要社会施設の高台移転を図ると共に、移転先での地域の再生や低地での産業機能の充実等の方策を合わせて検討する必要がある。

（中井　仁）

■コラム：防災集団移転促進事業

　1972年（昭和47年）12月8日に、「防災のための集団移転促進事業に係る国の財政上の特別措置等に関する法律（防災集団移転促進法）」が公布・施行された。同事業における補助金は事業費の3/4の充当であるため、事業主体の地方公共団体が事業費の1/4を負担しなくてはならない。また、移転促進区域内の住民の同意を得て10戸以上（東日本大震災の被災地では5戸以上）の移転を達成しなくてはならないことなど、実施するには、充足することが容易とは

45）これらの学校が受けた被害、および震災後の状況については、第5章2節「学校の被災から再開まで」を参照。

46）二線堤：防波堤と並行して陸地側に作られる堤防のこと。

第3章　災害と行政　第6節　ハザードマップ　211

言えない条件が付く。1972年〜2006年までに同事業を実施した市町村は延べ35団体，移転戸数は1854戸である。そのうち気象・土砂災害によるものは24団体1039戸，火山災害※によるものは6団体598戸，地震・津波災害によるものは5団体217戸である。この間で移転戸数が最も多かった災害は，1972年7月に熊本県天草を襲った昭和47年7月豪雨で，倉岳町，姫戸町，龍ヶ岳町の三町にわたって計555戸が移転した。東日本大震災に関しては，2015年3月時点で135団体の事業計画が策定済である（統計数値は国土交通省HPに拠る（2017年2月22日閲覧））。　　　　　　　　（中井　仁）

※雲仙普賢岳の災害に対する適用については，第4章5節2項「雲仙火山災害軽減のためのアウトリーチ」を参照。

第6節　ハザードマップ

　都道府県や市町村は，ハザードマップをもとに，様々な災害対策を勘案し，防災訓練や，地域住民の意識啓発を行う。従って，ハザードマップは防災のための基礎・基本となる資源である。対象とする災害の種類と目的によって様々な種類があり，正しく活用するには，それぞれがもつ役割を理解しておく必要がある。

1．ハザードマップとは何か
(1) ハザードとリスク
　ハザードとは，人間に災禍をもたらすもの，危険因子，といった意味の言葉である。自然災害に限ると，ハザードは，洪水や地震動など，人間に災禍をもたらす諸現象を指す。一方，リスクは，ハザードによって生じる被害の可能性を指す。大地震が発生した場合，揺れに弱い建物の多い街は被害が大きく，揺れに強い建物の多い街は被害が小さいことが予想される。同じハザードでも，前者はリスクが大きく，後者はリスクが小さい。

　ハザードマップは，文字通りハザードを示す地図（マップ）である。災害発生に備え，防災・減災に役立てるために作成される地図を指す。例えば，

地震による震度分布を示す地図は，典型的なハザードマップの一つである。一方，建物の全壊率など，被害の程度の分布を予測して示す地図は，リスクマップと呼ぶべきものである。しかしながら，ハザードとリスクの間の境界は，あまり明瞭なものではない。ハザードはリスクの原因となる大きな要素であるが，一次災害のリスクが，二次災害のハザードとなる可能性もある。例えば，地震によって建物が崩壊するというリスクが，地震火災のハザードとなる。このような関係があるので，ハザードとリスクの境界は，はっきりとは決め難いのである。このため，厳密な意味でのハザードマップだけではなく，リスクマップと呼ぶべきものを含め，災害に備えるために作成された地図を広く指して，ハザードマップと呼ぶことが少なくない。本節でも，特に断らない場合は，ハザードマップという言葉を広い意味で使う。

(2) ハザードマップの役割

　防災・減災のために必要な情報には様々あるが，ハザードマップは，そのうちの，避難所の場所などの位置に関する情報，および，浸水被害の程度のような面的な情報を表示する。

　自分の居住地を選択するときに，候補地の災害の危険性を考慮する人は多い。あるいは，居住地の災害の特性に応じて被害の少ないような家屋，例えば浸水する可能性があるところであれば，土地を十分にかさ上げして家を建てる，といった災害対策も考える。いずれの場合も，その場所がどのような災害特性を持っているかという情報がなければ，的確な災害対応はとれない。すでに居住している場合も，どのような災害が起こる可能性があるかを把握し，家族で，避難場所や避難経路を確認し合っておかなければならない。ハザードマップは，これらの必要性に対して，地域の情報を提供してくれるものである。

　ハザードマップに限らず，地図には，特定の地点の情報だけでなく，面的な範囲を対象とする情報を提供する役割がある。例えば，津波の浸水予想域を示すハザードマップは，個々の地点が危険か安全かということだけではなく，危険な地点から最も近い安全な場所を知るためにも役立つ。また，被災すると予想される地域の範囲を示すことによって，被災者の数がどれくらいになるか，それに対応する避難施設をどこに，どれだけ設ければよいかなど，行政が災害に備えてとるべき施策を考える際の基礎資料となる。

　以上のように，災害に備え，防災・減災を目指す上で，ハザードマップは

欠かすことのできない重要な役割を果たすものである。

2. ハザードマップの種類と機能

災害に備えるために作成される地図は，次のように分類することができる。

A：災害の発生に関わる土地の性質を示した地図

B：災害の発生しやすさを判定して示した地図

C：一定の想定に基づいて災害を予測した地図

D：災害発生時に必要な情報を示した図

以下に，これら四つのタイプの地図の特徴を説明する。

A：災害の発生に関わる土地の性質を示した地図

このタイプの地図は，災害と関係する土地の性質を図示する。災害の種類や程度，範囲を予測して示すのではなく，将来の災害像を知るための「手がかり」を提供するものと言ってもよい。このタイプの地図には，以下のように多種多様なものがある。

①過去の大地震の震源域や，活断層の分布図

②軟弱で揺れやすい地盤や液状化しやすい地盤の分布図

③過去に災害の影響を受けた地域を示す図（津波，河川氾濫，高潮，土砂災害，および火山噴火現象（溶岩流・火砕流・降灰など）等）

④地形条件を示す地形分類図（氾濫平野，土石流地形，地すべり地形など）

⑤災害の素因となりやすい地層・岩石の分布を示す地質図

⑥木造家屋密集地や地下街の分布などを示す地図

上記のうち，⑥は対象地域の社会的な性質を示すが，これを除けばAタイプは自然条件の地図であり，過去の災害の種類や，程度，範囲を示すか，地盤・地質・地形の分布を図示したものである。過去の災害を示す図が将来の災害像を知る上で参考になるのは，多くの災害が，同じ場所で繰り返し発生する傾向があるからである。

④の地形条件を表す図の代表的なものとしては，国土地理院が発行している 1:25,000 の土地条件図や治水地形分類図がある。1956 年に木曽川流域の地形分類図（総理府 1956）が作成され，浸水被害を受けやすい地形からなる地域が明らかにされた。その 3 年後，伊勢湾台風（1959 年）が来襲した際に，水害に見舞われた地域と警告されていた地域とがよく一致した。これがきっかけとなって，全国的な土地条件図の作成が始まった。2015 年 9 月に茨城県常総市で鬼怒川が氾濫した水害で

も，過去の氾濫の繰り返しで形成された氾濫平野の地形と，破堤による浸水域とがよく対応していた（図18）。

地形分類図は，軟弱地盤等の地盤条件は直接示してはいない。しかし，平野部の表層地盤は地形と密接に関係するから，地形分類図を見れば，地震時に揺れが大きくなりやすい場所や，液状化の可能性がある場所についても，かなり精度よく知ることができる。このため，液状化発生の可能性のある地域とない地域の境界などを決めるのに，地形分類図が使われることがある。

しかし，Aタイプの地図から将来起こり得る災害についての情報を読み取るには，一定の専門知識が必要である。B～Dの地図は，Aタイプの地図から専門家が読み取ったハザードについての情報を，一般の人にも理解できるように編集して表示するという役割を担っている。

<u>B：災害の発生しやすさを判定して示した地図</u>

このタイプの地図は，Aタイプの地図に示されている情報などをもとに，起こり得る災害によって生じる被害の程度を判定して示した図である。地図を読むことができれば，専門知識がなくても，将来の災害についての情報が得られる。例えば次のようなものを挙げることができる。

①地震で想定される揺れの分布を示す図

例として，政府の地震調査研究推進本部（地震本部）が公開している「全国地震動予測地図」が挙げられる（図19）。図19は，30年以内に震度6弱以上の揺れに見舞われる確率を示しているが，期間や揺れの程度のさまざまな組み合わせで，同種の地図を作製す

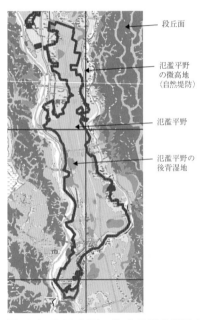

図18（口絵26参照）　治水地形分類図と2015年9月鬼怒川氾濫による常総市の水害。地理院地図により，常総市付近の治水地形分類図に，9月11日13時の浸水範囲（太枠内）を重ねて表示した。上流側（北側）ではすでに水が引きつつあるが，下流側（南側）では浸水域がほぼ最大に広がった時点の状況。

第 3 章　災害と行政　第 6 節　ハザードマップ　｜　215

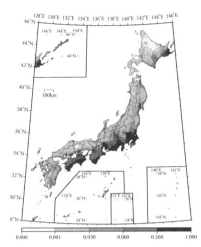

図 19　確率的地震動予測地図の一つ。2017 年時点で，30 年以内に震度 6 弱以上の揺れに見舞われる確率（地震調査委員会による）

ることができる[47]。

　特定の地域をより詳しく見るためには，多くの市町村が「揺れやすさマップ」といった名称で，「揺れやすい」から「揺れにくい」までを数段階に色分けして示した図を公表している（例：図 22（a））。

② 液状化の発生可能性の分布を示す図
　都道府県や市町村の作成による「液状化危険度マップ」などと呼ばれているものがある（例：図 22（c））。

③ 河川の氾濫や高潮によって浸水する可能性がある地域を示す図

　この種の図としては，国土交通省の事務所が，管轄する河川ごとに作成している「浸水想定区域図」や，市町村が作成している「洪水ハザードマップ」がある。「洪水ハザードマップ」は，水防法により市町村に作成が課せられているもので，2015 年時点では，全国市町村の 70％以上で作成されている。この地図は，浸水の可能性を示すだけでなく，避難所や避難経路も示していることが多く，後述する D タイプの地図の要素も盛り込まれているのが普通である（例：図 23，図 24）。

④ 斜面崩壊，土石流，雪崩などによる被害を受ける可能性がある地域を示す図

　例としては，土砂災害防止法に基づく図が挙げられる。都道府県は，土砂災害が起こる可能性のある地区の基礎調査を行い，当該地区の市町村に調査結果を知らせる。市町村は，それを基に，土砂災害警戒区域，および同特別警戒区域を指定し，住民に印刷物で公表することになっている[48]。

C：一定の想定に基づいて災害を予測した地図

　将来発生する可能性がある現象を示

---

47) 予想される最大震度の分布については，第 8 章 1 節図 4 を参照。
48) 第 2 章 4 節「防災関連特別法の例——土砂災害防止法」を参照。

した予測地図である。例えば，ある地震の発生を想定し，津波で浸水する範囲を示したり，ある場所で破堤が生じたと想定して，氾濫水がどのように流れるかを示したりする図である。また，そのような状況下における，建物やライフライン施設の被害を予測して示すこともある。Bタイプの地図より具体的に将来の災害像を示しているので分かりやすく，防災・減災にとってきわめて有効である。

しかし，起こり得るすべての災害に対して，それぞれに予想される被害状況を表示するのは現実には不可能である。後に紹介する我孫子市のハザードマップのように，被害を及ぼす可能性のある複数の（震源の位置やマグニチュードの異なる）地震を想定して，各場所において予想される最大の被害を一枚の地図に表示することがある。このような地図は，ハザードマップの作成段階では具体的な災害の発生を個々に仮定しているが，でき上がったものは個々の仮定による災害をすべて重ね合わせているので，どのような想定をしたかという要素は薄くなっている。そのため，一般的に地域の「災害の発生しやすさを判定」した図として，Bタイプの図と分類する方が適当だろう。

D：災害発生時に必要な情報を示した図

災害発生が切迫していると判断された場合や，実際に災害が起こった場合，さまざまな救助や支援活動が行われる。これらを円滑に行うため，避難所，避難経路，備蓄倉庫，救急病院，緊急輸送道路などの情報を示した地図が，市町村によって作られる。主に住民用に作られている場合と，行政内部用に作られている場合がある。住民用のものは「防災マップ」などの名称で全戸配布されていることが多い。

3. 住民用ハザードマップの具体例
──千葉県我孫子市

千葉県我孫子市の地形は，利根川と手賀沼に挟まれた低地と台地とで成り立っている。2011年の東日本大震災では，主として液状化による被害があり，同市布佐地区では全住家376棟のうち113棟が全壊した。同地区内で被害が無かったのは21棟のみであった（我孫子市 2011）。液状化による被害が集中した地区は，1950年代頃に沼が埋め立てられたところであり，液状化の危険度が高い場所だったが，東日本大震災前の市のハザードマップにはそのことが反映されていなかった（小荒井・他 2011）。

東日本大震災で甚大な被害を受け，

第3章 災害と行政　第6節　ハザードマップ | 217

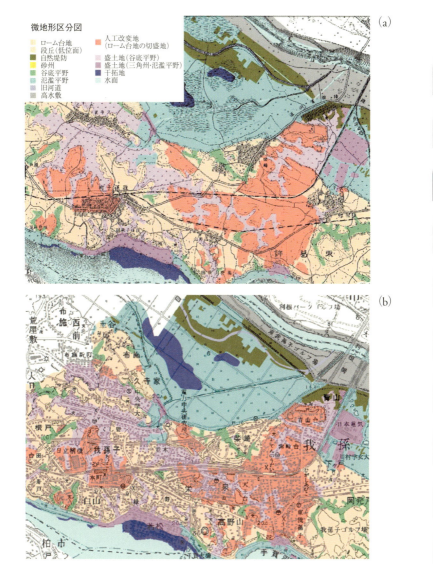

図20　(a) 我孫子市微地形区分（凡例参照）を昭和3年の地形図に重ねた図（我孫子駅周辺部分）。主としてローム台地上に市街が形成されていたことが分かる。(b) 我孫子市微地形区分（(a)の凡例参照）を現在（平成24年）の地形図に重ねた図（我孫子駅周辺部分）。手賀沼畔の埋め立てや盛り土によって造成された地区（干拓地，盛土地）や，JR我孫子駅北側や天王台駅周辺など，切土[49]・盛土によって造成された人工改変地や谷底平野の盛土地に街区が形成されている。

49）切土：地盤や斜面を切り取って平坦な地表を作る工事。斜面上部の切り取った土砂を斜面下部に盛って平地を作ることがある。地盤が不安定になることがある。

我孫子市はハザードマップの見直しを行った。市は，昔の地形図や土地条件図などを用いて作成した微地形区分図（図 20 (a)，(b)）などをもとに地震災害の危険度を判定し，2013 年に「①あびこ防災マップ」と「②あびこ地震ハザードマップ」を作成した。さらに，2015 年には「③あびこ洪水ハザードマップ」と「④あびこ内水（浸水）ハザードマップ」を作成し，主に自治会を通じて全戸に配布している。①と②，および③と④がそれぞれ A1 判の表と裏に印刷されている。A4 判に折りたたまれているが，広げると市域全体が一つの地図として見られる。建物が一つずつ識別できるほどではないが，街区は十分識別できる解像度である。

①あびこ防災マップ（図 21）

避難所，災害用井戸，防災備蓄倉庫，給水地点，救急告示病院などを示す D タイプの地図である。低地（黄色斜線部），および既往水害地域（オレンジ色），土砂災害警戒区域（紫色）も示されている。

②あびこ地震ハザードマップ（図 22）

地震時の「揺れやすさマップ」，「建物全壊率マップ」，「液状化危険度マップ」の 3 種の地図が印刷されている。我孫子市全域で最大の震度となる地震として茨城県南部地震（M7.3）と我孫子市直下地震（M6.9）の発生を仮定し，各地点で予想される最も大きな揺れに基づいて表示している B タイプの地図である。

③あびこ洪水ハザードマップ（図 23）

最大規模の河川氾濫を仮定し，浸水が予想される範囲を 5 段階に分けて示した B タイプの地図である。土砂災害警戒区域も合わせて表示されているほか，消防団器具置場，水防倉庫，アンダーパス[50] などが表示されており，D タイプの要素が含まれている。

④あびこ内水（浸水）ハザードマップ（図 24）

内水氾濫が過去に発生した場所を示した A タイプの地図である。降った雨が排水されず，住宅の敷地や道路などに溢れた水を内水と言い，内水による水害を内水氾濫と言う[51]。③と同様，各防災施設，アンダーパス等が図

50）アンダーパス：立体交差で掘り下げ式になっている方の道路や，鉄道あるいは道路の下を通る地下通路を指す。大雨のときは，冠水したアンダーパスで自動車が立ち往生し，最悪の場合は，脱出できずに水死する事故が発生することがある。

51）第 1 章 4 節「台風・洪水」を参照。

第3章　災害と行政　第6節　ハザードマップ　219

図21　あびこ防災マップの一部（凡例の一部を右に表示）。図から読み取れることの例：第四小学校は広域避難場所，避難所，給水拠点に指定されている。白山中学校は広域避難場所，避難所に指定され，防災備蓄倉庫，防災行政無線子局がある。第一小学校は一時避難場所，避難所，給水拠点に指定され，災害用井戸，防災行政無線子局がある。また，福祉避難所に指定された施設が数ヶ所ある。

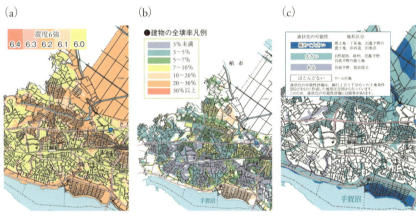

図22　(a)「あびこ地震ハザードマップ」の「揺れやすさマップ」(我孫子駅周辺部分)。(b)「あびこ地震ハザードマップ」の「建物全壊率マップ」(我孫子駅周辺部分)。(c)「あびこ地震ハザードマップ」の「液状化危険度マップ」(我孫子駅周辺部分)。いずれも欄外に記載されている凡例の一部を図に重ねて表示。

示されている。

4. ハザードマップを見るときの注意点

上に述べた各種のハザードマップには、それぞれ利用するに当たって注意すべき点がある。ここでは、特に三つの点を指摘する。

第一に注意すべきことは、Bタイプ、Cタイプのハザードマップの内容には、前提となる仮定、限られたデータから得られる推定が多く含まれていることである。特にCタイプのものは、特定の想定（シナリオ）のもとで作成されているため、想定が的確であればきわめて効果的なハザードマップとなるが、想定と異なる現象に対しては十分な情報を与えてくれなかったり、予測精度が悪かったりする。

完璧なハザードマップはあり得ないから、災害時には、実際の現象に即して、ハザードマップの情報を頭の中で修正して行動する必要がある。例えば、東日本大震災の津波は、各県の津波浸水予測図が予測していた範囲をはるかに越えて、内陸部まで浸水した。予測図で想定されていたのは、1960年のチリ地震や、数十年間隔で繰り返される宮城県沖地震の津波などだったが、2011年東北地方太平洋沖地震による津波は、それらとは規模も範囲も全く

異なるものだったからである。それにも拘わらず、例えば宮城県七ヶ浜町花渕浜地区では、多くの住民が一次避難場所からさらに高いところに避難し難を逃れることができた。それは自主防災組織のリーダーが、想定とは異なるより大きな津波が来ると判断して住民を避難させたからである（宮城2014）。

第二の注意点は、地図の精度や解像度についての理解が必要だということである。ハザードマップの中には、50m四方とか250m四方とかの区画（メッシュ）単位で、あまり解像度の高くない方法で表示されていることがある（図22(a)-(c)はその例）。この場合、実際は一つのメッシュの中にさまざまな危険度の場所が含まれていても、一つのメッシュの中は一様であるかのように表現されている。また、1/10000程度より大縮尺の地図では一軒一軒の家屋が識別できるが、危険な地域とそうでない地域の境界がそれに見合った精度で調査されているとは限らない。境界の場所が不確実であったり、漸移帯があったりするような場合でも、地図上でははっきりした境界があるような表現がされている場合がある。

第三に注意すべき点は、多くのハザードマップは市町村単位で作られて

図23　あびこ洪水ハザードマップ（我孫子駅周辺部分）。市の北側を流れる利根川が増水し、複数の箇所で同時に堤防が決壊した場合の、浸水域とその程度を示している。オレンジ色の矢印は「避難方向」を指示している。「！」印は、浸水しやすいアンダーパスを示す。

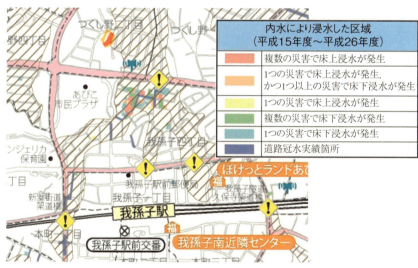

図24　あびこ内水（浸水）ハザードマップ（我孫子駅周辺部分）。平成15年度から平成26年度の間に、我孫子市内で発生した内水による浸水区域を示している。発生の頻度、および浸水の程度で色別している。茶の斜線部は低地を表す。「！」印は、浸水しやすいアンダーパス（地下道）を示す。（凡例の一部を図に重ねて表示）

いるが，災害には行政の境界は存在しないということである。上流の市の堤防が決壊して，氾濫水が下流の市に流れ込むことがあるし，市境に近い場所では，隣の市の避難所に避難する方が安全な場合もある。

ハザードマップを見るに当たっては，単にマップに記載された安全な場所や危険な場所を読み取ろうとするだけではなく，ハザードマップがどのような前提で作成されたものか，どのような限界があるか，ということまでを理解しておくべきである。できればAタイプの地図も検討し，地域の土地の性質について理解を深めておくことが望ましい。その上で，一部の学校で実施しているように，ハザードマップを手に，実際に居住地の周辺や避難経路を歩いてみることを勧める[52]。そうすることによって，平面的な理解を，空間的，時間的な理解へと進化させることができ，想定外の状況に臨機応変に対応することが可能になる。

5. ハザードマップの活用

ハザードマップの多く，特にB～Dタイプのものは，地方公共団体の災害対策の一環として住民向けに作成されているが，住民が十分活用しているとは言えないようである。住民に配布された場合も，多くの住民はそれをどこかへしまい込んで，そのうちその存在すら忘れてしまうのが実態である[53]。ハザードマップの作成は，技術と費用が揃えばすぐにでも可能だが，それを実際に活かすには，住民の防災意識の向上が欠かせない。

ハザードマップの活用は，住民だけの問題ではない。行政自体も災害が迫ってきた場合は，ハザードマップをもとに住民への避難準備情報，避難勧告，そして避難指示を躊躇なく発令することができるように，準備をしておかなければならない。

今日では，住民に配布されるハザードマップだけではなく，地域防災計画の策定などの防災行政用に作成されたハザードマップも，HPで公開されていることが多い。国土交通省ハザードマップポータルサイトからは，地方公共団体作成のさまざまなハザードマップのサイトへアクセスできるようになっている。また，Aタイプの地図を見るには，国土地理院の「地理院地図」のサイトの利用が便利である（図18はその一例）。地形図情報と空中写真を切り替えて閲覧したり，地形図情報の上に土地条件図，治水地形分類図を

52）第5章6節1項「地理」を参照。
53）例えば，第4章5節1項「十勝岳火山災害軽減のためのアウトリーチ」を参照。

重ねて見たりすることができる[54]。このような基礎資料を活用すれば，自治会，自主防災組織，小中学校のPTAなどの単位で，住民自らが地域の危険箇所などを調べ，地図化することも可能である。

　前項に宮城県七ヶ浜町花渕浜地区の例を挙げたが，住民の自主防災組織が日頃からハザードマップの勉強会を開くなどして，その効用と限界を十分に理解していたことが，二次避難の決断につながったと考えられる。でき上がったハザードマップの活用を訴えるだけではなく，住民自らによるハザードマップの作成を通して，災害対策への意欲を高めることができる。すなわち，ハザードマップを災害対策のゴールラインとするのではなく，スタートラインと考えることが，逆にその活用に結びつくことになる。

（熊木洋太）

第7節　「警報」の考え方・メディアの役割

　災害発生の可能性を予測して発出される種々の警報は，減災のための最後の準備機会といえる。警報が適切であったか否かは，災害全体の規模に大きく影響する。それだけ重要な事柄ではあるが，これまで個々の警報，つまりある災害時に出された警報が適切であったかどうかが取り沙汰されることはあっても，警報全般が持つ問題や課題が議論される機会はあまりなかった。

　本節の表題に，「警報」とカッコ書きするのには，以下のような意味がある。警報は一種の情報であるから，メディア学でいうところの情報流通における発信者・送信者・受信者が存在する。大雑把には，発信者（気象庁等）が出す警報は，送信者（市町村）で判断されて，避難勧告などに変換され，末端の受信者（住民）に伝えられる。あるいは，マスメディアによって中継されて，他の情報と共に受信者に届けられる。それらの各段階で様々な問題が起きる可能性があり，かつ互いに関連しあうので，ここでは一括して「警

---

54) ただし，土地条件図，治水地形分類図が利用可能な地域は国土の一部に限られる（2017年8月1日時点）。

報」の問題と呼ぶ。また，本節では，予想される災害の直前に発出される警報（暴風雨警報など）だけではなく，将来起こり得る災害について，長期的な視点に立って行う社会への警告（大地震の長期予想や各種防災演習など）も一種の「警報」と捉える。

各々の問題については以下に述べるが，本節はそれらの問題についての解答を与えるものではなく，「警報」が気象庁その他の公的機関の防災業務従事者だけの問題であることを超え，広く一般の人たちの問題，つまり社会の問題であることを説明するのが目的である。

1.「警報」についての基礎知識
(1) 警報等の種類

気象庁は，気象，地震，火山，津波，高潮，波浪，浸水，洪水等の災害が予想されるときに警報を発表する。広い意味での警報には「警報」（特別警報と警報）と「注意報」があり，気象庁は「警報は，重大な災害が起こるおそれのあるときに警戒を呼びかけて行う予報。注意報は，災害が起こるおそれのあるときに注意を呼びかけて行う予報」としている。特に著しい災害が予想される場合の警報が特別警報である。

この他，気象庁は時々刻々変化する状況を知らせるために，現象および地域ごとに気象情報を発表する。例えば，洪水に関しては河川ごとに情報が発表される。関東・東北豪雨（2015年）[55] の際は，鬼怒川に関して，第1号の「はん濫注意情報」に始まって，第2号「はん濫警戒情報」，第3号「はん濫危険情報」，第4号「はん濫発生情報」と時間を追うごとに緊迫度の高い情報が発表された（国土交通省河川国道事務所との共同発表）（気象庁 2015）。

(2) 警報に用いる文言

どのような文言で警戒を呼びかけることが効果的かについては，大災害のたびに検証，再考され改善されてきた。

例えば，台風の進路予報の際に，かつては扇型方式の表示が用いられていたが，1982年からは台風の中心が60％の確率で入る円で示す予報円方式に切り替えられた。さらに1986年からは70％の確率で入る破線の円と，暴風警戒範囲を示す実線の円との組み合わせで図示することになった。また，2012年から，気象庁は，豪雨が予想される時は「これまでに経験したことがない大雨」という表現で，最大級の警戒を呼びかけるようになった。

---

55) 関東・東北豪雨については，第1章4節4項「集中豪雨」，本章第6節図18，第8章2節2項「河川堤防」図22，図23を参照。

第1章3節「火山災害」に詳しく記されているように，火山の噴火警戒レベルには，レベル5（避難），レベル4（避難準備），レベル3（入山規制），レベル2（火口周辺規制），レベル1（平常）の5段階あるが，2014年の御嶽山の噴火災害が，噴火警戒レベル1に留め置かれていた状況で発生したことから，レベル1のキーワードが「平常」から「活火山であることに留意」に改められた。

地震の震度階級にも，時代とともに変遷がある。「震度7」は，1948年の福井地震の被害調査において，それまでの最大震度である震度6では被害状況を適切に表現できないのではないかと考えられたことから，新たに設定されたと言われている。初めて震度7が記録されたのは，1995年の兵庫県南部地震（阪神・淡路大震災）である。翌年，震度5と6について，それぞれ強と弱の階級が設定された。同時に，それまで体感や被害状況から判断されていた震度階級が，地震計のデータをもとに判定されることになった。

警報に用いる文言だけではなく，予報技術自体の進歩によって，新たな警報が付け加わることがある。土砂災害に関しては，2000年に，「スネークライン」を用いた予報技術を利用して，気象庁と都道府県の共同による土砂災害警戒情報の発表が行われ始めた[56]。

（3）避難勧告・避難指示

このような警報をもとに，市町村長は住民に対して，避難準備情報，避難勧告，避難指示を出さなければならない（災害対策基本法第六十条）。

避難準備情報は，要援護者等，避難行動に時間を要する者が避難行動を開始しなければならない段階に出される。それ以外の者には避難準備を開始することを求める。

避難勧告は，住民に避難を勧めるが，法的拘束力はない。

そして，避難指示は，住民に避難することを（強く）指示し，法的拘束力は「勧告」より強く，「命令」よりは弱い。

避難指示より強い法的拘束力を持つものとして，「警戒区域の設定」がある[57]。「災害が発生し，又はまさに発生しようとしている場合において，人の生命又は身体に対する危険を防止するため特に必要があると認めるときは，市町村長は，警戒区域を設定し，災害応急対策に従事する者以外の者に対して当該区域への立入りを制限し，

56）第1章5節5項「土砂災害の軽減対策」を参照。

若しくは禁止し，又は当該区域からの退去を命ずることができる（災害対策基本法第六十三条）」とあり，退去命令が可能となる。

　気象庁等が出す警報は，市町村長によって判断され，避難勧告・避難指示等となって住民に届く。初めに書いたように，本節では，この情報流通全体が持つ問題を「警報」の問題と認識している。

　自治体レベルでの警報や避難勧告等は防災無線システム[58]によって関係住民に伝達されることが多い。これは，通常の通信システムが停電等で無力化した場合などの異常事態にも機能するように設計されている。また，その緊急性と重要度に応じて，「公共機関」として指定された一般のテレビやラジオ，インターネット等が，警報の発出を国民に伝える。この日本の伝達システムは物理的レベルでは世界でも最高水準にあると言えるが，次項に述べるように，運用面において情報流通の各段階でさまざまな問題がある。

2. 「警報」の問題とは

　以下に，比較的最近に起こった災害について，災害の種類ごとに，警報が被害の軽減につながった例（○）と，警報の発令が間に合わなかった，または発令したが被害の軽減にはつながらなかった例（●）とを挙げ，成否をそのように判断した理由を簡単に記す。ただし，警報が成功したか，失敗したかの判断には客観的な基準はないので，筆者の主観的な判断で判定している点をお断りしておく。失敗したことを非難するのが目的ではなく，そこから教訓を引き出そうとしていることをご理解願いたい。

火山噴火

●雲仙普賢岳火砕流（1991 年）。火砕流が発生し，避難勧告が出ていた地域に立ち入っていた記者を含む人たちが犠牲になった（死者・行方不明 43 人，負傷 9 人）。その後に，災害対策基本法に基づく警戒区域設定がなされた[59]。

○有珠山の噴火（2000 年）。緊急火山

57）1991 年の雲仙普賢岳の噴火災害に際して，災害対策基本法に基づく警戒区域設定が初めて行われた。第 1 章 3 節 4 項「近年の火山災害」を参照。

58）防災無線システム：中央防災無線，都道府県防災行政無線，市町村防災行政無線，地域防災無線等がある。市町村防災行政無線には，基地局と移動局（自動車等）を結ぶ移動系と，屋外に設置されたスピーカー（地域によっては戸別受信機）で住民に情報を知らせる同報系がある。地域防災無線は，県・市町村防災関連機関と病院，学校，電気・ガス事業者との連絡に用いられる。第 8 章 4 節 5 項「電話以外の災害時通信手段」を参照。

情報が出されて，住民1万人余りが避難した。緊急火山情報が噴火前に出された最初の例。

●御嶽山噴火（2014年）。火山性地震の増加が観測されていたが，噴火警戒レベルは，1（平常）のままに留め置かれた。噴火が起こり多くの死傷者が出た後に，レベル3（入山規制）に上げられた。

地震・津波

●阪神・淡路大震災（1995年）。震災前の「関西では大地震は起こらない」という一般市民レベルの「神話」に専門家の多くは異議を唱えなかった。

●東日本大震災・津波被害（2011年）。同規模の津波災害が過去にあったことが知られていたが，住民への組織的啓発にはほとんど結びつかなかった。

○東日本大震災・津波被害（2011年）。先人の手になる津波石碑等の警告によって，被害を免れた地区もある[60]。また，大津波警報で避難し助かった人も多数いる。

洪水・土砂災害

○澄川地滑り（1997年）。地元民による兆候の発見，および役所の迅速な

対応によって，記録的な規模の地滑りであったにも拘わらず，人的被害が出なかった。

●新潟・福島豪雨（2004年）。7月13日午前11:40新潟県三条市で避難勧告発出。同13:10ごろ五十嵐川決壊。同日17時頃男性（78歳）就寝中に水死。翌14日5時ごろ女性（75歳）自宅近くで水死。同日9時ごろ女性（76歳）自宅2階で水死。雨音のため，家の中で警報アナウンスやサイレンが聞こえなかったのではないかと考えられている。

●伊豆大島土砂災害（2013年）。土砂災害警戒情報が出たが，避難勧告は発令されなかった。

●長野県南木曽町土砂災害（2014年）。土砂災害警戒情報が発出される前に，災害が起こった。

●広島市土砂災害（2014年）。避難勧告が出たのは，土砂災害警戒情報の3時間後，すでに被害が出てからだった。

●関東・東北豪雨（2015年）。鬼怒川の堤防決壊前に，地区ごとに避難指示が出されたが，一部地域では避難指示が堤防決壊の後になった。指示が出ていた地区においても，多数の住民が避難の遅れから自宅に取り残

59）第4章5節2項「雲仙火山災害軽減のためのアウトリーチ」を参照。

60）本章第5節「津波被害と防災集団移転」を参照。

され，自衛隊，消防等による救出が，常総市だけで4258名を数えた（常総市2016）。

警報の成功例は，特に小規模な土砂災害などについては，全国ニュースにはならないため，上のリストからは漏れていると考えられる。従って，ここに挙げた失敗例が，成功例より多いことは，必ずしも警報の無力さを意味しない。また，「失敗例」は，それだけで終わるものではなく，教訓として今後に生かすべく各方面で努力されていることにも留意したい。

失敗の原因は現象的に，次の三つの類型に大別できる。

①警報発出側が災害を予測できなかった場合（御嶽山噴火災害，阪神・淡路大震災，東日本大震災，南木曽土砂災害）。

②警報が発出されたが，市町村が避難勧告，避難指示を出さなかった，あるいは遅れた場合，および警戒区域設定が遅れた場合（普賢岳火砕流災害，伊豆大島土砂災害，広島市土砂災害，関東・東北豪雨）。

③警報が発出され，避難勧告・指示が出ていたが，正しく伝わらなかった，あるいは理解されなかった場合（普

賢岳火砕流災害，新潟・福島豪雨，関東・東北豪雨）。

先述した情報流通過程における三者である発信者・送信者・受信者との対応で言えば，類型の①は主として発信者，②は主として送信者，③は主として受信者に起きる問題と捉えることができる。防災・減災のための「警報」とその効果について考えるには，これら三つの段階それぞれにおける伝達意図と情報の受容深度についての包括的検証が必要である。

(1) 発出の問題（だれが，何を，いつ発出するか？）

①に挙げた例のうち，御嶽山噴火と南木曽土砂災害は，現有の予報技術を注意深く運用していたら，わずかなりとも避難対応が可能な直前警報ができたかもしれない。一方，阪神・淡路大震災と東日本大震災については，津波対応を除き，現在の技術では直前警報がきわめて困難な事例である。それにも拘わらず，この二度の大震災を失敗例として挙げるのは，前者が都市災害[61]，後者が広域災害[62]として予想を超えた災害であり，それらの規模も含めた予測を行い，事前に社会に警告

61）「都市災害」については第1章7節「都市災害」を参照。
62）「広域災害」についての定まった定義はない。ここでは，被害が地理的に広範囲に及ぶだけではなく，被害の影響が社会のさまざまな分野に及ぶという意味も込めている。

することができなかったためである。

(2) 伝達の問題（情報流通の中間に位置する市町村の体制／防災におけるメディアの役割）

　警報および災害の発生を住民に知らせる手段としては，官営防災無線・一般放送・新聞・地域有線放送・ネット・住民の自治組織，などがある。それらのベストミックスを考え，システムを構築する必要がある。

　東日本大震災では，現地の放送・新聞などの多くがほぼ機能停止に追い込まれ，被災地に周辺情報が伝わらない，また周辺に被災地情報が伝わりにくい状態が続いた。このような事態は今後も起こり得る。

　豪雨による洪水や土砂災害などのように，情報伝達手段に比較的問題が生じにくいケースもある。しかし，そのような場合であっても，発せられた警報を受けて，住民に対する避難指示等が遅滞なく決断され，発出されないと，手遅れになる可能性がある。

(3) 受け取りの問題（「警報」についての共通理解はあるか？　警報を行動に結びつけることができるか？）

　直接的にはこの問題は，③と分類した例に関わる問題である。雲仙普賢岳の火砕流被害の場合は，避難勧告は伝

わっていたが，その重大性が理解されなかった。それに対し，新潟・福島豪雨の場合は，避難勧告が出ていたが，勧告に従って豪雨の中を家から避難所へ向かったために犠牲となった，あるいは，豪雨の音に消されて防災無線が聞こえなかったために逃げ遅れた例である。避難勧告・指示を受けてどう行動するかは，そのときの状況，および個人の「避難能力」の有無に左右される。近隣との日常的コミュニケーションと信頼感の醸成，事前演習訓練などがあれば，警報はより効果的に機能するであろう。

　市町村は，気象庁等から出された警報を基に状況を判断して，避難勧告もしくは避難指示を出すから，情報の受け手側であると同時に発信側でもある。従って，この (3) は，類型の②に挙げた事例とも関係する問題である。市町村長と防災担当者の防災意識の高さがするどく問われる。

3. 「警報」のタイミング

　上に記したように，各自治体の長は，災害の発生が予想される場合は，住民に避難勧告，あるいは避難指示を出す義務を負っている。近年，警報は発出されたものの避難指示発出の遅れやハザードマップの不備などが重なり，甚大な被害を出す事例が少なくない。し

かし，気象庁による気象警報等の発表は稀なことではなく，また，それを受ける現場自治体には専門的訓練を受けた職員が必ずしも十分配置されているとはいえない。そうした環境下で，避難指示の発出の適否を判断するのは至難の業である。内閣府は，平成 17 年と 26 年に「避難勧告等の判断・伝達マニュアル作成ガイドライン」（内閣府 2014）を出し，ある程度の避難の基準 [63] を示した。しかし，それでも市町村長の判断に委ねられている部分は大きい。市町村長は，気象庁等が出す警報以外の何を考慮に入れて避難指示発出の適否を判断すればよいのか，決断の助けになる情報とは何か，などについて常に考え，重要事項を確認しておかなければならない。

とはいえ，市町村長の努力の如何に拘わらず，避難指示等が本来的に持つ限界もある。豪雨による土砂災害のおそれから，深夜に「避難指示」が出されることがある。新潟・福島豪雨災害の教訓から，自治体担当部署は，深夜に外へ出て増水等を確認することには危険があり，家屋倒壊等の可能性が小さい場合は住居の 2 階などに逃げる

「垂直避難」を勧めている。しかし，自宅が木造住宅で，土砂崩れ等による損壊の危険性が高い場合は，深夜であっても安全な避難所等に向かう必要がある。だが，こうした一軒ごとの状況に応じた指示は事実上不可能だから，普段から官民協力による事前準備が大切になる。

4.「警報」におけるメディアの位置づけ

政府と自治体による防災無線や警察・消防等の組織的連絡網を除けば，一般向けの「警報」送信業務を担うのは伝統的なマスメディアであるテレビとラジオ（台風などは新聞も），およびインターネット（パソコン・スマホ・各種携帯等）である。それらのうち，緊急連絡時の警報用として，放送（テレビとラジオ）とネット利用について考察する。

1950 年に制定された放送法（法律第 132 号）はその後，何回も改訂されてきたが，当初から「災害の場合の放送（第百八条）」の項で，「基幹放送事業者は，国内基幹放送等を行うに当たり，暴風，豪雨，洪水，地震，大規模

---

63) 例えば，津波警報については，「海岸堤防等の高さを確認して，潮位変化も考慮した津波の高さに比べて海岸堤防等の高さが低い区域，海岸堤防等が無く地盤高が低い地域，河川沿いの津波の遡上が予想される地域からは，基本的には，屋内安全確保とはせず，できるだけ早く，できるだけ高い場所へ移動する立ち退き避難を行う必要がある」と記載されている。

な火事その他による災害が発生し，又は発生するおそれがある場合には，その発生を予防し，又はその被害を軽減するために役立つ放送をするようにしなければならない」と規定してきた。

この防災活動への貢献規定は，放送が「公共の福祉に適合するように」という，放送法が総則で宣言する放送の目的に沿うものであり，日本のラジオ放送が，関東大震災（1923年9月）直後の情報の途絶や，治安の悪化を受けて，急いで準備されスタート（1925年3月）した，という歴史的背景とも関係する。現在，日本の主要新聞100社以上と一部の放送局が加盟する日本新聞協会，および主な民間放送局が加盟する日本民間放送連盟綱領にも同様の目的が記され，NHKに準ずる責務を担っている。さらには中央・地方の各級政府・行政も，それらのメディア機関の多くを防災・減災情報を提供する公共機関として指定し（指定公共機関），警報伝達を含む住民保護のための情報送出について協働関係を保っている。

しかし，阪神・淡路大震災や東日本大震災においては，国や自治体から「指定公共機関」とされたメディア企業の多くが，経営効率上，平時対応の人員と機材しか備えておらず，大災害に即応できる体制を整えてはいない実態を露呈した。

東日本大震災においては，被災地のテレビ局や新聞社は，自らの社屋や多くの記者が被災し，事実上のマヒ状態に陥った。携帯・スマホ・パソコン等は，通話制限・アンテナ倒壊・停電と充電不能などで使えず，道路の寸断やガソリン不足などで車も動かず，そのうえ原発事故まで加わり，被災現場で何が起きているかさえよく分からなかった。

大震災に遭遇してメディア企業もただ手をこまねいていたわけではない。震災翌日から車のバッテリーを繋いでパソコンと小型印刷機を動かし，安否や生活情報を伝えた気仙沼の地域紙「三陸新報」や，津波による水濡れを免れた新聞ロール紙を使い，手書きの号外を1週間，避難所などに掲示し続けた石巻市の地域紙「石巻日日新聞」（石巻日日新聞社 2011），など，地元メディアも安心情報の提供に必死に努力した。また，事態がある程度の落ち着きを見せてからは，被災の状況をまとめた刊行物を出版したり，番組を制作，放映し，日本メディアのねばり強さを示した（例：岩手日報社 2012）。しかし，一番情報が欲しい時に，多くの被災者が「役立つ情報」を得られなくなるのが激甚災害の現実である。このような事態を改善するための即効性

のある方策は，今のところ見当たらない。このような状況において，メディアの防災における役割は何か，という問いが生じる。

5. 住民目線の防災メディア・情報流通システムの構築

日本社会の自然災害への抵抗装置をより高い水準にもっていくには，「警報」が，その発出元から，住民の理解と具体的行動まで，当初の目的通りに社会的安全ネットとして十全に機能する必要がある。しかし，上に述べたように，大災害となると情報流通システム自身が壊滅的な被害を受けるため，発災直後にそれを実現する有効な対策は見当たらない。むしろ，発災前における政府・自治体・住民間の相互の理解と信頼の事前醸成こそが，堅実な「警報体制」となり得るであろう。その枠組みの中でなら，メディアにもできることがありそうである。以下に，東日本大震災の被災地で起こりつつある，二つの新しい試みを簡単に紹介する。

(1) 河北新報社による「むすび塾」

河北新報社は宮城県仙台市に本社をおき，東日本大震災被災地域において最大発行部数を持つ新聞社である。震災で本社の建物だけではなく，支局や販売店，多くの記者の住宅にも被害が出た。それらの自社関係事象を含めた被災状況について，メディアの責任として能う限りの情報発信をし，特集版や書籍発行を含めた記録を残してきた。そんな同社が最終的にたどり着いた結論は，日本社会全体を情報面から災害に強い体質に作りかえる必要があるということであった。そこで始めたのが，「いのちと地域を守る」をテーマにした，犠牲者の月命日11日掲載の特集「防災・減災のページ」と，それを基礎に「地域防災は〈狭く深く〉の繰り返しでしか実現しない」をモットーに，全国各地の新聞社や大学等と連繋したキャンペーン活動「むすび塾」である。2017年夏の時点で，各地に出かけて開催したこの出前塾がすでに68回を超え，14年から始めた地方紙・放送局との同タイトル協働活動も9回開催されている（河北新報社 2011a, b）。

(2) 大槌新聞の発行と「大槌メディアセンター」構想

大槌町は三陸沿岸部，岩手県上閉伊郡の人口1万有余の自治体である。震災前の大槌町は，全国的にはNHKの人形劇「ひょっこりひょうたん島」のモデルになった蓬莱島で知られるだけの，サケ漁とホタテ養殖などを中心とした町だった。今次の震災では，対策本部とされた役場に参集していた町長

や職員を含む，1割以上の町民が津波によって犠牲となった。

震災当日，隣接の釜石市から車で急いで帰宅途中に津波に飲み込まれそうになり丘に這い上がって助かった大槌生まれの菊池由貴子氏は，複雑かつ多岐にわたる町の復興情報を伝えるために，震災翌年6月からタブロイドの週刊「大槌新聞」を発行し，町の全戸への無料配布を始めた。たった一人の取材・執筆による新聞だが，町民へのアンケートでも「自分たちの知りたいことが，読みやすい字の大きさと書き方（で書かれている）」などと高い評価を得ている。氏は，2015年4月に臨時災害FM放送やネットなどとも協働して，一般社団法人「大槌メディアセンター」を立ち上げ，活動のさらなる展開を目指している[64]（東野 2012；碇川 2013；大槌新聞社 2014, 2016）。

＊　＊　＊

本節の前書きの部分で，広い意味を

もつ「警報」を定義した。社会の安全と住民の暮らしと命を守るための「警報」が，社会に組み込まれた状態を「警報体制」と呼ぶことにすると，我々の目標は，より効率的かつ実行可能な「警報体制」を築くことにあると言える。「警報」は，災害の前から後までの連続で考えて初めて効果を発揮する。ここに述べたような地域に根ざした防災情報活動が，単に「災後」の反省と復興期だけの活動に終わらず，その後も継続的に市民の防災意識を高めることに成功すれば，社会の「警報体制」の一つとして大きな働きをすることができるだろう。現時点では，民間の発意による防災情報活動への公費による経済的援助は少ないが，もし，日本の社会全体が，そうした活動体を公的援助によって育成する方向に舵を切ることができれば，それ自体が，長期的な意味でもっとも有効な「警報体制」の一つとなるだろう。

（渡辺武達）

■参照文献

我孫子市（2011）「東北地方太平洋沖地震災害対策本部 総括 報告書」2011年8月11日。

64）筆者は，同センター立ち上げにあたって開かれた「大槌町情報発信のあり方研究会」で座長を務めた。

碇川豊（2013）『希望の大槌——逆境から発想する町』明石書店，2013年3月。

石巻日日新聞社（編）（2011）『6枚の壁新聞石巻日日新聞・東日本大震災後7日間の記録』
　角川SSC新書，2011年7月。

井上博夫・他（2012）「大槌町仮設住民アンケート調査報告書」岩手大学震災復興プロジェ
　クト，2012年3月。

岩手県（1969）「チリ地震津波災害復興誌」1969年3月。

岩手県（2013）「岩手県2011.3.11東日本大震災津波の記録」2013年3月。

岩手県山田町（2015）「岩手県山田町　東日本大震災の記録」2015年3月。

岩手日報社（2012）「3384人の生きた証し——東日本大震災犠牲者追跡報道」。

上田耕蔵・石川靖二・安川忠通（1996）「震災後関連死亡とその対策」『日本医事新報』
　No.3776; 40-44。

大槌新聞社（2014）「大槌新聞　縮刷版I」2014年3月。

大槌新聞社（2016）「大槌新聞　縮刷版II」2016年3月。

大水敏弘（2013）『実証・仮設住宅　東日本大震災の現場から』学芸出版社，2013年9月。

奥村与志弘（2011）「スーパー広域災害における災害対応課題の特殊性に関する研究
　——1959年伊勢湾台風災害の災害対応分析」『減災』第5号；53-64，2011年1月17日。

奥村与志弘（2013）「伊勢湾台風による広域巨大災害からの復旧・復興」復興（7号），
　Vol.5，No.1; 10-17，2013年9月30日。

河北新報社（2011a）『河北新報のいちばん長い日　震災下の地元紙』文藝春秋，2011
　年11月。

河北新報社（2011b）『河北新報特別縮刷版　3.11東日本大震災1ヵ月の記録』竹書房，
　2011年6月。

気象庁（2015）「災害時気象報告　平成27年9月関東・東北豪雨及び平成27年台風18
　号による大雨等」2015年12月。

木村悟隆（2008）「仮設住宅の居住性——能登半島地震と中越沖地震」新潟県中越沖地
　震被害報告書，長岡技術科学大学，2008年3月。

小荒井衛・中埜貴元・乙井康成・宇根寛・川本利一・醍醐恵二（2011）「東日本大震災
　における液状化被害と時系列地理空間情報の利活用」国土地理院時報，No.122; 127-
　141，2011年12月。

厚生労働省（2014）「日本人の食事摂取基準（2015年版）策定検討会　報告書」2014年
　3月。

神戸弁護士会（1997）「阪神・淡路大震災と応急仮設住宅——調査報告と提言」1997 年
　3 月。

国土交通省（2011）「平成 23 年度　国土交通省関係第 3 次補正予算の概要」2011 年 10 月。

国土交通省（2012）『よみがえれ！　みちのくの鉄道——東日本大震災からの復興の軌跡』
　東北運輸局，東北の鉄道震災復興誌編集委員会（編），2012 年 9 月。

国土交通省（2014）「津波被害・津波石碑情報アーカイブ」東北地方整備局，2014 年 2 月。

塩崎賢明（2013）「第 4 章　復興予算問題が突きつけたもの」平山洋介・斉藤浩（編）『住
　まいを再生する　東北復興の政策・制度論』岩波書店，2013 年 11 月。

滋賀県（2014）「滋賀県総合防災訓練」2014 年 9 月。

品川雅彦（2014）『三陸鉄道情熱復活物語　笑顔をつなぐ，ずっと……』三省堂，2014
　年 7 月。

消防庁（2015）「平成 23 年（2011 年）東北地方太平洋沖地震（東日本大震災）につい
　て（第 152 報）」災害対策本部，2015 年 9 月。

首藤伸夫（2011）「三陸地方の津波の歴史」東北地方太平洋沖地震津波合同調査グループ，
　2011 年 4 月。

常総市（2016）「平成 27 年常総市鬼怒川水害対応に関する検証報告書——わがこととし
　て災害に備えるために」水害対策検証委員会，2016 年 6 月。

仙台市（2013）「東日本大震災　仙台市震災記録誌〜発災から 1 年間の活動記録」2013
　年 3 月。

総理府（1956）「木曽川流域濃尾平野水害地形分類図」資源調査会。

津久井進・鳥井静夫（2013）「仮設住宅政策の新局面」，『住まいを再生する　東北復興
　の政策・制度論』平山洋介・斉藤浩（編），岩波書店，2013 年 11 月。

内閣府（2011）「避難所生活者・避難所の推移（東日本大震災，阪神・淡路大震災及び
　中越地震の比較）」被災者生活支援チーム，2011 年 10 月 12 日。

内閣府（2014）「避難勧告等の判断・伝達マニュアル作成ガイドライン」2014 年 9 月。

内閣府（2015）「被災者の住まいの確保に関する委員の意見整理の概要（案）」2015 年 7
　月 30 日。

新野幸次郎（2003）「検証テーマ『復興計画——計画等の策定・推進』」兵庫県復興企画
　課，2003 年 12 月。

日本赤十字社（2008）「応急仮設住宅の設置に関するガイドライン」2008 年 6 月。

林春男（2006）「阪神・淡路大震災からの生活復興 2005——生活復興調査結果報告書」

京都大学防災研究所，2006 年 3 月。

東野真和（2012）『駐在記者発大槌町震災からの 365 日』岩波書店，2012 年 6 月。

兵庫県（2005）「阪神・淡路大震災の死者にかかる調査について（記者発表）」2005 年 12 月。

兵庫県（2016）「阪神・淡路大震災の復旧・復興の状況について」2016 年 1 月。

復興庁（2012）「東日本大震災における震災関連死に関する報告」震災関連死に関する 検討会，2012 年 8 月。

復興庁（2015）「平成 26 年度東日本大震災復興特別会計の決算概要及び復興関連予算の 執行状況（平成 26 年度末）について」2015 年 7 月。

復興庁（2016）「復興の現状」2016 年 3 月。

宮城県（1935）「宮城県昭和震嘯史」1935 年 3 月。

宮城県（2012）「東日本大震災——宮城県の 6 か月間の災害対応とその検証」総務部危 機対策課，2012 年 3 月。

宮城豊彦（2014）「東日本大震災におけるハザードマップと GIS を利活用した自然地理・ 防災教育の実践」『学術の動向』Vol.19，No.9，48-52，2014 年 9 月。

室崎益輝（2011）「応急復旧対策の要点，災害対策全書（2）応急対応」ぎょうせい， 194-197，2011 年 5 月。

米野史健（2012）「被災者に対する住宅供給の現状と課題」建築研究所講演会，2012 年 3 月。

■参考文献

静岡県（2016）『南海トラフ地震における静岡県広域受援計画』2016 年 3 月。

消防科学総合センター（2003）『地域防災データ総覧　ハザードマップ編』。

鈴木康弘（編）（2015）『防災・減災につなげるハザードマップの活かし方』岩波書店， 2015 年 3 月。

高山文彦（2012）『大津波を生きる　巨大防波堤と田老百年のいとなみ』新潮社，2012 年 11 月。

地図情報センター（2012）「特集ハザードマップ」『地図情報』Vol.32，No.2。

中央防災会議（2016）「平成 28 年度総合防災訓練大綱」2016 年 5 月。

内閣府（2007）「復興準備計画策定の推進に関する調査　報告書」2007 年 3 月。

ハザードマップ編集小委員会（編）（2015）『ハザードマップ——その作成と利用』日本

測量協会。

牧紀男（2011）『災害の住宅誌――人々の移動とすまい』鹿島出版会，2011 年 6 月。

地域防災 第4章

　「地域防災」とは何かについて，一般に流布する定義は存在しない。一つの目安としては，災害対策基本法の第三条に規定されている「国の債務」を除く一切の防災に関係する事柄と言えるだろう。同法第十四条は「都道府県防災会議を置く」ことを定め，会議の役割の一つとして都道府県地域防災計画の作成を義務づけている。したがって，地域防災とは，各都道府県防災会議が作成する地域防災計画[1]に盛り込まれた事項を実行することと定義することができる。

　しかし，地域防災計画には，本書で扱うほぼすべての項目が関係するので，上の定義は，広い意味での地域防災と言えるだろう。ここでは地域防災をより狭い意味で捉えて，特に地域住民が主体的に取り組まなければならない防災に関する項目と定義し，避難所，災害時要援護者，および，自主防災組織などの課題を取り上げる。また，行政や専門家が行う，地域特有の災害に対する市民教育（アウトリーチ）の例を紹介する。

1）地域防災計画については第3章1節2項「防災計画」を参照。

第1節　避難所

1. 避難所と避難場所

　東日本大震災では，避難場所が津波に襲われ多くの犠牲者を出した。これは，避難場所が必ずしも津波を想定したものではなかったこと，あるいは襲来した津波が想定を上回ったことによると考えられるが，中央防災会議は，避難場所と避難所との区別の曖昧さを原因の一つとして挙げた（中央防災会議 2012a）。国は，それを受けて災害対策基本法の見直しを行い，避難場所を「市町村長は，―中略―，円滑かつ迅速な避難のための立退きの確保を図るため，政令で定める基準に適合する施設又は場所を，洪水，津波その他の政令で定める異常な現象の種類ごとに，指定緊急避難場所として指定しなければならない。」（第四十九条の四）と新たに規定した。一方，指定避難所は，従来通り「避難のための立退きを行った居住者等を避難のために必要な間滞在させ，又は自ら居住の場所を確保することが困難な被災した住民，その他の被災者を一時的に滞在させるための施設をいう。」と規定している。さらに，災害対策基本法施行令は，避難場所は「想定される災害による影響が比較的少ない場所にあるものであること」とするのに対し，避難所は「人の生命又は身体に危険が及ぶおそれがないと認められる土地の区域（安全区域）内にあるもの」とし，両者を区別している。

　これらの文言から，両者の相違をはっきり認識できる人は少ないと思われるが，要は，避難所は居住を条件としている分，安全面で避難場所に劣る場合があることに注意しなければならないということである。さらに，避難所には，一旦その中に入ってしまうと，外で起きていることに気づきにくいというマイナス面がある。東日本大震災では，指定避難場所で津波の犠牲となった事例が多数ある。津波だけではなく，大規模な洪水や火災においても同様の危険性がある。避難場所や避難所に避難しても，安心しきってしまうのではなく，常に災害情報に注意して，より安全な場所への移動が必要かどうかを考えなければならない（図1にJIS が定めるロゴマークを示す。ハザードマップ上のロゴマークの表示例とし

図1 JISが定める避難所等のロゴマーク。

ては，第3章6節「ハザードマップ」の図21を参照)。

　自治体によっては，避難場所を一時避難場所と広域避難場所に区別して指定する場合がある[2]。発災直後は一時避難場所に避難し，安全を確認後に帰宅するか，あるいは広域避難場所に集団で避難するかを判断することになっている。広域避難場所としては，一定の広さの空き地を有し，避難者が火炎等の影響を受けにくい場所が指定される。関東大震災（1923年9月1日）において，大規模な火災に追われた被災者が，上野公園や宮城前広場などの大規模な公園や広場に逃れ，そこで鎮火を待った後に，多くが学校や公共の建物等に開設された避難所に収容された。このような二段階の避難行動が見られたことから，広域避難場所の考え方が生まれたと言われる[3]。上にも述べたように，広域避難場所は災害が進行中に被災を避けるために留まる場所，避難所は災害が鎮まった後に一定期間滞在する施設としての役割を持っている。いち早く避難所に駆け込むことが，必ずしも最良の退避行動とは言えないことに注意する必要がある。

2. 避難者の動向

　阪神・淡路大震災では，最大30万人を超える人が約1100ヶ所の避難所に避難した。避難所となった学校では，避難者収容施設に指定されていた体育館だけではなく，教室や廊下などにも避難者があふれた。指定避難所だけでは収容しきれず，他の公共施設等にも多くの人々が避難した。しかし，指定外の避難所には災害用の備蓄はなく，公的な支援物資も届かないので，確認が取られ次第，追加指定が行われなければならなかった。熊本地震（2016年4月14日，16日）でも，避難者数

---

2)「一時（いっとき）集合場所」と「避難場所」に区分する場合もある（例：東京都）。
3) 第2章2節2項(2)「広域避難者」に述べたように，東日本大震災等においては，市外，県外への避難事例が多く見られた。このような避難形態を「広域避難」と呼ぶことがある。広域避難場所と区別する必要がある。

は最大で約18.4万人だったが，その うち，約3.6万人が，指定外の公共施 設等に避難したと言われている（毎日 新聞2016年5月11日）。指定避難所 以外に避難した理由としては，「指定 避難所が地震で損傷した」「指定避難 所が遠くて行けなかった」「指定場所 が分からなかった」「幼い子供やペッ トを連れていて迷惑をかけると思っ た」などが挙げられた。

　大震災等では，発災当日より数日後 に避難者数がピークに達するのが一般 的である。阪神・淡路大震災の時は， 避難者数がピークに達したのは，地震 発生から約1週間後であった。東日本 大震災でも，避難者数が最大数の約 47万人に達したのは地震発生から3 日後であった。これらの統計の精度は， あまり高くないと考えられるが，発災 日に最大数になるわけではないこと は，大災害の場合の一般的な傾向とし て知っておく価値はある。特に，避難 所を運営する立場にある人は，発災か ら数日を経ても新たに避難所に避難し てくる人が少なからずあることを，念 頭においておく必要がある。発災直後 以外の避難の理由としては，屋外の避 難場所に止まっていた人が避難所に移 動する場合，全半壊を免れた自宅に住 み続けていた人が，余震を心配したり， 電気・水道等が使えなかったりの理由

で移動してくる場合，知人宅等に身を 寄せていた被災者が避難所開設を聞い て移動する場合などがある。

　後述するように，一定の配慮がなされ てきつつあるとは言え，避難所における プライバシーの保護は限定的であ る。阪神・淡路大震災では，その点を 敬遠したり，あるいは自宅から遠くに 離れたくないなどの理由で指定避難所 を避けて，避難場所や公園等にテント を張ったり，木造小屋等を設置して生 活する「テント村」が出現した（相澤 2007；柏原・他1998）。中には活発な 自治活動が展開されたテント村もあ り，そのような所では近隣の商店主が 仮設店舗を営んだり，ボランティア施 設としての機能を有するテントが設営 されたりした。神戸市の南駒栄公園で は，情報から取り残され災害弱者と なった100名以上のベトナム人を含む 250名余りの人々がテント村を形成し た。テント村での生活は約2年間続い たが，最終期には公園立ち退きを求め る行政や，周辺住民との軋轢を生じた と言われている。そのこともあってか， 被災地域の自治体が発行している震災 の記録には，テント村の実態はほとん ど触れられていない。

3. 避難所の運営

　避難所では，自治体職員（および避

第4章 地域防災 第1節 避難所 | 243

難所となった学校等の職員）と避難者が避難所の運営を担うことになる。しかし，大規模災害では発災後直ちに自治体職員が避難所に到着することはむしろ稀である。阪神・淡路大震災では，発災が早朝であったため学校の職員より早く多くの避難者が詰めかけ，扉の鍵が壊された事例や，学校開放担当者や鍵を預かっている人などの近隣住民が，自主判断で校門や体育館等を開錠したという事例もあり[4]，指定避難所の鍵の管理についての課題を残した。これを受けて，自主防災組織等の担当者が鍵を保管し，災害時には，指定避難所の安全を確認した上で解錠することにしている地区（例：射水市，京都市等）がある一方，職員の到着まで待機するとしている自治体もある（例：仙台市）。新潟市のマニュアルでは，担当職員が解錠するが，やむを得ない場合は窓ガラスを割るなどして施設に入場することを認めている[5]。

　災害サイクルにおいて，避難所が重要な役割を果たすのは，主に応急期から復旧期にかけてである。その中で，避難所に関しては，初動期，安定期，および撤収期がある。各期における避難所の役割の概要は以下の通りである

（各項目の細目については，各自治体の「避難所運営マニュアル」等を参照のこと）。

初動期（発災から24時間以内）
　①避難者の代表者が応急的に避難所を開設し，運営を開始する。
　②施設の安全を確認した後，避難者を施設内に誘導する。
　③無秩序な施設への侵入を防ぐ。
　④避難所の代表者は，到着した行政担当者や学校教員等の施設管理者と協力して，避難所の状況を自治体の災害対策本部に報告する。

安定期（発災24時間後～）
　⑤避難者が主体となって避難所運営組織（避難所運営委員会）を立ち上げる。
　⑥災害対策本部に必要な資機材の支給を要請する。

撤収期
　⑦避難者の退所に応じて，その動向を把握する。
　⑧避難所運営組織のリーダーは，退所が困難な避難者について個別の対応をする。

4）内閣府HP「阪神・淡路大震災教訓情報資料集」，2017年8月4日閲覧。
5）本節における避難所運営マニュアル等の内容についての記述は，2016年6月時点でのマニュアルを参考にしている。

避難所運営組織の役割としては，総務担当，情報担当，食糧・物資担当，救護担当，衛生担当などがある（人と防災未来センター 2014）。避難所運営組織を，円滑に，かつ民主的に立ち上げることができるかどうかが，その後の避難所運営に大きな影響を与える。

避難所撤収の時機は，災害の規模によって異なる。阪神・淡路大震災において神戸市の全避難所が閉鎖されたのは，発災から約7ヶ月後だった[4]。東日本大震災の場合は，岩手県の全避難所が閉鎖されたのは発災から約19ヶ月後，宮城県では21ヶ月後だった（内閣府 2012）。

人道援助のNGOグループと赤十字社・赤新月社は，1997年に，人道援助における最低基準を定めることを目的として，スフィア・プロジェクトを立ち上げた（スフィア・プロジェクト 2011）。同プロジェクトが掲げた「コア基準[6]」は，避難所の運営を考える上でも有効な示唆を与えてくれる。特に重要と考えられる視点を，原文の主旨を尊重しつつ，避難所運営の場面に適合するように変えて，以下に書き出す。

・早期の段階で地域グループ，および地域グループ間の繋がりを確認して，支援活動に活かす。
・被災者に災害や支援の状況についての情報を提供して，支援の透明性を高める。
・被災者集団との協議においては，脆弱性を有する人々の代表がバランスよく参画できるようにする。
・協議と情報提供のための空間を，できるだけ早い段階で設定する。
・人々が，支援方法についての苦情を容易に申し出ることができる手続きを確立する。
・支援の過程で，意思決定における被災者の立場を順次高める。

これらはいずれも，支援する側と支援される側との関わり方について，示唆に富んだ内容を含んでいる。ただし，人道援助の場合は，普通，支援する人とされる人とは別人であるが，災害時の被災者支援の場合は，被災者自身が支援者となる場合も少なくない。この点を考慮に入れて，災害対応に適した「コア基準」を組み立てる必要がある。

4. 避難所の生活環境

大災害が発生するたびに，避難所の

---

6) スフィア・プロジェクトは，人道支援における「給水，衛生，衛生促進」，「食糧の確保と栄養」，「シェルター，居留地，ノン・フードアイテム」，および「保健活動」の4分野について，その最低基準を規定している。そしてこれらの4分野に共通するものとしてコア基準がある。

過酷な環境が報道される。

東日本大震災においても，多数の被災者が長期にわたる避難所生活を余儀なくされる状況の中，避難者の心身の機能低下や，様々な疾患の発生・悪化が見られた。また，多くの要配慮者が避難所の設備面の問題や，他の避難者との関係等から自宅での生活を余儀なくされることも少なくなかった[7]。

(1) 避難所についての法的整備

このような教訓を踏まえ，国は平成25年6月に災害対策基本法を一部改正し，災害の発生時における被災者の滞在先となるべき施設の円滑な確保を図るために，市町村長による指定避難所および福祉避難所の指定を制度化した[8]。そして，指定避難所における生活環境の整備等に関して，地方公共団体等が配慮すべき事項を以下のように規定した。

（避難所における生活環境の整備等）
第86条の6　災害応急対策責任者は，災害が発生したときは，法令又は防災計画の定めるところにより，遅滞なく，避難所を供与するとともに，当該避難所に係る必要な安全性及び良好な居住性の確保，当該避難所における食糧，衣料，医薬品その他の生活関連物資の配布及び保健医療サービスの提供その他避難所に滞在する被災者の生活環境の整備に必要な措置を講ずるよう努めなければならない。

さらに，指定避難所以外に避難せざるを得なかった避難者への対応も，以下のように規定された。

（避難所以外の場所に滞在する被災者についての配慮）
第86条の7　災害応急対策責任者は，やむを得ない理由により避難所に滞在することができない被災者に対しても，必要な生活関連物資の配布，保健医療サービスの提供，情報の提供その他これらの者の生活環境の整備に必要な措置を講ずるよう努めなければならない。

このように法的に整備された避難所の準備および運営の参考とするために，「避難所における良好な生活環境の確保に向けた取組指針（2013年8月　内閣府）」が公表された。

7）第6章2節「災害時要援護者への医療支援」，および同章3節「被災地の病院」を参照。
8）第2章2節「救助・避難所運営と法律」を参照。

(2) 避難所における一人当たりの広さ

この「取組指針」には，避難所に関して考慮すべき項目が挙げられているが，具体的な数値を挙げた基準は示されていない。例えば，「発災時には当該地域の大多数の住民が避難することを想定し，避難所については，平常時から事前に必要数を指定しておくことが適当であること」とあるが，避難者一人当たりの床面積についての基準は記されていない。

スフィア・スタンダードでは，一人当たりの広さとして，$3.5m^2$ を目標値に挙げている。また，トイレ設備は，短期には 50 人あたりに 1 基。女性用 3 基に男性用 1 基の割合としている。これらの具体的な数値は，避難所の仕様を考える上で有用である。富山県射水市の「避難所開設・運営マニュアル（2011 年 3 月）」は，災害発生直後は 1 m^2/ 人（座ることができる面積），1 晩目以降は 2 m^2/ 人（就寝可能な面積），長期化した場合は 3 m^2/ 人，と基準を設けている。仮設トイレについては，100 人に 1 基の割合を目標とする旨が明記されている[9]。

一人当たり専有面積の設定は，想定される災害に対して，指定避難所が十分な数だけ用意されているかどうかを評価するためにも必要である。首都直下地震の想定では，避難所における一人当たりの専有面積を約 $1.6m^2$（タタミ 1 畳程度）としても，避難者の数は避難所の収容能力をはるかに越えると予想されている（中央防災会議 2008）。したがって，指定避難所を増やすことが喫緊の課題だが，避難が長期にわたるであろうことを考えると，区域外への広域避難，すなわち周辺地域との連携計画も欠かせない。

(3) 避難所におけるプライバシーの保護

避難所での生活が長期化すると問題になるのは，プライバシーの保護である。これに関して，新潟市の避難所運営マニュアルには，次のような記述がある。

・室内をほぼ世帯単位で区画を区切って使用し，その区画は世帯のスペースとして使用します。

・世帯単位で所有するスペースについては，原則，世帯ごとに責任をもって行います。

・洗濯は原則として世帯単位で行います。

・世帯単位の世帯スペースは，一般の「家」同様，その避難者の占有する

---

9) スフィア・プロジェクトに基づいた避難所に関する評価基準については，第 6 章 1 節の節末の参考資料を参照。

場所と考え，みだりに立ち入ったりのぞいたりしないようにします。

・居住空間も原則として，そこに居住する人たちの占有する場所と考え，それ以外の人はみだりに立ち入ったりのぞいたりしないようにします。

このように，限られたスペースの中で，世帯単位での生活の保障を意図した記述がされている（区画を仕切る方法については具体的な記述がない）。男女別のプライバシー保護のために，女性専用のスペースや授乳室，男性専用のスペースの確保についても明記している。なお，実際の場面では，家族の構成や人数による調整も必要になってくるだろう。

一方，射水市の「避難所開設・運営マニュアル」には，

・原則として，世帯を一つの単位としていくつかがまとまり，避難者グループを編成する。

・一つの避難者グループは，居住スペースの部屋（仕切り）単位として，多くても 40 人程度を目安に編成し，各避難者グループには，代表者を 1 名選出してもらう。

・避難者グループは，地縁，血縁等，できるだけ顔見知り同士で編成する。
※おおむね自治会や町内会単位で編成することとし，事前に自主防災組織や自治会・町内会でグループ編成について検討しておく。

とあり，世帯単位はここでは適用されていない。このように，少なくともマニュアルの上においては，プライバシー保護についての全国的な統一は行われていない。

(4) 避難所における食事

指定避難所には食料を始めとする支援物資が届けられるが，支援の遅れがしばしば問題とされる。広域被災のあった東日本大震災だけではなく，被災地域が比較的限定されていた熊本地震でも，物資が避難所に届かない状況が数日間続いた。遅滞の主な原因は，物資集積場から各避難所への配布の段階にあると言われている。市内に散在する避難所における物資の需要量の把握に手間取り，配送が遅れがちになる。一般に行政には，物資が届いた所と届かない所，十分な量が届いた所と十分な量が配布されなかった所，等々の不公平が生じることを避けたがる傾向がある。程度問題ではあるが，非常時においては，支援できるところからしていくという方針も必要だろう（鈴木 2016）。

現状では，物資が順調に配送されるようになるまでの数日間は，避難所や

避難者自身の備蓄に頼らざるを得ず，その間の栄養状態は多くは望めない。しかし，避難所が安定期に入った段階では，食事の質と量が大きな問題となる。東日本大震災において，宮城県は，発災から約3週間経った4月1日から12日にかけて，避難所における食事状況を調査した（根来・岸本 2014）。

その結果，一人当たりのエネルギー摂取量は平均1546kcalと少なく，栄養バランスの点でもビタミン類の摂取が不十分なことが分かった。厚生労働省は，4月21日付で岩手，宮城，福島の三県と，県下の主な市に「避難所における食事提供の計画・評価のために当面の目標とする栄養の参照量について」と題する事務連絡を行った。それには，一人当たりのエネルギー摂取基準は2000kcal/日と記されている。この値は，18〜29歳の日本人男性の推定エネルギー必要量よりは少なく，同じ年齢期の女性の必要量よりはやや多い。その後の，5月1日から20日にかけて沿岸部の13市町にある241ヶ所の避難所で行われた聞き取り調査では，一人当たりの摂取エネルギーは平均1842kcal/日と改善したが，ビタミン類の不足など，栄養バランスの点では問題が残った（朝日新聞2011年6月9日）。

Tsuboyama-Kasaoka and Martalena Br

Purba（2014）は，各栄養素の必要摂取量から，「加熱調理が困難で，缶詰，レトルト，既製品が使用可能な場合」と，「加熱調理が可能で，日持ちする野菜・果物が使用可能な場合」について，表1のような食品構成の具体例を示した。

表1のパターン1をもとに，ある1日の食事を例示してみると以下のようになる。

朝：ロールパン（2個），野菜ジュース（200ml），魚肉ソーセージ（1本），ヨーグルト（1パック）

昼：コンビニおにぎり（2個），干し芋（2枚），ハム（2枚），リンゴ（1個）

夜：コンビニおにぎり（2個），トマト（1個），魚の缶詰（1/2缶）

避難所における食事が，ある程度イメージできるだろう。ただし，このような食事はエネルギー摂取量と栄養バランスを考えた目標である。目標が定められなければならないこと自体が，避難所における食事事情の困難さを物語っていると言える。2016年熊本地震では，避難所が安定期に入っても，食事について栄養の偏りを心配する声がマスコミやSNSで多数発信された。

以上は，上にも述べたように，あくまで避難所が安定期に入ってからの食

第4章　地域防災　第1節　避難所 ｜ 249

表1　避難所における食品構成の具体例（（独）国立健康・栄養研究所のHPをもとに作成）
パターン1：加熱調理が困難で，缶詰，レトルト，既製品が使用可能な場合。
パターン2：加熱調理が可能で，日持ちする野菜・果物が使用可能な場合。水（水分）を積極的に摂取するように留意する。

食品群	パターン1（加熱調理が困難な場合）		パターン2（加熱調理が可能な場合）	
	一日当たりの回数※	食品例および一回当たりの量の目安	一日当たりの回数※	食品例および一回当たりの量の目安
穀類	3回	●ロールパン2個 ●コンビニおにぎり2個 ●強化米入りご飯1杯	3回	●ロールパン2個 ●おにぎり2個 ●強化米入りご飯1杯
芋・野菜類	3回	●さつまいも煮レトルト3枚 ●干し芋2枚 ●野菜ジュース（200ml）1缶 ●トマト1個ときゅうり1本	3回	●下記の内一品 肉入り野菜たっぷり汁物1杯 肉入り野菜煮物1皿 （ひじきや切干大根等乾物利用も可） レトルトカレー1パック レトルトシチュー1パック 牛丼1パック ●野菜煮物1パック（100g） ●生野菜（トマト1個など）
魚介・肉・卵・豆類	3回	●魚の缶詰1/2缶 ●魚肉ソーセージ1本 ●ハム2枚 ― ●豆缶詰1/2缶 ●レトルトパック1/2パック ●納豆1パック	3回	●魚の缶詰1/2缶 ●魚肉ソーセージ1本 ●（カレー，シチュー，牛丼，芋・野菜の汁物，煮物）に含まれる ●卵1個 ●豆缶詰1/2缶 ●レトルトパック1/2パック ●納豆1パック
乳類	1回	●牛乳（200ml）1本 ●ヨーグルト1パック＋プロセスチーズ1つ	1回	●牛乳（200ml）1本 ●ヨーグルト1パック＋プロセスチーズ1つ
果実類	1回	●果汁100％ジュース（200ml）1缶 ●果物缶詰1カップ程度 ●りんご，バナナ，みかんなど1～2個	1回	●果汁100％ジュース（200ml）1缶 ●果物缶詰1カップ程度 ●りんご，バナナ，みかんなど1～2個

※「一日当たりの回数」を基本に「食品例」の●を選択する。例えば，穀類で「一日当たりの回数」が3回であれば，朝：●ロールパン2個，昼：●コンビニおにぎり2個，夕：●コンビニおにぎり2個，といった選択を行う。

自然

法律

行政

地域

教育

医療

経済

工学

原子力

国際

事事情である。本項の冒頭に書いたように，支援が行き届くまで，被災者は劣悪な食事事情を強いられることがある。東日本大震災で避難所となった東松島市立大曲小学校では，「最初の2週間は，おにぎりが1日に1個あればいいほうでした」という証言がある（雁部・他2016）。内閣府の調査によると，指定避難所の施設内で食料・飲料水を備蓄していると回答した自治体は，調査対象の944市区町村の約70％に止まった（内閣府2015a）。しかも，この調査では，市区町村の指定避難所のうち1ヶ所でも備蓄している避難所があれば，「備蓄している」と回答することになっている。大規模災害では，避難所が数日間孤立する可能性がある。発災後の関連死を防ぐと言う観点からも，改善が強く望まれる。

（中井　仁・此松昌彦）

第2節　災害時要援護者の避難

1. 災害時要援護者避難支援についての国の施策

（1）ガイドライン

　2004年（平成16年7月）の新潟・福島豪雨では，死者16名を出し（平成17年版防災白書），その多くが高齢者であったことから，内閣府は災害時要援護者の避難支援のためのガイドラインを作成し，各自治体に避難支援の取り組みを促した（内閣府2006）。しかしながら，2011年（平成23年3月11日）の東日本大震災においては，被災地全体の死者数のうち65歳以上の高齢者の死者が約6割を占め，障害者の死亡率は被災住民全体の死亡率の約2倍だった。同時に，消防職員・消防団員の死者・行方不明者が281名，民生委員の死者・行方不明者は56名にのぼるなど，支援する側も多数の人々が犠牲となった。こうした東日本大震災の教訓を踏まえ，2013年（平成25年）の災害対策基本法の改正において，市町村に「避難行動要支援者名簿」の作成が義務づけられた[10]（内閣府2013a）。

　ガイドラインによる要援護者避難支

10）改正災害対策基本法の施行前は「災害時要援護者名簿」等の名称で，「避難行動要支援者名簿」に相当するものを作成していた市町村もある。

援の概要は以下の通りである。

①市町村は得られた要援護者に関する情報を，消防団，自主防災組織，福祉関係者等と共有する。

②災害時に要援護者の避難を支援する者を決め，要援護者一人一人の避難支援プラン（個別計画）を策定する。

③避難所において要援護者が支援の相談をし，避難所の運営責任者が必要な支援を把握できるように，避難所に要援護者用窓口を設けることとし，窓口に配置する要員を決めておく。

④避難所に，要援護者に配慮した施設，設備を用意する。

⑤福祉避難所[11]を設置する。

(2) 避難行動要支援者名簿

災害時要援護者の支援体制を組むには，まず要援護者についての情報が不可欠である。上記のガイドラインは，以下の三つの情報の取得方法を記している。

（ア）関係機関共有方式

地方公共団体の個人情報保護条例においては，明らかに本人の利益になるときは，本人以外から個人情報を得ることが可能とされている。これを活用して，平常時から福祉関係部局等が保有する要援護者情報等を防災関係部局，自主防災組織，民生委員などの関係機関等の間で共有する方式。

（イ）手上げ方式

要援護者登録制度の創設について広報し，自ら要援護者名簿等への登録を希望した者の情報を収集する方式。

（ウ）同意方式

防災関係部局，福祉関係部局，自主防災組織，福祉関係者等が要援護者本人に直接的に働きかけ，必要な情報を収集する方式。

（イ）と（ウ）は，当然考え得る方法である。しかし，（イ）には，支援の必要性を自覚していない人や，積極的に支援の必要性を行政等に知らせようとはしない人の情報を得難いという欠点がある。また，（ウ）を実施するとなると，担当者の負担が大きく，迅速な情報収集は困難である。そこで，ガイドラインは，福祉関係部局との連携による（ア）の方式が可能であることを示し，これらを組み合わせて漏れなく，かつ効率よく情報を収集することを指示している。

消防庁は，2015年（平成27年）8月に「災害時要援護者の避難支援に係る取り組み状況の調査結果」を公表し

11）福祉避難所の設立の経緯ならびに法的根拠については第2章2節「救助・避難所運営と法律」を参照。

た。それによると，同年4月1日時点では52.2％の市町村が避難行動要支援者名簿を作成しているが，同年末までには，ほぼすべての市町村（97.9％）が名簿を作成すると回答している。しかし，各市町村は，消防団や自主防災組織等の避難支援団体にすべての名簿情報を提供しているわけではなく，例えば，熊本地震（2016年）で大きな被害を受けた熊本市は，3万4274人の要援護者の存在を把握しているが，そのうち，調査時点で，市が支援団体に情報を提供しているのは7586人（22％）だけである。名簿は作成しているが，支援団体には情報を提供していないという市町村も多数ある。これは，情報を関係機関共有方式で提供することに抵抗を感じる市町村および地区が，少なからずあることによると考えられる。しかし，支援団体に情報が行かない以上，避難の個別計画を立てることができない。そして，個別計画が事前に作られていないと，避難所の要援護者用の窓口で相談の上，ケアが必要な避難者を判断することになるが，次々に避難者が押し掛ける現場で，適切に処置できるかどうか懸念がある。また仮に，窓口処置が円滑にできたとしても，特別なケアが必要な要援

護者を福祉避難所に移動させなければならない。本人の体力や，発災直後の道路状況を考えると，できるだけ最初に到達した避難所で受け入れられることが望ましい。個別計画の段階で，一般の避難所に行くか，福祉避難所に行くかが決まっていると，特別なケアを必要とする人に過重な負担を背負わせる必要はなくなる。情報管理と避難計画とのバランスをどう取るかが問われている。

2. 東日本大震災における要援護者避難の実態 [12]

内閣府は，東日本大震災時の要援護者の避難の実態についての調査を行った（内閣府2013b）。それによると，調査対象となった要援護者783人のうちで，震災時に避難した人は40％（315人）だった。そのうちの62％（197人）が，支援者がいたと答えた。さらに，そのうち支援者として家族を挙げたのは43％（85人）である。残りの57％は家族以外の人（近所の人，福祉関係者等）によって支援されたことになる。複数回答可の質問なので，家族に支援された人の中にも，家族以外の人による支援も受けている人もいると推測される。この調査結果は，家族以外の人

12）東日本大震災時の福祉避難所については，第6章2節「災害時要援護者への医療支援」も合わせて参照。

による支援の必要性を物語っている。また，要援護者783人のうちの17%（136人）は「避難できなかった」と回答しているが，この人たちの中には，支援者がいれば避難できた人もあったであろう。

内閣府（2013b）の調査によると，避難支援を必要としなかった調査対象者3260人のうちの2494人（77%）が，「福祉避難所がどういうものかも，自分が住んでいる地域のどこにあるかも知らなかった」と回答した。避難支援を必要とした人でも，783人のうちの541人（69%）が知らなかったと回答した。この調査結果から，福祉避難所の所在と機能を，さらに周知することが必要と結論づけられた。しかし，岩手県の場合，震災時に開設された福祉避難所は65施設（うち47施設は沿岸部）だったが，震災前に福祉避難所と指定されていた施設は，県内で18施設，沿岸部では大槌町の5施設のみだった（細田2013）。一方，宮城県では，震災前時点（2010年）で177施設が指定されていた（宮城県保健福祉部2012）。したがって，県によっては，福祉避難所の認知度以前の問題として，指定の遅れがあったと言わざるを得ない。

3. 福祉避難所の利用

上に述べたように，災害時に特別なケアを必要とする人とその支援者は，自宅から直接近くの福祉避難所に避難できることが望ましい。しかし，現状では多くの市町村で福祉避難所は「二次避難所」の位置づけがされている。つまり，すべての要援護者は，一旦，一般の避難所に避難し，そこで市町村のスクリーニング（選別）を受けて，必要と判断された者は福祉避難所に移動する手順となっている。表2は，内閣府によって示されたスクリーニング例である（内閣府2016）。これらのスクリーニングは，「特別な知識がなくともできる」とされているが，これに当たる行政職員の訓練は不可欠である。

福祉避難所を二次避難所と位置づける処置には，一般の避難者が押し掛けて福祉避難所が混乱に巻き込まれることがないようにとの配慮がある。避難者の流れが収まった後に，福祉避難所を開設し，要援護者を受け入れるという流れを想定している。しかし，スクリーニングをするべき自治体職員がすぐに避難所に駆けつけることができるとは限らず，避難所の生活環境が最も過酷になることを覚悟しなければならない発災直後の数日間，要援護者を一般の避難所に留めおくことの是非は，再検討されなければならないだろう。

表2 スクリーニングの例 (内閣府 2016)

区分		判断基準		避難・搬送先例
		概要	実例	
1	治療が必要	・治療が必要 ・発熱, 下痢, 嘔吐	・酸素 ・吸引 ・透析	病院
2	日常生活に全介助が必要	・食事, 排泄, 移動が一人でできない	・胃ろう ・寝たきり	福祉避難所
3	日常生活に一部介助や見守りが必要	・食事, 排泄, 移動の一部に介助が必要 ・産前・産後・授乳中 ・医療処置を行えない ・3歳以下とその親 ・精神疾患がある	・半身麻痺 ・下肢切断 ・発達障害 ・知的障害 ・視覚障害 ・骨粗しょう症	個室※
4	自立	・歩行可能, 健康, 介助がいらない, 家族の介助がある	・高齢者 ・妊婦	大部屋

※個室とは, 体育館以外の教室を指す。

　一方, 福祉避難所の運営自体にも課題が山積している。福祉避難所としての指定に応じている施設の多くは, 高齢者施設や障害者施設である。例えば, すでに入所している人へのサービスに加えて, 新たに被災者を受け入れた場合の人手不足, 物資不足は目に見えている。その場合の人的・物的支援体制は市区町村単位では困難と考えられるため, より広域での取り組みが必要とされている (内閣府 2015b)。

　熊本地震 (2016年) の発災前の時点では, 熊本市は, 災害時には福祉避難所に1700人を受け入れることが可能としていたが, 4万人近くが避難した発災後約10日の時点で, 熊本市にある福祉避難所の利用者はわずか104人と報道された (毎日新聞 2016年4月25日)。福祉避難所に関する諸問題が浮き彫りにされた感がある。これについて, 本書第2章「災害と法律」の執筆者の山崎栄一は, 被災地調査に基づいて, 筆者に以下の問題点を指摘した。

・公表されている福祉避難所の受け入れ人数が実態を伴っていない。発災前の時点において熊本市が把握していた1700人という数字は, 提携施設の回答を合計したものだが, 受け入れ状況を細かく指定した上で提携

したわけではないため，実際に，災害になった時の要援護者のケアを考慮した数字ではなく，施設によっては廊下やホールに寝てもらう等の判断も含めての数字を回答した例もあった。

・要援護者と福祉避難所とのマッチングが考慮されていない。表2にあるように，福祉避難所を利用する要援護者は，「食事，排泄，移動が一人でできない」人である。「廊下やホールに寝て」という状況では，福祉避難所としての役割を果たし得ない。また，市側としても受け入れ施設の機能を把握していないため，たとえスクリーニングを行ったとしても，

移送先の施設がその要援護者を受け入れることができるかどうか判断することができない。

・避難所でのスクリーニングの体制と訓練ができていない。発災直後の行政自身の対応能力が低下する状況下では，要援護者のスクリーニングを手際よく実施することができなかった。

以上のことから，福祉避難所を巡る問題には，上述したように認知度が低いという問題があるが，それだけではなく，要援護者の避難支援全体を，制度設計から再考する必要があると言える。

（中井　仁・此松昌彦）

第3節　自主防災組織・ボランティア

1995年1月17日に発生した阪神・淡路大震災は，公的な防災対策の限界を露呈し，同時に住民による自主的な防災活動の重要性を浮き彫りにした。本節では，中でも重要な位置を占める「自主防災組織」と「災害ボランティア」の問題を取り上げる。

1. 自主防災組織

図2は，内閣府が行った「防災に関する世論調査」等をもとに作成したグラフである。大地震に備えて「家族との連絡方法などを決めている」と回答した人の割合の推移と，「大地震に備えてとっている対策」を問う設問に「特に対策はとっていない」と回答した人の割合の推移を示している。家族と連

絡方法を決めていると答えた人の割合は，この二十数年間，増加傾向にあり，大地震に備えて何も対策をとっていないと答えた人の割合は，逆に減少傾向にある。いずれも防災意識の向上を示唆していると見られる。しかし，家族と連絡方法を決めている人は，まだ二十数％に止まっていることから，依然として防災意識は高くないと言わざるを得ない。住民の防災力の向上のためには，まず防災意識の向上を図る必要があるが，それは学校教育や行政による努力だけではなく，住民自身によるさまざまな活動を通して行われなければならない。

(1) 自主防災組織の役割

阪神・淡路大震災において，警察，消防，自衛隊に膨大な数の救助要請があったが，瓦礫による道路の封鎖などのため，公的機関によって救助された人は約8000人に止まった。それに対して，家族や近隣者によって救助された人は2万7000人にのぼった。中でも，震度7を記録した淡路島の北淡町では，多くの人が倒壊家屋の下に閉じ込められたが，住民の手で約300名もの人が救出され，地震発生当日の午後5時には，行方不明者がゼロとなり，捜索救助活動を終了した（内閣府2003）。この事例は，地域社会における互いに顔の見える関係を基盤とした防災活動が，減災には不可欠であるこ

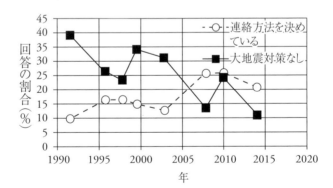

図2　大地震に備えて「家族との連絡方法などを決めている」と回答した者の割合（○印），および「大地震に備えてとっている対策」を問う設問に「特に対策はとっていない」と回答した者の割合（■印）の推移。内閣府が行った「防災に関する世論調査（1991, 1995, 1997, 2002, 2013年）」および「防災と情報に関する世論調査（1999年）」，「防災に関する特別世論調査（2009年）」を基に作成した。実線および破線は，変化を目で追いやすいようにデータ点を採取年順に結んだものであり，採取点間の値を示すものではない。

とを如実に示している。

1961 年に成立した災害対策基本法は、「（市町村長は）自主防災組織の充実を図る」ことと謳っているが、自主防災組織の充実が防災行政の最重要課題の一つと目されるようになったのは、上記のようなことがあった阪神・淡路大震災後のことである。震災後の 20 年間に、全国の組織率は 1995 年の 43.8％から、2015 年の 81.0％へと上昇した。ただし、地域によって差があり、2012 年の統計によると、兵庫県の 96％から沖縄県の 11％まで、組織率に大きな差がある（平成 25 年版防災白書）。また、全国的には高い組織率をもつように見える自主防災組織だが、市町村の自治会レベルでは、市町村に名簿を提出して防災備品の補助を受けただけで、ほとんど活動を伴わない団体もあると言われており、活動実態は十分把握されていない。

自主防災組織はあくまで住民による自主的な取り組みであるため、法的に定まった役割があるわけではない。ここでは、東日本大震災の発災から復興期にかけて、自主防災組織が実際に担った役割の主なものを表 3 に示す（後藤 2012；消防庁 2013）。また、それらの発災後の活動を行うために、平時の備えとして行わなければならない活動を併記する。

表 3　自主防災組織の役割

平時	発災・応急期	復旧・復興期
防災訓練 防災用品の備蓄 緊急時要支援者の把握（ア） 危険箇所の点検 市町村との連携確認 他地域との連携確認（イ） 防災啓発活動	避難誘導 緊急時要支援者の避難支援 被害状況の把握 二次避難所への移動誘導 負傷者の搬送 住民の安否確認 住民の健康状態の把握 給食・給水	避難所の管理運営 避難者の動向把握 遺体の身元確認（ウ） 災害時の防犯 住民と行政の橋渡し

（ア）本章第 2 節に詳述したように、市町村が作る「避難行動要支援者名簿」は、必ずしも本当に必要な人が登録する、あるいは登録できるとは限らない。また、市町村が自主防災組織に名簿の閲覧を認めるとは限らない。自主防災組織が、要支援者を把握しようとすれば、独自の取り組みが必要となる場合がある。

（イ）東日本大震災のような大災害になると、避難所に遠く離れた地域からも人が避難してくることがある。平時における地域間の連携が求められる。

（ウ）東日本大震災では津波によって多くの行方不明者が発生した。発見された遺体の身元確認をするべき家族が見つからないなどの事情によって、自主防災組織の長がその役を担わなければならない場合があった。

(2) 消防団と自主防災組織

　消防に係る組織には，消防本部，消防署，ならびに消防団がある。地方公共団体はこれらの全部または一部を設けることが，消防組織法によって義務づけられている。このうち消防本部と消防署は，専属の消防職員を置く。一方，消防団員は，通常，各自の職業に就きながら平時の防災活動や火災の消火，救急・救助活動，地震・風水害への対処を行う。平成27年度の消防庁の統計（消防庁2015）によると，全国の消防職員は16万2124人であるのに対し，消防団員は85万9995名である。このことからも分かるように，地域の消防・水防活動への消防団の貢献は大きい。市町村ごとに一つの消防団があり，その数は2208団である。消防団の下に，活動の基本単位である分団等があり，その数は2万2549分団である。消防団の活動が，消防本部（消防庁）の活動に比して決して小さなものではないことは，例えば，消防ポンプ自動車の保有数が，前者は7687台であるのに対し，後者は1万4230台であることからも分かる（ただし，はしご自動車や化学消防車などは，ほぼ100％が消防本部の保有となっている）。また，2016年12月22日に糸魚川市で発生した大規模火災で活動した消防車両および活動人数は，糸魚川市消防本部16台／74人であるのに対し，糸魚川市消防団は72台／756人だった（県内外の応援消防隊は38台／175人）（消防庁2017）。

　上述のように阪神・淡路大震災を契機として，自主防災組織の活動が重視されるようになったのと並行して，自主防災組織と消防団との関係，あるいは連携のあり方が大きな問題として浮かび上がってきた。消防団は消防本部の長（消防長）が所轄するが，自主防災組織は住民による自主組織であるため，消防長その他の行政の指示に従う義務を有していない。しかしながら，一方では，表3にあるように自主防災組織に期待される役割は，消防団の職責と重なる部分が大きく，互いの間の調整が必要なことは言うまでもない。しかし，それぞれの立場の違いから，両者が連携して災害に対処するには，高いハードルがあると言われてきた。後藤（2012）は，「（東日本大震災での経験を通して），避難所では，自主防災会は「内」，消防団は「外」に目が向き，両組織が暗黙に「スミ分け」をして活動を継続した。住民の多くは，消防団と自主防災組織は，地域社会の「安全・安心」にとっての両輪であることを実感したのではないか」と，両者の連携のあり方について示唆に富む指摘をしている。

2. 災害ボランティア

大きな災害があるたびに，公的な復旧・復興支援だけではなく，個人の善意による支援（ボランティア）が行われてきた。阪神・淡路大震災（1995年）の折には，全国から延べ130万人以上のボランティアが被災地に駆けつけ，「ボランティア元年」と言われ，復旧・復興に大きな役割を果たした。反面，大量のボランティアが殺到した被災地域では，ボランティアと行政・住民との間でトラブルも発生した。そのような混乱の中から，西宮市では，ボランティアが行政と連携して活動できるように，西宮ボランティアネットワーク（NVN）を立ち上げ，ボランティアの組織化を行った。NVNには，構成員として行政が加わり，救援活動の効率化を図った。この方式は，後に「西宮方式」として広く知られるようになった。また，神戸市に事務所を置いて活動した阪神大震災地元NGO救援連絡会議（略称：NGO連絡会議）は，直接現場での活動に当たるのではなく，現場で活動する団体間の連絡調整に当たることを目的として結成された（田中2003）。

これらの体験を契機として，災害対策基本法が改訂され，「国及び地方公共団体は，ボランティアによる防災活動が災害時において果たす役割の重要性に鑑み，その自主性を尊重しつつ，ボランティアとの連携に努めなければならない（第五条の三）」と，ボランティアの法的な位置づけが行われた。

一方では，無秩序なボランティア活動がもたらす弊害もあることから，防災基本計画[13]は，ボランティア活動の環境整備の必要性を掲げ，各地域では，これを受けて，ボランティアの力をより効率よく活かすための制度作りが行われた。その一つは，災害ボランティアセンターの開設と運営である。延べ27万人以上の人が災害ボランティアとして参加したナホトカ号原油流出事故（1997年）において，ボランティアの調整をするために立ち上げられた組織が，ボランティアセンターの始まりと言われる。現在，ボランティアセンターには，平時から活動を行う常設型センターと，災害時にのみ開設するセンターとがある。設置・運営の主体としては，公的機関の場合と，災害ボランティアもしくはNGOの場合，あるいは，公的機関が設置し災害ボランティアやNGOが運営する場合がある。全国社会福祉協議会は，都道府県ならびに指定都市にボランティア

13）災害対策基本法（第34，35条）に基づき，中央防災会議が作成する基本指針を示す防災計画。
第3章1節2項「防災計画」参照。

センターを置いている。災害は長期間にわたって進行中のことがあるため，安易に被災地に入ると危険な目にあったり，復旧の妨げになることもある。社会福祉協議会等は，ボランティア活動を希望する人に対し，現地入りの前によく被災地の状況を調べ，その上で，現地に到着したときは，独自に活動を始めるのではなく，ボランティアセンターの窓口で活動の意志を告げて，登録することを勧めている[14]。

（中井　仁・此松昌彦）

第4節　退避行動・避難行動

「退避行動」とは，災害が起こったときに，当面のハザードを避け，自らの身を守るためにとる行動である。一方，「避難行動」は，退避した後に，より安全な場所に移動するなどの行動を指すが，両者にはっきりした境目があるわけではない。しかし，この二つの局面に特有の行動様式が考えられるので，両者を分けて解説を試みる。

1. 退避行動

ここでは，大地震に遭遇したときに，どのような退避行動を取るのが適切かを考える。

関東大震災（1923 年）後の 1930 年に，地震学者の今村明恒[15]は，その著書『星と雲・火山と地震』（山本・今村 1930）で，「地震に出会ったときの心得」として 10 項目を挙げた。それは，地震の際に推奨される退避行動の原型とも言えるだろう。文部科学省の諮問機関の一つである科学技術・学術審議会の「地震防災研究を踏まえた退避行動等に関する作業部会」は，地震に遭った人たちが，実際にとった退避行動を調査した。そして，調査結果を基に，今村があげた「心得」を始めとして，これまで推奨されてきた退避行動について，その妥当性を検討した（科学技術・学術審議会 2010, 以下「退

14）ボランティア活動の実例については，本章のコラム「熊本震災ボランティア体験記」を参照。
15）今村明恒（1870～1948 年）：日本の地震学者。関東大震災（1923 年）以前に，過去に関東地方で発生した大地震の周期性に注目して，対策の必要性を訴えていたが，広く受け入れられることはなかった。

避行動報告書」と記す）。

阪神・淡路大震災（1995年）や東日本大震災（2011年）の発災時に撮影された動画などで目の当たりにするように，大地震においては自分の姿勢を保つこともできないほどの揺れに襲われる。「退避行動報告書」は，過去の地震についての聞き取り調査をもとにした諸研究の結果を総合して，震度5弱程度の揺れで人は行動に困難さを感じるようになり，震度6弱・強レベルの揺れの場合は，能動的な行為は非常に困難になり，机の下に隠れることも難しかったと記している。また，地震時の揺れの激しさによるが，揺れの最中に移動することは負傷につながることが多いと指摘している。

「退避行動報告書」は，従来から推奨されてきた，室内で地震を感じた場合の退避行動4ヶ条を挙げて，その妥当性を検討している。4ヶ条とは「丈夫な家具に身を寄せる」「身を隠して頭を保護する」「慌てて外へ飛び出さない」「グラッときたら火の始末」である。報告書は，調査結果に照らしていずれも妥当性があると記しているが，同時に，こうすれば万全というものではないと注意している。例えば，「慌てて外へ飛び出さない」は，多くの調査結果から，揺れが最も激しい時に，2階から1階に階段を降りようと

して負傷した事例などを検討した結果を反映している。阪神・淡路大震災の例では，木造家屋の場合，2階よりも1階での死者が多かった。従って，2階にいる場合は，1階を経て外へ出ようとすると，2階に止まっているより危険な場合があり得る。2階建て以上の木造家屋の1階にいて，建物が倒壊しそうなときは，無理をしてでも外へ出ることを考えなければならないだろう。また，第一に火の始末をするのは，後述するように多数の出火があった関東大震災や阪神・淡路大震災から得られた教訓だが，やはり揺れが一番激しい時は，無理に火元に駆けつけると，その途中で倒れてくる家具等によって負傷したり，やけどを負うこともあり得る。今日では多くの家庭用の加熱器具が，感震ブレーカーや感震自動ガス遮断機能を備えているので，平時にそれらの機能を確認しておくと安心である。かくのごとく，こうすれば絶対大丈夫という退避行動はない。揺れが大きい時は身動きの自由がかなり制限されることを考えて，状況に即して，その場で可能なことをこの4ヶ条から選択するということに尽きる。

<u>安全空間の確保</u>

地震発災時の退避行動についての種々の検討から明らかになったのは，

平時における安全空間の確保が何より大切だということである。安全空間とは，屋内においては，倒れやすい家具等が周囲になく，天井につり下げられた照明器具や家具の上に置かれた物が落下してきたり，窓ガラスの破片が飛んできたりしないような場所を指す。大型家具を固定してあっても，その上に重量物（テレビや電子レンジなど）が置いてあると，それらの落下が死傷につながる場合がある。家具等によって負傷する可能性を避けるという意味だけではなく，行動の自由を確保するという意味でも，安全空間の確保は重要である。屋外では，倒壊する可能性が高い建物から離れた場所で，地すべり，山崩れ，崖崩れ，斜面崩壊，津波および浸水が予想される範囲外の場所を指す。日頃からあまりに見慣れているため，その危険性を見落としがちなのは，看板等の落下物や電柱の倒壊[16]などの可能性である。平時から，屋内にできるだけ広い安全空間を設けると同時に，危険空間を少なくするよう心がけ，屋外については，ハザードマップ等を活用して，安全空間を確認しておくことが，地震時の的確な退避行動を可能にする。

2. 避難行動

(1) 避難誘導法[17]

自然災害や事故，テロリズムに遭遇したとき，人は，危険を示唆する情報を無視して「自分は大丈夫」，「大したことは起こらない」などのように，危険を過小評価する傾向をもっている。これを「正常性バイアス」と呼ぶ。また，危険な兆候に注目するのではなく，周囲の人たちの動向に注目して避難行動に移るかどうかを判断する「多数派同調バイアス」が働く場合もある。2003年2月に韓国で起きた地下鉄火災の事故を伝えるニュース番組で，車内に煙が充満しつつあるのに座席に座ったまま動こうとしない乗客の映像が公開され論議を呼んだ。

このような認知バイアスを取り除き，人々を避難行動に向かわせるための効果的な誘導法として「吸着誘導法」が提唱されている。Sugiman and Misumi（1988）は，二つの避難誘導法の効果を，実際の地下街を使って行った実験を通じて比較検証した。第1の「指差誘導法」（Follow Directions Method）では，誘導者は，「出口はあちらです。あちらに逃げてください」と大声で叫ぶとともに，出口の方向に

16）阪神・淡路大震災では，電力用の電柱約4500基，通信用電柱約3600基が倒壊した（国土交通省のHPより。2017年3月30日閲覧）。第8章1節「耐震・耐火・耐津波技術」図1(d)を参照。

17）小項目（1）の記述は，矢守（2012）より，著者の許可を得て転載。

上半身全体を使って出口を指し示した。これは，伝統的な避難誘導法である。第2の「吸着誘導法」（Follow Me Method）では，誘導者は，出口の方向を告げたり，多数の避難者に対して大声で働きかけたりすることはせず，自分のごく近辺にいる1名ないし2名の少数の避難者に対して，「自分についてきてください」と働きかけ，その少数の避難者を実際にひきつれて避難した。実験の結果，一定の制約条件はあるものの，「吸着誘導法」がより高い避難効率を実現することが見出された。これは，誘導者と1，2名の被誘導者から成る小規模な避難行動のコア（核）に，誘導者による直接的な働きかけを受けていない周囲の人々が急速に巻き込まれ（吸着され），「指差誘導法」よりも早くまた効率的に，出口へと向かう避難群集流を生成するからである。

本書の第5章3節に詳述する「津波てんでんこ」の効果および考え方は，「吸着誘導法」に近いものがある。誘導者と初期の数名の被誘導者は，最初に「てんでんこ」する人々（率先避難者）に相当する。「てんでんこ」は，それがもたらす波及効果によって迅速かつ効果的に避難群集流を形成する機能を有していると言える。なお，「率先避難者」は，大声で避難を呼びかけながら率先避難することになっているので，正確には「吸着誘導法」と「指差誘導法」の双方の性質を兼備している。

（2）津波からの避難
率先避難と段階的避難

中央防災会議の「津波避難対策検討ワーキンググループ」は，東日本大震災後に，津波から命を守るためにどのような方策があり得るかを検討したが，その報告書（以下，「避難報告書」）は「自らの命を守るのは，一人ひとりの素早い避難しかない」ことを確認するに止まった（中央防災会議2012b）。

岩手県釜石市鵜住居地区は，死者・行方不明者580人を出す甚大な被害を受けた（岩手県2013）。そんな中で，同地区にある釜石市立鵜住居小学校と釜石東中学校では，学校管理下にあった児童・生徒約600人が，全員無事に避難することができた。同中学校は，校庭での点呼はせず，教員の一人を率先避難者として，学校から700mの距離にある指定避難所の「ございしょの里」まで，生徒それぞれに避難させた。鵜住居小学校では，当初は児童を校舎3階に避難させていたが，中学生が「津波だ」「逃げろ」と叫びながら走るのを見て，校舎を出て高所にある避難所を目指して避難した（岩手県教育委員

図3（口絵27参照） 鵜住居小学校と釜石東中学校の児童・生徒の避難経路（東京大学・片田教授作成）

会 2014）。「率先避難者」と「一人ひとりの素早い避難」、「吸着誘導法による避難」が実践されたと言える。

釜石市立鵜住居小学校と釜石東中学校の津波避難のもう一つの特徴は、状況を見ての段階的避難が実践されたことである。「ございしょの里」に置いてあった学級別の札を目印に、児童・生徒は素早く整列して点呼を受けた。その後、途中の道の安全を確認した上で、より高台にある介護福祉施設へ、途中から合流した幼稚園児を助けながら避難した。しかし、介護福祉施設から「ございしょの里」が水没するのを見て、恋の峠（標高約 45m）まで避難した。日頃の避難訓練を活かして、段階的避難をしたことが多くの児童・生徒および彼らに導かれて避難した住民の命を救った[18]。同じ地区でも、鵜住居地区防災センターに避難した住民（100人以上）は、津波の犠牲となった。室内に入ってしまうことによって、状況の悪化を感知することができなかったと考えられる。

自動車による避難

津波からの避難は、原則として歩行によるとされるが、仙台湾沿岸の諸地

18）段階的避難の他の事例（宮城県南三陸町立戸倉小学校、岩手県大船渡市立越喜来小学校）については、第5章1節「学校と教師の役割」を参照。

区のように，近くに高台がない場合は，自動車による避難も選択肢の一つとして考えておかなければならない。実際，東日本大震災では，避難した人の57％が自動車を使って避難したと答えている（中央防災会議 2011）。そのため，自動車による避難の是非は，上記のワーキンググループで議論された主要な課題の一つである（中央防災会議 2012b）。「避難報告書」には，自動車による避難が不適切である理由として，地震によって発生する交通障害や渋滞，また避難車両が避難支援活動を妨げる可能性などが挙げられている。しかし，一方では，上述のように事実として多数の人が自動車での避難に成功していることから，条件によっては「自動車避難を検討せざるを得ない場合がある」としている。しかし，どのような場合なら自動車使用に合理性があるかについての明確な結論はない。

「避難報告書」には触れられていないが，自動車による避難の危険性については，東日本大震災における次の教訓がある。東日本大震災では，津波によると見られる149件の火災のうち，車両火災が32件あった（廣井 2012）。中でも重大な結果をもたらしかねないのは，避難に使われた自動車が校庭等に停め置かれ，それが出火原因となり避難所に危険が及ぶ場合である。避難所になっていた石巻市立門脇小学校では，津波によって校舎に打ち寄せた多数の自動車が発火し燃え上がった。校舎に避難していた人たちは，機転によってからくも脱出に成功したが，校舎は全焼した（河北新報 2014）。今後は，避難所近くに自動車を停めることを防ぐ手立てを検討する必要がある。

(3) 大規模火災からの避難

関東大震災（1923 年 9 月 1 日 11 時 58 分　発災）では，全死者数約 10 万 5000 人のうち，約 9 万 2000 人が火災によると推定されている（諸井・武村 2004）。旧東京市では 134 ヶ所で出火し，57 ヶ所で即時に消し止められたが，77 ヶ所で延焼[19]，折からの強風にあおられ延焼は 46 時間に及んだ（関澤 2007）。中央気象台（元衛町（現・千代田区大手町））の観測によると，発災当日の 12〜19 時の風速は 12〜16m/s，夜には最大風速 22m/s を記録した。北陸地方沿岸にあった比較的勢力の弱い台風の影響と考えられる。台風の進行にともなって，当日午後の南風から，夕方は西風，夜は北風と，風向きが変わった。強風に加えてこの風向の変化

19）延焼：出火元以外に火事が広がること。

が，被災者が逃げ惑う原因となった可能性がある。

陸軍被服廠の跡地に造成中だった横網町公園（墨田区）に避難していた人々を，火災旋風[20]が襲ったのは，地震から3時間以上経った午後4時頃と推定されている。ここで，約3万8千人が亡くなった。この事例は，地震火災発生時には，発災後数時間は継続的に変化する災害の様相を観察し，避難行動を続けなければならないことを物語っている。しかしながら，火災旋風の発生メカニズムが十分には分かっていないこともあって，これからの避難は至難の業と言わざるを得ない。

阪神・淡路大震災（1995年1月17日5時46分　発災）の出火件数は293件（内，建物火災269件），焼失面積は約84万m²だった[21]。関東大震災と比較して，出火件数は上回るが，焼失面積は約1/50，延焼速度（20〜40m/時）は約1/10であった（室崎2004）。関東大震災以外の過去の市街地大規模火災と比較しても延焼速度が遅かったのは，建物の耐火性能が上がっている等の理由もあるが，17日の平均風速は2.6m/s，最大風速は6.8m/s（神戸気象台の観測）と，終日穏やかな風であったことが最大の要因と考えられる。このことは，同規模の地震動であれば，気象条件によっては，火災による被害がもっと大きなものになる可能性があることを示唆している。中央防災会議は，首都直下地震の被害想定において，出火件数が最も多くなると予想される冬の夕方に発生した場合，火災による死者数は，風速3m/sのときは約5700人〜約1万人，風速8m/sのときは約8900人〜約1万6000人と推定している[22][23]（中央防災会議 2013b）。

前項に述べたように，津波からの避難は「一人ひとりの素早い避難しかない」。それに対し，大規模火災の場合は，初期消火が大事と言われる。関東大震災における旧東京市の事例でも，出火の約40％で延焼を防ぐことに成功している。中でも，神田区和泉町と佐久

20）火災旋風：大規模火災の際に発生する渦巻き状の風。火災旋風の風速は100m/s，温度は1000℃を超えると言われている。

21）兵庫県HP「阪神・淡路大震災の被害確定について（平成18年5月19日消防庁確定）」，2017年6月8日閲覧。

22）数値は，都心南部直下地震の発生を想定した場合。詳しくは第7章4節「予想される大災害の経済被害」を参照。

23）中央防災会議は，火災による死者数は，感震ブレーカー等の設置による出火防止，および住宅用火災報知器や消火器等の保有促進による初期消火率の向上など，今後の対策によって上記の約5％（約800人）程度にまで減少させることが可能と推定している。（中央防災会議 2013a）

間町（いずれも名称は当時のもの）では，火に囲まれた町内に住民が止まり，一昼夜以上にわたる消火活動によって延焼を防いだ[24]（吉村 2004）。中央防災会議（2013c）においても，出火を阻止する対策としての初期消火の重要性を強調している。しかし同時に，「初期消火に時間をかけすぎることで，逃げ遅れて，延焼火災に巻き込まれる危険性もある。このため，初期消火の限界について，例えば，家庭内では天井まで火が至ったら避難行動に移行，自主防災組織等の地区消火では，2軒目に延焼したら避難行動に移行するといった一定の行動指針を設ける必要がある」と，逃げ遅れの危険性も指摘している。

さらに，大規模火災の避難で問題となるのは，「逃げ惑い」である。津波の場合に一目散に高台を目指すのとは違い，大規模火災の場合は，状況に応じて避難の方向を決断しなければならない。関東大震災では，人々が家から大量の荷物を持ち出し，背負ったり荷車に積み込んだりして避難したため，避難の道筋が混雑し人々は逃げまどった。その上，火が荷物に燃え移る事案が続出した。前述の陸軍被服廠跡の惨事も，避難民の荷物が発火して被害を拡大させたと言われている。現在では，避難時に大量の荷物を持ち出す人は少ないと思われるが，自動車による避難が，同様の混乱を招く恐れがある。

本章第1節「避難所」では，発災直後の行動としては，まず「一時避難場所」へ逃げ，事態がより悪化するようであれば「広域避難場所」へ移動するというパターンが想定されていると書いた。しかし，大震災等によって大規模火災が起こった場合は，一早く広域避難場所へ避難する方がよいとする指摘もある[25]。ただし，現在の広域避難場所に相当すると思われる陸軍被服廠跡で起きた火災旋風による被害は，大規模火災からの避難対策の難しさを象徴している。

（中井　仁・此松昌彦）

24）千代田区立和泉小学校横に，関東大震災時の消火活動を顕彰する石碑が建っている。

25）関澤愛「地震火災時における広域避難の課題——いつ，どこに逃げればよいのか」NHK・HP「そなえる防災」，2017年5月14日閲覧。

■コラム：「地区内残留地区」の設定

　東京都は，地区の「不燃化」が一定の基準以上に進んでおり，万が一火災が発生しても，地区内に大規模な延焼火災の恐れがなく，広域的な避難を要しない区域を「地区内残留地区」として指定している。千代田区は，区全域が地区内残留地区と指定されたことを受けて，2003年2月に区内の全広域避難場所および一時集合場所の指定を解除した。同区はHP（2017年5月28日閲覧）上で，区民に，地震発生の際はすぐに避難を開始するのではなく，自宅や，ビル等に留まり，危険を感じた場合は避難所へ避難するよう呼びかけている。しかし，本章1節1項「避難所と避難場所」に述べたように，避難所は「被災者を一時的に滞在させる」ための施設であり，安全面で避難場所に劣る場合がある。したがって，「危険を感じた場合は避難所へ」との千代田区の呼びかけには，少なくとも文言の上で矛盾があるように思える。住民への説明の仕方に工夫が必要だろう。

　一時避難場所から広域避難場所に移動し，そこで安全を確認した上で，必要があれば避難所に入るという避難パターンには，一定の合理性がある。この避難方法における安全性を左右する要因の一つは，一時避難場所や広域避難場所において的確に災害の状況を把握できるかどうかである。地区内残留地区の場合は，住民が地区内に分散しているため，災害状況についての情報を得るのが一層難しいだろう。また，本章第3節「自主防災組織・ボランティア」に述べたように，自主防災組織の役割の一つに住民の安否確認がある。一時避難場所の指定をなくしたことによって，安否確認が困難になるのではないかとの懸念も生じる。「地区内残留地区」という名称が，過剰な安全保障のように住民に受け取られることがあってはならない。

　なお，千代田区内にある日比谷公園や北の丸公園等の広大なスペースは，主として帰宅困難者の待機場所としての利用が考えられている（千代田区防災担当者談：2017年6月）。

（中井　仁）

第5節　地域防災アウトリーチ

本節では地域に根ざした防災アウトリーチの例を紹介する。アウトリーチとは，公共機関や研究機関等による広報および啓発活動のことである。学校における防災教育については第5章で扱うことにして，ここでは，子どもを含む住民を対象とした啓発活動を取り上げる。

1. 十勝岳火山災害軽減のためのアウトリーチ

十勝岳は北海道の中央部に位置する日本を代表する活火山の一つである。現在，十勝岳の周辺には，山頂から2〜3kmの山腹に温泉やホテルなどの観光施設があり，火口から約20km離れたところにはJR富良野線に沿って，美瑛町（人口約1万300人），上富良野町（約1万1000人），中富良野町（約5100人），富良野市（約2万2200人）が市街を形成している（人口は2017年4月時点）。

（1）過去100年間の火山活動

十勝岳は，火山活動によって山体の基盤が形成され，その後，活動期と休止期を繰り返し，現在に至っている。

歴史に記録された最初の活動は1857年である。過去100年間の噴火活動を表4に示す。1925年以降，噴火は繰り返し発生し，1926年と1962

表4　十勝岳の近年の噴火活動（気象庁（2013）をもとに整理）

1925 年	噴火※
1926 年	水蒸気噴火，マグマ噴火
1927 年	水蒸気噴火
1928 年	噴火※，水蒸気噴火
1952 年	水蒸気噴火
1954 年	水蒸気噴火
1956 年	水蒸気噴火
1958 年	水蒸気噴火
1959 年	水蒸気噴火
1961 年	水蒸気噴火
1962 年	水蒸気噴火，マグマ噴火
1985 年	水蒸気噴火
1988〜89 年	水蒸気噴火，マグマ水蒸気噴火
2004 年	水蒸気噴火

※噴火様式は不明。

26）「水蒸気噴火」は，マグマの熱が間接的に地下水に伝わり，地下水が沸騰・膨張し周辺の岩盤を破壊し噴火に至る現象。「マグマ水蒸気噴火」は，マグマが直接地下水に接触し，地下水およびマグマそのものが膨張，周辺の岩盤を破砕し噴火に至る現象。「マグマ噴火」は，マグマそのものが発泡・膨張し，直接マグマが噴出する噴火現象。

年，1988〜89 年にはマグマ噴火やマグマ水蒸気噴火が発生した[26]。中でも 1926 年（大正 15 年）に起きた大正噴火では，大規模な火山泥流が美瑛川及び富良野川を高速で流下し，人家や，JR 富良野線の線路および橋梁を押し流した。噴火後 20 数分後には火口から 25km 離れた，現在の上富良野町一帯が大量の流木や泥に厚く覆われた。この噴火は，死者・行方不明者 144 人を出す，大火山災害となった（図 5 参照）。

火山の噴火に伴って起こる泥流の危険性は，一般にはあまり知られていない。火山泥流（ラハール）は，噴火によって山の斜面に堆積した火山砕屑物（火山岩塊，火山礫，火山灰，等）が，水とともに斜面を流れ下る現象である。流動性が高く，時速数 10km で流れ下り，規模が大きい場合には麓の平坦地に達して甚大な被害をもたらす。

1962 年の十勝岳噴火では噴石によって死者 5 名，負傷者 11 名が出た。この噴火で放出された多量の火山灰は西風に運ばれ，道東はもとより遠く千島列島にまで及んだ（図 4）。これに比べると 1988〜89 年の噴火は，噴火自体の規模は比較的小さかったが，小規模ながら火砕流を伴った。2005 年

図 4　十勝岳 1962 年 6 月 30 日の噴火（気象庁 2013）

以降，2017 年 12 月現在までは，噴火は発生していないものの，2012 年 6 月 30 日には大正火口にある噴気地帯の温度が上昇し，夜間に火口が明るく見える火映現象[27]が確認された。比較的濃度の高い火山性ガスを含んだ噴気が北西方向に流下し，山麓でも人が感じるほどの硫黄臭が立ち込めたため，一時，登山が禁止された。

このように，過去 100 年の間に，山麓にも被害を与えるようなマグマの噴出を伴う噴火が約 30〜40 年おきに発生している。最後のマグマ水蒸気噴火から，すでに 30 年経過していることから，住民の防災意識を高める必要がある。

(2) 噴火に備えての教育活動

過去 100 年間で最も大きな噴火災害であった大正噴火から 90 年が経過し，

---

27) 第 1 章 3 節「火山災害」の脚注 24) を参照。

直近のマグマ水蒸気噴火からも30年が経過した2018年時点では，山麓の町でも十勝岳の噴火を知らない世代が増え，噴火災害の記憶の風化が懸念されている。

十勝岳山麓の町で行っている，十勝岳火山や火山防災についての教育活動の一部を紹介する。

<u>北海道開発局による教育活動</u>[28]

十勝岳火山が噴火した際に，速やかに避難できるよう，防災意識を高める目的で2005年から主に美瑛町内の小中学校で，出前授業の形式で毎年「防災学習教室」が実施されている（西村2013；藤田・他2014）。例えば，十勝岳の成り立ちと過去の噴火履歴に関する学習や避難行動に関する図上演習を行う。また，実地見学として，大正泥流が流れた跡や，美瑛川沿いの堰堤やワイヤーセンサー[29]などの砂防設備を見学する（図5の資料参照）。

<u>北海道建設管理部による教育活動</u>

十勝岳1988年噴火を契機として，北海道は，地域の小学生とその保護者を対象に「親子火山砂防見学会」という取り組みを1990年から実施してい

図5（口絵28参照）　大正泥流流下域（十勝岳火山砂防情報センターパンフレットより）

る（三浦2008）。北海道建設管理部の富良野出張所が上富良野町教育委員会と毎年共同で開催し，上富良野町の小学3〜4年生の総合学習として定着している。また，同じく十勝岳1988年噴火を契機として，地域の小学生とその保護者を対象に「親子火山砂防見学会」を行うようになった（三浦2008）。大正噴火時に発生した泥流の規模を肌で感じ，砂防事業が進められている状況を見てもらうことで，防災意識を個々の家庭に根づかせることを

28）北海道開発局は国土交通省の地方支分部局の1つ。
29）ワイヤーセンサー：泥流が通ると予想される谷にワイヤーを張り，泥流によってこれが切れると警報が鳴る仕組み。

表5 親子火山砂防見学会の実施内容例（三浦（2008），千葉（2003），および北海道建設部（2014）をもとに作成）

実施形式	実施内容
火山や砂防の専門家による講義	・学校の体育館や移動中のバス内で，見学会のポイントや「噴火」「泥流」「砂防」等を学習。 ・大正泥流の被災者から聞き取った話の伝承。
施設の見学（記念碑・砂防堰堤）	・「大正泥流」で流された約70トンの巨石（記念碑の台座）を見学し，「大正泥流」の規模の大きさを実感する。 ・泥流被害を受けた家屋跡地を見学。 ・泥流から町を守るための巨大な「砂防堰堤」を見学。 ・「砂防堰堤」の機能と限界を知り，いざというときの行動について学習する（ハザードマップの活用）。
火山噴火実験	・火山噴火や泥流がどのように起こるのか，簡単な実験を通して学ぶ（ペットボトルを利用した噴火再現実験等）。

目的として実施されている（表5参照）。

(3) 火山活動に対する小・中学生の知識や防災意識の現状

2012年に阪上・他（2013）は，十勝岳山麓に位置する小学校の5年生（45人），および中学校の1年生（90人）を対象に，一般的な火山現象や必要な避難行動に関する知識や意識についてのアンケート調査を行った。2012年6月30日に火口付近が明るくなった現象については，小学生は41人回答中の27人（66%），中学生は89人回答中の54人（61%）が知らなかった（表6）。現象を知って警戒の必要性を感じた小学生は，わずかに6人（15%），中学生は8人（9%）だった。十勝岳の最新のマグマの噴出を伴った噴火

（1988～89年）については，中学生の約50%が家族から話を聞いたことがなかった。また，避難先等が書かれたハザードマップについては，「自宅にあるか分からない」と答えた中学生が全体の約60%，「自宅にない」と答えた生徒が約20%を占めた。

各機関によって啓発活動は行われているが，アンケートからもうかがえるように，小・中学生の火山についての知識や火山災害への関心は依然として低い。火山噴火現象の理解だけではなく，継続的な防災教育の取り組みによって児童・生徒・住民が互いに防災意識を高め合い，その上に，十勝岳の噴火や泥流被害への備えを位置付ける必要があるだろう。特に，火山噴火現象の理解と避難行動の検討とを結びつ

第4章 地域防災 第5節 地域防災アウトリーチ | 273

表6 美瑛小学校5年生（45人）と美瑛中学校1年生（90人）に対する防災アンケート中の質問，「6月30日に十勝岳の火口近くが明るくなったことについて，知っていましたか？ またあなたは，そのときどうしましたか？」に対する結果（阪上・他2013を一部編集）

美瑛小学校5年生（45人）		美瑛中学校1年生（90人）	
知っていた	14	知っていた	35
●ピカーンと光っているのが見えてライトかと思った。	1	●特に何もしていない。	5
●知っている。	1	●少し警戒した。山を見ていた。	4
●何もしなかった。	5	●防災無線で大丈夫ですといったので，何もしていない。	2
●噴火するんじゃないかと思った。	4	●噴火するかと思った。	2
●少し心配した。	1	●その他	22
●一応避難する準備をした。	1		
●高い所に逃げる。	1		
知らなかった	27	知らなかった	54
無回答	4	無回答	1

自然
法律
行政
地域
教育
医療
経済
工学
原子力
国際

けて学習することが重要である。

（阪上雅之）

2. 雲仙火山災害軽減のためのアウトリーチ

　将来起こり得る火山災害を軽減するための教育とアウトリーチには，「過去の火山災害の伝承」と「火山噴火と火山災害についての科学的な知識の普及」の二つの側面からのアプローチが重要である。1990～1995年雲仙火山噴火で，繰り返す火砕流や土石流などを経験した島原市や南島原市などでは，災害の体験や教訓を次世代へ語り継ぐための取り組みが，自治体主催の行事のほかに学校や雲仙岳災害記念館などの活動として行われている。また，火山に関する知識を学んだり共有した

りして，将来の火山災害を少しでも軽減しようとする活動も行われている。その他，地域の防災リーダー育成のための防災推進員養成講座や一般向けの防災講演会，学校教育の一環としての火山防災教育が行われている。雲仙岳災害記念館では，子どもたちを対象としたキッチン火山実験を，毎年の恒例イベントとして実施している。雲仙岳を含む島原半島全体が，2009年に日本初の世界ジオパークに登録されてからは，ジオパーク活動の一環としても防災教育活動が行われている。

　ここでは先ず，雲仙火山の噴火活動と火山災害を概観し，それらの教訓を踏まえて地元自治体や学校などで実施されている火山防災教育とアウトリーチ活動の様子を紹介する。

(1) 雲仙火山の噴火活動と火山災害

島原半島の中央部には，千々石断層と金浜－布津断層などの活断層群が東西に走る幅約 8km の地溝があり，そこに雲仙岳を構成する複数の峰（溶岩ドーム群）が分布している。普賢岳はその主峰で，1990～1995 年の噴火時に報道などで「雲仙普賢岳」と呼称され，以後この名称が広く使われるようになった。この噴火活動によって，普賢岳の肩に新たな溶岩ドームが形成され，平成新山と命名された[30]。

噴火の歴史

雲仙火山は，約 50 万年前に誕生し，角閃石に富む安山岩質マグマを噴出しながら成長してきた。1999～2004 年に実施された雲仙火山の科学掘削の結果，初期には軽石を噴出するような噴火があったが，その後は火砕流と溶岩流，山体崩壊などを繰り返してきたことが分かっている。

有史以降は，1663 年，1792 年，1990～1995 年の 3 回の噴火があるが，いずれも普賢岳からの噴火であった。1792 年の噴火では，地獄跡火口から噴火後，北東山腹から溶岩を流出した（新焼溶岩；噴出量約 2000 万㎥）。噴火が停止して約 1 ヶ月後に発生した地震により，東麓の眉山が大崩壊し，0.34 ㎦の岩屑が有明海になだれ込んだ。そのため，最大波高 10m の大津波が発生し，対岸の熊本県（当時の肥後国）でも甚大な被害が生じた。天草と肥後を合わせて死者 1 万 5000 人に達する，わが国最大の火山災害となった。「島原大変肥後迷惑」として伝承されている。

1990～1995 年噴火とその災害

噴火は，約 1 年間の前駆的な地震活動の後に，1990 年 11 月 17 日の水蒸気爆発によって始まった。噴火地点は，普賢岳東側斜面の九十九島火口と地獄跡火口の 2 ヶ所であった。その後，マグマ水蒸気爆発を経て 1991 年 5 月 20 日に地獄跡火口から溶岩噴出を開始，溶岩ドームが成長を始めた。

その後の経過：

1991 年 5 月 24 日　溶岩ドームの溶岩塊の崩落により普賢岳東斜面に火砕流が発生。以後溶岩ドームが成長するにつれて，火砕流が頻発するようになった。

1991 年 6 月 3 日の大火砕流は，水無川沿いに約 4.3km 流下し，島原市北上木場町で死者・行方不明者 43 人，建物約 170 棟の被害を出した。

---

30) 1972 年および 1990～1995 年の火山活動については，第 1 章 3 節「火山災害」の記述と重複するので，ここでは要点のみを記す。地名等については第 1 章 3 節の図 28 および図 32 を参照。

1991年9月 最大時の避難対象人口は1万1000人に達した。

1993年6月23日 大火砕流によって島原市千本木地区の多数の家屋が焼失したほか，自宅を確認に行った男性が死亡した。

1995年2月 溶岩の流出は停止した。

溶岩総噴出量は2億㎥。そのうち約半分が溶岩ドームとして留まり，残りは成長過程で崩落し，火砕流堆積物となった。この噴火では，火砕流は計約6000回発生し，降雨時には堆積した火山砕屑物が流下する土石流が多発した。火砕流や土石流による家屋被害は2511戸に上った。溶岩ドームの頂は，普賢岳（1359m）を越えて標高1483mとなり，平成新山と命名された。

（2）火山監視・防災体制

長崎県および島原市と深江町は，1990年11月17日の水蒸気爆発を受けて，災害対策本部を設置した。一時活動が鎮静化して災害警戒本部に変更

されたが，1991年5月15日に初めて土石流が発生し，再び災害対策本部に切り替えられた。5月26日には火砕流が民家に迫ったため上木場地区[31]に避難勧告が発令された。同年6月3日，取材中の報道関係者や警備中の消防団員など，犠牲者43名，負傷者9名を出す火砕流災害が発生した。島原市長は災害対策基本法に基づく警戒区域[32]を設定した。同年7月2日，関係自治体間で情報を共有し，防災対応の連携を促進するために，雲仙岳防災会議協議会が設置された。溶岩の噴出は1995年2月まで断続的に続き，1996年5月1日を最後に火砕流の発生は止んだ。火山活動の終息を受けて，災害対策本部は1996年6月3日に解散した。しかし，溶岩ドームは依然として不安定な状態で残っており，地震や大雨等による崩落の危険があることから，範囲を縮小しつつも2018年2月時点でも警戒区域の設定が続けられている。

雲仙火山の火山活動については，気象庁が監視観測を，九州大学（地震火

31）上木場地区：同地区は噴火鎮静後も危険性が継続するため，防災集団移転促進法が適用された。同法による事業では，住宅団地の用地取得・造成，移転者の住宅建設・土地購入に対する補助（借入金の利子相当額）などが行われる（第3章5節のコラム「防災集団移転促進事業」を参照）。

32）警戒区域：災害対策基本法第63条に基づいて，災害による退去を命じられる区域をいう。区域内への立ち入りが制限・禁止され，許可なく区域内にとどまる者には退去が強制される。事実上の避難命令に該当する。人が居住する地域に警戒区域が設定されたのは雲仙普賢岳平成新山の噴火活動によるものが初めて。その後，桜島や浅間山，御嶽山の火山活動，各地の土砂災害，および福島第一原子力発電所事故などにおいて発令されている。

山観測研究センター）が火山噴火予知研究のための観測をそれぞれ行っている。2007年12月より，雲仙岳に対して気象庁の「噴火警戒レベル」が導入され，警戒レベルに応じて入山規制が行われるようになった。

(3) 火山防災教育

避難勧告の発令および警戒区域の設定がされていたにも関わらず，多くの犠牲者を出した火山災害を経験して得られた教訓は，常日頃からの防災教育の必要性と，住民・報道機関・防災機関（行政）・研究者の信頼関係の構築の必要性である。これらの教訓を踏まえて，火山防災教育に関し，雲仙火山地域では以下のような種々の取り組みが行われている。

防災機関における取り組み

長崎県では，地域の自主防災リーダーを育成するため，平成21年度より毎年県内の2会場で「防災推進員養成講座」を開催している。この講座は，火山災害のみならず地震災害や気象災害などの自然災害全般を対象としており，防災士資格取得試験を受けることができるようになっている。受講者は，主に防災機関や自主防災組織，病院などの施設，ライフライン関連会社の関係者などであり，地域の防災リーダー

の言わば即戦力を養成するための取り組みとなっている。

また，雲仙火山の監視や防災・減災に特化した取り組みとして「防災登山」がある。火山活動が活発化した時や噴火時などの危機管理・防災対応がうまく機能するためには，情報を出す側の研究者と，情報を受け取る側の行政や住民，さらには情報を伝達する報道関係者の間で信頼関係が保たれていなければならない。また，すべての関係者が，火山についての一定の知識を有していることも重要である。そのためには，火山活動が静穏な時から，互いに顔の見える関係が築かれていることが必要である。しかしながら，数年経てば，行政や警察・消防などの防災機関の担当者および報道機関の記者などは転勤するため，せっかく築かれた関係や知識・経験がリセットされてしまうことが問題であった。そこで，噴火終息後に，九州大学地震火山観測研究センターでは，防災関係者に調査登山への同行を呼びかけ，雲仙火山の状況や地形など防災に関する知識を関係者で共有するための活動を始めた。調査登山への同行者は年を追うごとに多くなり，防災登山として定着した。現在は，島原市が世話役を務め，原則として5月と11月の年2回実施されている（図6）。

第 4 章　地域防災　第 5 節　地域防災アウトリーチ

図 6　防災登山（2008 年 4 月杉本伸一撮影）

学校における取り組み

　島原市では，火山災害の伝承のため，1991 年の火砕流で 43 人が犠牲になった 6 月 3 日を「祈りの日」とし，南島原市立大野木場小学校では校舎が火砕流で焼けた 9 月 15 日を「Memorial Day」とした。そういった記念日には，地元の小中学校で講演会や発表会などのイベントが毎年続けられている。

　しかし，学校でこれらの取り組みの指導を行う教員も，噴火災害を経験していない世代が徐々に増えてきており，集会の講師（語り部など）の高齢化も進んでいくことから，学校における災害伝承活動を将来どのように継続していくのかが問題となっている。

　このような中で，学校における火山防災教育を支援する取り組みがいくつかなされている。その一つとして，文部科学省の防災教育支援推進プログラム（平成 21～22 年度）の「防災教育支援事業—被災体験を生かした防災教育とジオパーク活用事業」が実施された。この防災教育支援事業は，文部科学省の受託事業としては平成 22 年度で終了したが，この事業で作成した副読本は，現在も各学校の授業等で使用されている。また，ジオパークを活用した「ジオパーク学習」についても，島原市内の小中学校で実施されている。

市民の自主的な取り組み

　島原市の水無川流域に位置する安中地区は，1663 年の噴火や平成の噴火の際に，土石流などの災害を繰り返し経験してきた地域である。雲仙火山の噴火災害から約 20 年が経過し，当時の記憶が風化しつつあることに危機感をいだいた安中地区の住民や火山研究者が平成 23 年に委員会を立ち上げ，「安中防災塾（平成 26 年以降は島原防災塾に発展）」を毎年実施している。この防災塾は，地元住民が中心となって，地域の小学生に雲仙火山の噴火災害の学習をしてもらうことにより，噴火災害や土砂災害を伝承し，地域の生い立ちに関心を持ってもらうことを目的としている。霧島・新燃岳の噴火で被害を受けた宮崎県都城市の小学校の児童を招待して交流を行ったり，参加者に防災グッズを配布したり，講習の修了者に修了証を兼ねた防災手帳を渡すなど，子どもたちのモチベーション

を上げる工夫を取り入れている。

(4) 火山を好きになるための活動

これまで述べてきた火山防災教育のほかに，火山を好きになることによって火山噴火や火山防災の知識を増やし，その結果として火山災害の軽減につなげていこうとする取り組みも行われている。前項で紹介した「防災推進員養成講座」が即戦力の自主防災リーダーの養成だとすれば，こちらは将来の防災リーダーの卵達を育てる試みであるとも言える。

ここでは，これらの活動のなかで，「キッチン火山実験」と「親子登山」について，それぞれ簡単に紹介する。

キッチン火山実験

これは，秋田大学の林信太郎教授が考案した，家庭などに身近にある食材を用いた火山実験である（林 2006）。雲仙岳災害記念館が毎年実施する恒例のイベントとして定着している。実験には，九州大学地震火山観測研究センターの大学院生や学部生もサポートで参加しており，学生達にとってもよい経験の場となっている。

親子登山

親子登山は，雲仙岳災害記念館が夏休みの企画として毎年実施しているもので，長崎県内外から多くの参加者がある。前述の防災登山が防災関係者を対象としているのに対し，親子登山は一般の市民を対象としている。内容も防災に特化したものではなく，九州大学地震火山観測研究センターの研究者や雲仙岳災害記念館の学芸員が火山の成り立ちを説明するほか，山の自然に詳しい講師が登山道沿いの植物などを解説することにより，参加者に雲仙火山に興味を持ってもらうことを目的としている。

* * *

この項では，雲仙火山における火山防災教育の取り組みについて紹介してきた。親子登山やキッチン火山実験などの活動は，防災推進員養成講座や防災講演会などのように直接的に防災意識の向上をめざしたものではないが，このような体験を通して火山を「好き」になることは，火山を「知る」ことにつながり，ひいては火山災害から身を守ることになると期待される。災害体験の伝承はもちろん非常に大切であるが，雲仙のように休止期間の長い火山では何世代にもわたって伝承することは容易ではない。伝承の努力を続けながら，同時に地域の火山リテラシーを高める取り組みが必要であろう。

（清水　洋）

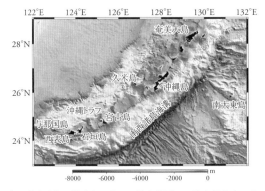

図7（口絵29参照） 琉球列島を構成する島々。海底地形は，海上保安庁による500mメッシュ水深データ，及び，財団法人日本水路協会海洋情報研究センターによる日本近海30秒グリッド水深データ（MIRC-JTOPO30）による。海底地形図は，GMT（Generic Mapping Tool）によって作画した。海底に対して北東方向から光を照射した際のイメージ図として表示されている。

3. 沖縄における防災教育とアウトリーチ

南西諸島域に当たる沖縄県及び鹿児島県奄美諸島域は，亜熱帯域に位置し，海に囲まれた弧状列島より成る（図7）。サンゴ礁に囲まれ多様な生物の宝庫である島々は，豊かな観光資源に恵まれている。しかしその一方で，この地域では，日本の他県と異なる特有の自然災害が多発している。

(1) 沖縄県の災害

沖縄県特有の自然災害が多発する主な素因は，この地域が西太平洋温水プールに接していることと，琉球海溝（南西諸島海溝）と，長さ約1000km，幅約200kmにわたる長大な海底の窪みである沖縄トラフに挟まれていることである。

台風災害

西太平洋の赤道域から沖縄近海に掛けては西太平洋温水プール[33]（Western Pacific Warm Pool）に当たり，夏季には海水の表面水温が30℃を超えることもしばしばある。この高水温のため，西太平洋熱帯域で発生した台風は，南西諸島域に接近する頃に勢力が強大となる。地球温暖化の進行によって大西洋のハリケーンは近年発生個数が増加しているとの報告があるが（気象庁2007），西太平洋の台風に関しては，

---

33) 西太平洋温水プール：赤道付近に吹く西向きの貿易風が海面付近の暖水を西方に押しやるために，西太平洋赤道付近に生じる暖水域。南西諸島域や日本南方海域では，表面水温が30℃を超える海域も出現する。

今のところ特に発生個数が増加している傾向は見られない。しかし，台風に伴う豪雨の頻度が増加している[34]。

太平洋に発生する台風のうち平均29.1％が南西諸島域に接近するため，沖縄地方は日本で台風の影響を最も強く受けやすい地域だと言える。気象庁に残る最大瞬間風速の記録の1位は宮古島の85.3m/s であり（富士山は除く），20位までに沖縄県の記録が9例含まれる。

南西諸島域は，発達した台風や，暖水渦[35]の陸地への接近による高潮に対しても，常に警戒が求められる地域である。2013年の台風30号により，フィリピンのレイテ島で，低気圧の影響による高潮と，強風による湾奥への海水の吹き寄せによって，津波と同様の被害が発生したことは記憶に新しい。今後，地球温暖化の加速によって，同様の被害が南西諸島域でも発生する可能性がある。

地震災害

南西諸島海溝沿いでは，海溝型巨大地震が起こる。中でも，宮古・八重山域ではマグニチュード7を超える地震が頻繁に発生している。プレート内活断層も数多く見られ，島内および周辺海域を問わず，九州から台湾に至る島弧を北西から南東方向に横切る多くの活断層があり，沖縄トラフにはほぼ東西方向の活断層が多数ある。そのため，南西諸島海溝から沖縄トラフにかけて，沖縄気象台管内の気象官署で観測される地震が1ヶ月間に1000回以上発生する。小さい島々から成る南西諸島域での地震は，殆どが海底で発生するため，常に津波被害を警戒しなければならない。

近年巨大地震発生の記録が無い沖縄島南東の海底で，2010年2月27日の早朝，マグニチュード7.2（気象庁発表）の地震が発生し，直後に津波警報が発出された（気象庁2010）。しかし，この時の地震断層は横ずれ型であったため，津波が発生することはなく，約1時間半後に津波警報は解除された。

ところが，同日午後，南米チリ沿岸でマグニチュード8.8（米国地質調査所発表）の地震が発生し，再び日本全土の沿岸地域に津波警報が発令され，沖縄県内では最大2mの津波が予想された。翌日午後に実際に津波が到来し，沖縄県内では最大43cmの津波が観測された。津波警報が2月28日9時33

34）第1章4節「台風・洪水」を参照。

35）暖水渦：海の中の渦。周囲より水温の高い暖水渦と，水温の低い冷水渦がある。暖水渦では盛り上がった中心部から，周囲に向かって水が時計回りにらせんを描いて流れる。

分に発出されてから，解除される3月1日8時40分[36]まで約23時間，警戒が続いた。

南西諸島域で発生した津波として，歴史上最も甚大な被害をもたらしたものは，1771年4月24日（新暦）午前8時頃に発生した八重山地震（推定M7.4）による「明和の大津波」である。この津波による犠牲者は，八重山地区[37]・宮古地区併せて約1万2000人とされている。この津波による被害状況については，八重山から当時の首里王府に提出された文書「大波之時各村之形行書（なりゆき）」に詳述されている。その記載のうち，石垣島の海岸から浸入した津波の最大遡上高は，メートル法に換算して85mに達した。ただし，専門家の間では，これらの数字は過大評価であり，現実にはこれらの約半分の高さと考えるのが妥当とされている。

石垣島南部の大浜にある崎原公園内には，津波によって打ち上げられた巨大な石灰岩の塊（津波石）があり，「津波大石（つなみうふいし）」と呼ばれている（図8）。これは，石灰岩の年代測定から，約2000年前の津波によって打ち上げられたものと考えられている。こうした津波石の分布と年代測定をもとにして，石垣島での津波発生時期と，その襲来方向が調べられた（表7）。表から，数百年に一度の割で津波が襲来していることが分かる。また，津波は島の南側にある琉球海溝側から襲来することが多いが，逆側の沖縄トラフ側から来ることもあったことが分かる。防災や避難を考えるときは，この点を考慮する必要がある。

2011年3月11日の東北地方太平洋沖地震以降，沖縄県でも津波浸水高の想定を見直すこととなった。過去の地震記録をもとに，考慮し得る最大規模の地震断層を初期条件とした津波発生・伝播・遡上を計算し，2013年3月にその結果が公表された。その後も，「津波防災地域づくりに関する法律」に基づく津波浸水想定を実施し，結果

図8　石垣島大浜の崎原公園内にある津波大石。約2000年前の津波により打ち上げられたとされている。

---

36) 全国すべての予報区で津波注意報が解除されたのは3月1日10時15分（気象庁HP，2017年8月5日閲覧）。
37) 八重山地区：石垣島，竹富島とその近辺の島々および与那国島からなる島嶼群。

表 7　石垣島での津波発生時期と襲来方向（河名・中田 1994 より作成）

年　代	襲来方向	備　考
約 200 年前	琉球海溝側	「明和の大津波」
約 500 年前	琉球海溝側	
約 600 年前	沖縄トラフ側	
約 1100 年前	琉球海溝側	
約 2000 年前	琉球海溝側	「沖縄先島津波」
約 2400 年前	琉球海溝側	
約 3750 年前	琉球海溝側	
約 4350 年前	琉球海溝側	
約 4450 年前	沖縄トラフ側	

が 2015 年 3 月に公表された。

　しかし一方では，そういった懸念をよそに沿岸部の開発が進んでいる。たとえば，沖縄県与那原町東浜地区は，隣接する西原町東崎地区とともに，「中城湾港マリンタウンプロジェクト」として，埋立により整備された。地区内では文教地区，住宅地区（低層・集合），商業地区に加えて，マリーナ等の土地利用が行われている。2015 年 10 月には，短期大学が那覇市内から移設された。一帯は海岸沿いの標高 5m 以下の低地であり，商業地区・文教地区の本格的な始動に合わせて，津波防災対策についても検討する必要のある地区である。

(2) 実践的防災学習の必要性

　狭い島嶼から成る沖縄県域では，標高の低い地域に人が多く居住しており，海岸に隣接したところに学校など

の施設がある場合が多い。沖縄県では県警察本部が，2012 年 4 月に「標高マップ」を公開した。この図では，警察施設，学校，市町村役場，消防施設の位置が，標高 0〜10m，10〜20m，20〜30m の地域を色分けした地図上に示されており，一目でこのような公共施設が立地する場所の標高が分かるようになっている。標高マップと「平成 26 年度学校一覧（沖縄県教育庁）」をもとに，小学校の標高別分布を示したものが図 9 である。沖縄地区（沖縄島及びその周辺の島嶼）では 35％の小学校が，八重山地区（石垣市・竹富町・与那国町）では 40％の小学校が，標高 10m 未満のところに立地する。このため常日頃から，地震災害とともに「海洋災害」への備えを行い，学校教育の中に，沖縄県に特有な防災教育を取り入れていく必要がある。

第4章　地域防災　第5節　地域防災アウトリーチ　｜　283

沖縄地区小学校標高別分布
（全90校）

宮古地区小学校標高別分布
（全21校）

八重山地区小学校標高別分布
（全34校）

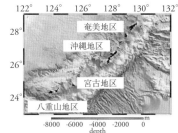

標高は沖縄県警察本部作成標高マップ（学校等各施設位置と標高を表示）による

図9（口絵30参照）　沖縄県内各地域での，小学校の標高別分布。学校数は2014年末時点（沖縄県教育庁発表の「平成26年度学校一覧」による）。休・廃校は除外し，中学校または幼稚園との併設校は含む。

（3）教員免許更新講習の活用

　教員免許更新制が平成21年4月1日から導入され，教員免許の有効期限は事実上10年となった。幼・小・中・高教員は有効期間満了日の2年前以降，免許状更新講習として文部科学省から認定されたコースから，必修領域を6時間，選択必修領域を6時間，選択領域を18時間受講することとされている。防災関係の講座も，選択必修あるいは選択領域の講座として多くの大学等で開設されている。

　琉球大学は，教員養成をその主要ミッションの一つと位置づけ，質の高い教員の養成のために，日頃から沖縄県教育委員会との協定による人事交流を行っている。また，数学・理科教員への免許状更新講習の提供が可能な理系学部を擁する県内唯一の総合大学であることから，教員免許更新制度導入時より全学を挙げて組織的に更新講習講座開設に取り組んでいる。

　その一環として筆者は，平成21年度から23年度まで，国土地理院によるGPS観測の沖縄県域での結果を教材とした講座「地球のダイナミックな

動きを生徒に実感させるための教材開発——GPSによる地殻変動観測の成果の活用」を開設した。東日本大震災の翌年の平成24年度からは，「災害に強い沖縄を目指して——自然災害の正しい理解のための教材作りの実践」と題した免許更新講習を行うこととし，これまでに，琉球大学キャンパスで毎年1回，宮古地区と石垣地区で原則的に隔年に1回ずつ開講している。

これらの講習で受講者は，沖縄県で発生する地震や，津波，地すべり，台風，高潮などについての最新情報を学び，それをもとに，担当学校種・学年に応じた新しい防災教育のための教材の開発に取り組むことができる。専門教科や学校種に関わらず，子どもたちを災害から守るための「防災」という観点から，すべての学校教員を対象にしている。

(4) 防災と観光——観光県沖縄の観光の「品質」向上に向けて

観光資源に恵まれる沖縄県には，毎年多数の観光客が訪れる。平成29年度は約940万人の観光客が来県し，その内外国人は254万人であった（沖縄県入域観光客統計概況による）。サンゴ礁の海に囲まれた沖縄は，「癒し」をもたらす反面，津波や，台風，高潮，リーフカレント[38]など，人命を脅かす「荒々しい」側面も併せ持っている。海に不案内な訪問者を自然災害から保護するために，自然災害に対する日頃からの備えを常に考えておかなければならない。安全の提供は，観光の「品質」の一部であり，観光に携わる人は観光の品質保証のため，日頃から自然災害に関する情報を集め，知識を持ち，防災マニュアルを整備し，防災訓練を行い，「本番」の際には的確な行動ができるよう備えておく必要がある。

海岸沿いのリゾートホテルでは，防災マニュアルの整備を行っていたり，地元消防本部との連絡を密にしたりなどの備えを行っているところは多い。しかし日頃から，災害発生時に各従業員がそれぞれ何をするかを確認するための防災訓練を行っているところは，まだ少ないのが現状である。ほとんどのホテルでは，各客室内に火災を想定した非常時の避難経路などが表示されているが，海岸沿いのホテルでは，これと併せて，津波発生時の職員による避難誘導体制，指定避難場所などの情報を客室及びホテル内随所に表示しておくことが望ましい。外国人観光客のための英語・中国語・韓国語の併記も

---

38) リーフカレント：サンゴ礁海域特有の離岸流の一種。遊泳者が外礁の切れ目から外洋に流される海難事故が数多く発生している。

強く求められる。

（松本　剛）

コラム：熊本震災ボランティア体験記

　私がボランティアに行ったきっかけは大きく二つが挙げられる。まず一つめは，私の故郷の和歌山県田辺市で震災の歴史を学んだことである。和歌山県は，近い将来南海トラフ地震で甚大な被害が出ると言われている。中でも田辺市には，津波で町全体が水没した過去がある。私は熊本地震が発生した 2016 年当時大学3 回生だったが，卒業後は地元で社会科の教師になることを目指していた。来る大地震の際には，生徒を守らなければならないし，また先頭に立って行動したいという思いもあり，色々な知識を被災地で得たいと考えていた。二つめは，東日本大震災の発生である。当時高校入試を終えたばかりであった私は，現地へボランティアに行ったり募金をしたりする金銭的な余裕がなく悔しい思いをした。そのため，次に震災が起きた際には積極的にボランティア活動に参加しようと決心した。これらが大きな理由である。

　熊本地震が発生すると，その直後から情報収集を始めた。数ある市町村の中から益城町に向かったのは，他にボランティアの受け入れ先がなかったためだ。熊本県の社協（社会福祉協議会[39]）の HP を一つ一つ確認したが，ほとんどの場合，受け入れ条件が九州在住の方に限られていた。他の地方からの受け入れをしているのは，益城町を含め，2，3 の市町村のみであった。その限られた選択肢の中から，最も被害が深刻だった益城町を選んだ。

［現地までの行程］

　私は本震から 1 週間が経っていない 4 月 22 日の夜に京都を出発した。地震発生からまだ間もないため，九州新幹線は博多までしか運行しておらず，博多からは在来線で久留米まで進むことにした。深夜 1 時頃に久留米駅に到着したのち，まずはボランティアに必要な長靴や軍手，少量の支援物資をドン・キホーテで購入した。そのあとは夜中まで営業している温泉に入り，ネットカフェで眠り

39）社会福祉協議会：民間の社会福祉活動を推進することを目的とした，営利を目的としない民間組織。社会福祉法に基づく社会福祉法人の一つ。

についたのは午前 4 時頃であった。そして午前 8 時頃に久留米でレンタカーを借りて益城町に向かった。

　普段なら，久留米から熊本までは 2 時間ほどで行ける。しかし，道路は，地震によるひび割れなどのために寸断されていた。迂回路を探すために，「通れた道マップ」を iPad で開いて，迂回や寸断状況を頭に入れて運転した。「通れた道マップ」とは，通行可能な道を示す大手自動車会社が独自に発信しているウェブサイトである。同社の GPS 機能が用いられており，渋滞発生域についても確認することができる。家屋は益城町に近づくにつれ，ブルーシートで屋根を覆っているところが増えていき，倒壊度も深刻になっており，胸が締め付けられた。

［ボランティア 1 日目］
　やっとの思いで益城町のボランティアセンターに到着したのは午前 11 時過ぎだった。益城町では，前日までボランティア参加者が不足していたのだが，その日は土曜日ということもあって希望者が殺到し，私が到着した時にはもう受け入れがストップしていた。つまり，到着してすぐにプランが崩れたのである。しばらく今後どうしようか考えた結果，とりあえず被害の状況を見て回ろうと，益城町や熊本市を 3 時間ほど運転した。想像を絶するほど全壊住宅が多く，特に益城町は，広範囲に住宅の傾きやひび割れが見られた。報道でもあったように熊本城も大きく崩れていた。

　そうこうしているうちに，日が暮れ始め 18 時頃になっていた。この頃，「熊本のために何もできていない。このままでは来た意味がなくなってしまう」と，ネガティブになりはじめたのを覚えている。そこで，不足物資を求めている避難所があれば調達しようと決めた。方法は SNS（twitter と Facebook）で ＃（ハッシュタグ）をつけて，そのあとに不足物資，避難所などを入力し検索をかけた。すると，多くの人が不足物資を求める投稿をしていることが分かった。しかし，ここで大きな問題があった。それは，投稿後にその問題が解決されたのか，されていないかの区別がつかないことだ。わざわざその人のツイートを遡り，確認する作業が必要であったため，時間を要する上に定かでない可能性もあり非常に苦労した。この時，SNS の「誰でも，すぐに」という利点とは裏腹に存在する欠点に気づいた。投稿が過去のもの（不要のもの）になってしまってもそこにあり続けることによって，情報が溢れてしまい，本当に必要な情報が伝わらないとい

う点である。投稿者は解決したら投稿を消すなどの取り組みをする必要があると感じた。

Facebook で次々と開かれ始めていた社協の公式ページで，御船町で「炊き出し用の野菜と卵が不足している」という情報が手に入ったので，社協に電話をかけ事実確認をした。そして，熊本市のスーパーで 3 万円分の野菜と卵，そして行こうと思った避難所が小学校だったので，子どもたち用にお菓子を買って向かった。道路の封鎖などを迂回して細い道を通らなければならないため，1 時間半ほど時間がかかり，到着したのは 22 時 30 分ごろであった。市の職員さんにその旨をお伝えして荷物を運び終えると，避難されている方も出てこられ，とても感謝された。このような細かな支援は，行政では対応しきれない面があるのかもしれない。小回りが効くボランティアの出番だと思った。この日はもう遅かったので，この小学校の運動場で車中泊をすることにした。寝袋を持参していたが，気温が低く，震えるほど寒かった。

［ボランティア 2 日目］

翌日は，午前 6 時に起床。益城町のボランティアセンターに午前 8 時頃に到着した。当時の作業内容は，避難所の支援や個人宅のがれき撤去などが主だった。私は子どもたちと接したかったので避難所支援を選び，レンタカーにクルーを乗せて避難所に向かった。避難所では作業内容があらかじめ決まっており，支援物資の搬入と被災者への受け渡しのお手伝いをすることになった。

グラウンドでは子どもたちが遊んでいた。教職員やその他の人に子どもの様子を聞くと，まだストレスはあまり溜まっていないと話されていた。お菓子などを渡すと，「お兄ちゃんありがとう」と，多くの子どもたちが元気よく嬉しそうに言ってくれ，来てよかったと強く感じることができた。

避難所の活動も終わり，ボランティアセンターで解散した後，隣町で営業していた温泉に入り，熊本市内の高校へ向かい車中泊した。基本的には，ボランティアは食事と宿泊場所に関しては自身で確保しなければならない。私の車中泊はたった 2 泊であったが，体調を崩すなどして，過酷さを身に染みて感じた。幼い子どもがいるなどといったさまざまな理由で多くの人が車中泊をされていたが，支援が行き届きにくいため，今後行政には，車中泊される方のことも考えた支援体制の構築が求められるだろう。

［結び］

　冒頭に述べたが，私は社会科の教員の道に進む。授業の中で自然災害を扱う単元があるが，授業以外でも防災について知ってもらう機会を作りたいと考えている。私が災害や防災に興味を持ったのは，間違いなく中学生の時に社会科の授業と総合学習の時間に行った「新庄地震学[40]」という取り組みのおかげである。当時の避難所体験がもととなって，現地でボランティア活動をしたいと考えるきっかけとなった。私もそのような機会を生徒たちに与え，今後に活かすことができる教育をしていきたい。　　　　　　　　　　　　　　　　（佐武宏哉）

■ コラム：防災ゲーム

　ゲーム形式で災害時を疑似的に体験することを目的として，各種の防災ゲームが開発されている。ここでは，「ダイレクトロード（海辺の町）」「避難所運営ゲーム」「クロスロード」の概要を紹介する。

［防災ゲーム1］

　名称：ダイレクトロード「海辺の町」

　制作者：神戸市消防局

　想定：「ここは瀬戸内海に面した美しい海辺の町。ある日，とうとう南海トラフ地震が発生し，大きな被害が出ています。皆さんは，それぞれが持ち寄った情報や知識をもとに，周りにいる人たちに指示を出して，さまざまな被害に対処してください。なお，この町には地震発生から80分で津波が到達すると予測されています。自分たちが避難する時間を考えると，活動できる時間は限られています……」

　特徴：競技者は，それぞれの手元のカードを読み取って必要な情報をチームに提供する。得られた情報を総合して，必要な救助のための指示書を作成する。4件の指示書を作成できたところでゲームが終了する。指示書には，救助を待っている人の名前，家の場所，救助に必要な物品，およびその物品がある場所を書く。一種の推理ゲームである。災害時に情報が錯そうする中で，自分が知っている情

40）新庄地震学については，第5章5節3項「和歌山県田辺市立新庄中学校」を参照。

報を提供する一方，他の人からも情報を聞き取って，有効な救助活動を選択するという状況を，ゲームの中に取り入れている。

　備考：神戸市消防局のHPから，進行票，カード，指示書をダウンロードすることができる。

　［防災ゲーム2］
　名称：避難所運営ゲーム（HUG）
　制作者：静岡県
　想定：「冬の休日午前7時に地震が発生しました。あなたの地区では一部で最大震度7を観測しました」。避難所に指定されていた学校には，自治体職員や教職員は来ていない。いち早く避難所に到着したあなたたちは，防災リーダーとして，次々にやってくる避難者の様々な状況や要望を考慮しつつ，突発的な出来事にも対応する。

　特徴：参加者の一人が，次に起こる「事態」を記したカードを順に読み上げていく。「事態」としては，避難者の受付，救援物資への対応などがある。避難者には，家族構成や年齢，障害の有無，所属する地区等の属性があるので，属性を考慮して避難所内のどこに移動してもらうかを決める。カードを読み上げる速度は，前の事態に対処できたかどうかに関わらず，一定，あるいは不規則に読み上げられるので，判断が遅れると事態は輻輳状態になり混乱を招く。発災直後の避難所管理の難しさが実感できるゲーム。HUGは，Hinanzyo Unei Gameの略。静岡県地震防災センターのHPに詳しい説明がある（2017年6月1日閲覧）。

　［防災ゲーム3］
　名称：クロスロード
　制作者：チーム・クロスロード
　想定：ゲーム参加者は，「あなたは：市役所の職員」あるいは「あなたは：被災した病院の職員」などの設定で，カードに書かれた，災害時のさまざまなジレンマ状況における二者択一的な判断を求められる。それぞれの判断（Yes/No）を明かした上で，そう考えた理由を話し合う。

　特徴：カードに記されたジレンマ状況は，1995年の阪神・淡路大震災の際，災害対応で働いた神戸市職員が実際に直面した状況を聞き取って得られた資料を

もとに作成されている。大規模災害のときにどのような状況が生じるのかを知ることができると同時に，その状況を実感することができる。この「神戸編」に加えて，一般住民の防災・減災対策をテーマにした「市民編」と，災害時ボランティア活動のあり方に焦点を絞った「災害ボランティア編」がある。(矢守・他2005)

(中井　仁)

■参照文献

相澤亮太郎 (2007)「阪神・淡路大震災におけるテント村形成と消滅：災害後に"住み残る"ことの困難」『兵庫地理』第52号；39-46。

岩手県 (2013)「岩手県東日本大震災津波の記録」2013年3月。

岩手県教育委員会 (2014)「岩手県教育委員会東日本大震災津波記録誌」2014年3月。

科学技術・学術審議会 (2010)「地震防災研究を踏まえた退避行動等に関する作業部会報告書」研究計画・評価分科会／防災分野の研究開発に関する委員会／地震防災研究を踏まえた退避行動等に関する作業部会，2010年5月。

柏原士郎・他 (1998)『阪神・淡路大震災における避難所の研究』大阪大学出版会，1998年1月。

河北新報 (2014)「わがこと防災・減災　第10部・津波火災 (上) リスク／勢い増す炎，校舎に接近」2014年7月11日。

河名俊男・中田高 (1994)「サンゴ質津波堆積物の年代からみた琉球列島南部周辺海域における後期完新世の津波発生時期」『地学雑誌』103 (4)；352-376，1994年8月。

雁部那由多・津田穂乃果・相澤朱音 (2016)『16歳の語り部』ポプラ社，2016年2月。

気象庁 (訳) (2007)「IPCC第4次評価報告書 第1作業部会報告書概要及びよくある質問と回答」2007年11月。

気象庁 (2010)『平成22年2月地震・火山月報 (防災編)』2010年2月。

気象庁 (2013)『日本活火山総覧　第4版』。

後藤一蔵 (2012)「東日本大震災を機に変わりつつある消防団と自主防災組織の関係——宮城県東松島市を中心として」『行政ジャーナル』2012年5月。

阪上雅之・稲葉千秋・藤原伸也・岩波英行・齋藤（戸上）愛・西村義・幸田学（2013）「十勝岳に対する小中学生の火山防災意識の現状と課題」日本地球惑星科学連合大会予稿集, 2013 年 5 月。

消防庁（2013）「東日本大震災における自主防災組織の活動事例集」2013 年 3 月。

消防庁（2015）『平成 27 年版 消防白書』。

消防庁（2017）「新潟県糸魚川市大規模火災（第 13 報）」2017 年 1 月。

鈴木哲夫（2016）『期限切れのおにぎり——大規模災害時の日本の危機管理の真実』近代消防社, 2016 年 4 月。

スフィア・プロジェクト（編）（2011）『人道憲章と人道対応に関する最低基準（日本語版）』NPO 難民支援協会。

関澤愛（2007）「過去の災害に学ぶ（第 14 回）1923（大正 12）年関東大震災——火災被害の実態と特徴」『広報ぼうさい』第 40 号, 内閣府（防災担当）, 2007 年 7 月。

田中稔昭（2003）「検証テーマ「防災ボランティアに対する支援」」復興 10 年総括検証, 兵庫県, 2003 年 12 月 22 日。

千葉進（2003）「十勝岳火山砂防の取り組み親と子の火山砂防見学会」『砂防と治水』36（4）; 31-33, 2003 年 10 月。

中央防災会議（2008）「首都直下地震避難対策専門調査会報告」2008 年 10 月。

中央防災会議（2011）「平成 23 年東日本大震災における避難行動等に関する面接調査（住民）分析結果」2011 年 8 月。

中央防災会議（2012a）「防災対策推進検討会議　最終報告」2012 年 7 月。

中央防災会議（2012b）「津波避難対策検討ワーキンググループ報告」2012 年 7 月。

中央防災会議（2013a）「首都直下地震の被害想定と対策について（最終報告）——経済的な被害の様相」首都直下地震対策検討ワーキンググループ, 2013 年 12 月。

中央防災会議（2013b）「首都直下地震の被害想定と対策について（最終報告）——人的・物的被害（定量的な被害）」首都直下地震対策検討ワーキンググループ, 2013 年 12 月。

中央防災会議（2013c）「首都直下地震の被害想定と対策について（最終報告）——本文」首都直下地震対策検討ワーキンググループ, 2013 年 12 月。

内閣府（2003）『平成 15 年版 防災白書』。

内閣府（2006）「災害時要援護者の避難支援ガイドライン」災害時要援護者の避難対策に関する検討会, 2006 年 3 月。

内閣府（2012）「避難所における良好な生活環境の確保に関する検討会（第 1 回）資料」

2012 年 10 月。

内閣府 (2013a)「避難行動要支援者の避難行動支援に関する取り組み指針」2013 年 8 月。

内閣府 (2013b)「避難に関する総合対策の推進に関する実態調査結果報告書」。

内閣府 (2015a)「避難所の運営等に関する実態調査（市区町村アンケート調査）調査報告書」2015 年 3 月。

内閣府 (2015b)「福祉避難所の運営等に関する実態調査（福祉施設等の管理者アンケート調査）結果報告書」2015 年 3 月。

内閣府 (2016)「福祉避難所の確保・運営ガイドライン」2016 年 4 月。

西村義 (2013)「平成 25 年度美瑛小学校防災学習教室の開催：十勝岳火山噴火に備えた防災意識向上方策」『砂防と治水』46（5）；53-55，2013 年 12 月。

根来方子・岸本満 (2014)「東日本大震災の被災者に提供された食事について――宮城県石巻市において炊き出しが実施された避難所と実施されなかった避難所の栄養面での比較」『名古屋学芸大学健康・栄養研究所年報』第 6 号。

林信太郎 (2006)『世界一おいしい火山の本』小峰書店，2006 年 12 月。

人と防災未来センター (2014)「避難所運営ガイドブック　高齢者が安心して過ごせる避難環境づくりを目指して」(公財）ひょうご震災記念 21 世紀研究機構，2014 年 3 月。

廣井悠 (2012)「平成 23 年（2011 年）東北地方太平洋沖地震後の津波火災に関するアンケート調査」日本建築学会梗概集，2012 年 5 月。

藤田宏勝・西村義・幸田学 (2014)「十勝岳火山噴火に対する防災意識向上方策について」第 57 回（平成 25 年度）北海道開発技術研究発表会発表要旨，2014 年 2 月。

細田重憲 (2013)「東日本大震災津波における福祉避難所の状況と課題についての調査研究報告書」岩手県立大学地域政策研究センター，2013 年 7 月。

北海道建設部 (2014)「親と子の火山砂防見学会 in 十勝岳：24 年の歴史を持つ体験学習の取り組み」土木局砂防災害課，『砂防と治水』47（1）；90-92，2014 年 4 月。

三浦孝利 (2008)「十勝岳親と子の火山砂防見学会」『砂防と治水』41（4）；85-87，2008 年 10 月。

宮城県保健福祉部 (2012)「東日本大震災――保険福祉部災害対応・支援活動の記録」2012 年 12 月。

室崎益輝 (2004)「阪神・淡路大震災における火災からの教訓」中央防災会議・第 7 回首都直下地震対策専門調査会，2004 年 5 月。

諸井孝文・武村雅之 (2004)「関東地震（1923 年 9 月 1 日）による被害要因別死者数の

推定」『日本地震工学会論文集』第 4 巻，第 4 号。

山本一清・今村明恒（1930）『星と雲・火山と地震』日本児童文庫 49，アルス。

矢守克也（2012）『「津波てんでんこ」の 4 つの意味』日本地球惑星科学連合 2012 年大会・防災教育セッション集録，51-62，2012 年 5 月。

矢守克也・吉川肇子・網代剛『防災ゲームで学ぶリスクコミュニケーション　クロスロードへの招待』ナカニシヤ出版，2005 年 1 月。

吉村昭（2004）『関東大震災』文藝春秋，2004 年 8 月。

Sugiman, T. and J. Misumi（1988）Development of a New Evacuation Method for Emergencies: Control of Collective Behavior by Emergent Small Groups, *Journal of Applied Psychology*, 73, No. 1; 3-10, 1988.

Tsuboyama-Kasaoka, Nobuyo, and Martalena Br Purba, Nutrition and earthquakes: experience and Recommendations, *Asia Pac J Clin Nur*, 23（4）; 505-513, 2014.

■参考文献

上山明博（2013）『関東大震災を予知した二人の男──大森房吉と今村明恒』産経新聞出版社，2013 年 8 月。

雲仙岳災害記念財団（2011）『雲仙火山とわたしたち』2011 年 3 月。

国土交通省九州地方整備局雲仙復興事務所（2012）『土砂災害防止にかかる防災教育支援資料』2012 年 3 月。

高橋和雄（編）（2012）『東日本大震災の復興に向けて──火山災害から復興した島原からのメッセージ』古今書院，2012 年 1 月。

防災と教育 第5章

　この章では，学校教育における防災について述べようとしている。そもそも教育が，純粋に教育学的な面，社会学的な面，心理学的な面等々のさまざまな側面をもつので，防災との関係においても，一挙に論じる事は困難である。ここでは，以下の6つのテーマを設定して，その一端を検証しようと思う。第1節では，多大な人的被害が出た東日本大震災において，日頃の避難訓練等を活かして惨事を免れた学校の例から，どのような準備がこれからの学校の防災体制に必要かを考える。第2節は，施設に甚大な被害を受けた学校が再開するまでの過程を，阪神・淡路大震災，および東日本大震災における被災地の学校の再開までの道のりを追うことによって検証する。第3節は，「津波てんでんこ」がもつ多面的な意味を挙げ，教員が児童・生徒に向けてこの教えを伝えるときに踏まえるべき点を考察する。第4節は，「道徳」の授業を通じて防災への意識を高めようとする実践を紹介する。第5節と第6節は，それぞれ独自の防災教育を学校教育の体制に取り入れている学校の紹介，および既存の教科・科目の枠内で行う防災教育の可能性について，各教科を専門とする教員の実践例を紹介する。

第1節　学校と教師の役割

東日本大震災は，多くの課題と教訓を残したが，学校管理という面に限ってもその多様さが顕著であった。まず，地震が発生した 2011 年 3 月 11 日（金）14 時 46 分という時間帯から，学校によって子どもたちの下校状況が多様であったことを想起する必要がある。すなわち，学校が対応を迫られた状況には，すべての児童・生徒が下校済みだったケース，一部の学年や一部のクラスのみが下校済みで，残りの子どもたちは学校にいたケース，欠席者を除くすべての児童・生徒が学校にいたケースがそれぞれ存在した。また，沿岸部における津波避難を考えると，各学校の位置における津波の浸水深や，避難場所としての高台の有無といった地理的な自然条件も場所によって大きく異なった。さらに，避難ビルや避難タワーなど社会基盤の整備状況や人口規模といった社会条件も場所によって大きく異なった。従って，それぞれの経験から学ぶべき教訓もまた多様と言える。

このように多様で複雑な東日本大震災の状況があったとしても，学校の自然災害に対する安全について普遍的な教訓を見出すことが極めて重要である。筆者たちは，沿岸部に加えて内陸部についてもいくつかの学校でヒアリング調査を行い，貴重な教訓を事例的に学ぶことができた[1]。そこで，今後の学校防災の充実と強化につながることを期待し，ヒアリング調査等に基づいた優れた実践事例をいくつか紹介する。なお，学校防災は子どもたちの防災能力の育成等を目指す防災教育と，主として災害に対して安全な環境づくりを目指す防災管理の二つの活動に一般的に分けられることから，防災管理と防災教育とに分けて学校と教師の役割について述べる。

1. 防災管理——学校ぐるみ・地域ぐるみによる防災管理の取り組み

三陸沿岸地方に位置する宮城県南三陸町立戸倉小学校と，岩手県大船渡市立越喜来小学校の津波に対する防災管

---

1) 日本安全教育学会（2013）を参照。

理を，東日本大震災以前の避難計画，および2011年3月11日の被害状況と避難行動の二段階に分けて紹介する。

(1) 戸倉小学校の事例――学校ぐるみによる安全計画づくり

南三陸町立戸倉小学校は，東日本大震災前から津波に対する安全計画づくりに取り組んでいた。その過程で一部の教職員だけによる検討ではなく，学校ぐるみで議論したことが，東日本大震災時の避難行動に役立つことになった（麻生川2012）。

(a) 東日本大震災以前の避難計画の検討

戸倉小学校は，志津川湾の南三陸町折立浜から約300mの場所に位置し，サケの遡上やワカメやカキの養殖といった豊富な水産資源を背景に四半世紀にわたって「ふるさと教育」に取り組んできている。しかし，自然には恵みの側面と災いの側面の二面性が存在し，1960年チリ地震津波では戸倉小学校は校舎1階が浸水し，学校がある戸倉地区も甚大な被害を受けた。このような歴史を有する同校は，津波に対する避難計画を含めた防災管理の重要度が高い位置づけにある学校の一つと言える。

東日本大震災以前の戸倉小学校の地震津波に対する避難マニュアルでは，校舎から離れた校庭南側に集合する第一次避難と，津波の際は，戸倉小学校の北西方向に400mほど離れた宇津野高台へ第二次避難をする計画となっていた。また，戸倉小学校に隣接する戸倉保育所の避難マニュアルでは，戸倉小学校の校舎屋上が避難場所として指定されており，戸倉小学校は高台への

図1　宇津野高台からの戸倉小学校

図2　戸倉小学校の周辺地形と浸水域（灰色の部分）。学校の位置を○印で示す。[2]

2）地理院地図に加筆。図4, 5, 6も同様。

避難と同時に，戸倉保育所が戸倉小学校の校舎屋上へ上がるために非常階段の鍵を解錠することとなっていた。

戸倉小学校では，①学校と保育所とで避難場所が異なることに違和感があったこと，②第二次避難場所への避難の際，国道398号線を渡る必要があること，③第一次避難場所から第二次避難場所までの移動に5分を要すること，④第二次避難場所の宇津野高台へ避難した後，屋外で過ごす必要があることなどから，避難マニュアルの見直しのための検討が平成21年度に取り組まれた。校長は，「1960年のチリ地震津波の際の浸水高さから，校舎が地震の揺れで損壊がなければ校舎屋上への避難がより安全ではないか」と提案した一方で，地元出身の教職員は，「地震が来たら，津波。津波の時は高台へという鉄則を守るべきである」と主張した。平成21年度の結論は，宇津野高台を避難場所として，さらに1年間をかけて継続検討することになった。

平成22年度の検討では，校長が「宇津野高台へ避難するにあたり，津波の到達時間が短いほど屋外空間での避難移動はリスクが大きいことや，想定される宮城県沖地震の津波シミュレーションでは，津波の到達時間が最短で3分である」ことなどの理由から，改めて校舎屋上への避難を提案した。一方で，地元出身の教職員は，「校舎屋上への避難はその後の二次避難，三次避難へつなげる可能性が低くなることや，津波の水が引くまでの間，孤立して耐えなくてはならない状況は児童の負担が大きく危険である」として高台への避難を重ねて主張した。平成22年度の年度末（東日本大震災発生の1ヶ月前）に出した結論は，①その時々で，校舎屋上か，宇津野高台かは校長が判断すること，②一連の議論について専門家に相談をして助言を得ること，③校舎屋上への避難訓練も検討すること，④津波の情報を常に入手するための手回し発電機付きのラジオを持つことや，教育計画の入ったUSBメモリと児童名簿，救急セット，冬は防寒具を持ち出すことで意思統一を図った。

(b) 2011年3月11日の被害概要と避難行動

戸倉小学校の津波の浸水深は，鉄筋コンクリート造3階建ての校舎の屋上まで達した。津波の水が引いた後に宇津野高台から撮影された戸倉小学校と志津川湾の全景を図1（当時の校長・麻生川敦氏提供）に示す。また，戸倉小学校（図中の〇印）を含む戸倉地区の津波による浸水範囲を図2に示す。シャドー部分が浸水範囲であり，低地

はことごとく浸水し，河川や谷地形沿いに津波が遡上していることも確認できる。

3月11日の実際の避難行動については，校長は教頭と宇津野高台への避難をすぐに決定した。宇津野高台で点呼をとり，学校にいた91名全員の無事が確認できた。戸倉保育所や折立地区の地域住民も宇津野高台に避難してきた。

また，最終的に宇津野高台も津波により浸水することになったが，津波の状況の監視を継続することにより，宇津野高台よりも標高の高い五十鈴神社への段階的な避難行動を実現することができた。その夜は，五十鈴神社社殿は余震で崩壊する危険性もあるため境内の屋外で夜を過ごした。翌12日は，状況を見極めつつ建物内の避難が可能な戸倉中学校へ移動し，さらに13日に内陸部の登米市へ移動することができた[3]。

(2) 越喜来小学校の事例——学校の安全計画の地域を巻き込んだ共通理解

津波に対する防災文化が根付いている岩手県大船渡市立越喜来小学校では，東日本大震災以前から，津波避難の計画と訓練を通して，学校・家庭・地域の間に学校の安全計画に関する共通理解が得られていた。その取り組みの重要性と，実際の震災対応から得られた防災管理上の教訓について述べる。

(a) 東日本大震災以前の避難計画と避難訓練

越喜来の地名は，慶長16（1611）年に発生した慶長奥州地震津波に，越喜来湾付近の海上で遭遇したスペイン人探検家のセバスチャン・ビスカイノが，ノエバ・エスパーニャ副王に宛てた「ビスカイノ報告」の中にも見られる（蛯名2014）。この400年前の津波被害だけでなく，1896年（明治29年）の明治三陸地震津波や，1933年（昭和8年）の昭和三陸地震津波など，越喜来は津波と闘ってきた歴史を有する地区の一つである。

このような歴史を持つ地区にある越喜来小学校には，津波に対する避難マニュアルが東日本大震災の前からあり，その計画に従って津波を想定した避難訓練も実施していた。避難場所としては校舎上階への避難は最初から考えずに，高台にある南区公民館（大船渡市の指定避難所）に避難することとしており，東日本大震災直前の2011年3月9日に発生した地震の際にも南

---

3) 避難・移動の詳細は麻生川（2012）を参照。

図3　越喜来小学校の非常用避難通路

図4　越喜来小学校の周辺地形と浸水域
（図2と同様）

区公民館への避難を実施している。南区公民館は，保護者もよく知っている避難場所であり，津波警報が解除になるまで学校へは戻らないことになっていることを共通理解としていた。

また，越喜来小学校には校舎2階から避難経路上の道路に直接アクセスできる津波避難のための非常用通路（図3）が東日本大震災以前に整備されており，3月11日当日も避難時間の短縮につながった。この非常用通路の設置は，地域住民からの設置要望によるものである。さらに，毎年4月と3月に津波を対象とした避難訓練を実施しており，4月の避難訓練では，「津波教室」と題して，昭和三陸津波の経験者からの講話や映像での学習を全校児童対象に開催している。

(b) 2011年3月11日の被害概要と避難行動

越喜来小学校の津波の浸水深は，鉄筋コンクリート造3階建ての校舎3階まで達した。越喜来小学校（図中の○印）の周辺地形と浸水域を図4に示す。学校敷地は越喜来湾の沿岸から数百メートルの今回の浸水域内の低地にあるが，比較的短い距離で三陸鉄道南リアス線三陸駅方面の高台に避難しやすいロケーションとなっている。

3月11日当日は，前述した非常用通路を経由し，三陸駅前広場への一次避難，指定避難所でもある南区公民館への二次避難を行い，ここまでは避難計画通りの行動となっている。津波の状況の監視を継続した結果，南区公民館からさらに標高の高い道路上に三次避難も行っている。津波の高さがこれ以上高くならないという判断と寒さにより南区公民館に戻り，南区公民館で一夜を明かした。

結果として，地震発生時に学校にいた71名の児童は，津波襲来前に一次避難場所であった三陸駅前広場で引き

渡した児童を含めて全員が無事であった。

2. 東日本大震災から得られる防災管理についての教訓

戸倉小学校の当時の校長・麻生川敦氏は，東日本大震災の貴重な教訓から，次のような総括をしている。

①校長と教職員との2年間にわたる避難マニュアルの議論が，校舎屋上への避難ではなく，高台への避難行動につながった。

②日常的に何でも話ができる職員集団をつくることや，教職員全員で，そして地域ぐるみで取り組む学校の安全計画づくりが大事である。

③地元のことをよく知る教職員や住民の意見が貴重で防災に重要な役割を持つ。

④地域のリーダーと学校との日頃からの深い関係を構築することで，避難の意思決定や緊急対応がスムーズに展開でき，学校は子どもたちのケアに注力することができる。

また，麻生川氏は，「自然の力との対抗ではなく折り合っていく方法を。自然の前で謙虚でありたい」とも述べている。秋はサケが遡上し，カキをはじめとした豊富な水産資源に恵まれた自然豊かな戸倉地区にある戸倉小学校の事例は，人々が自然に対する畏敬の念（人間の力をはるかに超える自然に対する畏れと敬い）を育むうえで貴重な教訓と言える。

次に，越喜来小学校の貴重な経験からも数多くの教訓を学び取ることができる。

まず，津波の状況を常に監視しながら段階的避難行動をとっている点である。前述したように三次避難は越喜来小学校の避難マニュアルにはなかったものの，先に示した戸倉小学校の事例と同様に，安全を確保するための段階的な避難行動を学校が主体的にとっている。

そして，児童の保護者への引き渡しは低地にある学校ではなく高台で行っている点である。危険を冒して子どもを迎えに行くために学校へ向かって被災してしまうケースを防ぐという大きな意味がある。これは，学校の避難計画と実際の避難行動について，保護者・地域住民との間で事前の共通理解があってはじめて実現する。いわゆる「津波てんでんこ」は，家族間だけのことではなく，学校と家庭・地域との間にも当てはまる[4]。

さらに，当時の越喜来小学校の副校

---

4) 本章第3節「津波てんでんこ——「助かる」と「助ける」の融合」を参照。

図5 藤原小学校の周辺地形と浸水域（図2と同様）　　図6 鍬ケ崎小学校の周辺地形と浸水域（図2と同様）

長は，「例えば，非常用通路が地震の揺れで使用できなくなった場合など，マニュアル通りにいかなくなった場合の対応も考えておく必要がある」とも述べており，フェイルセーフ[5]の思想を安全計画に取り入れる必要性も示唆している。

3. 防災教育——自然の二面性を含む地域に根差した防災教育の実践

防災教育を実施するとき，地域を襲う災害のみを教えていたのでは，児童・生徒はそこに住み続ける意味を見失いかねない。地域の自然が人々に与えてきた恵みにも気づくことが大切である。この災害と恵みの両面を伝えるための二例の教育実践を紹介する。

(1) 沿岸部に位置する岩手県宮古市での実践事例

岩手県では，東日本大震災後，郷土の復興・発展を支える人材を育成するために，「いわての復興教育」と称して地域連携型の防災教育を推進している（森本 2015）。ここでは，東日本大震災以前から取り組まれている宮古市立藤原小学校および宮古市立鍬ヶ崎小学校における防災教育，そして震災後の復興教育の実践事例を紹介する（佐藤・村山 2014）。

藤原小学校と鍬ヶ崎小学校（それぞれ図中の○印）の周辺地形図と浸水域を，図5と図6にそれぞれ示す。両校とも校庭が浸水したものの，校舎は浸水しなかったため，津波襲来前に避難した緊急避難場所から，その日のうちに学校へ戻り，体育館または校舎を避

---

5) フェイルセーフ（fail-safe）：機器の故障による被害をより安全な方に導くことを目指す設計思想。

難空間として使用することができた。しかし，両校とも学校区のほとんどが津波の浸水域となっており，甚大な被害を受けた。

宮古市藤原地区は，閉伊川の河口部，宮古湾の最奥部に位置しており，この120年間のうちに，明治29（1896）年の明治三陸地震津波，昭和8（1933）年の昭和三陸地震津波，昭和35（1960）年のチリ地震津波が来襲した。昭和23（1948）年のアイオン台風でも藤原地区は浸水し，宮古市内で最も多くの犠牲者を出している。

このような地域にある藤原小学校は，繰り返し津波や洪水の被害に遭っても，藤原地区に人々が住み続ける理由，すなわち自然の恵みや水産加工をはじめとした海のなりわいをもととした暮らし，を理解するための学習を始めた。平成25年度には，岩手県の復興教育推進校の指定を受けている。

4年生の総合的な学習時間のメインテーマは，藤原地区の水産加工業である。これは，震災以前からのテーマだが，震災後にその学習を復活させた。例えば，宮古市の水産課職員や水産加工業者を招き，藤原地区で水産加工が盛んになった理由と歴史，水産物の加工と商品について，震災復興と関連させながら学習している。5，6年生を対象とした「地震・津波防災講座」で
は，国土交通省釜石港湾事務所の協力を得て，海上からの防波堤の復旧工事の見学や，宮古市の瓦礫処理場の見学など復旧・復興期でないと見ることができない施設を学習素材として積極的に活用している。

鍬ヶ崎小学校では，東日本大震災以前からずっと津波防災学習に取り組んできた。例えば，平成18年度には津波防災カルタをつくり，平成22年度には津波避難マップづくりに取り組んだものの，平成22年度末の東日本大震災の発生により幻の避難マップとなった。平成23年度の6年生は，復興に関わって頑張っている人に対するインタビューをもとに劇を作っている。児童が自分たちで台本をつくり，盛岡市内の小学校との交流において，鍬ヶ崎の今や復興について平成23年度から発表を行っている。

鍬ヶ崎小学校は，東日本大震災に関する資料室を校舎内の空き教室に整備した。筆者による調査時点では子ども達が自由には入れないようになっていたものの，学校を訪問した教育関係者や地域住民にあの時のことを伝える場として，また後々，東日本大震災を経験していない子ども達の津波学習のために設置されている。

(2) 内陸部に位置する宮城県大崎市での実践事例

　宮城県では，平成 26 年度から「みやぎ防災教育推進協力校事業」を実施し，「みやぎ防災教育副読本」等を活用した防災教育の授業を行っている。ここでは，この事業のモデル校の一つとして東日本大震災後に取り組まれた大崎市立岩出山小学校における防災教育の実践事例を紹介する（宮城県 2016）。

　大崎市は，奥羽山脈から江合川と鳴瀬川の豊かな流れによって形成された，広大で肥沃な平野「大崎耕土」を擁する地域である。岩出山小学校がある旧・岩出山町は伊達政宗が慶長 8 年に治府を仙台に移すまで 12 年の間，本拠をおいた豊かな自然と歴史に恵まれた地域である。旧・岩出山町は 2006 年 3 月 31 日に古川市をはじめとする 1 市 6 町が合併し大崎市となった。

　岩出山小学校は，学校と家庭・地域との連携を図って，「学校・地域防災委員会」を設置し，防災教育を中心とした学校安全を推進している。同委員会は，「地域を学び，地域を愛する子どもを育てていくと共に，郷土を学ぼ

うとする大人を増やしていく」という目標を掲げ，そのための試みの一つとして，平成 27 年度に岩出山地域に根差した防災資料（歴史編と現代編）を作成した（宮城県 2016；大崎市立岩出山小学校 2016）。さらにその翌年度は，増補改訂版として新歴史編と新現代編を作成した。

　歴史編には岩出山における災害履歴に関する情報が豊富に掲載されている。例えば，明治 9 年に 456 戸が焼失した岩出山大火などが紹介されている。増補改訂版では，さらに歴史を遡って，伊達政宗により人工的に築造された水路としての内川が，プールがなかった時代の水遊び場だったことや，豊富な水を活かした水力発電や製糸工場などの産業を水力が支えていた歴史について写真を交えて学ぶことができる [6]。災害の側面だけでなく，岩出山の自然の恵みや魅力といった二面性を学ぶことができ，子ども達の学習意欲を高めることが期待できる。

　新現代編には，茨城県常総市に大規模な洪水被害をもたらした平成 27 年関東・東北豪雨 [7] が取り上げられている。この豪雨災害では，大崎市内でも

---

6) 内川は歴史的・技術的・社会的価値のある灌漑施設として，平成 28 年 11 月 8 日に「世界かんがい施設遺産」に認定されている。

7) 平成 27 年台風 18 号がもたらした平成 27 年関東・東北豪雨の気象については第 1 章 4 節「台風・洪水」を参照。

第 5 章　防災と教育　第 1 節　学校と教師の役割　｜　305

(a) 岩出山地区の被害　　　　　　(b) 古川地区の被害
図 7　岩出山小学校の防災資料「新現代編」より

床上浸水 205 棟，床下浸水 490 棟，土砂崩れ 139 件の大きな被害があった（大崎市 2015）。上記資料の新現代編は，渋井川の堤防決壊による旧・古川市地区の浸水被害に加えて，子ども達にとってはより身近な岩出山地区で発生した土砂災害についても写真つきで説明している（図 7（a））。前者については，図 7（b）のように，堤防決壊が地元の人にとって思いもしなかった災害であったと，新聞に報じられたことが紹介されている。歴史的には，鳴瀬川水系の多田川，およびその支流の渋井川の流域一帯は，氾濫による洪水被害を繰り返し受けてきた地域である（後藤 1990）。しかし，河川堤防や排水設備に護られて生活しているうちに，地域で起こり得る災害についての意識が薄れてしまうことがある。このようなことからも，災害履歴等の，地域に根差した情報を含む資料を活用した防災教育が必要であることが分かる。

これらの防災資料（歴史編と現代編）は，岩出山小学校が中心となって作成したものであるが，地域素材の提供や掘り起こしに当たっては，同校を取り巻く多くの関係者が編集に協力している。学校・地域防災委員会のメンバー

をはじめ，関係諸機関や地元住民から提供された貴重な写真やインタビュー記事が掲載されており，地域の人材資源を効果的に生かした防災教育の好例と言える。

4. 学校安全における学校と地域との連携枠組みの最新動向

　これまで述べてきたように，自然災害は地域性を強く反映するため，本節で紹介した岩手県や宮城県で取り組まれているような，学校と地域との連携に基づいた防災管理と防災教育の促進が強く望まれる。しかし，その実践と蓄積は全国的にいまだ多いとは決して言えない。実践を広げ，継続するためには，大崎市岩出山の事例で紹介した「学校・地域防災委員会」のような，学校と家庭，地域との連携の枠組み（あるいは制度・組織）が有効である。学校教員が異動しても，学校に枠組みが残れば，新しく着任した教員が自然にその枠組みの中に入ることができる。

　ここで，学校と家庭・地域との連携の枠組みを前提にした学校安全の推進に関する最新動向として，「セーフティプロモーションスクール認証制度」と，文部科学省が推進する「コミュニティ・スクール」を紹介する。

セーフティプロモーションスクール

　セーフティプロモーションスクールとは，安全な学校づくりのための仕組みが校内に確立され，機能している学校を指す[8]。同制度は，このような学校を認証することによって，学校の安全に向けた取り組みを全国の学校に広げようとするものである。スウェーデンのカロリンスカ研究所等が推進するインターナショナルセーフスクールの日本での認証活動の経験をもとに，大阪教育大学の「学校危機メンタルサポートセンター」が，文部科学省の支援を得て 2014 年に開設した。認証は，表 1 に示す 7 つの指標に基づいて行われる。そこでは，学校安全コーディネーターを核にして，地域に開かれた学校安全委員会が設置され，年間を通じて学校安全のための活動が継続的に実践されることが求められている。特に，取り組みの実践と成果を，学校から家庭へ，地域へ，そして近隣の学校へと発信共有していこうとする「共感と協働」の姿勢が重視される。2017 年 9 月の時点で，大阪教育大学附属池田小学校，同附属池田中学校，台東区立金竜小学校（東京都），石巻市立鮎川小学校（宮城県）など，中学校 1 校，小学校 6 校，1 つの幼稚園が国内で認証

8）大阪教育大学学校危機メンタルサポートセンター（2016）を参照。

表1　セーフティ プロモーション スクールの 7 つの指標

指標	項目	内　　容
1	組織	学校安全コーディネーター*を中心とする学校安全委員会が設置されている。
2	方略	生活・災害・交通安全の分野ごとに，中期目標・中期計画が設定されている。
3	計画	教育・管理・連携の領域ごとに，学校安全年間計画が具体的に策定されている。
4	実践	年間計画に基づいて，学校安全のための活動が継続的に実践されている。
5	評価	学校安全委員会において，成果が定期的に報告され，分析と評価が行われている。
6	改善	次年度の年間計画の策定にあたって，課題の明確化と年間計画の改善に取り組まれている。
7	共有	活動の成果が当該の学校関係者や地域関係者に共有されるとともに，国内外の学校に発信され，同時に，新たな情報の収集が継続的に実践されている。

※学校安全コーディネーター：学校教員が，学校危機メンタルサポートセンター主催の安全主任講習会（もしくは，教育研修センター主催の学校安全コース）を受講し，さらに同一年度内に安全コーディネーター研修を受講することによって認定される。

を得ている。国外でも中国の小学校が認証を得るなど，認証に向けて活動している学校が国内外において増えてきている。

コミュニティ・スクール

　学校と家庭・地域との連携の枠組み構築のための教育制度として，文部科学省は「コミュニティ・スクール（学校運営協議会制度）」を推奨している。コミュニティ・スクールには，保護者や地域住民などから構成される学校運営協議会が設けられ，学校運営の基本方針を承認したり，教育活動などについて意見を述べることに加えて実際に

参画するといった取り組みが行われる。地域問題には防災も含まれるので，最近ではコミュニティ・スクールとして積極的に防災に取り組んでいる学校も増えてきている（佐藤 2012；冨士道 2012）。

　学校と家庭・地域との連携の枠組みは，この他にも，地域のボランティアが学校を支援しやすいようにする「学校支援地域本部」が，文部科学省によって全国展開されている。各学校が取り組むにあたってのハードルの高低があるものの，学校や地域の実情に応じて，こういった既存の枠組みを活用することによって，持続的な防災教育のため

の枠組みを学校内に作ることができる。

5. 防災管理と防災教育の現状と課題

自然災害の規模と様相は，自然環境と社会の脆弱性に大きく依存する。地形や標高，地盤条件といった自然環境は，地震の揺れや津波の浸水といった自然のハザードに直接影響を及ぼす。また，地域社会における建物の耐震化率や高齢化率，津波から率先して避難しようとする人口の割合などによって，社会の脆弱性，および個人が被災するリスクの大小が変わる。従って，ある学校で策定された防災計画や作成された防災教材が別の学校でそのまま適用できるとは限らない。このことが学校における災害安全（防災）の取り組みを，防犯を含む生活安全や交通安全と比較して，難しくしている要因である。

＊　＊　＊

三陸沿岸にある学校の多くでは，これまで述べてきたように，東日本大震災以前から地域に根差した防災教育の実践や展開が見られるが，全国的に見れば残された課題は少なくない。

地域素材を活かした防災教育を実践しようとする教員側の課題としては，地域にある様々な学習素材について情報を収集する方法や，それを教材化するにあたって専門的知識が不足してい

ること，体験的な学習を行う環境づくりを地域と協力して進める上でのスキルがない，などといったことが挙げられる（兵庫県教育委員会 2005）。

こういった事情から，防災教育に関わる学校教員からは，自然災害や防災の一般論よりも学校周辺の地域性を考慮できるゲストティーチャーや，学校周辺の地域性が考慮された防災教育プログラムに対する極めて高いニーズが東日本大震災以前から確認されている（佐藤・他 2010）。東日本大震災後に行われた，仙台市立学校長を対象とした，地域に根差した防災教育に対する意向調査においても（佐藤・他 2016），地域に根差した実践は「積極的に広げていきたい（55.3%）」とする一方で，「有効性を感じるが容易ではない（41.1%）」と，高いニーズと課題の両面についての認識があった。そのニーズに応え，課題を解決するためには，「ローカルな知」の教育を，短期間で異動を繰り返す学校教員だけに委ねることには無理がある。本節で紹介したような学校を支援するための「地域の教育力」が発揮されることが重要となる。そして，学校と教師には，地域の教育力を活かす受援力が求められる。

学校における防災管理と防災教育にとって普遍的に重要なことは，地域ごとの自然環境と歴史を地域ぐるみで探

り，深く理解すること，すなわち「地元学」のプロセスである。東日本大震災後の防災教育を含む学校教育において注目度が増しているキーワードに，「地域に根差した教育，または場の教育（PBE：Place-Based Education）」（高野 2014）や，「持続可能な開発のための教育（ESD：Education for Sustainable Development）」（開発教育協会 2010）がある。これらは，地元学と同義，または深く関係する教育手法と言える。共通点は，学習者となる子ども達にとって身近な地域を学習材とした，地域に根差した教育の実践である（藤岡 2011）。地域の歴史を学ぶ過程で，自ずと災害履歴に直面すると共に，自然環境と調和して暮らしてきた先人の知恵を知ることにもなる。土地に根差した学びとその探究は，防災に役立つことに加えて，自然の恩恵を受けることを含めた地域づくりにとっても重要な「知」を生む可能性がある。

<u>謝辞</u>

　本稿の作成にあたっては，日本安全教育学会を代表機関とした「東日本大震災における学校等の被害と対応に関するヒアリング調査」の結果を用いた。調査にご協力頂いたすべての方々に深く感謝の意を表する。また，各小学校の周辺地形と浸水域の図中に用いられた背景図のすべては，日本地理学会災害対応本部津波被災マップ作成チームの，2011 年 3 月 11 日東北地方太平洋沖地震に伴う津波被災マップ 2011 年完成版によるものであり，山形大学大学院教職実践研究科の村山良之教授の多大な協力を得たことを付記する。最後に，筆者は，岩出山小学校の地域連携の枠組みである「学校・地域防災（安全）委員会」にアドバイザーとして参画し，多くの有益な情報と助言を得た。深く感謝の意を表する。

（佐藤　健）

第 2 節　学校の被災から再開まで

　大災害が起きると被災地域の学校は，直接的な被害の有無に関わらず，一時休校を余儀なくされる。中でも，校舎その他が激しく損傷した学校は，仮校舎を建設する，あるいは他校の教室を間借りするなど，授業再開のため

の道を模索しなければならない。それ
らと並行して，被災した建物の改築，
もしくは修繕の手配が必要である。大
きな損害を受けなかった学校も，多く
は避難所として利用されるため，教職
員の手を避難所運営に取られながら，
やはり授業再開に向けた過程を着実に
こなしていかなければならない。

　被災者にとっては，地域の学校の再
開は「日常への復帰」を目指す第一歩
としての象徴的な意味がある。しかし，
学校再建や授業再開への道のりは，地
元以外ではニュースになることが少な
く，全国的に経験が共有されていると
は言い難い。本節では，様々な資料を
基に，阪神・淡路大震災と東日本大震
災という二大災害において，学校が
どのような被害を受けたかを記し，そこ
から各学校がどのような段階を経て授
業再開に至ったかを跡付けることにす
る。

1. 震災による学校施設の被害

(1) 阪神・淡路大震災（1995 年 1 月 17 日）における神戸市の場合[9]

　神戸市では，震度 7 地帯[10]を含む
東灘区，灘区，中央区，兵庫区，長田
区，須磨区で学校および幼稚園の施設
に大きな被害があった。一方，その周
辺の北区，垂水区，西区では，被害は
比較的小さかった。

　神戸市立の学校・幼稚園は，学校
258 校（94％），幼稚園 37 園（52％）
が被災した。そのうち，御影幼稚園（東
灘区）と西野幼稚園（長田区）の木造
園舎が倒壊した。この 2 園以外に学校
施設の倒壊はなかった。神戸市公共建
築物震災調査会の構造判定による被害
状況は以下の通りである（校数は幼稚
園を含む。以下同様）。

- ・被害が甚大で建て替えを必要とする
  棟：21 校（27 棟）
- ・建物の主要構造物にあたる柱などの
  座屈破壊があり，構造補強など大規
  模改修工事を必要とする棟：10 校
  （10 棟）
- ・間仕切り壁，床等に亀裂などがあり
  中規模程度の改修工事を必要とする
  棟：35 校（47 棟）

　校舎以外にはプール，グランドなど
の被害があった。グランドの被害とし
ては，地割れ（124 校），地割れ段差（50
校），部分陥没（80 校），部分隆起（22
校），液状化（24 校）があった。校舎
内でも，図書室の書架や金庫，薬品庫，
冷蔵庫の転倒，パソコンやテレビの落
下など，多くの備品・設備の転倒や落

---

9) 神戸教育委員会事務局・他（1998），および神戸市教育委員会（1996）を参照。
10) 第 8 章 1 節「耐震・耐火・耐津波技術」図 3（口絵 33）を参照。

下があった。もし地震が授業時間帯に発生していたら，校舎内で多数の負傷者が出たと考えられる[11]。また，全体の30％の学校で給食設備が使用不能となり，学校再開に向けて解決すべき課題の一つとなった。

甚大な被害の中で，神戸市立の学校や幼稚園は218ヶ所が避難所となった。これは全体の63％にあたる。特に，震度7地帯の区内では108ヶ所と，97.3％の学校・幼稚園が避難所となった。

(2) 東日本大震災（2011年3月11日）における学校施設の被害

東日本大震災では多数の学校施設が，地震動や津波によってなんらかの被害を受けた[12]。岩手県，宮城県，福島県の学校と幼稚園等を対象とした文部科学省の調査（文部科学省2012b）によると，地震動によって建物が崩壊した事例はなかったが，17校で教室の壁等に亀裂が入った[13][14]。

津波による浸水被害を受けた公立小中学校は，岩手県で33校，宮城県で66校，福島県で6校を数える（文部科学省2013）。そんな中で多くの学校が，避難所[15]あるいは遺体安置所[16]として使用された。

本項では，宮城県仙台市ならびに岩手県釜石市の例を挙げて，震災で施設に甚大な被害を受けた学校の，被災時と復興後の状況を記す。

仙台市の例

仙台市では，宮城県沖地震が近い将来に発生するであろうことを見据えて，学校施設の耐震化を進め，東日本大震災の前の時点で耐震化が完了していないのは小学校1校のみであった。しかし，津波による浸水がなかった地区でも，多くの学校施設で地震動による建物の被害があった。3月15日から同25日までに市立の学校施設199ヶ所[17]を調査した結果，校舎が使用不可となった小学校は12校，中学

---

11) 1995年兵庫県南部地震の発生日時は，1月17日（火）午前5時46分52秒。

12) 全国では，国立学校施設76校，公立学校施設6434校，私立学校施設1425校が被害を受けた（文部科学省2011）。

13) 調査の対象は，被災3県（岩手・宮城・福島）の国公私立の幼稚園，小学校，中学校，高等学校，中等教育学校，特別支援学校のすべて（本校・分校別）の3127校。

14) 震災前（2010年4月1日時点）における公立小・中学校の耐震化率は，岩手県73.1％，宮城県93.5％，福島県62.2％（文部科学省2010）。

15) ピーク時（3月17日）には，622校が避難所として使用された（黒川2012）。

16) 遺体安置所として利用された学校は，岩手県では小学校3校，中学校3校，閉校後の中学校1校，および高校2校，宮城県では小学校1校，高校2校，統合され空き施設となっていた元高校1校である（朝日新聞DIGITAL，2011年3月14日より）。

校は7校，一部が使用不可となった学校は，小学校60校，中学校11校，高等学校5校，特別支援学校1校であった。2園ある市立の幼稚園はいずれも軽微な被害に止まった。体育館が使用不可となった学校は小学校15校，中学校10校だった（仙台市2013）。

特に甚大な津波被害を受けた学校は，中野小学校，荒浜小学校，東六郷小学校の3校である。いずれも校舎は地震動[18]に耐え，校舎屋上に避難した小学生，教員ならびに地元住民は無事だった。荒浜小学校は海岸から約800m（標高約1.5m）と，仙台市では最も海岸に近い学校である。周辺に避難できる高台がないために，平時から避難は4階建ての校舎上層階と決められていた。児童・教職員と避難してきた地域住民は，体育館ではなく校舎の最上階に避難して難を逃れた。中野小学校は海岸から約900m（標高約1m）だが，海に流れ込んでいる七北田川から約50mしか離れていないため，津波は川の堤防を乗り越えて迫った。児童は，2階建て校舎の屋上に避難した。

東六郷小学校は，海岸から約2km，標高約2mに立地する。児童，住民とも体育館に避難していたが，津波の襲来を知って校舎2階に移動した。

震災後は，中野小学校は閉校され，校舎は取り壊された。荒浜小学校と東六郷小学校の校舎そのものは津波に耐えて残ったが，荒浜小学校は2016年4月に4.1km離れた仙台市立七郷小学校と，東六郷小学校は2017年4月に2.4km離れた六郷小学校と，それぞれ統合された。仙台市教育委員会は統合・閉校の理由として，「震災後，3校とも児童数が急激に減少したことなど」と，児童数の急減を理由に挙げている（仙台市教育委員会2016）。荒浜小学校と東六郷小学校の元校舎は，津波一時避難場所として再利用されている[19]。

学校の耐震補強がほぼ完成していた仙台市だが，多くの学校で地震動による大きな被害があった[20]。表2に特に大きな被害を受けた学校と，その学校が立地する行政区の震度を示す。いずれも，柱や梁，耐震壁にひび割れが

---

17) 仙台市立の全学校数は，小学校127校，中学校64校，高等学校5校，特別支援学校1校，幼稚園2校，合計199校である。

18) 中野小学校がある宮城野区は震度6強，荒浜小学校と東六郷小学校がある若林区は震度6弱だった。

19) 荒浜小学校は震災遺構として整備され，2017年4月30日から一般に公開されている。

20) 耐震補強は，稀に起こる大地震に対しては，人命にかかわる倒壊・崩壊が起こらないことを目標としており，耐震補強がされているからと言って，建物の損傷が起こらないわけではない。第8章1節1項「耐震技術」を参照。

第 5 章　防災と教育　第 2 節　学校の被災から再開まで　|　313

表2　地震動による被害が大きかった仙台市立学校

小・中学校名	行政区	震度※
西多賀小学校，愛宕中学校	太白区	5 強
蒲町小学校，南光台東中学校，七郷中学校	若林区	6 弱
南光台小学校，将監小学校，将監西小学校，七北田中学校，根白石中学校，住吉台中学校	泉区	6 弱
西山中学校	宮城野区	6 強

※ここに挙げた震度は気象庁震度データベースによる。同じ区内であっても，地盤の強度や地震波の伝播経路などの違いから，場所によって震度が異なる可能性がある点に留意する必要がある。

生じて，そのまま使用することができない状態になった。この他，仙台市西部の山地に近接する地区にある折立小学校は，周辺で大規模な地滑りが発生した影響で使用できなくなり，2014年4月まで折立中学校で間借り授業を行った。これらの学校のうち蒲町小学校と南光台小学校，七郷中学校の校舎，および六郷小学校の体育館が改築された。

釜石市の例[21]

　釜石市の学校および子供関連施設（児童館・学童育成クラブ）の管理下での児童・生徒の犠牲者は皆無であったが，休み・帰宅後・保護者引き渡し後に犠牲になった児童・生徒は 12 人（うち子供関連施設で 4 人）を数える。このことから，釜石市は，津波対応に

関する課題として，「登下校中での災害，帰宅後の避難の在り方，親への引渡しの時期と方法」を再検討する必要を説いている。

　震災当時，釜石市には幼稚園 4 園，小学校 9 校，中学校 5 校があった。津波によって，鵜住居幼稚園，鵜住居小学校，唐丹小学校が全壊した。中学校は釜石東中学校が全壊，唐丹中学校が半壊した。その他の施設においても，幼稚園 1 園を除くすべての施設で地震動による一部損壊等の被害があった。

　鵜住居小学校，釜石東中学校，および唐丹小学校，同中学校は仮設校舎での授業が行われた。いずれも，平成29 年 4 月，旧地区の高台を土地造成して建設した新校舎が完成した。

21）釜石市・釜石市教育委員会（2015），および岩手県教育委員会（2014）を参照。

2.「学校の再開」の事例

(1) 神戸市立学校の再開 [22]

　神戸市教育委員会は，阪神・淡路大震災発災の当日（1995年1月17日）に各学校および幼稚園（以下，支障のない限り，幼稚園を含めて学校とのみ記す）に向けて以下の指示第一号を伝達した。

・学校における児童生徒の安否を確認すること。
・学校施設の被害状況の把握，安全点検をすること。
・必要に応じて避難住民に学校施設を開放すること。
・学校は休校とし，全職員24時間の出務体制とすること。

　さらに，続く指示では1月23日から順次再開することとした。しかしながら，市の教職員約1万人も多くは被災者であるため，震災当日の出勤割合は全市で約45％，東灘区・灘区・中央区の学校では24％であった。順次再開とされた23日になっても，これらの区で出勤できた教職員は約60％だった。

　市教育委員会は，学校再開の可否を判定するために，以下の「学校再開チェック項目」について現地調査を行った。

・子どもの状況（震災前の児童生徒数と再開日登校可能者数，通学路の安全対策）
・建物等の状況（建物の安全判定の有無，危険建物の立入禁止措置，応急復旧の状況，危険箇所の有無）
・ライフライン（電気，上下水道，ガスの復旧状況）
・使用可能教室数（普通教室，特別教室，体育館）
・避難住民への説明の有無
・運動場の状況（テント，駐車車両の有無，地割れの有無）
・再開に対する住民の意識

　児童生徒の安否は，約2週間で90％が確認できたが，100％の確認が取れたのは，発災から約1ヶ月経った2月20日頃であった。学校を1月23日から順次再開と指示したことから，市民の間に「（23日に）学校避難所が閉鎖になる」という噂が流れ，マスコミや校長等を通じて，噂の打ち消しに努めるという場面があった。チェック項目にも挙げられているように，学校の再開は避難住民の理解なしには成し得ない。

　上記の神戸市教育委員会の指示にあるように，発災直後は全職員24時間

22）神戸教育委員会事務局・他（1998），および神戸市教育委員会（1996）を参照。

出務体制としたが,「教職員の疲労が極限に達し始めた」ことから,比較的被害の少なかった市内西北部の学校・幼稚園から,甚大な被害を被った旧市街地の学校に教職員を派遣し,学校間支援を行った。結果として派遣校135校から受け入れ校79校に延べ2万4088人が派遣された。

震災後,多数の生徒児童が疎開の形で市外・県外に転出した。2月1日時点の転出者数は小学校1万1932人(11.9%),中学校1530人(3.1%)である(括弧内は震災前日の神戸市内の小・中学校在籍者数に対する割合[23])。その後,復旧が進むにつれて徐々に復帰する児童・生徒がいた。9月1日時点で,転出した小学生の72.2%,中学生の47.7%が復帰した。しかし,元の学校への復帰がほぼ完了したとみられる1997年5月1日の在籍者数を,震災前の1994年5月1日と比較すると,本山第二小学校は1111人から843人(24.1%減),本山第三小学校は794人から567人(28.6%減),本庄小学校は1088人から812人(25.4%減),灘小学校は459人から302人(34.2%減)と,いずれも在籍者数を減らしている。なお,こ

れらの学校では校舎の改築を余儀なくされ,新校舎が完成したのは1997年8月〜翌年1月の間である。

このような年度途中の児童・生徒の異動が予想される中で,4月当初の教員配置を通常の在籍児童・生徒数を基準とする方式で行えば,復帰してきた児童・生徒を受け入れるクラス,および担任教諭が不足することは目に見えていた。そこで,政令改正をもって,「転出児童・生徒について,一定の復帰率を乗じて,在籍するものとみなした学級編成及び教員配置」を行った。さらに,「教育復興担当教員」を特別配置し,被災児童に対するカウンセリングや,転出している児童・生徒との連絡などを担当することとした。

学校の休業期間は,被害が甚大だった各区では,1ヶ月間以上にわたった。そういった学校の授業欠時数は約100時間にのぼり,200時間を超える学校も数校あった。各校は,行事の精選や夏季休業前後の短縮授業期間の廃止などで授業時数の確保に努めるとともに,自習室の設置,早朝・放課後の指導などで学力の維持に努めた。

3学期末までは,多くの学校で体育館が避難住民の生活場所となり,運動

---

23) 震度7を記録した旧市街地区の児童・生徒の在籍者数は,市全体の約半数を占める。転出者のほとんどが旧市街地区からと考えると,それらの地区の学校からの転出者の割合は,ここに記した割合の倍程度になったと推定される。

場はテントや車両に占められた。学校
の避難所としての使用は，最長で12
月末にまで及んだ。そういった中で，
体育の授業は，近隣校の運動場や体育
館の共用，公園等の利用，海岸や河川
敷の利用などによって行われた。また，
運動場の片隅のような狭い場所でもで
きる運動を指導することによって，児
童・生徒の運動量の確保が試みられた。

(2) 東日本大震災後の学校再開

　文部科学省が行った宮城県と福島県
の公立学校を対象としたアンケート調
査によると，525校が避難所として利
用され，そのうち約70％で体育館が
利用され，約35％の学校で普通教室
（空き教室は除く）が利用された。避
難所となった学校の約3割が，教員の
多忙化や，施設が教育活動に利用でき
なくなったこと等によって，学校再開
に支障が生じたと回答している（文部
科学省2012b）。

　岩手県では，学校が避難所として使
われる中で，県教育委員会は，学校再
開にむけた準備を滞りなく進捗させる
ために，3月19日から4月9日まで，
沿岸部の大槌高校と山田高校に，内陸
部の学校から支援員（数名〜10数名）
を派遣した（岩手県教育委員会

2014）。1回当たりの派遣は3泊4日
とし，派遣者に飲食や宿泊道具類は各
自で用意するよう指示した。避難所と
なった沿岸部の小・中学校へは，3月
19日から4月上旬まで，比較的被害
の少なかった内陸部の学校の教職員を
派遣した。また，教職員の疲労の蓄積
が顕著になってきたため，5月初めか
ら8月まで，教職員の負担軽減のため
の夜間・休日の当直専門員を派遣し
た[24]。これに掛かる経費は，災害救
助法による予算措置が活用された。

　宮城県教育委員会では，被災地域の
学校への人的支援として，4月1日付
の教職員人事異動の発令を行い，被害
の大きかった地域の学校からの転出予
定の教職員に兼務発令を行い，引き続
き現任校に留まって継続的に当該学校
の業務に当たれるようにし，転入予定
の教職員はそのまま転入することで，
当該学校の体制強化を図った。

　震災による転校・転園に応じるため
の諸手続きも，授業再開のために必要
な重要事項の一つである。震災前とは
別の学校で受け入れた児童・生徒の校
種別人数は，全国で幼稚園4428人，
小学校1万3744人，中学校4896人，
高等学校2285人，中等教育学校（中
高一貫校）11人，特別支援学校152

24）当直専門員の派遣期間は，大槌高校は5月1日から8月7日，山田高校は5月7日から8月31
日。

人の計 2 万 5516 人である。そのうち，震災前は被災三県（岩手県・宮城県・福島県）の学校・幼稚園に通っていた者は，2 万 3807 人と大半を占める。内訳は，岩手県 1147 人，宮城県 4313 人，福島県 1 万 8347 人である。福島県における転校・転園が飛び抜けて多いのは，原発事故の影響と見られる（文部科学省 2012c）。

福島県の学校

東北地方太平洋沖地震による地震動および津波によって発生した福島第一原発の事故により，3 月 11 日福島第一原発から 3km 圏内の住民に避難指示が出された。その後，数度の変更を経て，4 月 22 日に 30km 圏内に避難指示，その外側に「緊急時避難準備区域」及び「計画的避難区域」が設定された[25]。これらの区域内に立地していた学校は，他の自治体に学校機能を移転した。

福島県教育委員会の，平成 28 年度版市町村立小学校一覧および中学校一覧によると，小学校 19 校，中学校 14 校が移転中である。福島県立では，高等学校 8 校，養護学校 1 校が移転中である。学校と共に住民が移転するわけではないので，移転に伴って在籍児童生徒数が激減した学校が多い。例えば，福島県双葉郡 8 町村の小学校在籍者は，平成 22 年度は 4121 人だったが，平成 28 年度は 341 人と激減した（福島県統計調査課編「学校基本調査報告書」より）。

福島県の避難指示等が出されていた地域は，帰還困難区域と居住制限区域，避難指示解除準備区域に分けられた（図 8 参照。2014 年 10 月 1 日時点）。一つの町内が 3 種の区域に分けられている大熊町は，主な町機能を会津若松市に移転するとともに，町立の幼稚園 1 園と小学校 2 校，中学校 1 校を同市

図 8　避難指示区域（2014 年 10 月 1 日時点，経済産業省 HP より。）

25）第 9 章 3 節「福島第一原発事故」を参照。

に移転している。しかし，町の人口と
される 1 万 700 人のうち会津地域に避
難している人口は 1271 人に過ぎない
（大熊町 HP による）。その結果，大熊
町の就学者数は幼稚園 300 人，小学校
708 人，中学校 345 人だが，そのうち
会津分校の在籍数は幼稚園 7 人，小学
校 38 人，中学校 25 人である。他校に
おいても，著しい児童生徒減のため，
2016 年 10 月現在，福島県市町村立の
移転校のうち，小学校 4 校と中学校 2
校が臨時休業となっている。また，移
転中の福島県立学校 9 校のうち 5 校
が，2015 年から募集を停止し，2017
年 3 月末より休校になった。

3. 学校再開への道

　上に見てきた事例から，学校再開ま
でに必要とされる項目を挙げ，本節の
まとめとする。福島県の原発事故に
よって移転した学校の再開は依然とし
て不確定な要素が多いため，主として
岩手県と宮城県の事例をもとに，補足
的な説明を加える。

応急期
○児童・生徒の安否確認
　岩手県では，児童生徒の安否確認に
2 週間程度（岩手県教育委員会

2014），仙台市では 1 週間程度を要
した（仙台市 2013）。
○学校施設・通学路等の被害状況の把
握
　学校に避難所を開設する場合，事前
に建物の安全性を判定する必要があ
る。建築物応急危険度判定 [26] は，
本来，専門的な技能を有する者によ
らなければならないが，発災直後に
避難者が詰めかける状況では施設管
理者が臨時的な判断をせざるを得な
い。仙台市では 3 月 12 日〜14 日の
3 日間で，約 170 ヶ所の避難所につ
いて応急の安全確認を行った。
○避難所運営支援
　岩手県では，発災直後に避難者を受
け入れた学校は県全体の約 20％，
沿岸部では 41.5％であった。大半は，
避難所として指定されていたが，8
割を超える学校が避難所開設マニュ
アルを整備していなかったため，ま
た整備していた学校でも教職員の間
で周知されていなかったり，具体性
に欠けていたりしたため，ほとんど
の学校で混乱を極めた（岩手県教育
委員会 2014）。

復旧・復興期
○学校一時移転に向けた準備

26）一般家屋等の応急危険度判定については，第 3 章 2 節 2 項の （6）「巨大津波災害時の被害のさ
　　らなる拡散の防止」を参照。

机，その他備品の搬出・搬入。受け入れ校との打ち合わせ。

○移転先の通学手段の確保

児童生徒が避難所等に分散していることから，スクールバスの運行が必要な場合がある。

○児童・生徒の転出手続き

○教育課程編成

宮城県の県立校で最も遅い再開は5月10日であった。平成23年度の授業日数の確保が困難であったため，特別な授業計画が必要だった。

○教科書および学用品の給与，あるいは無償貸与。

○学校への人的支援

文部科学省は，岩手，宮城，茨城，新潟，福島，山形，栃木に計1080人の教職員加配措置を行った。

○仮設校舎の建設

仮設校舎完成までは他校の教室や体育館などで授業を行った。9月〜翌年1月にかけて，完成した仮設校舎へ移転した。

○校舎改修・改築案の策定

文部科学省は，学校施設527棟の応急危険度判定と，約700棟の被災度区分判定を実施した[27]。全国で202棟が，建替えまたは大規模な復旧工事が必要と判定された（文部科学省2011；文部科学省2012a）。

○被災生徒の経済支援

奨学金償還の猶予，新奨学金の創設，入学者選抜手数料の免除など。文部科学省は平成23年度第1次補正予算で，「就学支援」として189億円を計上した。その内113億円を「被災児童生徒就学支援等臨時特例交付金の創設」として計上，さらに，第3次補正予算で同交付金に297億円を追加した（黒川2012）。

○新規学卒者の雇用確保

宮城県は，県立高校への就職指導員の配置，就職未内定生徒の県臨時職員としての雇用，などの支援を行った。

○被災生徒・保護者に対する相談活動

文部科学省は平成23年度第1次補正予算で，被災地へのスクールカウンセラーの配置について，30億円（約1300人分）の予算を計上した。

（中井　仁）

27）応急危険度判定では，余震等による倒壊の危険性及び落下物の危険性等を応急的に判定する。被災度区分判定では，主として構造体の被災度を調べて，建物の改修復旧，あるいは改築復旧の必要性を判定する。

第3節　津波てんでんこ
——「助かる」と「助ける」の融合

　「防災教育とは何のために行うのか」，「防災教育の目標は何か」——改めてこう問いかけてみたとき，多くの場合，「子どもたちが自分の身を自分で守ることができるようにするため」という答えが返ってくる。防災業界ではおなじみの「自助・共助・公助」という言葉を使って，「自助の姿勢と力を養うため」と表現される場合もある。しかし，ここではあえて，この目標を，防災教育から外してみること，少なくとも，そのスタートラインから外してみることの意義について考えてみたい。防災教育や学校の危機管理について考えるとき，あたりまえのように設定されるこの目標が，そのゴール地点として，あるいは，プロセス全体を支える基調として働くことについては，筆者も異論はない。しかし，この目標を防災教育のスタートラインに据えることには，疑問の余地がないわけではない。というのも，そうではないやり方もあるし，むしろそれが教育上の効果をあげている実例もたくさんあるからだ。

　では，「自分の身は自分で守る」の代わりに何をスタートラインとしてもってくるのか。有力な候補が，「他人の身を守ること」である。もう少していねいに書けば，特に，自分にとって（一番）大切な人の身を守ったり，助けたりすることである。なぜ，これが防災教育のスタートラインとして有効だと言えるのか。他ならぬ「津波てんでんこ」（以下，「てんでんこ」）は，まさにこのことを教えてくれる恰好の題材である。

1.「てんでんこ」の歴史

　「てんでんこ」は，津波の常襲地域，東北三陸地方で長年にわたって伝えられてきた言葉である。しかし，その起源を正確にいつ頃までさかのぼることができるのかは，定かではない。この言葉が世間に流布するきっかけをつくった津波研究家山下文男氏によれば，「てんでんこ」は，明治の三陸大津波（1896年，明治29年）を生き抜いた山下氏の父親が，昭和の三陸大津波（1933年，昭和8年）のときにとった行動（詳しくは，後述する）に由来する（山下1997, 2005, 2008）。ただし，

山下氏（1924年生）の父親も，その祖父からこの言葉について聞かされていたという。また，山下氏と同様，三陸の津波災害を語り継ぐ活動にあたってきた田畑ヨシ氏（1925年生）も，明治の大津波を経験した祖父から「てんでんこ」を聞いているとのことである。よって，「てんでんこ」が，明治の三陸大津波をさらにさかのぼり，少なくとも150年を越える歴史をもつ言葉であることは確実である。

山下氏は，1990年，東日本大震災でも大きな被害を受けた岩手県田老町（現宮古市）で開催された津波に関するシンポジウムの席で父親のエピソードを紹介し，それが数人の防災研究者の目にとまった。その後，1993年の北海道南西沖地震においても，「てんでんこ」の重要性を再認識させられる事例が多数見られた。この結果，「てんでんこ」はより大きな注目を集めるようになり，2003年には，全国紙（朝日新聞）の社説にもとりあげられるようになった（山下2008）。

しかし，その後，インド洋大津波（2004年）など，世界的には甚大な津波被害が生じていたにもかかわらず，2003年の宮城県沖地震，2004年の紀伊半島南東沖地震，2010年のチリ地震に伴う津波など，日本国内では，避難指示等の対象者の数％にあたる人し

か避難しないなど，毎回低調な避難が繰り返された（片田・他2005，片田2006；近藤・他2011）。そのため，全般的には，「てんでんこ」の教えが十分浸透しているとは到底言えない状況の中，日本社会は，2011年3月11日を迎えることになったわけである。

2.「てんでんこ」の四つの意味

「てんでんこ」は，以下に述べるように，表面的には「自助原則の強調」と捉えられる。しかし，三陸地方の歴史の中で，この教えは，他に少なくとも三つの意味，あるいは機能を内在させてきた。それらは，防災教育の中でこの言葉を教えるときに，必ず押さえなければならない要点でもある。

(1) 第1の意味——自助原則の強調（「自分の命は自分で守る」）

「要するに，凄まじいスピードと破壊力の塊である津波から逃れて助かるためには，薄情なようではあっても，親でも子でも兄弟でも，人のことなどはかまわずに，てんでんばらばらに，分，秒を争うようにして素早く，しかも急いで速く逃げなさい，これが一人でも多くの人が津波から身を守り，犠牲者を少なくする方法です」（山下2008）。このように，「てんでんこ」は，少なくとも第一義的には，緊急時にお

ける津波避難の鉄則を表現したもの
で，その骨子は，自分の身は自分で守
ることの重要性，すなわち，今日の用
語で言う「自助」の原則で貫かれてい
るように見える。実際，「てんでんこ」
が引き合いに出される場合，この意味
で用いられていることが多い（朝日新
聞 2011）。

　しかし，山下氏自身，著書の中で繰
り返し注意を促しているように，この
言葉は，大津波で家族，親族が「共倒
れ」する悲劇に一度ならず見舞われて
きた三陸地方の人びとがやむにやまれ
ず生み出した「哀しい教え」である（山
下 2008）。「てんでんこ」の原義が，
ここで言う第 1 の意味にあるとして
も，単純素朴に，津波避難における「自
助」の重要性だけを，ましてや自己責
任の原則だけを強調するものではない
点には，十分な注意が必要である。

　このことは，山下氏の著作でも，い
くつかの形ですでに表現されている。
例えば，まず，「てんでんこ」には，「『よ
し，ここは，てんでんにやろう』……
（中略）……というように，互いに了
解しあい，認めあったうえで『別々に』
とか『それぞれに』というニュアンス
がある」との指摘がある（山下
2008）。これは，「てんでんこ」が有効
に発動するためには，相互の了解ある
いは信頼という基礎条件が，事前に家

族や地域コミュニティで満たされてい
る必要があることを示唆しており，き
わめて重要な論点である。この点につ
いては，「てんでんこ」の第 3 の意味
として独立してとりあげて詳述する。

　また，山下氏は，次のようにも述べ
る。「『津波てんでんこ』が哀しい教訓
だというのは，それなら，避難を手助
けしなければならない幼児や，体の不
自由なお年寄り，身体障害者，今日で
いうところの『災害弱者』の問題をど
うするのかという，心情的にわりきれ
ない問題が残るからである」（山下
1997）。「てんでんこ」が万能ではない
こと，とりわけ，「てんでんこ」に避
難することが困難な人びととをめぐる問
題が残ることが，すでに指摘されてい
るわけである。

　実際，この点は，東日本大震災でも
非常に大きな問題として浮上した。例
えば，毎日新聞は，「答えでないてん
でんこ：自主防災組織と矛盾」の見出
しとともに，「てんでんこ」すること
が困難な人びとを救い出そうとした自
主防災組織や消防団のメンバーが，救
出活動のゆえに犠牲になった（「共倒
れ」になった）課題をとりあげている
（毎日新聞 2011）。そこには，「人間，
助けてけろって頼まれたら絶対行く。
『てんでんこ』はできないって今回よ
く分かった」との住民の切実な声も，

同時に紹介されている。

以上の通り、「てんでんこ」に、「自分の命は自分で守る」という単純明快な自助原理、すなわち、本稿に言う第1の意味にとどまらず、それを超える意味が込められていることは、「てんでんこ」の生みの親とも言える山下氏の著作においても、ある程度示唆されている。このことを踏まえて、以降、「てんでんこ」の教えが有する複雑な含みについて具体的に見ていこう。

(2) 第2の意味——他人の避難の促進（「我がためのみにあらず」）

まず、「てんでんこ」が避難する当人だけでなく、他人の避難行動をも促すための仕掛けでもあることが重要である。その鍵は、「てんでんこ」に避難を開始した人びとが、周辺の多くの人びとによって認知・目撃され、前者が後者にとっての避難トリガー（きっかけ）となる点にある。人を避難へと導く強力な災害情報の一つは、人自身、つまり、周囲の他者のふるまい（すでに逃げている人びとの行動）であり（矢守2009）、「てんでんこ」の教えは、このことを巧みに利用している。言葉を変えれば、「てんでんこ」は、「助かる」（「逃げる」）ための知恵にとどまらず、「助ける」（「逃がす」）ための知恵、あるいは、「共に助かる（共に逃

げる）」ための知恵でもある。

このことを例証する実証的な根拠を、いくつかあげていこう。例えば、いわゆる「釜石の奇跡」（犠牲者も多かったことから地元釜石市ではこの呼称を避ける場合もある）を支えた避難の3原則の一つは、「率先避難者たれ」であった。「率先避難者」が、現代版の「てんでんこ」に相当することは、「釜石の奇跡」を主導した片田敏孝氏（東京大学特任教授）自身による下記の発言からもわかる。「……（前略）……『まず、君がいちばんに逃げろ』と語っています。子どもたちは躊躇します。そこでこう説明するのです。『君が自分の命を守り抜くことが、周りの命を助けることになる』と。誰かが逃げれば、周囲の人間も行動しやすい。『君が逃げればみんな逃げ出す。君が率先避難者になってみんなを救うのだ』と。今回は、中学のサッカー部員が『津波が来るぞ』と言って、小中学校に声をかけた率先避難者でした」（片田2011）。実際、「釜石の奇跡」において高台に逃げる人たちを撮影した写真（図9）には、率先避難者たる中学生だけでなく、中学生に手を引かれた小学生、さらに、小中学生の後を追って避難する地域住民の姿がとらえられている（片田2011，2012）[28]。

最初に、「てんでんこ」に避難する

図9 小学生の手を引いて避難する中学生たち
（東京大学片田研究室提供）

人びと（率先避難者）は，自らの命を守ると同時に，他の人びとを救う災害情報として機能することを示す数値データもある。例えば，紀伊半島南東沖地震（2004年9月5日の夕刻から深夜にかけて2回の地震が発生）について，津波避難に関連する情報が実際に発令された尾鷲市で行った実態調査から，興味深い事実が見出されている（片田 2006）。それは，地区別の避難率データである。最も避難率が高かったのは，2回の地震とも海岸部に位置する港町であったが，これは地域的条件から考えて当然と言える結果であった。注目すべきは，他の海岸部に位置する地区を上回って，港町に続いて第2位の避難率を示したのが，2回とも，直接海岸に接していない中井町であったことである。これは，中井町が，港町の住民が避難場所まで行く経路に当たっており，港町住民の避難の様子を見た中井町の住民も避難したことによるものであった。港町の人びとの「てんでんこ」が，中井町の人びとの避難を促すことになったわけである（この事例の場合は，大規模な津波は結果としては襲来していない）。

この結果は，仮想場面における避難意向（どのようなことが起きたら避難するか）に関する調査データとも整合する（片田・他 2005）。すなわち，避難意向は，「テレビやラジオを通じて気象庁から津波警報を知ったら」（40.6％），「地震後に海の異変を感じていたら」（50.5％）といった，外的環境の変化や狭義の災害情報よりも，「近所の人が避難している様子を見かけたら」（64.1％），「町内会役員や近所の人から避難の呼びかけがあったら」（73.1％）など，避難する他者の存在やその呼びかけによって，より強く喚起されることが見出されたのである（数値は，それぞれの出来事があった場合に，「避難しようとしたと思う」と回答した人の割合）。

しかも，これと同じ傾向は，東日本大震災においても観察されている。例えば，中央防災会議の避難実態調査に，「最初に避難しようと思ったきっかけ」

---

28) 釜石東中学校の避難行動については，第4章4節「退避行動・避難行動」を参照。

について尋ねた項目がある（中央防災会議 2011）。その結果，選択されたきっかけの1位は当然とも言える「大きな揺れから津波が来ると思ったから」であったが，それに続く2位は「家族または近所の人が避難しようと言ったから」（20％）であり，3位「津波警報を見聞きしたから」（16％），4位「近所の人が避難していたから」（15％）と続いた。このデータにも，避難行動が新たな避難行動を誘発する災害情報として機能すること，すなわち，「てんでんこ」が他人の避難を触発するポテンシャルをもつことが示唆されている。

(3) 第3の意味——相互信頼の事前醸成

前項 (2) では，「てんでんこ」が，「助ける（共助）」機能をも有していることを指摘した。ただし，時間的なフェーズから見た場合，この第2の意味も，スタンダードな意味（第1の意味）と同様，緊急の避難の局面において「てんでんこ」が発揮する機能に関わるものであった。

しかし，「てんでんこ」の教えは，緊急期のみならず事前の準備期（日常期）にも及ぶ。それは，実際の避難時に「てんでんこ」が有効に機能するためには，ある重要な前提条件が事前に

満たされている必要があるからである。その前提条件とは，「てんでんこ」しようとする当人にとって大切な人——当人が最も助かってほしいと願っている人（人たち）——もまた，確実に「てんでんこ」するであろう，という信頼である。例えば，自宅で津波の危険を感じた親は，「てんでんこ」しようにも，学校で同じ状況に直面しているはずのわが子もまた「てんでんこ」してくれることを期待できなければ，実際に避難することは難しいであろう。つまり，「てんでんこ」の原則にとって，各人が自ら「てんでんこ」することとまったく同様の重みで，大切な人が「てんでんこ」することへの信頼が，死活的な重要性をもっている。

さらに，この信頼は，反対方向にも相補的に形成されている必要がある。上の例で言えば，学校にいる子どももまた，自分の親が「てんでんこ」してくれることを信頼できなければ，安心して「てんでんこ」できない。信頼は，双方向の相互信頼である必要がある。もちろん，ここで言う信頼がなければ，絶対に「てんでんこ」できないと主張したいわけではない。東日本大震災でも，大切な人の様子を知る由もなく，やむなく「てんでんこ」した人たちも多い。ただ，ここで言う相互信頼が醸成されていれば，「てんでんこ」の有

効性が飛躍的に向上することは確実である。

ここまでを整理しておこう。「てんでんこ」が有効に機能するためには、次の諸条件が満たされていることが望ましい。すなわち、①あなたが「てんでんこ」することを、私は信じている（そうでないと、私も「てんでんこ」できない）。同様に、②私が「てんでんこ」することを、あなたは信じている（そうでないと、あなたは「てんでんこ」できない）。そして、厳密には、この相互関係はさらに入れ子になって、より高次なものへと発展していく。すなわち、③「あなたが『てんでんこ』することを、私は信じている」（上記①）と、あなたは信じている（だから、2人とも安心して「てんでんこ」できる）。同様に、④「私が『てんでんこ』することを、あなたは信じている」（上記②）と、私は信じている（だから、2人とも安心して「てんでんこ」できる）。このように、「てんでんこ」は、その効果的な実現の前提条件として、ここで言う相互信頼が、家族で、隣近所で、あるいは地域社会で、多方面に、そして多段階で成立していることを要請している。ここに、「助ける」と「助かる」が相互反転する基盤、言いかえれば、「助ける」教育が「助かる」教育と共存する基盤があるわけだ。

さて、以上に述べた相互信頼の重要性を示す具体的な事例と調査データをいくつか参照しておこう。まず、相互信頼が奏功した事例として、再び「釜石の奇跡」を引くことができる。「釜石の奇跡」をリードした片田氏は、事前の防災教育で次のように指導していた。「いざ津波が襲来するかもしれない、というときに、本当に家族のことを放っておいて、自分一人で避難することができるでしょうか？ 多くの場合、不可能ではないでしょうか。……（中略）……しかし、それでは先人が危惧したように、一家全滅してしまうのです。つまり、『てんでんこ』の意味するところは、いざというときにてんでばらばらに避難することができるように、日頃から家族で津波避難の方法を相談しておき、『もし家族が別々の場所にいるときに津波が襲来しても、それぞれがちゃんと避難する』という信頼関係を構築しておくこと」（群馬大学広域首都圏防災研究センター2011）。これを踏まえて、釜石市における津波防災教育では、子どもの保護者に対して、「子どもには一人でも避難することができる知恵を持たせるための教育をしっかり行うので、いざというときには子どものことを信用して、保護者の方々もちゃんと避難してほしい」というメッセージを発信して

いた。このような相互信頼を日常から醸成すべく人びとを促すことこそが、緊急時のふるまいと並んで、いやそれ以上に、「てんでんこ」の本質の一つだと言える。

大切な人のふるまいを信頼することができなかったことが、「てんでんこ」にブレーキをかけたことを示す調査データが、反対方向から、「てんでんこ」における相互信頼の重要性を立証している。例えば、先にも引用した中央防災会議の調査で、揺れがおさまった直後に避難しなかった人びと、すなわち、何らかの行動をすませて避難した人びと、および、何らかの行動中に津波が迫る中で避難した人びとに、すぐ避難しなかった理由を問うている（中央防災会議2011）。その結果、1位「自宅に戻ったから」（22%）、2位「家族を探しにいったり、迎えにいったりしたから」（21%）、3位「家族の安否を確認していたから」（13%）が、4位以下（4位「過去の地震でも津波が来なかったから」（11%）、5位「地震で散乱した物の片付けをしていたから」（10%）、6位「様子を見てからでも大丈夫だと思ったから」、「津波のことは考えつかなかったから」（いずれも9%）など）を大きく上回った。すなわち、即座に避難しなかった（あるいは、できなかった）のは、津波の危険

の過小評価よりも、他人の行動に対する懸念（別言すれば、自分にとって大切な人の避難に対する信頼の低さ）からであることが示唆されている。

上記の調査結果を踏まえて、「『家族を探す』、『自宅へ戻る』といった行動が、迅速な避難行動を妨げる要因になっている。この要因を減ずることが被害軽減に結びつく」と総括されているように（中央防災会議2011）、「てんでんこ」の極意は、単に、「そのとき」のふるまいにのみあるのではなく、関係者が日常的にどのような信頼関係をつくっているかにもかかっている。すなわち、親と子、教員（学校）と保護者（家庭）、職場（雇用者）と従業員の家族などの間で、即時避難に関する強い相互信頼を醸成しておくこと——これが「てんでんこ」の第3の意味なのである。

(4) 第4の意味——生存者の自責感の低減（亡くなった人からのメッセージ）

巨大津波は、ときに人間・社会にはなすすべもなく、多くの人命を奪い財産を破壊してきた。特に、「てんでんこ」が誕生する舞台となった三陸地方は、東日本大震災も含めて、この冷徹な事実に繰り返し直面してきた。それでも、多くの人が危機的な状況を生き抜いて

きた。そして、「てんでんこ」は、当然のことであるが、亡くなった方というより生き延びた人びと、つまり、これからを生き抜こうとする人びとが誕生させ、語り継いできた言葉である。そうだとすれば、「てんでんこ」は、津波来襲という緊急時に人命を守る智恵・教えであると同時に、大災害という悲劇の後を生きていこうとする人びとに対しても、何らかのメッセージをもっているはずである。実際、筆者の見るところ、「てんでんこ」は、緊急時のみならず、災害後を生きる人びとや地域社会に対して独特の心理的作用を生む一面、すなわち、第4の意味をもっている。

　例えば、以下のような仮想的なケースについて考えてみよう。幼い孫とその祖母を含む家族が津波に襲われたとする。一緒に暮らしていた孫を含む家族は、幸い、津波を振り切って高台に避難した。しかし、別居していた祖母は、不幸にして間に合わず津波の犠牲になったとする。このとき、次の2つの場合を考えてみる。

　最初は、この孫が、「おばあちゃんは、常々、津波のときは"てんでんこ"だよと繰り返していた」という形で祖母の死をふりかえる場合である。「わたしも"てんでんこ"するし、お前も絶対"てんでんこ"するんだよ」（まさ

に（3）で述べた相互信頼である）、このように祖母から語りかけられていたからといって、この孫が祖母を亡くした悲しみや苦しみを完全に克服できるわけではもちろんないだろう。しかし、「てんでんこ」の約束（相互信頼）は、「"てんでんこ"なのだから、祖母を救いに行くことは望ましくない。祖母もそれを期待していない」という心理的作用を通じて、孫の自責の念をわずかであれ緩和することも事実であろう。

　このことの重要性は、家族や親族など、災害で大切な人を亡くした遺族が、長きにわたって、独特の自責の念（サバイバーズ・ギルト）に苦しめられることを考えてみれば、よくわかる。例えば、筆者は、阪神・淡路大震災の被災者（遺族が中心）が結成した語り部グループ（「語り部 KOBE1995」という団体）で20年近く活動を共にしている（矢守 2010）。その経験によれば、災害の遺族は、被災から20年以上を経てもなお、例えば、「もっと丈夫な家に住んでおけば」、「自分がもう少し早く起きていれば」、「もう一泊していけなどと言わなければ」など、亡くなった遺族に自分が何ごとかをなしえた可能性、すなわち、自らの力で大切な人の死を回避しえた可能性をベースにした自責の念に、多かれ少なかれ苛まれ続けている。

つまり，被災によるトラウマとは，悲惨な出来事の体験自体に直接由来するのではない。むしろ，それにもかかわらず自分はその出来事を生き延びたという体験の特異性に由来している。わかりやすく言えば，どうして，あなたではなく私が生き残ったのか。逆に言えば，どうして，私ではなくあなたが死んだのか。私にそれに対する責任があるのではないか。この答えなき問いが被災者を苦しめ続けるのである。

以上をここで論じている仮想的なケースに当てはめれば，孫が次のような状況に至る場合も，十分にありうるということである。すなわち，「おばあちゃんは私の助けを待っていたのではないか」，「おばあちゃんを救うためにできたことがあったのではないか」，さらに極端な場合には，「わたしを助けに来ようとしておばあちゃんは亡くなったのではないか」という感覚を，この孫が抱く場合である。しかも，上記のトラウマの議論を踏まえれば，この孫が，そうした感情に相当長期にわたって苛まれる可能性もある。

以上を踏まえれば，「てんでんこ」が，生き残った者に独特の心理的作用，すなわち，自らは避難を完了し生き延びた一方で，大切な人を救えなかったという自責の念を軽減する作用をもつことは明らかであろう。また，同じ作用は，個人だけでなく，集落やコミュニティにも及ぶと思われる。つまり，「てんでんこ」は，相互に大切な人だと認定しあう少人数のユニットにのみ通用するのではなく，被災した集落全体にも作用し，「もっとなすべきことがあったはず」という自罰的な感情から集落を解放する働きがある。みなが一致協力してコミュニティの再起を期して，新しい生活と集落をつくりあげていくための態勢を整えるための知恵としても，「てんでんこ」は機能してきたと思われる。

実は，本節第1項で紹介した，「てんでんこ」の普及の契機となった山下文男氏の父のエピソードが，すでに「てんでんこ」のこの側面を示唆している。すなわち，山下氏がふりかえる「てんでんこ」の端緒は，「昭和の津波のとき，末っ子（小学三年）だった私の手も引かずに，自分だけ一目散に逃げた父親の話をし，後で，事あるごとにその非情を詰る母親に対して『なに！てんでんこだ』と，向きになって抗弁した父親……（後略）」であった（山下2008）。このエピソードは，「てんでんこ」が，明治の三陸大津波を経験した山下氏の父親の骨の髄まで滲みた津波への警戒感（「その時」を生き抜くための知恵）を育んできたと同時に，生き残った者が図らずも抱えてしまう感

情（自分（だけ）が逃げることができたことに対する独特の自責の念）を和らげる機能をも、「てんでんこ」が有していることを示している。このように、「てんでんこ」は、「おらに構わずお前は生きろと言ってくれた」という理解を生き残った者に許容する点で、亡くなった者が生き残った者へ届ける寛容と励ましのメッセージという一面をもっている。

3.「助けること」＝「助かること」

以上に見てきたように、「てんでんこ」は、「自分の命は自分で守ろう」といった素朴な意味に限定されるのではなく、むしろ、他人の命、特に自分にとって大切な人の命を守るための教え、言いかえれば、「共助」をも促進する教えだと見ることができる。まず、てんでんばらばらに避難する人が少数でも存在すれば、「おっ、これは、ほんとに危ないんだ」とそれにつられて避難を始める人がいることが重要であった。図9で、中学生たちは、自分の身を守りながら、他人、すなわち、小学生や近所の大人たちの命も守っていたわけだ。（第2の意味）。さらに、「てんでんこ」を機能させるためには、自分にとって大切な人に対する事前の働きかけ（「そちらでも必ず"てんでんこ"してね」）が不可欠である点も

見逃せない（第3の意味）。さらに、第4の意味を考えあわせれば、「てんでんこ」には、——自分が不幸にして亡くなったときに——自分にとって大切な人の被災後のこころと生活を支える働きまで組み込まれていると言ってもよい。

要するに、「てんでんこ、イコール、自助の教え」というのは、表面的な理解であって、むしろ、「てんでんこ」において、自分の身は自分で守ること（あえてラベルを貼れば「自助」）と、他人、特に、自分にとって一番大切な人の身を守ること（あえてラベルを貼れば「共助」）とが完全に重なりあっている。これが「てんでんこ」の神髄だろう。

このことは、「てんでんこ」が、先述の祖母と孫の事例のように、もともと、親密な関係性、つまり、互いに互いを一番大切だと思い合うような関係性の中で育まれて、かつ、そうした関係性の中でこそ役割を果たしてきたことに目を向ければ、すぐにわかることである。つまり、「てんでんこ」は、おばあちゃんが自分の孫に繰り返し言って聞かせたとき（孫から見れば、言って聞かされたとき）、はじめて十全な形で意味をなす教えなのである。にもかかわらず、それを、前提となる関係性やコンテキストから引きはがし

て，中性的かつ一般的なメッセージ（マニュアルやガイドラインの一項として掲載する教訓・ルール・行動指南のようなもの）として取り出してしまうから，重要な要素が脱落することになる。「てんでんこ」が東日本大震災の被災地で大きな役割を果たしたこと，それは確かである。しかし，だからと言って，それをそのまま教室で表面的に唱えることが，心ある防災教育になるとは限らない。この点は，教育のあり方全般においても十分注意すべきポイントであろう。

さて，そもそも，津波避難は，防災活動の中でもきわめて高い緊急性を要する局面の一つである。「てんでんこ」は，言わば，究極の教えであって，その裏側では，「自分の身を守ること」と「他人の身を守ること」とが重なりあわず，大きな悲劇も生まれていたことを忘れてはなるまい。例えば，東日本大震災でも，消防団，民生委員といった方々が，その責務を果たそうとして，危険をかえりみず警報活動，救出活動に当たっていたために，多くの方が命を落としてしまった。

それならば，「てんでんこ」の極意を，事態がそれほど切迫していない状況で活用することはできないものだろうか。つまり，「てんでんこ」では，「自分の身を守ること」と「他人の身を守

ること」とが，これ以上ない緊急的な局面で交錯していたが，これら二つを，もう少し余裕のある状況で上手に重ね合わせて，有効な防災教育を形づくっていくことはできないだろうか。このことを，かつて，筆者らは，「サバイバーとなる防災教育／サポーターとなる防災教育」の両立・併用という形で提起した（矢守・他 2007）。前者は，主に「助かる」ための教育，つまり，「自分の身を守る」力を育む教育で，ハザードについて知ること，適切な避難，危機回避のための判断力の養成などを含む。後者は，主に「助ける」ための教育であり，自分が助かった後に，避難所などで周りの人を助けること，被災地で復旧・復興活動を支援すること，もしくは，地域の高齢者など避難が難しい人たちの避難方法について考えたり支援したりする学習を含む。

例えば，東日本大震災では，阪神・淡路大震災の被災地となった阪神・淡路地域の学校から，多くの児童・生徒・学生が，東日本大震災の被災地へボランティアとして駆けつけ支援活動を行い，その一部は今も継続中である。こうした活動は，基本的には，他人を「助ける」ことである。しかし，同時に，児童・生徒が被災者の生活を目の当たりにし，その言葉に耳を傾けていると，日頃から災害について備えることの大

切さに気づいたり，自分たちと変わらない年頃の仲間の避難所での活躍に驚かされたりもする。つまり，「助ける」ことが，そのまま，「助かる」ことや，別の形で「助ける」ことに関する学びにつながっていくのだ。

「助ける」こと（他人の身を守ること）に関する真摯で直接的な学びの機会は，その多くがそのまま，「助かる」こと（自分の身を守ること）の学びに直結する。本節の冒頭で，「自分の身は自分で守ること」（自助）を，防災教育のスタートラインからあえて外す戦略も十分ありうると提起したのは，このためである。

（矢守克也）

第4節　ジレンマ授業

1. 新しい防災教育

東日本大震災によって，公共インフラや住宅環境といったハードウェアの防災対策だけでなく，公的・私的機関における防災プログラムづくりや，地域を巻き込んだ避難訓練のあり方といったソフトウェアの見直しが，現実的な課題として浮き彫りになった。なかでも，災害という緊急事態に対応するための判断力および行動力といったヒューマンウェアを，いかに育成するかが問題となった。

2012年7月に出された「東日本大震災を受けた防災教育・防災管理等に関する有識者会議」最終報告（以下，『最終報告』）では，「現在の学校教育においては，防災を含めた安全教育の時間数は限られており，主体的に行動する態度の育成には不十分であり，各学校において，関連する教科等での指導の時間が確保できるよう検討する必要がある」（傍点：筆者）として，防災に関する知識や災害時にとるべき行動について一方的に伝達するだけでなく，児童生徒が主体的に判断し，行動するための防災・安全教育プログラムの開発を学校教育に求めている。

防災教育に関する教材にはすでに優れたものが数多くある。阪神・淡路大震災を契機に開発された「クロスロード」（矢守・吉川 2005）や「災害図上訓練 DIG」（小林・平野 1997；瀧本 2014），「避難所運営ゲーム HUG」などがよく知られている[29]。これらの

教材は，災害時における複雑かつ多義的な状況を擬似体験させ，よりよい判断力や行動力を育てることをねらいとしている。また，実際的な場面を想定した避難訓練や，避難所生活を体験する防災キャンプなど，「考える防災教育」と呼ばれる取り組みも各地で進められている[30]。これらの参加型の防災学習は，行政や災害の専門家に依存した防災教育のあり方に再考を促し，行政・専門家・市民の一体化を目指す取り組みとして評価される。これからの防災教育は，行政や専門家が主導する「専門知に基づく教育型」アプローチと，関係するそれぞれの主体自身が行う「情報交換・合意形成型」アプローチとを車の両輪として進めていかなければならない。

筆者と筆者の研究室スタッフは，2011年4月より，先行教材の成果や知見に学びつつ，「道徳の時間」を活用した防災教育（以下，「防災道徳」）の授業およびカリキュラムの開発を進めてきた。そのねらいは災害時における自律的な判断力および行動力の育成，防災市民意識の形成，持続可能な実践の構築にある。本節では，授業の

基本構想及び授業実践を紹介し，取り組みの成果と課題について検討する。

2. 防災教育と道徳教育

日本の小・中学校の教育課程は基本的に「各教科」，「道徳」，「特別活動」，「総合的な学習の時間」の四つに区分されている。現行（2011年度より実施）の小学校の学習指導要領では，防災に関する内容は「社会」および「理科」等に含まれる[31]。そういった教科の授業のなかで，児童生徒に防災に関する一定の知識を教えることはできるであろうが，災害時における主体的・自律的な判断力を育成するための授業を実施することは難しく，その点は『最終報告』においても「不十分」と指摘されている通りである。

「各教科」の時間に防災教育のための時間を十分確保することが難しい現状において，年間35単位時間の枠がある小・中学校の「道徳の時間」は，防災教育の場として注目されている。東日本大震災以後，静岡県下の小中学校においては，「道徳の時間」を利用した防災教育の実践が増加したことが報告されている。「道徳の時間」を活

29）「クロスロード」と「避難所運営ゲームHUG」については，第4章のコラム「防災ゲーム」参照。

30）第4章5節「地域防災アウトリーチ」を参照。

31）各教科・科目における防災教育については本章第6節「学校科目と防災」を参照。

用することで, 全教育課程に接続する, より体系的な防災教育カリキュラムの構築への展望をもつこともできる。

しかしながら, 道徳教育の観点から児童生徒の防災力を育成するための授業を実施するには, これまでの道徳の授業のあり方自体を見直す作業が必要である。従来の授業では,「読み物資料」や「視聴覚教材」を活用して, 登場人物の気持ちを読み取らせる方法が一般的であった。防災教育に関連づけられた道徳教材についても, 過去の災害における逸話や美談を「読み物資料」としてまとめ, 資料の読み取りを通して登場人物の勇敢さや社会奉仕の精神を学ばせようとするものが多い。

このような道徳教育における授業スタイルは,「伝統主義的アプローチ」と言われる (林2009)。それは道徳的価値の伝達を重視する指導法であり,「読み物資料」を中心に授業を組み立てるアプローチである。「読み物資料」を用いた授業は, 1958年に「道徳」が特設されて以来, 日本の道徳教育における主流の授業スタイルとなっている。ある調査によれば, 小学校では96%, 中学校では88.4%の教員が「読み物資料」を,「道徳の時間」において「よく使う」,「時々使う」資料として挙げている (姫野・細川2006)。「読み物資料」による授業は, 物語の登場

人物の心情の読み取りを通して, 資料に内在する道徳的価値を伝達するだけの「価値注入型」授業に陥りやすいことが指摘されてきた (宇佐美1989)。加えて, 授業方法は次第に固定化・硬直化し, 魅力ある教材や多様な指導法が生まれにくい状況が続いた (永田2011)。

これに対して, 一部の研究者によって1980年代後半から,「進歩主義的アプローチ」と呼ばれる「モラルジレンマ授業」,「構成的グループエンカウンター」,「ディベート」といった児童生徒の主体性と「道徳的価値の創造」を重視した授業研究が開始された。なかでも, 大学発の道徳教育の授業実践として注目を集めてきたのが, モラルジレンマ授業である。

モラルジレンマ授業では, 道徳的価値の葛藤を含んだ資料が児童生徒に示され, 討議が展開される。授業中は多くの時間が話し合い活動にあてられ, 締めくくりにおいても教師が正答をまとめるようなことはしない (=オープンエンド方式)。教師には基本的な知識や設定を説明する力量だけでなく, 児童生徒の積極的な発言を引き出すための発問の工夫が求められる。

モラルジレンマ授業が日本の学校教育に導入され始めたのは1990年代後半くらいからである。筆者が2008年

に静岡県浜松市の全小学校教員を対象に行った調査では，同授業を実践したことのある教員は全体の約4割にとどまっており，教員間ではまだ馴染みが薄く，指導法も十分に浸透しているとはいえなかった（藤井・加藤2010）。

筆者たちが，防災教育のための授業開発の切り口として注目したのは，この「モラルジレンマ」と呼ばれる授業スタイルである。災害時における判断のなかには道徳的・倫理的葛藤を含んだものが無数にあり，それらをモラルジレンマの授業形態に持ち込むことが可能だと思われた。

文部科学省は，2015年3月「特別の教科道徳」（道徳科）の設置を決定し，小学校学習指導要領，中学校学習指導要領及び特別支援学校小学部・中学部学習指導要領の一部改正を行った（文部科学省2015）。改正の背景については「他教科に比べて軽んじられていること，読み物の登場人物の心情理解のみに偏った形式的な指導が行われる例があること」と，これまでの道徳教育における指導上の課題を指摘し，これからの道徳教育は「発達の段階に応じ，答えが一つではない道徳的な課題を一人一人の児童が自分自身の問題と捉え，向き合う『考える道徳』，『議論する道徳』へと転換を図る」という方針を示している。これからの道徳教育に

おいては「考えること」，「議論すること」を通して，判断力を養うことが一層重視されることとなる。このことはまた防災教育における課題とも重なるものであり，道徳の授業のなかで「考える防災教育」の要素を取り入れやすくなったともいえよう。

3. モラルジレンマ授業の理論

モラルジレンマ授業は，アメリカの心理学者コールバーグ（Lawrence Kohlberg, 1927–1987）が提案した認知的道徳性発達理論に基礎を置いている。コールバーグは，病気の妻のために薬屋に泥棒に入ることは許されるかという「ハインツのジレンマ」の資料を用いて世界各国で道徳性の発達段階を検証した。

検証の結果，コールバーグは，道徳性には6段階に区分される世界共通の発達段階があると結論づけた。6段階とは「前慣習的段階」とされる①「懲罰志向」と②「快楽志向」の段階，「慣習的段階」とされる③「よい子志向」と④「法と秩序志向」の段階，「脱慣習的段階」とされる⑤「社会契約志向」と⑥「普遍的な倫理的原理志向」の段階である。

コールバーグは，人間の道徳性は最終段階の「普遍的な倫理的原理志向」に向かいながら，倫理的な普遍性・一

貫性に基づく主体的な判断力を獲得し，他律的な生き方から自律的な生き方へと発達をとげるものと考えている。

彼の理論は自身の師である心理学者ピアジェ（Jean Piaget, 1896-1980）の発達理論の影響を受けている。彼は，ピアジェにならって，人間の発達を認知と環境の相互作用ととらえ，人間は外からの環境と内なる認知との間に生じる葛藤を克服するために，認知の再組織化を促進すると主張した。そして，そのプロセスを通じて，内的構造としての「道徳性」が獲得されるとした。

コールバーグの理論は普遍性や公平性といった「公正の倫理」に立脚している点に特徴を持つ。社会を人間の外部にある環境として捉え，そこに含まれる法や宗教や道徳によって説明される「公正さ」を認知し，そこへの内的適合もしくは均衡をはかることによって道徳性の発達を促す。こうした認知のプロセスには，物理的な五感による認知と異なり，他者の視点に立つという経験（役割取得（Role Taking））が必要となる。そのためコールバーグは，教育の実践面においても「役割取得」の機会を与えることを重視した。

「役割取得」はまた，個人が社会の在り方に従属する段階を経ることを意味する。彼はその段階を上記④の「法と秩序志向の段階」，すなわち慣習的段階にあるとし，その段階を超克することよって，より上位の段階である「脱慣習的段階」に進むとした。コールバーグ理論は，既存の社会が備える慣習による公正さを超えた普遍的次元の道徳的規範の獲得を展望し，より高次で理想的な社会への認知を見据えるものであった。

これに対して，フェミニズムの哲学者ギリガン（Carol Gilligan, 1937-）やノディングズ（Nel Noddings, 1929-）

ハインツのジレンマ

　ハインツの妻は病気で死にかけているが，ある薬によって助かる可能性がある。それは，同じ町に住む薬剤師が開発したもので，薬剤師は，その薬を作るのにかかった費用の 10 倍の値をつけた。ハインツは知り合い全員にお金を借りるが，値段の半分しか集められなかった。ハインツは，薬剤師に自分の妻が死にかけていることを話し，安く売ってくれるか，残りを後で払えないかと頼んだ。しかし，薬剤師は「ダメだ，私がその薬を発見したのだし，それで金儲けをするつもりだから」と言って受け付けなかった。悩んだハインツは，薬局に押し入り，妻のためにその薬を盗み出した。

らは「ヤマアラシとモグラの家族」の事例を用いて，コールバーグ理論が特定の社会的価値に重きを置きすぎていると指摘した。「ヤマアラシとモグラの家族」の事例の概略は次の通りである。寒さをしのぐためにヤマアラシは洞窟に住むモグラの家族のもとに身を寄せた。しかし，ヤマアラシが動くたびにモグラ家族はその針に身体を傷つけられるため，洞窟から出ていってもらうよう申し出る。ところがヤマアラシはモグラ家族に出て行くよう要求する。

ギリガンの研究によれば，男性の多くはモグラ家族の権利を認め，ヤマアラシの要求を退けるべきだと考えた。これに対して女性の多くは「ヤマアラシに毛布をかければいい」というように双方が幸福になれるような選択肢を提案する傾向が認められたという。

ギリガンは「他者へのケア（＝ケアの倫理）」の意識に高い道徳性を認めた。「正義の倫理」に根差すコールバーグの理論においては，「他者へのケア」は「③よい子志向」と混同され，「慣習的段階」にとどまる低い道徳性とみなされやすい。ギリガンらはコールバーグの理論が男性中心的で偏った社会的価値に根差したものであると批判して，「ケアしケアされる」応答的な人間関係にこそ道徳性の基礎があると主張する。

こうした批判を受け，晩年コールバーグはみずからの理論が心理学の実験によってつくられたものにすぎず，実際の学校現場の実践において有効に機能しなかったことを「心理学者の誤謬」と表現し，道徳性発達理論から「ジャスト・コミュニティ」と呼ばれるより実践性の高い道徳教育理論を展開している。「ジャスト・コミュニティ」の実践において重視されたのは，抽象的な価値についての討論ではなく，多様な価値を含み込んだ現実の社会生活に根差した諸問題についての討論であった。コールバーグは晩年にいたって討論の場に子どもたちが参加することを通じて，学校の「道徳的雰囲気」自体の変革を目指したという。しかしながら，後期コールバーグのこうした実践は彼の急逝によって体系化をみることはなかった。

4. モラルジレンマ授業の導入と再評価

コールバーグの理論および実践は道徳教育の世界に多大な影響を与えており，日本では荒木（1988）によってモラルジレンマ授業へと，実践的な応用およびアレンジが進められてきた。

荒木が開発した「兵庫教育大学方式」と呼ばれるモラルジレンマ授業は，2

時限でひとつのジレンマ教材を用いる点に特徴がある。初回と二回目の時間をあけることで、「価値の葛藤状況」に対して児童生徒が各自でじっくりと考えることができるよう配慮されている。未完了課題は完了課題よりもよく覚えているという「サイガルニック効果」を用いて、討議内容の理解を深めることがねらいだ。

ただし、その実践には課題もあった。林（2009）が指摘するように「コールバーグに従えば、道徳教育の目的は児童生徒の道徳性を一段階上げるということであるが、日本の実践では、学習指導要領に記された内容項目を、ジレンマ討論を通じて教えるスタイル」として実践が普及したため、道徳的価値の伝達に重きを置いたものとなっていた。また、教師の授業理解や力量がともなわない場合は、モラルジレンマ授業は児童生徒間の価値の相違を認めるだけの価値相対主義授業（＝ばらばら地獄）に陥りやすいという問題もあった。

筆者たちは、「防災道徳」プロジェクトにおいて、既存のモラルジレンマ授業の実践に学びつつ、上述のギリガンやノディングズによるコールバーグ理論への批判、および価値相対主義に陥りやすいという実践的な問題を乗り越えるために、新たな授業のデザイン

に取り組んできた。

先述のとおり、モラルジレンマ授業では「AかBか」という二者択一の罠に陥り、学習者同士の双方向的で建設的な意見交換を伴わない「ばらばら地獄」の授業展開に陥ることが懸念されてきた。「防災道徳」授業においては、葛藤を扱う授業（ジレンマ授業）と、ジレンマを回避する方法を検討する授業（ジレンマくだき授業）を考案し、二つを組み合わせることによって、児童生徒の思考力と判断力とに幅と深みを持たせることを心がけた。

その際にあらためて注目したのがコールバーグの「プラス1方略」と呼ばれる学習理論である。プラス1方略とは、道徳性の発達段階において、より一段高い段階の理由にふれると、一段階低いあるいは二段階高い理由にふれるときよりも、学習者はおのずとより高い道徳性の段階に引き上げられるという理論である。一斉授業によるモラルジレンマ授業では、授業者は、みずから想定した指導上の「ねらい」を児童生徒に浸透させようとするあまり、学習者同士の話し合いによる学習効果を活かすことができなくなることがある。それは、教師が、学習を教師と児童生徒の間で行われるものと想定するためである。プラス1方略の観点に立った適切な発問をすれば、教師と

児童生徒の間だけでなく，児童生徒自身の間にも学習のダイナミクスが生じ，「AかBか」だけでなく，第三の選択肢について吟味し，ジレンマ状況を回避しようとする知恵を児童生徒自らが検討することも可能となる。

加えて，コールバーグのジャスト・コミュニティの実践にも示唆を受けて，「防災道徳」授業の開発では，災害時に実際に起きたジレンマを教材化し，社会の現実を授業の中で議論することによって，学校の「道徳的雰囲気」の構築を目指した。

5.「防災道徳」の授業デザイン

教材および授業開発にあたっては，防災学についての「確かな知識」に裏づけられた教材開発を行うことが必要不可欠となる。筆者たちのプロジェクトにおいては，静岡大学防災総合センターを始め，各方面の専門家と協働することで，最新の防災知と教育学における授業技術を結合させた教材開発を進めてきた。授業の「導入」や「まとめ」の場面で防災についての基本知識の定着をはかるとともに，「展開部」で判断力や思考力を引き出せるよう，「教えて考えさせる」授業（市川2008）づくりを目指した。

授業で扱うさまざまな災害時におけるジレンマ状況を検討していくにつれて，ジレンマの質をどのように捉えるかが課題となった。二つの対立する「道徳知」のどちらがより道徳的かを問うジレンマ状況や，防災科学の知見に基づく「防災知」と「道徳知」のジレンマ状況を取り扱うものなど，ジレンマの質はさまざまである。

災害時には平時とは違った緊急的な判断が求められる。例えば，一人を救うために数人の消防士が救助に向かうことについて考えるとき，より多くの人の命を守るための功利主義的な判断と，どんなときにも生命を尊重するべきであるという義務論的な判断との間でジレンマが生じる。こうした二つの道徳知における高度な倫理的判断を，どのように小中学校の道徳教育のレベルで考えさせることができるのかが，筆者達の教材開発において課題となった。

また，大津波警報が出て一刻も早く避難すべき時に，家族の安否が気になって救援に向かうべきかどうかを悩むというような場面においては，防災知と個人的感情に根差した道徳知の間にジレンマが生じる。こうした人間の感情と結びついた判断をどのように防災学上で考慮すべきかについては，学校教育におけるこれまでの防災教育のなかでは，ほとんど取り扱われてこなかった。「防災道徳」の授業開発にお

いては，様々なジレンマ状況を討議に
よって解きほぐし，災害時における葛
藤を具体的に考えながら，防災科学の
枠だけでおさまらない防災力教育の実
践となるような授業デザインを目指し
た。

6.「防災道徳」の教材および授業開発の記録

(1) 情報収集と分析

プロジェクトは 2011 年 4 月に始ま
り，最初の半年をかけて先行教材およ
び震災関連情報の収集と分析を行っ
た。先行教材としては「クロスロード」
や「災害図上訓練 DIG」等に加えて，
教育関係図書のなかで紹介されている
防災教材や授業実践などを取り上げ
た。また，東日本大震災が起きた 3 月
11 日以降の新聞および雑誌の震災関
連記事の収集，現地での調査，報道関
係者への聞き取りを通して情報の整理
と分析につとめた。

これらの作業をもとに，表 3 のよう
な災害時に起こるジレンマ状況を抽出
した。ジレンマ授業の作成にあたって
は，1 単位時間に一つのジレンマを取
り上げ，授業構成および授業者の発問
の構成について，学校関係者をまじえ
て検討をかさねた。その結果，2012
年度末までに 20 種類の指導案を作成
することができた。その後も改良を重

ね，2018 年 1 月時点で，指導案は 30
種類を作成し，それに基づく授業は全
国 70 校以上で実施されている。

(2) 授業構想と指導上の工夫

「防災道徳」授業は「ジレンマ授業」
と「ジレンマくだき授業」の 2 時限で
構成されている。2011 年度に取り組
みを始めたとき，筆者達は，「家庭防
災」，「学校防災」，「地域防災」の三つ
の観点ごとにグループを作って，それ
ぞれ授業開発を行った。ジレンマ授業
は比較的高度な討論内容を含むため，
対象学年は小学校高学年以上とした。

1 時限目のジレンマ授業においては
児童生徒の積極的な発言を引き出すこ
とができるように，回を重ねるごとに
改善がなされ，以下の①～④の指導上
の工夫が生まれた。

①児童生徒が発言しやすい環境をつく
　りだすために，教室から机を撤去し，
　意見ごとにわかれて教室の右と左と
　に座席を移動させた。議論のなかで
　意見が変わった場合はその都度座席
　を移動できるようにした。

②ジレンマの内容をより分かりやすく
　伝えるためにパワーポイントを用い
　たデジタルの紙芝居を作成して提示
　したり，役割演技を取り入れたりす
　るなどして，児童生徒が状況を思い
　浮かべやすいように工夫した。

表3　指導案を作成したジレンマの事例（藤井 2012）

ジレンマの種類	ジレンマの内容
避難か救助か	自分が避難することを優先するか，それとも友達や家族の救助に向かうか。
引っ越し	被災地の仮設住宅で暮らすか，被災地外へ引っ越すか。
ガソリン泥棒	子どもを病院に連れて行くためにガソリンを盗むことは許されるか。
情報の真偽	有害物質の大気流出という情報が SNS で拡散されているなかで，避難情報にしたがって避難所に行くか，行かないか。
避難所とペット	避難所にペットを連れて行くか，連れて行かないか。
トリアージ	医師が自分の家族の治療を優先させることは許されるか。
報道と救助	自分が報道記者だったら，報道を優先するか，それとも救助を優先するか。
買い占め	次の人の分が無くなることが分かっていても，自分や家族の分を確保するために全部買うか，それとも一部を残すか。
避難所での食料配布	避難所用の食料を配布対象外となっている自宅で避難生活をしている人にも配布するか。
行事の自粛	犠牲になった人のことを考えて，賑やかな行事は自粛するか，それとも実施するか。

③ジレンマ授業では児童生徒の判断の根拠をいかにゆさぶるかが課題となる。授業者は「場面転換」や児童生徒の意見に対して「切り返し」や「問い返し」の発問を繰り返すなどしてゆさぶりをかけた。その際には自分の意見と反対の意見にゆさぶる「横のゆさぶり」だけでなく，自分の意見をより深く考えさせる「縦のゆさぶり」を意識し，あらかじめ発問のパターンを 10 種類以上用意して授業にのぞんだ。

④授業展開のなかで児童生徒の立場がはっきりしない場合は「ジレンマメーター」と呼ばれる図表を黒板に貼りつけ，そこにネームプレートを貼らせて，各自がどちらの立場にどれくらい近いかを視覚化し，討議を活性化させる試みも行った。

(3) 授業実践の記録

授業①　家庭防災班

　　日時：2011 年 12 月 5 日（月）

　　場所：浜松市立東小学校 6 年 2 組

　　1 時限目：ジレンマ授業

　　　　「ガソリン泥棒」

2時限目：ジレンマくだき授業
　　　「防災バッグをつくろう！」
　家庭防災班の授業は2011年12月5日に浜松市内の小学校で実施された。
　1時限目の授業では，自動車からガソリンが抜き取られた「ガソリン泥棒」の事件を報じた新聞記事を配布して，児童に避難所生活で熱を出した子どもの親の立場になってもらい，ガソリン泥棒をして子どもを病院に連れて行くことの是非を問いかけた。
　授業者はより具体的に状況を理解してもらうために，討論のなかでガソリンを買うためにできた行列の写真を見せ，そのときどれほどの寒さであったのかを説明した。児童の意見はほぼ半分に分かれて活発に意見を交換した。「苦しんでいる人はほかにもたくさんいる」，「苦しむ子どもを見捨てることはできない」といった意見が出され，「車以外の移動手段も考えるべき」といった意見も導き出された。
　授業の「まとめ」にあたって授業者はこのようなジレンマ状況を回避するために，普段からどのような備えが必要なのかについて問いかけて1時限目の授業を終えた。
　2時限目の授業では，災害への備えとして防災バッグをつくる授業を行い，バッグに入れる物品の選択を課題とした（図10）。

　まず，グループごとに分かれて，防災バッグに詰める非常食や衣類，救急用品などをカードリストから選びとらせる。それらを「防災バッグ」シートに貼りつけて，他のグループに対して選択の理由をプレゼンテーションしてもらう。最後にそれぞれのグループが選んだ物品の総重量を計測し，実際の重さを体験させた。
　授業のねらいは，防災バッグづくりを体験してもらうことによって日ごろの防災意識の向上をはかるとともに，家族で協力することの必要性に気づかせることにあった。授業での学習成果を家に持ち帰ることができるように，最後に非常品についてまとめた防災パンフレットを配布した。

授業②　学校防災班
　日時：2012年1月12日（木）
　場所：静岡市立南中学校3年1組
　1時限目：ジレンマ授業

図10　防災バッグづくりの様子

「友人を確認する？　避難する？」

2時限目：ジレンマくだき授業

「学校内の危険をみつけよう！」

学校防災班の授業は2012年1月12日に静岡市内の中学校で実施された。1時限目の授業では，地震が発生して津波が迫るなかで，運動場にある体育器具庫に入っていった友人の安否を確認するか，そのまま避難するかを問いかけた。

授業者が物語を読み上げると「確認する」を選んだ生徒は7人で，「避難する」を選んだ生徒は24人であった。生徒からは「津波はすぐに来るわけではない」，「友達を助けなければ後悔する」，「自分の命を大切にしたい」，「自分勝手な行動は周りに迷惑がかかる」，「まず先生に報告するべき」といった意見が出された。

授業者は「もし助けてという声が聞こえたらどうする」，「この学校なら津波が来る時間はどれくらいだと思う」といった質問を投げかけ，判断の根拠をゆさぶる。議論は次第に白熱し，意見をかえる生徒や第三の選択肢を検討する生徒もあらわれた。

2時限目は，普段から学校環境にはどのような防災上の危険が潜んでいるかについてイラストを使って考えさせる授業を実施した（図11左）。

イラストを使った教材の開発は先行教材の成果を参考にしている（林・高山2011）。教材の作成にあたっては学校内の危険箇所をリストアップし，下絵を作成のうえ，イラストレーターの高山みほさんにイラスト化していただいた（図11右）。生徒はグループでイラストのなかにひそむ危険箇所を指摘しあい，グループごとに発表した。授業者は各グループのプレゼンテーションの後で正解をイラストで示し，それぞれの箇所について説明を行った。加えて，家庭でも危険箇所について考え

図11　イラスト教材を使った授業風景（左）と授業に使用したイラスト（右）。

てもらうために持ち帰り用の資料を配付して授業を終えた。

授業③　地域防災班
　　日時：2012年1月23日（月），25日（水）
　　場所：静岡市立清水三保第二小学校6年1組
　　1時限目：ジレンマ授業
　　　　「取材する？　助ける？」
　　2時限目：ジレンマくだき授業
　　　　「地域の防災情報を知ろう！」
　地域防災班の授業は2012年1月23日および25日に静岡市の三保半島に位置する小学校で実施された。三保半島は東海地震における津波が来ることが予想されているので，本授業では津波からいかに自分の命を守るかをテーマに教材開発を進めた。

　1時限目では，被災地で取材をする報道カメラマンの物語を「デジタル紙芝居」によって説明し，児童には自分がカメラマンの立場だったら報道を続けるか，人命救助に参加するかを問いかけた。

　「報道する」立場からは「報道して状況を全国の人に伝えることが重要」，「報道カメラマンの自分にできることは報道だ」，「報道はより多くの人の命を助けることにつながる」といった意見が出された。「人命救助する」立場

からは「人の命が何よりも大切」，「助けなければ後悔する」といった意見が出された。清水三保第二小学校は津波に対する防災意識の高い学区であったことと，これまでに行った授業の成果が活かされて，授業中は常に多くの児童が手を挙げて発言し，活発な意見交換がなされた。

　2時限目の授業では，メディアによる報道だけでなく普段の生活のなかから防災についての情報を得られることを体験してもらうために，2500分の1の白地図を用いた授業を行った。児童たちは白地図上に標高をシールで三段階に分けて貼り，その上に過去の津波の浸水域を色づけする。この教材は牛山・他（2009）の研究成果に基づいて作成された。史実と科学的知見に基づいた図上訓練を行い，地域の「標高＋建築物の高さ」を理解して，防災意識を高めることをねらいとしている。

授業④　現職教員による教材利用
　　日時：2015年12月9日（水）
　　場所：宮古市立川井小学校6年
　　ジレンマ授業
　　　　「避難所での食料配布」
　「防災道徳」の指導案は静岡県外でも各地の実情に応じて改良が加えられ，避難訓練の事前学習としても導入が図られている。「避難所での食料配

図12 （a）場面絵の提示 （b）ジレンマメーターを貼りつけた板書

布」は 2014 年に八巻一貴教諭（山梨県）が実施し，2015 年には佐藤浩司教諭（岩手県）が実施した。

同授業では場面絵を使いながら「避難所で」と題した読み物資料が朗読される（図 12（a））。避難所で食料配布のボランティアをしている主人公のところに自宅避難をしている人がやってくる。その人は食料を分けてほしいと懇願するが，原則として配布対象外となっている人に食料を配布してよいか主人公が判断に悩むという内容である。授業の展開部では揺れ動く主人公の気持ちについて役割演技を通して児童が考える。児童からは「困っているのならば食料を渡すべきではないか」，「自分一人で判断してもよいか」，「配布する分量を変えることはできないか」といった意見が出される。黒板にはジレンマメーターが貼りつけられ，それぞれの意見の違いが示される（図 12（b））。授業検討会では，教員間でも議論が続き，このようなジレンマを実際に体験した教諭からは，一部の避難所で自宅避難者への食糧配布を行ったところ，そこに人が集まって混乱したというエピソードも語られた。[32]

7. 授業実践のフィードバックから見えてきた今後の課題

これまでの取り組みについては，学校ごとに授業検討会を行い，担任の先生方をまじえて意見交換を行ってきた。

道徳の授業は基本として担任による学級経営を基盤として授業が行われるものである。そのため「防災道徳」の授業は防災担当の教員ではなく，担任の教員が日常の授業のなかで防災教育を取り入れられる利点がある。これまでは児童生徒の実態を十分に把握して

---

32) 2013 年の災害対策基本法の改訂によって，避難所外に滞在する被災者についても物資配布等の配慮の必要性が規定された。第 4 章 1 節 4 項の (1)「避難所についての法的整備」参照。

いるとはいえない大学生が授業者となることが多かったため，一定の限界が伴っていた。担任の先生方からは「普段とは違った児童生徒の発言や考えが引き出されていた」という好意的な評価もいただいたが，今後は開発した教材をどれだけ各地の学校において使いやすいものにするかが課題となる。また，授業は担任の先生方が行い，研究者がスーパーバイザーとして支援していくことも考えなければならないだろう。

授業検討会では，「ジレンマ授業」と「ジレンマくだき授業」からなる授業構成が，たびたび議論の対象となった。現職の先生方からは「ジレンマ授業」は従来の「道徳の時間」の枠組みのなかでも導入可能であるが，「ジレンマくだき授業」はむしろ「総合学習」や「特別活動」の時間などを利用して実践してもよいのではないかという指摘があった。こうした指摘から開発した教材や授業を，学校の全教育課程のなかで位置づけていくという可能性および必要性が自覚された。2015 年度より筆者らの研究室では低学年向けの防災授業の開発も進め，発達段階に応じた防災授業についても検討を進めている。

防災学や教育学の専門家からは，コールバーグの認知的道徳性発達理論のように「防災意識」の発達段階を理論化することの可能性や，過度に単純化されていない，現実の「複雑さ」を抱えた実践としての「防災道徳」授業についての示唆があった。例えば，前出の「ハインツのジレンマ」では，物語の中で，盗みを働く前のハインツの行動が語られる場合と語られない場合とでは，判断の複雑さに違いが生じる。小学生に物語を提示する場合は，学齢に応じた単純化は必要だが，より高学年の生徒を対象とする場合は，複雑さを加味することによって議論を深めることができるだろう。

その他，「ジレンマ授業」と「ジレンマくだき授業」の関係については，本書の監修者から次のような質問が寄せられた。例えば，授業①では，「ジレンマ授業で取り上げるガソリンを盗むことについてのジレンマと，ジレンマくだき授業で行う非常持ち出し品を用意することとは直接関係しないのではないか。むしろ，平時からガソリンを余分に蓄えておく方が直接的な解決になるのではないか」という意見である。また，授業②の例についても「ジレンマ授業で言及される体育倉庫と，ジレンマくだき授業で取り上げる教室の危険箇所とはどう関係するのか」という質問であった。筆者は次のように考えている。災害時のジレンマは，災

害時にそれを解消するための情報や方法がないからこそ起こるわけであり，ジレンマくだき授業で取り上げる内容は，必ずしもジレンマの解消に直接的に役立つものばかりである必要はない。ジレンマ授業のねらいは，児童生徒が災害時に起こりうるジレンマ状況を当事者となって疑似体験し，討議を通じて思考をめぐらすことにある。これによって同時に児童生徒の防災学習に対する動機づけがなされる。その上で行われるジレンマくだき授業では，災害前にジレンマが生じそうな事柄の周辺状況を確認するとともに，ジレンマを克服・回避するために必要となる日常の備えや心構え，話し合いによる合意形成のための資質を育てることを目指す。こうした授業展開を通じて，児童生徒にとって防災が「自分事化[33]」され，ジレンマ状況に対する耐性が高められるとともに，問題解決に向けて視野が広げられる。これはま

た学校における「防災のための教育」を「防災を通した教育・学習」として転換し（矢守・渥美 2011），防災の日常化を図る上でも有効となろう。

　上の現職の先生方の意見にあったように，今後は道徳教育だけでなく，各教科，特別活動，総合的な学習の時間といった全教育課程との横断的で体系的な連携をとり，そのなかで「防災道徳」授業の役割を位置づける必要がある。その場合は理科や社会のなかで「防災」について考えるよりも，「防災」をキーワードとして理科や社会の学習内容を相互に関連づけ，さらには新たな「道徳科」とも連携をはかることができるような「クロスカリキュラム」を設計することが求められる。こうしたカリキュラムが組まれることで，より効果的な防災教育の推進が可能になるだろう。

（藤井基貴）

---

33) 自分事化（じぶんごとか）：物事を自分に関係することとして捉えること。他人事の対語として，マーケティングや環境問題のキーワードとして用いられる。

第5節　学校防災教育の例

本節では,学校または教育委員会が,主体的に行っている防災教育の例を紹介する(ここに挙げる実例の他,本章第1節に取り上げた学校の実践例も参照されたい)。

1. 宮城県多賀城高等学校の防災教育

(1) 災害科学科の設置と防災・減災教育

2011年(平成23年)3月11日に発生した東日本大震災により,宮城県内では,死者・行方不明者が1万1765名を数え,8万3003棟の建物が全壊した。公立学校の人的被害(死亡または行方不明)は,児童生徒362名,教職員19名にのぼった。宮城県内公立学校882校のうち762校が物的被害を受け,その総額は2013年11月30日時点の推計で,793億円を超えた。

多賀城市では,いわゆる都市型津波[34]によって,幹線道路通行中の車両が流されるなどして多くの犠牲者を出した。多賀城高校でも震災当日は,108名の生徒が帰宅できず,校舎内で一夜を明かした。生徒の犠牲者は1名もなかったが,保護者,親戚を亡くした生徒は少なくない。

このような大災害を受け,宮城県教育委員会は,「みやぎ学校安全教育基本指針」を策定し,2013年2月に,大震災から学んだ教訓を確実に次世代に伝承するとともに,将来国内外で発生する災害から多くの命とくらしを守ることができる人材を育成するため,防災系学科を設置することを決定し,多賀城高校に「災害科学科」(1クラス40名)を開設した。

(2) 防災・減災に関する専門教育

多賀城高校災害科学科では,教育目標として次の3項目を挙げている。

① 「人とくらしを守る」という高い志

---

34) 都市型津波:日本には河川の河口付近に発達した都市が多い。そういった都市では,治水や水運を目的として,海に流れ込む複数の水路が施設されている。海岸線に到達した津波は,それらの水路を遡って思わぬ方向から襲ってくる。ビルに遮られた津波は,ビルとビルの間を水位と流速を増大させながら奔流する。自動車や路上設置物が漂流し,人の避難を一層困難にする。

	1	2	3	4	5	6	7	8	9	10	11	12	13	14	15	16	17	18	19	20	21	22	23	24	25	26	27	28	29	30	31	32	33
3年	現代文B		古典B		政治経済			倫理と国際社会		数学III						化学			物理（選択）			科学技術と災害		体育		コミュニケーション英語III					くらしと安全B	課題研究	HR
										数学II				数学B					生物（選択）			生命環境学											
2年	現代文B		古典B		世界史A		数学II				数学B		美術I		自然科学と災害B		物理／生物		化学		体育		コミュニケーション英語II				科学英語		くらしと安全A		情報と災害	課題研究	HR
1年	国語総合				社会と災害			数学I			数学A		自然科学と災害A				自然科学と災害B			実用統計学	体育			コミュニケーション英語I			英語表現I		くらしと安全A		情報と災害	課題研究基礎	HR

図13　宮城県多賀城高等学校災害科学科のカリキュラム。濃い影は一般科目，薄い影は専門科目

を醸成し，職業として防災に関わるだけでなく，地域や企業などのさまざまな組織でリーダーシップを発揮できる人材を育成する。

②将来，大学等へ進学し，高い専門性を身につけ，研究者や技術者等として，まちづくり，教育，医療や看護，国際支援，災害救助など幅広い分野で国際的にも活躍できる人材を育成する。

③地域との連携による先進的な防災教育に取り組み，その成果を広く情報発信し，小学校，中学校を含む県全体での防災教育充実へとつなげるパイロット的な役割を担う。

これらの三つの目標からも分かるように，本校は，災害を一市民として受けとめるだけではなく，能動的に災害に対処していく人材の育成を目指している。

災害科学科のカリキュラムを図13に示す。災害科学科の生徒は，専門科目として図に薄いグレーで示した各科目を履修する。濃いグレーで示した一般科目は，概ね他校でも展開している理系選択コースに近い構成になっているが，その中で，災害や防災に興味や関心を持つ生徒の学習意欲を満足させるよう工夫をしている。

以下に，専門科目のうちの「社会と災害」「実用統計学」「自然科学と災害A・B」について簡単に説明する。これらは，いずれも学校設定科目[35]である。

社会と災害

「地理A」の基礎的事項を学習するとともに，「現代社会」における地球的な課題や「日本史」に見られる災害史などを学習する。地域文化や災害につながる地形や気候についての知識，

35）学校設定科目：学習指導要領に定められた科目以外の，学校独自で設定する科目。

図14 航空写真を使った地形考察

および地形図,地質図,リモートセンシングの防災への活用などを学ぶ（図14）。

実用統計学

　理系,文系に関わらず広い分野で必要とされる統計学の基本を学習し,課題研究に活用する。図15のような災害に関わる教材や,社会や人間に関わるさまざまな具体的事象を取り上げ,データの定量的な扱いと,分析の手法について学ぶ。

自然科学と災害A・B

　「自然科学と災害A」は「化学基礎」と「生物基礎」の基本的事項を学習するとともに,「保健」の内容からも一部を取り上げる。自然の環境変化や物質循環について学び,図16のような災害に関する新聞記事を用いて,土地の特性と植生などについて考察する。フィールドワークを行い,被災地土壌の化学分析や植生分布などを取り上げる。

　「自然科学と災害B」は「物理基礎」と「地学基礎」の基礎的事項を学習するとともに,「地理A」の一部を取り上げる。物体の運動とエネルギーの概念を理解し,地球の成り立ちを学ぶ。フィールドワーク（図17）を行い,地球環境と災害との関係を考察する。

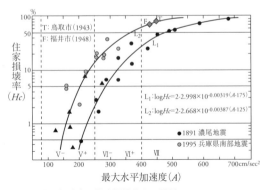

図15 最大加速度と住家損壊率との関係

図16 「自然科学と災害A」で用いる新聞記事の例

図17 牡鹿半島フィールドワーク

(3) 普通科・災害科学科共通で行う防災・減災教育

本校では，防災専門家の育成と共に，将来の一般市民に対しても継続的な防災教育が必要であると考えている。そこで，本校の普通科では，災害科学科との共通履修科目として，「くらしと安全A」[36]と「情報と災害」を設けている。その他，教科外の活動として「社会体験」を推奨している。

くらしと安全A（4単位）

「家庭基礎」及び「保健」の基礎的事項を学ぶとともに，「わが家の防災マニュアル作り」「安否確認の方法」「災害時の食事」等，防災や災害に関する基礎的な知識，技能を学習する。

以下に，授業例として「災害時における保育」を簡単に説明する。

「保健」の周産期，「家庭」の保育分野の妊婦体験，新生児の人形を抱く体験に加え，各時期に災害に見舞われ避難するというシミュレーション実習などを行う。階段の登り降りの危険性や妊娠時に被災し，避難行動をとらなければならない場合にはどのようにしたらよいのか，どのような手助けが有用なのかを考える。授業を通して，保育分野の学習にとどまらず，災害弱者と呼ばれる高齢者，障害者，妊婦などの立場を考え，自らが災害弱者に支援できることや，社会の仕組みとして整えなければならない制度や施設などについて考える。実際に東日本大震災時に出産間近であった経験を有する母親を，講師として迎えて行う授業もプログラムに組み入れている。

情報と災害（2単位）

情報についての基礎的事項を学ぶ。災害との関連においては，災害に備える上で必要な情報，および災害時に必要な情報は何かを知り，それらを得る手段に習熟する。また，災害時にはどのような情報を発信する必要があるかを学ぶ。災害時のメディアの役割やその影響についても考える。

---

36)「くらしと安全A（4単位）」は，「家庭基礎」2単位及び「保健」2単位の代替科目とする。

社会体験

本校ではボランティア活動を「社会体験」として単位化している。災害ボランティアや復興住宅での奉仕活動，地域活性化事業などへの参加実績が35時間に達した場合に，単位として認定している。学習した成果を実際の社会の場で実践してより深い学びに昇華させること，およびボランティア活動を通して新たな課題を発見すること，などを期待している。

(4) まとめ

上にも述べたように，本校は，継続的で分野横断的な防災・減災教育を行うことによって，防災に能動的に関わる有為な人材を育てることを目標としている。それと同時に，本校のパイロット校としての成果を外部に発信することも大切であると考えている。全国的にも防災・減災教育の必要性が叫ばれてはいるものの，新たな科目として教育課程に加えたり，既存の科目に新たな項目として加えたりすることは，現状では非常に困難である。ここに簡単に紹介した本校の試みが，広く他の教育機関の学習活動にも浸透して，防災教育の振興に役立つことを願っている。

(小野敬弘)

2. 愛知県田原市の小学校

愛知県田原市は渥美半島の大半を占める自治体である。近い将来に発生が予想されている南海トラフ巨大地震が起こると，愛知県内で最大規模の津波が襲うと予測されている。田原市では，地域を巻き込みながら校区単位で避難所宿泊体験訓練を実施し，「自立した防災」を支えるハ・ー・ト・（心）の整備を試みている。平成24年度に参加小学校2校で始まった取り組みであったが，年々増加し，平成29年度は7校が参加している。ここでは，筆者もその活動に加わった田原市立清田小学校および童浦小学校の活動を紹介する。

(1) 避難生活を乗り切る工夫を自分たちで考える

この取り組みでは，小学校高学年の児童が，実際に避難所となる体育館などで段ボールの寝床を作り一泊の宿泊体験をする。単に，自分たちの町の脅威を知り，近い将来，何が起きるのかを身を持って知ることだけが狙いではない。児童は自分たちで避難所のレイアウトを考え，段ボールなどを使ってパーティションや寝床を作る（図18）。通路や荷物置き場などの共有スペースをどのように確保するか，プライバシーを確保しつつ，お互いの状況を把握できるようにするためにはどう

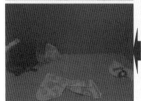

図18 段ボールでパーティションと寝床を作る児童の様子

すればよいかなど，どのようなことを考慮するべきかという視点から自分たちで考え，知恵を出し合ってレイアウトを決定する。こうした体験を通じて，避難所生活がどうすれば改善するのかを自分たちで考えることの大切さを学ぶことができる。

清田小学校では，地元の赤十字奉仕団（児童の親戚のおばちゃんだったりする）の指導の下で，足湯と手足マッサージの実践訓練が行われた。実際の避難所生活では，将来への不安から口数が減ったり，周囲に迷惑をかけまいと体調不良を我慢してしまいがちだが，足湯や手足マッサージは，自然な会話を生み，避難者同士で目配りができるようになる。児童はこの実践訓練を通じて，そのようなことが自分たちでもできることを学んだ。

(2) 何を備蓄するべきかを自分たちで考える

また，児童は家から非常持ち出し袋を用意して参加する。この訓練で初めて準備をする家庭もあるだろうし，初めて手にするという児童も少なくないだろう。さらに，地域に備蓄されているものを実際に見たり触ったりもする。こうして家庭や地域に何が備蓄されているかを知ることができる。このような活動を通して，何が足りないかまで考え，大人に問題提起してくれる児童が現われれば，自立した防災を実現するためのハート整備としては大きな前進であろう。

(3) 地域の人的・物的資源の発掘

この避難所宿泊体験訓練は，保護者会や自主防災会，消防団などが，避難

所生活を良好にするためにできることを検討し実践する場となっている。童浦小学校では，消防団が仮設風呂に挑戦した。地域にある物的資源，さらに人的資源を発掘し，こうした資源を増やす機運が生まれることが期待される（図19）。若い消防団の活躍を見て，「大きくなったら自分も」と思う児童も出てくるかもしれない。

訓練の内容は学校ごとに少しずつ異なるが，それは校区ごとに独自に工夫を凝らし実践している現われである。自分たちで長期の避難所生活を乗り切るために，多くの関係者が知恵を絞り，試行錯誤しながらできることを増やしていくことが，自立した防災への大きな一歩になる。

災害の規模が大きくなればなるほど，行政機能は低下し，外部からの支援は期待できなくなる。そのような災害が発生し，多くの住民が避難生活を余儀なくされる事態になった場合，自分たちに何ができるかを考え実践するハートの整備は，震災関連死をゼロにするために大いに役立つだろう。

（奥村与志弘）

3. 和歌山県田辺市立新庄中学校

本校（新庄中学校）の校区は，紀伊水道に面した田辺湾の奥に位置する地域で，古くから静かな良港に恵まれ，紀伊山地の豊かな山林から運び出される木材を加工する製材の町として発展してきた。しかし，一方では，地形の関係でこれまで幾度となく津波による被害を受けてきたところでもある。1946年（昭和21年）12月21日の昭和南海地震とその直後の津波によって，田辺市は大きな被害を受けたが，本校がある新庄地域の被害は特に甚大

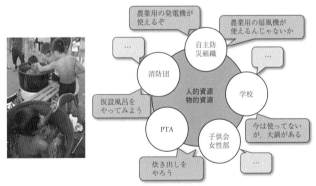

図19　校区の様々な組織が参加し，実践される避難所宿泊体験訓練。写真は間瀬氏（童浦小学校校長（平成26年度当時））提供。

であった。また，1960 年（昭和 35 年）のチリ津波においても本校旧校舎が浸水被害を受けた。1983 年，地域の熱い願いが実って，新庄中学校は標高 21.3m の小高い山の上に新築移転され，現在田辺市指定避難施設として地域の防災拠点になっている。

このような背景を持つ本校では，生徒達が地域について学び，地域とのつながりを深めていくために，過去の地震や津波の経験について学び，高い防災意識を身に付けることが，非常に重要な教育課題の一つとなっている。そのような考えの下に，2001 年，本校は計画的・系統的な防災教育の一環として，「新庄地震学」をスタートさせた。

(1)「新庄地震学」の取り組みと地域連携

表 4 に，平成 28 年度の各教科における取り組みを示す。「新庄地震学」は，生徒一人ひとりが，それぞれの興味関心に応じて，これらの教科学習に関連した探求テーマを定める課題解決学習として実施されている。平成 13 年度から 23 年度までは第 3 学年の選択教科として実施されたが，平成 24 年度以降は，第 3 学年の「総合的な学習の時間（週 1 時間）」を充てて実施している。

新庄地震学では，幼稚園・小学校への出前授業や，高校との共同制作[37]，安否札[38]の配布，住民意識調査などを行うなど，校外での活動を通して地

表 4　平成 28 年度新庄地震学の設定テーマ

教　科	テーマ	教　科	テーマ
国　語	防災標語	美　術	防災カレンダー
社　会	新庄地区に残る津波石碑調査	家　庭	防災ウォールポケット[39]と紙芝居
数　学	新庄地域の防災意識調査	保健体育	新庄スーパーレスキュー隊
理　科	新庄中学校のライフライン	技　術	防災ラジオ物語
英　語	外国人のための防災ガイドブック	音　楽	歌とダンスで防災教育

37）田辺工業高校と連携して，災害時の非常用電源として，自転車発電機を制作した。ペダルを回転させて発電する。

38）安否札：災害時，避難するときに避難先などを書いて玄関のドアに掛けておく札。津波が起こり，時間がない状況のとき，救助にきた人や家族などが，家に入らなくても避難したことが分かる。釜石東中学校の生徒が考案したものを参考にして制作し，地域の方に 1000 枚配布した。

39）防災ウォールポケット（図 21）：災害時のガイドブックや持って行くものを入れておく壁かけ。玄関の近くにかけておけば，いざというときにすぐに持って出られる。

図20 かまどベンチ。普段は上に蓋がしてあり、生徒たちの憩いの場所として利用されている。

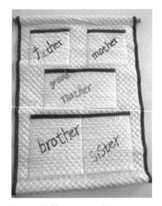

図21 防災ウォールポケット

域の人達との結びつきを深めた。公民館や消防局、市役所などの防災関係機関とも、積極的に連携し、地域住民との合同避難訓練を実施している。例えば、平成27年度は、地元コミュニティーFMの協力を得て、ラジオで流される情報を聴きながらの避難訓練を実施し、地震学の時間に作成した「かまどベンチ」を使って炊き出しを行った（図20）。毎年11月に3年生が行う地震学発表会には、地域の方々も招き、地震学で学んだことを広く地域で共有することにしている。1・2年生にとっては、3年生の発表を見聞することが、次年度以降の学習の動機付けとなるだろう。こうした地域への貢献を通して、生徒達自身の中に、ふるさとを誇りに思う気持ちが育つことを期待している。

(2) 防災教育の広がり

新庄地震学を始めとする防災教育を続けていることによって、全国の多くの学校と交流会を持ち、活動報告をする機会を得ることができた。平成25年は宮城県シンサイミライ学校交流会、26年は東京で行われた中学生・高校生による全国防災会議、27年以降は兵庫県の防災ジュニアリーダー合宿などに参加し、生徒同士が交流することで様々な力を高めることができた。

全国の学校と交流する中で、学んだことを自分たちの地域に伝えていく必要があるという思いから、平成27年度に近隣7中学校が集まり意見交換などを行う「ぼうさい交流会 in BigU」を開催した。平成28年度はさらに大きな取り組みとして、近隣6中学校が集まり1泊2日の防災をテーマにした合宿「ぼうさい未来学校」を実施した。

これまで続けてきた伝統から、自分

たちは地域の防災リーダーになるという使命感が生徒の中で育ちつつあり，ネパールや熊本で大地震が起こった際は，生徒会が主体となって近隣中学校に声をかけ合同街頭募金を行った。

また，これまで2年生で行ってきた学年劇も防災に関連づけたものを行うようになった。平成25年度は「稲むらの火」，26年度は「エルトゥールル号遭難」，27年度は地震津波をテーマにしたオリジナル防災劇「Message」，平成28年度は，風水害をテーマにしたオリジナル防災劇を制作した。防災劇は，地震学発表会と同じ日に公演する。保護者や地域の方にも観覧していただき，町全体の防災意識の啓発に寄与している。

(3) 今後の活動について

東日本大震災では田辺市にも大津波警報が発令され，本校体育館には300名を超える地域の方々が避難してこられた。当時，3日間にわたり本校体育館は避難所となり，家族とともに避難してきた中学生たちは，体育の授業で使う畳を敷いたり，非常食や毛布を配布するなど，大きな働きをしてくれた。

最初に新庄地震学を学んだ生徒たちは，現在青年層となり地域の担い手となっている。本校での取り組みを通して，将来にわたって災害に備えたまちづくりを担う地域の住民の一人としてこれからも育っていくことを願っている。

また，防災教育により，災害時の行動だけでなく，日常生活でのコミュニケーション力，表現力，協調性，判断力など波及的な効果も感じられる。今後も防災教育を継続することで，地域への誇りや愛着を高めるとともに，主体的に行動できる生徒の育成を目指していきたい。

（谷本　明）

4. 高知県の防災教育
(1) 高知県防災教育の現状

高知県では防災教育を推進するための学習プログラム（高知県教育委員会2006；2013）を作成し，モデル校での防災学習を実践している。毎年，県内3ヶ所（東部，中部，西部）で防災教育研修会を開催してきた。東日本大震災を受けて，平成24年3月に，教員が南海地震に係る内容をわかりやすく教えるための教材として，写真やイラスト，動画，クイズなどで構成された教材「防災学習南海地震に備えちょき」を作成し，県内のすべての小学校・中学校・高等学校に配付した（高知県教育委員会2012）。平成24年度の防災学習，および防災に関する校内研修，地震・津波を想定した避難訓練の実施

表5　高知県下の学校における防災教育に関する実施状況（平成24年度）

校種	防災学習（%）	校内研修（%）	避難訓練（%）			
			1回	2回	3回以上	合計
小学校	76.4	93.3	14.4	33.2	52.4	100
中学校	62.3	92.1	38.6	33.3	27.2	99.1
高等学校	55.3	94.7	50.0	42.1	7.9	100
特別支援学校	64.3	71.4	35.7	50.0	14.3	100

状況についてのアンケート結果を表5に示す。

　過去の同様の調査と比較すると，東日本大震災以降は，学校の防災に対する意識は高まっていると考えられる。しかし，沿岸部の学校と内陸部の学校では，危機意識に差があるのが実情である。また，防災教育に関するアンケートの自由記述欄には，「防災教育の必要性は感じているものの，何を，どのように教えたらよいかわからない」との意見が多く見られた。おそらくその結果として，防災学習においては講師を招聘しての講話や実技などが多く，学校の教員自身が防災の授業を行うことは少ないようであった。

　将来必ず発生する南海トラフ地震に備えるために，児童生徒が自らの判断で正しく行動できるような力をつけることができる防災教育を，学校教育の中にどのように位置付けていくか，ど

うすればより効果的な防災の授業を行うことができるかなど，課題が多く残っている。

(2)　高知県安全教育プログラムの指導10項目 [40]

　「高知県安全教育プログラム」は，いかなる状況でも「子どもたちを一人も死なせない」という強い思いを持って作成された，教職員の指導用資料である。プログラムの柱となるのは，「指導10項目」である。これは，災害を時系列に沿って事前と発生時と事後の三段階に分け，それぞれの段階について児童・生徒に身につけてもらいたい事柄を整理したものである。

　以下に，その概略を紹介する。

事前『備える』
①地域に起こる災害を知る
　「想定を知るとともに，想定以上の

――――――――――
40）高知県教育委員会（2013）を参照。

第5章　防災と教育　第5節　学校防災教育の例 ｜ 359

ことも起こり得ることを知る」

- ・自分の住む地域に発生する危険について正しく理解しておく。

「助かるために知っておくこと」

- ・津波は膝下くらいの高さでも動けなくなる。
- ・津波は繰り返し長い時間押し寄せる（6時間以上続くこともある）。
- ・揺れが小さくても津波が来ることもある。

②必ず助かるための知恵と備え

「必ず助かるために」

- ・地域の津波避難場所を知っておく。
- ・登下校中や家からの避難方法（避難場所と経路・危険箇所等）。
- ・「それぞれが逃げる」家族との約束（集合場所も決めておく）。
- ・人が集まる場所では非常口を必ず確認しておく。
- ・海岸や河口付近に行くときは，まず高台への道を確認する。
- ・緊急地震速報について知る。

「今すぐしておくこと」

- ・夜間の地震発生に備える（枕元に靴や懐中電灯等の必要な物を置く，家具等が転倒・落下しない場所で寝る）。
- ・家具等の転倒・落下防止，ガラスの飛散防止等。
- ・最小限の非常持ち出し品準備。
- ・家族との連絡方法の確認（災害用伝言ダイヤル等）。
- ・水・食料等の備蓄。

③みんなで助かるための備え

「災害時に助ける人になるために知っておくこと」

- ・地域の避難訓練への参加。
- ・防災倉庫の場所や中身の確認（バール等の資機材の使い方）。
- ・心肺蘇生法（AEDを含む）等の応急手当の技能の習得。
- ・ボランティア活動（高齢者施設等との連携，高齢者宅での活動）。
- ・（中・高生による）小学生，保育・幼稚園児への出前授業。

発生時『命を守る』

④揺れから自分を守る

「ぐらっと揺れたら大事な頭をまず守る」

- ・揺れを感じたら（緊急地震速報を受信したら）頭を守る。
- ・落ちてこない・倒れてこない・移動してこない場所に身を寄せる。

⑤津波からの迅速な避難

「想定にとらわれず避難する」「最善を尽くして行動する」「率先避難を行う」「揺れたら，とにかく急いで高台へ」

- ・自分で判断して一番近くの高い場所へ避難する。
- ・沿岸地域では，動けるくらいの揺れになったらすぐ避難開始。

・強い揺れ，長く揺れたらすぐ避難。

・避難したら警報が解除されるまで戻らない。

⑥いつ，どこにいても自分を守る

「一人の時でも必ず助かるために」

・指示を待つことなく自分の判断で行動する（「落ちてこない・倒れてこない・移動してこない」場所に身を寄せる）。

・屋外では，ブロック塀・建物の倒壊や落下物等，周囲の状況に特に注意する。

⑦二次災害への対応

「火災から逃げる」「動けるようになったら避難」

・大声で知らせる。

・身を低くして煙に注意。

・延焼するもののない広さのある場所へ避難。

「土砂災害等への注意」

・崖の上や下から離れ危険箇所には近づかない。

・前兆が見られたら避難（避難勧告に注意）。

・川の様子（水量が変わる，水が濁る等）や山の様子（山鳴りやひび割れ，小石の落下等）に注意。

⑧助ける人になるための行動

「自分にできる『助ける』行動」

・（津波，火災の危険がない場合）瓦礫の下にいる人を助ける，大人

を呼びに行く等の自分にできる行動をする。

・可能な限りの初期消火，けが人の搬送，応急手当。

事後『暮らしをとりもどす』

⑨みんなで生き延びるための知恵と技

「今，自分にできることを」

・情報収集・伝達の手段（災害用伝言ダイヤル等の活用）。

・避難生活の支え。

物資の仕分けや整理，避難所の清掃

情報の収集・発信に関する活動

高齢者や障害者などの介護・介助の手伝い

小さい子の遊び相手

・物資等の運搬作業。

・炊き出し。

・家屋の片付けの手伝い等。

⑩地域社会の一員としての心構え

「命を守る地域の絆」

・集団生活のルールを身につける。

・防災に関する家庭での対話。

・地域の自主防災活動への参加。

・積極的な地域とのつながり。

・自分にできる役割を考え実行する。

(3) 防災教育推進のための取組

上述の指導10項目を実際の教育に活かすには，教員の研修，学齢に応じ

第5章　防災と教育　第6節　学校科目と防災　｜　361

た授業案の作成，児童・生徒の学習意欲の育成などが課題となる。

　高知県では，平成17年度より毎年県内3ヶ所で教職員を対象とした防災教育研修会を実施している。特に東日本大震災後の平成24年度以降は県内すべての公立学校から各1名以上が参加する学校悉皆研修として実施している。

　また，防災教育の拠点校[41]を指定し，取り組みの成果は，保護者や，地域住民，高知県内の学校関係者などを招いた講演会で発表された。

　その他，学校防災アドバイザー派遣事業や防災キャンプ推進事業など，専門家や地域との連携を深めるための施策を行っている。

　平成30年時点で，高知県は，県内すべての学校のすべての学年において，指導10項目に基づく「防災の授業」を年間5時限以上（高等学校においては3時限以上）実施することと，年間3回以上の避難訓練を実施することを数値目標にして取り組んでいる。

（沢近昌彦）

第6節　学校科目と防災

　学校における防災教育は，従来，特別に時間を取って行う避難訓練以外は，教科の中に組み込んだ形で行われてきた。阪神・淡路大震災（1995年）以降，防災を中心に据えた学科が作られたり，カリキュラムが組まれるようになったが，まだその普及はごく限られたものに止まっている。本節では，高等学校の科目内で防災がどのように扱われているかを，「地理」，「歴史」，「地学」，「家庭」について概観する。

1.　地理

　高等学校の地理系科目は，1948（昭和23）年から，まず「人文地理」として設定されたが，その中には，自然災害や防災に関する学習内容は見出せない。それ以降の地理系科目でも，唯

41）平成24年度は7校（小学校6，高等学校1），平成25年度は12校（小学校6，中学校5，高等学校1），平成26年度は12校（小学校9，中学校2，高等学校1），平成27年度は10校（小学校6，中学校3，高等学校1）が拠点校に指定された。

自然

法律

行政

地域

教育

医療

経済

工学

原子力

国際

一，1960（昭和 35）年告示の高等学校学習指導要領で，当時の「地理 A」及び「地理 B」の国土の開発と保全を取り扱う内容項目の中で，「資源の計画的利用と防災（地理 A）」「防災と資源の保全（地理 B）」を扱う学習内容が示されたことを除けば，同様の状況が続いてきた。

こうした経緯を踏まえると，2009（平成 21）年の改訂で，高等学校の「地理 A」に，内容項目の一つとして「自然環境と防災」が設定された意義は大きい（浅川 2011；日高 2007）。さらに，2022 年度から地理歴史科の必履修科目として設置される「地理総合」では，防災が内容構成の中核の一つとなっている。

本項では，千葉県立銚子高等学校（普通科），および静岡県立裾野高等学校（総合学科）の「地理 A」の授業における防災教育への取り組みを紹介し，

社会の防災教育にかける期待を地理教育にどう反映させていくかを考える。

(1) 千葉県立銚子高等学校（普通科）

「自然環境と防災」の単元で，生徒は，日本の地形・気候などの成り立ちと特徴，土地利用の特徴などについて学習し，自然環境と災害，および人間生活と災害との関わりについての理解を深める。さらに，地域が有する防災についての課題と取り組みを理解し，自らの生活圏における防災のあり方について考える。単元構成を表 6 に示す。

「災害想像ゲーム」を用いた授業では，各自の現在位置を設定し，地形図を活用して自分がいる場所の状況を読み取り，最適と考える避難経路を決定する作業を行う。次いで，ハザードマップの避難経路と比較することで，自分が選択した経路の適否を検討する。さらに，自分が選んだ避難経路を実際に

表 6 「自然環境と防災」指導計画（千葉県立銚子高等学校）

時間 (分)	テーマ	学習活動
100	地形図の読み方	扇状地，海岸地形，河岸段丘など，地形の特徴を読み取る。
100	日本の自然環境の特色	日本の地形・気候の特徴を学習する。
100	日本の自然災害への取り組み	都市河川の治水問題を，ハザードマップを通して学習し，自分たちの地域と比較する。
150	防災地図の活用	災害想像ゲーム（DIG）を体験し，災害時に遭遇する多様な状況を考察する。

歩いてみて，避難経路として適切であったかどうかを検証する。例えば，生徒は地図上で「ハザードマップの経路より位置が高く，近場であり時間もかからない」などの理由で避難経路を選択するが，実際に歩いてみて「地図上で思っていた以上に移動時間がかかった」や，「地図では発見できなかった道があった」，あるいは「実際は，斜面が急だった」など，実際に歩いて観察することの重要性に気づく。このような作業を通して，「空間的な認知」や「現在位置の把握」「避難経路の選択」といったことが，災害対応には重要な視点であることを学ぶ。

この他，千葉県立銚子高等学校では，学校設定科目として「防災の学び」を開講し，多くの災害事例を通して，様々な自然災害のメカニズムや，発生する災害と地理的条件との関係，災害復興などについての学習を行っている。

(2) 静岡県立裾野高等学校（総合学科）

静岡県は，東海地震や南海トラフ地震の発生に備えて，教科や学校行事での防災教育の徹底を求めている。平成25年（2014年）2月に改訂された，静岡県教育委員会（2014）の「防災教育基本方針」は，防災についての能力を，「知識・理解」の面，「思考判断」の面，「社会貢献」の面と三つのカテ

ゴリーに分け，それぞれについて，幼稚園児から高校生，社会人・学生までの各段階で学ぶべき事柄の標準を示している。例えば，高校生が身に付けるべき防災についての知識および理解として，「災害の発生メカニズムや歴史及び地域の防災体制についての理解を深めることができるようにする」を挙げている。

このような基本方針に沿って，裾野高校の「地理A」では「自然環境と防災」に5時間をかけている。授業時間に制約があるため，フィールドワーク等に出る時間は取れないが，本単元を夏休みを挟む時期に行い，夏休み期間中に身近な地域で災害リスクがある場所を写真に収める課題を出している。表7に指導計画を示す。

（浅川俊夫・堀江克浩・伊藤智章）

2. 歴史

現行の高等学校学習指導要領（平成21年3月）の「地理歴史」で防災に言及している科目は，地理Aのみである。事実，災害と防災は，科目としては地理との関連が強い。しかし，災害国日本の歴史には，数多くの災害の記録が存在する。例えば，歴史書『日本三代実録』には，次に詳しく述べるように貞観地震の被害状況についての生々しい記録がある。これがきっかけ

表7 「自然環境と防災」指導計画（静岡県立裾野高等学校）

時間 （分）	テーマ	学習活動
50	日本の自然環境と災害のリスク	造山帯や火山の分布，気候区の復習をしながら日本の自然環境の特徴を理解する。
50	水害（事例：神戸市灘区）	河川が引き起こす災害について概観し，実際あった災害について検討する。
50	火山災害（事例：富士山・御嶽山・箱根山）	火山活動のメカニズムと予知の方法と限界について概観し，火山活動から住民や観光客を守る方法について検討する。
50	地震災害（事例：宮城県・新潟県・千葉県）	大規模な地震の発生に伴って生ずる災害の事例について概観し，避難誘導対策について検討する。（津波・山間部の孤立・帰宅難民）
50	ハザードマップの現状と課題	インターネット上のハザードマップを閲覧し，その内容と，表記上の問題点について意見を述べる。

の一つとなって，津波堆積物の地質学的調査（阿部・他1990）が行われ，史書の記録の客観性が裏づけられている。そして，そのことが東日本大震災（2011年）の後に一般に広く知られるようになり，なぜそれが防災に活かされなかったのかが議論を呼んだ。

本項において筆者は，災害史を日本史の講義に取り入れることによって，防災教育の一助とする試みについて述べる。

(1) 歴史に記録された災害——『日本三代実録』より

『日本三代実録』は，清和天皇，陽成天皇，光孝天皇の3代，858年（天安2年）から887年（仁和3年）の

30年間の出来事を記載した歴史書である。このうち在位期間が18年ともっとも長い清和天皇は，平安前期の政治史上重要な人物であり，編纂者の一人には学問の神様とされる菅原道真がいる。

この期間に起きた災害のうち，特に現代の我々に興味深い事例が二つある。

一つは，864年〜866年初頭に富士山が噴火した。このとき，麓に展開していた剗海が，流れ下ってきた溶岩流によって分断され，本栖湖，精進湖，西湖が誕生したと言われている。1707年の宝永噴火に次いで豊富な文字記録が残されている噴火である。

もう一つは，上でも触れた貞観地震（869年）である。『日本三代実録』（『新

訂増補国史大系』）には津波の被害を表わす記述として「原野道路惣爲滄溟。乗船不遑。登山難及。溺死者千許」（野原も道も大きな海となった。船に乗って逃げる暇がなく山に登ることができなかった溺死者は千人ほどに及んだ）とある。当時のこの地域の人口を考えれば相当な被害であろう。

近代以前の国家では，災害に遭うと，祭礼[42]を執り行って天の怒りを鎮めようとするのが通例だったが，一方で被災者への支援は，程度の差こそあれ，治政者としては当然のことであった。古代の行政法である『公式令50条国有瑞条』には，国に災異（天変地異，災害）があったときは，使者を派遣して急報することとある。貞観地震は，旧暦5月26日（西暦7月9日）に発生した。朝廷は9月7日（西暦10月15日）に陸奥の実情を調査するための特使（陸奥国地震使）を任命しているので，この間に震災の第一報が届いたことになる。特使に与えた詔は，特使は国司とともに現地を実見し，生存者の救済，死者の手厚い埋葬，租税の免除等々，状況に応じた救済策を取るようにと指示している。このような史実と現代の政府の災害対応を比較して

みるのも興味深いだろう。

さらに，貞観地震から18年後には「仁和地震」が起きている。前掲の『日本三代実録』には「五畿内七道諸国，同日大震。官舎多損，海潮陸漲，溺死者不可勝，其中摂津国尤甚」とある。東北地方太平洋沖地震の後，南海トラフを震源とする大地震の発生が心配されているが，過去のこのような例を知ることは有意義だと思う。

(2) 災害史教育のすすめ

日本史の中には，『日本三代実録』などの史書，『類聚三代格』などの法令集の他，個人の日記，寺社の記録など，災害についての記載のある一次史料が豊富にある。これらを参考に時代の社会情勢を知る一助として，歴史上の大規模災害を授業に取り入れることを提唱したい。

災害史を授業に組み込むことで，過去にどのような災害があったか，その時にどのような被害があったか，そして現代において同様の災害が起きたらどのような被害が予想されるか，などを考えるきっかけとすることができる。歴史的な災害を知ったうえで，現代のハザードマップを見直すというこ

---

42) 祭礼の一つである御霊会は，貞観11年に疫病が全国的に流行したこと，および貞観地震が起きたことを踏まえて，朝廷が天災を引き起こす怨霊を鎮めるために行った祭祀であるとされる。応仁の乱により廃れるが，京都町衆によって復興され，祇園祭として今に伝わる。

とも可能だ。例えば，富士山宝永噴火（1707 年）[43]や浅間山天明噴火（1783 年）[44]は，現行の教科書では，単に噴火の事実が記されているだけだが，被災地域や被災状況など，実際にあったことをより詳しく学べば，生徒たちは，ハザードマップ等の想定上の災害を学ぶのとは違った関心を抱くであろう。

また，近代の急速な工業化は森林の大規模な伐採を引き起こし，各地に甚大な水害や土砂災害をもたらす結果となった。経済の発展が生み出した災害を学ぶことで，現代の急速な都市化が与える影響を考えるきっかけともなる[45]。

このような災害史を取り入れた授業展開が一般化して，やがては「テーマ史」としての「災害史」が定着すれば，それが新たな防災教育の一方法となる。そして，防災教育は，理科（地学）あるいは地理だけが扱う事項という狭い考え方から脱却し，教科科目の枠を超えた，現代社会の要請により即したものとなり得るだろう。

（浅野哲彦）

3. 地学

「理科」の地学領域では，地震や台風など災害に直接つながる現象を扱っている。しかしながら，従来の教科書は，自然現象の原理やメカニズムの解説に重点を置いてきたため，災害や防災との結びつきに注目して，自然現象を記述することは少なかった（日本鉱物科学会教育普及委員会 2015）。もちろん，教科書のそういった自然現象重視の視点は，理科教育の目的において本質をなすものだが，市民のための科学という視点からは，不十分と言わざるを得ない状況であった。そんな中，2009 年（平成 21 年）に告示された現行の学習指導要領「地学基礎」において，「自然災害の予測や防災にも触れること」と明記された意義は大きい。

（1）授業における防災の扱い

上述のように，地学領域における防災の扱いはごく限られたものであったが，筆者が教鞭をとっている 1990 年以降に限っても，兵庫県南部地震（1995 年），三宅島及び有珠山の噴火（2000 年），新潟県中越地震（2004 年），そして東北地方太平洋沖地震（2011 年）

43）富士山宝永噴火については，国土交通省富士砂防事務所（2005）を参照。
44）浅間山天明噴火については，国土交通省利根川水系砂防事務所 HP および，第 1 章 3 節 3 項「火山活動災害史」を参照。
45）第 1 章 7 節「都市災害」を参照。

第5章　防災と教育　第6節　学校科目と防災　|　367

と大きな災害が数年おきに起きた。このことを踏まえて，教科書の内容を扱いつつも，筆者自身が被災地を訪れるなどして，その経験を災害や防災に関する視点から授業に盛り込むことを心掛けた。また，「地学基礎」が実施された 2012 年以降は，学習指導要領の記述を反映して教科書に災害や防災に関する内容が増え，地震・火山に加え地盤，気象に関する災害についても授業で正式に取り上げられるようになった。

(2) 授業実践の留意点

筆者がかつて勤務していた埼玉県立深谷第一高校で行った防災を意識した授業実践の中から，地震分野の授業計画を表 8 に示す。この授業計画に関連して，筆者が，特に留意したことを述べる。

○自分たちの住む地域に関係のある教材を取り上げる（表 8「内陸型の地震」の項）

深谷第一高校が立地する埼玉県深谷市には深谷断層帯（関東平野北西縁断層帯）が存在しており，今後 30 年間に地震が発生する可能性はやや高いと言われている[46]。この活断層による

明瞭な撓曲崖[47]が市内各所で見られるが，生徒たちは，坂の存在は知るもののそれが断層によって作られているとの認識はない。また，市内にある古代遺跡から，818 年の大地震で発生した噴砂の跡が出土し一般公開された。生徒にとって身近に感ずることができるこれらの教材を活用することは，非常に有効である。

○教師自身が被災地を訪れ，記録した内容を伝える（表 8「災害と防災」の項）

報道番組や地学資料集など，被災地の実情を伝える資料は数多く存在し，インターネット等で比較的容易に入手できるが，教師自身が記録した画像や採集した資料を用いた授業は，生徒へのインパクトが大きい。東北太平洋沖地震の直後に，筆者は液状化現象による地盤・建物被害を被った千葉県浦安市を訪れ，被災した様子を記録した。その画像を授業で示し，現地で採集した液状化現象による噴砂を回覧し，さらにその砂を用いて液状化現象モデル（いわゆる「エッキー君」）を演示した。

○知識から実践への深化を行う（表 8「自宅及び通学路の安全点検」の項）

---

46) 地震調査研究推進本部 HP より。
47) 撓曲崖：地下の断層がずれたことによって，地表付近の地層がたわんでできた崖。

表8 「地学基礎」の授業計画（地震分野・2015 年度埼玉県立深谷第一高等学校）

授業回	単元名・項目	重要語句（重要概念）	視聴覚教材・実験実習等
1	地震のメカニズム	震源での破壊，震動の伝搬，震源域 正断層・伸張，逆断層・圧縮	つるまきバネによる P 波，S 波
2	震源の決定	大森公式	作図による震源決定（コンパス）
	海溝型の地震	巨大地震，地震サイクル	
	内陸型の地震	活断層，直下型	ppt 画像（深谷断層撓曲崖）
3・4	災害と防災	津波	ビデオ視聴（津波）
		地盤液状化，地盤の強弱，固有振動数，緊急地震速報	エッキー君，ppt 画像（浦安液状化，遺跡噴砂），振り子(倒立振子）共振，E-defens 動画，
宿題	自宅及び通学路の安全点検	＊各自が危険箇所とその改善報告を行う	

　折角の学習が知識のレベルで留まっていては，実際に自分や家族の命を守ることはできない。そこで地震防災学習のまとめとして，通学路或いは自宅の安全点検及び危険箇所の改善報告を冬季休業中の課題にした。点検前の自宅室内と，家具の転倒防止器具を設置した後の様子を対比させた画像を付したレポートが提出されるなど，この課題を契機に多くの生徒が危険箇所の認識やその改善に取り組んだ様子がうかがえる。　　　　　　　　（宮嶋 敏）

4. 家庭科

　今日の豊かな物質文化と，様々なテクノロジーに支えられた便利な生活の中で育ってきた児童生徒は，生活の実体験に乏しく，結果としてライフスキル[48]の修得度が低いと言われる。家庭科は，実際の家庭や社会生活で出会うであろう様々な場面に内在するライフスキルを学習し，身に付けることによって，児童生徒達が，日常生活だけではなく，甚大な災害時にも適宜に健康的な生活を送ることができる能力を身に付けるように指導する科目であ

---

48) WHO が定義するライフスキルは以下の 10 項目。自己認識，共感性，効果的コミュニケーション力，対人関係力，意志決定力，問題解決力，創造的思考，批判的思考，感情対処，ストレス対処。

る。防災教育の一環としての家庭科が持つ意味は大きい。

(1) 防災教育に関連付けた家庭科の指導の要件と題材開発の視点について

家庭科における防災教育の目標として，次の二項を挙げることができる。第一項は，「児童生徒は，家庭科で身につけた衣食住に関する生活技術を活用して，非常時を想定した備えを工夫・創造できる」である。そして，第二項は，「児童生徒は，家庭科で習う知識や技能の修得，および生活体験を通して，災害時の生活課題へのよりよい対応の仕方を考え，判断することができるようになる」である。これらの二つの重要項目について，小・中・高等学校ごとに，実践的・体験的な学習活動を中心とした題材を開発し，『防災教育と関連付けた家庭科指導資料』として，活動のねらい，教材，材料，用具，つくり方，活動の進め方，学習シート等をまとめた。本指導資料は，岩手県立総合教育センターのウェブページで公開している。表9に開発した題材の一部を紹介する。

(2) 授業実践における留意点について

家庭科の学習指導に防災教育を関連づける際に留意すべき点は，次の二つである。

第一に，児童生徒の家庭生活の状況を定期的に把握することが重要である。実践的な学習においては，児童生徒が自身の家庭生活や自治区の避難所の実態を把握することによって，自ら学習課題を見出し，問題解決学習を進めることが望ましい。しかし，甚大な災害の後や家族等を失った児童生徒がいる場合は，モデル家族や，架空の生活課題を設定したケーススタディで学習を進めるなどの配慮が必要である。

第二に，「防災袋を備える」などの学習指導では，持ち出すのは二の次で，自分の身（命）の安全確保，すなわち，避難が最優先であることを認識させることが重要である。

(3) 授業実践の記録

日時：2016年1月18日（月）
場所：宮城県多賀城高等学校
対象学年：1年生
共通教科「家庭基礎」
　　：「災害時の食事を考えよう」

宮城県の多賀城高校は，海岸からおよそ1kmの距離に位置しているが，高台にあるために，東日本大震災時の津波の直接的な被害からは免れた。しかし，多くの生徒達の家は浸水被害を受けた。同校は震災以前から，防災教育に力を入れてきた学校の一つであ

表9　校種ごとの開発題材の一部

	非常時を想定した備えをする力を育てる視点	非常時の生活課題に対するよりよい対応の仕方を考え，判断し，表現する能力を育てる視点
小学校家庭科	○身じたくずきんを作って，活用方法を考えよう ○ガラスなべでごはんをおいしく炊いてみよう ○安全・安心なマイルーム収納を考えよう ○ナップザックを防災袋にリフォームしよう－防災袋に何を入れておくか考えよう	○非常時の家族との連絡方法を確認しよう ○復興メッセージリボンをつくって地域に普及させよう
中学校技術・家庭（家庭分野）	○住まいの安全・安心対策や節電に役立つ小物を工夫しよう ○家族が安全・安心な室内環境を考えよう	○家族の安全マニュアルを考えよう ○避難所での子どものプレイルームを企画しよう
高等学校家庭科	○災害時の食事を考えよう ○非常時対策グッズ（防災頭巾等）を考案・製作して，地域の子どもや高齢者にプレゼントしよう	○ふれあい食堂やバザーを企画しよう ○安全・安心な生活や環境について考えよう （食生活・消費生活・住環境等） ○日常と非常時の子育てや高齢・障がい者支援について考えよう

り，平成28年4月には災害科学科が開講された。その開講を控えた同年1月に，筆者は防災を念頭に置いた家庭科の研究授業を行った。

授業の1ヶ月前に，冬季休業課題として「自治区の避難所と各家庭の備蓄食料の調査」を生徒達に課した。生徒の多くが被災を経験していることが，課題の取り組み状況に影響を与えはしないかと心配したが，ほとんどの生徒が避難所を確認し，備蓄食料品等の状況を聞き取ってきた。

調査活動により，備蓄食料の種類およびその量を知ることができた。また，世帯数の少ない自治区では食料は持ち寄ることになっており，食料以外の防災品のみが準備されている避難所があることなどが分かった。生徒の中には，この調査課題に取り組むことで，初めて自宅付近の避難所を確認したと言うものもいた。

上述のように，5年前に津波被害を直接・間接に受けた地域であるが，各家庭の備蓄食料調査では，各家庭およ

び生徒自身の災害対応に，様々な問題があることが浮き彫りとなった。これまで親任せで家庭での保管場所を知らなかった生徒，賞味期限切れが近づいていることに気がついた生徒，備蓄食料が，発災からライフラインが復旧するまでの約1週間の食に充分とはいえないことに気付いた生徒などがいた。災害時の食料を全く備蓄していないことを知った生徒もあり，今後家族と相談して一緒に計画・準備したいと，主体的に防災を考えようとしていた。

備蓄食料調査を基に，生徒達は，限られた備蓄食料品と「宮城の食材カレンダー」に記載された旬の食材を活用することによる非常食レシピを考えた。停電で冷蔵庫の食材が劣化するので生鮮食品等を優先して使用することや，単一の熱源・調理器具を使用するなど，災害時の食事の状況を想定したレシピを工夫した。

このような活動を通して，災害時に家族や地域の人々の健康や安全を考えて，食事が準備できるようになるために，普段から家庭の食料の確認や調理の工夫を考えたいなど，日常の備えが災害時の対応に役立つという理解の深まりを確認することができた。

（川地里美）

■参照文献

浅川俊夫（2011）「地理教育における災害や防災にかかわる学習の位置づけ——新しい学習指導要領で示された学習内容とその背景」2010年春季学術大会シンポジウム報告，E-journal GEO6; 72-73。

朝日新聞（2011）『キーワード「てんでんこ」』朝日新聞社，2011年9月10日。

麻生川敦（2012）「東日本大震災における戸倉小学校の避難について」日本安全教育学会研究集会南三陸ミーティング2012「学校安全・危機管理と防災教育」プログラム・予稿集; 14-19, 2012年5月。

阿部壽・菅野喜貞・千釜章（1990）「仙台平野における貞観11年（869年）三陸津波の痕跡高の推定」『地震 第2輯』Vol.43（4）; 513-525。

荒木紀幸（編著）（1988）『道徳教育はこうすればおもしろい——コールバーグ理論とその実践』北大路書房，1988年8月。

市川伸一（2008）『「教えて考えさせる授業」を創る——基礎基本の定着・深化・活用を促す習得型授業設計』図書文化，2008 年 5 月。

岩手県教育委員会（2014）「東日本大震災津波　記録誌——教訓を後世に・岩手の教育」2014 年 3 月。

宇佐美寛（1989）『「道徳」授業に何ができるか』明治図書，1989 年 10 月。

牛山素行・岩舘晋・太田好乃（2009）「課題探索型地域防災ワークショップの試行」『自然災害科学』Vol.28，No.2; 113-124。

蛯名裕一（2014）『慶長奥州地震津波と復興——四〇〇年前にも大地震と大津波があった（よみがえるふるさとの歴史）』蕃山房，2014 年 4 月。

大阪教育大学学校危機メンタルサポートセンター（2016）『セーフティプロモーションスクールの考え方・進め方』2016 年 9 月。

大崎市（2015）「広報おおさき 2015 年 10 月号」2015 年 10 月。

大崎市立岩出山小学校（2016）「地域を学び，地域を愛する子どもを育てる防災教育（歴史編・現代編）」。

開発教育協会（2010）『開発教育で実践する ESD カリキュラム——地域を掘り下げ，世界とつながる学びのデザイン』ESD 開発教育カリキュラム研究会編，学文社．2010 年 8 月。

片田敏孝・児玉真・桑沢敬行・越村俊一（2005）「住民の避難行動にみる津波防災の現状と課題——2003 年宮城県沖の地震・気仙沼市民意識調査から」『土木学会論文集』789/II-71; 93-104。

片田敏孝（2006）「災害調査とその成果に基づく Social Co-learning のあり方に関する研究」土木学会調査研究部門　平成 17 年度重点研究課題（研究助成金）成果報告書。

片田敏孝（2011）「東日本大震災に見る防災のあり方」『アカデミア』vol.99; 6-9。

片田敏孝（2012）『人が死なない防災』集英社，2012 年 3 月。

釜石市・釜石市教育委員会（2015）「釜石市　東日本大震災　検証報告書【学校・子ども関連施設編】（平成 26 年度版）」2015 年 3 月。

黒川直秀（2012）「東日本大震災からの学校復興——現状と課題」『調査と情報』第 736 号，2012 年 2 月。

群馬大学広域首都圏防災研究センター（2011）「釜石市がこれまで行ってきた津波防災教育」。

高知県教育委員会（2006）「防災学習プログラム　南海地震に備えよう」2006 年 3 月。

第 5 章　防災と教育　参照文献　│　373

高知県教育委員会（2012）「南海地震に備えちょき」2012 年 3 月。

高知県教育委員会（2013）「高知県安全教育プログラム：（総論）（震災編）」2013 年 3 月。

神戸市教育委員会（1996）「阪神・淡路大震災　神戸の教育の再生と創造への歩み」1996 年 1 月。

神戸教育委員会事務局・神戸市住宅局・㈶神戸市都市整備公社（1998）「阪神・淡路大震災　被災学校園　復旧・復興記録集」1998 年 3 月。

国土交通省富士砂防事務所（2005）『活火山　富士山がわかる本』，2005 年 10 月。

後藤一蔵（1990）『永遠なり，むらの心［宮城県大崎地方］明治，大正，昭和の若者たち』財団法人富民協会；110-111，1990 年 1 月。

小林隆史・平野昌（1997）「図上訓練 DIG（Disaster Imagination Game）について」『地域安全学会論文報告集』第 7 巻；136-139，1997 年 11 月。

近藤誠司・矢守克也・奥村与志弘（2011）「メディア・イベントとしての 2010 年チリ地震津波――NHK テレビの災害報道を題材にした一考察」『災害情報』No.9；60-71，2011 年。

佐藤健・佐藤浩樹・増田聡・源栄正人（2010）「宮城県における防災教育指導教員の教育推進ニーズに関する調査」『安全教育学研究』第 10 巻第 1 号；17-29，2010 年 3 月。

佐藤健（2012）「横浜市立北綱島小学校における学校と家庭・地域との連携に基づく防災訓練」日本安全教育学会第 14 回浦安大会プログラム・予稿集；52-53，2013 年 9 月。

佐藤健・村山良之（2014）「宮古市内の学校の津波に対する防災管理・防災教育と東日本大震災からの教訓」地域安全学会東日本大震災特別論文集 No.3，9-12。

佐藤健・桜井愛子・藤岡達也・小田隆史・村山良之・北浦早苗（2016）「地域に根差した防災教育モデルの開発――仙台市長町地域を例に」『安全教育学研究』第 16 巻第 1 号；23-33，2016 年 5 月。

静岡県教育委員会（2014）「静岡県防災教育基本方針」。

仙台市（2013）「東日本大震災　仙台市　震災記録誌――発災から 1 年間の活動記録」2013 年 3 月。

仙台市教育委員会（2016）「仙台市内の被災した小学校に関するお知らせ」2016 年 6 月。

高野孝子（2014）『PBE――地域に根ざした教育：持続可能な社会づくりへの試み』海象社，2014 年 11 月。

瀧本浩一（2014）『増補改訂版　地域防災とまちづくり――みんなをその気にさせる災害図上訓練』自治体議会政策学会（監修），イマジン出版，2014 年 5 月。

中央防災会議（2011）「平成 23 年東日本大震災における避難行動等に関する面接調査（住民）分析結果」東北地方太平洋沖地震を教訓とした地震・津波対策に関する専門調査会，第 7 回会合，2011 年 8 月。

永田繁雄（2011）「これからの道徳授業を構築する（連載 8）」『道徳教育』，2011 年 11 月。

日本安全教育学会（編）（2013）『災害その時学校は――事例から学ぶこれからの学校防災』ぎょうせい，2013 年 1 月。

日本鉱物科学会教育普及委員会（2015）「現行「地学基礎」につながる高等学校学習指導要領の変遷」『岩石鉱物科学』44 巻；118-120。

林泰成（2009）『道徳教育論新訂』放送大学教育振興会，2009 年 3 月。

林能成・高山みほ（2011）「震度による被害状況の違いを視覚化する教材～震災前状況を設定した被害状況イラストの作成」日本地震学会 2011 年度秋季大会講演予稿集，2011 年 10 月。

日原高志（2007）「高等学校における防災教育」『地理』52 号。

姫野完治・細川和仁（2006）「「道徳の時間」の実際と教員養成に求められること」日本教育方法学会第 42 回大会発表要旨，2006 年 9 月。

兵庫県教育委員会（編）（2005）「震災を越えて――教育の創造的復興 10 年と明日への歩み」2005 年 3 月。

藤井基貴・加藤弘通（2010）「道徳教育の授業開発に関する基礎的研究（1）――モラルジレンマに関する実態調査から」静岡大学教育学部研究報告（人文・社会・自然科学編），237-243，2010 年 3 月。

藤井基貴（編著）（2012）『道徳教育の授業開発 II――「防災道徳」授業の開発』静岡大学教育学部，2012 年 4 月。

藤岡達也（2011）『持続可能な社会をつくる防災教育』協同出版，2011 年 12 月。

冨士道正尋（2012）「地域との連携で進める防災教育」『教育展望』第 58 巻，第 2 号；29-34，2012 年 3 月。

毎日新聞（2011）『答えでないてんでんこ』毎日新聞社，2011 年 7 月 3 日。

宮城県（2016）「みやぎ防災教育推進協力校事業成果報告書　大崎市立岩出山小学校」。

森本晋也（2015）「「復興・発展を支える人づくり」を目指して――「いわての復興教育」における地域連携型防災教育の推進」第 3 回国連防災世界会議パブリックフォーラム（防災教育交流国際フォーラム――レジリエントな社会構築と防災教育・地域防災力の向上を目指して），2015 年 3 月。

文部科学省（2010）「耐震診断実施率・耐震化率［都道府県別データ］（幼稚園・小中学校・高等学校・特別支援学校）」2010 年 7 月。

文部科学省（2011）「東日本大震災における学校施設の被害状況等」2011 年 6 月。

文部科学省（2012a）「東日本大震災に係る文部科学省（学校施設関連）の取組について」大臣官房文教施設企画部，2012 年 1 月。

文部科学省（2012b）「平成 23 年度　東日本大震災における学校等対応等に関する調査」2012 年 3 月。

文部科学省（2012c）「東日本大震災により被災した幼児児童生徒の学校における受入れ状況について（平成 24 年 5 月 1 日現在）」2012 年 6 月。

文部科学省（2013）「東日本大震災における学校施設の津波被害状況について」2013 年 7 月。

文部科学省（2015）「小学校学習指導要領（一部改正）」2015 年 3 月。

山下文男（1997）『津波——TSUNAMI』あゆみ出版，1997 年 9 月。

山下文男（2005）『津波の恐怖——三陸津波伝承録』東北大学出版会，2005 年 4 月。

山下文男（2008）『津波てんでんこ——近代日本の津波史』新日本出版社，2008 年 1 月。

矢守克也・吉川肇子（2005）『防災ゲームで学ぶリスク・コミュニケーション　クロスロードへの招待』ナカニシヤ出版，2005 年 1 月。

矢守克也・諏訪清二・舩木伸江（2007）『夢みる防災教育』晃洋書房，2007 年 5 月。

矢守克也（2009）『防災人間科学』東京大学出版会，2009 年 9 月。

矢守克也（2010）『アクションリサーチ——実践する人間科学』新曜社，2010 年 6 月。

矢守克也・渥美公秀（編著）（2011）『防災・減災の人間科学』新曜社，2011 年 1 月。

■参考文献

岩田貢（編）（2013）『防災教育のすすめ　災害事例から学ぶ』古今書院，2013 年 11 月。

熊木洋太（2012）「東日本大震災を経て地理学は何をするか」『地理』57 号，2012 年。

坂本廣子・坂本佳奈著（2012）『がんばらなくても大丈夫 台所防災術』農山漁村文化協会，2012 年 5 月。

千葉県防災危機管理部（編）（2013）『東日本大震災の概要』2013 年 3 月。

新潟大学地域連携フードサイエンス・センター（編）（2008）『これからの非常食・災害食に求められるもの（2）』光琳，2008 年 5 月。

藤森立男・矢守克也（2012）『復興と支援の災害心理学——大震災から「なに」を学ぶか』

福村出版，2012 年 7 月。

矢守克也（2011）『増補〈生活防災〉のすすめ——東日本大震災と日本社会』ナカニシヤ出版，2011 年 7 月。

矢守克也・渥美公秀・近藤誠司・宮本匠（2011）『ワードマップ——防災・減災の人間科学』新曜社，2011 年 1 月。

矢守克也（2012）「津波てんでんこの 4 つの意味」『自然災害科学』31; 35——46。

矢守克也（2013）『巨大災害のリスク・コミュニケーション——災害情報の新しいかたち』ミネルヴァ書房，2013 年 9 月。

矢守克也・前川あさ美（2103）『発達科学ハンドブック 7 巻——災害・危機と人間』新曜社，2013 年 12 月。

矢守克也（編著）（2014）『被災地 DAYS：時代 QUEST——災害編』GENERATION TIMES，弘文堂，2014 年 7 月。

Yamori, K. (2014) Revisiting the concept of tsunami tendenko: Tsunami evacuation behavior in the Great East Japan Earthquake, in *Natural disaster science and mitigation engineering: DPRI Reports*（*Vol.1*），Studies on the 2011 off the Pacific Coast of Tohoku Earthquake, Disaster Prevention Research Institute, Kyoto University（eds.），Springer Verlag.; 49-63.

災害医療 第6章

　多くの死傷者が発生する大災害に見舞われたとき，被災者が，まず必要とするのは医療支援である。しかし，頼りにする医療機関自身が大きな被害を受けて，その機能を失う事態も起こり得る。未曽有の大災害であった阪神・淡路大震災は，わが国の災害時医療のあり方に多くの課題があることを浮き彫りにした。さらに，16年の歳月を隔てて起こった東日本大震災においても，災害医療は，再び未経験の事態に直面せざるを得なかった。

　発災から復興まで，必要とされる災害医療は時々刻々，あるいは日ごとに変化していく。あり得る状況の変化を事前に察知し，臨機応変に医療活動を実践することが求められる。本章第1節では，発災直後の急性期から亜急性期を中心に，災害時医療のあり方と問題点について述べる。第2節では災害時要援護者への医療支援，および心的外傷後ストレス障害（PTSD）など，災害によって被るストレスとトラウマの問題を取り上げる。第3節では，東日本大震災によってライフラインが途絶した状況で，多数の患者に直面せざるを得なかったある病院の奮闘の跡を概観する。

第1節　急性期から亜急性期にかけての医療

1. 災害医療サイクル

　災害医療は災害の発生から，1週間を急性期，2～3週間を亜急性期，その後の2～3年間を慢性期と呼ぶ（図1）。不定期に繰り返し襲ってくる災害に対し，防災・減災を有効なものにするには，静穏期において災害医療計画を立て，災害医療の訓練や，医療器具・薬品などの備蓄を行わなければならない。医療関係施設の災害準備としては，軽症者のための救護所，中等傷者のための災害地域連携病院，そして重傷者のための災害拠点病院の指定・建設等がある。前兆期は，津波警報や暴風雨警報などが発令される時期に相当す

る。安全なところに避難するための情報や，救援物資，被災予想地域の情報を収集し，援助の要請に即応できるよう，受け入れ態勢を整えておく必要がある。急性期には，被災者の救出・救援を行い，救急医療を実施する。亜急性期においては，救助された重症患者に対して集中治療が行われる。感染症，急性後遺症，心的外傷後ストレス障害（PTSD）に対応しなければならない。慢性期は，被災者が避難所から自宅に戻ったり，仮設住宅や復興住宅へ移動していったりする時期である。医療関係の復旧・復興を図るとともに，患者の社会復帰を目指したリハビリテー

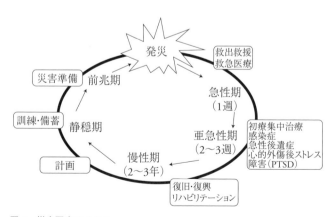

図1　災害医療サイクル

第6章　災害医療　第1節　急性期から亜急性期にかけての医療 ｜ 379

表1　災害時における時間経過とニーズ

> 秒・分単位で：自分の命は自分で守ることを考える。
>
> 時間単位で：地域の命は地域で守ることを考える。
>
> 日単位で：救急医療（外科系負傷）を考える。
>
> 週単位で：避難所医療（食中毒，感染症）を考える。
>
> 月単位で：心のケア（PTSD）を考える。
>
> 年単位で：リハビリテーション，復旧，復興を考える。

表2　阪神・淡路大震災における人的被害

死者	6,433 人
行方不明者	3 人
重傷者	10,683 人
軽傷者	33,109 人
負傷者／死者	43,800/6,400 = 6.8

ションを行う。

　発災後の災害現場では，時間的経過と共に救命・医療へのニーズが目まぐるしく変化する。表1は，発災から数年間に想定される医療ニーズの推移を，まとめて示している。効果的な防災・減災のためには，各段階を意識して，前もって対策を講じておく必要がある。

2.　阪神・淡路大震災の教訓

　1995年1月17日に発生した阪神・淡路大震災では，住宅と工場の混在や複雑な交通システム，高い人口密度，隣人関係の希薄さなど，大都市特有の災害に対する脆弱性が，災害の規模を拡大した。

　阪神・淡路大震災における人的被害は，表2に挙げるように極めて甚大なものであった。一番下の行は，死者数に対する負傷者数の割合を示す（以下，負傷者対死者比）。この数値（=6.8）は，災害時医療のパフォーマンスを示す指標の一つとして用いられる。図2は，縦軸に災害による負傷者数，横軸に死者・行方不明者数をとって打点したグラフである。黒丸は，1959年から2014年までの間に国内で発生した主な大規模災害についての数値を示している。白丸は，国外の主な災害についての数値である。斜めに引かれた破線は，負傷者対死者比が，それぞれ1，10，100の場合のグラフ上の位置を示している。災害の種類（地震，火山噴火，洪水等）や特性（人口密集地域か過疎地域かなど）によって，負傷者対死者比は大きく左右されるが，この比の意味を理解するために，あえて単純に言えば，この比を6.8から10に引

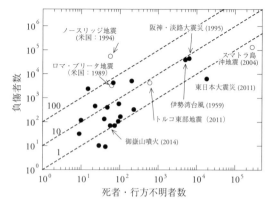

図2 国内で発生した災害（黒丸）および国外で発生した災害（白丸）における死者・行方不明者数（横軸）と負傷者数（縦軸）。破線は，負傷者対死者比が，1，10，100の場合を示す。災害の種類と特性が同じであれば，一般的に比が大きいほど，災害時に医療活動がより成功したと解釈される。

き上げることができていれば，グラフ上ではごくわずかな移動だが，阪神・淡路大震災の死者約6400人のうちの約1800人の命を救うことができたはずということを意味する。

阪神・淡路大震災が起こる前には，関西地方は大震災が起こりにくい地域と考えられていた。そのためか，震災が起こるまで関西圏の医療機関は災害に対する十分な備えをしてこなかった。人口100万人以上の大都市圏であり，医療機関が多数存在していたにもかかわらず，各機関は発災後に詰めかけた患者の対応に苦慮し，上述のように負傷者対死者比＝6.8と，日本の災害医療の脆弱性を露呈する結果となった。

この苦い経験を糧に，厚生省（当時）を中心として，災害に対する日本の医療システムの見直しが行われ（山本1998），後述するように，急性期の医療現場を担うDMATが創設された。また，阪神・淡路大震災では，地震動や火災等によって，医療機関そのものが被災し，発災後の医療行為に大きな困難が生じたことから，建物や設備の耐震性などを考慮した，災害に強い災害拠点病院の設置・拡充が図られた（厚生労働省2011）。

DMATが救出した重篤患者は，より高度な医療が受けられるように，被災地外の病院に搬送されなければならない。また，被災地内の災害拠点病院が無事に機能を果たし得たとしても，通常の交通が遮断された状態では，医療活動を続けるための物資が不足する

第6章　災害医療　第1節　急性期から亜急性期にかけての医療 | 381

事態が生ずる。重篤患者を速やかに被災地外に搬送し，設備の整った病院で治療するための仕組みとして，広域災害救急医療情報システムの構築，および広域医療搬送計画の検討が行われた。しかし，後述するように，未曾有の広域災害となった東日本大震災では，そういった面での備えの不十分さを露呈する結果となった。

3.　DMATとは

　東日本大震災時の医療活動の状況を詳しく述べる前に，DMATの役割等について，もう少し説明しておこう。

　日本の災害医療は，阪神・淡路大震災までは，いわゆる「待ちの医療」だった。被災地の医療チームは，災害現場の救護所や被災地内外の病院等で，搬送されてくる負傷者を待って，救命処置や医療処置を施すことがその役割だった。しかし，米国連邦緊急事態管理庁（FEMA）は，閉鎖空間医療（CSM:Confined Space Medicine）を体系化し，1989年に都市型捜索救助隊（Urban Search and Rescue）を設立した。その目的は，通常の救助隊では対応困難な崩壊建造物などの内部に閉じ込められた要救助者に対する医療を含む，包括的な検索・救助活動の提供である。これは単に瓦礫の中から救助者を救い出し治療するということではなく，救命はもとよりその機能予後を最大限に改善させることを目指し，救出活動と併行して高度な医療活動を行う総合的な救助活動である。災害現場では，隊員自身が二次災害に遭遇するリスクも高いため，救助チームと医療チームとの連携，指揮系統の確立が重要である。

　これらの課題に対処するために，平成17年（2005年）に厚生労働省は，災害医療派遣チーム（DMAT：Disaster Medical Assistance Team）を創設した。DMATは，超急性期（発災から72時間以内を指す）に活動できる機動性を持った専門的な訓練を受けたチームで，隊員になるには4日間の講義と実習が課せられている。DMAT登録者数は平成24年（2012年）12月時点で，医師2265名，看護師2848名，業務調整員1880名で隊員総数6993名を数えている。図3に略解するように，DMATの活動には，トリアージ[1]（Triage），および応急処置（Treatment），搬送（Transportation）などの災害現場における活動[2]と，SCU[3]，広域医療

1）トリアージ：負傷者等の患者が同時発生的に多数発生した場合に，傷病者を重症度と緊急度によって分別し，治療や搬送の優先順位を決定すること。語源はフランス語のtriage（選別）。

2）Triage, Treatment, TransportationをまとめてTTT，または3Tsと略記することがある。

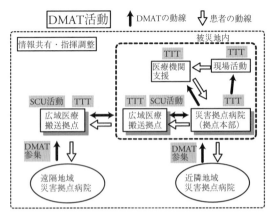

図3 DMAT活動と患者搬送の概念図。太い破線で囲まれた部分が被災地を表す。患者は，被災現場から，地域医療機関，災害拠点病院に搬送される。その後は，近隣地域の災害拠点病院に搬送される場合と，被災地内外の広域医療搬送拠点を経て，遠隔地域災害拠点病院に搬送される場合とが想定される。

搬送，地域医療搬送，病院支援など，およびそれらを統括する本部活動がある。

4. 東日本大震災における医療

上にも述べたように阪神・淡路大震災以降，日本の災害医療は大きく進展した。しかし，それにも拘わらず，東日本大震災における負傷者対死者比は（5600/19000＝）0.29 と，津波災害の過酷さを物語る結果となった。東日本大震災における，DMAT を始めとする医療活動を振り返って見よう。

(1) DMAT の活動

2011 年 3 月の東日本大震災では全国から 383 隊，合計 1852 名の DMAT 隊員が 3 月 11 日から 22 日までの 12 日間任務にあたった。伊丹空港から花巻空港へなど，複数の自衛隊 C130 輸送機が，延べ 9 フライトで 82 チーム，384 人の DMAT 隊員を被災地に輸送した。東京消防庁の DMAT 連携隊は，東京 DMAT をサポートして災害現場まで搬送し，協力して 3Ts を実施した。

東日本大震災で，DMAT が関与した被災地外への搬送は総数で 204 名を数えたが，津波災害の特徴として，急性期の外傷患者が少なかったため，広域医療搬送のニーズはそう大きくはなかった（表3）。地震・津波災害が直接原因の傷病者は，重症体幹四肢外傷

---

3) Staging Care Unit（SCU）：広域搬送拠点に設置する搬送患者待機のための臨時医療施設。症状安定化のための処置，および広域搬送が必要かどうかについてのトリアージが実施される。

8名の他，多くは低体温症，溺水，誤嚥性肺炎，津波火災による熱傷，内科的緊急症などの種々の疾患だった。被災が直接原因の搬送患者より多かったのは，被災地の病院に入院していた患者の避難搬送（123名）であった。DMAT以外の医療活動も含めた全体では，津波で機能不全に陥った石巻市立病院から100人以上の入院患者を搬送したほか，福島第一原発から20〜30km圏内の避難勧告が出された地域の入院患者300人以上を避難させるなどした。それらの患者は，新千歳空港，羽田空港，航空自衛隊入間基地，福岡空港などに設けられた一時的収容施設である広域搬送拠点臨時医療施設（SCU）を経て，近隣県の医療機関などへ受け入れられた（日経メディカル2011）。しかし，そこに至るまでの経緯は，後述するように円滑な搬送とは言えない状況があり，今後に大きな課題を残すものとなった。

一般的にDMATはphase0といわれる発災直後（0〜6時間）からphase1（発災後72時間程度まで）の超急性期を受け持ち，その後は切れ目なく日本医師会災害医療チーム（JMAT）にバトンタッチをする計画になっている。ただし，東日本大震災では，DMATの活動は，phase2といわれる1週間程度にわたる病院支援まで，活動期間を延長して行われた。JMATは，全国から7月15日までの期間に1395チームが，その後に421チームが派遣され，被災した医療機関のスタッフや救急救命士とともに，負傷者や内科的緊急症患者のための医療活動にあたった（石井2012）。また，全国の医療機関は，被災地から搬送された傷病者を受け入れる，あるいは医薬品を送るなどの協

表3　DMATが関与した被災地外（広域あるいは後方）への搬送

一般患者の搬送件数　81名	（適用基準内訳） 高い緊急度（8時間以内）　8名 やや高い緊急度（24時間以内）　71名 その他　2名
	（症状別内訳） 圧挫症候群　6名 頭部外傷　6名 重症体幹四肢外傷　8名 その他（低体温症，肺炎，溺水，広範囲熱傷，内科救急）61名
病院入院患者避難搬送数　　123名	
一般患者と入院患者の合計　204名	

力を惜しまなかった。まさに日本医療界の総力を挙げて災害医療活動に携わった。

(2) 医療機関の被災

岩手，宮城，福島の3県にある災害拠点病院のうち20病院が，被災直後に外来の受け入れ制限を強いられた。また，災害拠点病院以外の病院のうち10病院が全壊し，診療所は83ヶ所（歯科は含まず）が全壊した（厚生労働省資料）。岩手県立大槌病院では3階建の病院の2階上部まで津波が押し寄せ，職員約70人と入院患者53人は屋上に避難した（図4参照）。宮城県三陸町の公立志津川病院では，4階上部まで津波に襲われ，入院患者72人と看護師と看護助手3人が死亡・行方不

図4　被災後の岩手県立大槌病院

図5　宮城・気仙沼湾の海面火災（海上保安庁撮影）

明となった。

移動が困難な患者をかかえる病院は，津波に対して特に十分な備えをしなければならない。津波対策としては，病院の高層化や，津波の圧力に耐え得るだけの堅牢化が考えられるが，今回の津波被害で注意を引いた，累計286件を数える津波火災に対する備えも必要である（消防庁調査）。

津波火災とは，津波によって引き起こされる火災である（図5参照）。津波に流された自動車や船舶が建物の壁にぶつかり，窓を破って建物内部に侵入することがある。ここでガソリンが漏れれば，漏電した電気系統から発火し，火災が発生する。ビル自体には耐火性があってもビルの周囲に集積される木造建物の瓦礫は薪を積み上げたような状態となり火災を激化させる。したがって，病院や津波避難ビルは周囲を堅牢な鉄柵等で囲み，自動車や建築物の瓦礫が建物内に入らないようにす

る必要がある。

(3) 災害弱者への対応

東日本大震災による死者の年齢構成を見ると，高齢者の割合が極めて高いことが分かる（図6）。東北3県沿岸市町村における年代別の人口比において，80歳以上の女性は全人口の4.4％，男性は2.2％だが，全死者に対する死者の割合では，80歳以上の女性は13.5％，男性は8.3％を占める。高齢者やその他の災害弱者[4]の，避難誘導や避難後の医療についての課題が浮かび上がった。

脚注4）に挙げた災害弱者ではなくても，だれでも一時的に災害弱者と同等の立場に立たされることがある。東日本大震災において注目を集めた問題の一つに，大都市圏における帰宅困難者の存在がある。東京都で約352万人，神奈川県で約67万人，千葉県で約52万人，埼玉県で約33万人，茨城県で南部を中心に約10万人，首都圏で合計515万人が当日自宅に帰れない帰宅困難者となった（内閣府による推計）。帰宅困難者の生命が直ちに脅かされる

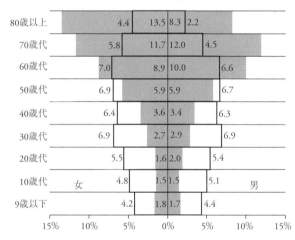

図6 東日本大震災死者数年代別・男女別構成図（性別・年齢不詳を除く）。白抜きの柱，およびその左右外側に付けられた数字は，各年代の男女それぞれの全人口に対する割合を示す。影をほどこした柱，および中央の縦線の左右に付けられた数字は，全死者数に対する各年代の男女それぞれの死者数の割合を示す。（平成23年版防災白書，平成22年国勢調査小地域概数集計より）

---

4) 災害弱者とは，危険が差し迫った時，その察知が困難，あるいは察知しても避難が困難な者，または危険情報を得ることが困難，あるいは情報を得ても適切な行動をとることが困難な者を指す。障害者，傷病者，高齢者，乳幼児・子供，外国人，妊婦，旅行者など。

場合は少ないが，急性ストレス障害，AMI（急性心筋梗塞），高血圧緊急症などの発症が考えられ，帰宅困難者の安全を一時的に確保するための対策が必要である（山本 2012）。

5. 亜急性期から慢性期にかけての医療

亜急性期や慢性期になっても，被災地では直接的な医療の他に，被災地特有の業務が医療従事者に付加される。①各地から来る医療ボランティアの受け入れと配置，②医療品等の確保と支援，③救護医療活動，④被災地の医療情報の収集と伝達，⑤食中毒・伝染病予防，などである。これらに加えて，健康な状態にあるように見える被災者に対しても，今後の生活への漠然とした不安や，生活基盤や地域コミュニティの喪失，居住地から離れたくない心理などからくるストレスへのケアが必要になる。

阪神・淡路大震災のときは約 32 万人，東日本大震災では約 56 万人の避難者が発生した。近い将来に起きる可能性があるとされる首都直下型地震では，最大で 720 万人，南海トラフ巨大地震では最大 950 万人の避難者が見込まれている。避難所，およびその環境基準の確保は，亜急性期から慢性期にかけての医療においても緊急の課題となっている。東日本大震災におけるある避難所では，疾病予防，リハビリテーションという観点から，避難所環境の改善に取り組み，会議等に約 1 ヶ月以上を要しながらも成果を上げ，生活不活発病の予防や改善などに効果があった（図 7）。今後は，大規模災害が発生する前の静穏期の間に，避難所環境の基準を策定し，それに則った資材の備蓄や，運営者の育成などの対策が求められる。

人道 NGO グループと赤十字・赤新月運動が中心となって，1990 年代後半に策定したスフィア・スタンダードは，災害や紛争の被災者に対する人道援助に関して，今や 21 世紀の人道支

図 7 避難所の様子（上：改善前 下：改善後）

援のための事実上の標準と考えられている。その目的は，支援活動における行動の質を向上し，説明責任を果たせるようにすることにある。スフィアの原理は，以下の二つの中核をなす理念におかれている。①災害や紛争の被災者には尊厳ある生活を営む権利があり，従って，援助を受ける権利がある，②災害や紛争による苦痛を軽減するために実行可能なあらゆる手段が尽くされるべきである。

これら二つの理念を実践するため，スフィア・プロジェクト[5]は人道憲章の枠組みを作り，生命を守るための主要な4セクター（給水・衛生の促進／食糧の確保と栄養／シェルター・居留地・非食料物資／保健活動）における最低基準を確認した。それらは，日本国内における災害時避難所の環境，被災者のプライバシー，食糧・水，手洗い・トイレ，災害弱者への対応，などを考える際の基準ともなり得る。例えば，兵庫県の「人と防災未来センター」は，「避難所のアセスメント基準」[6]を，スフィア・プロジェクトに基づいて策定している（人と防災未来センター2014）。

6. 東日本大震災は我々に何を教えたか

貞観地震（869年）以来と言われる巨大地震と大津波が，2011年3月11日に東北地方の太平洋沿岸部を襲った。死者・行方不明者は1万8440人と報告されている（警察庁，2017年12月時点の統計）。我々は，これらの悲惨な体験を，今後の災害医療に活かさなければならない。

発災後，被災地の病院がまず取り掛からなければならない事項は，
①対策本部の立ち上げ
②建物の被害状況の確認
③ライフライン被害状況の把握
④各病室等および医療機器の使用可能状況の確認
⑤医薬品・医療資器材の使用可能量等の確認
⑥患者と職員の安全および診療体制の確認
などである（気仙沼市立病院2012）。

より具体的な活動状況については，第3節で気仙沼市立病院の場合を取り上げて詳述する。ここでは，多くの医療機関において，医療活動をする上で共通して問題となった点を挙げておこう。

①対策本部で指揮・命令を出す医療関

---

5) スフィア・プロジェクトについては，第4章1節「避難所」を参照。
6) 節末の参考資料を参照。

係者がいなかった。

②被災地域に通じる交通網が遮断された。

③津波火災が各地で発生し被害を大きくした。

④被災者の搬送や人的物的支援の輸送ができなかった。

⑤通信網の崩壊によって、情報の双方向往来が不可能に陥った。

⑥被災地がもともと医療過疎地域であり、医療面の災害対応計画が進んでいなかった。

これらの中には、阪神・淡路大震災の経験から整備されたものの十分ではなかった課題（①，②，④，⑤）と、東日本大震災によって新たに浮かび上がった問題（③，⑥）とがある。

阪神・淡路大震災を契機に結成されたDMATは、48時間は自己完結的に業務を遂行することが想定されているが、東日本大震災ではその想定時間を超えて活動せざるを得なかったことや、派遣調整を行う本部業務の飽和などのために，活動物資の不足、医療ニーズの情報不足などの問題が生じた。

さらに、③をのぞく①〜⑥の要因が重なった結果、広域医療搬送は深刻な状況に陥った。

東日本大震災による総避難者約56万人のうち、約16万人は、震災と同時に発生した福島第一原子力発電所の炉心溶融を伴う事故によって、避難を余儀なくされた人々である。政府によって指定された避難指示区域内[7]に立地する病院の患者と職員は、震災や津波被害による医療困難に加えて、迫りくる被曝の危険からの逃避という二重の困難に直面した。福島県双葉郡大熊町の双葉病院の場合を取り上げよう。

福島第一原子力発電所から4.5kmの地点にある双葉病院から、患者209人と職員60数人が、大熊町が手配した大型バスに乗って、避難の第一陣として送り出されたのは発災翌日3月12日の昼過ぎである。数ヶ所の避難所で受け入れられず、原発から50km離れた三春町の中学校の体育館に午後7時30分ごろに到着した。同日午後8時ごろ、第二陣を搬送するために双葉病院に来た自衛隊は、寝たきりの患者を運ばなければならないことを知らずに大型トラックを用意してきたため、患者を搬送することができなかった。第二陣は、結局、翌々日の14日午前4時ごろに到着した自衛隊によって搬送され、一旦、南相馬市の相双保健所で放射線のスクリーニング検査を受けた後、福島県が手配した民間バスで、い

---

7)「避難指示区域」については、第9章3節「福島第一原発事故」を参照。

わき市内の高校の体育館に運ばれたのは同日の午後8時頃であった。実に，病院を出発してから10時間以上にわたる，約230kmの避難行だったが，避難した体育館には医療設備はなかった。その後も情報不足と，刻々と高まる危機感の中で，双葉病院と併設の介護老人健康保健施設からすべての患者と入所者，332人が避難できたのは，第五陣が出発した16日午前0時半ごろだった。その間に患者50名が亡くなっている（舟橋2012；福島原発事故独立検証委員会2012）。

この悲惨な実例から学ぶべきは，広域搬送のための機材や人員といった資源をフルに活用するためには，搬送すべき患者の所在，およびその状態についての情報を，被災地の病院，搬送執行者，および受け入れ施設の間で共有することが極めて重要であるということである。静穏期にさまざまな事態を想定した搬送計画を立て，それに即した訓練を重ねなければならない。

* * *

災害現場において，命のある被災者を捜索・救助し，瓦礫の下からの医療を始めることにより，一人でも多くの命を助ける災害医療実践の時代がやってくることを切に願っている。

来るべき大災害に向けて，どう備えるかが国民全体の大きな課題である。先進的な「瓦礫の下からの医療」が活かされるためには，災害時医療全般の充実が不可欠であり，次のような項目についての対策が必要である。

①病院や福祉施設の耐震・耐火性能の向上。津波常襲地域では高台移転。

②非常用食料，医薬品の備蓄と管理。

③災害時の通信手段の複数確保。

④広域災害に備えた医療スタッフ投入の効率化。

⑤災害対策本部と連携した医療関係指揮系統の確立。

⑥広域搬送に備えた搬送システムの整備。

⑦亜急性期から慢性期に向けた医療の確立。

（山本保博）

参考資料　避難所のアセスメント基準

　避難所の生活環境が一定のレベルを確保しているかどうか，早期に把握することで，その後の改善策を速やかに進めることが可能となります。以下に参考として，国際的な人道支援の基準"スフィア・プロジェクト"に基づいた指標を紹介します。避難所が落ち着いてきた段階では，これらの基準の達成が目標になります。

評価項目	基準	基本指針
水	●すべての人びとが，飲料用，調理用，個人・家庭の衛生保持用の十分な量の水への，安全かつ平等なアクセスを有している。	●どの家庭も，飲料用や衛生保持用として，一日1人最低15リットルの水を使用できる。 ●どの住居も500メートル以内に給水所がある。 ●水汲みを待つ時間は30分を越えない。
し尿処理	●一般的な生活環境と，公共施設，飲料用の水場の周囲が，人間の排泄物によって汚染されていない。 ●住居の近くに昼夜を問わずいつでも安心かつ安全な使用ができる，十分な数の適切なトイレ設備を有している。	●排便施設から排水やもれた汚物が地表水源や地下水源を汚染していない。 ●子供，高齢者，妊婦，障がい者を含む避難住民全員が安全に使うことができる。 ●短期では50人につき1基のトイレ設備，女性対男性の割合は3：1。
食事・栄養	●妊婦などリスクが高い者を含む避難住民の栄養ニーズが満たされていることを確保する。 ●提供される食糧品は，受給者が食べられる，または食べ方がわかるものである。	●2,100kcals／人／日 ●総エネルギーの10％（53g）はタンパク質で提供される。 ●総エネルギーの17％（40g）は脂肪で提供される。
居住環境	●快適な温度，新鮮な空気，プライバシー，安全と健康を確保できる十分な覆いのある生活空間を人びとが有している。	●覆いのあるエリアの面積ができるだけ早く1人あたり3.5㎡に達する。 ●1人あたり3.5㎡が確保できない場合は，尊厳，健康，プライバシーに及ぶ影響を考慮する。
生活物資	●個人の快適さ，尊厳，健康および福利を確保する，十分な衣料，毛布と寝具を避難住民が有している。	●すべての避難住民が文化や気候に適した正しいサイズの服を少なくとも2つフルセットで有している。 ●すべての避難住民が毛布，寝具を有している。

参考資料：スフィア・プロジェクトに基づいた避難所に関する評価基準（人と防災未来センター　2014）

第2節　災害時要援護者への医療支援

災害発生の際の要援護者の支援では，緊急時の対応のみならず，中長期的な視点に立った組織的な支援活動が必要である。障害の種類と程度に応じた，生活および医療面での支援とともに，精神的なサポートも重要である。本節では，阪神・淡路大震災および東日本大震災において被災した要援護者とその家族を対象として行ったアンケート調査の結果を分析し，急性期から復興期にかけての要援護者支援の在り方を考える。

1. 災害時要援護者と避難

災害から自らを守るためには，必要な情報を迅速かつ的確に把握する能力と，安全な場所に避難する能力の二つが不可欠である。身体的な要因，知的な要因，環境的な要因などからこれらの能力のいずれかに欠けた人々を，「災害時要援護者」と呼んでいる。一般には，高齢者，子ども，障害のある人々，妊産婦，そして言語や習慣が理解できない外国人などが，災害時要援護者にあたると考えられている。

(1) 避難における問題点

大規模災害に備えて，障害のある人々や高齢者のために適切な避難システムを用意することは，超高齢社会を迎えようとしている我が国では，極めて重要な案件である。東日本大震災では，死者1万5894人，行方不明者2546人（平成29年12月8日警察庁）と多くの被害者が出た。犠牲者の死因は溺死が90.5％で，そのほとんどが津波によるものである。東日本大震災での一般の死亡率は0.8％であったのに，障害者手帳所持者の死亡率は1.5％と約2倍であったと報道されている。

高齢者や肢体障害児（者）は，初期の避難が自力では不可能である。さらに，災害後の長期にわたる避難生活では，集団としての行動が要求され，必要品を受け取ったり食事をしたりする時にも，順番を待つことが多い。ところが，自閉症など発達障害のある子どもは，じっとしていることが苦手で衝動的な行動をとりがちである。仮設住宅に移っても，いつもと違う状況に対する不安から大きな声を上げたり動きまわったりして，しばしば他の居住者

とのトラブルを引き起こすことがある。周囲の人は，子どもの問題を親の養育態度の問題として捉えがちなので，避難生活は子どもだけではなく家族にとっても大きなストレスとなる。

(2) 災害時要援護者避難支援プランと福祉避難所（専門家と非専門家の協力）

福祉避難所は，一般の避難所では生活に支障を来す高齢者・障害者などを対象とした施設である。阪神・淡路大震災後の 1996 年に，災害救助法が見直され，同法中に福祉避難所が位置づけられたが，具体的な取り組みはほとんどなかった[8]。2006 年に内閣府は「要援護者避難支援ガイドライン」（内閣府 2006）を公示し，障害児（者）の避難システムの整備を促進すべく，福祉避難所の設置等，市町村が取り組むべき課題（表4）と，その具体化のための指針を示した[9]。福祉避難所の設置指針としては，既存の建物を活用して，要援護者に配慮した設備（耐震・耐火構造，スロープ・多目的トイレなどのバリアフリー化）を備えること，および介護に必要なスタッフを配備すること等，が謳われている。

しかし，東日本大震災では，これら

表4　災害時要援護者避難支援ガイドラインより（市町村が取り組むべき課題）

1. 情報伝達体制の整備 　（1）災害時要援護者支援班の設置 　（2）避難準備情報等の発令・伝達 2. 災害時要援護者情報の共有 　（1）要援護者情報の収集・共有方式 　（2）要援護者情報の収集・共有へ向けた取組の進め方 3. 災害時要援護者の避難支援計画の具体化 　（1）避難支援プラン策定の進め方 　（2）避難支援プランの策定を通じた地域防災力の強化 4. 避難所における支援 　（1）避難所における要援護者用窓口の設置 　（2）福祉避難所の設置・活用の促進

の福祉避難所はほとんど機能せず，障害児を持つ家族の多くが，その存在すら知らなかった。東北大学の田中（2014）は，痰の吸引や人工呼吸器などの医療を要する子どもの家族（113家族）を対象に，宮城県下の 10 医療機関と協力してアンケート調査を行い，震災前に災害時要援護者避難支援プランの存在を知っていたのはわずか 18 家族（16％）で，震災後に知った家族を含めても 45 家族（40％）に過ぎなかったと報告している。実際に災害時要援護者情報登録制度に登録していたのは 15 家族で，震災後に登録した 7 家族を含めても 22 家族（19％）

---

8) 福祉避難所の法的な位置づけについては，第2章2節「救助・避難所運営と法律」を参照。
9) 「要援護者避難支援ガイドライン」については，第4章2節「災害時要援護者の避難」を参照。

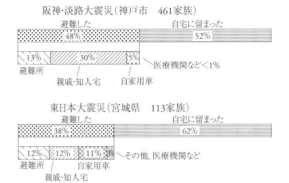

図8 大規模災害時に障害児と家族はどこに避難したか。夜間の吸引音や奇声を発する子どものことを気兼ねして、障害児（者）の多くが自家用車や知人宅で過ごし、避難所へは避難しなかった。

に過ぎなかった。その中でも実際に援助が受けられたのは，3家族だけであった。

　図8は，阪神・淡路大震災および東日本大震災の際に，医療的支援を要する障害児をもつ家族が，避難をしたか，あるいは自宅に留まったかを割合で示している。避難した家族については，避難先の内訳も示している。阪神・淡路大震災の際に避難所を利用できたのはわずかに13％，東日本大震災でも12％だった。2つの震災の間に16年の月日が流れたのに，ほとんど改善されていなかった。

　現在，大都市圏や岩手県などの被災地域において福祉避難所に関する体制整備が進められている（細田・他 2013）。しかし，体制の具体化に伴っ

て多くの問題が浮き彫りになってきた。まず，個々の対象者の避難支援プランを誰が策定し，誰が福祉避難所まで誘導するのかなどが未決定の地域が多い（表4の第1項）。次に，対象者を把握する方法が，個人情報保護との兼ね合いで論点になっている（同第2項）[10]。要援護者が福祉避難所を利用する場合，一旦は地域の指定避難所へ入り，保健師などから認定された者だけが福祉避難所の利用を許可されるという仕組みとなっている（同第4項(1)）。ただでさえ移動が困難な要援護者に，発災直後の混乱期に二重の避難を強いることの是非が問われる。さらに，福祉避難所自体についても，①どのような設備，スタッフが必要か，②避難が長期化した時にはどうするか，

10）避難行動要支援者名簿については，第4章2節「災害時要援護者の避難」を参照。

③医療機関との連携をどうするか，などの問題がまだ十分に解決していない。

2. 災害に伴うストレス
(1) ストレスとトラウマ

ストレスとは，「個人とそのひとを取り巻く環境との間の相互作用による精神的・身体的緊張（もしくは歪）」と定義することができる。ストレスを感じた時，人はその要因を除去しようとしたり，除去できないまでも，受け止め方を変えてストレスを緩和したりしようとする。また，無意識のうちに私たちの脳は，時間の経過とともにつらい出来事を「過去の記憶」として整理していく。この起こったことを過去の出来事として脳内で整理する作業には，睡眠が深く関わっている。実際，悲しいことや思いがけないことに出会っても，一晩ぐっすり眠ると随分と気持ちが楽になるのは誰しも経験するところである。このような，ストレスの原因を取り除こうとしたり，ストレスがもたらす感情に働きかけて，ストレスを除去したり緩和したりする対処行動を，コーピング（coping）と呼んでいる。人は，本来，このようなストレスに対する能力を備えている。しかしながら，あまりにも衝撃が強く，「過去の記憶」として整理できずに精神的な傷となる場合がある。このようなストレスを，心的外傷（トラウマ）と呼んでいる。

(2) 時間経過による精神・心理的反応の変化

発災から時間が経つとともに，被災者の精神・心理的反応は，概ね次のような経過をたどる。

①災害直後（Honeymoon Phase）

被災者の多くは，ショックのために話すことも動くこともできない。災害が現実のことと思えず，夢の中の出来事のように感じる。

②初期（Inventory Phase）

被災した人々も災害を現実の出来事と感じることができるようになる。住居や家族，友人，仕事や支援に関する情報を求め始め，元の生活を取り戻すための行動を起こす。

③中期（Disillusionment Phase）

多くの被災者は，水や食物以上のものを求めるようになる。仮設住宅ではなく，永続的に住める場所や経済的な支援の必要性を感じ，怒りや不満が昂じる。被災した人々が団結して政府や自治体，NPO に様々な要求を訴えるようになる。

④回復期（Recovery Phase）

この期間は長く，数年に及ぶことが多い。多くの人々は自分自身の生活を取り戻し，新しい人間関係の下で

コミュニティの一員として再び活動するようになる。家族・親せきや友人との関係を再構築し，お互いが心理的にも支え合うことができるようになる。一方で，回復が順調でない場合には，取り残された感情（孤立感）が強まる。

以上が，被災者が一般的に辿る精神・心理的反応の変化だが，それは一律のものではなく，被害の程度や個人の資質などによって異なる。従って，被災者の支援に当たっては，個々人の反応を，時間経過を追って評価することが大切である[11]。

(3) 個人による精神・心理的反応の違い

上に述べたように，同じ出来事を経験しても，精神・心理的反応は個人によって大きく異なる。困難な状況にうまく適応できる力（精神的回復力）をレジリエンス（resilience）と呼んでいる。レジリエンスの違いによって災害後の症状は大きく異なる。この能力が高いほど，被災しても精神的に安定していることが多く，また回復も早い。レジリエンスは，①未来を肯定的に受け止める姿勢，②自らの感情を調整する能力，③様々なことに興味・関心を

示す多様性，④一歩ずつ未来に向かう忍耐力，などと関連している（高田2015）。

災害時要援護者と呼ばれる乳幼児，老人や障害をもつ人々は，どうしても受動的な立場に置かれることが多く，レジリエンスを高く保ちにくい。平常時より要援護者に焦点を当てた避難システムや心理的なサポート体制を確立しておく必要がある。

(4) 心的外傷後ストレス障害：PTSD（Post Traumatic Stress Disorder）

生命に関わるような恐ろしい出来事に遭遇して心に深い傷を受けたために，日常生活が送れないような状況になることがある。このような状態は，心的外傷後ストレス障害（PTSD）と呼ばれている。1960年代後半に，ベトナム戦争から帰国した米国軍人の心理的ケアの中で注目されるようになった障害である。我が国では，阪神・淡路大震災の後にその概念が広く知られるようになった。

PTSDの定義としては，生命に危険を感じるような深刻な体験に遭遇し，激しい恐怖や無力感を経験した後，①悪夢やフラッシュバックなどの侵入的で苦痛な症状（侵入症状）[12]，②トラ

---

11) Honeymoon Phase は，災害に遭遇した直後の状態を比喩的に表している。Inventory と Disillusionment の原義は，それぞれ「目録（あるいは棚卸・在庫調べ）」，および「幻滅」の意。

ウマと関連する特定の場所や人物を避けようとしたり，記憶の欠如などの持続的な回避症状，③不眠やイライラ感，集中困難などの覚醒度と反応性の著しい変化（覚醒の亢進），の3症状が1ヶ月以上持続し，日常生活に支障をきたすようになった状態とされている。アメリカ精神医学会の新しい診断基準DSM-5[13]（American psychiatric association 2013）では，6歳以上の子どもや青少年は，大人と同じ診断基準を用いることが可能とされている。

　震災などの外傷体験の後に出現しても，持続期間が3日から1ヶ月以内の場合や，上記の症状の一部だけを満たす例は，急性ストレス症と診断される。また，PTSDの前提となる外傷は，自分自身やごく身近な家族に生じた体験に限定しており，新聞・テレビ報道による影響は含めていない。しかし，それらも含めてPTSDとして報道されていることがしばしばある。過剰な報道はかえって社会の不安を高めるので十分に注意しなくてはならない。

(5) 乳幼児のPTSDとその症状

　小さな子どもや認知面の発達に遅れがある子どもでは，時間の概念が不十分なためPTSD症状を捉えることは大変難しいとされていたが，DSM-5では，6歳以下の子どもを対象とした診断基準を新しく設けている。幼児や認知発達面の遅れがある子どもでは，災害の後に，興奮，漠然とした怖れ，分離不安，攻撃的で破壊的な行動，一度確立していた排便，排泄行動の逆戻りなどを示すことがよくある。遊びやちょっとした行動の中に，トラウマが再現されるこのような行動を観察することによって，子どものサインを捉えなければならない。

3. 阪神・淡路大震災後における乳幼児の行動上の変化

　筆者たちは，阪神・淡路大震災後にどのような行動上の変化が乳幼児に見られたかを，1996年から1998年にかけて，乳幼児健診の場を利用して調査した（Takada 2013）。まず，震災6ヶ月後に実施した予備的調査の結果および過去の研究から，子どもたちに見られがちな行動・身体症状として表5にあげた22項目を抽出した。

　次いで，乳幼児の保護者，約8000家族（1996年:8150家族，1997年:7639家族，1998年:7690家族）を対象に，

12）侵入症状：本人の意思に関わらずトラウマ体験や場面が当時の感覚を伴って鮮明によみがえること。

13）Diagnostic and Statistical Manual of Mental Disorders.

これらの22項目の症状が自分自身の子どもに認められるかどうかを，「いいえ」，「すこし」，「かなり」，「とても」の4段階にわけて評価してもらった。

さらに，住居の被害状況を「被害なし」，「家具のみ被害」，「住宅被害あり；居住可能」，「住宅被害あり；居住不可能」，「完全崩壊・焼失」の5段階に分けて回答してもらい，子どもたちの行動と住居の被害程度との間の関係を分析した。その結果，表5の*を付けた9項目で，調査した3年間を通じて，行動と被害程度の間に有意な相関が認められた。

図9（a）に，「すぐ怒ったり興奮しやすい」という項目についての，1996年に行った調査の結果を住居被害別に示した（対照のために，震災被害を受けていない横浜での調査結果を示している）。「被害なし」群に比べて，住宅

表5 災害後に乳幼児に見られやすい精神的・身体的症状

1) 食欲がない	12) 小さな物音に驚く*
2) 食べ過ぎる	13) すぐ怒ったり興奮しやすい*
3) よく便秘あるいは下痢をする	14) イライラしやすい*
4) よくおねしょをする	15) 物事に集中できない
5) 一人でトイレに行けない	16) 指しゃぶりや爪噛みをする
6) 一人で寝られない*	17) 目をパチパチしたりどもる
7) よく夜泣きをする	18) ゼーゼーいうことがある
8) 暗い所を怖がる*	19) 皮膚や目の痒みを訴える
9) いつも親といたがる*	20) 自分にできることもやってもらいたがる
10) 地震について繰り返し話す*	21) 我慢しすぎている*
11) 地震の話をとても嫌がる*	22) そのほか何か気になることがある

*住宅被害程度と3年間にわたって有意な相関が認められた項目 p<0.01

図9 子どもの症状と自宅の被害状況との関連。(a) 怒りやすい。(b) 暗い所を怖がる。被害状況が深刻なほど「怒りやすい」，「暗いところを怖がる」と回答する保護者が多い。

被害の程度が強いほど，「かなり」または「とても」と答える割合が大きい。図9（b）は，震災から3年が経過した1998年における4〜6歳児の「暗い所を怖がる」という項目への回答結果である。症状の陽性率は明らかに住宅被害の程度と相関している。

表5の「(12)小さな物音に驚く」，「(13)すぐ怒ったり興奮しやすい」，「(14)イライラしやすい」，などの症状は，PTSDの診断基準の「覚醒の亢進」に当たる。また，「(6)一人で寝られない」，「(8)暗い所を恐がる」，「(11)地震の話をとても嫌がる」などの症状は，「再体験（侵入症状）」に当たる。これらの症状の出現率は，3年間を通じて常に住宅の被害程度との間に相関性が認められた。日常生活への影響を考えずにこれらの症状だけを取り上げてPTSDとは言えないが[14)]，震災の体験が，長期にわたって子どもの心に影響を与えていることをうかがい知ることができる。このことは，子どもたちの心身面への支援が長期にわたって必要であることを示唆している。

4. 災害と子育て環境

トラウマは，地震や洪水などに遭ったときのように，原因となる現象の時間と場所が限定されているトラウマ（Event Trauma）と，戦争や虐待などのように時間的に継続しているトラウマ（Process Trauma）に分けることができる。しかし，阪神・淡路大震災や東日本大震災のような自然災害であっても，住み慣れない環境への移転，家族の失職や家屋の焼失などのために，被災者が表す症状にはProcess Traumaとしての要素が必ず含まれている。表6に，阪神・淡路大震災の1年後に，被災地域の母親が感じていた子育て環境についての調査結果を示した（高田2012）。1年が経過しても，住居被害の程度の強かった家族ほど，「子どもと一緒に遊ぶ時間」，「ほかのお母さんと話し合う時間」，「夫と話し合う時間」が少なく，「子どもの世話をしていて体の疲れを感じること」，「子どもの世話をしていて，イライラすること」が「よくある」と答えていた。被災によって住居を失うなど家庭基盤を喪失した家族ほど，経済的な要因や再建に追われて，ゆとりのある子育てができなくなっていた。東日本大震災では，3世代同居で，これまで育児を助けてくれていた祖父母を失った家庭も多い上，津波によって甚大な被害を受けた地域では，家族機能だけではなく，コミュ

---

14) 前述のようにPTSDの診断基準には，「日常生活に支障をきたすようになった状態」の項目がある。

表6 住居の被害状況と子育ての状況（アンケート数 n:8150）。各質問項目について，「よくある」，「時々ある」，「ほとんどない」，「まったくない」の4つの選択肢のうちから一つを選んでもらった。表中の数値は「よくある」と答えた人の割合を示す。

質問項目	被害なし	家具のみ破壊	家屋の部分破壊（居住可能）	家屋の部分破壊（居住不可能）	全壊または焼失
子どもと一緒に遊ぶ時間	51.3%	49.2%	42.2%	37.4%	30.7%
子どもの世話をしていて，体の疲れを感じることがある。	11.3%	13.5%	16.5%	20.3%	23.9%
子どもの世話をしていて，イライラすることがある。	12.1%	13.6%	16.5%	20.3%	23.9%
ほかのお母さんと話し合う時間がある。	34.3%	35.0%	28.2%	20.3%	15.5%
夫と話し合う時間がある。	45.6%	48.3%	42.2%	36.1%	32.5%

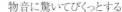

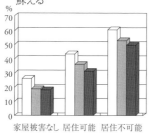

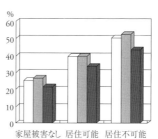

図10 住居被害の程度と母親の症状。柱の明度の違いは調査時期の違いを表す（凡例参照）。(a)「突然に震災の時の出来事が蘇える」と答えた母親の割合。(b)「物音にびくっとする」と答えた母親の割合。

ニティそのものが持っていた子育て支援機能も喪失してしまった。

災害は，母親自身の精神状態にも様々な影響を与える。図10に，(a) 侵入症状（震災時の出来事の蘇り），(b) 覚醒の亢進症状（物音にびくっとする）を訴える母親の割合を，住居の被害別および年別に示した。いずれの症状も，住宅被害の程度が強いほど症状を訴える割合が高かった。また，時間経過につれて症状を訴える割合は減少したが，3年が経過しても住宅被害別の有意差は明らかに持続していた。

5．子どもたちへの基本的な対応

危機的な状況に出会っても，子ども

たちのストレス症状の多くは一過性で、日常生活を妨げるほど深刻にはならないことが多い。そのため、阪神・淡路大震災、東日本大震災でも、専門医による対応や投薬を必要とするケースは限られていた。多くの子どもは、身近な大人が適切に対応すれば次第に落ち着いてくる。子どもたちへの対応の基本は、(1) 本人にとって「安全で安心な環境」を保証すること、(2) 本人自身がどのようにトラウマの原因となる出来事を認識しているかを知り、誤った事実の認識があれば少しずつ修正することである。

幼い子どもたちは、すべての事象が自分自身の行動との間に関連性を持つと考えがちである。例えば、「お母さんが帰ってこないのは、僕がお母さんの言うことを聞かなかったせいだ」などと思い込んでしまうなど、私たちが想像していることとまったく違うことで傷ついている場合がある。子ども自身が語る言葉に耳を傾け、遊びや行動の中から子どもの認識を理解する必要がある。しかし、子どもは、自分自身の気持ちを的確な言葉で表現できないことが多い。時には、作品や遊びを通して感情が表現されることがあるので、粘土や、箱庭、人形と人形の家、色鉛筆、そしてマーカーと紙などを使った遊びがよく利用される。

しかし、子どもとの十分な信頼関係のない状態で、強制的に起こった出来事を語らせたり、災害に関する絵を描かせたりすることは厳に慎むべきである。子どもたちに大切なのは、安心して身を任せられる大人がすぐ傍にいることであり、「恐ろしい出来事は過ぎ去った。今は十分安全で、すべてのことが元の状態に回復しつつある」という確信を持てることである。

6. ビリーブメントケア
(1) 親を亡くした子どもへの支援

ビリーブメント (bereavement) とは死別を意味する。阪神・淡路大震災、東日本大震災を通じて、親を亡くした子どもへの支援や子どもを亡くした親への支援は NPO を中心に行われてきた。愛着対象を失った後に、心理的な苦痛に対処しながら、現実に適応し、新たな愛着関係を作っていく過程は「喪のプロセス」と呼ばれている。Drotar et al. (1975) は、先天的奇形のある子どもを生んだ母親を対象とした研究から、悲嘆と喪のプロセスは、①ショック、②否認、③悲しみと怒り、④適応、⑤再起の順序で、一般には5〜6週間で経過していくとした。あるいは、①激しいショックに見舞われその人の死を信じることができない時期、②苦悩し気持ちが混乱している時

期，③時に悲しみが押し寄せるが心の再建を図ろうとする時期，と分けることもできる。しかし，現実には，時間経過によってそれほど明瞭に分けることは難しい。悲嘆の過程は一人ひとり異なり，決まったある時点で乗り越えるという性質のものではなく，時を経ても繰り返し悲嘆の波は押し寄せる。「何を喪失したか」に捉われずに，「亡くなった人との新しい関係を築きなおす」ことが重要とされている。「亡くなった人のことを思い出したり，話し

たりすることは新たな悲しみを生み出すから避ける」のは賢明な方法ではない。むしろ，「亡くなった人のことを思い浮かべることによって励まされ，懐かしい気持ちに包まれるようになる」ことを目指すべきである。

幼い子どもでは，死の概念が曖昧なために，喪失を自分の周囲の環境に生じた一時的な変化と考え，遷延化，複雑化することがある。家族を亡くした子どもや子どもを亡くした家族の支援にあたる人は，これらの悲しみの過程

表7　基本的な傾聴技術

- 亡くなって何ヶ月か経過した後に強い感情が表出されるのは異常ではない
- 泣きながら話すのに耳を傾けるのはとてもつらいことであるが，重要なことである
- 感情が高ぶってヒステリックになった場合には，気持ちを落ち着ける（calm down する）時間と場所を用意する
- 話題を変えたり，気をそらそうとしてはならない
- 細部に関してのアドバイスや質問をしない
- 共感は大切だが，過剰な同情をしてはならない
- 話をしている時に遮ってはならない
- 怒りも大切な表現で，正誤の判断をしてはならない
- 黙っていることも大切である
- 話している内容に耳を澄ますとともに話の内容に含まれている感情に注意する
- 話している人が本当に言いたいことを聞き取る
- 身振りや表情などの非言語的コミュニケーションにも注意する
- 自分自身の気持ちをゆったりとする
- 話をするために静かな場所を確保する

表8　傾聴する時の反応の仕方

- うなずき，ほほ笑み，時々相手の目を見る
- 間を取る
- 「わかります」，「なるほど」と相槌を打つ
- 相手が話した言葉のうち，最後の2～3語を復唱する
- 多くの情報が得られるような質問をする
- 聞いた内容をまとめて，別の言葉に置き換える
- 前後の脈絡の中から話し手の考えを理解する

表9　悲嘆する遺族を支援するための技術

- 悲しみ方は一律ではなく，人それぞれの方法でよいと遺族を力づける
- 遺族と話をする時には，プライバシーが守れる静かな部屋を用意する
- 亡くなった方の名前を呼ぶときは過去形にする
- 「亡くなった」，「死」という言葉を使う
- 遺族に亡くなった方の生前の様子や思い出について話してもらう
- その方が亡くなってから遺族がどのように悲しみに対処してきたかを尋ねる
- 以前に身内の方がなくなった時には，どのように悲しみを乗り越えたかを尋ねる
- 遺族がとても精神的に強いこと，これまでよく頑張ってきたことを評価し，そのことを話す
- 「今の悲しみも乗り切れる」と確信をもって話す
- 亡くなった方との関係を改めて尋ねる
- 遺族が持っている特別な才能や趣味（音楽，手芸など）があれば，その能力を活かすことを助ける
- 生活スタイルを急に変えないように助言する
- 「気分が落ち込むのは普通のことだ」と本人自身が思えるようにする
- 遺族が，自分自身の感情（悲しみも含めて）を見極めるのを助ける
- 遺族に「気持ちがアップ・ダウンするのは普通のことだ」とあらかじめ話しておく
- よく食べ，よく休み，よく運動するように勧める
- アルコールや精神安定剤の使用を控えるように勧める

と対応法について十分な研修を受ける必要がある。基本的な態度としては，相手の話すことに耳を傾けることが挙げられる。表7，8，9に支援者が身につけておくべき基本的な傾聴手技，傾聴する時の反応の仕方，悲嘆する遺族を支援するための技術をまとめた。

我が国では，医師や看護師のような医療者であっても，ビリーブメントケアの研修を受けていないことがよくある。人の悲しみを聞く作業は，支援者にも重い心理的負担をもたらす。時には，その負担から燃え尽きてしまうこともある。特に年齢の若い支援者，医療者にとって，基礎的な研修は極めて

重要である（Setou and Takada 2013）。大切な点は，自分だけで問題をかかえず，必ず助言者を見つけておくことである。

(2) 複雑性悲嘆への支援

親しい人を亡くした後，嘆き悲しむ気持ちが長期間にわたって激しく続き，日常生活や仕事・学業，対人関係などに支障が生じる状態を「複雑性悲嘆」と言う。複雑性悲嘆は精神疾患ではなく，悲嘆のプロセスが長引いて抜け出せない状態と考えられる。しかし，精神的な苦しみが大きいだけでなく，アルコールや薬物中毒を招いたり，死

第6章 災害医療 第2節 災害時要援護者への医療支援 | 403

にたいと考えたり，人間関係がうまくいかない等，心身の様々な面に影響を与える。子どもを亡くすことはそれだけで複雑性悲嘆を生じるリスク因子となる。リスクの高い人と向き合う場合には，細心の注意を払う必要がある。専門家による支援が必要と考えられた場合には，直ちに医療機関と相談しなければならない。複雑性悲嘆とうつ病との鑑別が必要な場合も多く，専門医のサポートが不可欠である。

(3)「あいまいな喪失」への支援

東日本大震災の大きな特徴の一つは，多くの行方不明者の存在である。行方不明者の家族には，正常な悲嘆のプロセスが働きにくく，回復へと向かわないことがある。また，行方不明であることについての家族各々の考え方や捉え方も異なるため，家族の中でコミュニケーションの断絶が生じ，葛藤が生じやすい。そのため，行方不明というあいまいな形での喪失は，複雑性悲嘆を生じるリスクが高いと言える。高橋（2012）は，このような場合にはジェノグラム（世代関係図）[15]を書き，家族全体の視点で考え直すことを推奨している。

7. 特別な医療的支援を必要とする子どものケア

(1) 在宅医療の普及とその対応

在宅医療制度が普及し，重い障害のある多くの子どもたちが自宅で過ごすようになってきた。しかし，在宅酸素療法や在宅人工呼吸管理は，ライフラインが作動し，自宅で必要とする医療材料が確実に手に入ることを前提としている。ライフラインがストップした場合に備えて，行政と医療者，医療機器管理者が協力して，ガイドラインを作成しておく必要がある。また，家族やケアに携わる人々が，ケアの内容や意義を正しく理解していることも重要である。介護福祉士法の改正に伴い，ヘルパーや教職員などの多くの非医療職者が医療的ケアに参加するようになってきた。これらの人々への研修も含めたバックアップ体制の構築が必要である。

(2) 情報の共有

家族と共に被災地から離れた地域へと避難していく子どもたちも多い。これまでケアを受けていた医療機関と新しい居住地の医療機関との情報の共有が重要である。とりわけ，重症心身障害児（重症児）では，てんかんや胃食

15）ジェノグラム：家族の全体像を捉えるために家族構成と関係を表したダイアグラム。

道逆流など合併症に対する服薬数が多く，一人ひとりが異なった処方を必要としている。同じ医療的ケアであっても医療機関によって家族への手技（ケアの方法）の指導法が異なっている場合もある。新しく受け入れる機関では，家族と改めて手技の確認をする必要がある。さらに，緊急時の受け入れ病院，理学療法・作業療法などの訓練時間の確保も必要である。情報が不十分であると，適切な療育がなされず，嚥下機能や身体機能が大きく後退する場合もある。

(3) 災害が障害のある子どもたちに及ぼす影響

筆者たちは，阪神・淡路大震災の2ヶ月後に，神戸市立の養護学校5校，通園施設4園に通う子どもの家族（678家族）を対象に質問紙調査を行い，466家族（内訳は，肢体障害児の家族が191家族，知的障害・情緒障害児の家族が275家族）から回答を得た（表10）（Takada 1995）。災害後に困った事項として，共通して挙げられたのは食料およびライフラインの確保である。それと共に，知的・情緒障害のある子どもの家族の場合は，子どもの介護，興奮・パニックなどが挙げられ，身体障害児の家族からは，医薬・介護用品，主治医との連絡が挙げられていた。興奮・パニックなどは，特に自閉スペクトラム症[16]のある場合に，顕著に認められた。

次に，阪神・淡路大震災から2ヶ月が経った時点において，家族に対し，災害前に比べて子どもたちにどのような変化が見られたかを尋ねた。障害のある子どもは，レジリエンスが低く，心理面での影響を受けやすい。以下に述べるように，災害や災害に伴う環境変化は，子どもたちの行動・身体面に

表10　阪神・災害後に障害のある子どもの家族は何に困ったか（n: サンプル数）

	知的・情緒障害家族（n:275）	肢体不自由障害家族（n:191）
1	食物・水の不足（n:103）	食物・水の不足（n:61）
2	電気・ガス（n:51）	電気・ガス（n:27）
3	子どもの介護（n:26）	医療・介護用品（n:20）
4	子どもの興奮・パニック（n:22）	避難場所（n:16）
5	避難場所（n:17）	主治医との連絡（n:14）

---

16) 自閉スペクトラム症：自閉的な症状は，同じ症状であっても，個人によって，その程度は強いものからごく弱いものまでさまざまである。そこで，「連続的な症状」という意味で「スペクトラム症」が用いられる。

表 11　阪神・淡路大震災後の身体・精神面での変化（数字は有効回答数）

知的・情緒障害（n:275）		身体障害（重複障害）（n:191）	
睡眠障害	26	睡眠障害	15
排便・排尿	18	排便・排尿	6
興奮	18	興奮	6
食欲不振・過食	8	悪心・嘔吐	4
他傷・自傷	8	他傷・自傷	4
てんかん発作の増悪	8	分離不安	3
分離不安	6	運動能力の低下	3
運動能力の低下	6	感覚過敏	3
元気がない	4	呼吸症状の悪化	3
悪心・嘔吐	4	その他	16
その他	8		

様々な影響を及ぼしていることが分かった。

表 11 に，知的・情緒障害と身体障害（知的障害との重複障害）とに分けて，回答の多い順に症状を列記した。いずれも，睡眠障害が最も多かった。睡眠リズムの確立には，中枢神経機能や神経伝達物質の分泌制御が関与している。避難所での暮らしが長引くと，健常者でも睡眠障害を発症しやすいが，もともと，神経機能に障害があって睡眠リズムや食習慣が乱れがちな人たちでは，その傾向がより強まると考えられる。

次いで多かったのは，排便，排尿など生活習慣に関するものであった。嚥下機能の問題から流動食など特定の形状の食品しか摂取できないことも多い。ライフラインが停止した中で，摂食能力に応じた食材を用意することは難しく，通常の形状の食物では，十分に消化吸収できないことが多いためと考えられる。また，紙おむつなどの特殊な生活用品はなかなか届けられなかった。

その他，分離不安が強くなり幼児返り現象を起こしたりする例や，強度の興奮やてんかん発作の増悪など，専門医による治療を必要とする例も見られた。東日本大震災でも，同様の体調の変化が数多く見られた。

視覚・聴覚など感覚器障害を合併する子どもでは，災害に関する十分な情報が得にくく，事態の把握・理解が難しいために心理的不安が生じやすい。不安が強くなると，親や身近な大人から離れられないなどの症状が見られることがよくあった。各々の子どもの能

力にあった説明の仕方を考えなくてはならない。

8. コミュニティに基盤を置いた障害児（者）とその家族への支援

　阪神・淡路大震災後に障害児をもつ家族に，震災後に最も感じたことは何か？　とのアンケート調査を行った。その時に多くの家族が指摘した以下の3点を挙げて，本節のまとめとしたい。

①自分自身が子どもの状態を理解することの大切さ（情報の自己管理）

　前項に述べたように，重い障害を持つ子ども達では，複数のケアを必要とする子どもも多く，医療との継続的なつながりが不可欠である。避難先においても，適切な管理をしてもらえるように，病名や服薬している薬の種類，在宅で必要な医療機器，ライフラインが停止した場合の代替用品などについて，家族自身が子どもの健康情報をすべて把握する必要性を挙げていた。しかし，家族が医療情報を正しく理解して，適正に管理できるとは限らないので，家族にどこまで委ねてよいかには難しい問題がある。家族が思い煩わずに済むように，移動先の医療機関が医療情報を適切に管理できるシステムが必要である。IT を用いた管理システムも考えられるが，個人情報をいかに保護するかが重要な課題となる。

②障害者を想定した避難システムの必要性

　大規模災害時には乳幼児，高齢者，障害児（者）などの自らの力では身を守ることのできない人々が犠牲となることが多い。福祉避難所を設けるだけでは不十分である。高齢社会が進行する中で，誰が支援を必要としているのかを把握しておかなければならない。本節第1項（2）でも触れたように，災害対策基本法（第49条の10）は，市町村に避難行動要支援者名簿を作成しておくことを義務づけている。これに応じて，各市町村では，「災害時要援護者支援制度」が施行され，災害時には自主防災組織，消防団などの地域住民が支援に当たることが期待されている。しかし，そういった組織の支援体制は，全国的に見てまだ模索段階と言わざるを得ない。

③コミュニティと交流することの大切さ

　阪神・淡路大震災においては，倒壊家屋から救出された多くは近隣の人々の力によるものであった[17]。それま

17）第4章3節「自主防災組織・ボランティア」を参照。

第6章　災害医療　第3節　被災地の病院　｜　407

で，あまり交流のなかった地域の人々が助けに来てくれたこと，近所の人々が声をかけて励ましてくれたこと，などが多くの調査用紙に記載されてい

た。日頃より，障害のある子どもや高齢の人々を地域全体で受容し，見守っていくことが最も重要であろう。

（高田　哲）

第3節　被災地の病院

　東日本大震災（2011年3月11日）は過疎地域である東北地方太平洋沿岸地域に甚大なる被害を与え，地震・津波・火災の複合災害により，被災地域は多くの住民の生命と財産を失った。気仙沼市では，死者1141人，行方不明者215人に至る[18]。都市計画区域面積の20.5%が浸水し，住宅被災棟数が1万5815棟，被災世帯数が9500世帯に及んだ。東日本大震災発災の直後，気仙沼地域における災害拠点病院である気仙沼市立病院は，外部との情報交換の手段が断たれ孤立した。そんな中での同病院の医療活動，および地域災害医療コーディネーターとしての筆者の活動を紹介し，今後の大規模災害に向けての課題や備えについて考える。

1.　災害拠点病院とは

　阪神・淡路大震災の反省を踏まえ，DMAT（災害医療派遣チーム：Disaster Medical Assistance Team）の設立とともに，医療圏ごとの災害拠点病院の整備が進められてきた[19]。災害拠点病院は，耐震性，ライフラインの自立性，物資の備蓄をもち，大規模災害時においても地域の中心となって，医療活動を継続して行うことを期待されている病院である。傷病者の受け入れと診療を行うのみならず，DMATを始めとした外部医療支援チームの活動拠点となる。また，保健所・市町村などの行政機関，および消防・警察などの防災機関と連携し，情報の収集・分析・提供を行うことによって，地域全体の医療調整機能を担う（厚生省1996）。

18）死者数は，震災関連死を含む。気仙沼市に住民登録を有しない人は含まない。気仙沼市HPによる（2017年7月11日更新）。

19）DMATについては，本章第1節3項「DMATとは」を参照。

気仙沼市立病院は，宮城県災害拠点病院の一つとして，また岩手県南部を含む三陸沿岸の基幹病院として救急医療，高度医療，先駆的医療も行ってきた。仙台や盛岡などの県都からは遠く離れているため，県内で最も地域完結型医療が求められている病院の一つである。2011 年（平成 23 年）5 月 1 日の時点で，病床数は 451 床，医師 49 名を含む職員 496 名を擁している。災害拠点病院として，年 1 回の机上トリアージ訓練を実施するほか，病院全体によるトリアージ訓練や，「気仙沼市立病院集団災害マニュアル」の作成等を行ってきた（横山 2011）。

2. 災害医療コーディネーターとは

災害医療コーディネーターは，災害などにより大規模な人的被害が発生した場合に，必要とされる医療を迅速かつ的確に提供するための調整を行うという重要な役割を担っている。災害医療に精通し，かつ地域医療の現状について熟知している医師に，都道府県知事が委嘱する。宮城県では東日本大震災の前年の 2010 年（平成 22 年）より，運用が開始されている。被災地域の災害医療コーディネーターの業務は，急性期における災害医療対策本部の構築，亜急性期から慢性期にいたる外部支援者の医療救護班の配分と相互調整，および公衆衛生活動を行うスタッフとの情報提供や連携の確保を行うことである。

大規模災害時の混乱し複雑化した状況下において，「本部に情報なく，現場に権限がない」ことによって生じる指揮命令系統の乱れは，ただちに二次的被害の増大につながる。地域災害医療コーディネーターの任務は，そのような状況を回避するために，県災害対策本部に正確な被災情報を発信し，具体的支援を要請することである（図11）。被災現場における行動計画を，迅速かつ的確に実践する上で，極めて重要な機能だと言える（宮城県2013）。

3. 気仙沼市立病院における初動

この項では，災害医療コーディネーターとして筆者が体験した，発災時から約 2 週間の気仙沼市立病院の活動を紹介する。

2011 年 3 月 11 日 14 時 46 分地震発生。気仙沼市立病院の地震による施設損壊は一部にとどまったが，老朽化した初期建設棟（築 46 年）の損傷は激しかった。発災後すぐに自家発電機 2 基が稼働し，最低限の電源が確保された。ガスは停止したが，水道は使用可能であった。固定電話は回線損壊により直ちに使用不能となった。携帯電話

図11　気仙沼災害医療対策本部と地域災害医療コーディネーターの業務。(a) 情報の共有を図る。(b) 支援の配分を検討。

のメールは携帯電話基地局の電力が消失するまでの30分間ほどは使用可能であった。この間に，職員はメールによる家族の安否確認を行うことができた。病院所有の衛星携帯電話は，受信はできたが，地震による機器の不具合によって発信はできなかった。

病院は高台にあるが，15時過ぎに津波が病院のすぐ下にまで来襲した。来院する患者に備えて，病院救急室入口前にトリアージポスト[20]を構築し，さらに各トリアージエリア[21]の整備を指示した。発災時の入院患者数は365名，うち搬送に担架を要する患者が166名，出産を控えた妊婦が6名であった。対応すべき透析患者数が168名。病院内には約40人の医師，約150人の看護師がおり，現有のスタッフで以後の診療にあたった。来院した避難者をより高台の避難所に誘導しつつ，傷病者の受け入れを開始した。

火災が市街地や海上，山林に広がるのが病院から見え，一時は，病院に及ぶのではないかと心配された。多数の傷病者が来院するものと推測されたが，翌朝までに受け入れた傷病者は20名にすぎなかった。多くの住民が津波で溺死したことの他に，津波によ

---

20) トリアージポスト：トリアージを行う場所。トリアージについては，381ページの脚注1) を参照。
21) トリアージエリア：トリアージポスト内でトリアージを行うために区切られた場所。各エリア内には医療関係者と傷病者以外は入れない。

る道路の損壊，不整地走行可能車両がないことによる搬送不能が原因であった。この時，すでに被災した気仙沼市医師会会員が，避難先の各避難所で，傷病者や災害弱者に対する診療活動を開始している。医師会会員による自発的な診療活動が，以後の各避難所における保健活動，救護所設営などの体制構築へとつながっていった。

4. 気仙沼災害医療対策本部機能の構築

発災当日（3月11日）に，自衛隊機によって撮影された気仙沼の海上及び市街地火災の映像が報道された。同日夜には東京消防庁とともに東京DMAT先遣隊が気仙沼支援のための初動を開始し，翌日（3月12日）午後に気仙沼市立病院前のトリアージポストにて，同部隊と病院のスタッフとが初めて顔を合わせた。両者は協働して院内に災害医療対策本部を構築するとともに，気仙沼市災害対策本部の行政関係者や，自衛隊，警察，消防などとの情報共有を図った。

しかし，孤立した地域の被災情報の収集および情報発信は困難を極め，宮城県災害医療対策本部との情報共有も制約されていたために，重症傷病者も病院内で対応することを余儀なくされた。結果的に，発災72時間以内の域外医療搬送は陸路救急車による一例のみだった。仙台市陸上自衛隊東北方面隊霞目飛行場SCU[22]にはDMAT25部隊120人が参集していたにも拘わらず，需要についての情報不足のために，効果的な運用がなされなかった。これは大きな反省点である。

発災3日後の3月14日，気仙沼市役所に移動通信基地局が設置され通信が一部可能となり，翌3月15日早朝に，重症患者24名を東北大学病院へ緊急医療搬送することができた。さらには情報通信ツールが完全復旧したこと，および航空自衛隊松島基地の滑走路復旧により，3月22日から23日までに，自衛隊の輸送機による慢性透析患者78名の札幌への広域医療搬送ができた（図12）。

災害医療現場においては，発災直後だけではなく，発災後の各フェーズにおいてさまざまな問題が生じる。日々体制が変わる多数の医療支援チームが協働し，複雑な医療システムを柔軟かつ迅速に運用しなければならない。問題解決のために特に重要なのは情報管理である。情報の円滑な収集・発信・共有が，意思決定を迅速化し，システ

22）SCU: 本章第1節図3，および382ページの脚注3）を参照。

図12　慢性透析患者78名の札幌への広域医療搬送（航空自衛隊松島基地）。(a) 自衛隊の輸送機 (b) 搬送される慢性透析患者と機内の状況。

ムの効率的な運用を可能にする。

5. 災害医療の具体事例

以下に，災害時医療の具体例として，避難所のインフルエンザ対策，および災害弱者への対応例を述べる。

(1) 避難所感染対策（インフルエンザ）

3月21日，気仙沼市内で最大の避難所「ケーウェーブ」（気仙沼市総合体育館：避難者数約1500人）でインフルエンザの第一例が発生した。高齢者が多く，氷点下の厳しい寒さが続く中，密集して生活する過酷な環境下の2週間におよぶ避難生活の疲れもあり，インフルエンザ蔓延による重症化や死亡例の発生が懸念された。参集した医療救護班の中から人選して感染症対策チームを作り，対応策を作成してもらった。避難所内の有症者を日々報告し集計するシステム（症候サーベイランス）を構築し，災害医療対策本部での情報共有を行った。また，二次感染予防の観点から早期治療が有用と判断し，発症直後に行う迅速診断検査[23]が陰性と出た患者に対しても，医師による臨床診断を重視して治療を行った。避難所での患者隔離および濃厚接触者への抗インフルエンザ薬の予防的投与も行い，アウトブレイク[24]の制御に成功した。

避難所での感染対策の基本は，手指

23）迅速診断検査：特別な器械がなくても簡単な操作で短時間にウイルスや細菌などを検出することができる検査。
24）アウトブレイク：感染症患者の突発的な増加。

衛生，環境整備，咳エチケットであり，避難者特に子どもに対する教育・啓発活動が重要なポイントである。しかし，避難所のインフラ復旧状況や物資・薬剤の充足状況などの違いによって，実施できる対策は異なる。「ここにあるもので，どこまでできるか」という発想で，現場に適した柔軟な対応が求められる（山内・成田 2014）。

(2) 災害弱者——てんかん患者の場合

東日本大震災の急性期においては，慢性疾患患者の薬剤不足が大きな問題となった。発災直後，気仙沼市立病院を受診するけいれん性疾患の患者が急増し，この中には，抗てんかん薬の不足によるてんかん発作の重積[25]例も含まれるが，低栄養や環境因子，ストレス，さらには抗精神薬の退薬[26]に起因する，てんかん以外のけいれん性疾患も多く含まれていた（中里・他 2012）。震災前の薬物療法の再開には，「お薬手帳」などの薬剤情報が不可欠であり，病院は，平時から薬剤の管理方法と災害時の対応を考慮しておくべきである。被災地域においては，医薬品の保管状況に応じた処方や代替薬への変更などの臨機応変な対応が必要と

なることも承知しておく必要がある。

てんかん患者の特殊事情として，「発作を他人に見られたくないために避難所に行けない」，「普段とは異なる強い不安感が出現する」，「幻覚や妄想などの精神症状が新たに出現する」といった事例があった。こうした問題の中には，医療としての対応が必須の場合もあるが，誰かに相談するだけで軽減されることも少なくない。これらを解決するべく，患者団体である日本てんかん協会では，電話相談を開設し，多くの患者の悩みに対応していた。慢性疾患を抱える災害弱者に対する，専門職種による遠隔支援システムも今後検討すべき課題である（中里・他 2012）。

6. 東日本大震災の教訓と課題

東日本大震災において，特に発災から情報インフラが復旧するまでの1週間は，医療機関の被災状況の情報収集・発信・共有が極めて困難であった。大規模災害の被災地において，特に高齢化社会においては，災害拠点病院だけではなく，中小医療機関や医療依存度が高い災害弱者を多く抱える介護施設，さらには避難所の状況などの医療情報を把握する必要がある。発災

---

25) てんかん発作の重積：発作がある程度（一般的には 30 分以上）続くか，短い発作が反復しその間の意識の回復がない状態。
26) 退薬：薬の摂取を中断，あるいはやめること。

図13 ヘリ空撮による災害緊急時情報収集システム（気仙沼方式）。災害時施設状況伝達横断幕（"SOS"シート）の記載項目は報告日，収容者数および傷病者数とし，他に，施設倒壊状況，ライフライン（水・電気・ガス）の状況・必要物資の標示（これらは広域災害救急医療情報システムの緊急時入力項目でもある）にはピクトグラム（絵文字）を使用した。

初期の初動期における情報収集も重要であるが，DMATが撤収する前の，発災後48時間から72時間の間に行われる情報収集は，それ以降の医療救護班の支援配分を見積もるためにも極めて重要である。

東日本大震災における経験を踏まえて，気仙沼市立病院では，情報通信システムが途絶し広域災害救急医療情報システム（EMIS）[27]の機能が損なわれた被災地で，いち早く情報を収集するためのヘリ空撮によるシステム（気仙沼方式）を開発した（図13）。システムは，写真撮影と同時に位置情報を記録する特殊カメラと，被災施設の屋上に設置する災害時施設状況伝達横断幕（"SOS"シート）からなる。病院の位置を示す位置情報は，地理情報システム（GIS:Geographic Information System）によって総合的に管理・加工され，視覚的に表示される。これによって，高度な分析や迅速な判断が可能になると期待される[28]。

気仙沼における2回の実証実験では，短時間で網羅的な調査が可能であり，操作も容易であることが証明された。"SOS"シートの視認性は高く，文字の判読性も比較的良好であった。シートはコンパクトで場所もとらず，長期保存も可能である。震災時の避難

---

27) 広域災害救急医療情報システム：災害時の初期医療体制の確立のために，被災地医療機関間の情報交換や，被災地医療機関から行政・他都道府県医療機関への情報発信を，インターネットを介して円滑に行うことを目的に構築されたシステム。Emergency Medical Information System.
28) GISの地すべり災害への応用については，第10章2節「学術的な国際貢献──ホンジュラスの地すべり災害」を参照。

所に指定されている学校でも利用可能であり，平時における避難所運営訓練および防災・減災意識向上のアイテムとしても活用可能である。次なる大規模災害に備え，地域全体の防災・減災力向上のためのツールとして発展していくことを期待している（成田2015）。

*　*　*

筆者は，被災地の災害拠点病院の医師として，また宮城県地域災害医療コーディネーターとして，東日本大震災の発災直後から復興期まで様々な活動に関与してきた。それらの経験を通して気づいたことは，今回の災害を，阪神・淡路大震災を契機に構築されてきた救急救命に重点を置いた災害医療システムから，超高齢化した地域社会を包括的ケアで支え，急性期から慢性期までをカバーする幅広い災害医療システムへの大きな転換点としなければならないという事である。震災復興・地域医療再生とともに，次なる大規模災害に備えた新たな防災・減災システムや，人材教育システムの開発の必要性を感じている。

「Build Back Better：災害発生以前からあった問題も復興支援を通じて解決する」という精神は，2004年スマトラ沖地震・津波のあとに提唱されたものである（國井2012）。この精神をさらに進化させ，「より早期の復興を，より広域に，さらにはより深層へ，より強靭に」と，東日本大震災を風化させることなく次世代へと伝承し，地域社会へ新たな医療システムを提言していくことが重要と考えている。

（成田徳雄）

■参照文献

石井正三（2012）「JMAT総論」JMATに関する災害医療研修会，2012年5月。

気仙沼市立病院（2012）「気仙沼市立病院東日本大震災活動記録集　今を生きる　ともに未来へ」気仙沼市立病院記録集編集委員会，2012年3月。

國井修（2012）「災害時における公衆衛生対策の最低基準」『災害時の公衆衛生——私たちにできること』國井修（編），南山堂；36-47，2012年7月。

厚生省（1996）「21世紀の災害医療体制——災害に備える医療のあり方」健康施策局指

導課（監），へるす出版，1996 年 10 月。

厚生労働省（2011）「災害医療等のあり方に関する検討会　報告書」2011 年 10 月。

高田哲（2012）「東日本大震災における子どもの心とその支援　阪神・淡路大震災の経験から」『小児科臨床』65（10）；2137-2145，2012 年 10 月。

高田哲（2015）「大規模災害が障がいのある子どもたちに及ぼす影響と支援」『発達障害研究』37（1）；32-43，2015 年 2 月。

高橋聡美（編著）（2012）「グリーフケア 死別による悲嘆の援助」メヂカルフレンド社，2012 年 5 月。

田中総一郎（2014）「重い障害のあるこどもたちの防災と今後の展望」『日本小児科学会雑誌』194，CS2-2。

内閣府（2006）「災害時要援護者の避難支援ガイドライン」災害時要援護者の避難対策に関する検討会，2006 年 3 月。

中里信和・神一敬・大沢伸一郎・岩崎真樹・冨永悌二・成田徳雄（2012）「災害時の対応」『新しい診断と治療の ABC　てんかん』辻貞俊（編），244-249，最新医学社。

成田徳雄（2015）「地域災害医療コーディネーターの役割」『スーパー総合医　大規模災害時医療』長 純一・永井康徳（編）；42-48，中山書店，2015 年 7 月。

日経メディカル（2011）「厚労省が東日本大震災での DMAT 活動を総括」2011 年 6 月 7 日。

人と防災未来センター（2014）「避難所運営ガイドブック」（公財）ひょうご震災記念 21 世紀研究機構，2014 年 3 月。

福島原発事故独立検証委員会（2012）『福島原発事故独立検証委員会　調査・検証報告書』ディスカヴァー・トゥエンティワン，2012 年 3 月。

舟橋洋一（2012）『カウントダウン・メルトダウン』文芸春秋，2012 年 12 月。

細田重憲・他（2013）「東日本大震災における福祉避難所の状況と課題についての調査研究報告」岩手県立大学地域政策研究センター，2013 年 7 月。

宮城県（2013）「大規模災害時医療救護活動マニュアル（改訂版）」2013 年 3 月。

山内勇人・成田徳雄（2014）「大規模災害時の感染対策」『感染制御標準ガイド』小林寛伊（総監修）；194-201，（株）じほう，2014 年 6 月。

山本保博（編）（1998）「災害の初動期における活動マニュアルとその運営に関する研究班」厚生科学研究費補助金（災害時支援対策総合研究）研究報告書，1998 年 4 月。

山本保博（2012）「東日本大震災を踏まえた帰宅困難者の対応を考える」『日本集団災害

医学会誌』17 巻（1）；1-2。

横山成邦（2011）「東日本大震災における気仙沼市立病院が果たした役割と災害拠点病院としての問題点」第1回災害医療のあり方に関する検討会（厚生労働省），2011年7月。

American psychiatric association (2013), Desk reference to the diagnostic criteria from DSM-5TM, *American Psychiatric Publishing*, Washington,DC, London England.

Drotar, D., A. Baskiewicz, N. Irvin et al. (1975), The adaptation pf parents to the birth of an infant with a congenital malformation: Hypothetical Model, *Pediatrics* 56, 710-717.

Setou, Noriko, and Satoshi Takada (2013), Associated factors of psychological distress among Japanese pediatricians in supporting the bereaved family who has lost a child, *Kobe J. Med.Sci.* 58, 4, 119-127.

Takada, S. (1995), Difficulties of families with handicapped children after the Hanshin = Awaji earthquake, *Acta Paediatrica Japonica*.

Takada, S. (2013), Post-traumatic stress disorders and mental health care (Lessons learned from The Hanshin-Awaji Earthquake, Kobe 1995), *Brain Dev.* 35 (3), 214-219.

■参考文献

青野允・鵜飼卓・山本保博（1992）『災害医学用語事典』へるす出版，1992年9月。

五百旗頭真・他（2011）『災害対策全書第1-4巻』ぎょうせい，2011年5月。

国際災害研究会編（1996）『災害医療ガイドブック』医学書院，1996年10月。

Toshifumi Otsuka, Yasuhiro Yamamoto, Norifumi Ninomiya (1992) Further Aspects of Disaster Medicine, *Herusu Publishing Co, Inc*, Tokyo, 1992.9.

災害と経済 第7章

　経済学は，社会における資源の配分と使用を分析することによって，究極的には社会および個人の福祉の向上を目指すことを目的にしている。伝統的な経済学は，自然災害と経済の関係を長らく分析の枠外に置いてきた。しかし，実際には，大災害が起きれば経済は大きな影響を受ける。応急対応，復旧，復興，そして次の災害までの各局面において，ヒト，モノ，カネ，情報などの資源を動員し，それらをいかに有効に活用し，究極的には社会（特に被災地）とヒト（特に被災者）の福祉の向上に役立てることができるか。これはまさに経済学が対象とすべき課題である。

　本章では，災害と経済の問題をすべて網羅することはできないが，自然災害が経済に与える「経済被害」という概念をキーワードにして，災害によって経済活動がどのような被害を受けるのか，また，その被害を最小限に抑えるにはどのような備えが可能なのかについて考察する。

第1節　災害による経済被害

災害が経済に及ぼす被害と言うと，建物やインフラが崩壊した姿を思い浮かべるだろう。損壊した建築物を復旧するのに要する費用が被害額である。しかし，それは災害による経済被害のすべてではない。災害は社会・経済活動そのものに打撃を与え，活動を低下させる。これによる損害は，被災者の所得と消費を減じ，生活に大きな影響を与える。前者の損害をストック被害（あるいは直接被害）と呼ぶのに対し，後者の損害をフロー被害（あるいは間接被害）と呼ぶ。災害の経済被害を推計するには，この経済被害の両側面を検討する必要があるが，経済学的な考察をより必要とするのはむしろフロー被害の方である。

1. ストック被害

災害によるストック被害とは，建築物，ライフライン施設[1]，社会基盤施設[2]，および農林水産施設などの物的な資産が受ける被害を指す。工場内の機械，在庫品や住宅内の家具類を含める場合もある。それらの被害を金額表示したものがストック被害額である。

図1は，日本における災害によるストック（住宅を除く）被害額およびその対国内総生産（GDP）比の推移を示している。図1を見ると，1995年（平成7年）と2011年（平成23年）を除けば，ストック被害額の対GDP比は減少傾向にあるように見える。しかし，1995年1月17日に阪神・淡路大震災，2011年3月11日に東日本大震災が発生し，それぞれ戦後最大のストック被害をもたらした。長期的に見て，わが国の自然災害による経済的被害が減少傾向にあるとは言えない。

一般に，経済発展が進むにつれストックの蓄積量が増え，人も産業も集中する。その結果，災害に対する社会の抵抗力が弱まる傾向がある[3]。資産ストック，人口，産業が集中している

---

1) ライフライン施設：水道，ガス，電気，通信・放送施設，等
2) 社会基盤施設：道路，河川，橋，鉄道，港湾，空港，下水道，等。インフラストラクチャーまたはインフラとも言われる。
3) 第1章7節「都市災害」を参照。

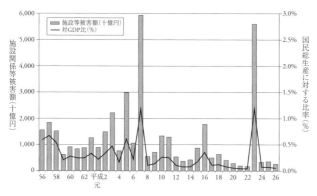

図1 ストック被害額（建築物を除く）（柱状グラフ，左の座標軸）と，ストック被害額の対GDP比（折れ線，右の座標軸）（内閣府 2016）

　地域が巨大災害に襲われると被害も甚大になる。東日本大震災は阪神・淡路大震災に比べて，死者数では約3倍，全壊・流失住宅数では約1.3倍の規模の大きさであった。しかし，住宅被害を除いた社会基盤施設等のストック被害額は，ほぼ同額であることが図1から分かる。被災地域の面積で比べると阪神・淡路大震災は東日本大震災に比べてはるかに限定的であるが，前者の被災地では資産ストック，人口，産業がより集中していたから，社会基盤施設等のストック被害額が大きくなったのである。

　表1に，阪神・淡路大震災と新潟県中越地震，東日本大震災によるストック被害額を，被害項目ごとに示す。被害額を決定する要因には，地球・自然的要因と社会・経済的要因とがある。地球・自然的要因には，地震であれば

マグニチュードや，震源の深さ，当該地域の震度，地形，地質等が関与する。その他の災害についても，気象災害における雨量など自然現象としてのそれぞれの規模を表す様々な指標があり，その大小が災害の規模をある程度決定する。一方，後者の社会・経済的要因としては，人口密度や産業構造，物的資産の集積度などがある。コミュニティの絆などの目に見えない社会資本は，被害を小さくする方向に働く。

　阪神・淡路大震災では，人口や産業が密集した都市直下型地震であったため，建築物被害および社会基盤施設の被害が大きかった。一方，東日本大震災では巨大地震に起因する津波が，三陸沿岸の漁業施設に甚大な被害をもたらした。新潟県中越地震では，都市部の被災は相対的に軽微だったが，被災地域は日本有数の地すべり地帯であ

表1 阪神・淡路大震災，新潟県中越地震，および東日本大震災のストック被害額（内閣府（2011）の表を一部簡略化）

	1995 年 阪神・淡路大震災[*1]	2004 年 新潟県中越地震[*2]	2011 年 東日本大震災[*3]
建築物	5.8 兆円	0.7 兆円	10.4 兆円
ライフライン施設	0.6 兆円	0.1 兆円	1.3 兆円
社会基盤施設	2.2 兆円	1.2 兆円	2.2 兆円
農林水産	0.1 兆円	0.4 兆円	1.9 兆円
その他	1.2 兆円	0.6 兆円	1.1 兆円
総計	9.9 兆円	3.0 兆円	16.9 兆円

[*1] 兵庫県推計（1995 年 4 月），[*2] 新潟県推計（2004 年 11 月），[*3] 内閣府・防災担当推計（2011 年 6 月）

り，山間部の集落における被害が大きかった（内閣府 2008）。このように，被災地の被害の様相は，自然条件と社会・経済的条件の違いとによって大きく異なる。

表1に示されたようなストック被害額の推定値は，一旦公表されるとそれが固定化する傾向があるが，推定方法や統計を取る時期によってブレが生じることに注意する必要がある。例えば，阪神・淡路大震災時の建築物被害は 1995 年 2 月時点での全・半壊棟数（15 万 337 棟）を算定基準にしているが，その後倒壊数は増加して 1996 年半ばには 22 万 8000 余棟になった。9.9 兆円という公式発表額の約 58％が建築物に起因するものであることを考えれば，被害総額が過小評価になっている可能性がある（豊田 2006）。

逆に，東日本大震災の場合，被災全地域における全・半壊棟数が過大に推計され，津波に襲われた地域の建築物に関する損壊率[4]が高めに設定されたなどの理由で，被害総額が過大評価されたと言われている（斉藤 2015）。

ストック被害額はその後の復旧・復興予算の規模を決める際の重要な参考指標となる。したがって，過小でも過大でも政策の整合性を保つ上で問題である。できるだけ正確な被害額を推計する方法の確立が望まれている。

2. フロー被害

大災害が発生すると，建築物等の物

---

4) 損壊率：地域による建築物の損壊程度の割合の違いを示す指標。斉藤（2015）は，東日本のストック被害推計において，津波被災市町村の損壊率を高すぎる水準に設定したことが全体の過大推計を導いたと指摘している。

的な資産の損失であるストック被害だけではなく，企業の生産量が減少したり，個人の所得や消費が落ち込んだりする。このような経済活動における，生産・販売・所得・消費などの動向は，社会における物や金の流れ（フロー）を指すので，その被害をフロー被害と呼ぶ。前述の通り，ストック被害を直接被害と呼ぶのに対して，フロー被害を間接被害と呼ぶことがある。

（1）フロー被害の算出

　フローを生み出すセクターには，民間部門と政府部門とがあるが，中心は民間部門，特に企業が生み出す財（正確には財とサービス）である。

　図2は，政府部門を除いた民間部門の経済活動の循環を示している。財の生産は，自らの資本ストック（機械・設備など）と，雇用した労働者の労働力を投入して行われる。産出される生産高を Y，投入される資本ストックを K_p，労働力を L で表すと，これらの投入と産出の関係が，式

　　$Y = AK_p^{\alpha}L^{\beta}$

で安定的に示されることは，長い経済学の実証分析で明らかになっており，この関係式を生産関数と呼ぶ。ここに，A は技術水準等を反映する定数，α，

β はパラメータである。後述するように，生産関数は，将来起こり得る災害の被害予測において，予想されるストック被害および労働力の減少から，生産高の減少を推計する場合にも用いられる[5]。

　生産物は家計に消費財として販売されるか，他の企業に生産財として販売される。販売によって得られる金は，利潤あるいは所得として企業と家計に還元される。このような物・金・労働力の循環からなる生産活動は，平常時は需要の動向を見ながら安定的かつ継続的に行われる。その中で，物・金・労働力のフローは経済の様々な局面に存在するが，多岐多様にわたる経済活動のフローの総額を推定する場合は，図2の利潤と所得を合わせた額，すなわち生産額に注目する。

　しかし，一定期間（例えば1年間）におけるすべての企業の生産額の合計を求めると，他の企業から購入して，新たな生産のために投入（中間投入）した財（生産財）の価値も含めてしまうことになる。したがって，経済全体の生産高は中間投入した生産財の額を除いた値，言い換えると最終段階の生産過程で生み出された財の合計で求める。これを付加価値の合計と言い，国

5）首都直下型地震等による被害予測については，本章第4節1項（3）「予想される社会・経済活動の被害」を参照。

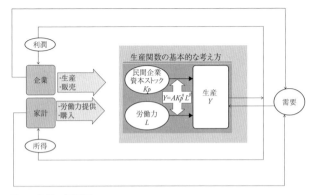

図2 経済の循環図

全体の値は国内総生産（GDP）と呼ばれ，被災地など特定地域に限った付加価値の合計は域内総生産（GRP）と呼ばれる。ある被災地域のフロー被害は，この域内総生産の減少額を何らかの方法で積み上げて推計することによって求められる。

(2) 大災害が経済循環（フロー）に与える影響

大災害が起きた場合に，経済循環には次のような現象が起こる。
・インフラ等の直接被害が生産を減衰させる。
・交通路の遮断によって販売や仕入れが止まる。
・ライフラインの障害によって生産ラインが止まる。
・取引先企業の直接被害が大きいと取引が止まる。
・雇用している労働者の人的被害や住宅被害によって労働力が減少する。
・企業の工場等に被害が生じたら，資本ストックの損失が生じる。

これら諸要因は，さまざまな規模と範囲，および異なる時間経過のパターンをもって生産額を減少させる原因となる。それぞれの諸要因の被災地全体における復旧の進捗状況が，各企業の生産活動の復旧に影響を与える。

例えば，後述するように，東日本大震災が，国内の広範囲の経済活動に影響を与えた原因の一つは，サプライチェーンの断絶である。部品などの提供を通じてリンクしている企業間の関係を，サプライチェーン（またはサプライチェーン・ネットワーク）と言い，今日ではさまざまな形態のサプライチェーンが発達している。大災害が発生すると，被災地外に工場を構える企業であっても，被災地内の自社または

他社の部品工場が損壊して部品調達ができなくなることがある。これを，サプライチェーンの断絶という。大規模な断絶が起こると，その工場におけるストック被害は無くても，生産ライン全体を止めざるを得なくなることがある。災害に備えて，どのようにサプライチェーンを構築しておくかが，大きな課題となっている。

大災害後は，損壊した家屋などの建築物の新築・改築，仮設住宅や被災者用公営住宅の建設，社会基盤施設の復旧事業などの活発な経済活動が生じる。ほとんどの産業部門が停滞する中で，これらの経済活動を行う建設・土木産業のみが収益を伸ばし，全体の総生産を押し上げる状況が生じる。しかし，これは被災者全体の経済状態が改善されたことを意味するのではない。後述するように，この状況は一時的なものであって，発災後の数年間しか続かないことにも注意しておこう。

3. 阪神・淡路大震災におけるフロー被害

阪神・淡路大震災では，交通路の遮断，ライフラインの損壊などのために，経済活動に深刻な影響が生じた。象徴的なストック被害としては，まず，港湾施設の壊滅的な損壊があげられる。これによって，神戸港を中心に発展し

てきた神戸の産業が間接的に受けた影響は大きかった。埠頭施設等の復旧は発災2年後に完了し，神戸港復活宣言が出されたが，神戸港の貿易取引高が回復するのは20数年後である。さらに，鉄鋼や化学等の大規模工場が壊滅的な被害を受け，多くの工場が，他地域へ転出した。また，部品から製品までを製造する小規模工場が狭い地域に密集していた地場産業の関連企業全体が被害を受けて，生産額，企業数共に著しく減少してしまった業種もあった（例えば，ケミカル・シューズの製造・販売）。最も被害が大きくかつ長期に及んだのは小規模の商業（商店）だった。被災地全体で約1万店，神戸市内で約5000店の商店が営業を再開できなかった。産業被害についての大規模なアンケート調査によれば，最大額のストック被害を受けたのは大規模製造業だった。しかし，被災地外に工場を移したり，大阪を始めとする近隣地域からの中間生産物の投入がかなり円滑になされたりした結果，大規模製造業の復旧は比較的早かった。それに反して，小規模の商業はストック被害に比べてフロー被害が深刻なものになり，上に述べたように再開できない事業所が続出した（豊田 2001）。

ストック被害は発災後比較的短時日の間に少なくともその概要が判明する

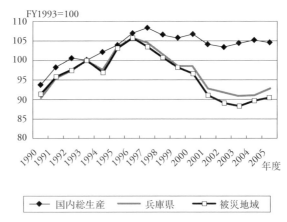

図3 国内総生産および兵庫県と被災地の域内総生産の年度ごとの推移。いずれも1993年度を100に基準化している。

が，生産活動の回復には長い年月がかかることから，フロー被害は数年間にわたって見積もる必要がある。図3は，1993年度の値を100としたときの，国内総生産，および兵庫県と被災地域（兵庫県南部の旧10市10町）それぞれの域内総生産の推移を示している[6]。国内総生産は，震災を機に大きな減衰は見せずに1997年度まで緩やかに成長し，それ以降は停滞あるいは不況の局面に入っている。一方，兵庫県と被災地域の域内総生産は，1995～1996年度こそ復興需要に支えられて急激な伸びを示したが，多くの法的特別措置が終了した発災3年目以降は大きく減衰した。被災地と兵庫県の域内総生産の動きには大きな差が見られないの

で，ここでは兵庫県の域内総生産を用いてフロー被害を推計する[7]。

まず，震災がなかったと仮定した場合の兵庫県の総生産を推計する。兵庫県の総生産は，1994年度以前に若干の上昇トレンドがあるものの，すでにその数年前から停滞の兆候があったことに注意しよう。このような停滞気味のトレンド線を1985～1993年度のデータで求める。これをそのまま1995年以降に外挿すると，兵庫県の総生産は，ゆるやかに上昇を続ける。しかし，1996年以後に強くみられるように，国全体の景気動向の影響を受けているはずである。そこで，過去の兵庫県経済のトレンドおよび国全体の景気動向（具体的には国全体の経済成

---

6) 1993年度の国内総生産は約490兆円，兵庫県の域内総生産は約21兆円であった。
7) 被災地域の域内総生産は兵庫県の約7割を占める。

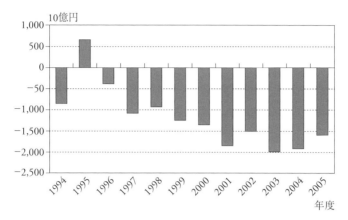

図4　阪神・淡路大震災の兵庫県のフロー被害推計値

長率で計測）の両者から，震災がない場合の県の総生産を統計解析の手法を用いて推計する。この推計値から実際の総生産の値を差し引いたものを各年度のフロー被害額と定義する。

図4は，上の方法で求めたフロー被害額の推移を示したものである（Toyoda 2008）。最初の3～4年間はいわゆる復興需要があったために大きな落ち込みはなく，1998年ごろまではこの傾向が継続した（1995年度はむしろトレンド線を上回る財の生産が生まれた）。この間，社会基盤施設の復旧や公営住宅の建設などに投じられた国費は前もって予算化されなかったが，事後的に約6～7兆円規模であっ

たと見積もられている[8]。国の財政措置が終了した1999年以後，被害額は再び増大する。2003年に最大の落ち込みを記録した後は徐々に回復に向かい，災害がないと仮定したトレンド線に回復するまでには13～14年を要した。年々の被害額を累計すれば，およそ14兆円程度になり，ストック被害額の9.9兆円（表1）を上回る。

4. 東日本大震災におけるフロー被害

2011年（平成23年）3月11日に起きた東日本大震災の影響によるフロー被害は，まだその全容が明らかになっていない（2017年時点）。図5に示すように，国内総生産は2009年度以降，

---

8) 10年間にわたる復興事業費の総計は約16.3兆円と推計されている。国費の他は，地元自治体が約5～6兆円負担し，残りは民間部門の負担分である。ただし，この中には民間の住宅建設費は含まれていない。

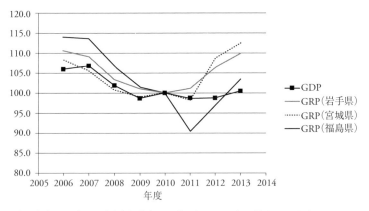

図5 国内総生産および3県の域内総生産。いずれも、2010年の値を100とする。

ほぼ横ばい状態である。岩手県と宮城県では、震災を機に短期的な凋落があったものの復興需要、およびそれを満たす復興予算に支えられて、急速な回復をした。福島県では、原子力発電所事故によって設定された警戒区域等における災害復旧事業が進まなかったことが影響して回復が遅れた[9]。「東日本大震災復興基本方針」は、「復興期間は10年間とし、被災地の一刻も早い復旧・復興を目指す観点から、復興需要が高まる当初の5年間を「集中復興期間」と位置付ける」と復興目標を定めている。したがって、現在のマクロ経済全体の復興状況は一時的なものであり、復興関係の公共事業が終了すれば再び停滞する局面に戻ることが予想される。一時的な復興需要とは言え、図4で見たような阪神・淡路の時の3～4年間というスパンよりも長く続いた。低市街地の盛り土、高台移転、巨大防潮堤建設などといった大きなプロジェクトは、わが国の歴史上最大の災害復興事業になっており、その需要効果は確かに大きい。しかし、フロー被害の推計をきちんと行うためにはあと数年のデータが必要である。

復興の国庫負担と増税

　被災地域が広域だったこと、本節第1項で述べたようにストック被害が過大推計されたこと、被災自治体の財政力が概ね弱体化していたことなどから、政府は過去に類を見ない国費を投じて復興を進めている。2015年度までの集中復興期間に投じた国費は約

---

9) 第3章3節「復旧・復興期の行政」を参照。

25兆円に上る。その財源の一部として，所得税の2.1％分を上乗せして25年間にわたって国民が負担するという画期的な措置も取られた[10]。財政赤字が慢性化している国家財政を考えた時，このような国民が増税という形で被災地の復興を支援することは，いわば連帯税とも呼べる画期的な形態である。

上にも記したように，集中復興期間における復興関連の公共事業は，原則として地元自治体の負担を求めず国費によって賄われた。2016年度からの5年間には約6兆円の国費の追加投入も行われている。社会基盤施設（交通インフラや防潮堤など）の多くが直接国費によって賄われるほか，復興交付金という形で地方自治体の復興事業を支援している。阪神・淡路大震災の場合には，国と被災自治体との負担割合がほぼ半分ずつであり，そのために被災自治体の財政が悪化し，自治体の災害復興以外の財政活動が停滞して，フロー被害額の増大の一因になった。東日本大震災の場合には，自治体の極端な財政悪化による経済停滞はある程度避けられると予想される。

（豊田利久）

第2節　災害のマクロ経済分析

第1節では，自然災害が社会や経済に与えるインパクトを，被害額に焦点を当てて具体的に考察した。特に，戦後の日本における最大の自然災害であった，阪神・淡路大震災（1995年）および東日本大震災（2011年）における経済的被害や，経済復興政策をとりあげた。この節では，前節の内容を，マクロ経済分析の手法を使って再考する[11]。

1. 総供給・総需要曲線

個別の財[12]に関してそれぞれ供給と需要の関係があるように，被災地全

---

10) 所得税率への上乗せのほかに，国民は住民税を毎年1000円ずつ追加で負担する。両者合わせて，約10.5兆円の増税となった。
11) 個別の経済主体（企業，家計，NGO等）の経済行動をミクロ経済と呼ぶのに対し，国あるいは地域全体の経済の動きをマクロ経済と呼ぶ。
12) 財：経済的に価値を有するモノのこと。ここでは，サービスも含めた広い意味で用いる。

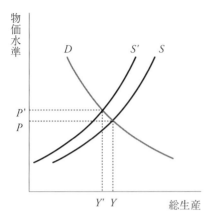

図6 ある地域内の物価水準と総生産の関係。曲線と記号の意味は本文参照。

体の生産物の供給と需要の関係を考えることができる。図6は，ある地域内（例えば被災地内）の物価水準と（前節で説明した）総生産との関係を示している。この図の裏には生産コストというもう一つの要素が隠れている。コストの主要な部分を占めるのは賃金である。コストは変わらないと仮定すると，物価水準が上がると実質賃金が下がり，企業は雇用を増やして生産量を拡大する。つまり，物価水準と生産量との間には正の相関がある。この関係を総供給曲線（図6のS）と呼ぶ[13]。

一方，消費動向としては，賃金が同じなのに物価が上がると，消費意欲が抑えられると同時に，多くの人が銀行から貯金を引き出すことによって，銀行の預金額が減少する。そうすると，企業向けの融資の金利が上がり，企業は投資を抑制し，生産を縮小する。つまり，図6において曲線Dのように，負の相関をもった関係が考えられる。これを総需要曲線と呼ぶ。平常時の安定した経済状況の中では，物価水準（P）と総生産（Y）は，この両方の関係を満たすところ，すなわち総供給曲線と総需要曲線との交点が示す値に落ち着く。何らかの理由で，企業の生産が減少すると総供給曲線がSからS'へと左にシフトする。このとき需要動向に変化がなければ，物価水準はPからP'へと上昇する。逆に，供給動向が変わらないのに需要が減少すると，物価水準は低下する。

この概念図を用いて，大災害が生じた場合に被災地の経済がどのような動きをするかを考えてみよう。

2. 短期の分析

災害が起きて短期間（例えば数ヶ月から1年間）に両曲線がどのように動くかを考えよう。総需要の6〜7割は家計の消費が占める。ここでは単純化のために被災家計の消費が総需要であると考える。発災直後の，代金を支払わない支援物資に依存した生活と，必

---

[13] コストが一定と見なせる期間は，比較的短期に限られるので，正確には，これを短期総供給曲線と呼ぶ。

要なものしか購入しない態度によって，物価水準が一定に保たれるため，総需要曲線は，図7（a）のように水平線 D で示される。

災害によって，企業が生産活動を行うために必要な資本ストックが損壊すると，たちまち生産活動が停止する。さらに，雇用している従業員の人的・物的損害が生じた場合には労働力不足に陥る。前節に述べたように，部品や製品の流通に必要な交通経路やライフラインの損壊によって，域内・域外のサプライチェーンの寸断も生じるかもしれない[14]。これらすべては，短期的に域内の生産物とサービスを減少させ，図7（a）の供給曲線を S から S' へと，左にシフトさせる要因となる。

その結果，総生産が Y から Y' へと減少する。この差が短期的なフロー被害額である。

前節で述べたように，阪神・淡路大震災や東日本大震災で，1年後くらいから数年間は復興需要のために総生産 Y の減少が抑えられる。これは，短期間ではあるが総生産曲線が，元の水準を超えて S' から S'' へと右にシフトしたことを示す。復興需要の恩恵を受けるのは主に建設・土木産業だが，建設・土木の資材が被災域内では生産されず，域外から調達される場合は，資材価格の急激な上昇は域内では生じない。阪神・淡路大震災の場合には建築資材等は域外から調達されたので，資材の価格高騰による物価上昇という現

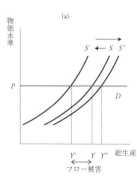 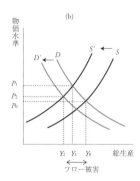

図7 発災後の総供給・総需要曲線の動き。(a) 短期の変化（本節第2項の本文を参照）(b) 中期の変化（本節第3項の本文を参照）

14）サプライチェーンの寸断は生産に負の効果を及ぼすというのが一般的な理解であるが，生産に正の効果を及ぼす場合も東日本であったという実証分析が報告されている（戸堂・他 2014）。域内外の企業間の助け合いが平常時には想像できないほど進み，新しいより効率的な部品調達ネットワークが構築されたと解釈される。

象は生じなかった。しかし，域外の近畿や関東での資材価格の高騰が記録されている。東日本大震災の場合は，被害が広域であったために資材の製造工場も域内に存在し，また余りにも多量の資材を必要としたために域内外での資材不足という状況が発生し，建築資材などの価格が上昇した。しかし，物価全体の大幅な上昇（インフレーション）は生じなかった。その結果，域内では建設・土木事業の復興需要があったにも関わらず，物価の上昇は伴わずに財・サービスの生産が増える結果となった。

3. 中期の分析

(1) 総需要・総供給曲線の変化

上に述べたように，災害後の短期では，総供給の落ち込みが経済状態を大きく左右する。しかし，もう少し長い時間のスパンを考えると，需要の動向が経済を左右する大きな要因の一つとなる。図7（b）は，中期（例えば発災後3～10年間）のマクロ経済の動きを模式的に表したものである。この頃には，消費も価格の変化にある程度反応するようになり，総需要曲線 D が右下がりの曲線として描かれている。

まず，総供給曲線が S から S' へと左にシフトする状態は，復興に関する公共事業が終了して財・サービスの生産が，災害前より減少することを意味する。一方，企業の倒産，商店を含む事業所の閉鎖，失業，雇用削減などが原因して，域内の家計（個人）の所得が減少，それに伴って消費が減少する。その結果として，総需要曲線が D から D' へと左にシフトする。災害前の均衡点では物価水準は P_0 の高さである。災害によって供給曲線が左にシフトすれば，物価水準は一時的に P_1 に上がり，総生産が Y_1 へと下がる。しかし上に述べた事情で総需要曲線も左にシフトするならば，新しい均衡点における物価水準は P_2 で示される値にまで下がる。両曲線のシフトの程度によって，物価水準はもとの位置 P_0 と同じ水準に戻るかもしれないし，更にそれよりも低い水準に下がる可能性もある。一方，総生産は Y_1 から，さらに Y_2 へと減少し，$(Y_0 - Y_2)$ がこの時期のフロー被害額となる。

(2) 主な需要項目の推移

災害の経済へのインパクトを考えるとき，供給面にだけ焦点がおかれる傾向があるが，上に述べたように消費を通じた需要面の動向を同時に考慮しないと，災害の影響を正しく推定することができない。

総需要に含まれる項目には，設備投資，住宅投資，そして消費などがある。

図8 兵庫県内の民間消費を除く各需要項目の年次別推移(左の目盛)。民間消費の値は右の目盛に示す。目盛幅が、大きく異なることに注意。いずれも、1993年度の値を100とする。

消費は総需要のうちでも6〜7割を占める最大の項目である。阪神・淡路大震災の復興過程で、主な需要項目がどのような動きをしたかを見てみよう(図8)(豊田2015)。発災の前年度(1993年度)に100になるように基準化して示している。消費は投資のように大きくは変動しないので、その指数は他の項目と区別して右軸に示した[15]。

住宅は生活再建の第一歩であり、まず動いたのが民間住宅投資であることが分かる。当時は住宅再建に対する個人補償はなかったが、95年度中に早くも建設が進み、96年度にピークを記録する。大半の個人住宅が自立再建された様子が分かる。次いで、96年度から3年間に公的住宅の建設投資が集中的に行われ、97年度にピークを示す。前節でみたように、建設関連以外の産業は大きな打撃を受けたものが多い。この頃になると、業種、および規模別での復興格差が顕著に現われる。

図8の民間消費の動きを見ると、96年度を除いて2000年度までの、発災後6年間は、93年の水準よりも落ち込んでいることが分かる。経済学の常識では、食料品費が大きな割合を占める民間消費は、ほんの短期の一時的落ち込みはあっても永年にわたってマイナスになることはなく、投資のように大きな変動もせず、基本的には少しずつ上昇するトレンドを持つ。従って、

---

15) 民間消費:家計が購入する最終消費財およびサービスへの支出額。住宅の改修、および新築住宅の購入費は含まれない。これらは民間住宅投資に区分される。

阪神・淡路大震災の後に見られる現象は極めて特異なものである。一時的に上昇した96年度は，民間住宅建設がピークとなった年でもある。従って，自力で住宅建設を果たした世帯が，家具やその他生活必需品を購入した結果が反映されたものであろう。その後の5〜6年間は消費全体が異常な停滞を示したが，それは被災世帯が住家の新築，改築，修理等にお金を回さざるを得ず，消費を切り詰めて資金を捻出したものと推察される。つまり，発災後5〜6年間は「可処分所得の減少→消費減少→売上・生産減少→可処分所得減少」という需要面の悪循環が生じ，被災地経済におけるフロー被害が長く継続したと解釈できる。上にも述べたように，災害復興における被災地経済の分析は供給面だけに焦点を当てることが多いが，このように中期的な需要動向も分析しなければ，被災地の経済が長期にわたって停滞する現象を適切に分析・説明することはできない（郡司・他2015など）。需要面へのインパクトの影響を受ける主体は被災者（世帯）であるという事実を考慮すれば，被災者支援の対策が，個々の被災者というミクロレベルだけではなく，地域の経済復興というマクロレベルでも重要であることがわかる。

（豊田利久）

第3節　災害への経済的な備え

　この節では，政府，個人（家計），企業といった各経済主体が，与えられた資源の下でどのように災害に備える必要があるかを考える。災害対応で一番必要な資源はお金だが，災害に対する事前対応であれ，事後対応であれ，利用可能な資金には限界がある。これは，政府に関しても，民間部門である家計や企業に関しても言えることであるが，その内容は異なるので，それぞれに項を改めて考える。

1.　政府の対応
(1)　災害法制と経済
　わが国の災害対応に関する法制度には，第2章1節で述べられているように，災害対策基本法を一般法として，災害救助法のような特別法のほか，

様々な特別措置法が設けられている。政府や自治体は、これらの法律に基づいて、それぞれの災害対応を実施する。災害と法をテーマとしているため、第2章の各節（特に第1節と第2節）と重複する部分があるが、ここでは、発災後の経済に関係する重要な事項に絞って、災害法と経済との関係を概説する。

災害対応の統治

大きな災害が起きた場合、まず市町村が第一次的に対応の任務にあたり、都道府県さらには国がそれをバックアップすることになっている。特に経済的な措置として重要な点は、災害の規模に応じて国が一定の財政支援をすること、そしてその義務があることである。

政府のバックアップの方策として、大災害時に政府が発し得る最も強力な法的処置は、「災害緊急事態の布告」である。災害が発生し、それが「経済や公共の福祉に重大な影響を及ぼすべき異常かつ激甚なものである場合」は、経済の秩序を維持する等のために、内閣総理大臣は「災害緊急事態の布告を発することができる」と、災害対策基本法（第105条）に明記されている。

具体的には、特定の財の価格や賃金に上限を設定したり、金銭債務の支払いの延期を勧告したりして、市場に介入する権限が与えられている。しかし、物価全体が異常に上昇するなどの、緊急事態の布告が必要になるような事態は、最近の大災害では経験していない。前項でも触れたように、東日本大震災では、特定の建設資材の急激な需要の増大に供給が追いつかず、資材価格の上昇が見られたり、建設・土木関係の人不足が生じて賃金が一時的に上昇したりしたが、緊急事態の布告を発して価格・賃金の統制を行うという事態には至らなかった。

応急対応

この段階の行政の対応とその経済的負担の仕組みは、災害救助法で明確に制度化されている[16]。救助活動を行う主体は被災市町村であるが、救助に要する費用は、都道府県が支弁することになっている。そのために、都道府県には災害救助基金を積み立てることが義務づけられている。救助に要する費用が100万円を超す場合、都道府県の普通税収入見込み額に応じて国が負担する。災害救助法は、応急対応時における最終的な財源が国費から出るこ

16）災害救助法の概要については、第2章2節「救助・避難所運営と法律」を参照。

とを明確に保証している点で，国際的にみても珍しく，かつ，誇れる制度となっている。しかし，1947 年に制定された法律であり，現代社会のニーズに合わない諸点も露呈している。次第に弾力的運用がなされるようになってはいるが，後述するように，被災者に現金支給は認めず現物支給に限る点など，多くの硬直化した実施基準の見直しが求められている。

復旧・復興

1961 年に制定された災害対策基本法は，地方自治体 (の長) が主体となって災害復旧を実施しなければならない，と明記している。そのため，大きな災害が生じた場合は，財政規模の小さい地方自治体を国が支援する仕組みが必要である。災害対策基本法は，第8 章「財政金融措置」で，国が成し得る経済対策を明示している。その記載事項は以下の通りである。

① 市町村が実施する応急措置に要する経費の都道府県の負担
② 応急対策に要する費用に対する国の負担または補助
③ 災害復旧事業費等に対する国の負担および補助
④ 激甚災害の応急措置および災害復旧に関する経費の負担区分
⑤ 災害対策の財源確保のための国および地方自治体の起債に関する特別措置
⑥ 政府関係金融機関が行うべき特別な金融措置

③の復旧事業とは，公共土木施設，農林水産業施設，公立学校施設の復旧事業を指しており，それぞれの「国庫負担法」が国庫負担の割合を規定している。激甚災害に指定された場合には，国庫負担の割合が嵩上げされる。

このように政府が取り得る経済対策が網羅されているが，注意すべきは，災害対策基本法が対象としている事業は物的な社会基盤であり，しかも，それらの復旧であって復興とは言っていない点である[17]。個人の住宅はもちろんのこと，地域経済とかコミュニティの復興という概念も対象になっていない。阪神・淡路の際にはこの基本法の考えが厳密に適用され，国の支援は基本的に公的社会基盤の復旧に留まった。その反省から，被災者生活再建支援法が 1998 年に成立し，1999 年以後の大災害に適用されている。

確かに，東日本大震災での国の対応

---

17) 災害対策基本法の法文には，「復旧」が 49 件登場するのに対し，「復興」はわずかに 4 件のみである。復興に関する明確な法制度が確立していないことは，被災者や被災地の復興が遅れ，第 1 節に述べたように間接被害が長期にわたって生じることと無関係ではない (豊田 2011)。

は明らかに復旧だけではなく復興を目指し、そのために復興庁も設置した。しかし、基本法の内容は旧態依然のままであった。そこで、2012年に基本法を改正した際、「基本理念」（第二条の二）[18]を加え、特に、被災者支援のための必要性が理念に初めて掲げられた。その最後の項目「六」は次のように述べている。「災害が発生したときは、速やかに、施設の復旧および被災者の援護を図り、災害からの復興を図ること」。被災者支援、復興という視点が初めて掲げられたのは、基本法の枠外で被災者生活再建支援法が整備され、現実には様々な自治体独自の復興政策が行われるようになったからである。しかし、被災者の生活再建や地域経済の復興を対象とする経済対策は基本法の中では明示的に取り扱われていない。基本法が対象とする災害復旧事業はあくまで公的社会基盤とされたままである[19]。

(2) 現金給付の壁

地震や山崩れによる全壊、津波による流失によって住家を突然失うなど、大規模な被害を受けた被災者は、たちまち困窮する。そのような被災者を経済的に支援することは、国民の生命・財産を守る義務のある政府にとっては当然の責務である。前項に述べたように、発災直後の応急対応に関する事項は特別法である災害救助法に基づいて実施される。近年は、同法の弾力的運用が進み、例えば避難所の設置は基本的に学校や公民館などの公共施設が指定されているが、民間の施設も認められるようになってきた。また、避難所に行けない被災者への食料支給なども柔軟に実施されるようになってきた。このように、全般的には災害救助法の適用は柔軟になされつつあるが、現物支給の原則だけは頑なに守られている。災害救助法には「現物支給に代えて金銭支給ができる」という条文もあり、一定期間は金銭支給を認める方が、現在のようにコンビニやスーパーの全国チェーンが発達した経済ではより適切ではないかと思われる場合があるが[20]、現実には実施されていない。

応急仮設住宅に関する規定も、救助法の重要な事項である[21]。仮設住宅

---

18) 第2章1節1項「災害法制の特徴」に「基本理念」の項目「五」についての言及がある。

19) この問題の解決のために、災害対策基本法を大幅改定して被災者支援等のソフト対策を含めた形にするか（津久井 2012）、基本法とは別個に被災者支援の諸制度を網羅した「被災者総合支援法」を制定する（山崎 2013）、といった専門家の提言が見られる。

20)「雲仙普賢岳噴火災害では、国土庁（当時）と長崎県による食事供与事業が行われ、食事の現物給付と、食事代の現金支給の選択肢を用意したところ、全員が現金給付を選んだ」（津久井 2012）。

には建築基準法の適用がされない代わりに、居住は 2 年間が限度とされているが、被災者の多くは 2 年間で退去できない。実際、阪神・淡路大震災の場合は、完全撤収までに 5 年かかった。東日本大震災の場合は、7 年経過した時点（2018 年 3 月）で、岩手・宮城・福島の 3 県で約 3 万人が仮設住宅に留まっている。そこには、被災者が抱える厳しい経済その他の複雑な状況がある。

　仮設住宅は、いわゆる鉄骨プレハブ工法で作る長屋型が多い。それでも、建設費、用地・インフラ整備等を含めれば 1 戸当たり 500〜600 万円がかかる。また、近年は民間の賃貸住宅も、自治体が認可した場合は「みなし仮設」として一定期間の居住を認める柔軟な対応が見られるようになった。しかし、1 戸当たり 500〜600 万円という財政負担がかかることを考えるならば、その費用を被災者の早期の自宅再建に回す方が経済的に合理的だという議論もある。しかし後でも触れるが、「住宅などの個人資産に公的資金を投入すべきではない」というわが国独特の「個人給付不可論」が根強くあり、この議論は進んでいない。とは言え、阪神・淡路の際に採られた「公設避難所→プ

レハブ仮設住宅→復興住宅」という硬直的・単線的な方式が反省され、最近では、木造などのさまざまなタイプの仮設住宅やみなし仮設などの認可、防災集団移転[22]に対する補助金支給などの新しい展開が見られる。住家の自立再建をすることが困難な場合、被災者は、都道府県または市町村が建設した災害復興住宅または借上げ住宅に、家賃補助を受けて、一定期間（例えば 20 年間）居住することができる。

(3) 被災者生活再建支援

　1998 年に制定された「被災者生活再建支援法」は、都道府県と国が折半して重度の住宅被害を受けた世帯を支援する制度である。当初は所得制限や使途などにさまざまな条件がおかれたが、初めて法的に現金給付を認可した点は新しい動きであった。さらに 2007 年の改正で給付条件の緩和や給付額改定などがなされた。現在は全壊の場合に最高で 300 万円までの支給が認められるようになった。現在の支援法の概略は表 2 の通りである。もちろん、これだけで住宅再建ができるわけではないが、住宅や生活の再建に向けた支援策になっていることは間違いない。

21）応急仮設住宅については、第 3 章 4 節「復興期の生活——応急仮設住宅」を参照。
22）「防災集団移転」については、第 3 章 5 節「津波被害と防災集団移転」を参照。

第7章　災害と経済　第3節　災害への経済的な備え　｜　437

（4）復興財政の特徴

　復旧・復興に際して政府が地方自治体を財政的に支援する際の特徴は，次のようにまとめられる。

　第1に，主な対象は公共的社会基盤であり，その復旧・整備に力点が置かれる。そして，その理由は災害対策基本法に起因することは本節第1項（1）に述べた通りである。激甚災害指定によって嵩上げされる予算も，その対象になるのはハードの社会基盤に限定されている。阪神・淡路大震災の場合には，発災後の5年間に投じられた国費約6兆円のうち，約4兆円が市街地整備・都市インフラ等に充てられた。したがって，投じられた国費の約7割は公的社会基盤に向けられた（豊田2015）。

　東日本大震災の場合には，被災者生活再建や集団移転する場合の個人住宅

地整備など，被災者を直接支援するために国費の投入がなされた。発災後の5年間に投じられた国費は予算ベースで約29.4兆円であるが，復興庁が発表した内容を点検すれば，国費の約5〜6割が公的社会基盤に向けられたと思われる。したがって，阪神・淡路大震災時に比べて，東日本大震災からの復興においては，公的社会基盤以外に振り向けられる資金の割合が増えたと言える[23]。ただ，前節で述べたように，マクロ経済の観点から言っても，消費を通じた需要面の動向が復興の速度に影響することを考えると，上述の「現金給付の壁」も含めて，まだ十分とは言えないだろう。

　第2に，ほとんどの復興予算は省庁別に編成され，実施されることである。その根拠は，災害対策基本法（第88条）の「災害復旧事業費の決定」に関する

表2　被災者生活再建支援法における支給額（複数世帯の場合。単身世帯は75%）

区分	住宅の再建方法	基礎支援金	加算支援金	合計
全壊世帯	建設・購入	100万円	200万円	300万円
	補修	100万円	100万円	200万円
	賃借	100万円	50万円	150万円
大規模半壊世帯	建設・購入	50万円	200万円	250万円
	補修	50万円	100万円	150万円
	賃借	50万円	50万円	100万円

23）東日本大震災で甚大な被害を受けた岩手県，宮城県，福島県の震災後の項目別歳出の推移については第3章3節2項「復興予算」を参照。

次の規定から読み取れる。「国が行う，
または補助する災害復旧事業に関し
て，……当該事業に関する主務大臣が
行う災害復旧事業の決定は，……適正
かつ速やかに行わなければならない」
（波線は筆者による）。東日本では復興
庁が設置されて，復興庁を経由して予
算が配分される項目もあるが，ほとん
どの予算決定は実際には各省庁別にな
された。

第3に，地方自治体に対する経済的
支援は通常の財政措置である補助金と
地方交付税交付金の上積みの形でなさ
れる。自治体の復興財源が不足すると
きは，地方債を起債して年度を超えた
借入れをする必要がある。阪神・淡路
大震災の場合は，この地方財政の赤字
が拡大し，自治体は公務員を減らし，
市民サービスを減らすなどの苦闘を長
年続けた。東日本大震災では，災害特
別交付金を設置して，地方自治体が原
則として起債（借入れ）をしなくても
よい形をとった。この措置は，わが国
の復興財政措置としては異例のもので
あった[24]。

2. 家計の対応

わが国では，地震・津波をはじめ，
洪水，山崩れ，土石流など，様々な災
害がいつ，どこで起きても不思議では
ない。言い換えれば，すべての家計（個
人）が突然災害に遭遇して，程度の差
はあれ，なんらかの経済的被害を受け
る可能性がある。平時から住宅や生活
の再建をするためにはどのような支援
策があるのかを理解しておくことは重
要である。自力で住宅再建する場合で
も，瓦礫撤去や利子補給，さらには税
減免などの措置を受けるためにはどの
ような手続きが必要であるかを理解し
ておくことは重要である。

とは言え，実際に被災した段階でな
いと詳細な項目に全部目を通すことな
どできないのが普通である。ここでは，
支援メニューが内閣府のインターネッ
トで閲覧できることを示すに留め[25]，
特に留意すべき事項のみを以下の小項
目で示すことにする（内閣府 2016）。

(1) 重度被災者に対する現金給付

生計維持者が死亡した場合，遺族に
対して災害弔慰金（500 万円以下）が
自治体から支払われる。その他の家族

24）東日本大震災の集中復興期間（5年間）にとられた特別措置であった。2015 年度からは自治体
も数％の負担が必要になった。また，2016 年に起きた熊本地震の復興財政では，国が全額支援す
るという形はとられていない。この点からも，東日本大震災の当初の 5 年間は異例の措置であっ
たと言えよう。

25）内閣府 HP・防災情報のページ「被災者に対する支援制度」，2017 年 6 月 12 日閲覧。

が死亡した場合は，災害弔慰金（250万円以下）が支払われる。

生計維持者が重度の障害を受けた場合，災害障害見舞金（250万円以下）が自治体から支払われる。その他の者が重度の障害を受けた場合は，災害障害見舞金（125万円以下）が支払われる。

住家が全壊・流失または大規模半壊の被害を受けた時は，被災者生活再建支援金が支払われる。それに関しては本節第1項（3）で述べた通りである。

義援金は非被災者の善意が形になったもので，法律に基づいたものではない。その配分法は自治体が設置する配分委員会が決めるが，その支払額は集まった義援金総額と被災世帯（住宅）数によって災害ごとに異なり，バラツキがあることに注意しよう。例えば，全壊1戸当たりの支給額を見ると，雲仙普賢岳噴火災害（1991年）では450万円，北海道南西沖地震（1994年）では400万円，新潟中越地震（2005年）では170万円，阪神・淡路大震災では40万円，東日本大震災では岩手県が164万円，宮城県が112万円であった[26]。

（2）貸付

世帯主が負傷した場合や，住家が全壊・流失，あるいは半壊した場合などに対して，それぞれ決められた限度額（例えば全壊の場合は350万円）以内の貸付が災害援護資金としてなされる。3年間は無利子であるが，その後は利子が発生する。

住宅金融支援機構による災害復興住宅融資の制度もある。この制度を受けるためには半壊以上の損壊があったことを示す罹災証明が必要である。新築，購入，補修のそれぞれに応じて限度内の借入れが，変動金利に基づき長期にわたって可能となる。

（3）債務整理支援

住宅ローンを借りている個人（または事業資金ローンを借りている個人事業主）は，災害救助法の適用を受けた災害によって借入れの返済が困難となった場合，破産手続などの法的な手続きによらず，債務の免除等が受けられる。破産整理したことが個人信用情報として記録に残らないので，新たなローンの借入れに影響しない。また，国の補助により弁護士等の「登録支援

26）東日本大震災については，各県のHPに公表されている2016年末の額である。福島県の場合は詳細がまだ不明である。実際には各市町村が若干の上積みをするので，これらは最低限の額を示す。ここに掲げた額は実際に「義援金」として支払われたもので，雲仙普賢岳と北海道南西沖の場合には，集まった義援金総額が被災世帯数に比べて多かったので，さらに別の形でほぼ同額の支援金がそれぞれの世帯に支払われた。

専門家」による手続支援を無料で受けることができる[27]。

(4) 税の減免

災害により住宅や家財などに損害を受けた場合，確定申告で，①所得税法に定める雑損控除の方法，および，②災害減免法に定める税金の軽減免除による方法のどちらか有利な方法を選ぶことによって，所得税の全部または一部を軽減することができる。災害減免法に定める税金の軽減免除については，損害額が住宅や家財の価額の 1/2 以上で，所得金額が 1000 万円以下の場合という制限がある。

地方税（住民税，固定資産税，自動車税等）に関しても，一定の要件を満たす被災者は一部軽減または免除を受けることができる。

(5) 保険・共済

家計が災害に対して事前に備える自助努力として必要なのが保険や共済である。共済には，JA 共済，労災，自治体共済がある。火災保険は損害保険の一つで，建物や建物内の家財の火災や風水害による損害を補填する。内容は，各損保会社や共済によって異なる。2017 年時点で，火災保険加入件数を全世帯数で単純に割った加入率は 85％に達する[28]。

地震保険は地震・津波・噴火による住家と家財の損害を補償するもので，火災保険に付帯する方式での契約となり，火災保険への加入が前提となる。民間保険会社が負う地震保険責任を政府が再保険し，巨大地震が発生した場合は 99.8％を政府が再保険金の形で支払う。現在の保険金の総支払限度額は 11.3 兆円である。保険金額は付帯する火災保険金額の 30〜50％で，住宅の場合は 5000 万円以下，家財の場合は 1000 万円以下とされる。保険料率は，地域別地震発生リスク，住宅の種類や構造をもとに算出される。世帯の加入率は，1995 年の阪神・淡路大震災の時の約 9％から徐々に高まり，2016 年には約 30％になった[29]。

地震保険の仕組みは各国によって異なる。欧州各国では，一般に政府による保証はない。ニュージーランドでは火災保険加入者は地震保険加入を強制される制度なので，地震保険加入率は約 90％に達する。政府が最終的な責

27）これは 2015 年 9 月以降に発生した自然災害に適用されるようになった新しい制度で，いわゆる二重ローンの問題を軽減するための措置である。

28）複数加入している世帯もあるので，実際の世帯当たり加入率はこれより低くなる。

29）財務省 HP「地震保険制度の概要」，2017 年 6 月 12 日閲覧。

任負担をとる制度を導入している国で
も，日本のように約11兆円もの準備
金を積み立てている国はない。

被災者生活再建支援制度の導入は，
地震保険のような自助努力による準備
を抑制する効果があるという意見もあ
る。しかし，事実は全く逆で，毎年地
震保険加入率は徐々に上がっている。
現在の制度を前提にすれば，生活再建
支援制度の適用を受けても十分な額で
はなく，地震保険を含む，自助努力に
よる備えをしておくことが望ましい。

3. 企業の対応

(1) 内部留保と保険

企業は，事業展開のためだけではな
く，災害等のリスクに備えて資金の貯
え（内部留保）をしている。特に日本
の企業は，他の先進国の企業に比べて，
地震保険に加入しないで内部留保の形
で備える比率が高いと言われる。企業
向けの損害保険はオフィスビルや工場
が主な対象となる。家庭向けと違って
国がリスクの責任はとらず，損害保険
会社は，独自に保険料を決めるなどし
て，多様な形でリスクを引き受ける。
保険会社の保険金支払いリスクを引き
受ける再保険業界では，テロや地震等
の災害が起きる確率が上昇すると再保

険料が上昇する。それに伴って保険料
が上昇することを企業は敬遠し，損害
保険会社も地震保険による収益は少な
いことから販売に熱心でないという
（日本経済新聞2016年11月28日）。

企業向けの損害保険があまり普及し
ていない中で，損害に備えるための内
部留保を十分に積み立てられるのは大
企業に限られる。本章1節3項で述べ
たような，ストック被害からの回復に
おける大企業と中小企業の格差は，内
部留保の格差を反映した結果であると
解釈できる。

(2) 事業継続計画（BCP）

企業が自然災害などの緊急事態に備
え，被害を最小限に留めつつ，中核と
なる事業の継続あるいは早期復旧が可
能になるように，方法や手段などを取
り決めておく計画のことを事業継続計
画（BCP：Business Continuity Plan）と
いう[30]。企業が大震災等に遭遇すれ
ば操業率が低下し，何も備えをしてい
なければ，事業を縮小したり，復旧で
きずに廃業に追い込まれたりする。他
方，BCPを導入して日頃から訓練し
ている企業は，中核事業を早期に復旧
させ，操業率を100％に戻すだけでは
なく，場合によっては以前よりも事業

---

30) 行政が策定する同様の計画である業務継続計画については，第3章1節2項「防災計画」を参照。

を拡大できることもある。2005年頃から政府が本腰を入れて推進しており，計画を導入する企業が大企業を中心に増加している[31]。企業だけではなく，政府・自治体などの公共部門でも，BCPの導入による被害軽減に向

BCP取組状況チェックリスト		はい	いいえ	不明
人的資源	緊急事態発生時に，支援が到着するまでの従業員の安全や健康を確保するための災害対応計画を作成していますか？			
	災害が勤務時間中に起こった場合，勤務時間外に起こった場合，あなたの会社は従業員と連絡を取り合うことができますか？			
	緊急時に必要な従業員が出社できない場合に，代行できる従業員を育成していますか？			
	定期的に避難訓練や初期救急，心肺蘇生法の訓練を実施していますか？			
物的資源（モノ）	あなたの会社のビルや工場は地震や風水害に耐えることができますか？そして，ビル内や工場内にある設備は地震や風水害から保護されますか？			
	あなたの会社周辺の地震や風水害の被害に関する危険性を把握していますか？			
	あなたの会社の設備の流動を管理し，目録を更新していますか？			
	あなたの会社の工場が操業できなくなる，仕入先からの原材料の納品がストップする等の場合に備えて，代替で生産や調達する手段を準備していますか？			
物的資源（金）	1週間又は1ヵ月程度，事業を中断した際の損失を把握していますか？			
	あなたは，災害後に事業を再開させる上で現在の保険の損害補償範囲が適切であるかどうかを決定するために保険の専門家と相談しましたか？			
	事前の災害対策や被災時復旧を目的とした融資制度を把握していますか？			
	1ヵ月分程度の事業運転資金に相当する額のキャッシュフローを確保していますか？			
物的資源（情報）	情報のコピー又はバックアップをとっていますか？			
	あなたの会社のオフィス以外の場所に情報のコピーまたはバックアップを保管していますか？			
	主要顧客や各種公共機関の連絡先リストを作成する等，緊急時に情報を発信・収集する手段を準備していますか？			
	操業に不可欠なIT機器システムが故障等で使用できない場合の代替方法がありますか？			
体制等	あなたの会社が自然災害や人的災害に遭遇した場合，会社の事業活動がどうなりそうかを考えたことがありますか？			
	緊急事態に遭遇した場合，あなたの会社のどの事業を優先的に継続・復旧すべきであり，そのためには何をすべきか考え，実際に何らかの対策を打っていますか？			
	社長であるあなたが出張中だったり，負傷したりした場合，代わりの者が指揮をとる体制が整っていますか？			
	取引先及び同業者等と災害発生時の相互支援について取り決めていますか？			

図9　BCP取り組み状況チェックリスト（経済産業省中小企業庁2012b）

---

31) 2011年8月～9月の，国内全上場企業432社（東日本大震災被災地域内に本社を置く企業を除く）を対象とした調査では，BCPを策定済みと回答した企業は30.3%だった（経済産業省中小企業庁2012a）。

けた備えが進みつつある。

　阪神・淡路大震災や東日本大震災における小規模事業所の廃業が多かった事実から見れば，中小企業でも BCP を導入・実施することが望ましい。図9のチェックリストは，中小企業庁が中小企業の BCP 導入のために作成した資料（パンフレット）の一部である。チェックリストには，人的，物的資源（モノ，金，情報），および体制の各項目について，企業が緊急事態に備えて取り組んでおくべき重要ポイントが挙げられている。また資料は，BCP は一度作成すれば終わりではなく，定期的に周知・テスト（訓練）・更新を繰り返して運用することを勧めている。

(3) サプライチェーン

　サプライチェーンが切断されると，企業は一定期間操業を停止するなどの負の影響を受けることは本章第2節2項で先述した通りである。現代の製造業では，自動車工業に典型的にみられるように，部品などの中間財を他社または自社の別工場に依存する分業体制が広範にできあがっている。グローバル化が進み，この分業体制は国内だけでなく，国際的に広がっている。効率性を追求して収益を上げるためにできあがった分業体制が，大災害でそのチェーンが分断されたとき，逆に負の効果をもたらすのである。

　東日本大震災の被災地には，そこでないと生産されていないハイテク部品の工場が集積していたため，被災地だけでなく，被災地外の企業が操業停止になるなど，各地の生産が影響を受けた。特に自動車産業の影響は国内だけではなく，日本企業の海外工場や外国企業にも及んだ。また，同じ2011年にタイで大規模な洪水が発生した際には，効率性を求めて進出していた日本企業の工場が被災し，その影響が日本国内の生産にも及んだ。2016年の熊本地震でも同様な影響が出た[32]。

　それでも，自動車産業などは1年以内には操業水準をもとに戻したが，業種や規模によっては回復が遅れたケースもある。これらの経験から，効率性だけではなくリスク分散も考えた工場立地を行ったり，部品メーカーの取引先を拡大したりするなど，さまざまなサプライチェーンの深化が進められている。また，この問題を克服するための手段として，BCP の導入が一段と進められる契機ともなった。

---

32) 日本を代表するメーカーのトヨタ自動車の場合，東北および熊本に立地する重要な部品メーカーの工場が被災した。国内完成車生産の全面再開までに，東日本大震災では5週間，熊本地震では3週間かかった。

(4) 中小企業に対する貸付

先述したように，一般的には，大企業は被害が大きくても操業を再開する回復力を持っている。それに引き換え，多くの中小企業では，操業再開が遅れたり，廃業を余儀なくされたりする。そのため，政府は以下のような貸付による支援策を準備している。

・小規模事業者経営改善資金制度は，商工会議所等の実施する経営指導を受ける小規模事業者に対して，日本政策金融公庫が無担保，無保証人・低利で貸付を行う制度である。東日本大震災，および熊本地震で被災した商工業者には，通常の限度額（2000万円）に別枠（1000万円）を上乗せした融資が行われた。

・災害復旧貸付制度は，被災した中小企業・小規模事業者に対して，事業所復旧のための資金を融資する。1億5000万円以内の融資が受けられる。

・高度化事業（災害復旧貸付）は，被災した中小企業者が事業用施設を共同で復旧する場合，都道府県と中小企業基盤整備機構が必要な資金の一部の貸付を無利子で行う。この制度は東北の中小企業の復興で大きな役割を果たした。

（豊田利久）

第4節　予想される大災害の経済被害

近い将来に発生が予想されている首都直下地震と南海トラフ巨大地震において想定される経済被害について，中央防災会議（2013d）と同（2013a）に，それぞれ沿って略述する。経済被害の予想の前提となるのは，建物やインフラの被害つまり物理的被害規模の予想だが，これ自身，過去の災害のデータをもとにするとは言え，必然的にある程度の予想の幅がある[33]。従って，そこから導かれる経済被害の規模には，より大きな不確実性がある。さらに，例えば阪神・淡路大震災後に多くの製造業が被災地域から撤退，あるい

33）例えば，震度と建物の全壊率との間には，ある程度の相関はあるが，第8章1節図5「木造建築物の全壊率」に見られるように，同じ震度であっても個々の地震，および地域によって，全壊率には大きな幅がある。

は主要工場を被災地外に移動するなどしたように、大災害によって産業構造が変化することが考えられる。しかし、そのような変化は具体的に規模等を予想し得るものではないので、産業構造自身は大きく変化しないと仮定して、経済被害を推定せざるを得ない。

1. 首都直下型地震
(1) 首都直下で発生する地震の種類

南関東の地下では、図10と図11に示すように3つのプレート、すなわち北米プレート、フィリピン海プレート、太平洋プレートが折り重なって存在するため、図11にあるように発生場所が異なる概ね6種類の地震が考えられている。フィリピン海プレートと北米プレートの境界で起こる②のタイプとしては、1703年の元禄関東地震（Mw8.5）と1923年の関東大震災の原因となった大正関東地震（Mw8.2）とが知られている。このタイプの地震の発生間隔を約200年とすると、今後30年間に発生する確率は比較的低い。M8クラスの歴史地震としては他に、元禄関東地震の26年前に起きた1677年延宝房総沖地震（Mw8.5）があるが、これは太平洋プレートと北米プレートの境界で起きた⑥のタイプである。こ

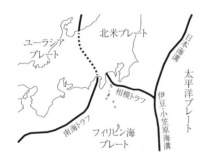

図10 関東周辺のプレート境界

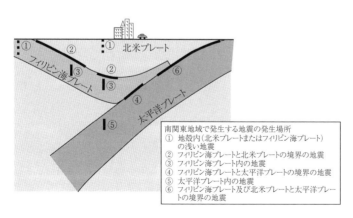

図11 南関東地域で発生する地震のタイプ

のタイプの地震の繰り返しは確認されていないため,発生間隔は不明である。

M8クラスのタイプ②の地震の間に,M7クラスの地震が数回起こる。例えば,元禄関東地震と大正関東地震との間では8回のM7クラス(M6.5〜M7.5)の地震が起きている。そのうち,1894年の明治東京地震(M7.0)は,フィリピン海プレート内で起きるタイプ③,あるいはフィリピン海プレートと太平洋プレートとの境界で起きるタイプ④の地震と見られている。地震調査研究推進本部は,今後30年間に,タイプ②〜④のM7クラスの地震が南関東で起こる確率を70%と見積もっている[34]。

(2) 首都直下で発生するM7クラス地震による被害

今後30年間の発生確率が70%と言われるタイプ②〜④のM7クラスの地震について,以下のような被害予測が行われている(中央防災会議2013e,2013f,2013g)。大正関東大震災と同等のM8クラスの地震については,その発生頻度が約200年であること,ならびに次の発生までまだ100年程度の猶予があると考えられることから,現時点では被害予測が行われていない。

表3に,予測される「揺れによる全壊家屋」,「地震火災による焼失家屋」などの棟数を記す。地震の揺れ,液状化,急傾斜地崩壊による全壊家屋の合計は,約20万棟と予想されている。地震火災による被害は,発災の季節と時間帯によって大きく異なる。表3にあるように,季節・時間帯の条件として,(冬・深夜),(夏・昼),(冬・夕)の三つの場合が想定された。また,火が広がる速度(延焼速度)は,風の強さに大きく左右されることから,風速3m/sと8m/sの場合が検討された。以

表3 都心南部直下地震における建物等の被害(中央防災会議 2013e)

項目		冬・深夜	夏・昼	冬・夕
揺れによる全壊		約175,000棟		
液状化による全壊		約22,000棟		
急傾斜地崩壊による全壊		約1,100棟		
地震火災による焼失	風速3m/s	約49,000棟	約38,000棟	約268,000棟
	風速8m/s	約90,000棟	約75,000棟	約412,000棟

---

34) 立川断層帯(埼玉県南部—東京都中央部)などの南関東内陸部にある活断層による地震は,この見積もりには含まれていない。

上の想定の中で，最大の被害が予想されるのは冬季の夕方，風速 8m/s の条件下に起きた場合で，約 41 万 2000 棟が焼失すると予想される。

建物の倒壊等による死者数は，時間帯によって大きく異なると予想される。人が屋内にいることが多い深夜に起きた場合に，多くなる傾向がある。上記の三つの条件のうち死者数合計がもっとも小さいのは夏期の昼で風速が 3m/s のときの約 5000 人，もっとも大きくなるのは冬季の夕方で風速が 8m/s のときの最大約 2 万 3000 人である。大正関東大震災（1923 年）では，台風の影響で風速が最大 22m/s に達し，犠牲者約 10 万 5000 人の約 9 割は火災によると言われている[35]。従って，風速 8m/s を仮定して推定された首都直下型地震に対する予想死者数も，これが最大値と断定することはできない。

避難者は，発災直後は約 300 万人が予想されるが，断水や停電の影響で発災から 2 週間後には最大 720 万人に達し，1ヶ月後になっても約 400 万人が避難所にいると推定される。平日の 12 時に地震が発生し，公共交通機関が全域的に停止した場合，発災直後は約 1700 万人が外出先で留まらざるを得なくなると予想される。そのうち当日中の帰宅が困難な人（帰宅困難者）は 640 万〜800 万人に上る[36]。

あまりに被害の規模が大きいため，このような巨大災害の規模を直観的に感じ取ることは困難である。表 4 に，大都市における直下型地震の例として，阪神・淡路大震災による被害との比較を示す。阪神・淡路大震災との比較において，予想される首都直下型地震の特徴は，全焼棟数と最大避難者数の多さである。

表 4　阪神・淡路大震災と予想される都心南部直下地震との災害規模の比較

	阪神・淡路大震災	都心南部直下地震 Mw7.3（推定）
死者・行方不明者	6,437 人	5,000〜23,000 人
全壊家屋	104,906 棟	175,000 棟
全焼	7,035 棟	38,000〜412,000 棟
最大避難者数	307,022 人	7,200,000 人

＊阪神・淡路大震災のデータは，消防庁（2006）と復興庁（2011）に拠る。

35）関東大震災時の火災については第 4 章 4 節 2 項（3）「大規模火災からの避難」を参照。
36）内閣府の推計によると，東日本大震災発災当日に帰宅できなかった人は，首都圏で約 515 万人だった。

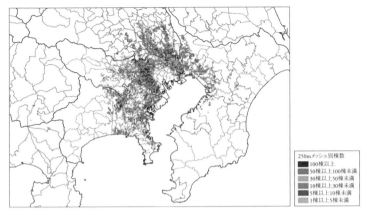

図12（口絵31参照） 250mメッシュ別の焼失棟数（都心南部直下地震，冬・夕，風速8m/s）（中央防災会議2013e）

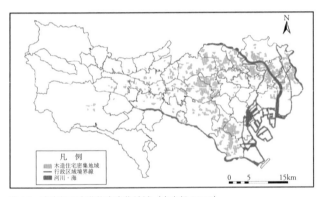

図13 東京都の木造住宅密集地域（東京都2016）

　図12は，予想される焼失棟数の分布である．濃い色で示された大規模な延焼が予想される地区は，図13の木造住宅密集地の分布とほぼ一致する．東京都は，木造住宅密集地域の不燃化，及び道路整備にあわせた沿道建築物の不燃化による延焼遮断帯の形成などの防火対策を進めている（東京都2016）．中央防災会議（2013e）は，電気関係の出火原因の解消や初期消火能力の向上によって，焼失棟数を劇的に減らすことができると予想している．

　建物倒壊以外の物的被害としては，火力発電所の操業停止による電力供給能力の低下，通信障害，道路・鉄道網の寸断，空港・港湾の機能低下，上下水設備の損壊，都市ガスの供給停止などの被害が生じる．政府機関や行政機

関の施設については防災対策が進んでいるが，夜間や休日に発災した場合は，交通網の寸断のために，職場に到達することができる職員の数が著しく不足し，初動期の対応に影響を与える恐れがある[37]。

(3) 予想される社会・経済活動の被害

首都圏は政府機能と，企業の本社機能といった社会活動の中枢機能が集中する地域であるため，被災地以外の地域へも被害が波及し，国全体の経済に与える影響が大きいと予想される。前段に略述した，都心南部直下地震（M7.3）による被害が実際に起こった場合に，社会・経済活動がどのような影響を受けるか。中央防災会議（2013g）はその被害額の推計を行っている。

ストック被害額の予測

ストック被害額は，地震によって破損したり喪失したりした施設や資産を震災前と同水準まで回復させるために必要な費用である。これは，民間部門と，準公共部門（電気・ガス・通信・鉄道），公共部門（上下水道・道路・港湾・農地・漁港・災害廃棄物処理）

の項目ごとに推計され，最終的に損失が積み上げられる。災害発生条件としては，最大の被害をもたらすと考えられる冬季の夕方，風速 8m/s の場合を想定して，被害額が計算された。各部門の損失額は順に 42.4 兆円，0.2 兆円，4.7 兆円と算出され，総額は 47.4 兆円に上る。

フロー被害額の予測

フロー被害額は，経済活動への影響と，交通寸断に起因するものとに分けて推計されている。前者は，被災による資本の減少と労働力の減少から来る生産の減少である[38]。図 14 の概念図にあるように，被害率を考慮した資本ストックと労働力を生産関数[39]に入力して算出した生産額に，本社を首都圏に置く企業が多いことから，業務，金融，情報等の企業としての中枢機能が失われることによる効果と，サプライチェーン寸断による効果の影響をそれぞれ考慮に入れて生産額を割り出す。交通寸断に起因する被害は，道路・鉄道・港湾・空港が復旧するまでに生じる人と物の移動取りやめによって生じる損失（機会損失）と，迂回による

---

37) 行政の初動期の災害対応については，第3章2節「災害直後の行政」を参照。
38) 経済活動への影響を推計するに当たっては，経済中枢機能の低下およびサプライチェーンの寸断の影響を加味する。一方，推計が難しい資産価値の下落，およびデータの喪失による損害，企業の撤退・倒産，生産機能の域外流出，国際競争力の低下は考慮されない。
39) 生産関数については本章第1節2項「フロー被害」を参照。

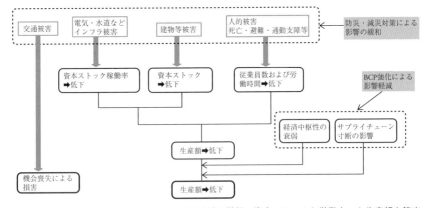

図14 生産・サービス低下による影響の波及連鎖の様相．資本ストックと労働力から生産額を算出し，首都中枢機能喪失による効果と，サプライチェーン寸断による効果の影響を加味して生産額を割り出す．(中央防災会議2013gをもとに作成)

コスト増分による損失である．

このような方法で算出された推計値として，経済活動への影響47.9兆円，交通寸断に起因する損失12.2兆円[40]が公表された．これらの数値は，発災後1年間に生じると考えられる被害のうち算定可能なものの額を合計した結果である[41]．ただし，この算定には，復興需要による域内総生産の一時的回復の効果は考慮されていない[42]．

また，上にも述べたように，推計されたフロー被害額は発災後1年間に生じると考えられるものであるが，1年後以降に生じる企業の撤退や倒産，さらに数年後に影響が出る可能性がある国際競争力の低下などによって，産業や人口に構造的な変化が起こることもあり得る．そうなると，阪神・淡路大震災後のように，フロー被害が長引くことになる[43]．

2. 南海トラフ巨大地震
(1) 南海トラフ巨大地震の地震像[44]

従来，静岡県沖を震源とする東海地震と，愛知県から高知県沖を震源とする東南海・南海地震について，それぞ

---

40) 道路および鉄道の機能停止を6ヶ月，港湾の機能停止を1年とした場合の推計．
41) 被害が予想される項目ではあるが，定量評価が困難なため算定に加えられていない項目がある．例えば，発災直後から数ヶ月の間に影響が現われる可能性がある項目としては，さまざまなデータの喪失や，地価等資産価値の下落による影響などがある．
42) 復興需要については，本章第1節3項および4項を参照．
43) フロー被害については，本章第1節2項を参照．
44) 南海トラフ巨大地震については第1章第1節5項「南海トラフ巨大地震の予測」を参照．

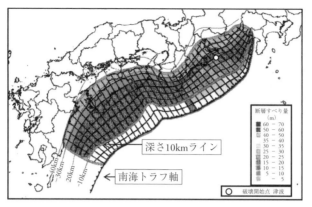

図15（口絵32参照） 南海トラフ巨大地震において想定される震源断層面とすべり量分布（中央防災会議 2013b）

れ被害想定が行われていた。これらの地震は100〜150年を周期として発生すると考えられており、特に東海地震は、1854年安政東海地震から150年間以上の地震空白期間が続いているため、近い将来の発生が予測されている。この状況に変化はないが、2011年東北地方太平洋沖地震において極めて広範囲に断層運動が認められたことから、東海地震と東南海・南海地震が同時に起こる場合をも検討しておく必要が指摘された。これを、南海トラフ巨大地震と呼ぶ。発生頻度は低く、1000年に一度程度と考えられるが、予想される被害が極めて甚大なものであるため、地震像を解明して被害予想を行い、有効な対策を講じる必要がある。

南海トラフ巨大地震の震源断層面としては、南海トラフ軸の北西側、駿河湾から宮崎県沖までが想定される。断層面の幅は、南海トラフ軸から、北西方向にプレート境界面の深さが30km（一部40km）に達するまでと考える。このうち強い地震動を起こすのは、深さ10kmより深い部分である。図15（口絵32）は、駿河湾から紀伊半島沖において大すべりが生じると仮定した場合のすべり量の分布を、カラースケールを用いて示している[45]。南海トラフ巨大地震の最大の特徴は、九州から東海までの極めて広い範囲で、沿岸部を中心に震度6強以上の強い揺れが予想されることと、同じく広い範囲に波高10〜20mの大津波の襲来が予想されることである。しかも、東日本大震災の場合は、東北地方太平洋沖での地

---

[45] 他に、大すべりの位置を紀伊半島沖、紀伊半島沖〜四国沖、四国沖、四国沖〜九州沖を加えた、5つの場合について津波高、浸水域等を予測している。

震発生から約 30 分後に岩手県および宮城県の沿岸部に津波が押し寄せたが（消防庁災害対策本部 2015），南海トラフ巨大地震の場合は，図 15 に示されているように震源断層が海岸線に近いため，早い所では地震発生数分後に津波が到達すると考えられている[46]。

(2) 予想される被害の概要

南海トラフ巨大地震は，上にも述べたように，発生するとしても 1000 年に一度あるいはそれより低い頻度であろうと考えられているが，起きた場合に予想される被害の甚大さから，その被害程度を量的に推定する作業が実施された（中央防災会議 2013c）。

広域に被害が及ぶため，地震動および津波による死者数は，約 3 万 2000人〜32 万 3000 人と推定されている。推定最大値の 32 万 3000 人のうち 23万人は津波による死者である。津波からの早期避難率が高く，津波避難ビルが効果的に活用された場合は，津波による死者数は最大で約 9 割減少すると推計されている。建物の揺れによる全壊数，および火災による全焼数の合計は，約 95 万棟〜約 240 万棟と推定される。全壊・全焼棟数の大きな推定幅は，主に震源（強震動生成域）を陸寄

りに想定した場合は推定値が大きく，陸から離れると小さいことによる。その他，発生の季節，時間帯，気象（風速）によっても異なる。火災による焼失が最も多いのは，風が強い（風速8m/s を想定）冬季の夕方に発生する場合である。

南海トラフ巨大地震では最大約2710 万戸が停電すると推定されている。これは，東日本大震災における約855 万戸（消防庁 2013）を大きく上回り，電力の供給量は産業のバロメータであることから，南海トラフ巨大地震の発生は日本経済に深刻な影響を与えると予想される。被災範囲が広範囲に及ぶことが与える影響としては，「サプライチェーン寸断による生産額の減少」，「東西間交通寸断に伴う機会喪失」，「株価等の資産価格の低下」，「海外法人の撤退」などが考えられる。さらに，「人口および産業の流出」が「税収入の減少」を招き復興を困難にする。

(3) 被害額の予測

ストック被害額は 97.6 兆円（169.5兆円）と予想される。経済活動へのフロー被害は，生産・サービスの低下に起因するものが 30.2 兆円（44.7 兆円），交通寸断に起因するものが 4.9 兆円

46）第 5 章 5 節「学校防災教育の例」に，南海トラフ巨大地震による被災が予想される各県で行われている防災教育が紹介されている。

（6.1兆円）と推定されている[47]。

耐震化率を現在の約8割から約9割に上げることによって，震源が陸に近い場合の約170兆円のストック被害は，約80兆円と，ほぼ半減すると試算されている。また，津波避難の迅速化によって，生産・サービスの低下による被害額は約45兆円から約32兆円と，3割程度減少すると試算されている。

3. 復興のシナリオ

被害予測を行う目的は，被害の大きさを知り，防災対策を充実させることによって，実際の被害額を予測よりも小さくすること，及び復興についての具体的なイメージを持つことによって，復興に要する年月をより短くすることにある。

復興の段階

大震災から立ち直るための復興事業にはどれぐらいの期間がかかるものなのか。東日本大震災の場合，政府は発災から5年後の2016年3月までを集中復興期間とし，10年後の2021年3月までを復興・創生期間と位置づけた。このような2段階の期間設定は，集中復興期間の復興事業費が25.5兆円であるのに対し，復興・創生期間の事業費を6.5兆円と見積もるところからきている。

表5　東日本大震災の復興状況（2016年3月時点）（復興庁2016より抜粋）

部門	主な指標	復興度	時期
瓦礫撤去	瓦礫・津波堆積物の処理量（福島県を除く）	100%	2014年3月
海岸対策	本復旧工事に着工した地区の割合	85%	2016年3月
交通網	直轄国道の復旧	100%	2012年3月
まちづくり	防災集団移転・区画整理による供給計画戸数のうち完成戸数の割合	34%※	2016年3月
災害公営住宅	供給計画戸数のうち完成した割合	51%※※	2016年3月
農業	営農再開が可能となった面積の割合	74%	2016年3月
水産業	業務再開を希望する水産加工施設	86%	2016年3月
地域産業	被災地域の鉱工業指数	100%	2012年3月

※着工は99%。　※※着手（用地取得）は97%。

47）カッコ内は，陸の近くに震源を想定した場合の推定被害額。生産・サービスの低下は，発災後1年間の損失額。

復興庁のまとめによる，集中復興期間終了時点における各部門の復興の度合いは表5のようになる（復興庁2016）。産業部門では，鉱工業指数が発災後約1年で回復したのを筆頭に，農・水産業の復旧が目覚ましい。一方，「まちづくり」および「住宅の確保」には道半ばの感がある。この状況は，まとめが行われた時点でまだ約17.4万人の被災者が避難生活を送っている事実と深く関わっている。復興庁は，復興・創生期間に入るにあたって，復興が着実に進展していると述べる一方，原子力災害被災地域については「10年以内の復興完了は難しい状況」と述べている（復興庁2015）。

　内閣府に設置された「首都直下地震の復興対策のあり方に関する検討会」は，復興の段階を以下のように考えている（内閣府2010）[48]。

①初動段階：発災から1週間程度。

　摘要：復旧・復興に向けた国・地方自治体の体制確立。

②応急段階：発災1週間後から1〜3ヶ月間程度。

　摘要：被災者が，避難所から応急仮設住宅等へ移る時期。

③復旧・復興始動段階：発災後1〜3ヶ月から3年程度。

　摘要：被災者が，応急仮設住宅から再建された自宅または公営住宅に入居するタイミング。

④本格復興段階（前期）：発災後3〜5年。

　摘要：主に被災前水準の回復を目指した復興施策が終了する。

⑤本格復興段階（後期）：発災後5〜10年。

　摘要：被災前水準の回復に止まらない創造的復興を目指した復興施策が終了。

⑥発展段階：発災後10年以降。

　摘要：生活再建ができない被災者に留意。将来発生しうるM8級の大規模地震に備える施策。

　この検討会の報告書は，東日本大震災の前に出されたもので，阪神・淡路大震災における復興状況を主要な拠り所の一つとしている。結果的には，この首都直下型地震についての検討結果が，東日本大震災の場合に適用された格好である。そして，本格復興段階終了まで10年という見通しは，原子力災害被災地を除くと実現されそうな情勢である。しかし，首都直下型地震によるストック被害の推定額が東日本大震災[49]の約3倍に迫ることを勘定に入れると，上記のシナリオは下限の見

48）ここでの「首都直下地震」は，中央防災会議（2013d）と同様，都心南部地下を震源とするM7クラスの地震が想定されている。

第7章　災害と経済　第4節　予想される大災害の経済被害　|　455

積もりと言えるのではないだろうか。

復興資金

　復興に当たって何より必要となるのは資金である。本章第1節4項に記したように，東日本大震災からの復興に当たっては，2015年度までの集中復興期間に投じた国費約25兆円の財源の一部として，所得税・法人税および住民税への上乗せという措置が取られた。その他の資金は，歳出の削減（子供手当の見直しなど）や，税外収入(JT,日本郵政の株式売却益)によって捻出された[50]。

　永松・林（2010）は，発災後の資金調達状況について，発災時点での政府の財政破綻への懸念の大小と余剰生産力の大小によって，復興の速度が左右されると指摘している。財政が安定している場合は，国内外から復興資金を得やすく，復興需要を見越した海外からの投資も得やすい。余剰生産力が大きい場合は，災害によって生産力がある程度縮小しても，復興需要期の物価上昇を避けられる。逆に，余剰生産力が小さい場合は，生産が追い付かず物価高を引き起こす。インフレは円安傾向を増大し，海外からの復興資材の輸入が難しくなると同時に，国債による資金獲得も難しくする。

＊　＊　＊

　冒頭に述べたように，経済被害の予測は，大きな不確実性を内包するが，それでもあえて経済被害の予測を行うことにどのような意味があるのだろうか。永松・林（2010）は，「経済被害の規模が具体的数字として利害関係者間で共有できれば，どの程度の政策的関心が払われるべきかについては，一定の共通認識が形成されることが期待される」と述べている。本節で取りあげた首都直下型地震や南海トラフ巨大地震の場合は，増税などを通しておそらく国民全体が「利害関係者」になるだろう。具体的な被害予測を公表することによって，国民全体に防災・減災への公的な投資を是とする世論が醸成されれば，そして企業が事業継続計画を適切に運用し，強固なサプライチェーンを構築すれば，上にも述べたような来るべき大災害による被害を最小限に止めることも不可能ではない。また，仮に大災害が起こってしまったとしても，被害予測をもとに復興への道筋をイメージできれば，甚大な被害

49）東日本大震災による直接被害額については，本章第1節表1を参照。
50）復興庁 HP「今後の復旧・復興事業の規模と財源について（2）復興財源フレームの見直しについて」，2017年6月20日閲覧。

があったとしても，そこから立ち直る
意欲も抱きやすいだろう。

■謝辞

　本節の執筆にあたっては，本章1, 2,
3節の著者である豊田利久氏より有益
な御助言をいただきました。ここに感
謝申し上げます。

(中井　仁)

■参照文献

郡司大志・他 (2015)「東日本大震災の家計消費への影響について――恒常所得仮説再訪」
　『震災と経済』斎藤誠（編），東洋経済新報社，2015年5月。

経済産業省中小企業庁 (2012a)「平成24年度版　中小企業BCPの策定促進に向けて――
　―中小企業が緊急事態を生き抜くために」2012年11月。

経済産業省中小企業庁 (2012b)「中小企業BCP策定運用指針　第2版――どんな緊急
　事態に遭っても企業が生き抜くための準備」2012年3月。

斉藤誠編 (2015)『大震災に学ぶ社会科学　第4巻　震災と経済』東洋経済新報社，
　2015年5月。

消防庁 (2006)「阪神・淡路大震災について（確定報）」2006年5月。

消防庁 (2013)「東日本大震災記録集　概要」2013年3月。

消防庁災害対策本部 (2015)「平成23年（2011年）東北地方太平洋沖地震（東日本大
　震災）について」2015年9月9日。

中央防災会議 (2013a)「南海トラフ巨大地震対策について（最終報告）」2013年5月。

中央防災会議 (2013b)「南海トラフ巨大地震対策について（最終報告）――南海トラフ
　巨大地震の地震像」2013年5月。

中央防災会議 (2013c)「南海トラフ巨大地震対策について（最終報告）――南海トラフ
　巨大地震で想定される被害」2013年5月。

中央防災会議 (2013d)「首都直下地震の被害想定と対策について（最終報告）」2013年
　12月。

中央防災会議 (2013e)「首都直下地震の被害想定と対策について（最終報告）――人的・

物的被害（定量的な被害）」2013 年 12 月。

中央防災会議（2013f）「首都直下地震の被害想定と対策について（最終報告）——施設等の被害の様相」2013 年 12 月。

中央防災会議（2013g）「首都直下地震の被害想定と対策について（最終報告）——経済的な被害の様相」2013 年 12 月。

津久井進（2012）『大災害と法』岩波書店，2012 年 7 月。

東京都（2016）「防災都市づくり推進計画（改訂）——「燃えない」「倒れない」震災に強い安全・安心な都市の実現を目指して」2016 年 3 月。

戸堂康之・他（2014）「自然災害からの復旧におけるサプライチェーン・ネットワーク」の功罪」『巨大災害・リスクと経済』澤田康幸（編），日本経済新聞社，2014 年 1 月。

豊田利久（2001）「阪神・淡路大震災による産業被害の推定」『震災調査の理論と実践　震災被害，生活再建，産業復興，住宅，健康（都市政策論集）』神戸都市問題研究所，2001 年 2 月。

豊田利久（2006）「災害復興における経済的諸問題」『論：被災からの再生』関学復興制度研究所（編），2006 年 12 月。

豊田利久（2011）「わが国の災害対応——特徴，教訓および課題」西川潤・他（編）『開発を問い直す』日本評論社，2011 年 11 月。

豊田利久（2015）「経済再建の現実」『震災復興学　阪神・淡路 20 年の歩みと東日本大震災の教訓』神戸大学震災復興プラットフォーム（編），ミネルヴァ書房，2015 年 10 月。

内閣府（2008）「新潟県中越地震復旧・復興フォローアップ調査　報告書」。

内閣府（2010）「首都直下地震の復興対策のあり方に関する検討会　報告書」2010 年 4 月。

内閣府（2011）「地域の経済 2011　震災からの復興，地域の再生」2011 年 11 月。

内閣府（2016）『平成 28 年度防災白書』。

内閣府（2016）「被災者支援に関する各種制度の概要」2016 年 11 月。

日本経済新聞（2016）「地震国日本，保険浸透せず　公的支援の手厚さと裏腹」2016 年 11 月 28 日。

永松伸吾・林春男（2010）「首都直下地震災害からの経済復興シナリオ作成の試み」内閣府経済社会総合研究所，2010 年 10 月。

復興庁（2015）「平成 28 年度以降 5 年間（復興・創生期間）の復興事業について（案）」2015 年 6 月。

復興庁（2011）「避難所生活者・避難所の推移（東日本大震災，阪神・淡路大震災及び中越地震の比較）」2011 年 10 月。

復興庁（2016）「東日本大震災から 5 年——新たなステージ　復興・創生へ　復興の状況と取組」2016 年 3 月。

山崎栄一（2013）『自然災害と被災者支援』日本評論社，2013 年 9 月。

Toyoda, T. (2008), "Long-term Recovery Process from Kobe Earthquake: An Economic Evaluation", in *Quantitative Analysis on Contemporary Economic Issues*, edited by T. Toyoda, and T. Inoue, Kyushu University Press. 2008, March.

防災工学技術 第8章

本章は，防災のための工学を解説することを目的としているが，純粋に工学を扱うのではなく防災に関わる諸技術と災害との関係をとりあげる。つまり，ある工学的な技術が，災害に対してどのような働きを発揮することを期待されているか，また，その限界はどこにあるかなどについて述べる。

第1節　耐震・耐火・耐津波技術

　阪神・淡路大震災では約10万5000棟の住家が全壊，約14万4000棟が半壊した（消防庁）。地震耐力が大きいはずの鉄骨・鉄筋コンクリート造のビルや，鉄道高架橋・高速道路高架橋が多数倒壊あるいは崩壊して，個人財産ならびに社会インフラが大打撃を受けた（図1）。

　震災直接死の約73％が窒息もしくは圧迫が原因だったのは，おそらく建築物の倒壊や崩壊の結果と考えられる。さらには，崩壊した建物からの出火，ないしは延焼した家屋に閉じ込められたことによる焼死もあった。本節では耐震・耐火・耐津波技術に関する基礎知識と，その背景になっている理論や仮定の概要を解説する。

1. 耐震技術

　構造物の耐震技術には，①正しい地震動の想定，②想定される揺れに対する耐震設計と耐震工法，および③実際

図1　阪神・淡路大震災時の (a) 家屋倒壊（神戸市東灘区）(b) ビル倒壊（神戸市中央区）(c) 路線崩壊（神戸市東灘区）(d) 電柱倒壊（神戸市東灘区）（人と防災未来センター提供）

に構造物を作り出す施工技術の3段階があり、いずれも同じように重要である。ここでは主に①と②について、現状ではどのような実務的方法が取られているかについて解説する。

(1) 正しい地震動の想定

地震による地面の揺れ（一般にはこれを地震動というが、特に強い揺れは強震動という）は、概ね、震源、伝播経路、および地盤の三つの要素によって決まる。

このうち震源の特性は、地震の大きさ（規模）を表すマグニチュードや、断層の長さと幅、深さ、および変位の仕方などによって表される。一般的には断層の規模が大きいほど、観測される地震動は大きい。

伝播経路の特性は、震源と観測点との間の距離の関数として決まり、一般に距離が大きいほど地震動は減衰する。これを距離減衰と呼び、地震のマグニチュード、震源の深さ、地震のタイプ別係数（地殻内地震、プレート間

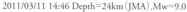
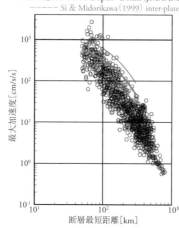

図2　2011年東北地方太平洋沖地震で観測された地震動の最大加速度（縦軸）。横軸は断層最短距離。いずれも対数表示がされている。最大加速度は、防災科学技術研究所が敷設した強震観測網K-NETとKiK-netによって観測された。破線は、この地震以前に作成された多くのデータから求めた最大加速度の平均的な予測値を示している。100km以上の遠距離地点では、過去の平均的な揺れに比べて、加速度は比較的小さかったが、近距離では1000cm/s^{2}を超える、極めて大きな加速度が観測された[1]。（司・翠川 1999）

---

1) 重力による加速度は約980cm/s^{2}である。地震動によってこれより大きい加速度が鉛直上方に加わった場合、地上に固定されずに置かれた物体は飛び上がる。

図3　神戸市近辺の地質図（地質区分については口絵33参照）。細線は存在が知られている活断層。太く黒い線で囲まれた一帯は震度7の地域。白い線で囲まれた部分は，おおよその余震分布域。

地震等），および断層最短距離の関数として表される。しかし，地震動は，地域によって，あるいは地震波がどのような地盤を通過してくるかによっても異なる。伝播経路の途中に軟弱な地盤があると地震波のエネルギーが吸収されて，比較的震源に近いにも拘わらず地震動が弱かったり，逆により遠い場所が強い揺れに襲われたりすることがある。このような要素が重なって，狭い範囲でも震度は一様ではなく，まばらに分布する傾向がある。

地盤増幅の特性は，観測点の周りの地盤の性質によって決まり，一般に，地盤が硬ければ揺れは小さめになり，地盤が軟らかければ大きめになる。軟らかい地盤では，硬い地盤の場合に比べて10倍以上の増幅をすることもあ

る。特に日本では軟弱な地盤の地域が多い。例えば，2011年東北地方太平洋沖地震において観測された地震動の最大加速度を縦軸に，断層最短距離（ずれが生じた断層面までの見かけの最短距離）を横軸にとってプロットした図2を見ると，同じ距離でも場所によって加速度が一桁程度ばらついていることがわかる（川瀬・他 2011）。

図3（口絵33参照）に示すように阪神・淡路大震災では，神戸市から西宮市にかけての海岸沿いで震度7の地震動があり，その一帯に被害が集中した。余震域から，活動した断層の位置が推定されるが[2]，震度7帯の東半分（東灘区から芦屋市，西宮市にかけて）は，余震域からは大きくずれ，断層のある岩盤地帯ではなく，地盤の軟弱な

---

2) 余震域と断層との関係については，第1章2節「内陸地震」を参照。

図4（口絵34参照） 今後50年間に発生する確率が10%以上と考えられる震度の最大値の分布。例えば，四国から紀州半島，東海関東に至る地域は，今後50年間に10%以上の確率で震度6弱以下の地震が起こると予想されている。（全国地震動予測地図2016年版より）

沖積層[3]地帯で震度7を記録している。また，西半分でも，余震域の海寄りの沖積層または段丘層[4]で震度7の地震動があった。これに対し，沖積層よりさらに軟弱だと考えられる埋立地では被害が比較的少なく，震度が小さかった。これは，極めて軟弱な地盤に，地震による揺れが吸収されたためと考えられる。ただし，大規模な液状化による被害は生じている。

このように，地震動は，地震の規模，震源との位置関係，伝播経路の特性，およびその地点近傍の地盤の性質などに大きく依存する。ある地点において将来発生するかもしれない地震動を正しく想定するためには，そのような情報に加えて，過去に発生した地震による地震動についての情報が必要である。

地震の発生が危惧される断層に対する地震動の想定値は，地震調査研究推進本部のウェブサイト「地震ハザードステーション（J-SHIS）」で検索することができる。例えば，図4のように，今後50年間に10%以上の確率で発生

---

3) 沖積層：約2万年前から現在に至る間に，河川の流域や海岸近くに堆積した地層。
4) 段丘層：段丘は，河床や浅い海底，湖底であったところが，海水準の低下や地殻変動によって上昇し形成された地形。段丘層は段丘を形成する地層。

する予測震度分布など，「確率論的地震動予測地図」と呼ばれる図が提供されている[5]。しかし，（2）に述べるように，実際の建築物の設計においては，これらの詳細な震度予測がそのまま用いられるわけではないことに注意する必要がある。

(2) 建築基準法と耐震設計

日本で最初の，建築に関する法規制は，1919 年に制定された「市街地建築物法」である。関東大震災の翌年，1924 年に改訂され耐震基準が導入された。1950 年には，社会状況の変化と建築技術の進歩に伴って同法は廃止され，代わって「建築基準法」が制定された。具体的な技術的基準は，同法の下の建築基準法施行令等によって定められている。1968 年の十勝沖地震で多くの鉄筋コンクリート造建物に被害が生じたことを受けて耐震基準の改正に向けた検討が始まったが，1978年宮城県沖地震で多大な被害が出たこともあって，制定が急がれた結果，1981 年（昭和 56 年）に建築基準法施行令が大改正された。現行の新耐震設計法は，この改正に伴って導入されたものである。阪神・淡路大震災後には，建築物の耐震診断・耐震改修の促進を目的とした「建築物の耐震改修の促進に関する法律」が定められた。

図 5 は，木造住宅の全壊率を，震度を横軸にとって示している。新耐震基準が適用された昭和 57 年以降の新築年の建物と，それ以前の中築年（昭和 37～56 年）および旧築年（昭和 36 年以前）の建物に分けられている。新築年の建物は，それ以前の建物に比べて全壊率が明らかに低いことがわかる。ただし，築年数が古いほど，建物の地震耐力は構造物の劣化に伴い少しずつ減少するので，どこまでが基準改正による効果かは不明である。

建物の地上部分に水平に働く地震の力（せん断力）は，建築物の各部分の高さ（層）に応じて，当該部分が支える荷重（固定荷重と積載荷重）に「地震層せん断力係数 C_i」を掛けて算出される。

地震層せん断力（地震の力）
＝地震層せん断力係数（C_i）×荷重
　　　　　　　　　　　　　　　（1）

係数 C_i は，

$$C_i = Z \cdot R_t \cdot A_i \cdot C_0 \qquad (2)$$

で求められる。ここに，

Z: その地方における過去の地震の記録に基づく震害の程度及び地震活動の状況，その他地震の性

5）震度 6 弱以上の揺れに見舞われる確率の分布については，第 3 章 6 節図 19 を参照。

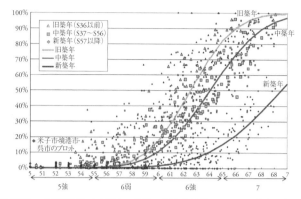

図 5（口絵 35 参照）　木造建築物の全壊率。阪神・淡路大震災における西宮市，鳥取県西部地震における米子市，境港市，および芸予地震における呉市のデータをもとに作成。（内閣府 2010，図表 1-2（1））

状に応じた 1.0 から 0.7 までの数値（地域係数）

R_t: 建築物の固有周期及び地盤の種類に応じて算出した数値（振動特性係数）

A_i: 建築物の振動特性の高さ方向の分布を考慮した数値

C_0: 標準せん断力係数

i: 建築物の当該の層（階）を表す。

　実際の構造物の設計に当たっては，建築基準法とその関連法により，あらかじめ設計に用いるべき地震力として，地盤の種別ごと，構造物の固有周期ごとに設計用のレベルが規定されている。詳細にその規定について解説することは本書の範囲を超えるので，建物に水平に働く地震の力（せん断力）を計算する際に用いられる振動特性係数 R_t について，それが地盤の種別によってどのように異なるかを図 6 に示しておこう（日本建築センター 1981）。これは，仮想的な周期 0 秒の震動によって建物が受ける力を 1 として，同じ振幅の，ある周期の振動によって建物がどれだけの力を受けるかを表している。図 6 にあるように長周期になるほど受ける力は弱くなる（低減率が大きくなる）。地盤種別は図に示したように 1 種・2 種・3 種（それぞれ硬質地盤・普通の地盤・軟弱地盤）の 3 分類となっていて，地盤が固いほど係数の低減率は大きい。この地盤種別による違いは周期 1〜2 秒付近に限られ，その差は最大でも 2〜3 倍に留まっており，図 2 に示したように，地点によって最大加速度が 10 倍以上違うことに比べると，遥かに小さい地盤増幅

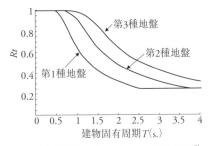

図6 建築基準法で規定されている建物周期[7]ごとの地震荷重の係数分布（日本建築センター 1981）

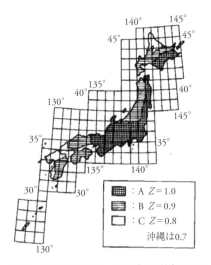

図7 地震地域係数 Z。地域ごとに想定される地震の低減率。

の違いを想定しているにすぎないことになる[6]。

同様に、やはりせん断力の計算に用いる「地域係数（Z）」においても、図7のように全国を 1.0, 0.9, 0.8, 0.7 の4段階に区分して市町村ごとに指定されており、前述の「確率論的地震動予測地図（図4）」などと類似性はあるものの、予測される揺れの大きさの地域性をそのまま反映したものとはなっていない[8]。これらの係数は強震観測網が全国に敷設される以前に求められたもので、建築基準法上の設計規定値に対してどのように最新の研究成果を反映させていくかは今後の大きな課題となっている（日本建築学会 2005）。

(3) 建物の耐震性

耐震設計を行う場合、次の関係式が基本となる。

構造物の推定地震耐力
$\geq$ 構造物にかかる推定地震力　(3)

すなわち、限りなく丈夫な建物を設計するのではなく、推定される地震力に耐え得る建物であればよいという考

---

6) 建物に加わる力は、地震動の加速度に比例する。
7) 一般的に、地震の揺れの強さはおよそ 0〜1 秒で最も強く、それ以上になると減衰する。10 階建て程度の建物の場合、建物の固有周期は 0.6〜0.8 秒程度である。
8) 例えば、沖縄県は、図4（口絵34）では四国、紀伊半島、東海地方の大半、および北海道東部地方の一部と同じオレンジ色（今後 50 年間に震度 6 弱以上の地震が起こる確率が 10% 以上の地域）となっているが、地域係数では全国唯一の 0.7 となっている。

え方である。右辺の推定地震力の計算方法については、(2)でその概略を述べた。左辺の推定地震耐力についてもその計算法は建築基準法に詳しく規定されている。構造種別(木造・鉄骨造・鉄筋コンクリート造・補強組積造[9]など)や、建物の規模によって別々の計算方法がある。また、高さ60m以上の超高層建物や、地震の揺れを最下層(建物基部直下)に設けた免震層で吸収する免震建物には、それぞれ別の規定が用意されている。

　しかし、設計された推定地震耐力が既存の構造物に付与されているかどうかは、実は検証のしようがない。地震による被害が発生して初めて適切な耐力が付与されていたかどうかが確認できるのであるが、右辺の値にも不確実性があるので、正確に上の不等式が成立していたか否かを把握することは困難である。それが、耐震設計技術が発展してきたにも拘わらず地震が発生するたびに何等かの構造物被害が発生する原因の一つとなっている。唯一可能な対策として、被害の経験を積み重ねることによって、より適正な基準を作る努力が続けられている。

　構造物の推定地震耐力は、一般には柱や梁といった構造要素を線材に置換

して、さらに床面の剛性を無限大と仮定して、各フロアごとの水平抵抗力を加算することによって計算される。その際にフロアの上下を繋ぐ壁(耐震壁)があると、その剛性は柱に比べて非常に高いので相対的に大きな水平抵抗力を負担することができる。一方、壁は変形性能が低く、大きな変形に追随できないので水平変形を大きくしていくと最初に破壊(ひび割れ・亀裂)が生じる(図8)。また部屋の利用目的を充足させるために、あるフロアでは壁が多く、その下のフロアでは壁が少ない構造とした場合には、壁の少ないフロアに大きな変形が集中することがしばしばある。同じような変形の集中は、一つのフロアで壁が一方に偏っているなど、不均質な配置になっている場合にも生じる。このように実際の耐震設計に当たっては、構造物の振動特性や

図8　東日本大震災による福島県須賀川市役所建屋の被害状況(西山 2011)

---

9) 補強組積造:鉄筋で補強しつつ、コンクリートブロックを積み上げる工法。

利用目的，構造種別に応じて様々な地震時挙動を考慮して，バランスよく力が負担されるように構造物を設計する必要がある。

　限りなく頑丈な構造物（建物など）を作ることは可能だが，それでは経済的に釣合わない。すでに述べたように，(3) 式は地震によって構造物（建物等）にかかると推定される力より，構造物の変形に耐える力が勝っておればよいという考え方である。ここで，(3) 式の左辺がどの程度右辺より大きければよいかが問題である。現在の建築基準法施行令（昭和 56 年施行）によると，震度 5 強程度の中規模地震に対しては，建築物の機能維持を目的として短期許容応力設計を行う，つまり，地震力を受けて各部材が変形しても，地震後は元に戻ることができるように設計することになっている。一方，震度 6 強〜7 の大規模地震に対しては，建築物の倒壊から人命を保護することを目的とした安全性の確認を行うとされている。すなわち震度 6 強以上の地震動に対しては，被害が出ることが前提とされ，その抑制を目的としているのである。

　実際に，既存の建築物においてこの基準がどの程度実現されているかは，起こった地震の被害を調べてみなければ分からない。建築学会近畿支部は，

阪神・淡路大震災直後の 1995 年 8 月および 9 月に，神戸市東灘区，灘区，中央区（一部）の震度 7 地帯において，コンクリート系（RC）建物の悉皆調査を行った。総調査建物数 3911 棟の被害状況を，目視によって「無被害」「軽微」「小破」「中破」「大破」「倒壊」の 6 段階に分類した（日本建築学会 1996）。それぞれ以下の基準が設けられている。図 9 に，各基準を模式的に表した図を示す。

軽微：柱・耐力壁・二次壁の損傷が軽微か，もしくは，ほとんど損傷がない。

小破：柱・耐力壁の損傷は軽微だが，RC 二次壁・階段室のまわりにせん断ひび割れが見られる。

中破：柱に典型的なせん断ひび割れ・曲げひび割れ，耐力壁にひび割れが見られ，RC 二次壁・非構造体に大きな損傷が見られる。

大破：柱のせん断ひび割れ・曲げひび割れによって鉄筋が座屈し，耐力壁に大きなせん断ひび割れが生じて耐力に著しい低下が認められる。

倒壊：柱・耐力壁が大きく破壊し，建物全体または建物の一部が崩壊に至る。

第 8 章 防災工学技術 第 1 節 耐震・耐火・耐津波技術 | 469

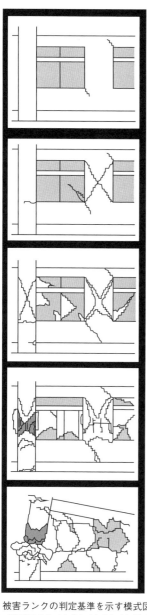

図9 被害ランクの判定基準を示す模式図。上から「軽微」「小破」「中破」「大破」「倒壊」。（日本建築学会 1996）

建築基準法の改訂年を境に，建物の築年を1982年以前と以降とに分けて比較すると，大破および倒壊の被害を被った建物の割合は，それぞれ5.7%と1.4%と有意な差が認められた（長戸・川瀬2001）。倒壊のみを取り上げると違いはさらに顕著で，1982年以前のものでは1730棟中53棟（3.1%），以降では1611棟中5棟（0.3%）であった。

長戸・川瀬（2001）は，地震耐力にある幅をもたせた分布を仮定してモデル計算を行ったときの被害率（大破・倒壊する確率）と，これらの調査結果がよく一致することを示した。そして，既存のRC造建物は，平均としては設計基準で要求されているより1～2.5倍程度強い強度を持つと結論している。しかし，仮定された分布の下端付近の地震耐力，つまり基準よりかなり低い耐力しか持たない建物が，特に1982年以前の建物の中に少なからず存在したことをも示唆している。

構造物の設計レベルを，部材の弾性域内の変形までを許容するとするか，部材が塑性的な変形をする，あるいは破壊されるまで考えるかによって，設計に用いる地震荷重（具体的には（2）式のC_0）は5倍も異なる。一般構造物の90%は弾性域の評価だけで済まされているのが現状である。特に木造

図10 (a) 木造構造物の典型的な耐力壁構造である筋交工法に，阪神・淡路大震災時に神戸海洋気象台で観測された地震波の80％を入力したときの筋交折損状態（番号1〜3の○で囲まれた箇所。1と2は筋交が破損している。3は固定されていた柱から分離している）と，(b) 新しく開発した壁柱工法に同じ観測波の120％を入力した後の残留変形状態。

構造物では99％が弾性域の評価だけとなっている。このことは言い換えると大きな地震入力があったときに，構造物が塑性変形あるいは破壊したとき，その後の建物の特性については設計上考慮されていないということを意味する。実際，木造構造物で一般に多く用いられている筋交工法（図10(a)）に，兵庫県南部地震での観測波を入力すると80％の入力でも大きな変形に追随できず，筋交は折損してしまう。その後の建物の振る舞いは，設計段階では計算に入っていないのである。これを解決するため，川瀬・他（2009）は「壁柱工法」という新しい工法を開発し，各種の実験を行っている（図10(b)）。これは，柱をボルトでゆるく接合し9本並べて壁状にすることによって，「家は損傷しても命は助かる」，高い変形性能を得るという工法である。実験の結果，兵庫県南部地震の観測波の120％入力にも，倒壊は免れることが分かっている。このように，実際の工法の選択に当たっては，その変形性能に配慮することがいざという時に安全な建物を作り上げる上で大変重要と考えられる。

2. 耐火技術

都市計画のうえで，建物が密集する地域の不燃化は重要な課題である。そのため，都市計画法では「市街地における火災の危険を防除するため定める地域」として，「防火地域」と「準防火地域」とが規定されている。都市の中心市街地や主要駅前，主要幹線道路沿いなど，大規模な商業施設や多くの建物が密集している地域は「防火地域」

第8章　防災工学技術　第1節　耐震・耐火・耐津波技術　｜　471

に指定され，そこでは建物の構造を厳しく制限して防災機能を高めることが求められている。「防火地域」の周辺部には，より規制の緩い「準防火地域」が設定されることが多い。

個々の建築物については，建築基準法で耐火建築物と準耐火建築物が規定されている。病院や共同住宅，学校，社会福祉施設のように，不特定多数の人が使用するため火災時の避難に支障が生じる恐れのある建築物は，耐火建築物とすることとなっている。また用途如何に関わらず，防火地域内の3階建以上の通常の構造物，および2階建て以下で延べ面積100m²を超える建物は，原則耐火建築物とすることが求められている。

耐震技術では入力（地震力）の評価と耐震性能の評価が重要であったように，耐火技術においても，原理的には入力（火力）の評価と耐火性能の評価が必要であるはずだが，実際には，危険物を保管する施設等の特殊な場合を除き，入力の程度は室内における可燃物量で決まり大きな変動はないと評価されるため，耐火性能の評価がより重要となる。建築基準法施行令その他の法令によって，部材単位に30分耐火，45分耐火，1時間耐火，2時間耐火などと呼ばれる基準が設けられている。

例えば，準耐火建築物は「通常の火災による延焼を抑制するために当該建築物の部分に必要とされる性能」を持った建築物で，「外壁及び屋根にあっては，これらに屋内において発生する通常の火災による火熱が加えられた場合に，加熱開始後45分間—中略—屋外に火炎を出す原因となる亀裂その他の損傷を生じないものであること（建築基準法施行令）」などと規定されている。

一方，耐火建築物には，柱，梁，床，屋根，構造壁，階段などの主要構造物・部が「耐火構造」であることが求められている（国土交通省 2007）。ここで「耐火構造」とは，「通常の火災が終了するまでの間当該火災による建築物の倒壊及び延焼を防止するために当該建築物の部分に必要とされる性能（建築基準法）」をいう。具体的には，鉄筋コンクリート構造や耐火被覆された鉄骨造，鉄材によって補強されたコンクリートブロック造，れんが造または石造などが要求されている。

上のような基準に則って，建築基準法ではきめ細かく火災に対する性能要件が規定されており，さらに消防法によって避難路の確保のための排煙設備やスプリンクラー等の消火設備の設置義務が規定されている。しかしこれらの規制は，火災が発生して，初期消火に失敗した後の避難と消火活動におけ

る人的損害を最小限に抑えるための規制であり，決して火事を出さない，あるいは類焼しない建物の建築を求めているわけではないことに注意する必要がある。そもそも火を出さないことが，火災による被害を低減するために最も重要なことは言うまでもない。

消防庁（2015）によると，平成26年度の総出火件数は4万3741件，このうち建築火災は約半分の2万5053件で，その約半数が住宅火災となっている。1都道府県あたり，1日の建築火災は平均1.5件である。年間総焼損棟数は3万3380棟だから，上の年間件数で割ると，概ね，建築火災1件につき約1.3棟が焼損していることになる。平均焼損面積は約50m²である。

大震災の際には，火災の状況はこのような通常火災のレベルを遥かに超えるものとなる。阪神・淡路大震災では，ほぼ同時に269件の建物火災が発生した（うち236件は兵庫県）。焼損棟数は7574棟，焼損面積は83万5858m²に上り，火災1件あたりの焼損棟数は28.1棟，焼損面積は3107m²である[10]。一般火災に比べて，大震災時

の消火作業がいかに困難であるかが分かる。防火地域の整備や耐火技術の進歩が必要であると同時に，震災においても火を出さないための技術的・社会的工夫が不可欠である。

3. 耐津波技術

東日本大震災（2011年）時の津波によって木造建築物はもちろん，近代的なビルが大規模な津波被害を受けた。これは建築史上，初めての経験と言ってもよい。沿岸部の多くのビルが，水圧によって倒壊，転倒したり，基礎部分が洗掘[11]によって失われて傾くなどした（図11）。さらに移動・流失したビルさえある。押し寄せてくる津波によって外装材が破壊されると，内装材ごとすっかり流失し，鉄骨だけが残るなどした。

建築物への津波外力を考慮した構造設計，すなわち耐津波設計の考え方は，東日本大震災の甚大な津波被害が発生するまでなかったわけではない。平成17年（2005年）には内閣府が「津波避難ビル等に係るガイドライン」を策定している（内閣府2005；岡田・他

---

10) 兵庫県HP「阪神・淡路大震災の被害確定について（平成18年5月19日消防庁確定）」，2017年6月8日閲覧。阪神・淡路大震災等の大規模火災については，第4章4節2項の（3）「大規模火災からの避難」を参照。

11) 洗掘：通常は，波浪によって海岸または海底の土砂が洗い流されること，あるいは，川の水によって河岸や河床の土が削り取られることを意味する。ここでは，津波による建造物の基礎部分への同様の作用を指す。

図11　東日本大震災時の津波によって倒壊したビル（a）基礎杭が引き抜かれて横倒しになったビル（b）洗掘によって傾いたビル（福山・他 2012）

2004）。東日本大震災後，国土交通省は「東日本大震災における津波による建築物被害を踏まえた津波避難ビル等の構造上の要件に係る暫定指針（国住指第2570号）」を提示し，これが現時点での耐津波設計用のガイドラインとなっている。法的には「津波防災地域づくりに関する法律」その他が整備されたが，これらはあくまで津波避難ビルに対する耐津波設計の規定であり，一般構造物については，対地震とは異なり，対津波設計が法的に求められているわけではない[12]。

上記ガイドラインによれば，津波の入力レベルは地方公共団体によるハザードマップ等に示された想定浸水深から，津波の設計用浸水深を設定することによって求めるとされている。この浸水深の想定は，上記の「津波防災地域づくりに関する法律」によって，地方公共団体が作成することが義務づけられている。想定浸水深が与えられれば，水深に応じて水平外力を考慮することになるが，その際に構造物前面の設計用水深としては浸水深の3倍を標準として考慮することとしている。これは，水流によって建物にかかる動圧を，浸水深を3倍にすることによって，計算が容易な静水圧に置き換えようとする考え方である。図12の建物壁に対して斜めに引いた破線は，地面から上にいくほど水圧が小さくなることを示している。この3倍の比率は岡田・他（2004）によって示されたものであるが，東日本大震災後の調査結果を受け，新しいガイドラインでは図に

---

[12] 国土交通省HP「津波防災地域づくりに関する法律について」等を参照。

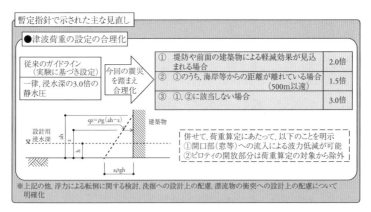

図12 津波避難ビルの設計ガイドラインに示された津波外力の計算方法。設計用浸水深（h）のa倍の静水圧が建造物の基底部に水平にかかるとする。斜めの破線は，建物の基部に近づくほど静水圧が大きいことを示している。浸水が想定される場合，通常a=3.0とする。ただし，①，②の条件が満たされる場合は，2.0倍あるいは1.5倍に低減することができる。（内閣府2005）

記載された条件を満たした場合には，2.0または1.5に低減できることとされた。

構造設計としてはこの水圧を積分して水平荷重を求め，部材に加わる応力が許容できる弾性範囲内に収まっていることをもって確認すればよい。またその実現についても弾性範囲内の静的な荷重として考慮するのであるから，従来の耐震工法と同等の技術をもってすれば十分可能である。しかし，実際の設計においては，水平方向の津波荷重だけではなく，耐震設計では考慮しない浮力による杭の引き抜きや，地盤洗掘による転倒・滑動といった流体のもたらす影響，および漂流物の衝突による影響を考慮した検討も必要となる。

＊　＊　＊

都市計画区域および準都市計画区域内の建物や，基準以上の大型建物の建築にあたっては，着工前に設計図書に基づいて都道府県の建築確認を取得しなければならない。さらに，その建築規模によっては中間検査があり，工事完了後は，完了検査，検査済証の取得といった段階を踏んで漸く建物が完成する。このような手続きを必要とする建物は，毎年，国内で約50万棟が建造されている。これらのすべてについて，耐震，耐火性能が判定されるのであるから，その基準は大綱的なものにならざるを得ないのが現状である。本節では，耐震・耐火・耐津波基準について概念的解説を試みたが，本文中でも述べたように，実際の工法において

必要な耐力が建築物に与えられているかどうかは、必ずしも自明のことではない。設計段階において、それらの基準が満たされていなければならないことは言うまでもないが、基準を満たしているから災害に対して絶対大丈夫という過信は禁物である。

(川瀬　博)

第2節　防波堤・河川堤防

　津波や高潮による被害を防ぐための防波堤[13]、および洪水を防ぐための河川堤防は、それらが建造されている地域においては、見慣れた風景に溶け込んで、生活の一部ともなっている。しかし、過度の安心感が逃げ遅れの原因ともなることが、近年の大災害の教訓として残された。これらの大規模建造物の機能を知ると同時に、それを上手に生かす方法を知ることが重要である。

1. 防波堤

(1) 防波堤の被災

　2011年東日本大震災では、津波が堤防を越流し、防波堤の多くが損傷または崩壊した。国土交通省の調査によ

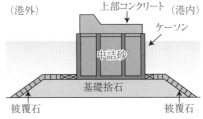

図13　防波堤の構造一例。本図は、混成堤と言われるタイプの防波堤の概略図である。

ると、岩手、宮城、福島の三県で、防波堤約300kmのうち、190kmが全半壊した（国土交通省2011a）。

　図13は、防波堤の基本構造を示している。捨石堤の基礎（マウンド）の上に直立堤（ケーソン[14]）を設置した構造である。この他にも防波堤の種類として、傾斜堤、直立堤、消波ブロック被覆堤などがある[15]。

---

13) 波浪、高潮、津波による被害を防ぐための施設に対し、防潮堤、海岸堤防といった語句が用いられることもある。
14) ケーソン：コンクリート、または鋼鉄製の箱状構造物。
15) （一般社団法人）日本埋立浚渫協会HP「港の安全を守る防波堤の基本構造」、2017年2月10日閲覧。

津波による防波堤被害の過程は，主に，(A) 津波の直接的な力がケーソンにかかることによる破壊，(B) 引き波時に生じる防波堤内外の水位差による破壊，(C) 越流による港内側マウンドの洗掘[16]による破壊，そして (D) 船舶の航行等のために設けられる防波堤の間隙に生じる海水の流れのために，堤端部のマウンドが洗掘を受けることによる破壊，の4タイプに分

表1　東日本大震災による防波堤の主要な被災タイプ（松島・他 2015 をもとに整理）

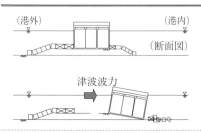

(A) 津波波力型
直接的な津波波力により，ケーソンが不安定となり滑動，転倒，支持力破壊が生じたもの。

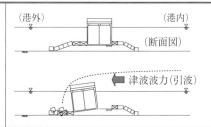

(B) 引波水位差型
津波波力型で，第一波の押波時の津波波力や越流に伴う洗掘だけでは不安定までに至らず，引波時内外水位差により，ケーソンが不安定となり滑動，転倒，支持力破壊が生じたもの。

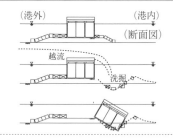

(C) 越流洗掘型
津波力だけでは，ケーソンの安定性に影響を与えるに至らないが，津波の流れや越流に伴う渦などの影響でマウンドの港内側，または地盤面が洗掘を受け，ケーソンが滑動し落下したもの。

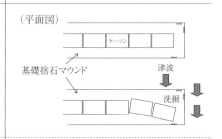

(D) 堤頭部洗掘型
防波堤の先端部周辺の流れにより，基礎マウンドが洗掘を受け，ケーソンの滑落が生じたもの（図は上から見た状態。上：平時。下：津波襲来時）。

---

16) 本節第2項に述べるように，河川堤防の越水によって洗掘が生じることもある。本章第1節3項「耐津波技術」参照。

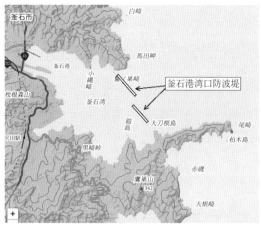

図14 釜石港湾口防波堤。北堤（長さ990m），南堤（長さ670m），中央開口部（長さ300m）のおおよその位置を示す。（地理院地図に加筆）

類される（表1に概念図を示す）（国土交通省 2011d）。土木学会（2014）によると，津波が越流しなかった防波堤では被害がなかったが，津波が越流した防波堤の被災率は高かった。このことから，津波が堤防の海側のみに働く場合は安全性が高いが，津波の越流に対しては著しく弱かったと考えられる（松島 2016）。多くの防波堤が，台風などによる比較的周期の短い高波に対して耐え得るよう設計されていたため，周期が長く，浸透力[17]の影響が大きい津波来襲時の安定性には問題があった（高橋・他 2016; 菊地 2016）。

釜石港湾口防波堤

　一例として，岩手県の釜石港にある湾口防波堤を挙げる。図14の地図上におおよその位置を示すように，この防波堤は釜石港のみならず，これを含む湾岸全域を津波から守ろうとするものである。計画から完成まで，31年間をかけて2009年に完成し，世界最大の水深（63m）を有することから，ギネスブックに登録された。明治三陸地震津波（1896年）および昭和三陸地震津波（1933年）を想定して設計されたが，東日本大震災時には，設計で考慮した高さを超える津波が防波堤を越流し大破した（図15）。基礎地盤の洗掘を受けた様子が見受けられない

17）浸透力：マウンド内に水が侵入しようとする力。

図15 釜石港湾口防波堤（北堤）の被災状況（高橋・他2011）

図17 田老の第二防波堤転倒の様子。画面右が海側。（高橋・他2011）

図16（口絵36参照） 再建工事中の釜石湾口防波堤（2017年4月14日撮影）

ことから，被災要因として，津波波力，マウンド洗掘およびマウンド破壊が主たる要因として考えられた（有川・他2012）。2017年4月現在，再建のための工事が行われている（図16）。

田老の巨大防波堤

岩手県宮古市田老の街区は，全長約2.4kmにおよぶ長大な防波堤に守られていたが，東日本大震災津波は防波堤を越え，多くの犠牲者が出た。防波堤の約3/4は原型をとどめたが，約1/4は崩壊した。図17は，田老の防波堤の被災状況を示す[18]。ほとんどが，画面右手方向の海側に転倒していることから，陸側から支える構造であった防波堤は，押波では転倒せず，引波によって転倒したと考えられる（表1（B）参照）（高橋・他2011）。

（2）今後の津波に対する防護のあり方

東日本大震災を受けて，防波堤に関するさまざまな検討や議論が行われた。東日本大震災以降，港湾の津波に対する防護のあり方について，主に三つの検討事項が挙がっている（表2）（佐々2016）。第一に，発生頻度は低いが規模が大きい巨大津波と，頻度が高いが規模は比較的小さい津波の，2種

---

18) 田老地区の被害の概況については，第3章5節「津波被害と防災集団移転」を参照。

表2　東日本大震災以降の津波に対する防護のあり方（佐々 2016 をもとに整理）

【2種類のレベルの津波を想定】
①発生頻度は極めて低いが，発生すれば甚大な被害をもたらす「最大クラスの津波」 ②①の津波に比べ津波高は低いが大きな被害をもたらす「発生頻度の高い津波」
【粘り強い構造】
設計津波を超える規模の津波によって防波堤等の港湾構造物を越流した場合でも，施設が破壊・倒壊するまでの時間を長くし，全壊に至る可能性を減らすような減災効果を目指した構造上の工夫。
【多重防御】
施設の防護レベルと役割を明確にし，複合システムとしての効果が最大となるように施設設計をすべきという概念に立脚した考え方。港湾の地形によっては，防波堤と海岸堤防等を組み合わせた多重の防護方式を活用することが肝要となる。

類の津波のレベルを想定する。「最大クラスの津波」であっても，防波堤を津波が越流するまでの時間を有効に使って避難する方法を考える。第二に，今後は，防波堤のマウンド部をより強化し，防波堤を越流するような大津波であっても，ケーソンは滑動するがマウンドからは落下しないような粘り強い構造とし，陸上での浸水深の低下を図る。第三に，防波堤などの構造物単体で巨大な津波を止めることには限界があるため，複数の構造物で津波を防御する多重防御を考える。これは，防波堤だけでなく，道路や鉄道の盛土のように本来は他の用途である構造物を活用し，津波の衝撃を止める，または和らげることで，地域全体で耐津波性能の向上を目指すものである。第二，第三の対策を適切に採れば，避難可能

な時間が増加し，避難できる人の数を増やすことが期待できる。

宮城県仙台市では，多重防御による総合的な津波対策として，施設などで津波を完全に食い止めるのではなく，人命を守るために津波から「逃げる」ことを最優先とした対策の検討が進められている（小島・他 2016）。この考えに基づき，海岸・河川堤防に加え，海岸防災林や盛土した丘などの緑地，幹線道路など，複数施設の設置計画が進められている。また，宮城県岩沼市では，津波の減衰や避難地としての機能を有する防災公園（千年希望の丘）の整備が進められている。これらは，地域の避難行動と関係する事項であるため，学校や地域が連携して議論し，迅速な避難につながる行動を検討する必要がある。

2. 河川堤防[19]
(1) なぜ河川堤防が必要か

日本とヨーロッパ, アメリカの河川について, 標高と河口からの距離の関係を図18に示す。日本の河川はヨーロッパやアメリカの河川に比べ, 河川の長さが短く, 同じ標高差を短い距離で速く流れることが特徴として挙げられる。日本列島には, 標高1000～3000mにもなる山脈が連なっており, 河川水は, 南の太平洋側, あるいは北の日本海側に分かれて流れ下り海に至るため, 標高差に比して流路が短いのである。

また, 下流部には沖積平野が形成され, 人口や産業が集中するため, 洪水の災害リスクも高い。日本の首都圏の住宅地は, 河川の水面よりも低い場合があり (図19), いったん堤防が破壊されると, 同程度の洪水規模であっても, 住居が水面より高いところにある場合に比べて, 被害がより大きくなる。そのため, 洪水災害を防止する上で河川構造物の整備は重要である[21]。

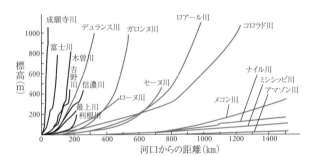

図18 日本と海外の河川の標高と河口からの距離 (坂口・他1995)

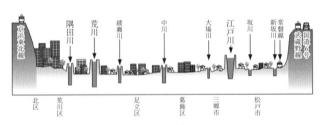

図19 川の水面より低い東京の住宅地[20]

---

19) 以下, 堤防とのみ記す場合があるが, 特に断らない限り河川堤防を指す。
20) (一般財団法人) 国土技術研究センターHP「国土を知る / 意外と知らない日本の国土」, 2017年4月10日閲覧。
21) 大都市圏の海抜ゼロメートル地帯については, 第1章4節図46 (口絵9) を参照。

(2) 河川堤防の種類と機能

堤防は，築造されてきた歴史的な背景（災害履歴）や堤防の基礎となる地質によって，構造や構成材料は様々である。一つの河川をとっても，河川の流路に沿って地域ごとに必要とされる洪水対策は異なる。そのため堤防には様々な種類がある。一般的な河川堤防の種類と機能を図20に示す。洪水による被害を軽減するという目的はどれも共通しているが，洪水流が河道外に溢れ出るのを防止する（本堤・副堤），あるいは洪水流を河道や遊水地へと計画的に誘導する（かすみ堤・越流堤）など，機能や役割はそれぞれ異なる[22]。河川堤防以外には，水路に流

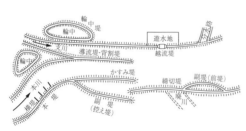

名称	機能
本堤	洪水氾濫の防止，河道に沿う最重要な堤防。これにより河道の骨格が定まる。
副堤（控え堤）	洪水氾濫の拡大防止。本堤の背後にあって本堤が破れた場合，もしくはほかの方面からの氾濫流などをこれで防ぎ，氾濫の拡大を防ぐ。
横堤	本堤にほぼ直角方向に河道内に設けられた堤防。河道内遊水の効果，低水路の固定，高水敷の土地利用を高める。
背割堤	合流点を下流へ移動することによって流況の異なる両川の合流を円滑にするため，両川の干渉部をこの堤防によって分ける。
導流堤	分流・合流，河口などにおいて，流れと土砂を望ましい方向に導くため，背割堤は導流堤の役割を兼ねている場合が多い。
越流堤	洪水調節池，遊水池へ洪水を積極的に導入する部分の堤防。本堤の一部を低くし，本川の洪水位が越流堤の天端高まで達すると，ここからあふれさせて遊水池へ導水する。
締切堤	不要となった河道などの締切。
かすみ堤	急勾配河川において比較的多用される不連続堤。背後地の内水排水，上流部の破壊などによる氾濫流を河道に戻す排水，洪水流の導流，洪水の一部を一時的に貯留。
輪中堤	特定区域を洪水から守るために，その地域を囲む堤防。

図20　河川堤防の種類と，それぞれの機能（高橋2008をもとに整理）

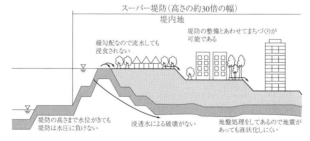

図21　高規格堤防（スーパー堤防）[23]

---

22) 洪水：一般的には，大雨などが原因で河道から氾濫した水によって陸地が水没したり，水浸しになる状態を指すが，工学においては，河川の水量が平常より増加した状態も洪水，あるいは洪水流と言う。
23) 国土交通省中国地方整備局太田川河川事務所HP「「スーパー堤防」ってどんな堤防？」，2017年2月10日閲覧。

れる水を調整するために水門や堰が設けられ、また、河道の位置を固定するために、護岸や水制[24]が設けられる。東京や大阪などの大都市圏では、洪水による堤防の決壊被害を防ぐため、堤防の高さの約30倍の広い幅をもつ高規格堤防（スーパー堤防：図21）が作られる場合がある。洪水流が堤防を越えても、堤防の浸食や決壊が起こらないよう、住宅地側の斜面の勾配を大幅に緩くした堤防である。

(3) 河川堤防の被災

河川堤防は豪雨や地震などによって、時に被災することがある。大きくは、①洪水による堤防の決壊、②地震による堤防の液状化や崩壊、③津波が遡上することで起きる堤防の決壊の三種に分類される。以下に、代表的な事例を紹介する。

①洪水による決壊（2015年関東・東北豪雨）

2015年9月、台風18号に伴って線状降水帯[25]が発生し、9月9日から10日にかけて関東地方で記録的な豪雨となった。鬼怒川流域では下妻市から、その下流に位置する常総市にかけて河川から越水（溢水）が発生し、常総市上三坂では堤防が決壊した。堤防の決壊等により、氾濫流は決壊地点から10km以上も流下し、2名が亡くなり、常総市役所や多くの住宅地を含む市域が、広範囲にわたって長期間浸水した（内閣府2016）（図22）。

図23に、常総市の水海道水位観測所における降雨と水位の観測結果を示す（山本・他2015）。平常時には−3.58mであった水位が、10日2時10分には水防団待機水位1.50mを超え、11時間後の13時10分に最高水位8.08mを記録し、堤防が決壊した。しかし、水海道の降水量は9日88m、10日75mmと、それほど大変な豪雨に見舞われたわけではなく、水位の上昇は、上流域での豪雨が原因と考えられる。例えば、上流域の藤原では9日390mm、10日に232mmと、水海道の数倍の降雨があった[26]。

図24は、堤防が決壊した過程を模式的に描いている。越水によって川裏側で洗掘が生じ、洗掘が進行・拡大す

---

24) 水制：河岸や堤防を河水の浸食作用から守るために、水が流れる向きを変えたり、水勢を弱くしたりすることを目的とした建造物。

25) 線状降水帯：ほぼ同じ場所で積乱雲が形成されては移動することを繰り返すことによって、長さ50〜200km、幅20〜50kmの範囲に豪雨をもたらす現象。集中豪雨の多くの事例でその形成が観測されている。（第1章4節5項「線状降水帯」を参照）

26) 関東・東北豪雨の気象条件については、第1章4節4項「集中豪雨」を参照。

第 8 章　防災工学技術　第 2 節　防波堤・河川堤防 | 483

図22　鬼怒川堤防の決壊と浸水状況（国土交通省 2016）

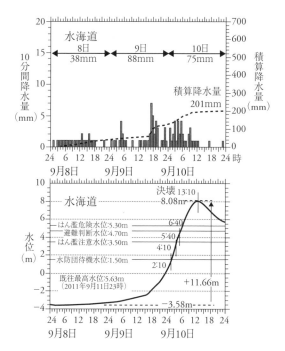

図23　水海道の降水量及び河川水位の推移（山本・他 2015）

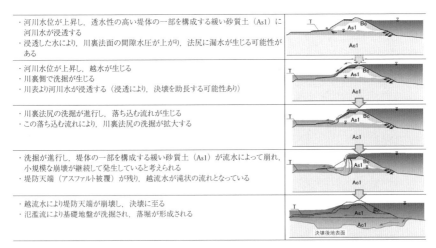

図 24（口絵 37 参照） 堤防決壊のプロセス。中央の凸部が堤防（第 1 図）。川は堤防の右側にある。堤防を越えた水（第 2 図）が，堤防の川と反対側の法面[27]を洗掘する（第 3〜4 図）ことによって決壊に至る（第 5 図）。As1 は緩い砂質土。Bc 及び T は粘性土。(国土交通省 2016, 一部簡略化)

ることで堤体の一部を構成する緩い砂質土（図 24 に「As1」と記された部分）が流水によって崩れ，小規模な崩壊の継続により決壊に至ったと考えられる。ただし，河川水の堤防への浸透も主要因ではないものの，決壊を助長した可能性がある（国土交通省 2016）。

この豪雨災害により，小学校や中学校でも浸水被害が発生した。常総市立の玉小学校では 170cm 前後，大生小学校では 231cm の浸水に見舞われた。発災後 2 週間たっても水道や送電が復旧していなかった大生小学校は，9 月 24 日から約 2 ヶ月間，近隣の五箇小学校で合同授業を行った（山本・他 2015; 常総市立五箇小学校 2015）。

② 地震による堤防の液状化や崩壊

河川堤防は，地震によって被災することがある。東日本大震災時の地震動と津波による被害は，国土交通省東北地方整備局が管理[28]する馬淵川，阿武隈川，名取川，北上川，鳴瀬川で合計 1195 ヶ所にのぼった。そのうち，堤防流失・決壊が 26 ヶ所，堤防沈下が 117 ヶ所だった。関東地方整備局が

---

27) 法面：盛土などによる人口的な斜面のこと。
28) 各地方の主要河川は国土交通省が直轄管理し，その他の河川は都道府県が管理する。東日本大震災では，後者にも 1000 ヶ所以上の区間で被害が出た。

管理する久慈川，荒川，那珂川，利根川では，被害合計が920ヶ所，そのうち堤防沈下は153ヶ所あったが，同局内では，堤防の流失・決壊はなかった（国土交通省 2011b）。

地震動による被害の主要な原因は，堤体下部の液状化と考えられている。「液状化」とは，地下水位の高い砂地盤に地震等の震動が加わると，地盤から水が噴き出し，地盤が軟弱化する現象である。平常時は砂粒と水とで地盤の平衡が保たれているが，地震の揺れによって砂が水を押し出し，水が抜けた分だけ地盤が沈下するのである。図25は，宮城県北部を流れる鳴瀬川左岸で生じた，液状化による堤体上面（天端部）の沈下の様子である。

③津波による堤防の決壊

地震によって巨大な津波が発生すると，海岸沿いで甚大な被害を発生させるだけでなく，津波は海岸から河川を

図25　鳴瀬川左岸堤防の天端の沈下（国土交通省 2011b）

遡上し，内陸部で被害を発生させることがある。海域から河川に進入する河川津波は，高い水位に加えて大きな流速を有し，短時間に急激に変動する不定流であり，繰り返し来襲するという特徴を有している（国土交通省 2011c）。特に2011年の東日本大震災では，複数の河川で河川津波が発生し堤防を越水した。

河川津波による堤防越水には三つのタイプがある（図26）。もっとも河口に近いところでは，川を遡上した津波と海岸から侵入した津波とで，堤外（川

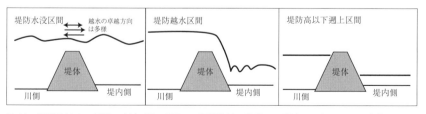

図26　河川津波の3形態。（左）河口付近で，河川津波と海岸から陸地を遡上してきた津波により，堤防が完全に水没した領域。（中）左図よりやや上流の領域。河川津波が堤を越えて堤内側へ流れ込むが，堤内側の水位は堤防の高さを越えない状況。（右）中図よりさらに上流の領域。河川津波，および海岸からの津波の水位が，いずれも堤の高さを越えない状況。（交通省 2011b）

側)と堤内[29)]の水位が拮抗し,相互に流入出する状況になる(堤防水没区間。図26左)。やや上流では,河川津波が堤防を越えて越流する(堤防越水区間。図26中)。堤防水没区間でも,そこに至るまでは,川側から堤内に流入する場合と,逆に堤内から川側へ流れ込む場合,それぞれの時間帯があると考えられる。これらの両区間の上流には,河川津波と海岸から侵入する津波の水位が,いずれも堤防の高さより低い堤防高以下遡上区間(図26右)

がある。図27は,多数の犠牲者を出した名取川河口付近に位置する仙台市閖上(ゆりあげ)地区における津波遡上の状況を示している。

津波の河川遡上により生じる実害としては,(a)水門や橋脚などの河川構造物への被害,(b)河川堤防を越えた水が内陸部の浸水域を拡大させること,が挙げられる(田中・他2012)。破堤に次いで被害程度の大きい被災形態は,越水による堤内側法面の侵食だった(服部・他2011)。河川を遡上

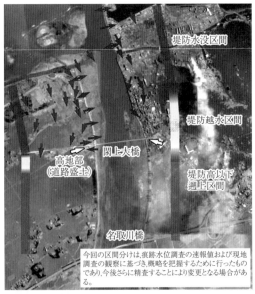

図27(口絵38参照) 名取川の津波遡上状況。黒い矢印は,津波が遡上した向きを示す。河の両側に異なる濃淡で区分した帯は,図26の「堤防水没区間(濃い灰色)」,「堤防越水区間(白ヌキ)」,「堤防高以下遡上区間(薄い灰色)」のおおよその位置を示す。(国土交通省2011b)

---

29)堤外と堤内:堤防は家屋等の街並みがある陸地を守るためのものなので,陸地側を堤内,川が流れている側を堤外と言う。

した津波は，蛇行部の外岸側などから越流し，裏法面[30)]を侵食，裏法尻[31)]に大規模な落堀[32)]を形成した（図28）（田中・他 2012）。一方，津波遡上に伴う川側法面の侵食は，概して堤防断面を大きく減じるような被害には至らなかった。

東日本大震災においては，多くの河川の河口付近で，海から襲来する津波と川を遡上して堤防を越流した津波とに襲われた[33)]。一方，河川堤防を経由して避難することができたという住民もいる。宮城県岩沼市の寺島地区は阿武隈川の河口部の平地に位置し，周辺に高い場所がないため，大津波警報が発令された時に住民約50人は阿武隈川の寺島堤防に避難した。また，松島市野蒜地区の住民約80人は鳴瀬川河口付近にある資料館の2階に避難し，その後，堤防を通って公民館に避難した（小島・他 2016）。これら2地区の堤防はいずれも耐震対策がされて

図28　津波遡上と越流に伴う堤防の侵食と落堀（矢印）。画面右に川（阿武隈川）（服部・他 2011）

いた。これらの例のように，津波による被災リスクが高い低地部では，河川堤防を活用することで効果的な避難につながる場合がある。しかし，先に述べたように，津波の規模によっては堤防を越流すること，ならびに地震動によって堤防が液状化して沈下したり，決壊したりする場合すらあることから，堤防を避難場所ないしは避難路とすることには慎重を期する必要がある。

（阪上雅之）

---

30) 裏法面：堤内側の法面。堤外側は表法面と言う。
31) 法尻：法面の下端。
32) 落堀。河川の氾濫や津波などの際に，流水が地面を浸食することによって形成されるくぼ地。
33) 仙台市立中野小学校の例を参照（第5章2節1項 (2)「東日本大震災における学校施設の被害」）。

第 3 節　砂防堰堤

1. 砂防堰堤とは

　日本は山地地形と脆弱な地質に加えて多雨・多雪地帯であるため土砂災害や洪水災害が絶えず、歴史上その対策に努力が払われてきた。江戸期までは中・下流域での対策に限られたが、明治期以降は技術の進歩によって山間部での大規模な治山・砂防事業が行われるようになった。図29の赤谷川砂防堰堤群（福井県、1897年完成）や、図30の甚之助谷砂防堰堤群（石川県、1939年完成）などの砂防堰堤群は、そういった事業の成果である。

　砂防堰堤は、砂礫と水の混合物として流れてくる土石流を直接受け止めて災害を防ぐと共に、水流を減速させることによって、流されてくる砂礫を堆積させ、下流への土砂流出を制御する。これらの効果によって、下流域の川底に土砂が堆積し川が浅くなることを抑制する働きが期待されている。

　後述するように、砂防堰堤には大きく分けて不透過型と透過型がある。図31に、不透過型堰堤の構造を模式的に示す。本体の中央に「水通し」と言われる低くなった部分があり、増水時

図30　甚之助谷砂防堰堤群（石川県白山市）。昭和6年〜14年（1932年〜1939年）にかけて施工された石積みの砂防堰堤群（国土交通省北陸地方整備局　金沢河川国道事務所提供）

図29　赤谷川砂防堰堤群の一つ、奥の東堰堤。谷の左岸から右岸に向かって石積みの堤が築かれ、右岸の崖を利用して水通しが作られている。

第 8 章　防災工学技術　第 3 節　砂防堰堤 | 489

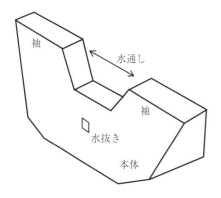

図 32　木曽川水系南沢砂防堰堤。下流側から撮影（宮坂組提供）

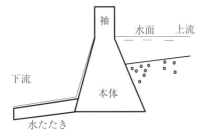

図 31　砂防堰堤（不透過型）の構造

にはそこから渓流水が流れ落ちるようになっている。本体の下流側には落下する水による侵食を防ぐために「水たたき」が設置される。水通しの両側には袖部と呼ばれる高くなった部分があり、流水を水通しの方に導く役目を果たしている。袖部によって堰堤上で流水幅が小さくなるので、堰堤が土砂で満杯になっていても、堰堤の堰上げ効果[34]はある程度維持される。図 32 に不透過型堰堤の例として、木曽川水系南沢の堰堤の写真を挙げる。

2. 砂防堰堤の機能

砂防堰堤の機能としては、①流出土砂の貯留、②流出土砂量の制御、③河床の縦侵食の防止、④山腹斜面の崩壊の防止、⑤渓岸の侵食防止、⑥流木の捕捉などがある。これらの機能について説明する。

(1) 流出土砂の貯留

土石流として運ばれる石礫は、直接砂防堰堤にぶつかることで勢いが止められ、そこに堆積する。また、砂防堰堤に土砂が堆積しているとその箇所の河床の勾配は緩くなっているので、そこで土石流が減速されて堆積する。図 33 は、2014 年 7 月 9 日に長野県南木曽で発生した土石流の際に砂防堰堤で捕捉された石礫の状況を示す。しかし、大規模な斜面崩壊や土石流が多数発生

34) 堰上げ効果：堰の上流側の水位が上がる効果。上流から堰堤に向かって徐々に水深が増し、流れが遅くなる結果、砂を流す力が小さくなる。

図33 2014年7月9日に発生した長野県木曽郡南木曽町で発生した土石流の際に，梨小沢第二砂防堰堤によって貯留された土石（国土交通省HP「平成26年に発生した土砂災害」，2015年12月27日閲覧。）

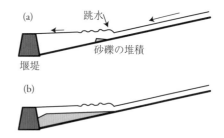

図34 (a) 急こう配の河川を高速で流下してきた水（射流）が，堰堤の手前で急に減速し遅い流れ（常流）になる。射流から常流に流れが遷移するところで，一種の乱れた状態になるとともに水深が増加し流速が減少する。(b) 流れが緩やかになると掃流力が落ち，砂礫の堆積が起こる。

するような場合は，計画規模を超える流量の土石流が発生するため，砂防堰堤があっても土石流が氾濫し甚大な被害をもたらすことがある。南木曽の土砂災害では，図33の堰堤の約100m下流の流路の屈曲部で土砂が氾濫し，全壊10戸，一部損壊3戸の被害があり，家屋に居た1人が死亡，3人が軽傷を負った（国土交通省資料による）。砂防堰堤による土砂の貯留効果は，土石流の計画規模と実際の規模の関係によるので，流路の整備（流路工）などをして計画規模を超える土石流を安全に流す備えをしたり，ソフト対策を充実させるなどして対処しなければならない。

つぎに，水流によって運ばれてくる砂礫の堆積について述べる。これらは土石流とは異なったプロセスで貯留される。上流域での斜面侵食や斜面崩壊などによって発生した土砂が河川に入ると，河床に堆積している砂や礫とともに，流水の力によって下流に向かって輸送される。渓流など勾配の急な河川に堰を設けると，堰上げ効果で水深が徐々に大きくなり流速が減少する。水深が増加し始める箇所には，一般的には図34(a)のような流れの乱れた不連続な水面形ができる（この現象を「跳水」と言う）。この箇所で砂礫を輸送する力（掃流力）が急激に小さくなるので，砂礫は跳水点付近に堆積する。この堆積域は，図34(b)のように，徐々に下流に向かって広がり，砂防堰堤に達すると満砂状態になる。

(2) 流出土砂量の制御

砂防堰堤が満砂状態になるとその土

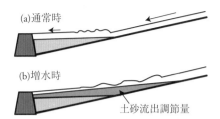

図35 通常時（a）および増水時（b）の砂防堰堤による土砂貯留状態

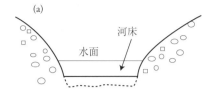

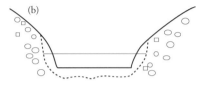

図36 河川の侵食。(a) のように河床が侵食されて，実線から破線のようになることを縦侵食と言う。縦侵食が進行すると渓岸が不安定化し，(b) のように横侵食が起こる

砂貯留効果は大幅に低下する（図35(a)）。しかし，大雨が降って流量が増加したときは，流量と流砂量の増加に伴って図35(b)のように，土砂の堆積域が上流側に向かって広がる。大雨の時間は有限なので，堆積域の広がりは上流のどこかで停止し，その後，堰堤へ流れ込む砂の量が少なくなると，堆積土砂は侵食され元の状態に戻る。このような堆積土砂量の変化を砂防事業では調節土砂量と呼び，満砂した砂防堰堤の効果として評価している。実際には，増水時の後半に堆積土砂が侵食されてしまい，下流に多量の土砂が流出する場合や，増水が終わった後で徐々に侵食され，下流にほとんど影響を及ぼさない場合もある。これらの効果については，個々の砂防堰堤について検討しなければならない。

(3) 河床の縦侵食の防止

上流から流れてくる砂の量が少なくなると河床は侵食される。河床の侵食を防ぐためには，河床を固定し流向を制御する床固工(とこがためこう)が行われる。設置した地点の河床が低下しないようにして，その上流の侵食を抑制するものである。砂防堰堤も同様の効果を持っており，河床の縦侵食を防ぐ。図36(a)のように河床の縦侵食が起こると，それが渓岸を不安定化し，横侵食（図36(b)）の原因となる。砂防堰堤は上流の堆積区間で縦侵食を防ぎ，渓岸の不安定化や，侵食による流出土砂量を軽減する役割を果たす。

(4) 山腹斜面の崩壊の防止

前項で述べたように，砂防堰堤は直上区間に土砂を堆積させることで渓岸を安定させるので，その上の山腹斜面

をも安定させる効果がある。しかし，山腹斜面の上部で発生する崩壊には効果を発揮することができない。また，土砂堆積区間であっても，河道が湾曲しているところでは，流れが山腹斜面下部を侵食する場合があり，そのような場所で山腹斜面が不安定化することを防ぐ効果は小さい。

（5）渓岸の侵食防止

砂防堰堤には水通し部があり，流水を堰堤の中央部に集める機能がある。これにより流水が蛇行して渓岸を侵食するのを防止する効果が期待できる。

（6）流木を貯留する効果

土砂災害発生時には，ほとんどの場合，流木災害も同時に起こる。流木は土石流に混在して流下し，橋脚部などに引っかかると橋が流されたり，土石流が氾濫したりすることがある。砂防堰堤は，流木の一部を土砂堆積区間に堆積させ，水通し部で捕捉することができる。しかし，これらの効果は限定的である。図37の堰堤は，水通し部に鋼構造の流木止めを設置することで，流木捕捉効果を高めている。また，次に述べる格子型砂防堰堤（図39）のような透過型砂防堰堤の流木捕捉効果は大きい。

3. 砂防堰堤のさまざまな形状

砂防堰堤には多種多様な形状のものがあるが，大きく分けると不透過型と透過型に分類される。不透過型は通常時でも流水が堰き上がっているので，上流からの流砂を堰上げ効果によって捕捉することができる。透過型砂防堰堤は，洪水時にのみ流水の堰上げが起こるように工夫された堰堤である。本体に細長い隙間（スリット）が設けられているものや，暗渠が設けられているもの（図38），本体が比較的広い間隔の鋼製の格子で作られているもの（図39）などがある。

かつては主に不透過型砂防堰堤が設置されてきた。満砂すると土砂貯留容量は減少してしまうため，土砂貯留効果を維持するためには，常に溜った土砂を除去して堰堤の空き容量を確保しておく必要がある。一方，透過型の砂防堰堤は破壊力の大きい巨礫は捕捉し（図40），粒径の小さい土砂は捕捉しないという考え方で設計されており，その分満砂になるまでの時間が長い。また，洪水後，徐々に堆積土砂が隙間から流出するので，土砂貯留量の空き容量が回復することも期待できる。しかし，実際には，流出する土砂量は必ずしも多くなく，透過型であっても人工的に除石する必要がある。透過型は，通常時には流水の状態に影響を与えな

第 8 章　防災工学技術　第 3 節　砂防堰堤　｜　493

図 37　流木止め（東京都伊豆大島）

図 38　大暗渠砂防堰堤（岐阜県高山市）

図 39　鋼製格子型堰堤（岐阜県高山市）

図 40　透過型砂防堰堤による巨礫の捕捉
　　　（鹿児島県南大隅町）

いので，砂防堰堤の上流域と下流域を結ぶ水生生物の通路となることができるという意味で，環境にも配慮した構造物であると言える。特に，図 38 の大暗渠砂防堰堤は，上流域の火山（焼岳）の噴火による泥流災害を防止・軽減するためのものであり，100 年に 1 回程度の規模の大洪水時に堰上げが生じて土砂を捕捉する。従って，ほとんどの状態で堰上げがなく，河川の環境に与える影響は非常に小さい。

　厳密な意味では堰堤ではないが，土石流対策の砂防施設として，ワイヤーリングネットや底面水抜きスクリーンが設置されることがある。ワイヤーリングネットは，図 41（a）のように通常時は折りたたまれた状態で河床に置かれているが，土石流が流下してくると，図 41（b）のように土石を捕らえる仕組みになっている。底面スクリーンは簀子のような形状をしており，その上を土石流が通過する際に，土石流の流動を抑制するものである（図 42）。両者ともに土石流の規模によっては機能しない場合もある。

　最近は，透過型のスリットダムや大

図41 ワイヤーリングネット (a) 土石流捕捉前 (b) 捕捉後（長野県松本市梓川 (Suwa et al. 2009)）

図42 底面スクリーン (a) 土石流到達前 (b) 到達後（長野県松本市梓川 (Suwa et al. 2009)）

暗渠ダムに可動式のゲートを設置し，平常時は従来の透過型ダムと同様に土砂も水も通過させるが，流砂の到達が予測されるときは透過部をゲートで遮蔽して，不透過型砂防ダムの機能も持たせるシャッター付砂防堰堤の運用が試みられている。

4. 砂防堰堤の防災への貢献

以上述べてきたように，砂防堰堤は土砂を貯留する効果や土砂流出を調整する効果，さらには渓岸や山腹斜面を安定させる効果など，防災に果たす役割は大きい。しかし，実際上は様々な条件の違いにより，期待された効果が発揮されない場合もある（水山 2015）。土砂貯留効果が十分発揮されるためには，堰堤が空の状態に近い方がよい。従って，満砂した砂防堰堤の堆積物の除去が不可欠であるが，そういったメンテナンスを実施するには，費用や手段，除いた土砂や流木の処理など，多くの問題がある。古くなった砂防堰堤の維持管理はこれからの大きな課題である。

砂防堰堤は土砂災害に対するハード

対策の代表的なものであり，警戒避難はソフト対策の代表的なものである。砂防堰堤の効果は外力（ハザード）の規模によって異なり，計画規模を超える外力に対しては期待した効果が発揮できない場合も多い。しかし，災害は時間的に進むものであり，対応しきれない大規模な災害であっても砂防堰堤が流域を守っている時間帯は必ずあるはずである。このことは，大規模災害に至る前に安全に避難するためのハード対策として，砂防堰堤が機能するということを意味している。昨今，2011年の東北地方太平洋沖地震（東日本大震災）と紀伊半島大水害，2013年の伊豆大島土砂災害，2014年の広島土砂災害など，特徴の違う大規模土砂災害が頻発している[35]。警戒避難の重要性はそのたびに強調されるが，一方のハード対策は遅れがちである。ソフト対策とハード対策の適正な組み込み方を開発する必要がある。

（藤田正治・中井　仁）

第4節　防災と通信

災害時には，被害情報や安否情報をはじめ，生活情報や今後の見通しなど，様々な情報ニーズが発生する。これらの情報ニーズを支えるインフラとなるのが通信である。1950年代以降の電話の普及は，災害時の情報の交信に大きな変化をもたらした。これを第一の変化とすると，その後，通信のモバイル化（携帯電話の普及）と，ブロードバンド化（インターネットの普及）が，災害時の通信に第二，第三の変化をもたらした。本節では，災害時における通信の重要性を述べるとともに，阪神・淡路大震災や東日本大震災発生後の通信状況を踏まえて，今後準備しておくべきことを考える。

1. 災害時における通信の重要性

災害時における通信の重要性は，災害が発生するたびに様々な分野から言われてきたことである。吉井（2011）は，初動期に地方自治体の災害対策本

---

35) 第1章5節「土砂災害」を参照。

部に求められている業務内容として，

①被害の全体像の把握と予測

②被害の発生や拡大を防止する措置

③資源の動員と管理，および救援活動の指示

④組織間調整

⑤広報

の五つを挙げている。そして，これら業務遂行に必要な要件として，要員確保やリーダーシップとともに，電力と情報通信の確保を挙げている[36]。

災害医療の分野においても，発災直後に災害対策本部が医療施設や避難所からの医療要請を把握することがなにより重要である。このことは第6章1節「急性期から亜急性期にかけての医療」および3節「被災地の病院」で繰

り返し強調されたことである。

災害に遭遇した個人にとっても情報は極めて重要である。正確な情報の有無が，生死を分けることもある。大地震発生直後の急性期において，個々人に必要な対応項目とその概要，および必要となる情報を表3に示す。ただし，災害時には「必要な情報」が得られない場合もあることも考慮しておかなければならない。津波警報や緊急地震速報が間に合わない，あるいは予想規模が正しくない場合がある。東日本大震災では，津波の予想高さが数度にわたって改められたことは記憶に新しい[37]。

発災後の対応方針を決める際には，あらかじめ平時から避難所や災害拠点

表3　大地震発生後の個人として必要となる対応項目，概要，および必要となる情報

対応項目	概要	必要となる情報
①安全の確保	・地震に対して身を守る ・二次災害（津波／余震，火災等）から身の安全を図る。 ・救助を要請する。	・緊急地震速報 ・津波警報 ・救助・支援情報
②被害の評価	・災害の規模を確認する。	・震度速報や被害情報
③安否確認	・家族の安否を確認する。 ・自身の安否情報を発信する。	・貼り紙による伝言 ・災害用伝言サービスによる情報
④行動方針	・避難場所に移動する等，次の行動を決める。	・平時の取り決め ・避難所や病院の位置情報 ・道路の被害状況

36）初動期の行政の業務については，第3章2節「災害直後の行政」を参照。

37）例えば，岩手県沿岸部に対する津波警報は，14:49（3m），15:14（6m），15:30（10m以上）と段階的に引き上げられた。

病院の位置を確認し，家族で避難場所を決めておけば，すぐに行動することができる。しかし，行動に移る前に，避難所までの経路の被害など，現状についての情報を得る努力をすることによって，安全に次の行動に移ることができる。

広域被害のあった東日本大震災では，行政の支援が被災者に届くまでおよそ2週間を要した[38]。支援を待つ間も，避難所等で余震情報，安否情報，支援情報などを遅滞なく得ることができれば，被災者にとって大きな心の支えとなる。それらの情報を得るための通信手段の確保は，災害対策における最重要課題の一つである。

2. 阪神・淡路大震災時の通信状況

1995年1月17日に発生した阪神・淡路大震災では，電力や水道などのライフラインと同様に，通信も大きな被害を受け，利用に大きな支障を来した。

(1) 固定電話

1995年時点においては，固定電話はNTTによる通信が主体であったため，以下NTTの固定電話の被害について述べる。NTTの被害については，商用電源の停止や予備電源の損壊等に

より約30万回線の交換機能が停止し，加入者ケーブルの損傷により約20万回線が中断した（土木学会1997）。発災直後，神戸市消防局への119番通報は，回線異常の警報を伝える無音電話が多く，電話による通報ができなかった。被害の激しかった地域では，消防署や警察署へ直接駆け込んで救助を要請する被災者が殺到した（内閣府2000）。翌日の1月18日の午前中には，交換機は全面回復している。

その後，通信機能に大きな影響を与えたのが輻輳である。輻輳とは，利用者のアクセスが特定地域に集中することによって，通常なら行えるはずの通話や通信ができなくなる状況に陥ることである。地震発生後には全国から被災地に安否確認や緊急通信のための通話が集中し，終日電話のかかりにくい状態が続いた。神戸からの通話もアクセスの集中により，受話器を上げても発信音が出ない状態が終日続いた。神戸市民に対するアンケート調査によると，当日自宅から電話した人の中で，すべての相手につながったのは10.1%に過ぎず，逆に47.3%もの人が，一つもつながらなかったと回答している（中村2005）。輻輳による混乱は3〜4日続いて1月21日頃には解消された

38）具体的には，第3章第2節2項「災害直後の行政の対応（応用編：巨大津波災害）」を参照。

（土木学会 1997）。

(2) 公衆電話

公衆電話は，被災地内に設置されていた中の約 3500 台が使用不可能になり，2 月までに家屋倒壊，焼失地域や立ち入り不能区域を除いた 1800 台が復旧した。しかし，停電のためテレホンカードが使用できない状況になり，公衆電話は硬貨でしか使えなかった。さらにそれも，電話器の硬貨を入れる容器が一杯になって使用できない状態が発生した。

(3) 携帯電話

携帯電話は，発災後数日間は固定電話より通じやすかったと言われている。これは，1994 年度末時点で全国の契約数は約 433 万件と，当時は携帯電話が普及の進展期にあり，回線に余裕があったからだと考えられる。しかし，携帯電話で被災地内の固定電話に掛ける場合は，固定電話網の輻輳に巻き込まれてつながりにくかった（中村 2005）。また，外部からの救助および復旧活動の関係者による携帯電話の大量持ち込みによって，つながりにくくなったと言われている。

(4) 復旧に向けた活動

復旧を支援する活動として，地震発生当日から無料の特設公衆電話が，公共施設や避難所に設置された。最終的には聴覚障害者向けの臨時 FAX と合わせて，2800 台（2 月 2 日）の特設公衆電話が設置された。

回線の復旧活動および停電の解消によって，発災後約 2 週間後には，ビルや家屋の全壊，あるいは焼失によって罹災した回線を除いて，ほぼ全面的に通信が回復した。

3. 東日本大震災での通信状況

2011 年 3 月 11 日に発生した東日本大震災では，地上施設の被害等によって，被災地を中心に通信の利用に大きな支障が生じた（NTT 東日本 2011；総務省 2011）。阪神・淡路大震災の被害と異なる点は，各戸の電話器と通信ビルを結ぶアクセス回線だけではなく，耐震性能の高い通信ビル [39] が津波によって損壊（16 棟）したり，水没（12 棟）したりしたことである。また，多数の携帯電話基地局が倒壊や流失によって機能を停止した。

(1) 固定電話

固定電話は NTT 東日本，KDDI，

39）通信ビル：通信設備（電話交換機，その他）を設置するビル。電話局と呼ばれることがある。

ソフトバンクテレコムの3社で約190万回線が被災した。復旧活動の進捗と電力復旧により，不通回線数は減少したが，4月7日の最大震度6強の余震により一時的に不通回線数が再び増加した。原発事故および津波による湛水地域を除く被災地域で，通信サービスが復旧したのは，発災から約50日後の4月末である（総務省2011）。

東日本大震災でも，阪神・淡路大震災のときと同様に，通信の集中による輻輳が発生した。輻輳が大規模な通信障害に発展することを抑止するため，通信事業者は通信規制を行うことがある。東日本大震災において，通信事業者は，固定電話について最大80〜90％の通話規制を実施した。固定電話は携帯電話ほど通話量が増加しなかったため，規制は携帯電話と比較して，比較的早い時期に解除された。

首都圏では，震災発生当日は帰宅困難者が多数いた[40]。彼らの通信確保のため，約12万台の公衆電話が無料開放された。

(2) 携帯電話

携帯電話およびPHSの基地局は，NTTドコモ，KDDI，ソフトバンクモバイル，イー・モバイルおよびウィルコムの5社で最大2万9000局が機能を喪失（停波）した。NTTの基地局では発災時には約3000局が停波した。その後，停波局数は翌日午後まで増え続け，停波局は約6500局に達した。このことから停波の原因は，主に停電による電源喪失が原因と考えられる。その後は，復旧活動と移動電源車や自家用発電機の投入によって，停波局数は減少していった。固定電話と同様に4月7日の最大震度6強の余震により一時的に停波局数が増加したが，4月末になると一部地域を除くほぼ全域で復旧した。

各事業者では，メールなどに使用するパケット通信[41]を，音声通話とは独立に制御する，もしくは別々のネットワークにするなどして，非常時におけるパケット通信の疎通が向上するようにしている。東日本大震災において，携帯電話の音声通話は輻輳のため最大70〜95％の通信規制が実施されたが，パケット通信は，1社が30％の規制を実施したのみで，それもすぐに規制は解除された。

---

40) 内閣府の推計によると，首都圏で約515万人が，発災当日に帰宅できなかった。
41) パケット通信：データを一旦サーバーに蓄積して，小包のように一定の容量に小分けしてから送る通信方法。音声通話は一つの回線を独占して話すが，パケット通信は，データを小分けして送るので，複数の人が同じ回線を利用できる。

(3) 復旧に向けた活動（総務省 2011；小山 2012）

東日本大震災では，固定・携帯電話ともに甚大な被害が生じたことから，衛星通信が通信手段として大きな役割を果たした。例えば，NTT 東日本および NTT 西日本は，被災者の通信確保のために，避難所等に衛星装置を活用した無料の特設公衆電話を約2300台設置した。また，総務省は地方公共団体等からの要請を受け，衛星携帯電話[42]約340台を貸し出した。

震災時には広範囲の停電のためテレビを視聴できない状況に陥ったことから，テレビ・ラジオ局では，複数のメディアを用いた情報発信を行うことで，情報を入手できない人を少しでも減らす取り組みを行った。例えば，インターネットの動画共有サイト（Ustream，ニコニコ生放送，等）において災害特別番組の提供が行われたことにより，インターネットの情報端末からの視聴が可能となった。

また震災当時にインターネットで日常的に使われていたサービスによって，災害に関する情報提供が行われていた。上で述べたインターネット動画共有サイトによる番組提供もその一つである。そのほかにも NHK をはじめとしたマスコミのほか，消防庁などの国の機関，そして被災した地方公共団体がインターネットサービスの一つである Twitter[43]を用いた情報発信を行った。安否確認の新しい取り組みとして，検索エンジンをはじめとしたインターネットサービスを提供する Google が，被災した家族や友人の安否を確認するサービス（パーソンファインダー）の提供を震災当日からはじめたところ，2011 年 5 月 18 日時点で約 62 万 3700件の記録が登録されたほか，警察庁，地方公共団体や一部マスコミから提供されたデータも合わせて登録された。

4. 通信の世界の大きな変化

通信手段，およびその利用方法が日進月歩のごとく変化しているために，これさえ確保しておけば「いざという時の通信手段」になる，という通信に関しての絶対的な方法は存在しない。現時点で有効だと思われる通信手段が，数ヶ月先には利用できなくなる可

42）衛星（携帯）電話：通信衛星に直接アクセスして通信する電話。静止衛星を利用するサービスと，低高度の衛星群を使用するサービスとがある。地上施設が少ないので，災害時の通信手段として有効と考えられている。一般に普及するには，機器の単価，通話料の高さが障害となる。衛星電話の活用実態については，第3章2節2項(3)「巨大津波災害時の活動体制の立ち上げ」を参照。

43）Twitter（ツイッター）：140字以内の短文を共有するウェブ上の情報サービス。

能性もある。逆に、まだ一般には知られていない通信手段が、急速に普及することもあり得る。

1995年（平成7年）1月17日に起きた阪神・淡路大震災において「携帯電話は、発災後数日間は固定電話より通じやすかった」と言われたが、前述したように、これは当時の携帯電話の加入者数が少なかった（約433万人）ためである（総務省2011）。図43は、平成6年度以降の固定通信（固定電話）と移動通信（携帯電話・PHS）の、加入契約数の推移を示している。携帯電話の加入者数が順調に増加する一方で固定電話の加入者数が減少し、平成12年度の段階で携帯電話が固定電話を上回っている。この年度末（2001年（平成13年）3月24日）に発生した芸予地震では携帯電話の音声利用は、固定電話と同程度かより以上に掛かりにくかった（中村2005）。

公衆電話は、災害時には比較的つながりやすいとされてきたが、携帯電話の普及とは逆に設置台数が減少を続けている。平成6年度末には全国で80.2万台（総務省2005）あった公衆電話の台数が、平成26年度末には18.4万台と4分の1以下まで減少している（総務省2015）。

図44は、音声サービスの総通話回数と総通信時間の推移を示している。阪神・淡路大震災以降も増加傾向を示していたものの、平成12年度をピークに減少に転じ、平成25年度の通信時間は、阪神・淡路大震災があった平成6年度よりも少なくなっている。このように最近の20年間にも、通信端末およびその利用手段の状況が大きく

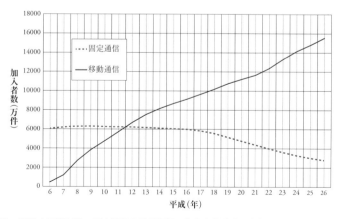

図43　阪神・淡路大震災以降の固定通信と移動通信の加入者推移（総務省総合通信基盤局の資料「携帯電話・PHSの加入契約数の推移（単純合算）」をもとに作成）

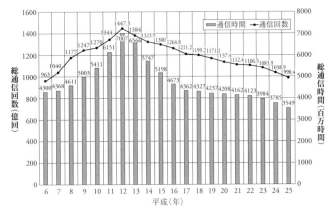

図44　阪神・淡路大震災以降の総通信回数と総通信時間の推移（総務省総合通信基盤局の資料「通信量からみた我が国の音声通信利用状況」をもとに作成）

変化してきていることがわかる。

5. 電話以外の災害時通信手段
(1) 災害用伝言ダイヤル

表3に書いたように，災害時の安否情報は最も重要な情報の一つである。家族の安否だけではなく，自分の無事を知らせることも大変重要である。

こうした必要性をもとに，災害時に特化した目的で開発されたのが災害用伝言ダイヤル『171』である。1998年（平成10年）から運用されている。一般電話だけでなく携帯電話やPHSからも利用できる。『171』は，自宅の電話番号などを用いてメッセージの録音と再生ができる。Aさんが録音する場合は「171」を入力し，音声ガイダンスに従って「1」を，続いてAさんの電話番号を局番から入力する。再生する側は「171」，「2」に続いてAさんの電話番号を入力する。つまり「Aさんの電話番号」が共通の暗証番号のような役割を果たしている。1番号当たりの最大録音件数は10件で，48時間保存される。全体では，最高800万件分の伝言を録音できる。『171』伝言を蓄積する装置は全国約50ヶ所に分散されており，指定された電話番号の下3桁によって，蓄積する場所が決まる。そのため，録音する側も再生する側も輻輳の影響を受けにくい。

(2) 防災行政無線

国及び地方公共団体は，非常災害時における災害情報の収集・伝達手段の確保を目的として，防災用無線システムを構築している。昭和39年6月の新潟地震，昭和43年5月の十勝沖地

震を契機に，消防庁と都道府県を結ぶ「消防防災無線」及び都道府県と市町村を結ぶ「都道府県防災行政無線」の整備が開始された。その後，整備が進められ現在は以下の4階層で構成されている[44]。

中央防災無線

内閣府を中心に，指定行政機関等（中央省庁等28機関）や指定公共機関（NTT, NHK, 電力等52機関），立川広域防災基地内の防災関係機関（東京都防災センター等10機関）を結ぶネットワーク。

消防防災無線

消防庁と全都道府県の間を結ぶ通信網で，電話及びファクシミリによる相互通信と，消防庁からの一斉通報に利用されている。

都道府県防災行政無線

都道府県と市町村，防災関係機関等を結ぶ通信網で，防災情報の収集・伝達を行うネットワーク。衛星系を含め

るとすべての都道府県に整備されている。

市町村防災行政無線

市町村が防災情報を収集し，また，住民に対して防災情報を周知するために整備しているネットワーク。平成27年3月末時点で，全市町村（1741市町村）中，同報系[45]については77.7%（1353市町村），移動系については77.3%（1346市町村）の市町村が整備している。

(3) インターネット

図44で見たように，音声サービスの総通信時間と総通信回数は平成12年度をピークに減少に転じている。これは，市民が音声サービスに代わって，インターネットによるデータ通信を行うようになったからと考えられる。インターネット利用者数は，平成9年度末に1155万人だったが，平成26年度末には1億18万人まで増加した（総務省 2005, 2015）。

インターネットは電話とは異なる回

---

44) 総務省HP「防災行政無線」, 2017年10月24日閲覧。
45) 同報系：市町村役場に設置された送信機から屋上等のアンテナを介して，屋外に設置された拡声器から放送内容が流されるシステム。各戸に個別受信装置を配置している自治体もある。「同報」は，同じ内容を多くの人に向けて発信する通信方法を指す。阪神・淡路大震災があった平成7年時点では，同報系防災無線の整備率は57.5%だった。特に，阪神地域で設置されていたのは尼崎市だけであった（中村 2005）。平成27年3月時点においても，都道府県別に見ると，34.3%（山形県）から100%（千葉県）までばらつきがある。

線を使うので，電話の輻輳の影響は受けない。東日本大震災においても比較的安定的に利用可能であった。震災時には，ソーシャルメディアサービスによる安否確認など，さまざまなサービスが提供された。しかし，ほとんどの避難所が，インターネットサービスを使える状況にはなかった。今後は，避難所のインターネット環境の整備が必要である。

インターネットは，輻輳の影響は受けないものの，停電の時は，携帯電話と同様に，パソコン等のバッテリーに蓄えられた電力がなくなると使えなくなる。その点，固定電話は，回線が生きておれば，電話局から給電されているため停電中でも使える。地上施設の損壊の影響を受ける点も，インターネットは固定電話や携帯電話等と同様である。現在，電気通信回線設備を設置する事業者に対しては，電気通信事業法によって耐震対策や防火対策などネットワークの安全・信頼性に関する一定の技術基準が求められている。しかし，インターネット接続サービス事業は，安全性・信頼性に係る技術基準適合義務の対象とはなっていない。また，インターネット接続を管理するデータセンターの半数以上が東京に集中しているので，東京が被災した場合は甚大な被害が出る可能性がある。

＊　＊　＊

上にも述べたように災害時の通信として，絶対的な手段は存在しない。平時から，災害時にはどのような情報が必要で，それはどういう手段で得られるのか，また「誰と」「何を」「どのように」連絡しあわなければならないかを考えておくことが重要である。元旦や9月1日の防災の日など何かをきっかけにして年1回でもいいので，「誰と」連絡を取らなければならないのかを振り返り，家族や職場の関係者などとともに「何を」「どのように」連絡を取らなければならないかを検討するのがよいだろう。それは，特効薬でもないし，毎年続けるとマンネリ化する可能性もあるが，継続的に行うことに価値がある。上に述べたように，阪神・淡路大震災（1995年）の頃と比べても通信手段は格段に多様化している。一つの手段で連絡が取れなかったときは，代替として何が使えるかを考えておく必要がある。しかし，よく言われるように，通信手段が何も使えなくなったときのために，家族や関係者と「緊急時のための約束事」を決めておくことが何より大事である。

（近藤伸也）

■参照文献

有川太郎・他（2012）「釜石湾口防波堤の津波による被災メカニズムの検討──水理特性を中心とした第一報」『港湾空港技術研究所資料』No.1251，2012年3月。

NTT東日本（2011）「東日本大震災における普及活動の軌跡」2011年11月。

岡田恒男・他（2004）「津波に対する構造物の構造設計について──その2：設計法（案）」『ビルディングレター』第465号；1-8，2004年11月。

川瀬博・他（2009）「変形性能と施工性を考慮した新しい木造家屋の耐震補強工法の提案その3壁柱方式を用いた1層1スパン試験体の振動台実験」日本建築学会学術講演梗概集C-1，構造III；361-362，2009年7月。

川瀬博・松島信一・宝音図（2011）「2011年東北地方太平洋沖地震災害調査速報，2章地震・地盤・津波」日本建築学会，2011年7月。

菊池善昭（2016）「津波防災における地盤工学の課題と展望」『地盤工学会誌』64（3）；1-3，2016年3月。

国土交通省（2007）「平成19年6月20日施行の改正建築基準法等について」2007年6月。

国土交通省（2011a）『平成22年度　国土交通省白書　第1章1節2広域にわたる未曽有の被害の概要』。

国土交通省（2011b）「平成23年（2011年）東北地方太平洋沖地震土木施設災害調査速報」国土技術政策総合研究所・独立行政法人土木研究所，『国土技術政策総合研究所資料』第646号・『土木研究所資料』第4202号，2011年7月。

国土交通省（2011c）「河川への遡上津波対策に関する緊急提言」河川津波対策検討会，2011年8月。

国土交通省（2011d）「第3回東北港湾における津波・震災対策技術委員会（資料-3）東北港湾における津波・震災対策について」東北地方整備局，2011年9月。

国土交通省（2016）「鬼怒川堤防調査委員会報告書」関東地方整備局，鬼怒川堤防調査委員会，2016年3月。

小島謙一・他（2016）「沿岸土木構造物の津波に対する対策　4.防波堤・防潮堤の耐津波化（その2）」『地盤工学会誌』64（3）；39-46，2016年1月。

小山真紀（2012）「災害時の情報提供方法」『災害対策全書4防災・減災』（公益財団法人）ひょうご震災記念21世紀研究機構，ぎょうせい，2012年5月。

阪口豊・他（1995）『日本の川〈新版　日本の自然3〉』岩波書店，1995年11月。

佐々真志（2016）「港湾構造物の津波防災──地盤ダイナミクスの重要性と対策」『地盤

工学会誌』64（1）; 4-7，2016 年 3 月。

常総市立五箇小学校「平成 27 年度 学校だより No.9」2015 年 9 月 24 日。

消防庁（2015）「平成 26 年（1 月～12 月）における火災の状況（確定値）」2015 年 7 月。

総務省（2005）『情報通信白書 平成 17 年版』。

総務省（2011）『情報通信白書 平成 23 年版』。

総務省（2015）『情報通信白書 平成 27 年版』。

高橋重雄・他（2011）「2011 年東日本大震災による港湾・海岸・空港の地震・津波被害
　に関する調査速報」『港湾空港技術研究所資料』No.1231，2011 年 4 月。

高橋英紀・他（2016）「津波による浸透力を考慮した防波堤基礎マウンドの安定性」『地
　盤工学会誌』64（3）; 24-27，2016 年 3 月。

高橋裕（2008）『新版　河川工学』東京大学出版会，2008 年 9 月。

田中規夫・他（2012）「東日本大震災における津波の河川遡上による堤防越流と被害状
　況の把握」『河川技術論文集』18; 357-362，2012 年 6 月。

司宏俊・翠川三郎（1999）「断層タイプ及び地盤条件を考慮した最大加速度・最大速度
　の距離減衰式」『日本建築学会構造系論文集』第 523 号 ;63-70，1999 年 9 月。

土木学会（1997）「阪神・淡路大震災調査報告 ライフライン施設の被害と復旧」阪神・
　淡路大震災調査報告編集委員会，1997 年 9 月。

土木学会（2014）「東日本大震災合同調査報告　共通編 2　津波の特性と被害」東日本
　大震災合同調査報告書編集委員会，2014 年 6 月。

内閣府（2000）「阪神・淡路大震災教訓情報資料集」。

内閣府（2005）「津波避難ビル等に係るガイドライン（巻末資料②）」2005 年 6 月。

内閣府（2010）『平成 22 年度版　防災白書』

内閣府（2016）『平成 28 年版　防災白書』。

長戸健一郎・川瀬博（2001）「建物被害データと再現強震動による RC 造構造物群の被
　害予測モデル」『日本建築学会構造系論文集』第 544 号 ; 31-37，2001 年 6 月。

中村功（2005）「大規模災害と通信ネットワーク」『予防時報』220 号 ; 70-75，2005 年 1
　月。

西山峰広（2011）「2011 年東日本大震災と 1995 年阪神・淡路大震災——建築物被害の
　特徴比較と今後の耐震設計」（社）日本建築材料協会，第 34 回・建材情報交流会講演
　録，2011 年 10 月。

日本建築学会（1996）「1995 年兵庫県南部地震コンクリート系建物被害調査報告書」近

畿支部鉄筋コンクリート構造部会，1996 年 7 月。

日本建築学会（2005）「地震動予測地図を考える－地盤震動研究を耐震設計に如何に活かすか（その 4）」地盤震動小委員会，第 33 回地盤震動シンポジウム資料，2005 年11 月。

日本建築センター（編）（1981）「改正建築基準法施行令新耐震基準に基づく構造計算指針・同解説」1981 年 2 月。

服部敦・福島雅紀・他（2011）「津波による堤防等河川管理施設の被害」『土木技術試料』(53-8)；22-27，2011 年 8 月。

福山洋・他（2012）「津波避難ビルの構造設計法」平成 23 年度建築研究所講演会，2012年 3 月。

松島健一・他（2015）「沿岸土木構造物の津波に対する対策　4. 防波堤・防潮堤の耐津波化（その 1）」『地盤工学会誌』63（11/12）694/695；54-61，2015 年 11 月。

松島健一（2016）「粘り強く抵抗する三面一体化堤防の開発」『地盤工学会誌』64（3）；16-19，2016 年 3 月。

水山高久（2015）『わかりやすい砂防技術』一般財団法人全国治水砂防協会，2015 年 3 月。

山本晴彦・他（2015）「2015 年 9 月 10 日に茨城県常総市で発生した洪水災害の特徴」『自然災害科学』Vol.34（3）；171-187，2015 年。

吉井博明（2011）「初動対応の要点」『災害対策全書 2 応急対応』（公益財団法人）ひょうご震災記念 21 世紀研究機構，ぎょうせい，2011 年 7 月。

Suwa, Hiroshi, Kazuyuki Okano, Tadahiro Kanno（2009）Behavior of debris flows monitored on test slopes of Kamikamihorizawa Creek, Mount Yakedake, *Japan, International Journal of Erosion Control Engineering*, Vol.2（2）.

原子力災害 第9章

　原子力災害は，その原因に注目すると，自然災害というより交通事故のような人為的な事故あるいは事件と言えるかもしれない。しかし，福島第一原発の事故によって，われわれは原子力災害が，広範囲に，生活を根底から覆す深刻な被害を長期にわたってもたらす様を目の当たりにした。これまでの事故の範疇を超えた大きな災害として，原子力災害の実態を把握しておかなければならない。

第 1 節　原子力

1. 原子力とは

　原子力は，通常，原子の核分裂にともなって発生するエネルギーを指す。ウラン等の重い元素の原子核に飛んできた中性子が吸収されると，原子核が不安定になり，2個の原子核に分裂する。このとき発生する大きな熱エネルギーを，核エネルギー（原子力）と呼んでいる。われわれは，ガソリンが燃焼するときに発する熱エネルギーを利用して自動車を走らせたりしているが，そのとき，ガソリンを構成する炭素化合物は水と二酸化炭素（と一酸化炭素）に分解される。化合物が酸素と結合することを広い意味で燃焼と言うが，分子量の観点から言うと，ガソリンに含まれる分子量 100 程度の化合物が，分子量数十程度の化合物に分裂する現象だとも言える。したがって，核分裂でも化学反応でも結合している粒子が分裂することによって，熱エネルギーが発生するという点は変わらない。しかし，ガソリンが燃焼したときに発する熱エネルギーは，1g あたり約 4.2×10^4 J であるのに対し，ウラン 235 の核分裂では 1g あたり約 8.2×10^{10} J もの熱エネルギーが出るから，発熱量という観点からは異次元の現象と言える。ただし，天然に産出するウランには核分裂を起こすウラン 235 は約 0.7% しか含まれていない。原子力発電所等で核燃料として用いるのは，これを 4% 程度にまで濃縮したものであるから，燃料のウラン 1g あたりで言うと，ウラン燃料の発熱量は約 3.3×10^9 J となる。いずれにしても，ガソリンの場合とは異次元の発熱量であることに変わりはない。

2. 放射線と放射能

　高速で飛来する電子や陽子およびイオンといった荷電粒子，並びに電荷をもたない中性子，高エネルギーの電磁波である X 線や γ 線（ガンマ線）などを放射線と呼ぶ。原子核が分裂すると，複数個の高速の中性子が放出される。分裂して生成した原子核（核分裂生成物）は不安定であるため，電子（β線）やヘリウム原子核（α 線），および γ 線の形でエネルギーを放出してより安定な元素になる傾向がある。このようにして，核分裂に伴って高エネル

ギーの放射線が出る。

放射線は物質を貫通することができる。貫通の程度は放射線の種類によって異なり，α線は紙1枚で遮蔽されるが，β線は薄い金属，γ線は鉄や鉛などの厚い金属によって遮蔽される。α線は正の電荷，β線は負の電荷をもつので，遮蔽物を構成する物質の原子核がもつ正電荷との間でクーロン力（静電気力）が作用して比較的容易に散乱されるのである。一方，中性子は電気的な力を持たないので，遮蔽物の原子核に直接ぶつからない限り止められない。したがって中性子線を遮蔽するためには，体積当たりの原子核が多い水や，厚いコンクリート壁が必要である。このことは，後述する1999年に起きた東海村JCO臨界事故において，施設の敷地外にいた住民が被曝したことに関わる。

上述のように放射線の種類によって貫通力は異なるが，貫通力のより強い放射線の脅威が，より大きいとは必ずしも言えない。貫通力が小さいということは，それだけ物質にエネルギーを与える，つまり影響を与えやすいということである。α線やβ線は屋内におれば壁が十分遮蔽してくれるが，もしα線やβ線を出す放射性物質を体内に取り込むと，細胞に大きな影響を及ぼす可能性がある。

生物が強い放射線に曝されると，細胞内の分子が電離されてイオン化したり，反応性の高い分子（ラジカル）に変質することがある。それらが，DNAの化学結合を切断するなど，細胞内物質の分子構造に変化をもたらすことによって，生命活動に影響を与える。

放射線の強度を表す量として，吸収線量（単位 Gy（グレイ））と，実効線量（単位 Sv（シーベルト））がよく用いられる。吸収線量は，放射線のエネルギーが物質に吸収される量によって計測される純粋に物理的な量であるのに対し，実効線量は人体への生物学的影響の目安となる量である。放射線の人体への影響は，放射線の種類による違い（放射線荷重係数）と，人体の部位によって異なる影響の違い（組織荷重係数）を，経験的に推定して定められる。式で書くと，『実効線量＝（吸収線量×放射線荷重係数×組織荷重係数）の全組織についての和』となる。

人間が自然から受ける放射線には，宇宙から飛来する放射線（宇宙線）と，体内や大気，地面や建物に含まれる放射性核種から飛んでくる放射線とがある。実効線量を用いることによって，それらの異なる放射線による影響を総合的に算定し，受けた放射線の身体への影響を相互に比較することが可能に

なる。1年間に自然の放射線が人体に及ぼす影響は1〜2mSv（ミリシーベルト）と推定されている。ただし，この推定値には医療のための被曝は含まれていない。病気の検査や診断で1回あたりに受ける放射線量は，一般胸部X線撮影の0.06mSvからX線断層撮影の数mSvまで様々である。原発事故等による放射能汚染の度合いを把握する上で，これらの数値は記憶しておくとよいだろう。

　放射線と放射能は異なった概念なので，両者を混同しないように注意する必要がある。放射能は，放射性物質が放射線を出す能力，またはその能力をもつ物質を指す。同じ放射能をもつ物質であっても，その物質から遠ざかるほど，受ける放射線量は少なくなる。放射能の量を表す単位として，Bq（ベクレル）がある。ある物体が1Bqの放射能を持つとは，その物体に含まれる原子核が，1秒間に1個の割合で崩壊して放射線を出すことを意味する。例えば，「一般食品の放射性セシウムの基準値は100Bq/kg（厚生労働省2012年4月1日施行）」などのように，食品に含まれる放射能を表すのに用いられる。また，土壌中の残留放射能量を表すのにも用いられる。例えば，「神奈川県川崎市川崎区殿町先の多摩川河川敷の土壌から1kg当たり約2万1000〜2万7000Bqの高濃度の放射性セシウムが検出されていたことが分かった。(東京新聞2012年6月14日)」などと用いられる。

3. 原子力発電のしくみ

　原子力発電所の概念図を図1に示す。左図は沸騰水型原子炉，右図は加圧水型原子炉である。格納容器内以外

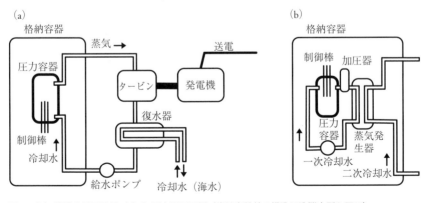

図1　(a) 沸騰水型原子炉　(b) 加圧水型原子炉（格納容器外の構造は沸騰水型と同じ）

は，両者はほぼ同じ構造を持っているので，右図は格納容器だけを描いている。いずれも，格納容器内の原子炉で作られた高温の蒸気が，タービンを回転させ，発電機を駆動する。役割を終えた蒸気は，復水器で水に戻り，給水ポンプによって再び格納容器内に戻される。火力発電の場合は，格納容器に当たるところに石油や石炭を燃焼させるボイラーが設置されている。つまり，原理的には火力発電と原子力発電の違いは，ボイラーか原子炉かの違いである。

日本国内では，図1の二つの型のいずれかの原子炉が用いられている。東北，東京，中部，北陸，中国の各電力会社は沸騰水型を用い，北海道，関西，四国，九州の各電力会社は加圧水型を用いている。

原子炉の炉心には，二酸化ウランを封入した燃料棒が数万本挿入されてい

る。燃料棒の外観は，直径約1cm，長さ約4mの金属製の鞘で，その中には焼き固めて円柱状にした二酸化ウランが封入されている。

沸騰水型では，炉心を通る冷却水が核分裂によって発生した熱を吸収して，蒸気となって直接タービンに送られる。一方，加圧水型では，炉心に入るのは，格納容器内に閉じ込められた一次冷却水である。一次冷却水は炉心で300℃以上に加熱されるが，加圧器によって約150気圧に加圧されているので，沸騰しないようになっている。炉心を通る冷却水が格納容器内で閉じているという面では，加圧水型の方が安全なように見えるが，蒸気発生器における一次冷却水の漏れ等の問題が発生することがある。したがって，安全性の面ではそれぞれ一長一短がある。

(中井　仁)

第2節　原子力事故

原子力事故とは，放射性物質の管理区域外への漏洩，もしくは放射線被曝を伴う事故を指す。以下に例示するように，原発などの原子力関連施設で起

きた事故を指すことが多いが，医療用の放射性物質が持ち出されて被曝事象を起こした場合も含まれる。

1. 原子力事故のレベル

　原子力関連施設における事故は，国際原子力事象評価尺度（INES: International Nuclear Event Scale）に基づいて，レベル1から7までにランク付けがされる。この基準は，国際原子力機関（IAEA: International Atomic Energy Agency）と経済協力開発機構原子力機関（OECD/NEA）によって策定されたものだが，日本国内においても同様の基準が用いられる（表1）（文部科学省 2010）。レベル7から4までを事故と認定し，3以下は事故に至らない異常事象とする。過去に起きたレベル7から4までの事故を表2に挙げる。

2. 過去に起きた原子力事故の例

　以下に，レベル5のスリーマイル島原発事故，レベル4の東海村JCO核燃料加工施設における事故，ならびにレベル7のチェルノブイリ原発事故について簡単に述べる。日本の社会に大きな影響を与え，かつ世界各国の原子力発電政策にも影響を与えた福島第一原発の事故については，節を改めて述べる。

表1　国際原子力事象評価尺度（International Nuclear Event Scale）（文部科学省 2010 をもとに作成）

レベル		事 象	
		基準1：人と環境に与える影響	基準2：施設内への影響
事故	7. 深刻な事故	重大な外部放出	原子炉や放射性物質障壁が壊滅，再建不能
	6. 大事故	かなりの外部放出	原子炉や放射性物質障壁に致命的な被害
	5. 事業所外の危険を伴う事故	限定的な外部放出 放射線によって数人が死亡	原子炉の炉心や放射性物質障壁の重大な損傷
	4. 事業所外の危険を伴わない事故	少量の外部放出 地域限定の食糧管理 放射線によって一人が死亡	原子炉の炉心や放射性物質障壁のかなりの損傷
異常事象	3. 重大な異常事象	極少量の外部放出 非致命的放射線障害を生じる従業員被曝	重大な，放射性物質による汚染
	2. 異常事象	法定の年間線量当量限度を超える従業員被曝	放射性物質による汚染
	1. 逸脱		安全機器の軽微な問題
0		評価対象外の事象	

第 9 章　原子力災害　第 2 節　原子力事故　|　515

表 2　レベル 7 から 4 に認定された原子力事故 [1]

レベル	事故発生年	事故を起こした施設名（事故名）	国名
7	1986 年 2011 年	チェルノブイリ原発 福島第一原発	ソ連 日本
6	1957 年	マヤーク核技術施設（キシュテム事故）	ソ連
5	1952 年 1957 年 1979 年 1987 年	チョーク・リバー研究所原子炉 ウィンズケール原子炉 スリーマイル島原発 ゴイアニア被曝事故 [2]	カナダ イギリス アメリカ ブラジル
4	1961 年 1999 年 2008 年	フォールズ SL-1 原子炉 東海村 JCO 核燃料加工施設 フルーリュス放射性物質研究所	アメリカ 日本 ベルギー

（1）スリーマイル島原発事故

　1979 年 3 月 28 日，米国ペンシルバニア州のスリー・マイル・アイランド原発 2 号炉（加圧水型）において炉心の燃料棒が大きく損傷する事故が発生し，放射性物質が施設外部に放出され，一般市民に緊急事態が宣言された。事故の直接的な原因としては，加圧器からの一次冷却水の漏えいに運転員が気づかず，そのまま長時間運転を続けたこと，一次冷却材喪失時に給水をする補助給水パイプの弁が閉じたままになっていた等の，運転員の誤認，誤操作，および機器の誤動作が重なったと見られる。事故後の調査によって，炉内構造物の 45％が融けて圧力容器下部にたまっているのが確認された（日本科学者会議 2011）[3]。この事故による住民の被曝は，1mSv 以下と言われている。しかし，風下地域における乳幼児死亡率に急な増加が見られるという報告や，10 歳未満の子どもの癌関連の死亡率が全国平均より 30％多いという報告もある（Teather 2004）。

（2）東海村 JCO 臨界事故

　1999 年 9 月 30 日，茨城県那珂郡東海村，（株）ジェー・シー・オー（JCO）東海事業所転換試験棟で，定められた容量以上の濃縮度 18.8％のウラン溶液

1）原子力事故：ここに挙げられた事故は，原子力事故のすべてではない。過去の事故には，INES レベルが不明のものもある。

2）ゴイアニア市（ブラジル）で発生した医療用放射性物質盗難事件に伴って，一般市民を含む 249 人が被曝した事象を指す。

3）（一般財団法人）高度情報科学技術研究機構（RIST）の HP（ATOMICA）「米国スリー・マイル・アイランド原子力発電所事故の概要（02-07-04-01）」，2017 年 7 月 9 日閲覧。

を沈殿槽に入れたことによって，臨界反応[4]が起こった。作業に当たっていた 3 名の JCO 社員が重篤な被曝を受け，その内 2 名が死亡した。その他，臨界状態を終息させるための作業をした社員 24 人，敷地内に居た社員 145 人，救急隊員 3 人，政府・自治体関係者 257 人が 0.6〜48mSv の被曝をした。貫通力の強い中性子線による被曝は敷地外にも及び，周辺住民 264 人が被曝量評価の対象となった（NHK「東海村臨界事故」取材班 2006）[5]。

この事故をきっかけに，2001 年 1 月に原子力安全・保安院が，経済産業省の外局である資源エネルギー庁に設置された。しかし，2011 年の福島第一原発事故後に，原子力発電を推進する「資源エネルギー庁」と，規制する「原子力安全・保安院」が同じ経済産業省の中にあることに批判が集まった。批判を受けて，2012 年 9 月に同院は廃止され，代わって環境省の外局として，原子力規制委員会と，その事務局の原子力規制庁が設置された。

（3）チェルノブイリ原発事故

1986 年 4 月 26 日，ソビエト連邦（現ウクライナ）のチェルノブイリ原発 4 号炉で，後にレベル 7 に認定される事故が発生した。事故当時，4 号炉は操業休止中であり，外部電源喪失を想定した非常用発電系統の実験を行っていた。この実験中に制御不能に陥り，炉心が融解，爆発したとされる。爆発により，原子炉内の放射性物質が大気中に放出された。当初，ソ連政府は事故を公表しなかったが，異常な放射能がスウェーデンで検出されるに至って，事故の発生を認めた。

事故に居合わせた原発職員および直後に駆け付けた消防士等は，消火作業中に気分が悪くなって，約 300 人が病院に収容され，そのうち 28 人が急性放射線障害で死亡した（ソ連当局の発表）（今中 2008）。炉心爆発によって破壊された建屋をコンクリートで覆い，「石棺」とする作業が行われた。その間に，作業員数十万人が被曝したと言われている。事故直後から 2 週間

---

4) 臨界反応：ウランの原子核が中性子を吸収して分裂すると，同時に複数個の中性子が放出され，それが別のウラン原子核に吸収されることによって核分裂が継続する。この現象を連鎖反応と呼ぶ。ウランが少量である場合は，核分裂で生成した中性子は，ウランの固まりから外へ出てしまって，それ以上は反応には関わらなくなるが，ウランの分量がある量より多いと，外に出る前に次の分裂を誘発することができ，連鎖反応が継続する。そのある量を，臨界量と言う。中性子は宇宙から絶え間なく飛来するため，ウランが臨界量を超えて 1ヶ所に置かれると，ただちに核分裂反応が起こる。これが臨界反応である。

5) （一般財団法人）高度情報科学技術研究機構（RIST）HP（ATOMICA）「JCO ウラン加工工場臨界被ばく事故の概要（04-10-02-03）」，2017 年 7 月 9 日閲覧。

第 9 章　原子力災害　第 2 節　原子力事故 ｜ 517

表 3　チェルノブイリ原発事故で放出された放射能量の推定値。「放出割合」は，炉内に存在する各放射性元素に対する放出された元素の割合を意味する。常温で気体のキセノン 133 は，すべて放出されたと推定される。（今中 2008）

主な核種	半減期	放出量（Bq）	放出割合
キセノン 133	5.3 日	7×10^{18}	100%
ヨウ素 131	8.0 日	2×10^{18}	55%
セシウム 137	30 年	9×10^{16}	30%
ストロンチウム 90	29 年	1×10^{16}	4.9%
プルトニウム 239	24000 年	2×10^{13}	1.5%
その他を含む合計		1.4×10^{19}	約 10%

後までに，半径 30km 以内の住民約 12 万人が避難した。しかし，3 年後の 1989 年になって汚染がより広範囲に広がっていることが分かって，事故直後の避難者を含めて移住を余儀なくされたのは 35 万人に上るとされている（今中 2008）。

　この事故によって，原子炉内の放射能のうち約 10% が敷地外に放出されたと推定されている（表 3）（今中 2008）。放射性降下物は北半球全域に及んだ。事故前のヨーロッパにおけるセシウム 137 の濃度は $1m^2$ あたり 1.8 ～2.2kBq だったが，事故後は，ドイツ南部，オーストリア，フィンランド，ノルウェーおよびスウェーデンで 40kBq を上回った（ホリッシナ 2013）。

　被曝の影響としては，短期的には半減期 8 日のヨウ素 131，長期的には半減期 30 年のセシウム 137 による影響が大きい。ヨウ素 131 は，食品を通して甲状腺に蓄積される。これは甲状腺が機能維持のためにヨウ素を必要とするためである。高濃度のヨウ素 131 を取り込んだ場合は，主に甲状腺ガンを発症する可能性が高くなる。一方，セシウム 137 は，心筋細胞等に蓄積されやすく，心筋障害などの心臓疾患を引き起こす可能性が高まる。また，胸腺の破壊によって，免疫機能が低下するとも言われている。セシウム 137 が体内に取り入れられた場合，半減期が 30 年と長いので，数十年にわたる長期の観察が必要になる。

　IAEA が主導して，専門家および各国代表からなる国際的な「チェルノブイリ・フォーラム」が立ち上げられ，2006 年に事故の影響についての報告書が公表された（チェルノブイリ・フォーラム 2006a，2006b）。報告書で

は，「甲状腺ガン発生の増加は，長期のリスクの大きさを定量化するのは困難であるが，長い年月続くであろう」とした他は，事故の影響は被曝線量の多かった緊急・復旧作業員の場合に限定されると報告された。しかし，ホリッシナ（2013）は，「1992～2000年の間に，避難者の子供の腫瘍の罹患率が65倍増加した」等の，深刻な影響を報告している。また，思春期に被曝した女性の生殖健康に影響（妊娠期の異常等）を与えている，と警鐘を鳴らす研究結果もある（綿貫2012）。

（中井　仁）

第3節　福島第一原発事故

　福島第一原発で起きた事故による被害は，自然災害による被害とは異なった様相を見せている。それは，集中復興期の終了とされる2016年3月時点で岩手県と宮城県の復興が進む中で，福島県の被災地における復興は，原状回復からは程遠い状況であることに端的に現われている。

1. 事故直後の経緯

（1）発災直後（3月11日）

　2011年3月11日14時46分，東北地方太平洋沖地震による地震動によって，福島第一原発において送電線鉄塔の倒壊などの被害が生じた。その結果，外部電力が失われ，非常用ディーゼル発電機が起動した。敷地内には，1～6号機までの原子炉（すべて沸騰水型）があったが，4号機は炉心点検中のため炉内に燃料は装填されていなかった。また，5号機と6号機は定期検査中で運転されていなかった。地震動の感知と共に，稼働中の1～3号機においては制御棒が炉心に挿入された[6]。制御棒は，核分裂によって発生する中性子を吸収して連鎖反応の進行を止める。しかし，連鎖反応が停止しても，核分裂生成物の崩壊によって熱が発生し続けるため，炉心に冷却水を送り続けなければ，燃料棒が溶融して炉の底に落下する可能性がある（メルトダウン）。そこで，冷却水の喪失を防ぐた

6）本章第1節の図1（a）を参照。

めに発電タービンに送られる蒸気が弁によって止められ，非常用の給水系統から原子炉への注水が行われた。

　地震発生から約50分後に，遡上高[7]14〜15mの津波が来襲し，地下に設置されていた非常用ディーゼル発電機が故障し，他の電気設備も流失・損壊，1〜5号機が全交流電源喪失状態に陥った。15時42分，原子力災害対策特別措置法（原災法）第10条[8]に基づいて，「全交流電源喪失」が報告された。さらに，16時45分ごろ原災法第15条に基づいて「非常用炉心冷却装置注水不能」が報告された。この報を受けて，原子力緊急事態宣言[9]が発せられた。格納容器内の圧力が高まりつつあったため，ベント（排気）が検討されたが，そのためには周辺住民を避難させる必要があり，21時23分に第一原発から半径3km圏内の住民に避難指示が出された。

(2) 3月12日から15日までの主な出来事

　官邸地下の危機管理センターに設置された緊急災害対策本部から，原発事故関連で出された指示[10]と主な出来事は以下の通りである。

（12日）

05:44　第一原発から半径10km圏内の住民に避難指示。

10:24頃　1号機のベント開始。

15:36　1号機水素爆発[11]。

17:39　第二原発から10km圏内に避難指示。

17:55　海水注入を発令。

18:25　第一原発から20km圏内に避難指示。

19:04　1号機炉内に海水注入開始。

（13日）

09:08　3号機でベント開始。

09:25　3号機で消防車による淡水注入開始（13:12に海水注入に切り替え）。

（14日）

11:01　3号機で水素爆発(作業員負傷)。

7）津波の遡上高については，第3章5節「津波被害と防災集団移転」図11を参照。

8）原子力災害対策特別措置法第10条：原子力防災管理者は，政令で定める事象が発生したときは，直ちにその旨を内閣総理大臣及び所在都道府県知事等に通報することが義務付けられている。

9）原子力緊急事態宣言：原災法15条に基づいて原子力緊急事態が報じられたときは，内閣総理大臣は直ちに原子力緊急事態宣言を公示する。

10）「核原料物質，核燃料物質及び原子炉の規制に関する法律（炉規法）」第64条に基づく措置命令。

11）水素爆発：燃料棒を覆う合金のジルコニウムが，非常な高温になると，周囲の水蒸気と激しく反応し，水から酸素をうばって水素を発生させる。圧力容器内で発生した水素が，格納容器を納める建屋内に漏れ出し，爆発したと考えられる。

19:03　2号機炉内に海水注入開始（ベントの成否は不明）。
（15日）
6:10　4号機で水素爆発とみられる爆発。

2. 放射能の拡散
(1) 放射能の原子炉建屋外への放出

　図2（口絵39）は，福島第一原発敷地内で測定された空間線量率[12]の推移を示している（福田 2012）。縦軸は対数表示になっているので，横線間の幅は10倍を意味する。本来，敷地の陸側を囲むように設置されたモニタリングポストが放射線量を監視するはずであったが，地震と津波によって電源が喪失し，多くは機能しなかった。そこで事故後に，正門付近などにモニタリングカーが配置された（東京電力 2012a）。口絵39に示すように，緑の△が示す敷地の南西寄りにある正門付近と，茶の□が示す敷地中央部の西側に設置されたモニタリングポスト（MP-4）のデータの継続性が比較的良い。図の上部に付けられた丸数字は，なんらかの出来事があった時刻を示している。③と⑧，⑩はそれぞれ1号機，3号機，4号機の建屋爆発時刻に当たる。1号機については，爆発と空間線量の増加が時間的に一致しているが，3号機の爆発のときは，空間線量率の大きな変化は見られなかった。また，4号機の爆発では，爆発の瞬間より，その後に正門付近で空間線量が急増し，十数時間高い状態が続いたことが分かる。大気中への放出に関しては，この3月15日の放出が，広範囲にわたる強い放射能汚染をもたらしたと見られている。②，④〜⑦，および⑫はベントが行われた時刻だが，ベントに

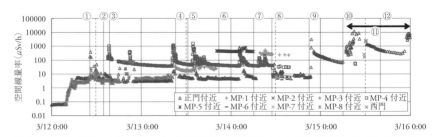

図2（口絵39参照）　3月12日〜15日の福島第一原発敷地内における空間線量率（福田 2012）。丸数字はなんらかの出来事があった時刻を示す（本文参照）。

---

12) 空間線量率：地面から1mの高さに置かれた線量計で測定される単位時間あたりの放射線量。線量計の直下だけではなく周囲の半径数十mの範囲からの放射線を測定する。日本における通常値は約 0.02〜0.08 μSv/h。

よって空間線量率が明らかに増えたという兆候は見られない。ただし，原因が特定できていない12日の午前6時前後の急激な増加以降，空間線量率が高い値に保たれているために，ベントによる影響が見えないのかもしれない。

(2) 避難指示の発出

上述のように3月11日から12日にかけて段階的に避難指示が出された。図3 (a) は，2011年9月30日時点で避難指示等が出ていた地域を示している。3月12日の段階からここに至るまでに，20～30km圏内に「屋内退避指示」，「計画的避難区域の設定」，「緊急時避難準備区域の設定」，「特定避難勧奨地点の指定」といった措置が取られた。避難のための何らかの指示，指定が行われた地域は，この時期を境に縮小していく。図3 (b) のように，2015年9月5日時点において，これらの地域の多くは「帰還困難区域」「居住制限区域」「避難指示解除準備区域」の3種に分類されている。福島県内の避難者数は最大16.4万人であった。同県の場合は，避難の理由はほとんど

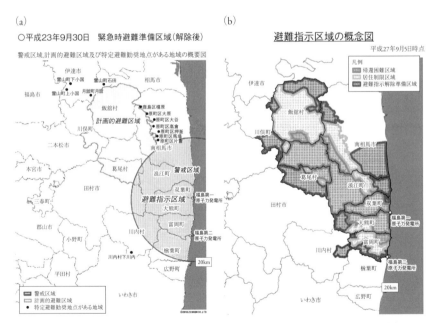

図3（口絵40参照） (a) 2011年9月30日時点において避難指示等が出ていた地域。(b) 2015年9月5日時点の避難指示区域[13]

---

13) 福島県 HP「避難区域の変遷について──解説」，2017年10月27日閲覧。

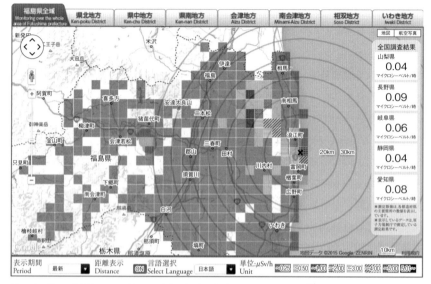

図 4 （口絵 41 参照） 2015 年 9 月時点の福島県各地の空間線量率分布[14]

が原発事故の影響である。平成 27 年（2015 年）3 月時点も，上記区域からの避難者数は 9 万 8000 人，区域外からの所謂「自主的避難者数」は約 1 万 9000 人と推計されている（復興庁 2015）。

(3) 放射能の大気への拡散

図 4 は，2015 年 9 月時点における福島県各地の空間線量率分布である。右側に表示されている他県の値に比べて，帰還困難区域等の線量率が数十倍高いことが分かる。また，平常時の数倍の値を示す地域が広範囲に分布している。

大量に放出された放射能は風に乗って，北は岩手県，南は関東一円から長野県まで拡散した。このような放射能拡散の結果，各種農産物の作付制限や出荷制限が行われた。汚染域の南端近くに位置する長野県軽井沢や小諸に対しても，2015 年 5 月 28 日付で「採取されたきのこ類（野生のものに限る）について，当分の間，出荷を差し控えるよう，関係自治体の長及び関係事業者等に要請すること。」とする，原子力災害対策特別措置法に基づく指示が，内閣総理大臣名で長野県知事に対して出された[15]。

---

14) 福島県 HP，2015 年 10 月 28 日閲覧。
15) 野生きのこ類の出荷制限は，2017 年 11 月 20 日付で解除された。

(4) 放射能の海洋への拡散

　放射能は海洋にも拡散した。事故前（2009年）の測定によると，福島第一原発沖約25kmの海域におけるセシウム137の濃度は，1.3～1.9mBq/L（ミリベクレル毎リットル）であったが，2011年7月28日～同29日の期間に採取されたサンプルは，福島第一原発沖30km地点で510mBq/Lであった（文部科学省2011）。福島第一原発の直近の港湾外では，3月末から4月上旬にかけて数万Bq/Lにもなり，その後は減衰し2015年8月には0.1～1Bq/Lになったが，依然として事故前の数百から1000倍の濃度がある（図5）。

　放射性物質が海洋に流れ込む経路としては次の三つの経路が考えられている。

①降雨や塵の降下による大気から海洋への沈着
②汚染水の直接流入
③地表に堆積した放射性物質の河川または地下水経由による移行

　東京電力（2012b）は，海洋へのセシウム137の拡散は，3月中に1.3PBq[16]，4月1日から6月30日までは2.2PBqと推定している。一方，大気中への3月中の放出量は約10PBq，そのうち0.9PBqが原発沿岸の東西20km，南北50kmの海域に降下したと推定している（4月以降の大気への拡散は，総量で3月中の拡散量の1%未満と推定）。これらの推定が正しいとすると，海水のサンプルから推定される3月中の海洋への拡散1.3PBqのうち，大半の0.9PBqは大気から降下し

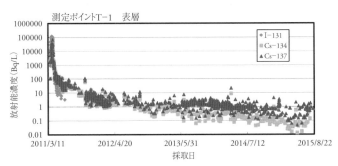

図5　福島沿岸（福島第一原発5-6放水口から30m北）の海水の放射能濃度の推移（原子力規制委員会2015）。ヨウ素131（◆），セシウム134（■），セシウム137（▲）の変化をそれぞれ示す。

---

16) PBq：1PBq（ペタベクレル）＝ 1 × 10^{15}Bq。「ベクレル（Bq）」については，本章第1節2項「放射線と放射能」を参照。

たものと考えられる。小林・他（2012）のモデル計算でも，3月下旬から4月上旬の海洋汚染は主に大気からの降下の影響が大きく，4月中旬以降については直接流入の影響が大きいと推定している。一方，③の経路については，地表に沈降した放射性物質の，土壌・植物から地下水，河川を経て海へ至る間の複雑な動向が研究されている（日本原子力研究開発機構 2015 など）。

　海洋の放射能汚染のために，宮城県沖，福島県沖，茨城県北部沖で獲れる多くの魚介類についての出荷制限が2015年9月時点も継続している[17]。放射性物質は表層の海水からプランクトンに取り入れられ，一部は魚類等に食べられるが，やがては死骸とともに海底に堆積する。嵐などで海底の泥や砂が巻き上げられると，再び海水中にもどり生物の体内に入る。これを繰り返しながら，食物連鎖を介して大型魚類に濃縮されていく。海水中の放射能は拡散によって薄められ，濃度が低下するが，海底堆積物の放射能は自然崩壊によって安定元素に変化するまで，上のサイクルを繰り返すことになる（石丸 2012）。そのため，たとえ原発施設内からの放射能の漏出が止まったとしても，原発周辺海域の放射能濃度

は高い状態が長く続くことになる。ただし，直接流入が継続している疑いも払拭できていない（Brumfiel 2012）。

3. 原発事故の人への影響

(1) 震災関連死 [18]

　上記のように長引く避難生活のために，福島県では震災関連死者数の増加が止まらない。平成27年3月31日時点で，東日本大震災の震災関連死者は3331人であるが（復興庁 2017），そのうち福島県内の死者は1914名である。図6に示すように，岩手県や宮城県の震災関連死者数が平成25年以降はほぼ横ばいになっているのに対し，福島県の認定者数は平成27年度になっても増加の一途を辿っている。福島県の関連死100人以上の市・町を拾い上げると，南相馬市（469人），浪江町（361人），富岡町（297人），いわき市（130人），双葉町（129人），大熊町（113人），楢葉町（110人）と，図3の避難指示区域の住民が，依然として困難な状況にあることが窺われる。

(2) 住民の放射線被曝

　事故による住民の放射線被曝が心配されたが，調査の結果，内部被曝[19]，外部被曝[20] 共に急性の放射線による

17）2017年6月21日現在，一部の海産魚貝類について出荷制限が続いている。
18）震災関連死：復興庁による定義については，第3章2節「災害直後の行政」の脚注15）を参照。

第 9 章　原子力災害　第 3 節　福島第一原発事故 | 525

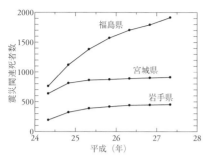

図 6　東日本大震災における震災関連死者数の推移（復興庁 2017 他）

健康への影響を与えるレベルではないとされている[21) 22)]。しかし，遅発性の健康影響には警戒が必要とされている。低線量であっても，放射線に曝された後，数年，数十年してガンを発症することがあるからである。しかし，ガンによる死亡は，病気によって亡くなる日本人の約 43％（2014 年時点）と高いため，疫学的に福島第一原発事故による放射線被曝の影響を推定することは難しいと考えられている。

住民の被曝による影響で最も心配されているのは，ヨウ素 131 による被曝である。ヨウ素は体内に取り込まれると甲状腺に蓄積され，特に小児の甲状腺ガンを引き起こす。ヨウ素 131 の放射性崩壊の半減期は 8 日と短いことと，放射線モニタリングポストの損傷のために，事故直後の空間放射線量のデータが無いことによって，事故直後の被曝量が分かっていない。福島県による平成 23 年から 25 年にかけての健康調査の結果，検査時点での年齢が 8 ～ 22 歳の 113 人に「悪性ないし悪性疑い」の判定が出た（福島県 2015）。チェルノブイリ原発事故では，事故後 4 ～ 5 年目以降に甲状腺ガンが増加したと言われているだけに，今後も検査を継続する必要がある。

図 3 にある「避難指示解除準備区域」は，年間被曝が 20mSv 以下となることが確実と見なされる地域と定義されている（原子力災害対策本部 2014）。避難指示の解除の明確な目途は公表されていないが，準備区域の定義から「20mSv/ 年」が解除の一つの目途とされているようである。原子力災害対策本部は，年間 20mSv 以下の状況を「現存被ばく状況」と称し，「緊急事態が収束し状況が安定した後，事故によって放出された放射性物質による長期的

---

19) 内部被曝：呼吸または食事によって，体内に取り込まれ組織に蓄積された放射性物質による放射線被曝。
20) 外部被曝：環境中に存在する放射性物質による放射線被曝。
21) 首相官邸 HP「福島における「内部被ばく」の現況について～最近の調査から（遠藤啓吾）」，2015 年 11 月 21 日閲覧。
22) 首相官邸 HP「福島第一原子力発電所の事故による健康リスク──現況と将来への挑戦（クリスチャン・ストレッファー，仮訳：佐々木康人）」，2015 年 11 月 21 日閲覧。

な被曝について，適切な管理を実施すべき状況」と定義している（原子力災害対策本部 2014）。しかし，避難解除の目途とされる「年 20mSv 以下」の上限に近い被曝状況が，居住に適した安全基準と言えるかについては異論もある。

(3) 原発作業員その他の被曝

事故後，福島原子力発電所内外の作業に従事した人たちの深刻な被曝が続いている。公表された資料および報道の一部を以下に挙げる。

・2011 年 3 月から 2014 年 12 月までの間，福島第一原発で作業に当たった従事者 4 万 569 人の平均被曝量は 12.17mSv。100mSv 以上を被曝した従事者は 174 人，最大は 678.80mSv を被曝した（東京電力 2015）。

・事故直後，原発作業者の被曝限度量は臨時的に 250mSv とされたが，2011 年 12 月 16 日に通常時の被曝線量限度（50mSv/ 年かつ 100mSv/5 年）に戻された。しかし，緊急時には対応できない恐れがあるとの理由で，厚生労働省は，省令で「原子力緊急事態宣言後に，労働者の健康リスクと周辺住民の生命・財産を守る利益を比較衡量し，特例の緊急被曝限度として，250mSV を特例省令により設定」し，平成 28 年 4 月 1 日より施行するとしている（厚生労働省 2015）。

・原発周辺で住民の救援活動に従事した自衛隊員約 2800 人と警察官・消防隊員約 170 人のうち，4 割弱が約 20 日間で 1mSv 以上被曝した。最大被曝量は 10.8mSv だった（「毎日新聞」2015 年 10 月 26 日）。

・厚生労働省は，2015 年 10 月，事故後初めて，福島第一原発の作業に従事した男性がその後急性骨髄性白血病になった事例を労災と認定した。男性は，2012 年 10 月 ～13 年 12 月の約 1 年 1 ヶ月間，建設会社の社員として同原発で作業し，15.7mSV を被曝した（「週間金曜日」2015 年 11 月 12 日）。

福島第一原発事故は，日本社会に多くの課題をもたらした。長引く避難生活。帰還への見通しと不安。住民の健康への懸念。30～40 年はかかると言われる廃炉工程。その間の環境への放射性物質のさらなる拡散。原発従事者の深刻な被曝。取り出した溶融燃料などの高レベル放射性廃棄物の永久保管，等々。原発事故の影響は，今後，数十年あるいは百年以上にわたって継続するものと思われる。

東日本大震災後，運転が停止されていた国内各地の原子力発電所で，原子

炉の再稼働へ向けた準備が進められている。「シビアアクシデント対策」を盛り込んだ新規制基準が定められた[23]。しかし、どのような安全基準を設けても、原発の稼働を続ける限り事故は起こる時には起こるという、震災直後には感じられた社会の共通理解、あるいは、危機意識を今後も保持し続ける必要がある。それには、福島第一原発をめぐる現状を常に注視し続けることが重要だろう。

(中井　仁)

■参照文献

石丸隆（2012）「放射性物質分布のモニタリングと海洋生物への移行に関する調査研究」東日本大震災復興支援プロジェクト研究報告会，2012年3月。

今中哲二（2008）「チェルノブイリ原発事故の調査を通して学んだこと」広島大学平和科学研究センター，第33回核の被害再考，2008年11月。

NHK「東海村臨界事故」取材班（2006）『朽ちていった命——被曝治療83日間の記録』新潮文庫，2006年10月。

原子力規制委員会（2015）「近傍・沿岸海域の海水の放射能濃度の推移」2015年8月。

原子力災害対策本部（2014）「避難指示区域の見直しにおける基準（年間20mSv基準）について」2014年7月。

厚生労働省（2015）「電離放射線障害防止規制の一部を改正する省令等の概要」2015年8月。

小林卓也・河村英之・古野朗子（2012）「海洋放出量推定と海洋拡散プロセスの解析」公開ワークショップ「福島第一原子力発電所事故による環境放出と拡散プロセスの再構築」2012年3月。

チェルノブイリ・フォーラム（2006a）「チェルノブイリ原発事故による環境への影響とその修復：20年後の経験（日本学術会議訳）」チェルノブイリ・フォーラム専門家グループ「環境」，2006年4月。

チェルノブイリ・フォーラム（2006b）『チェルノブイリの経験——健康・環境・社会経

---

23) 原子力規制委員会 HP「実用発電用原子炉に係わる新規制基準について——概要」，2015年11月23日閲覧。

済的影響 ベラルーシ・ロシア連邦・ウクライナ政府への提言（秋元麦踏・他訳）』D. Kinley III（編集），国際原子力機関公共情報課，2006年4月。

東京電力（2012a）「福島第一原子力発電所事故における放射性物質の大気中への放出量の推定について」2012年5月。

東京電力（2012b）「海洋（港湾付近）への放射性物質の放出量の推定結果について」2012年5月24日。

東京電力（2015）「被ばく線量の分布等について」，プレスリリース2015年「福島第一原子力発電所従事者の被ばく線量の評価状況について」添付資料，2015年1月。

日本科学者会議（2011）『福島原発問題について（科学者の眼）——科学者による原発事故の解説』2011年3月。

日本原子力研究開発機構（2015）「平成26年度放射性物質測定調査委託費（東京電力株式会社福島第一原子力発電所事故に伴う放射性物質の分布データの集約及び移行モデルの開発）事業成果報告書」2015年3月。

福島県（2015）「県民健康調査「甲状腺検査（先行検査）」結果概要［確定版］」2015年8月31日。

福田俊彦（2012）「福島第一原子力事故対応の概要」東京電力，2012年5月26日。

復興庁（2015）「復興の現状」2015年6月24日。

復興庁（2017）「東日本大震災における震災関連死の死者数（平成27年3月31日現在調査結果）」2017年6月30日。

ホリッシナ，オリハ・V（2013）『チェルノブイリの長い影——現場のデータが語るチェルノブイリ原発事故の健康影響』新泉社，2013年3月。

文部科学省（2010）「原子力施設等の事故・故障等並びに核燃料物質等の工場又は事業所の外における運搬に係る事象の国際原子力・放射線事象評価尺度（INES）の運用について」2010年4月。

文部科学省（2011）「福島県沖における海域モニタリングの再分析結果について」原子力災害対策支援本部，2011年9月12日。

綿貫礼子（編）（2012）「放射能汚染が未来世代に及ぼすもの」新評論，2012年3月5日。

Brumfiel, Geoff (2012) Ocean still suffering from Fkushima fallout, *Nature*, doi:10.1038/nature.

Teather, David (2004) US nuclear industry powers back into life, *The Guardian*

（*London*），2004.04.13.

■参考文献

武谷三男（編）（1976）『原子力発電』岩波新書，1976 年 2 月。

関西学院大学災害復興制度研究所・東日本大震災支援全国ネットワーク（JCN）・福島
の子どもたちを守る法律家ネットワーク（SAFLAN）（2015）『原発避難白書』人文
書院，2015 年 9 月。

NHK スペシャル『メルトダウン』取材班（2013）『メルトダウン連鎖の真相』講談社，
2013 年 6 月。

NHK スペシャル『メルトダウン』取材班（2015）『福島第一原発事故 7 つの謎』講談社，
2015 年 1 月。

防災と国際貢献 | 第 10 章

自然災害への対処についてさまざまな経験と技術を持つ日本は, 世界の国々から, 防災および災害緊急援助における国際貢献が期待されている。本章では, まず（独）国際協力機構（JICA）による災害援助活動を概説する。次いで, 学術的な国際貢献, および保健医療分野における国際貢献の具体例を紹介する。

第1節　JICA の防災への取り組み

　JICA は，国際協力事業団（1974 年設立）を前身とし，2003 年に日本の政府開発援助（ODA）を一元的に行う国際援助実施機関として設立された独立行政法人である。有償・無償の資金協力，技術協力，ボランティア派遣，国際緊急援助など，開発途上国等への国際協力を行う。

1. 防災の主流化

　20 世紀中頃より世界の自然災害は増加の一途をたどり，特に 1980 年代以降の増加が著しい。気象災害の増加の原因としては，人間の経済活動に起因する地球温暖化，および自然現象として地球が激動期に入ったことによる地震や火山噴火の増加が挙げられる。これらの原因に加えて，開発途上国における社会基盤整備の遅れや，都市部への人口集中による貧困層の増大などが，災害に対して脆弱な地域を世界各地に生み出す結果となっている[1]。

　このような状況に対して，国際防災戦略（ISDR）[2] は，「防災の主流化（Mainstreaming Disaster Risk Reduction）」を提唱している。「防災の主流化」について世界共通の定義はないが，JICA は，『防災主流化とは，開発のあらゆる分野のあらゆる段階において，様々な規模の災害を想定したリスク削減策を包括的・総合的・継続的に実施・展開し，災害に対して強靭な社会を構築することにより，災害から命を守り，持続可能な開発，貧困の削減を目指すもの』と定義している。つまり，災害が起きてから援助の手を差し伸べるだけではなく，災害に強い国土づくりを目標にして，国際協力による開発途上国支援をするという考え方である。

　「防災の主流化」の考え方に則って，JICA の防災関連事業には，以下にあげる 5 つの目標領域が設けられている。

---

1) 第 1 章 8 節「世界の自然災害」を参照。
2) 国際防災戦略（ISDR: International Strategy for Disaster Reduction）：防災および減災のための活動に国際的な枠組みを与えることを目的とした国連の機関。事務局はスイスのジュネーブにある。2000 年設立。

(1) 防災体制の確立と強化

被支援国が防災への取り組みを行うために必要な，国家としての強い土台作りを目指し，防災に関係する基本法を整備し，防災を掌る組織を確立する。そして，組織間の連携や，情報の共有化を促進すると同時に，防災に関する人材を育成する。例えば，スマトラ島沖地震・インド洋津波（2004年）のあと，JICAは「国家防災庁及び地方防災局の災害対応能力強化プロジェクト（2011～2015年）」を実施し，インドネシアの国家防災を担当する国家防災庁の設立，国家防災計画の策定を支援すると共に，パイロット的に選んだいくつかの州において地域防災計画の策定の支援などを行った。

(2) 自然災害リスクの的確な把握と共通理解の促進

効果的な災害対策を講じるには，予想される災害を把握することが重要である。災害リスクを的確に評価し，それに基づいたハザードマップの作成と防災投資の経済分析を行わなければならない。防災計画は時として関係者間に深刻な利害関係をもたらす。従って，防災対策の実施には，災害リスクについての関係者全員の共通理解が欠かせない。災害リスク評価の国際協力の例としてはチリの「津波に強い地域づく

り技術の向上に関する研究（2012～2016年）」が，共通理解促進の例としてはトルコの「防災教育プロジェクト（2011～2014年）」が挙げられる。

(3) 持続的開発のためのリスク削減対策

自然災害による被害を軽減するためには，被害が発生しても最小限の被害に止められるように常時から準備することが重要である。これまで，JICAは，多様な潜在的な災害リスク要因に対し，災害が発生した場合の被害の抑止・軽減策を，構造物対策および非構造物対策の両面から検討し，それらを組み合わせることによって事業を実施してきた。また，経済発展とリスク削減のバランスのとれた事業の実施を目標として，治水事業などの災害抑止対策や，安全を重視した土地利用などの危険回避策を検討している（例：ベトナム「ベトナム国中部災害に強い社会づくりプロジェクト（2009～2012年）」）。

(4) 迅速かつ効果的な災害対応への備え

一国の全地域を，すべての災害から守ることは困難で，予算的にも限界がある。このため，予防による対応が困難な自然災害から特に人命を守るため

には，自然災害発生の直前や直後の対応が重要である。自然災害の発生を早期に予測し，予報や警報情報を迅速に伝達し，そして情報に従って適切に警戒や避難を行うこと，万が一被災した場合には，迅速な人命救助・医療活動・支援物資輸送，などが求められる。JICA は，技術官庁の予報・警報能力向上のための支援，および中央機関から地方自治体そして住民に至る情報伝達能力などの応急対応体制，災害リスクに対する認識向上のための教育・防災訓練などの警戒避難体制への支援を行っている（例：バングラデシュ「サイクロン「シドル」被災地域多目的サイクロンシェルター建設計画（2008 年）」）。

(5) より災害に強い社会を構築するための復旧と復興

　災害後の復旧・復興の段階で，防災の視点を踏まえた，より災害に強い社会を作るための取り組みが必要である。防災への配慮は，各事業の推進にとっては，コスト増や土地利用の変更等といった，マイナス要因への対応が必要となることもあり，容易に進められるものばかりではない。しかし，災害発生後に取り組むことができなければ，社会が復興した後で，改めてそれらに取り組むことは極めて困難であ

る。災害後の緊急支援から切れ目なく，迅速で被災地の需要に即した復旧・復興支援が行えるように取り組まなければならない。例えば，フィリピンの「台風ヨランダ災害緊急復旧復興支援プロジェクト（2014 年）」は，被災地域の早期復旧・復興，および，より災害に強い社会及び地域共同体の形成について，その一連の過程を包括的に支援することを目的としている。

2. 国際緊急援助事業

　JICA の多岐にわたる事業のうち被災者支援に最も直接的に関わるのは，救助，医療，専門家・自衛隊部隊の派遣，および緊急援助物資の供与を行う国際緊急援助事業である。

(1) 国際緊急援助隊の派遣

　国際緊急援助隊の派遣は，国際緊急援助隊法に基づいて行われる。救助チームは，警察庁，消防庁，および海上保安庁においてそれぞれ登録された救助隊員，および JICA に登録された医療従事者，構造評価専門家，業務調整員候補者などから構成され，団長は外務省より派遣される。被災地では，被災者の捜索，救助，応急処置，そして安全な場所への移送を行う。医療チームは，医師，看護師，薬剤師，調整員などから編成され，被災者に対す

る診療活動を中心に，現地医療機関に対する診療についての技術的助言，及び疫病の発生・蔓延を防ぐための防疫活動を行う。専門家チームは，関連省庁に推薦された学者や技術者等が派遣され，建物の耐震性診断や，火山の噴火予測と被害予測，感染症の拡大を食い止める対策などについて，被災国政府と協議し助言を行う。2013年11月にフィリピンを襲った台風30号の対応では，3次にわたる医療チームの派遣（計約3300名の患者を診察），2件の専門家チームの派遣（早期復旧，油防除），物資供与（テント，スリーピングパッド，プラスチックシート等）などからなる包括的支援を行った。

(2) 自衛隊部隊の災害派遣

　大規模な災害が発生し，特に必要があると認められるときは，自衛隊部隊が派遣される。自衛隊部隊は，艦艇・航空機を用いた輸送活動，給水活動，医療・防疫活動を行う。

　近年，災害の大規模化に伴って，被災地が広範囲に及び，到達が困難な地域への援助が必要となる中で，軍隊がもつ機動力や輸送力を，災害救助に生かそうという機運が高まっている。しかし，緊急援助とは言え，軍の活用には政治的な問題が生じる場合があることから，軍の救援活動に関する国際ルールとして，「災害救援における外国の軍と市民防衛組織の活用に関するガイドライン」（オスロガイドライン）が制定されている。

　スマトラ島沖地震（2004年）によるインド洋津波災害においては，被災国のインドネシア，タイ，スリランカに対し16ヶ国以上の国々の軍隊が，災害救助のために派遣され，日本からも1600人規模の自衛隊部隊が派遣された。

3. 被災国・日本から見た国際緊急援助

　東日本大震災（2011年）に際し，日本は126の国・地域・機関から物資および寄付金を受領し，24ヶ国・地域から捜索救助，医療，復旧支援などの人的支援を受けた。経済的に恵まれた先進国であっても，国の災害対策を上回る災害に見舞われることがあり，そのような場合には積極的に各国の支援を要請することが必要である。

　日本が，海外から大規模な災害支援を受けた最初の例は，関東大震災（1923年）のときである。40ヶ国におよぶ諸外国から支援が寄せられた。世界第2位の経済大国となった日本が経験した阪神・淡路大震災（1995年）では，政府が外国からの支援を進んで受け入れないことに対して，国民から批判の

声が上がった。そのような事態に対する反省から，東日本大震災では内閣府の緊急対策本部に海外支援受け入れ調整班が置かれ，海外の日本大使館や被災地の地方自治体などとの調整作業が行われ，円滑な受け入れのための努力が払われた。

大規模災害に遭遇した場合に，積極的に外国等からの支援を受け入れるためには，法的な準備も含めて，受け入れるための条件を国内で整えておかなければならない。例えば，阪神・淡路大震災の折には，多くの国が医療支援を申し入れたが，日本政府は，一旦は申し入れを断った。しかし，その後，厚生省は日本の医師免許を持たない海外の医師に対し，緊急避難的行為として医療行為を認める旨の判断を下した，という経緯があった。

東日本大震災クラスの災害においては，各国の軍隊による支援も受け入れなければならない。政府は，東日本大震災発災当日に駐日アメリカ大使に，在日米軍による支援を要請した。それに応えて，アメリカ軍は，人員約2万4500名，艦船24隻，航空機189機を投入する大規模な支援活動を行った。

オーストラリア軍も，自国の救援隊を輸送した航空機を日本国内にとどめて，救援物資や自衛隊員の輸送支援を行った。それらの海外からの支援部隊と自衛隊の救援活動との調整方法なども，平常時から考慮しておかなければならないことの一つである。

物資や人員の受け入れ態勢の整備だけではなく，外国からの支援が到着する前の，発災直後の段階でまず行わなければならないのは，諸外国に向けて，必要な支援と不要な支援とを明確に発信することである。さらに，支援に対する需要は時間が経つにつれて変わっていくので，状況の変化を読んだタイムリーな情報発信が求められる。支援を受けて復興した後は，感謝の言葉を添えて，支援を受けた効果を報告することも重要である。

■謝辞

第10章1節の執筆にあたっては，JICA広報室を通じて，地球環境部・防災グループ，および国際緊急援助隊事務局のご助言を頂きました。深く感謝いたします。

（中井　仁）

第2節　学術的な国際貢献
——ホンジュラスの地すべり災害

本節では，JICA の学術的支援を伴う国際協力の枠組みを概説し，支援の具体例として，日本の大学が協力機関となり，中米のホンジュラス共和国の大学と共同で取り組んだ，地すべり地形分布図作りを紹介する。

1. 高等教育レベルにおける JICA の国際協力

政府開発援助は，その形態から二国間援助と国際機関への出資・拠出を行う多国間援助とに分けられ，このうち JICA は二国間援助を主に担っている（図1）。JICA の二国間援助のうち三大事業と呼ばれるのが，技術協力，有償資金協力，および無償資金協力である。このうち技術協力は，日本に比較優位性のあるさまざまな分野の技術を，開発途上国に適用させながら現地の人々の能力強化を行うことを目的として実施されるものである。技術協力のなかでもこれまで学術的な分野に特化して実施されてきたのが「地球規模課題対応国際科学技術協力（SATREPS）」と「科学技術研究員派遣事業」である。また，学術分野に特化したものではないが，大学等も協力機関として参加可能なものに「草の根技術協力」がある。以下，それぞれの特徴をまとめる。

(1) 地球規模課題対応国際科学技術協力（SATREPS）

「地球規模課題対応国際科学技術協力（SATREPS）」は開発途上国のニーズに基づき，地球規模課題の解決と将来的な社会実装に向けた国際共同研究を推進する取り組みである。2008年からスタートしたこの事業は，JICA と科学技術振興機構（JST），日本医療研究開発機構（AMED）とがそれぞれ連携して実施している[3]。その主要分

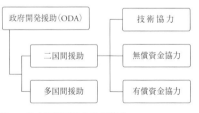

図1　政府開発援助の枠組構成

---

3) 科学技術振興機構（JST），日本医療研究開発機構（AMED）は，いずれも国立研究開発法人。SATREPS に関する詳細な情報は，JST の HP を参照。

野は，環境・エネルギー，生物資源，感染症そして防災に分かれ，日本と開発途上国の研究機関による共同研究が数多く実施されてきた。このうち，防災分野は 23 件の研究課題が実施された（表1）。日本がこれまで蓄積して

きた知見を開発途上国の災害対策に応用するとともに，地震や津波，地すべりの早期警報など，日本国内でも発展が求められている課題の研究も実施されている。この枠組では日本，開発途上国を問わず社会が必要とするテーマ

表1　地球規模課題対応国際科学技術協力による防災分野の取り組み

地域	開始年	研究課題	相手国
アジア	2008	インドネシアにおける地震火山の総合防災策	インドネシア
	2008	ブータンヒマラヤにおける氷河湖決壊洪水に関する研究	ブータン
	2009	自然災害の減災と復旧のための情報ネットワーク構築に関する研究	インド
	2009	フィリピン地震火山監視強化と防災情報の利活用推進	フィリピン
	2010	マレーシアにおける地すべり災害および水害による被災低減に関する研究	マレーシア
	2011	ベトナムにおける幹線交通網沿いの斜面災害危険度評価技術の開発	ベトナム
	2013	火山噴出物の放出に伴う災害の軽減に関する総合研究	インドネシア
	2013	バングラデシュにおける高潮・洪水被害の防止軽減技術の研究開発	バングラデシュ
	2014	ミャンマーの災害対応力強化システムと産学官連携プラットフォームの構築	ミャンマー
	2015	都市の急激な高密度化に伴う災害脆弱性を克服する技術開発と都市政策への戦略的展開プロジェクト	バングラデシュ
	2015	ネパールヒマラヤ巨大地震とその災害軽減の総合研究	ネパール
	2016	フィリピンにおける極端気象の監視・情報提供システムの開発	フィリピン
	2016	ブータンにおける組積造建築の地震リスク評価と減災技術の開発	ブータン
	2017	タイの産業集積地のレジリエンス強化を目指した Area-BCM 体制の強化	タイ
アフリカ	2009	鉱山での地震被害低減のための観測研究	南アフリカ

	2010	カメルーン火口湖ガス災害防止の総合対策と人材育成	カメルーン
	2017	ワジ流域の持続可能な発展のための気候変動を考慮したフラッシュフラッド総合管理	エジプト・アラブ
欧州	2008	クロアチア土砂・洪水災害軽減基本計画構築	クロアチア
中東	2002	マルマラ海域の地震・津波災害軽減とトルコの防災教育	トルコ
中南米	2009	ペルーにおける地震・津波減災技術の向上に関する研究	ペルー
	2011	津波に強い地域づくり技術の向上に関する研究	チリ
	2014	コロンビアにおける地震・津波・火山災害の軽減技術に関する研究開発	コロンビア
	2015	メキシコ沿岸部の巨大地震・津波災害の軽減に向けた総合研究	メキシコ

＊JSPS の HP をもとに作成（2017 年 7 月 18 日閲覧）

を取り扱い，その成果は社会実装可能（両国および世界の発展に実際に反映・適用させることが可能）であることが求められる。高度なテーマを取り扱うため，相手国側研究機関との研究基盤がすでにあり，対等な立場で研究を進める体制が整っている必要がある。

(2) 科学技術研究員派遣

科学技術研究員派遣は，文部科学省および日本学術振興会（JSPS）と外務省および JICA とが連携し，日本の研究者と開発途上国の研究者との交流を促進することを目的として発足した事業である。研究分野に縛りはなく，開発途上国のニーズに基づき，文部科学省と JSPS により選出された日本人研究者を，JICA が技術協力専門家とし

て派遣してきた（2017 年 7 月時点では，新規案件の公募は行われていない）。このうち防災分野では 3 件の事業が実施されてきた（表 2）。本節では，中米・ホンジュラスで進められた防災に関わる案件を次項で紹介する。

(3) 草の根技術協力事業

草の根技術協力事業は，国際協力の意思を持つ日本の NGO，大学，地方自治体および公益法人等の団体による開発途上国の地域住民を対象とした活動を，JICA が政府開発援助の一環として支援する事業である。その名の通り，開発途上国の人々の生活改善および生計の向上に直接役立つような，草の根レベルでの活動に重きを置いた内容が採択されている。支援分野に厳密

表2 科学技術研究員派遣事業の防災分野の取り組み[*]

相手国	採択年度	案件名	派遣専門家（所属機関）	相手国研究機関
ニカラグア	2009	マナグア湖南部流域におけるマルチ・ハザード調査研究	箕輪親宏 他6名（（独）防災科学技術研究所）	国立自治大学マナグア校 地球科学研究センター
モザンビーク	2009	気候変動に伴う沿岸域のリスク軽減	鳥居謙一 他2名（愛媛大学防災情報研究センター）	環境問題調整省 沿岸地域持続開発センター
ホンジュラス	2011	テグシガルパ市首都圏における地滑りに焦点を当てた災害地質学研究	山岸宏光 他2名（愛媛大学 防災情報研究センター）	ホンジュラス国工科大学

[*] JSPS の HP をもとに作成。（2017 年 7 月 18 日閲覧）

表3 草の根技術協力事業による防災分野の取り組み例[*]

草の根パートナー型

相手国	採択年度	案件名	実施団体
バングラデシュ	2008	災害リスク軽減のためのコミュニティ開発プロジェクト〜青少年を変革の担い手として〜	特定非営利活動法人 シャプラニール＝市民による海外協力の会
ベトナム	2010	ベトナム中部の学校を中心としたコミュニティ防災力の向上支援	特定非営利活動法人 SEEDS Asia
ネパール	2011	住民の能力強化を通じた災害リスク軽減プロジェクト	特定非営利活動法人 シャプラニール＝市民による海外協力の会
インドネシア	2011	ジャワ島中部メラピ火山周辺村落のコミュニティ防災向上	特定非営利活動法人 エフエムわいわい
ミャンマー	2012	災害危険地域における防災能力向上支援プロジェクト	特定非営利活動法人 SEEDS Asia
モンゴル	2016	モンゴルにおける地球環境変動に伴う大規模自然災害への防災啓発プロジェクト	名古屋大学

草の根協力支援型

相手国	採択年度	案件名	実施団体
フィリピン	2014	台風被災地復興のための先住民族マンギャン族の豚飼育を通じた所得パイロット事業	特定非営利活動法人 DANKA DANKA

インドネシア	2015	ニアス島のモデル校における伝統舞踊「Maena」を活用した防災教育事業	和光大学 バンバンルディアント研究室
フィリピン	2015	台風ヨランダからの集落復旧と持続のための防災コミュニティ育成支援事業	北陸学院大学
ネパール	2015	教職員を対象とした持続可能な防災教育人材育成と教材開発に向けた研修	特定非営利活動法人 プラス・アーツ
インドネシア	2015	女性が担う地域減災力向上	NPO法人被災地NGO協働センター

地域提案型

相手国	採択年度	案件名	提案自治体（実施団体）
フィジー	2004	消防消火技術・消防救助技術研修	松阪地区広域消防組合（松阪地区広域消防組合）
フィリピン	2004	災害医療分野における被害軽減と対策の強化に関する研修コース	兵庫県（兵庫県災害医療センター）
インドネシア	2008	インドネシアの中山間地における地盤災害防災技術の能力開発事業	秋田県（秋田県，秋田大学）
スリランカ	2009	スリランカにおける自主防災活動の実践とPTAによる地震・津波被害軽減手法の整備	宮城県（宮城県庁，東北大学大学院工学研究科付属災害制御研究センター）
ベトナム	2010	フエ市における防災教育プロジェクトの開発と実施	愛媛県西条市（愛媛県西条市）
ブラジル	2011	災害に対する予防。警戒能力向上	新潟県見附市（新潟県見附市）

※ JICAのHP「草の根技術協力事業」をもとに作成。

な縛りはなく，防災の主流化，コミュニティ開発，児童・障がい者・高齢者・難民等の脆弱性の高い人々への支援，ジェンダー主流化，保健医療，生計向上など多岐にわたる（表3）。

2. 科学技術研究員派遣の事例——テグシガルパ市首都圏における地滑りに焦点を当てた災害地質学研究

　1998年に中米を襲ったハリケーン・ミッチの災害の直後からJICAは，特に被害の大きかったホンジュラスに対し橋梁建設やテグシガルパ市の開発計画の策定など，災害復興に必要な支援を実施してきた。被害を拡大させる

要因となった地すべり地に集水井（すべり面にある地下水を排除することにより地すべりの動きを抑制するための施設）を設置するハード対策，地すべりハザードマップの作成，そして市自治体や住民の組織化といったソフト対策を展開してきた（佐藤・他 2015）。本項では，科学技術研究員派遣事業「テグシガルパ市首都圏における地滑りに焦点を当てた災害地質学研究」において，日本の研究者によるホンジュラス人研究者育成および技術移転がどのように実施され，どのような成果を上げたのかを紹介する。

(1) 中米ホンジュラスとハリケーン・ミッチ

中米は，北アメリカ大陸と南アメリカ大陸を結ぶ括れの部分に位置する，7つの国（グアテマラ，ベリーズ，エルサルバドル，ホンジュラス，ニカラグア，コスタリカ，パナマ）から構成される地域である（図2）。中米7ヶ国の全人口は，約4736万人[4]，総面積は52万2120km²[5] である。中米地域は三つのプ

図2　ホンジュラスとその周辺国の位置図。G：グアテマラ，B：ベリーズ，H：ホンジュラス，E：エルサルバドル，N：ニカラグア，C：コスタリカ，P：パナマ

レート（北アメリカプレート，ココスプレート，カリブプレート）の境界に位置し，地震，津波，火山などの災害が多く発生する[6]。また，カリブ海で発生するハリケーンや熱帯低気圧の通り道になることから，雨期には豪雨に起因する洪水や土砂災害も発生する。

1998年に発生したハリケーン・ミッチは，中米全域に甚大な被害をもたらした。ホンジュラスでは長期間にわたりハリケーンの勢力が国土に停滞し，豪雨が続いたため，全国各地で大洪水が発生した。首都テグシガルパでは，中心部を流れる主要河川である

---

4) 各国人口の内訳は次の通り：グアテマラ 1660万人，ベリーズ 36.7万人，エルサルバドル 630万人，ホンジュラス 910万人，ニカラグア 610万人，コスタリカ 490万人，パナマ 400万人。（世界銀行の資料 2016年）による。

5) 日本の約1.3倍の面積。各国国土面積の内訳は次の通り：グアテマラ 10万8890km²，ベリーズ 2万2810km²，エルサルバドル 2万1040km²，ホンジュラス 11万2490km²，ニカラグア 13万0370km²，コスタリカ 5万1100km²，パナマ 7万5420km²。国連食糧農業機関（FAO）の資料（2012年）による。

6) 北アメリカプレートとココスプレートとのプレート境界で生じる地震については，第1章1節「海溝型地震」図3を参照。

第 10 章　防災と国際貢献　第 2 節　学術的な国際貢献——ホンジュラスの地すべり災害　｜　543

(a)
(b)

図 3　ハリケーン・ミッチ（1998 年）による首都テグシガルパの被災状況。(a) チョルテカ川の洪水。(b) 地すべりで破壊された住家とチョルテカ川。この地すべりによって画面左方で堰き止めが起こった（撮影：いずれも Mario Urrutia）。

チョルテカ川側面の斜面で大規模な地すべりが発生し、大量の土砂が流れ込んだことにより、すでに増水していたチョルテカ川を堰き止め、逃げ場を失った大量の水が一気に市街地に流れ込む事態を引き起こした。多くの命を失うとともに国家機能が一時麻痺する未曾有の事態となった（図 3）。

この災害直後から日本政府は災害復旧のための支援に乗り出し、橋梁の再建やテグシガルパ市の開発計画の策定などを実施した。この開発計画をベースとして、ハリケーン・ミッチ時に被害を拡大する要因となった地すべり地において、ラテンアメリカでは珍しい集水井の建設や、地すべりを対象災害とするソフト面強化を目的とするプロジェクトが計画された。様々な防災関連プロジェクトを実現していく過程において、ホンジュラスの自立的発展を促す支援を行うためには人材の技術レベルを高めることがまず必要であり、高等教育分野における支援が必要であるとの結論に達した。

(2) 首都テグシガルパの地すべり災害対策の課題

テグシガルパ市は四方を山に囲まれた盆地に発達した都市で、地方から流入する貧困層を中心とした住宅地開発が急速に進んでいる。その多くは市中心部を取り囲む斜面上を覆うように拡大している。土地の災害リスク評価や建築規制なども進んでおらず、地すべり地に団地が形成されるなど無秩序な開発が野放しにされてきた[7]。その一

---

7) 都市部への人口集中と、災害に対し脆弱な地域の形成の関係については、第 1 章 8 節 5 項「アジア・太平洋地域における巨大な被害」を参照。

図4（口絵42参照） シウダー・デル・アンヘル団地の地すべり被害。(a) 地すべりによって団地の住居（画面の左寄）が崩壊し，土砂が道路を覆った。(b) 崩壊した家屋（撮影：いずれも廣田清治）。

例が「Ciudad del Ángel」団地である。この団地は，2007年から住宅建設が開始されたが，2012年頃から団地の一部で緩慢な地すべり活動が認められるようになり，2013年には住宅が倒壊し始めた。これにより多くの住民が家屋を手放し避難を余儀なくされた（図4）。

同地の土地利用計画に土砂災害リスクへの対策が適切に組み込まれていたら，このような災害は避けられた可能性が高かったと考えられる。しかしホンジュラスでは，妥当性の高いリスク評価を行うことのできる人材は非常に限られているため自力での打開が難しく，また，大学レベルにおける地質学や防災分野などの関連専門課程の整備は進んでおらず，指導的立場の人材を育成することも行われていない現状があった。

このような状況を背景として，研究者交流と人材の育成を目的とした，科学技術研究員派遣事業「テグシガルパ市首都圏における地滑りに焦点を当てた災害地質学研究」が実施されることになった。

(3) プロジェクト実施体制

このプロジェクトは，2012年から2014年までの2年間実施された。JICA本部およびホンジュラス事務所の支援のもと，愛媛大学，山形大学，および帝京平成大学の地すべり地形・地質を専門とする3名の研究者がプロジェクトに参加した。プロジェクトの目標は，ホンジュラスの工科大学（UPI）および国立自治大学（UNAH）に地すべり地形の判読技術を移転することと，テグシガルパ市全体の地すべり地形分布図を作り上げることである。このプロジェクトでは，時を同じくしてUPIに地質調査を専門とする

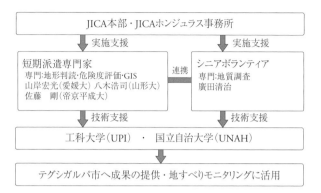

図5　プロジェクト実施体制

シニアボランティアがJICAによって派遣され，上記の研究者が不在のときも技術的なフォローをしたり数々の研修を実施するなど，途切れることのない支援体制を整えることができた(図5)。

(4) プロジェクトの概要
基礎情報の整理と研修

本プロジェクト開始前に，国連開発計画（UNDP）ホンジュラス事務所が，1：50,000スケールのテグシガルパ首都圏の土砂災害ハザードマップを作成していた。しかし，このハザードマップには大規模な地すべり地形しか抽出されておらず，住居が密集するテグシガルパで適切な対策を進めるためには十分なものではなかった。また，そのハザードマップは，外部コンサルタントによって作成された後にテグシガルパ市に提供されたもので，その作成過程で現地の人材育成は行われなかった。このため地図の正確な見方やリスクの判断基準，さらには自力での地図の更新などは難しい状況であった。

本プロジェクトでは，開始と同時に既存のデータ収集を進めた。UNDPのもつデータや，ホンジュラス国土地理院（以下，現地地理院と記す）に保管されている航空写真や地図・地形図などの収集を行った。それと同時並行で，実体鏡（航空写真を立体的に観察し，地形を把握する器具）と，日本の地すべり地形を写した航空写真を用いて，地すべり地形を判読するトレーニングを現地機関で実施した（図6）。さらに，次のステップとしてGIS[8]を

8）地理情報システム（Geographic Information System）。位置に関する情報を持ったデータ（空間データ）を総合的に管理・加工し，視覚的に表示することによって高度な分析や迅速な判断を可能にする技術。災害医療関係への応用については第6章3節6項「東日本大震災の教訓と課題」を参照。

(a)

(b)

図6 (a) 実体鏡を使った地すべり判読研修 (b) GIS を用いたデータベース化

活用して地すべり地形をデータベース化する研修も実施した。

　基礎的な研修が終わるころ，JICA が 2001 年に実施したプロジェクトで撮影した，テグシガルパ市の航空写真を現地地理院から入手し，その判読を進めることになった。その間，航空写真の判読が終われば，実際に現場に足を運びその現状や対策を議論するなど，常に理論と実践を組み合わせた研修が繰り返された。ある程度判読が進んだ時点で，ヘリコプターによる空中からの目視観察も実施した。特に地すべり発生の危険度が高いと想定される地区を中心に観察と写真撮影を行い，俯瞰的にテグシガルパ市の地形を眺めることにより，全体的なイメージをつかむことができた。しかし，この目視により，航空写真の撮影時期（2001 年）から地形が大きく変化している可能性のある箇所が散見された。また，航空写真の一部が欠けており，テグシガル

第10章 防災と国際貢献　第2節　学術的な国際貢献——ホンジュラスの地すべり災害

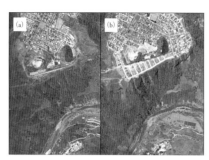

図7（口絵43参照）　ほぼ同じ範囲の新旧航空写真　(a) 2001年撮影航空写真　(b) 2012年撮影航空写真

パ市全域の判読を行うことができない課題もあったため，新たに航空写真を撮影することになった（図7）。撮影された写真は以前のものより高解像度であることから，判読結果の精度も向上し，より詳細な地すべり地形分布図を作成することが可能となった。現在，この航空写真は現地地理院に提供され，保管されている。

中米およびカリブ海地すべり学会の開催

2013年3月20日から22日にかけて，プロジェクトの成果発表も兼ねた地すべり学会を開催した。スイス，アメリカ，カナダ，メキシコ，グアテマラ，エルサルバドル，ホンジュラス，コスタリカ，ペルー，コロンビア，ベネズエラ，日本の12ヶ国から計100名が参加し，25件の研究発表が行われた。

日本人専門家も複数名が発表し，日本における対策工や地すべりの評価方法などについての情報を参加者と共有した。エルサルバドルからはJICAで実施していた技術協力プロジェクトの現地研究者および技術者が多く参加し，地すべりを取り巻く現地の状況や問題意識などを共有した。これまで地すべりをテーマにして，中米域内の関係者が一堂に会す機会はなかったため，各国における取り組みを共有するだけでなく，域内関係者のつながりを作る場ともなった。

プロジェクトの成果

新たに撮影された航空写真を使い，精力的に地すべり地形の抽出作業が進められた。また，日本人研究者の発案により，わかりやすい地すべり地形判読教材も開発された。これらの研修で得られた成果は，さらなる人材の育成を目的として「地すべりインベントリーマップの作成方法マニュアル（参考ケース：テグシガルパ市）」として取りまとめられた。

最終的に，2年間の教育と実践を通した成果として，テグシガルパ市の地すべり地形分布図を完成させた（図8）。これらの成果品はすべてテグシガルパ市に正式に提供されている。

技術移転の取り組みは，その後も個

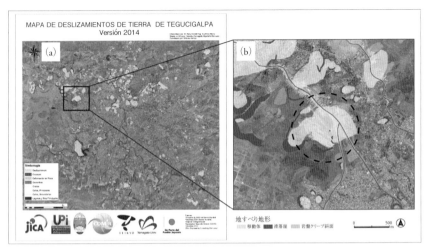

図8 テグシガルパ市の地すべり地形分布図 (a) マップ全体 (b) Ciudad de Ángel 団地周辺の拡大図（円で囲まれた部分）。まさに地すべり地形（白色部分）の真上に建設が行われていることがわかる。

別専門家派遣[9]の枠組を用いて実施され，2015年からは国立自治大学（UNAH）とテグシガルパ市の防災担当機関を対象に，より詳細な危険度評価を含む地すべりハザードマップ作成の技術移転を実施している。

* * *

JICA プロジェクトでは多くの場合，相手国の省庁機関などが支援対象とされるが，本プロジェクトでは，大学の研究者を主な対象として，土砂災害のリスク評価技術の能力強化を図った。4年ごとの政権交代時に人事面で大きく影響を受ける省庁職員ではなく，人事が安定していて，かつ新たな人材育成のベースとなる大学とともにプロジェクトを実施したことで，一過性の人材育成ではなく，土砂災害についての知識の集積と人材の再生産体制の構築に寄与することができたと言える。また，人材育成と並行して，実際に，地すべりリスクを可視化した地すべりマップを作成し，テグシガルパ市も巻き込んだ取り組みが行われたことで，プロジェクトの成果が実際に市民の生活に広く貢献し得るツールともなった。

（神谷　静・佐藤　剛）

---

9) 開発途上国の政策立案や公共事業計画の策定などを支援しながら，相手国機関に対し，調査・分析手法や計画の策定方法などの技術移転を行う事業。

第3節　子ども達への支援
——ジャワ島中部地震

阪神・淡路大震災，東日本大震災と二つの大震災の経験から生まれた日本の災害時における健康管理技術は，国際的にも極めて重要な知見であり，海外での応用が期待されている。筆者達は，神戸大学都市安全研究センター，およびガジャマダ大学と連携して，インドネシアにおける被災者とそのコミュニティに対する支援活動を行ってきた。本節では，筆者達の経験を紹介し，国際的な被災者支援のあり方について考える。

1. インドネシアにおける災害支援

インドネシアは日本と同様に環太平洋火山帯に位置し，プレート境界や内陸部の活断層で大地震が頻繁に発生する。また，人口密集地近くに100以上の活火山が存在するなど，日本と多くの共通点を有している。

近年における同国の経済的発展は極めて著しいものの，日本に比べて社会インフラの整備が遅れており，幼児や老人，障害児（者）などの災害時要援護者に対する社会的資源の医療・保健サービスは限られている。しかし，一方では，地域コミュニティの結束力が，より健全に保持されている面がある。特に，保健センター（Puskesmus）が各地域に設置され，日頃よりコミュニティの保健活動の中心となっている。自宅分娩が半数を占める同国では，保健センターに医師，看護師のほかに多くの助産師が配属されており，母子保健活動を通じて近隣の住民との間に日常的な交流が持たれている。

インドネシアはイスラム教を中心とした国家であるが，キリスト教，ヒンズー教，仏教なども公的な宗教として認められている。多くの島嶼部から成り立っているため，多言語・多民族社会を形成しており，日本とは大きく異なった地理的・文化的背景を有している。わが国の保健技術をインドネシア社会の実情に合わせて移転する経験は，今後，地理的・文化的背景の異なった他の開発途上国に適用する場合にもきわめて有用と思われる。また，グローバル化の著しいわが国の都市部における在日外国人などの災害時要援護者に対する支援にも活用できる。

(1) ジャワ島中部地震の概要と被災地域の状況

2006年5月27日にジャワ島中部にマグニチュード6.3の地震が発生し、死者5736人、負傷者7万8206人に及ぶ被害が生じた。最も被害の大きかったのは、ジャワ島中部地域で、特にジョグジャカルタ市に隣接するバントゥール地区（住民人口79万9210人）であった。この地域はジャワ島文化の故郷とも言える地域で、伝統的な農村地域である。家屋の倒壊に伴い、瓦やレンガの下敷きになって、4280人の死者、8973人の重症者（脊髄損傷400人と推定）が出た。

筆者は、神戸大学災害救援チームの一員として、災害発生後10日目から約2週間、被災地を巡回した。重症者の多くは、被災地中心部から車で約1時間の距離にある国立ガジャマダ大学医学部の教育病院（Dr. Sarjito病院）に搬送され、手術などの急性期治療を受けていた。しかし、病院の収容能力を大きく超えた負傷者が発生したため、駐車場などのスペースも使って治療を行っていた。軽症者や、急性期の治療が終了した患者は、地域の保健センターに再搬送されて治療を受けていた。しかし、保健センターの多くも被災しており、12箇所の保健センターは特に壊滅的な被害を受けていた上、建物が無事であっても本来は入院機能を持たないため、野外に臨時の救難所を設けて治療を行っていた（図9）。正規スタッフの不足を補って、全国の医療系大学の学生が、ボランティアとして働いていた。

被災地域は、伝統的な農村の形態を保持し、50～100戸程度が一つのコミュニティを形成してお互いに助け合って生活をしていた。被災後も、コミュニティの結束力が強く、現地の大

図9 (a) 大学病院の駐車場に溢れる入院患者 (b) 軽症者は地域の保健センター（野外）で治療を受けていた。

学や保健関係者と協力して復興に努めていた。家屋が完全に被災した住民は共同の避難所で生活していたが，周囲の畑に果樹等が豊富に実っているので，食糧に困ることはなかった。ジャワ島中部地震の特徴としては，農地や道路などの被害が少なかった反面，家屋破壊と死傷者が多数出たことがあげられる。これは，レンガ屋根の家屋が多く，構造的に耐久性が不十分なために重い屋根が落ちてきたことによると言われている。共同の避難所や仮設住宅においては，トイレ設備が不十分で水系感染やデング熱の流行が危惧され，コミュニティリーダーが保健センターや大学関係者と対策を講じていた。

（2）移動リハビリテーション計画

前述のように，ジャワ島中部地震では倒壊家屋による圧死や頭部外傷，脊損患者が多いことが特徴であった。そのために，災害後に神経学的後障害を残す例が多かった。多くの開発途上国では，生死に関連する医療施設は整備されていても，リハビリテーションを行える施設は極めて少数である。この地域においても地域中核病院（バントゥール病院）1ヶ所のみがリハビリ訓練が可能で，病院から車で1時間以上を要する被災地域には全く施設がなかった。また，日本で行われているような在宅訪問リハビリテーションは，まったく実施されていなかった。

住環境においても，バリアフリーに関する配慮はほとんどなされていなかった。脊髄損傷や頭部外傷を負った人々の多くは，とどまるべき病院も帰るべき家もないという状況に置かれていた（図10）。そこで，ガジャマダ大学医学部，工学部，看護学部のスタッフと協力して，JICAの経済援助プロジェクト（草の根プロジェクト[10]）の一環として，移動リハビリテーション計画（Mobile Rehabilitation Project）を提案した。私達にできることは，システム設計とJICAへの働きかけ，そしてプロジェクトの評価である。

インドネシアにおいては，理学・作

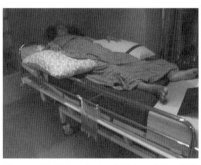

図10　脊髄損傷のために入院中の女性。退院を希望しているが，上下肢機能は喪失し，導尿が必要である。

---

10)「草の根プロジェクト」については，本章第2節「学術的な国際貢献——ホンジュラスの地すべり災害」を参照。

業療法士は極めて少数で，大学病院などの限られた施設でしか，理学療法訓練は受けられない。私達は，(1) 専門家が地域を訪問する巡回指導，と (2) リハビリテーションの基本を理解している人材のコミュニティ内での育成，の二つを主目的としたプロジェクトを提案した。専門家の巡回指導としては，二つの移動リハビリテーションチームを作り，バントゥール市内の二つの村にある111ヶ所のコミュニティを訪問することとした。チームは，リハビリ担当医，看護師，理学療法士，小児科医などからなっており，2006年8月から2007年3月までに計240回にわたってコミュニティを訪問し，3500人の患者を直接指導した。人材育成プロジェクトでは，保健センターに勤務する看護師や助産師，さらにコミュニティに居住する学校教員などを対象に，基本的なリハビリテーション技術，精神的なサポートの方法について教育した。期間中に，当該コミュニティのリーダー350人が2回以上の研修を受け，コミュニティ内での簡単な理学指導と処置，カウンセリングができるようになった（図11）。

神戸大学との共同事業として，被災地域の保健所に勤務する看護師と助産師を対象に，フォーカス・グループ・インタビュー法[11]を用い，移動リハビリテーション計画に関する評価調査を行った。これらのインタビュー結果からは，本プロジェクトの有用性だけではなく，自らが被災者でありながら支援者として行動しなくてはならない

(a) 　(b)

図11（口絵44参照）　(a) 家庭を巡回指導中の理学療法士　(b) 理学療法の訓練を受ける看護師と助産師たち

11）フォーカス・グループ・インタビュー法：インタビュー手法の一つ。複数の回答者に集まってもらい，司会者が，用意された質問項目についての自由な発言を促す。互いの間の議論を通して，グループがもつ質問項目に対する考え方の動向を掴む。

立場の難しさなど、どの国にも共通するジレンマが語られていた。大規模災害時には多くの国から支援チームがやってきて、様々な提言をしては帰国していく。残された地元のスタッフは、極めて多忙な状況で多くの研修に参加していたが、中には現地の実情とかけ離れた研修も含まれていた。被災地の保健職従事者は極めて多忙なので、彼らがバーンアウトしない工夫が必要である（Sugino et al. 2014）。

(3) 保健センターの役割

　自宅分娩が半数近くを占めるインドネシアでは、保健所（Puskesmas）が妊産婦指導、分娩や新生児・乳幼児保健の中心となってきたが、震災でこれらの保健センターの建物の多くが崩壊し十分に機能しなくなってしまった。しかし、仮設の保健センターを開設し、多くの地域住民の相談事に応じていた（図12）。筆者が訪問した保健センターでも、父親が子ども達の状態について相談に訪れていた。この家族は、地震発生時には、3歳の双子の兄弟と父母が同じ部屋で眠っていた。激しい振動によって倒壊してきた建物の下敷きになり、横で眠っていた母が死亡した。その時から、二人の子どもは父親から離れることを激しく拒否し、父親が見えなくなると泣き叫ぶようになった。父親は、子ども達が絶えずまとわりつくために、家の整理や仕事など、何もできなくなったということであった。このような場合、身近な専門家に話を聞いてもらうことは極めて重要である。悩みを言語化することで、父親自身が次第に気持ちを整理することができていくのである。保健センターのスタッフは懸命に父親の話を聞いていたが、父親にアドバイスをすることができずに「どうしたらよいのか？」と私に尋ねてきた。相談者の家族に日常的に接していて、自分自身も同じ被災者であるというスタッフの立場は非常に重要であるが、それ故に自分自身のストレスが極めて大きくなる。このような場合には、スタッフが個人で問題に取り組むのではなく、スタッフを支えるスーパーバイザーを置くことが大変重要である。

図12　仮設の保健センター

図13 (a) プログラムに集まった小学生。(b) 高校生たちが会を進行していく。

2. 子ども達のための支援プログラム
(1) 子どもプログラム

　ジャワ島中部地震が発生してしばらくの間,被災地の学校は休みであった。そこで,保健センター,およびガジャマダ大学小児科・看護学科のスタッフと話し合って,子ども達が集まるプログラムを考えることにした。たまたま地域の保健センター長が,前年に神戸大学がJICAの委託事業として実施した災害支援プログラムの参加者だったので,計画は円滑に進んだ。プログラムの作成から会の進行まで,高校生に中心的な役割を担ってもらった。日常の生活が滞ってしまった被災地では,レジリエンス[12]の高い若い年代の人々に役割を担ってもらうことが大事である。学校の校庭に,就学前,就学後の子ども達がたくさん集まり,歌とゲームで始まったプログラムは大好評であった(図13)。

　被災地において,私達はいつも最初に「子どもプログラム」の設定を提言することにしている。子どもプログラムは子ども達だけのために役立つのではない。元気に遊んでいる子ども達を見ると,大人もまた,「この子ども達のために頑張らなくては」と思うからである。また,若い人達を中心により多くの人々が,支援者として参加すれば,彼ら自身,地域から必要とされている人間だと感じることができる。

(2) 「子どもの家」の活動[13]

　「子どもの家」は,神戸市社会福祉協議会からの神戸大学への寄付を資金として,2007年12月にジャワ島中部地震の被災地バントゥールに建てられ

---

12) レジリエンス:困難な状況にうまく適応できる力(精神的回復力)。第6章2節2項「災害に伴うストレス」を参照。

た施設である（Sugino et al. 2014）。神戸市の子ども達が，新聞報道で神戸大学チームの活動を知り，インドネシアの子どものためにと街角に立って集めた寄付金が，神戸市社会福祉協議会を通じて私達に託されたのである。

　私達は，ガジャマダ大学と現地のNPOと協力して，震災での被害が激しかったバントゥール地区に約400㎡の住宅地を購入し，その土地に建っていた被災家屋を，ガジャマダ大学建築学科のイカプトラ教授の設計をもとに改築した（図14）。「子どもの家」では，①就学前の子どもを対象とした絵本の読み聞かせプログラム，②絵画教室，③障害のある子ども達のための訓練プログラム，④廃材を利用したリサイクル商品の製作，⑤伝統的なダンスや劇の継承プログラム，などを実施してきた。

図14　完成した「子どもの家」の外観。中庭を中心に7つの小部屋を持つ。

　これらのプログラム作成に当たっては，現地の大学のほかに住民組織の代表や保健センタースタッフも参加した。「子どもの家」には専従の保育士3名のほかにガジャマダ大学より，理学療法士，臨床心理士などが週に1～2回訪れ，専門的なプログラムを提供している。担当保育士は，全員，神戸市で2週間の研修を受けており，日本で見学した様々なプログラムを参考に教室を運営している。

(3) 被災地間の交流

　私達は，神戸市の子ども達と「子どもの家」のあるバントゥール地区の子ども達の間で，絵画の交換事業を実施している。震災という悲しい出来事を通じた関係ではあるが，お互いの文化や歴史的背景をつなぎたいと始めたものである。子ども達の絵を通じて，多くの保護者も参加する貴重な交流の機会へと発展してきている（図15）。

(4) セミナーの実施と短期大学院生交換派遣プログラム

　神戸大学とガジャマダ大学，JICAが協力して，2007年3月15～17日の3日間，医学，工学分野合同の国際セミナーをジョグジャカルタにて開催し

---

13) Takada（2013），および高田・Hapsari・他（2011）を参照。

図15 (a)「子どもの家」において神戸市の子ども達の絵を展示 (b) 神戸市総合児童センターにてインドネシアの子ども達の絵を展示

た。このセミナーには延べ500人の保健関係者が参加した。その後も現在まで，災害保健活動，母子保健をテーマに，計10回のセミナーを開催してきた。一連のセミナーにおいては，災害後の中長期的な支援をテーマに，コミュニティに基盤を置いた支援の方法や地域の課題を討議してきた。

また，神戸大学で保健学を学ぶ大学院生が，2週間ずつインドネシアでの訪問研修を行ってきた。これは，被災地域の社会状況を理解する上で非常に有益であった。社会の歴史背景，宗教などは異なるが，生命を守るための基本的な考え方や災害時の心理反応などには共通したものがあり，お互いが多くのことを学ぶことができた。

3. 2010年メラピ火山の噴火と「子どもの家」スタッフの対応

メラピ山（2968m）は，ジャワ島南部にある非常に活発な火山として世界的に有名である。記録が残されている1548年以降だけでも，直近の噴火があった2006年までに69回の噴火があった。メラピ山は，「子どもの家」からは，わずかに約30kmの地点に位置している。2010年10月26日以降，数度にわたり大噴火が起こり，地域住民206人が溶岩流や火山灰によって死亡し，486人が負傷を負った。噴火から2ヶ月間近くは，火山の周辺20kmは立ち入り禁止となった（図16）。住民38万4136人が400ヶ所以上の避難所で生活するという状況の中，「子どもの家」のスタッフは，ガジャマダ大学の教員と協力して避難者の支援にあたった（図17）。

第10章 防災と国際貢献　第3節　子ども達への支援——ジャワ島中部地震

図16　メラピ火山は活発な活動をしている火山として世界的に有名

(a)　　　　　　　　　　　　(b)

図17　(a) 避難所で遊ぶ子ども達　(b) 炊事場

　私達，神戸大学のチームは，大噴火の約1ヶ月後に現地に入った。州政府の計らいによって，特別に被災地域に入ったが，村全体が溶岩流に埋め尽くされており，大地には木一本残っていなかった。小学校のあった土地には，逃げ遅れた家畜の骨が散在していた。
　「子どもの家」のスタッフは，噴火後すぐに避難所で高齢者や乳幼児のための特別食を作るためのボランティアチームを組織した。また，ガジャマダ大学のスタッフは避難所において，健康相談や乳幼児の診察を開始した。学生達も，就学前や小学校の子ども達のためのプログラムを自主的に開始した。日頃からコミュニティで同じような活動を行っているために，災害時にもその経験をすぐに活用でき，組織として効果的に機能したと考えられる。
　火山噴火から約2ヶ月後，避難区域が20kmから15kmへと縮小され，避難勧告が解除された地域に一斉に人々が戻り始めた。インドネシアでは，各コミュニティにおいて，住民の中から

母子保健の担当者（カダル）が選ばれている。私が訪れたコミュニティでは，避難先からの帰宅を確認するとともに，子育てをしている住民同士が話をできる機会を提供しようと，乳幼児健診を実施していた。また，就学前の子ども達を集めて，カダルが伝統的な手遊びを紹介していた。コミュニティリーダーの話によれば，子ども達に「いつもの生活が戻ってきた」と実感させるために，特別に計画したとのことであった。カダル達は，これらのプログラムについて大学が実施する2週間の教育研修を受けていた。もともと，カダルは各コミュニティで実施される乳幼児の栄養指導や健診業務が担当だったが，最近では，子どもの遊びなど母子保健全体に関わるようになっている。

* * *

災害の発生に際しては，緊急時の対応のみならず，中長期的な視点に立った組織的な支援活動を考えていく必要がある。そのためには，要援護者を念頭に置いた避難システムの構築や，心理的なケアについての理解が必要である。これらの実現のためには，医療関係者だけではなく，工学・教育スタッフなど他の領域の専門家も加わる必要がある。とりわけ，地域の再生に主導的な役割を果たすコミュニティリーダーの養成と連携が大変重要である。世界各地に生じる災害は少しずつ違い，災害後の対応方法は，文化的背景や宗教的背景によっても異なる。しかしながら，ヒトとしての生物学的反応は同じなので，災害に対する経験の多くが国際的に共有できる。

私達は，インドネシアとの交流経験を通じて，地域の保健システムの充実とコミュニティの果たす役割を学んできた。現在もなお，ジャワ島中部地震での被災地区に設立した「子どもの家」を中心に，ガジャマダ大学と共同して活動を続けている。地震が発生して9年目となる2015年時点では，「子どもの家」は，子どものための貴重な施設として，また地域のNPO活動の中心施設として，地元住民によって運営されていた。今後，これらの活動は，復興期の保健活動の一つのモデルと成りえるだろう。

（高田　哲）

■参照文献

佐藤剛・神谷 静・廣田清治（2015）「ホンジュラス共和国を対象とした日本の国際協力による地すべり調査・対策の取り組み」『日本地すべり学会誌』52; 161-167。

高田 哲・Elsi Dwi Hapsari・他（2011）「ジャワ島バンツール地区の「子どもの家」活動——Merapi火山噴火との関連」『神戸大学都市安全センター研究報告』15; 227-234, 2011年。

Sugino M, Hapsari E.D., Madyaningrum E, Haryant F, Warsini S, Matsuo H, Takada S.（2014）Issues raised by nurses and midwives in a post-disaster Bantul community, *Disaster Prevention and Management* 23; 420-436.

Takada S.（2013）Post-Traumatic Stress Disorders and Mental Health Care（Lessons Learned from The Hanshin-Awaji Earthquake, Kobe, 1995）, *Brain & Development* 35, 3; 214-219.

■参考文献

明石康・大島賢三（監修）（2013）『大災害に立ち向かう世界と日本——災害と国際協力』大災害と国際協力研究会, 佐伯印刷出版事業部, 2013年3月。

和田章夫（1998）『国際緊急援助最前線——国どうしの助け合い災害援助協力』国際協力出版会, 1998年10月。

JICA（2014）『JICAの防災協力 防災の主流化に向けて——災害に強い社会をつくる』2014年6月。

JICA（2014）「自然環境保全／環境管理／水と衛生／気候変動対策 貧困と環境破壊の悪循環を断つために」国際協力機構年次報告書 2014; 83-89。

結びと謝辞

「はじめに」に述べたように，防災教育が普遍性と継続性を兼ね備えるためには，防災分野の教育的な体系が必要だと考えました。防災に関して素人同然の筆者にとっては，非常に大きな挑戦です。幸いにして，37名もの防災の専門家，および学校でいろいろな機会に自然災害や防災を教えておられる先生方の協力を得て，企画書作成から5年を経て，完成を見ることができました。

監修作業を終えて，現時点での目標はほぼ達成できたのではないかと自負しています。もちろん，最終的な目標である普遍性と継続性を兼ね備えた防災教育を実現するためには，本書の内容を教育現場に実装することが必要です。しかし，現状では，既存の教科・科目を押しのけて防災教育を教育課程に持ち込むことは現実的ではありません。そのため，本書を読んでくださった方の中にも，実装の仕方についての疑問が湧いた方がおられたことでしょう。

筆者自身は，今後の展開としては教員免許状更新講習に期待を繋いでいます。すでに本書の執筆者の中には，この制度を活用して，防災関係の講習を開いておられる人がいますが，他の防災関係の専門家にも，本書をテキスト，あるいはその一部として利用して，積極的に講習会を開いていただくことを期待しています。長い助走期間が必要と思われますが，そのような講習によって初等・中等教育の先生方の防災意識が全国的に高まれば，防災教育の新たな展開も可能になるでしょう。そしてやがては，大学の教職免許取得コースで防災教育の講座が普通に持たれるようになることを願っています。

さらに，学校関係者だけではなく，より多くの人が本書を手に取ってくださることを期待しています。第10章「防災と国際貢献」には「防災の主流化」という概念が紹介されていますが，これはなにも開発途上国にだけ必要なスローガンというわけではありません。日本においても，防災に強い街づくり，国土づくりが社会の持続的な発展を可能にします。

例えば「仮設住宅」一つをとっても，筆者自身，ニュースで見聞きして知っているような気がしていましたが，執筆のためにいろいろ調べていると，知らなかったことが実に沢山あることに気づきました。おそらく実際に被災して，仮設住宅に応募しなければならない事態となると，まだまだ知らなければならない事情が

出てくるものと思われます。しかし，本書に書いた内容だけでも，知っているのと，まったく知らないのとでは，気持ちの準備と言う点では大きな違いがあるのではないでしょうか。また，自分が被災者の立場にならなくても，多くの人が仮設住宅の制度が現在持っている課題を認識しているかどうかが，今後の改善の成否につながっていくものと思われます。本書がそのような面でも，役立ってくれることを心から願っています。

　上にも書いたように，本書の制作には多くの人々の協力がありました。2013年夏に出版企画を立て，「はじめに」に紹介した地球惑星科学連合大会のセッションに講師としてご協力いただいた方々を中心に，執筆協力者を募りました。呼びかけに対してほとんどの方から了解の返事をいただき，同年11月末に開かれた京都大学学術出版会の理事会にて出版の許可を得ることができました。2014年10月には，執筆陣のうちの24名が一堂に集って，担当部分の執筆内容について講演する会を開催し，本書の目的や編集方針についての合意形成を図りました。

　このようにして，本書の特徴や方針は固まってきたものの，具体的な章立てなど，監修作業の中から徐々に形成されていった部分も多々あります。いわば暗中模索の監修作業である上に，監修担当である筆者自身の監修作業についての不慣れのために，執筆陣の皆様には多大な迷惑をおかけしたことをお詫び申し上げます。同時に，お忙しい身であるにもかかわらず，監修者の素人ならではの質問に丁寧に答えていただいたことに感謝の念を禁じ得ません。また，出版を引き受け，作業の完了を我慢強く待って下さった，京都大学学術出版会編集長の鈴木哲也氏，および編集実務で尽力してくださった桃夭舎の高瀬桃子氏に深く感謝いたします。

「防災読本」監修担当　中井　仁

索　引

■事項・人名

　ある語句について複数のページが参照されている場合，特に重要なページを太字で示す。また，当該語句の関係する記述が数ページに亘る場合は，最初のページのみを太字で示す。章，あるいは節の表題に用いられている語句には，ページ番号に網掛けをして，その章，あるいは節全体がその語句に関連する内容であることを明示する。

BCP　→　事業継続計画
CSM　→　閉鎖空間医療
DMAT　→　災害医療派遣チーム
EMIS　→　広域災害救急医療情報システム
FEMA　→　米国連邦緊急事態管理庁
GDP（国内総生産）　418, 422
GIS　→　地理情報システム
GNSS　→　汎地球測位航法衛星システム
GPS　4, 30, 284, 286
GRP（域内総生産）　422, 424, 426, 450
IAEA　→　国際原子力機関
INES　→　国際原子力事象評価尺度
ISDR　→　国際防災戦略
JICA　→　国際協力機構
JMAT　→　日本医師会災害医療チーム
J-SHIS　→　地震ハザードステーション
JST　→　科学技術振興機構
MIDORI　→　宮城県総合防災情報システム
NHK　127, 231, 500, 503
ODA（政府開発援助）　105, 112, 114, 532
OECD/NEA　→　経済協力開発機構原子力機関
PHS　499, 501, 502
PTSD　心的外傷後ストレス障害
SCU　381, 382, 383, 410
SSE（Slow Slip Event）　→　ゆっくりすべり
TEC-FORCE　→　緊急災害対策派遣隊
TTT（3Ts）　381
UNDP（国際開発計画）　545

（あ）
あいまいな喪失　171, 403
アウトブレイク　411
アウトリーチ　**269**, 333
赤谷川砂防堰堤群　488
亜急性期（医療の）　**378**
浅間山　40, 44, 108
アスペリティ（固着域）　5, 14, 16

吾妻川　45
あびこ内水（浸水）ハザードマップ　218
あびこ洪水ハザードマップ　218, 221
あびこ防災マップ　218, 219
アメダス　55, 56
荒浜小学校（宮城県仙台市）　312
有明海　65, 274
亜硫酸ガス　42
有馬高槻断層帯　25
α 線　510
淡路島　25, 256
アンダーパス　218, 221
安中防災塾　277

（い）
硫黄泉　42
石巻日日新聞　231
伊豆大島　46, 47, 53, **79**, 493
伊勢湾　64, 65, 67, 169, 170
一時繰替支弁　129
一時集合場所　268
一時滞在場所　138
一時避難場所　219, 241, 267, 268, 312
一次避難場所　220, 298
溢水　59, 482
糸魚川－静岡構造線　57, 74, 162
移動リハビリテーション計画　551, 552
岩出山小学校（宮城県大崎市）　304, 305, 309
インターネット　103, 226, 230, 495, 500, **503**, 504
インフラ施設　59

（う）
受け盤構造　78
有珠山　51, 226, 366
鵜住居小学校（岩手県釜石市）　263, 264, 313
鵜住居幼稚園（岩手県釜石市）　313

ウラン 235　510
雲仙岳　43, 44, **48**, **273**
雲仙岳災害記念館　273, 278
雲仙岳防災会議協議会　275
雲仙普賢岳　44, 48, 226, 229, **274**, **275**, 439
　　──火砕流　226

（え）
衛星通信　500
衛星携帯電話　173, 174
衛星電話　500
液状化　110, 209, 213, 214, 215, **216**, 310, 367,
　　446, 463, 482, **484**, 487
　　──危険度マップ　215, 218, 219
越水　59, 482, 485, 486
越流　65, 81, 475, 476, 477, 479, 481, 486, 487
延焼　**265**, 266, 267, 268, 360, 446, 448, 460, **471**

（お）
応急仮設住宅 → 仮設住宅
応急危険度判定　168, 176, 318, 319
応急期　**166**, 180, 181, 243, 318
応急救助　132
応急処置（Treatment）　381
応力　**6**, 7, 474
大雨警報　154
大阪湾　65, 67
大阪湾高潮対策協議会　67
大潮　68
大槌新聞　**232**, 233
大槌メディアセンター　232, 233
大津波警報　227, 339, 357, 487
大野木場小学校　49, 277
大雪警報　93
越喜来小学校（岩手県大船渡市）　**299**, 301
渡島大島　43
オスロガイドライン　535
沖縄トラフ　279, 280, 281
オホーツク海高気圧　54
鬼押出溶岩　46
親子登山　278
御嶽山　52, 225, 228, 275

（か）
加圧水型原子炉　512
介護サービス　141, 142
介護災害　140
海溝型地震　**2**
海溝軸　2, 4, 9, 10, 11, 13, 14
海嘯罹災地建築取締規則（宮城県）　209

海底地殻変動観測　9, 16
外水氾濫　58, 59, 60
外部電力　518
火映現象　40, 41, 270
科学技術振興機構（JST）　537
河況係数　56, 57
核エネルギー　510
がけ崩れ　57, 61, 83, 150, 152, 155, 262
核原料物質，核燃料物質及び原子炉の規制に関
　　する法律　519
格納容器　**512**, 519
核燃料　510
核分裂　**510**, 513, 516, 518
確率論的地震動予測地図　464, 466
覚醒の亢進　**396**, 398, 399
花崗岩　57, 106
火口原　41
火口周辺規制　52, 225
火口列　47
火災旋風　266, 267
火砕岩脈　51
火砕流　**42**, **45**, **48**, 53, 82, 213, 226, 228, 229,
　　270, **274**, 275, 277
火山　37
　　──ガス　38, 42
　　──活動　27, 30, 33, **37**, 41, 45, 48, 51, 53,
　　　　73, 269, 272, 275, 276
　　──活動災害史　**43**
　　──ガラス　42
　　──観測情報　51
　　──岩　45, 270
　　──災害　**37**, **46**, 52, 53, 107, 211, **269**, **273**
　　──砕屑物　44, 45, 270, 275
　　──性地震　**38**, 39, 40, 43, 52, 227
　　──性微動　38, **39**, 51
　　──弾　45
　　──泥流（ラハール）　44, **45**, 75, 270
　　──灰　22, 24, 38, **42**, 45, 48, 49, 57, 270,
　　　　556
　　──噴火予知連絡会　37
　　──防災　37, 38, 51, 271
　　──防災教育　273, **276**, 277, 278
　　──礫　42, 45, 270
仮設住宅（応急──）　129, 132, 133, 134, 135,
　　137, 142, 169, 177, 179, 180, 192, **195**, 378,
　　391, 394, 423, 435, **436**, 454, 551
河川審議会　150
河川堤防　**480**
河川津波　485, 486
語り部 KOBE1995　328

索　引 | 565

学校　**142**, **296**, **309**, **348**, **361**
　　——安全コーディネーター　306, 307
　　——安全委員会　306
　　——安全計画　148
　　——危機メンタルサポートセンター（大阪
　　　教育大学）　306, 307
　　——再開チェック項目　314
　　——支援地域本部（文部科学省）　307
　　——設定科目　349, 363
　　——保健安全法　143, 148
活火山　4, **37**, 50, 51, 52, 70, 225, 269, 549
活断層　20, **22**, 34, 35, 36, 57, 213, 274, 280, 367,
　　446, 462, 549
滑動力　72
滑落崖　73, 74, 82
家庭科　368
荷電粒子　510
火道掘削調査　50
河道閉塞　44, 81
下部地殻　26, **27**, 33
河北新報社　232
釜石東中学校（岩手県釜石市）　263, 264, 313,
　　355
カリブプレート　542
ガル　83
軽石　45, 46, **47**, 274
軽石凝灰岩　82
カルデラ　41, 46, 47, 48
環太平洋火山帯　549
岩屑なだれ　44, 45, 107
γ線　510

（き）

紀伊半島南東沖地震　321, 324
義援金／義捐金　185, 186, 439
機会損失　449
帰還困難区域　317, 521, 522
気管支炎　42
気管支喘息　42
危機管理マニュアル　143
危機管理行動計画　67, 68, 69
危機管理室　158
気象庁　9, **37**, 38, 41, 50, 51, 52, 62, 63, 69, 85,
　　93, 97, 158, 223, **224**, 225, 226, 229, 230, 275,
　　276, 280, 324
気象庁マグニチュード　9
北アナトリア断層　24, 106
北アメリカプレート（北米プレート）　**3**, 4, 9,
　　12, 33, 170, **445**, 542
北伊豆断層帯　23

帰宅困難者　138, 268, 385, 447, 499
　　——対策　**137**, 168
キッチン火山実験　273, 278
鬼怒川　59, 213, 224, 227, 482
義務教育諸学校等施設の整備に関する施設整備
　　基本方針　145
救急医療　188, 378, 408
急傾斜地の崩壊による災害の防止に関する法律
　　（急傾斜地法）　149
吸収線量　511
九州・パラオ海嶺　14
九州大学地震火山観測研究センター　276
急性期（医療の）　**378**
急性骨髄性白血病　526
急性ストレス障害／急性ストレス症　386, 396
吸着誘導法（Follow Me Method）　262
居住制限区域　317, 521
業務継続計画 → 事業継続計画（BCP）
巨大津波災害　166, **169**
巨大崩壊　72
共助　102, 165, 320, 325, 330
教育基本法　143
教育復興担当教員　315
教員特殊業務手当　148
ギリガン，キャロル（Carol Gilligan, 1937-）
　　336, 338
霧島山　43
記録的短時間大雨情報　154
緊急医療搬送　410
緊急援助隊　69, 114, 534
緊急火山情報　51, 227
緊急災害対策本部　127, 128, 519
緊急災害対策派遣隊（TEC-FORCE）　69
緊急時避難準備区域　317, 521
緊急入所　140, 141
筋交工法　470

（く）

空間線量率　**520**, 521, 522
空振　45
草の根技術協力事業　539
草の根プロジェクト　551
グリーンタフ → 緑色凝灰岩
クロスロード　**289**, 332, 340
鍬ヶ崎小学校　（岩手県宮古市）　303

（け）

警戒区域　48, **49**, 127, 193, 225, 228, **275**, 426
　　——の設定　50, **225**, 275
計画的避難区域　317, 521

経済協力開発機構原子力機関（OECD/NEA）
514
経済循環 → フロー
経済被害 59, 108, **418**, **444**, 455
傾斜計 39
携帯電話 408, 409, 495, **498**, **499**, 504
ケーソン（直立提）**475**, 476, 479
警報 37, **51**, 52, 69, 125, 158, **223**, 271, 280, 300,
　　324, 331, 360, 378, 496, 497, 534, 538
　　──体制 232, 233
　　──の受信者（住民）223
　　──の送信者（市町村）223
　　──の発信者（気象庁等）223
激甚災害 127, 148, 231, 434, 437
激甚災害に対処するための特別の財政援助に関
　　する法律 148
気仙沼市立病院 180, **407**
気仙沼方式 413
ゲレロ地震空白域 4
県外避難者 135, 136, 137
現金支給（現金給付）**135**, **434**, **435**
現在地救助 129
原子核 510, 516
原子力 **510**
　　──安全・保安院 516
　　──規制委員会 516, 523
　　──規制庁 516
　　──緊急事態宣言 127, 519, 526
　　──災害対策特別措置法 127, 149, 519,
　　522
　　──災害対策本部 127, 525, 526
　　──事故 **513**, 514, 515
　　──発電所 191, 193, 388, 426, 510, **512**,
　　515, 526
原子炉 **512**, 513, 516, 517, 518, 519, 520
建築基準法 149, 209, 436, **464**, 471
建築制限区域 183
建物倒壊率マップ 218
建築物応急危険度判定 318
建築物の耐震改修の促進に関する法律 125,
　　464
玄武岩 47
現物支給 136, 137, 435

（こ）
コア基準 244
広域医療搬送 381, 382, 388, 410
広域一時滞在 136
広域応援隊 69
広域活動拠点 69

広域災害救急医療情報システム（EMIS）381,
　　413
広域被害 113, 169, **170**, 497
広域避難（者）69, **135**, 137, 147, 179, 241, 246
広域避難場所 219, 241, 267, 268
広域変成岩帯域 73
豪雨 **54**, 70, 71, **75**, 85, 87, 88, 102, 124, 152,
　　211, 224, 227, 250, 280, 304, 482, 484, 542
降下火砕堆積層 80
光環現象 46
航空路火山灰情報センター 43
公衆電話 498, 499, 500, 501
洪水 46, 49, **54**, 79, 90, 96, 97, 99, 101, 102, 107,
　　109, 110, 162, 211, 215, 218, 224, 227, 229,
　　230, 240, 303, 304, 379, 398, 438, 443, 475,
　　480, 488, 492, 542
　　──ハザードマップ 215
　　──流 58, 59, 481, 482
甲状腺 517, **525**
豪雪地帯 89, 197
　　──対策特別措置法 89, 90
高地移転 202, 203, 206
高知県安全教育プログラム 358
神戸市公共建築物震災調査会 310
神戸市消防局 288, 497
神戸大学災害救援チーム 550
公立学校施設災害復旧費国庫負担法 148
公立の義務教育諸学校等の教育職員の給与等に
　　関する特別措置法（給特法）147
公立の義務教育諸学校等の教育職員を正規の勤
　　務時間を超えて勤務させる場合等の基準を
　　定める政令 147
高レベル放射性廃棄物 526
国際協力機構（JICA）114, 187, **531**
国際緊急援助 532, 534, 535, 536
国際原子力機関（IAEA）514
国際原子力事象評価尺度（INES）514
国際防災戦略（ISDR）532
国連開発計画（UNDP）545
ココスプレート 4, 542
国家防災庁 533
国庫負担法 434
個人給付不可論 436
固定電話 408, **497**, **498**, 501, 504
子どもの家 **554**, 556, 558
子どもプログラム 554
コミュニティ・スクール（学校運営協議会制度）
　　306, 307
固有地震モデル 7
コールバーグ, ローレンス（Lawrence Kohlberg,

索　引　｜　567

1927-1987）　**335**, 346

（さ）

サージ　49, 353
災害医療コーディネーター　407, **408**, 414
災害医療サイクル　378
災害医療対策本部　408, 409, **410**, 411
災害医療派遣チーム（DMAT）　69, 161, 380,
　　381, **382**, 388, 407, 410, 413
災害援護資金　439
災害応急対策　127, 128, 225, 245
災害科学科（多賀城高校）　348
災害危険区域　162, 209
災害救助基金　129, 433
災害救助事務取扱要領　133, 136
災害救助法　127, **128**, 143, 144, 179, 196, 198,
　　201, 316, 392, **432**, 435, 439
災害拠点病院　180, 378, 380, 382, 384, **407**, 412,
　　414
災害緊急事態　127, 128, 433
災害減免法　440
災害公営住宅（復興住宅）　201
災害史　43, 105, 349, **364**
災害時施設情報伝達横断幕（"SOS"シート）
　　413
災害弱者　199, 200, 242, 322, 351, **385**, 410, **412**
災害時要援護者　**138**, **250**, **391**, 549
　　——支援制度　406
　　——支援情報登録制度　392
　　——支援避難支援プラン　392
災害障害見舞金　439
災害図上訓練 DIG　332, 340
災害脆弱性　97, 102
災害対応
　　初動期　**166**, 173, 174, 180, 413, 449, 495
　　応急期　**166**, 168, 173, 175, 180, 181, 318
災害対策基本法　48, 49, 124, **126**, 132, 136, 143,
　　144, 149, 159, 182, 225, 226, 240, 245, 250,
　　257, 259, 275, 345, 406, 432, 433, 434, 435,
　　437
　　——施行令　240
災害対策本部　49, 50, **127**, 145, **167**, 170, 171,
　　174, 175, 178, 182, 243, 275, 389, 408, 410,
　　496
災害多発国　105
災害地域連携病院　378
災害弔慰金　166, 438, 439
　　——の支給等に関する法律（——等法）
　　124, 166
災害特別交付金　438

災害廃棄物（震災瓦礫）　193, 449
災害備蓄　162
災害復旧貸付制度　444
災害復旧費　148, 191, 192, 193
災害法制　**124**, 143, 148, **432**
災害ボランティアセンター　259
災害用伝言ダイヤル（171）　359, 360, **502**
災害リスク評価　533, 543
在宅医療制度　403
財産権　150, 154
財政金融措置　127, 434
再保険　440
砂岩　82
桜島　**39**, **51**, 275
サバイバーズ・ギルト（自責の念）　328
サプライチェーン　422, 429, **443**, 449, 452, 455
砂防堰堤　84, 87, **488**
砂防三法　149, 150
砂防法　149
サンアンドレアス断層　20
山体崩壊　**43**, 274
三波川帯　73, 74
三陸新報　231
三陸鉄道　**193**, 300

（し）

自衛隊　382, 383, 388, 410, 526, 534, **535**
支援物資　241, 247, 285, 287, 428, 534
ジオパーク　47, 273, 277
市街地復興計画　183
時間予測モデル　**7**, 13
事業継続計画（BCP）　441
指差誘導法（Follow Directions Method）　262,
　　263
自主避難　85, 88, 136
自主防災組織　126, 146, 165, 220, 223, 243, 247,
　　251, 252, **255**, 267, 276, 322, 406
自助　102, 165, 320, **321**, 330, 332
地震空白域　**4**, 25
地震考古学　6
地震後経過率　35
地震層せん断力　464
地震耐力　460, 464, 466, 469
地震断層　**20**, 21, 23, 25, 280, 281
地震地すべり　81
地震調査研究推進本部　23, 214, 446, 463
地震動　16, 72, 82, 128, 211, 266, **311**, 317, 380,
　　451, 452, 460, **461**, 466, 468, 484, 485, 487,
　　518
　　——予測地図　23, 214, 215, 463

地震ハザードステーション（J-SHIS）　463
地震発生確率　35
地震防災対策特別法　149
地震保険　440
地震モーメント　9
静岡県地震防災センター　289
地すべり　57, 70, 71, **73**, 75, 76, 77, 78, **81**, 83,
　　114, 149, 150, 213, 227, 262, 284, 313, 413,
　　419, 537, 538, 541, 542, **543**
　　──ダム　81
　　──地形分布図　537, 544, 547
沈み込み帯　4, 12, 30, 33 → プレート
地すべり等防止法　149
実効線量　511
実効雨量　86
実効降雨　85
実費弁償　132
指定緊急避難場所　144, **240**
指定公共機関　**127**, 231, 503
指定避難所 → 避難所
柴又帝釈天　46
地盤増幅　**462**, 465
シビアアクシデント対策　527
自分事化　347
島原地震火山観測所　50
地元学　309
蛇抜け　74
斜面変動　70
斜面崩壊　70, **71**, 75, 76, **77**, 81, 85, 87, 88, 176,
　　215, 262, 489, 490
住家滅失世帯数　131
集水井　543
集中豪雨　59, **60**, 70, 150, 482
集中治療　378
集中復興期間　183, 185, 426, 427, 438, 453, 455
重力計　41
首都中枢機能維持基盤整備等地区　104
首都直下（型）地震　20, 97, 98, **102**, 163, 180,
　　246, 266, 386, 444, **445**, 454, 455
首都直下地震緊急対策区域　104
小規模事業者経営改善資金制度　444
衝撃波　45, 46
上部地殻　27, 28
消防署　258, 497
消防団　49, 165, 175, 218, 250, 251, 252, **258**,
　　275, 322, 331, 353, 354, 406
消防防災無線　503
消防本部　175, 258, 284
職権救助　129
準耐火建築物　471

準都市計画区域　474
準防火地域　470, 471
除雪　**90**, 94
所得水準　111
シルト　80, 82, 83
ジレンマ授業　**332**
ジレンマくだき授業　338, **340**
震源断層　20, 451, 452
震災関連死　165, **166**, 354, **524**
震災復興特別交付税　188, 194, 195
新庄地震学　288, **355**
新庄中学校（和歌山県田辺市）　354
浸水警戒情報　78
浸水深　174, **204**, 209, 296, 298, 300, **473**, 479
深層崩壊　**72**, 78
迅速診断検査　411
新第三紀　73
心的外傷後ストレス障害（PTSD）　378, **395**,
　　398
震度階級　225
振動特性係数　465
深部低周波微動　14, 17
新燃岳　43, 277
侵入症状　**395**, 398, 399

（す）
スーパー堤防（高規格堤防）　482
スーパー伊勢湾台風　67
スーパー都市災害　98, 99
吸い上げ効果　**64**, 65, 68
水準測量　39
水蒸気爆発／水蒸気噴火　**42**, 46, 269, 274, 275
水制　482
水素爆発　519
推定地震耐力　466
推定地震力　466
スクリーニング（避難要援護者の）　**253**, 255
スクリーニング（放射線の）　388
スコリア　47
鈴鹿山地西縁断層　24
裾野高等学校（静岡県）　362, 363
ストック被害（直接被害）　**418**, 423, 425, 441,
　　449, 452
ストレス　165, 287, 368, 386, 392, **394**, 400, 412,
　　553
スネークライン　86, 225
スーパー都市災害　98, 99
スフィア・スタンダード　**246**, 386
スフィア・プロジェクト　**244**, 246, **387**, 390
すべり欠損　11, **12**, 15, 16

索 引 | 569

すべり面　**72**, 73, 76, 82, 542
すべり予測モデル　7
すべり量　7, 9, **17**, **20**, 21, 22, 451
スラム　105, 114
スランプ型（斜面崩壊）　76
スロー地震（Slow Slip Event: SSE）　14, **17**
セーフティプロモーションスクール認証制度
　　306

（せ）
生産関数　421, 449
生活不活発病　386
生活復興県民ネット　187
正常性バイアス　262
堰上げ効果　489, 490, 492
赤外線カメラ　40
積雪寒冷特別地域　90
セグメント　5, 6, 14, 15
セシウム　137　517, 523
雪害　**88**
全交流電源喪失　519
全国社会福祉協議会　259
線状降水帯　**62**, 482
扇状地　58
仙台レポート　112
仙台湾　210, 264
せん断帯　28
せん断抵抗力　72
潜熱　64
全島避難　42, 48

（そ）
ソーシャル・ワーカー　146, 147
素因（土砂災害の──）　**70**, 84, 101, 213, 279
総合防災訓練　163
総合防災訓練大綱　163
相転移　99
掃流力　490
測地衛星測量　39
組織荷重係数　511
遡上高　204, 281, 519
率先避難者　**263**, 264, 323, 324
ソフト対策（土砂災害の）　84, **85**, 150, 153,
　　490, 495, 542

（た）
耐火建築物　471
耐火構造　392, 471
耐火性能　266, 389, **471**, 474
大規模火災　258, **265**, 447, 472

大規模災害からの復興に関する法律　184
大規模な災害の被災地における借地借家に関す
　　る特別措置法　126
大規模崩壊　**72**, 77, 78
耐震化　125, 145, 308, 311, 453
耐震技術　312, 460, 471
耐震基準　107, 124, 464
耐震壁　312, 467
耐震補強　312
大震災　16
湛水被害　169, 170, 171
退避行動　241, **260**, 324
台風　**54**, 60, 64, 71, 75, 76, 77, 80, 97, 106, 170,
　　224, 265, **279**, 304, 447, 482
太平洋高気圧　54
太平洋プレート　2, 19, 31, **445**
第四紀（地質年代の）　83
耐力壁　468
耐津波技術　472
タイムライン　**67**, 69
ダイレクトロード（海辺の町）　288
多賀城高等学校（宮城県）　348
宅地建物取引業者　151
多国間援助　537
多重防御　479
多数派同調バイアス　262
橘湾群発地震　48
立て替え弁済　136
段階的避難　**263**, 301
短期間強雨　55
短期許容応力設計　468
段丘　22, 463
暖水渦　280
弾性限界　27
弾性体　**27**, 28, 31
断層運動　**3**, **9**, 34, 451
断層最短距離　462

（ち）
地域医療搬送　382
地域型仮設住宅　196
地域完結型医療　408
地域係数　465, 466
地域防災　232, **239**, 269, 340, 344
地域防災計画　144, 153, **159**, 222, 533
チェルノブイリ原子力発電所　516
地殻　**2**, **27**, 33, 34, 52, 70, 284
地殻変動　3, 11, 12, 16, 17, 20, 31, 52, 170, 284,
　　463
地学　366

地球温暖化　54, 70, 279
地球規模課題対応国際科学技術協力（SATREPS）
　537
地区内残留地区　268
地質構造線　70
千島海溝　24
治水地形分類図　213, 222
地層大切断面（伊豆大島）　46
秩父帯　73, 74
地方交付税交付金　**189**, 195, 438
地方自治法　129, 132
地方税　440
地方防災会議（市町村防災会議）　125, 127,
　160
着氷雪　90
注意報　**224**
中越復興市民会議　187
中央火口丘　41, 46
中央構造線　57, 73, 74
中央防災会議　104, 127, **159**, 240, 263, 266, 324,
　327, 444
中央防災無線　226, 503
中性子　**510**, 511, 516, 518
沖積平野　58, 480
潮位　**64**, 204, 230
銚子高等学校（千葉県）　362, 363
跳水　490
直下型地震　**20**, 419, 447
地理　361
地理情報システム（Geographic Information
　System: GIS）　413, 545
地理院地図　222

（つ）
ツイッター　500
通信　**495**
通信ビル　498
津波　2, 11, 14, 16, 17, 46, 108, **143**, 162, **169**,
　202, 220, 227, **263**, 274, 280, 288, **296**, 312,
　313, **320**, 343, 344, 354, 359, 365, **472**, **475**,
　485, 519
　——石　205, 227, 281
　——外力　472, 474
　——火災　383, 384, 388
　——浸水高（痕跡高）　203, 204
　——高　204, 451
　——地震　6, 17, 175
　——注意報　281
　——波力　478
　——避難ビル　162, 384, 452, 472, **473**, 474

津波防災地域づくりに関する法律　281, 473

（て）
堤外地／堤内地　59
低体温症　91, 383
停波局　499
透過型砂防堰堤　87, 488, **492**, 493
泥流　44, **45**, 107, 270
泥流災害　493
鉄道軌道整備法　194
鉄砲水 → 土石流　74
電気通信事業法　504
電磁波　510
天井川　58
てんでんこ　263, 301, **320**
テント村　242
伝播経路（地震波の）　**461**, 462, 463
天文潮位　64, 65

（と）
童浦小学校（愛知県田原市）　352
動画共有サイト　500
東京都帰宅困難者対策条例　138
東京湾　64, 65, 67
東京湾北部地震　103
撓曲崖　367
凍上　90
同報系　226, 503
道路啓開　177
十勝岳　269
特別警報　51, 93, 97, 224
特別豪雪地帯　89, 90
戸倉小学校（宮城県南三陸町）　**297**, 301
都市化災害　97, 99
都市型災害　97, 98, 99
都市型水害　59, 61
都市型捜索救助隊　381
都市型津波　348
都市計画区域　407, 474
都市計画法　150, 470
都市災害　**96**, 109, 228
都市の糖尿病化　99, 100
土砂移動現象　70, 71, 84
土砂災害　61, **70**, 101, 106, 125, **149**, 211, 215,
　218, 225, **227**, 230, 277, 305, 360, 366, 488,
　490, 492, 494, 495, 542, 544, 545
　——警戒区域　75, 85, 125, 150, **151**, 162,
　215, 218
　——危険区域図　88
　——警戒情報　78, 85, 87, **152**, 225, 227

索　引　│　571

――特別警戒区域　75, **151**
土砂災害防止対策基本指針　153, 154
土砂災害防止法　75, 85, 124, 125, 126, **149**, 215
都心南部直下地震　**103**, 266, 446, 447, **449**
土石流　48, 49, 50, 57, 61, 70, **74**, 76, 77, 79, 80,
　　81, 83, **85**, 87, 106, 150, **152**, 215, 273, 275,
　　277, **488**, 489, 490, 493
――堆積工　87
――発生抑制工　87
――氾濫抑制工　87
――捕捉工　87
土地条件図　213, 218, 222
利根川　46, 101, 216, 485
トラウマ　329, **394**, 396, 398, 400
トラフ軸　**2**, 14, 15, 16
トリアージ（Triage）　**381**, 382, 408, 409, 410
――エリア　409
――ポスト　409, 410
――訓練　408
鳥の目情報　168
トレンチ調査　23

（な）
内水氾濫　**58**, 218
内部留保　441
内陸地震　8, **18**, 36, 80, 81
中野小学校（宮城県仙台市）　312
流れ盤構造　78 → 受け盤構造
名取川　484, 486
雪崩　90, 91, **95**, 215
南海トラフ　2, 3, 5, **13**, 17, 23, 31, 35, 169, 365,
　　450, 451, 452
――巨大地震　**13**, 175, 180, 352, 386, **450**,
　　455
――軸　451
――地震　**5**, 285, 288, 358, 363
南岸低気圧　89, 93

（に）
新潟－神戸歪集中帯　**30**
逃げ惑い　267
二国間援助　537
二酸化硫黄　42
二酸化ウラン　513
二酸化炭素　42, 510
二次災害対策　168, 173, 176, 177
西太平洋温水プール（WesternPacific Warm Pool）
　　279
西宮方式　259
西宮ボランティアネットワーク（NVN）　259

二次避難所　139, 253
日本医師会災害医療チーム（JMAT）　383
日本医療研究開発機構（AMED）　537
日本学術振興会（JSPS）　539
日本三代実録　363, 364, 365
日本新聞協会　231
日本政策金融公庫　444
日本民間放送連盟　231
ニューマドリッド地震帯　19
ニューラルネットワーク　86
入山規制　51, 52, 53, 225, 227, 276

（ね）
粘性係数　29
燃料棒　513, 515, 518, 519

（の）
野島断層　20, 22
ノディングズ，ネル（Nel Noddings, 1929-）
　　336, 338

（は）
パーソンファインダー　500
ハート（心）の整備　354
ハード対策　84, 87, 154, 161, 162, 495, 542
排土工　81
パイプ痕跡　80
廃炉　526
ハインツのジレンマ　335, 336, 346
パケット通信　499
ハザード　**211**, 260, 308, 331, 495
ハザードマップ　59, 61, 67, 88, 153, 157, 165,
　　211, 229, 240, 262, 272, 362, 363, 366, 473,
　　533, 542, 545
――ポータルサイト（国土交通省）　222
破砕帯　22, 57, 70
畑川破砕帯　29
バックカントリースキー　91, 95
バックビルディング　63
半減期（実効雨量の）　85, 86
半減期（放射能の）　517, 525
阪神・淡路大震災復興の基本方針及び組織に関
　　する法律　182
阪神・淡路大震災復興本部　182
阪神・淡路産業復興推進機構（HERO）　187
搬送（Transportation）　381
磐梯山　43, 45
汎地球測位航法衛星システム（GNSS）　30, 31,
　　34

〔ひ〕

ピアジェ，ジャン（Jean Piaget, 1896-1980）
　336
東日本大震災に対処するための特別の財政援助
　及び助成に関する法律　185
東日本大震災復興構想会議　209
東日本大震災復興対策本部　183
東六郷小学校（宮城県仙台市）　312
被災三県　190, 191, 193, 317
被災者証明　196
被災者生活再建支援金　439
被災者復興支援会議　187
被災度区分判定　319
非常災害対策本部　127
非常用炉心冷却装置　519
人と防災未来センター（兵庫県）　188, 244,
　387, 390, 460
避難
　──意向　324
　──勧告　49, 85, 153, 222, 223, 225, 275,
　　276
　──群集流　263
　──行動　260
　──行動要支援者　124
　──行動要支援者名簿　250, 251, 406
　──支援プラン（個別計画）　251
　──指示　42, 49, 53, 97, 127, 162, 222, 225,
　　226, 227, 228, 229, 230, 317, 321, 519,
　　521, 525
　──指示解除準備区域　317, 521, 525
　──実態調査　324
　──準備情報　162, 222, 225
　──トリガー　323
　──場所　66, 144, 153, 212, 240, 268, 296,
　　324, 487, 497
　──搬送　383
　──命令　49, 136, 275
　──誘導　141, 142, 284, 385
　──誘導法　262, 263
　──解除準備区域　317, 521, 525
　──区域　127, 317, 388, 521, 524
避難所（指定──）　124, 127, 128, 132, 133,
　134, 144, 162, 166, 168, 169, 177, 178, 179,
　218, 240, 265, 311, 314, 316, 318, 331, 352,
　386, 390, 411, 551
　──運営委員会　146, 243
　──運営ゲーム　288, 289
　──運営マニュアル　243, 246
　──の安定期　243
　──の初動期　243

　──の撤収期　243
標高マップ　282
兵庫教育大学方式　337
表層崩壊　72, 80
ビリーブメントケア　400, 402
広島土砂災害　495
貧困　113, 532, 543

〔ふ〕

フーバーダム　29
フィリピン海プレート　3, 13, 17, 19, 20, 31,
　445
風雪　90
フォーカス・グループ・インタビュー法　552
深谷第一高等学校（埼玉県）　368
深谷断層帯（関東平野北西縁断層帯）　367
吹き寄せ効果　64, 65, 68
複雑性悲嘆　402, 403
福祉仮設住宅　139, 140, 141, 142
福祉避難室　141
福祉避難所　134, 138, 168, 177, 219, 245, 251,
　252, 253, 392, 406
福島第一原子力発電所（福島第一原発）　193,
　317, 388, 518
輻輳　497, 498, 499, 502, 504
富士川河口断層帯　14
復旧期　126, 182
復旧事業　185, 193, 194, 195, 423, 426, 434, 435,
　438
復旧・復興（期）　163, 170, 181, 259, 318, 378,
　426, 434, 454, 534
復興
　──教育推進校　303
　──格差　431
　──期　114, 126, 161, 173, 182, 195, 198,
　　257, 391
　──基金　183, 185
　──基本方針　184, 426
　──教育　302
　──計画　181, 182, 187, 188
　──公営住宅　186
　──構想会議　183
　──交付金　427
　──財源　184, 185, 189, 193, 438, 455
　──支援員　187, 188
　──事業　181, 182, 184, 191, 193, 425, 426,
　　427, 453
　──資金　188, 455
　──需要　424, 425, 426, 429, 430, 450, 455
　──・創生期間　453, 454

索引 | 573

——対策本部　167, 182, 184
——庁　158, 166, 185, 190, 435, 437, 438, 454
——特別会計　185, 190
——土地区画整理事業　186
——まちづくり推進員設置要綱　187
——予算　183, 186, **188**
沸騰水型原子炉　512
吹雪　90, **91**, 95
プレート　2, 17, **18**, **23**, **30**, 107, 280, 341, 445, 446, 451, 461
——境界型（海溝型）地震　3, 18, 19, 20, 26
——境界（面）　3, 5, 9, 11, 12, 16, 17, 18, 19, 23, 24, 25, 27, 28, 33, 451
——境界断層　14, 20
——内活断層　280
船越小学校（岩手県下閉伊郡山田町）　203
フロー（経済循環）　**421**, 422
——被害　418, **420**, 429, 430, 432, **449**, 450, 452
噴煙　41, 42, 44, 45, 47, 52, 53
噴火　**37**, 107, 225, 226, 227, **269**, **273**, 364, 366, 556, 557
——警戒レベル　37, **51**, 225, 227
——警報　37, **51**
噴気　37, 46, 270
噴石　49, 53, 270

（へ）
β線　510
平均活動間隔（活断層の——）　**23**, 24, 35, 36
平均変位速度（活断層の——）　24
米国連邦緊急事態管理庁（FEMA）　67, 381
閉鎖空間医療（CSM）　381
平成新山　**48**, 49, 50, **274**, 275
壁柱工法　470
ベクレル（Bq）　**512**, 523
偏西風　45, 64
ベント（排気）　519

（ほ）
ポアソン過程　8
貿易風　64, 279
崩壊深　72
防火地域　**470**, 471, 472
防災
——管理　143, **296**, 297, 299, **301**, 306, 308, 332
——基本計画　148, 158, **159**, 160

——行政無線　226, **503**
——拠点　142, 144, 145, 158, 162, 355
——計画　127, **159**, 160, 177, 245, 259, 308
——ゲーム　288, 289
——劇　357
——公園　479
——情報　88, 233, 344, 438, 503
——推進員養成講座　273, 276, 278
——道徳　**333**, 338
——登山　**276**
——の主流化　112, 532, 541
——マップ　216
——無線システム　226
——マニュアル　143, 284, 351
防災教育　143, 188, 276, 279, 284, **302**, **304**, 308, **320**, **332**, **361**, 533
——基本方針（静岡県教育委員会）　363
——支援推進プログラム（文部科学省）　277
防災士資格取得試験　276
防災集団移転　17, 162, **202**, 209, 210, 227, 275, **436**, 478, 519
——移転促進法　275
防災のための集団移転促進事業に係る国の財政上の特別措置等に関する法律（防災集団移転促進法）　210
防災の日　163
放射性元素／放射性核種　511, 517
放射性降下物　517
放射性セシウム　512
放射性物質　131, **511**, 512, 513, 515, 516, 523, 524, 525, 526
放射線　388, **510**, 516, 524, 525
——荷重係数　511
——障害　514, 516
——被曝　**513**, **524**
——量　512, 520, 525
放射能　**510**, 516, 517, **520**
——汚染　512, 520, 524
放送法　230, 231
法定受託事務　129
防波堤　203, **206**, 209, 210, **475**
暴風雪警報　93
崩落土砂（崩土）　75, 82, 84
保健センター　**549**, 550, 551, 552, **553**, 554, 555
北海道駒ヶ岳　43
ボランティア　161, 188, 242, **255**, **259**, 285, 290, 307, 331, 345, 352, 359, 386, 532, 545, 550, 557
——元年　259

ホワイトアウト　91, 95

（ま）

マウンド（防波堤の）　475, 476, 477, 478, 479
マグマ　30, 38, 39, 40, 41, 42, 47, 48, 50, 51, 269,
　270, 272, 274
　　──水蒸気爆発　**42**, 274
　　──水蒸気噴火　**269**, 270, 271
　　──噴火　269, 270
　　──溜り　40, 41, 48
マクロ経済　426, **427**, 437
眉山（まゆやま）　**44**, 48, 107, **274**
満砂（砂防堰堤の──）　490, 491, 492, 494
慢性疾患　412
マントル　2, 27, 29, 30, 33

（み）

ミクロ経済　427
水通し（砂防堰堤の──）　488, **489**, 492
みなし仮設（──住宅）　**137**, 192, 195, 201,
　436
港区防災対策基本条例　138
三原山　46, 47, 51, 80
みやぎ学校安全教育基本指針　348
みやぎ防災教育推進協力校事業　304
みやぎ防災教育副読本　304
宮城県総合防災情報システム（MIDORI）　174
宮城県沖地震　220, 298, 311
三宅島　41, 42, 366

（む）

六日町断層帯　23
虫の目情報　168

（め）

鳴動 45
メルトダウン　518
免震建物　467
面積歪速度　31
面的被害　169, **170**, 171, 178

（も）

モーメントマグニチュード　9
モニタリングポスト　520, 525
モラルジレンマ授業　334, **335**, **337**, 338

（や）

役割取得（Role Taking）336
屋根雪　90, 91, **92**, 93, **94**
山津波　74

（ゆ）

ユーラシアプレート　2, 3, 12, 13, 15, 33
誘因（土砂災害の──）　**70**, 71, 84, 88
融雪　81, 90
雪下ろし　92, 93
ゆっくりすべり（SSE: Slow Slip Event）　**17**, 28,
　29, 34
揺れやすさマップ　215, 218, 219

（よ）

要援護者避難支援　**250**, **392**
溶岩ドーム　48, 49, 50, 274, 275
溶岩噴泉　47
溶岩脈　50
溶岩流　**47**, 213, 274, 364, 556, 557
溶岩流出　44, 46, 50
溶結凝灰岩　82
ヨウ素 131　**517**, 523, 525
余震　**20**, 21, 22, 83, 168, 176, 242, 299, 319, **462**,
　497, 499
　　──域　462

（ら）

ライズタイム　17
ライフスキル　368
ライフライン　61, 69, 81, 102, 160, 165, 168,
　176, 177, 184, 199, 216, 276, 314, 371, 387,
　403, 404, 405, 406, 407, 418, 422, 423, 429,
　497
　　──災害　98
落雪　91, 92, 93
ラハール（火山泥流）　**45**, 270

（り）

リードタイム　67
リーフカレント　284
利害関係者　455
罹災証明　439
罹災都市借地借家臨時処理法　126
リスク　211
　　──マップ　212
リニアメント　22
リハビリテーション　386, 551, 552
硫化水素　42
琉球海溝（南西諸島海溝）　279, 281
流動変形　28, 29
流木災害　492
緑色凝灰岩（グリーンタフ）　**57**, 73
臨界反応　516
臨時火山情報　51

（れ）
冷却水（原子炉の） 513, 515, 518
レジリエンス（resilience: 精神的回復力） 395,
　404, 554

（ろ）
ローム層 **83**, 84
炉心 388, 513, 515, 516, 518

——爆発 516
——溶融（メルトダウン） 388
六甲山 22, 24, 25

（わ）
割れ目噴火 47
湾口防波堤 477, 478

■災害名

　ある語句について複数のページが参照されている場合，特に重要なページを太字で示す。また，当該語句の関係する記述が数ページに亘る場合は，最初のページのみを太字で示す。章，あるいは節の表題に用いられている語句には，ページ番号に網掛けをして，その章，あるいは節全体がその語句に関連する内容であることを明示する。

（あ）
アイオン台風（1948 年） 303
会津磐梯山噴火（1888 年） 43
浅間山噴火（1783 年） 44, 366
荒砥沢地すべり（2008 年） 81
安政東海地震（1854 年） 5, 451
安政南海地震（1854 年） 5
伊豆大島土砂災害／台風 26 号（2013 年） 227,
　495
イズミット地震（1999 年） 107
伊勢湾台風（1959 年） **65**, 67, 124, 169, 213
岩手・宮城内陸地震（2008 年） 81
羽越水害（1967 年） 124
有珠山噴火（2000-2001 年） 51, 226, 366
雲仙普賢岳噴火（1792 年） 43, 107, 274
雲仙普賢岳噴火（1990-1995 年） **48**, 185, 226,
　274, 435, 439
エイヤフィヤトラヨークトル火山噴火（2010
　年） 43
延宝房総沖地震（1677 年） 445
渡島大島噴火（1741 年） 43
御嶽山噴火（2014 年） 52, 225, 227, 275

（か）
カスリーン台風（1947 年） 101
鎌原火砕流（浅間山噴火 1783 年） 45
関東大震災（1923 年） 16, 231, 241, 260, **265**,
　445, 447, 464, 535
関東・東北豪雨／台風 17，18 号（2015 年）
　59, **61**, 224, 227, 304, **482**
紀伊半島大水害・土砂災害／台風 12 号（2011
　年） **77**, 495
北丹後地震（1927 年） 25

中国・九州北部豪雨（2009 年） 63
九州北部豪雨（2012 年） 63
沓掛泥流（浅間山噴火 1783 年） 46
口永良部島噴火（2014 年） 39
口永良部島噴火（2015 年） 53
熊本地震（2016 年） 35, 241, 247, 248, 252, 254,
　285, 444
慶長奥州地震・津波（1611 年） 299
慶長大地震（1596 年） 21, 25
慶長の地震（1605 年） 6, 17
元禄関東地震（元禄地震）（1703 年） 46, 445

（さ）
サイクロン・ナルギス（2008 年） 108
四川大地震（2008 年） 18, 108
島原大変肥後迷惑（1792 年） 274
ジャワ島中部地震（2006 年） 549
貞観地震・津波（869 年） 202, 363, 365
正平の地震（1361 年） 13
昭和三陸地震・津波（1933 年） **202**, 205, 206,
　208, 209, 210, 299, 303, 477
昭和東南海地震・津波（1944） 14
昭和南海地震・津波（1946） 14, 169, 354
スマトラ島沖地震／インド洋大津波（2004 年）
　108, 112, 414, 533, 535
澄川地滑り（1997 年） **74**, 227
スリーマイル島原発事故（1979 年） 514, **515**
セント・ヘレンズ火山噴火（1980 年） 43

（た）
大正関東地震・津波（1923 年） → 関東大震
　災
台風 10 号（2004 年） 75

台風 12 号（2011 年）　71, 77
台風 21 号（2004 年）　76
但馬地震（1925 年）　25
チリ地震津波（1960 年）　206, 208, 209, 297,
　　298, 303, 355
チェルノブイリ原発事故（1986）　516, 517,
　　525
天明泥流（1783 年）　45
寺野地すべり（新潟県中越地震 2004 年）　81
東海豪雨／台風 14 号（2000 年）　60, 102
東海村 JCO 臨界事故（1999 年）　515
唐山地震（1976 年）　18
東北地方太平洋沖地震・津波（2011 年）　→
　　東日本大震災
十勝沖地震・津波（1952 年）　24
十勝沖地震（2003 年）　12
十勝岳大正噴火（1926 年）　270
十勝岳噴火（1962 年）　269
鳥取県西部地震（2000 年）　20, 465
鳥取地震（1943 年）　25

（な）

新潟県中越地震（2004 年）　23, 71, 81, 132, 142,
　　187, 197, 419
新潟県中越沖地震（2007 年）　18, 141
新潟・福島豪雨（2004 年）　71, 227, 228, 229,
　　230, 250
新潟・福島豪雨（2011 年）　63
ニオス湖二酸化炭素噴出（1984 年，1986 年）
　　42
仁和の地震（887 年）　6, 365
濃尾地震（1891 年）　21, 25
ノースリッジ地震（1994 年）　98
能登半島地震（2007 年）　18, 138, 141, 200

（は）

ハイチ地震（2010 年）　108, 109
白鳳の地震（684 年）　6
浜田地震（1872 年）　25
ハリケーン・カトリーナ（2005 年）　67, 108
ハリケーン・ミッチ（1998）　542
阪神・淡路大震災（1995 年）　16, 18, 20, 22, 23,

26, 98, 108, 124, 126, 128, 138, 165, 166, 182,
　187, 188, 195, 198, 199, 200, 225, 227, 228,
　231, 241, 242, 243, 244, 256, 257, 258, 259,
　261, 262, 266, 289, 310, 314, 328, 331, 379,
　381, 386, 388, 392, 393, 395, 396, 398, 400,
　404, 406, 418, 419, 420, 423, 431, 437, 438,
　444, 447, 460, 462, 464, 468, 470, 472, 497,
　535
東竹沢地すべり（新潟県中越地震 2004 年）　81
東日本大震災（2011 年）　8, 16, 82, 100, 124,
　126, 127, 133, 142, 143, 144, 166, 169, 183,
　185, 187, 189, 194, 195, 196, 199, 201, 202,
　209, 210, 216, 227, 228, 229, 231, 232, 240,
　241, 242, 244, 245, 248, 250, 252, 257, 258,
　263, 265, 296, 301, 302, 311, 316, 322, 324,
　348, 381, 382, 387, 391, 392, 393, 400, 403,
　407, 412, 418, 419, 420, 422, 425, 430, 434,
　436, 437, 438, 439, 443, 453, 455, 462, 472,
　473, 475, 484, 498, 518, 524, 535
兵庫県南部地震（1995 年）　→ 阪神・淡路大
　　震災
福井豪雨（2004 年）　71
福井地震（1948 年）　25, 225
福島第一原子力発電所事故（2011 年）　16, 127,
　317, 383, 388, 515, 516, 518
富士山宝永噴火（1707 年）　366
北海道駒ヶ岳噴火（1640 年）　43
北海道南西沖地震・津波（1993 年）　171, 321,
　439

（ま）

枕崎台風（1945 年）　106
三原山噴火（1986 年）　46
三宅島噴火（2000 - 2005 年）　41, 42
室戸台風（1934 年）　67
明治三陸地震・津波（1896 年）　17, 171, 202,
　203, 205, 207, 299, 303, 477
明治東京地震（1894）　446

（や）

八重山地震／明和の大津波（1771 年）　281
山口県北部地震（1996 年）　25

索　引 | 577

■地名

ある地名について複数のページが参照されている場合，特に重要なページを太字で示す．

北海道　269
　　渡島大島　43, 107
　　上富良野町　269, 270, 271
　　札幌　37, 410
　　中富良野町　269
　　美瑛町　269, 271
　　富良野市　269
　　礼文町　152（表3）

青森県　青森市　137

岩手県　9, 11, 82, 135, 143, 144, 170, 171, 178,
　　191, **194**, 199, 202, 302, 303, 306, 311, 316,
　　317, 318, 393, 408, **426**, 524
　　奥州市　81
　　大槌町　200, **232**, 253
　　大船渡市吉浜　203
　　大船渡市越喜来　**299**, 300, 301
　　釜石市　233, **313**, 323, 326
　　　　――鵜住居　**263**, 264, 313
　　　　――釜石港　477
　　　　――唐丹　203
　　　　――両石　203
　　普代村　208
　　　　――太田部　208
　　宮古市　208, **302**, 303
　　　　――姉吉　205
　　　　――田老（旧・田老町）　194,
　　　　206, 207, 208, 321, **478**
　　　　――藤原　303
　　山田町田ノ浜　202, **203**
　　陸前高田市長部　209

宮城県　9, 11, 12, 83, 135, 143, 144, 170, **171**,
　　191, 199, 200, 244, 248, 253, 304, 306, 311,
　　316, 317, 318, 319, 348, 392, 408, **426**, 524
　　石巻市　100, 177, 179, 231
　　　　――雄勝　209
　　岩沼市　479, 487
　　大崎市　304
　　　　――岩出山　304, 305, 306
　　女川町　174, 179
　　栗原市　81
　　気仙沼市　177, 179, 407, 411
　　三陸町　384

七ヶ浜町　220, 223
仙台市　37, 138, 200, 232, 243, 304,
　　311, 312, 313, 318, 479
　　　――泉区　313（表2）
　　　――太白区　313（表2）
　　　――宮城野区　312, 313（表2）
　　　――閖上　486
　　　――若林区　312, 313（表2）
多賀城市　348
登米市　299
東松島市　187
古川市　304, 305
南三陸町　174, 177, 179, 297
　　　――戸倉　297, 298
南相馬市　388, 524
三春町　388
亘理町　174, 180

秋田県　鹿角市八幡平　74

福島県　29, 83, 135, 143, 144, 170, 191, 192, 311,
　　316, **317**, 318, 388, 426, 439, 518, 521, 522,
　　524, 525
　　会津若松市　317
　　いわき市　388, 524
　　大熊町　317, 318, 388, 524
　　西郷村　150
　　白河市葉ノ木平　83
　　只見町　63（表4）
　　富岡町　524
　　浪江町　524
　　楢葉町　524
　　双葉町　524

茨城県　83, 144, 385
　　下妻市　482
　　常総市　59, 61, 213, 228, 482
　　　　――上三坂　482
　　　　――藤原　482
　　　　――水海道　482
　　那珂郡東海村　515

栃木県　那須烏山市神長　83
　　日光市　61, 63（表4）
　　　　――今市　61

群馬県
　　鎌原村　45
　　富岡　45

埼玉県　385
　　深谷市　367

千葉県　385
　　我孫子市　**216**, 218

東京都　37, 54, 59, 97, 138, 178, 241, 268, 385,
　　448, 482, 504
　　伊豆大島（大島町）　46, 53, 79, 80
　　　　──大金沢　80
　　　　──岡田港　80
　　　　──神達　80
　　　　──波浮港　46
　　　　──元町（港）　47, 80
　　大田区　103
　　葛飾区　46
　　新宿区　104
　　墨田区　266
　　中央区　104, 138
　　千代田区　104, 268
　　　　──大手町　265
　　港区　104, 138
　　　　──品川　112
　　　　──新橋　112
　　旧・東京市　265, 266
　　　　──神田区和泉町　266
　　　　──神田区佐久間町　266

神奈川県　385
　　川崎市　512
　　横浜市　110, 152（表3）

新潟県　73
　　糸魚川市　258
　　柏崎市　141
　　川口町川口　81
　　三条市　227
　　長岡市
　　　　──古志（旧山古志村）　81
　　　　──古志竹沢　81

富山県　射水市　243, 246, 247

石川県
　　羽咋市　152（表3）
　　輪島市　138, 141

長野県　52, 522
　　軽井沢　45, 522
　　小諸　522
　　栄村　188
　　南木曽町　152（表3）, 227, 228, **489**
　　松本市　162

岐阜県　恵那郡（現・恵那市）　61

静岡県　289, 333, 363
　　静岡市　344
　　　　──葵区梅ヶ島　86
　　浜松市　335, 342

愛知県
　　北設楽郡　61
　　田原市　352
　　名古屋市　**60**, 101
　　　　──名古屋港　65, 68
　　西加茂郡　61
　　東加茂郡　61

三重県　71, 76
　　尾鷲市　76, 324
　　　　──中井町　324
　　　　──港町　324
　　宮川村　76
　　　　──滝谷（里中）　76
　　　　──古ヶ野　77
　　　　──明豆　76

滋賀県　164

京都府　京都市　243

大阪府　423, 482

兵庫県　25, 182, 183, 188, 195, 257, 356, 387,
　　424, 472
　　芦屋市　198, 462
　　神戸市　22, 100, 139, 183, 188, 196,
　　198, 199, 242, 244, 259, 289, **310**, **314**,
　　315, 423, 462, 468, 555
　　　　──神戸港　423
　　宝塚市　139
　　丹波市　152（表3）
　　西宮市　139, 259, 462
　　北淡町　256

奈良県　71, 78

索 引 | 579

　　上北山村　77, 78
　　下北山村　78
　　天川村　78
　　十津川村　77
　　　　──宇井　78
　　　　──北股　78
　　　　──栗平　78

和歌山県　55（表3）
　　串本町　180
　　田辺市　285, **354**

岡山県　64

広島県　64, 106, 124, 150, 154
　　呉市　150
　　広島市　150, 152, 227, 228
　　　　──安佐北区　152
　　　　──安佐南区　152

山口県　25, 64
　　岩国市　152（表3）

徳島県　76
　　上那賀町　76
　　木沢村　76
　　那賀町阿津江　76

香川県　64

高知県　55（表3）, 76, **357, 450**

福岡県
　　太宰府市　63（表4）
　　福岡市　37, 100

長崎県　49, 50, 55（表3）, 275, 276, 278, 435
　　島原市　48, 49, 50, 273, 275, 276, 277
　　　　──北上木場町　274
　　　　──千本木　49, 275
　　深江町　49, 50, 275
　　　　──大野木場　49
　　南島原市　273, 277

熊本県　274
　　阿蘇市　63（表4）
　　熊本市　252, 254, **286**
　　倉岳町　211
　　姫戸町　211
　　益城町　285

　　御船町　287
　　龍ヶ岳町　211

宮崎県　42, 451
　　都城市　277

鹿児島県　53, 55（表3）, 64, 76, 279
　　枕崎　106
　　屋久島町　53

沖縄県　257, **279**, 466
　　石垣島　281
　　沖縄地区　282
　　西原町　282
　　宮古地区　280, 281
　　八重山地区　280, 281, 282
　　　　──石垣市　282
　　　　──竹富町　282
　　　　──与那国町　282
　　与那原町　282

［外国］
アメリカ合衆国（米国）　67, 106, 170
　　サンフランシスコ　20
　　ニューヨーク　97
　　ペンシルバニア州スリーマイル島
　　514, **515**
　　ラスベガス　29
　　ルイジアナ州ニューオリンズ　67
　　ロサンゼルス　98
　　ワシントンD.C.　54

イギリス　106
　　ロンドン　54

イタリア　106

インド　171

インドネシア　108, 113, 171, 533, 535, **549**
　　ジョグジャカルタ市　550
　　バントゥール（バンツール）　550,
　　554, 555

オランダ　106

カナダ　97

カリブ海沿岸諸国　106, 542, 547

スリランカ　171, 535

タイ　113, 171, 443, 535

中国　106, 109, 111, 113, 307
　　四川省　109
　　唐山　109

中米　541, 542, 547

ドイツ　106
　　ボン　54

トルコ　24, 106, 533
　　イスタンブール　106, 107
　　イズミット　107

ネパール　114, 357

カトマンズ　113

バングラデシュ　106, 109, 113, 534

フィリピン　106, 108, 113, 114, 280, 534, 535
　　レイテ島　280
　　マニラ　113

ベトナム　113, 242

ミャンマー　106, 108

メキシコ　4

フランス　パリ　54

ホンジュラス　537
　　テグシガルパ　541

執筆者紹介

(五十音順　所属および職責は 2018 年 4 月 1 日現在)

浅川　俊夫（あさかわ　としお）
東北福祉大学教育学部・准教授
1958 年生まれ。上越教育大学大学院学校教育研究科修士課程修了，修士（教育学）。
著作：『心を揺さぶる地理教材 1 ～ 4』（共編著，古今書院，2006～09 年）など。

浅野　哲彦（あさの　てつひこ）
専修大学松戸中学校・高等学校，千葉県立市川南高等学校・非常勤講師
1964 年生まれ。日本大学文理学部史学科卒業。日本防災士会防災士。

飯尾　能久（いいお　よしひさ）
京都大学防災研究所地震予知研究センター・教授
1958 年生まれ。京都大学理学研究科修士課程修了，博士（理学）。
著書：『内陸地震はなぜ起こるのか』（近未来社，2009 年），『自然災害と防災の事典』（分担執筆，丸善出版，2012 年）など。

伊藤　智章（いとう　ともあき）
静岡県立裾野高等学校・教諭
1973 年生まれ。立命館大学大学院文学研究科地理学専攻，博士前期課程修了。ふじのくに防災フェロー。
著書：『いとちり式 地理の授業に GIS』（古今書院），『地図化すると世の中が見えてくる』（ベレ出版）。

奥村　与志弘（おくむら　よしひろ）
関西大学社会安全学部・准教授
1980 年生まれ。京都大学大学院情報学研究科博士後期課程修了，博士（情報学）。
著書：『災害対策全書（4）防災・減災』（分担執筆，ぎょうせい，2011），『地球環境学 複眼的な見方と対応力を学ぶ』（分担執筆，丸善出版，2014），『社会安全学入門』（分担執筆，ミネルヴァ書房，2017）など。

小野　敬弘（おの　たかひろ）
宮城県田尻さくら高等学校・教頭
1964 年生まれ。仙台大学体育学部体育学科卒業。国内 2 例目の防災系学科である，宮城県多賀城高等学校「災害科学科」の開設準備を担当（平成 28 年度開設）。同校にて，家庭基礎と保健を合科し特別に編成した防災系科目「くらしと安全」を創設した。

神谷　静（かみや　しずか）
独立行政法人国際協力機構（JICA）エルサルバドル事務所企画調査員（企画）
1984 年生まれ。鳥取大学農学部生物資源環境学科卒業。JICA ホンジュラス事務所及びグアテマラ事務所にて防災プログラム担当として勤務。

著作：「ホンジュラス共和国を対象とした日本の国際協力による地すべり調査・対策の取り組み」（共著，日本地すべり学会誌 52（4），2015 年），「国際協力機構（JICA）による地すべり調査・対策事業の動向」（共著，日本地すべり学会誌 54（4），2017 年）など。

川瀬　博（かわせ ひろし）

京都大学防災研究所・教授
1955 年生まれ。京都大学大学院工学研究科修士課程修了，博士（工学）。専門は地震工学・都市災害管理学。2005 年日本建築学会賞（論文）。
著書：『最新の地盤震動研究を活かした強震波形の作成法』（共編著，日本建築学会，2005 年），『Natural Disaster Science and Mitigation Engineering, DPRI Reports Vol.1』（共編著，Springer，2014 年）など。

河田　惠昭（かわた よしあき）

関西大学社会安全学部・社会安全研究センター長・特別任命教授（チェアプロフェッサー）
1946 年生まれ。京都大学大学院工学研究科博士課程修了，博士（工学）。
著書：『これからの防災・減災がわかる本』（岩波ジュニア新書），『スーパー都市災害から生き残る』（新潮社），『12 歳からの被災者学——阪神・淡路大震災に学ぶ 78 の知恵』（共著）（NHK 出版），『津波災害』（岩波新書），『にげましょう』（共同通信社），『新時代の企業防災』（中災防），『日本水没』（朝日新書）など。

川地　里美（かわち さとみ）

岩手県立北上翔南高等学校・教諭
1969 年生まれ。宮城学院女子大学学芸学部家政学科卒業。
著書・著作：『防災教育と関連付けた家庭科指導資料』（岩手県立総合教育センター，2013），『小学校家庭，中学校技術・家庭の安全指導資料』（分担作成，岩手県立総合教育センター，2014），「災害時の食事」（FHJ 機関誌，2016 年 7 月号）など。

熊木　洋太（くまき ようた）

専修大学文学部環境地理学科・教授
1954 年生まれ。東京大学大学院理学系研究科修士課程修了，修士（理学），技術士（応用理学），測量士，専門地域調査士。
著書：『技術者のための地形学入門』（共編著，山海堂，1995 年），『地形分類図の読み方・作り方　改訂増補版』（分担執筆，古今書院，2002 年），『防災・減災につなげるハザードマップの活かし方』（分担執筆，岩波書店，2015 年）など。

此松　昌彦（このまつ まさひこ）

和歌山大学教育学部・教授，和歌山大学災害科学教育研究センター長
1963 年生まれ。大阪市立大学大学院理学研究科博士課程単位取得後退学，博士（理学）（層位・古生物学）。

近藤　伸也（こんどう しんや）

宇都宮大学地域デザイン科学部・准教授
1977 年生まれ。東京大学大学院工学系研究科博士課程修了，博士（工学）。

著書：『災害対策全書（2）応急対応』（共著，ぎょうせい，2011 年）。

阪上　雅之（さかがみ　まさゆき）
国土交通省国土地理院基本図情報部地図情報技術開発室・係長
1980 年生まれ。信州大学大学院工学系研究科修了。2008 年国際航業株式会社入社，
2015 年国土交通省国土技術政策総合研究所土砂災害研究部交流研究員，2017 年から現職。

佐武　宏哉（さたけ　ひろや）
和歌山県公立学校・講師
1995 年生まれ。同志社大学社会学部社会学科卒業。新庄中学校にて地震学を学び，熊
本地震では災害ボランティアとして活動。台湾地震では現地を訪問した。

佐藤　剛（さとう　ごう）
帝京平成大学大学院環境情報学研究科・教授
1975 年生まれ。千葉大学大学院自然科学研究科博士課程修了，博士（理学）。
著書・著作：『地震地すべり』（共著，日本地すべり学会，2012 年），「国際協力機構（JICA）
による地すべり調査・対策事業の動向」（共著，日本地すべり学会誌 54（4），2017 年），
『阿蘇カルデラ内で発見されたテフラ被覆斜面堆積物の重力変形』（共著，日本地すべり
学会誌 54（5），2017 年）など。

佐藤　健（さとう　たけし）
東北大学災害科学国際研究所・教授
1964 年生まれ。東北大学大学院工学研究科修士課程修了，博士（工学）。
著書：『防災教育の展開』（共著，東信堂，2011 年），『災害——そのとき学校は　事例
から学ぶこれからの学校防災』（共著，ぎょうせい，2013 年），『学校・子どもの安全と
危機管理〈第 2 版〉』（共著，少年写真新聞社，2017 年）など。

沢近　昌彦（さわちか　まさひこ）
土佐くろしお鉄道株式会社・総務部長
1955 年生まれ。立命館大学経済学部卒業。
2012 年度－2015 年度，高知県教育委員会事務局学校安全対策課長。
ジャパン・レジリエンス・アワード 2016 金賞（教育機関部門）受賞。

澁谷　拓郎（しぶたに　たくお）
京都大学防災研究所・教授
1960 年生まれ。京都大学大学院理学研究科修士課程修了，博士（理学）。
著書：『防災事典』（分担執筆，築地書館，2002 年），『自然災害と防災の事典』（分担執筆，
丸善出版，2011 年），『巨大地震　なぜ起こる？　そのときどうする？』（分担執筆，PHP
研究所，2014 年）など。

清水　洋（しみず　ひろし）
九州大学大学院理学研究院附属地震火山観測研究センター・教授
1956 年生まれ。東北大学大学院理学研究科博士後期課程修了，博士（理学）。
著書：『九州・沖縄地方』（シリーズ 日本地方地質誌 8　分担執筆，朝倉書店，2010 年），

『東日本大震災の復興に向けて——火山災害から復興した島原からのメッセージ』（分担執筆，古今書院，2012 年）など。

高田　哲（たかだ さとし）
神戸大学大学院保健学研究科地域保健学領域・教授
1952 年生まれ。神戸大学医学部，神戸大学大学院医学研究科修了，博士（医学）。日本小児科学会専門医，日本小児神経学会専門医，子どものこころ専門医。神戸大学都市安全研究センター医療保健講座教授兼担。「障害のある子どもとその家族への支援」を教室のテーマとする。阪神・淡路大震災時に児童相談所嘱託医，養護学校発達相談医として各家庭を訪問支援。神戸大学災害医療派遣チームの一員として，台湾集集大地震，ジャワ島中部地震に派遣された。
著書：『震災復興学』（共著，ミネルヴァ書房，2015 年）など。

田代　喬（たしろ たかし）
名古屋大学減災連携研究センター・特任教授
1976 年生まれ。名古屋大学大学院工学研究科博士課程修了，博士（工学）。
著書：『身近な水の環境科学——源流から干潟まで』（分担執筆，朝倉書店，2010 年），『河川生態学』（分担執筆，講談社サイエンティフィク，2013 年），『身近な水の環境科学［実習・測定編］——自然の仕組みを調べるために』（共編著，朝倉書店，2014 年）など。

谷本　明（たにもと あきら）
平成 23〜28 年度，和歌山県田辺市立新庄中学校・教諭（防災教育等を担当）。
平成 29 年度より，和歌山県田辺市教育委員会指導主事として安全教育・防災教育等を担当。

土屋　智（つちや さとし）
静岡大学防災総合センター・客員教授
1952 年生まれ。静岡大学大学院農学研究科修士課程修了，博士（農学）。
著書：『地震砂防』（共著，古今書院，2000 年），『しずおか自然史』（共著，静岡新聞社，2010 年），『地震防災　改訂増補版』（共著，学術図書出版，2013 年）など。

豊田　利久（とよだ としひさ）
神戸大学社会システムイノベーションセンター・特命教授
1940 年生まれ。カーネギーメロン大学大学院産業管理学研究科博士課程修了，Ph.D.
著書：『経済の数量分析』（六甲出版，2004 年），『災害復興学』（分担執筆，2015 年），『Asian Law in Disasters: Toward a Human-centered Recovery』（共編著，Routledge，2016）など。

中井　仁（なかい ひとし）
小淵沢総合研究施設（代表）
1951 年生まれ。神戸大学理学研究科修了。京都産業大学論文博士（理学）。1997 年，田中舘賞受賞（地球電磁気・地球惑星圏学会）。
著書：『検証「共通 1 次・センター試験」』（編著，大学教育出版，2008 年），『太陽地球系科学』（編著，京都大学学術出版会，2010 年）。

執筆者紹介 | 585

成田　徳雄（なりた のりお）
京都大学医学部・臨床教授，気仙沼市立病院脳神経外科・科長
宮城県災害医療コーディネーター
1960 年生まれ。山形大学医学部卒業。東北大学博士（医学）。
著書：『東日本大震災における保健医療救護活動の記録と教訓』（分担執筆，じほう，2012 年），『感染制御標準ガイド』（分担執筆，じほう，2014 年），『スーパー総合医　大規模災害医療』（分担執筆，中山書店，2015 年）など。

藤井　基貴（ふじい もとき）
静岡大学教育学部・准教授，静岡大学防災総合センター・兼任教員
1975 年生まれ。名古屋大学大学院教育発達科学研究科博士課程修了。
著書：『道徳教育の重要項目 100』（共著，教育出版），『教育の今とこれからを読み解く 57 の視点』（共著，教育出版），『研究倫理の確立を目指して──国際動向と日本の課題』（共著，東北大学出版会），『学校防災最前線』（共著，教育開発研究所），『未来をひらく教育 ESD──持続可能な多文化社会をめざして』（共著，明石書店）など。

藤田　正治（ふじた まさはる）
京都大学防災研究所附属流域災害研究センター・教授
1958 年生まれ。京都大学大学院工学研究科博士課程単位取得退学，博士（工学）。
著書：『山地河川における河床変動の数値計算法』（分担執筆，社団法人砂防学会編，山海堂），『自然災害と防災の事典』（分担執筆，京都大学防災研究所監修，丸善出版），『防災事典』（分担執筆，日本自然災害学会監修，築地書館），『GRAVEL-BED RIVERS: PROCESS AND DISASTERS』（分担執筆，WILEY Blackwell）。

紅谷　昇平（べにや しょうへい）
兵庫県立大学大学院減災復興政策研究科・准教授
1971 年生まれ。神戸大学大学院自然科学研究科博士課程修了，博士（工学）。
著書：『大震災 15 年と復興の備え』（共著，クリエイツかもがわ，2010 年），『震災復興学』（共著，ミネルヴァ書房，2015 年），『災害に立ち向かう人づくり』（共著，ミネルヴァ書房，2018 年）など。

堀江　克浩（ほりえ かつひろ）
千葉県立成東高等学校・教諭
1963 年生まれ。立正大学大学院文学研究科修士課程修了，修士（文学）。

松田　宏（まつだ ひろし）
国際航業株式会社防災部・雪氷担当技術部長
1959 年生まれ。富山大学理学部地球科学科卒業，技術士（応用理学部門，建設部門，総合技術監理部門）。
著書：『応用地学ノート』（共著，共立出版，1996 年），『雪氷関連用語集』（共著，社団法人雪センター，1999 年），『ハザードマップ──その作成と応用』（共著，社団法人日本測量協会，2005 年）など。

松本　剛（まつもと たけし）
琉球大学理学部物質地球科学科地学系・教授
1955 年生まれ。東京大学大学院理学系研究科博士課程修了，博士（理学）。1998 年，日本測地学会賞坪井賞受賞。2005 年，沖縄研究奨励賞受賞。
著書：『南極の科学 5　地学』（共著，古今書院，1986 年），『琉球弧の成立と生物の渡来』（共著，沖縄タイムス社，2002 年），『やわらかい南の学と思想』（共著，沖縄タイムス社，2008 年）。

宮嶋　敏（みやじま さとし）
埼玉県立熊谷高等学校・教諭
1965 年生まれ。東北大学大学院理学研究科地学専攻博士前期課程修了，修士（理学）。
著書：『地球のしくみ』（共著，新星出版社，2006 年），『発展コラム式 中学理科の教科書（ブルーバックス）』（共著，講談社，2008 年），『高等学校理科用文部科学省検定済教科書 地学基礎』（共著，東京書籍，2012 年），『埼玉から地学 地球惑星科学実習帳』（共著，埼玉県高等学校理化研究会地学研究委員会，2010 年）。

山崎　栄一（やまさき えいいち）
関西大学社会安全学部・教授
1971 年生まれ。神戸大学大学院法学研究科公法専攻博士後期課程単位取得後退学，京都大学・博士（情報学）。2014 年，日本公共政策学会著作賞受賞。
著書：『自然災害と被災者支援』（日本評論社，2013 年）など。

山本　保博（やまもと やすひろ）
財団法人 救急振興財団 会長
1942 年生まれ。日本医科大学大学院医学研究科修了。専門分野は，救急医学，災害医学，外傷・中毒など。2008 年 9 月に防災功労者内閣総理大臣表彰を受賞。2009 年 9 月に救急医療功労者厚生労働大臣表彰を受賞。2012 年 11 月に旭日小綬章を受章。
著書：『救急医，世界の災害現場へ』（筑摩書房，2001 年）など。

矢守　克也（やもり かつや）
京都大学防災研究所・教授
1963 年生まれ。大阪大学大学院人間科学研究科博士課程単位取得退学，博士（人間科学）。
著書：『アクションリサーチ・イン・アクション』（新曜社，2018 年），『天地海人：防災・減災えっせい辞典』（ナカニシヤ出版，2017 年），『巨大災害のリスク・コミュニケーション』（ミネルヴァ書房，2013 年），『防災人間科学』（東京大学出版会，2009 年）など。

渡辺　武達（わたなべ たけさと）
同志社大学・名誉教授
1944 年生まれ。同志社大学大学院文学研究科修士課程修了，修士（新聞学）。
著書：『テレビ──「やらせ」と「情報操作」』（三省堂，1995 年），『メディア用語基本事典』（共編，世界思想社，2011 年），『メディアへの希望』（論創社，2012 年），『メディア学の現在』（共編，世界思想社，2015 年）など。

教育現場の防災読本　　　　　　　　　　Hitoshi NAKAI et al. © 2018

2018 年 6 月 15 日　初版第一刷発行

著　　　「防災読本」出版委員会

監　修　　中　井　　仁

発行人　　末　原　達　郎

京都大学学術出版会

京都市左京区吉田近衛町 69 番地
京都大学吉田南構内（〒606-8315）
電　話（０７５）７６１ － ６１８２
ＦＡＸ（０７５）７６１ － ６１９０
ＵＲＬ　http://www.kyoto-up.or.jp/
振　替　０１０００ － ８ － ６４６７７

ISBN978-4-8140-0165-1　　　　　　印刷・製本　亜細亜印刷株式会社
Printed in Japan　　　　　　　　　　装　幀　　森　　　　華
　　　　　　　　　　　　　　　　定価はカバーに表示してあります

本書のコピー，スキャン，デジタル化等の無断複製は著作権法上での例外を除
き禁じられています。本書を代行業者等の第三者に依頼してスキャンやデジタ
ル化することは，たとえ個人や家庭内での利用でも著作権法違反です。